X-16

ATLAS ACTUAL
DE GEOGRAFÍA UNIVERSAL

Esta obra ha sido realizada bajo la iniciativa y coordinación general del Editor.

Dirección y coordinación: *Jaume Colás*

Cartografía: *Cartografía. Colaboración Editorial, S.L.*
   Coordinación: *Eduardo Dalmau*

   Archivo Biblograf

Redacción, corrección y maquetación: *Josep Huguet*
   Jordi Induráin
   Francesc Reyes

Diseño cubierta: *Equipo de edición, S.L.* (Ilustrador: *Martí Torres-Soca*)

Fotografías: *Archivo Biblograf*
   Josep M. Barres

«Reservados todos los derechos. El contenido de esta obra está protegido por la Ley, que establece penas de prisión y/o multas, además de las correspondientes indemnizaciones por daños y perjuicios, para quienes reprodujeren, plagiaren, distribuyeren o comunicaren públicamente, en todo o en parte, una obra literaria, artística o científica, o su transformación, interpretación o ejecución artística fijada en cualquier tipo de soporte o comunicada a través de cualquier medio, sin la preceptiva autorización.»

© **BIBLOGRAF, S.A.**
Calabria, 108
08015 Barcelona

Primera edición: febrero 1992
 Primera reimpresión: junio 1992
Segunda edición: febrero 1993
Tercera edición: junio 1993
Cuarta edición: enero 1994
 Primera reimpresión: julio 1994
Quinta edición: diciembre 1994
 Primera reimpresión: julio 1995
 Segunda reimpresión: julio 1996
 Tercera reimpresión: septiembre 1996

Impreso en España - Printed in Spain

ISBN: 84-7153-324-3
Depósito legal: B-36.156-1996

Impreso por EGEDSA
Rois de Corella, 12-16, Nave-1
08205 SABADELL (Barcelona)

Encuadernado por EUROBINDER, S.A.
Ctra. N-II, km 593
08740 San Andrés de la Barca (Barcelona)

PRÓLOGO

¿Qué es un atlas de geografía? La respuesta más inmediata podría ser aquella que lo define como una recopilación sistemática de mapas que, mediante técnicas cartográficas, representan la superficie terrestre. En estas líneas encontramos unidos los dos términos que han marcado el qué y el cómo de nuestro trabajo: geografía y cartografía.

La cartografía es el lenguaje natural de la geografía. Aunque ésta no sea la explicación más académica que podemos encontrar sobre esta ciencia, la realidad es que durante muchos años la descripción de la superficie terrestre se identificó con su reproducción mediante diversos tipos de mapas, lo que los convertía en el instrumento más inmediato que el hombre poseía para representar y comunicar a otros hombres la realidad y las características del ambiente que lo rodeaba.

Los procedimientos y materiales sobre los que se desarrollaba esta primitiva cartografía eran diversos, como también podían serlo los motivos que impulsaban a los individuos a representar un lugar concreto, aunque no cuesta mucho imaginar que razones mágicas o militares, simbólicas o prácticas, estaban en la base de estos primeros mapas. Así podemos llegar a una nueva definición que nos llevaría a considerar la geografía como una de las contadas disciplinas cuyo campo de investigación pertenece simultáneamente a las ciencias de la naturaleza y a las del espíritu.

Es evidente que desde los primeros soportes de los mapas: piedra, piel, madera, etc., hasta la actualidad el camino recorrido ha sido inmenso, como inmenso ha sido el salto que se ha producido entre el objeto de aquellos primeros mapas, apenas lo que se podía abarcar con la vista desde un lugar elevado, hasta las actuales perspectivas de la superficie de la Tierra observada desde un satélite.

Sin embargo, y a pesar de los evidentes puntos de contacto entre geografía y cartografía, las relaciones entre estas dos ciencias, sobre todo en la escuela, no han sido del todo satisfactorias. La cartografía no pasaba de actuar como un auxiliar de la geografía; ésta a su vez se limitaba a ser un listado memorístico de nombres de ríos, cordilleras y capitales de naciones y los mapas no eran otra cosa que un elemento decorativo en las paredes del aula.

Nuevos planes de estudio, nuevos descubrimientos científicos han venido a modificar este panorama. La cartografía ha incorporado nuevas y revolucionarias técnicas que la han hecho más fiable y atractiva y han ayudado a desvelar los últimos secretos de nuestro mundo. El planeta Tierra, hasta ahora poco más que el lugar donde vivía el hombre, se ha convertido en un bien precioso que hay que conservar ya que está en peligro. Y para conservarlo debemos conocerlo.

Con el ATLAS ACTUAL DE GEOGRAFÍA VOX pretendemos ayudar al estudiante en este cometido. En sus páginas encontrará cartografía y geografía, mapas y fotos, topónimos y estadísticas, gráficos y dibujos que le ayudarán en el duro trabajo de conocer mejor su entorno. La información que le ofrecemos se ha estudiado cuidadosamente, así como su presentación, para que su asimilación sea rápida y fácil y la consulta del atlas agradable y provechosa. Esperamos conseguirlo y lograr así transmitir a las futuras generaciones un mundo mejor.

Los editores

ÍNDICE

Prólogo 3-4
Signos convencionales 7
Principales proyecciones 8
Husos horarios 9
Técnicas cartográficas 10-11
Planisferio celeste 12-13
El sistema solar 14-15
La Luna. Eclipses 16
La Tierra. Movimientos 17
La atmósfera 18-19
Clima, pluviometría y temperaturas 20-21
Clima. Corrientes marinas 22-23
Estructura de la Tierra. Hemisferios 24
Volcanes 25
Plegamientos y fracturas 26-27
Geología 28-29
Sismicidad y vulcanismo 30-31
El medio ambiente. Ecosistemas terrestres 32-33
Regiones biogeográficas 34
Equilibrios y agresiones 35
Vegetación y agricultura. Profundidades marinas 36-37
Sector primario 38-39
Recursos económicos 40-41
Energía... 42-43
Sector secundario 44-45
Sector terciario 46-47
Población mundial 48-49
Áreas geoeconómicas y políticas 50-51
División política. Banderas 52-53

ESPAÑA

Físico 54-55
Geología 56
Suelos 57
Clima 58
Temperatura. Pluviosidad 59
Vegetación 60
Ecosistemas. Medioambiente 61
Demografía.. 62-63
Agricultura 64
Ganadería. Pesca 65
Minería 66
Energía 67
Transportes y comunicaciones 68-69
Industria pesada 70
Industria ligera 71

Comunidades Autónomas

División autonómica 72-73
Galicia 74-75-76-77
Asturias 78-79
Cantabria 80-81
País Vasco 82-83-84-85
Navarra 86-87
Aragón 88-89-90-91

Cataluña	92-93-94-95
Castilla y León	96-97-98-99
La Rioja	100-101
Extremadura	102-103-104-105
Castilla-La Mancha	106-107-108-109
Madrid	110-111
Comunidad Valenciana	112-113-114-115
Murcia	116-117
Baleares	118-119-120
Andalucía	121-122-123-124
Canarias	125-126-127-128
Ceuta y Melilla	129

EUROPA

Físico-político	130-131
Clima	132
Población	133
Francia. Andorra	134
Portugal	135
Península itálica	136
Islas británicas	137
Europa central	138-139
Benelux	140
Europa nórdica. Islandia	141
Europa balcánica	142-143
Europa oriental	144
Comunidad europea	145-146-147

ASIA

Físico-político	148-149
Clima	150
Población	151
Asia septentrional	152-153
Palestina. Próximo y Medio Oriente	154-155
Asia meridional	156-157
China. Corea. Japón	158-159
Sureste asiático insular	160-161

ÁFRICA

Físico-político	162
Clima	163
Población	164
Magreb	165
África septentrional	166-167
África meridional	168-169

AMÉRICA DEL NORTE MESOAMÉRICA

Físico-político	170-171
Clima	172
Población	173
Alaska. Canadá. Groenlandia	174-175
Estados Unidos	176-177
México	178-179
América Central. Antillas	180-181

AMÉRICA DEL SUR

Físico-político	182-183
Clima	184
Población	185
América del Sur septentrional	186-187
América del Sur meridional	188-189

OCEANÍA

Físico-político	190-191
Clima	192
Población	193
Australia-Nueva Zelanda	194-195

REGIONES POLARES

Polo Norte-Antártida	196

PAÍSES DEL MUNDO 197-204

ÍNDICE DE TOPÓNIMOS 205-232

Signos convencionales 7

CIUDADES, CENTROS HABITADOS

Continentes y grandes regiones
- más de 1 000 000 de habitantes
- de 500 000 a 1 000 000 de habitantes
- de 100 000 a 500 000 habitantes
- de 50 000 a 100 000 habitantes
- menos de 50 000 habitantes

Países
- más de 1 000 000 de habitantes
- de 500 000 a 1 000 000 habitantes
- de 100 000 a 500 000 habitantes
- de 50 000 a 100 000 habitantes
- de 25 000 a 50 000 habitantes
- de 10 000 a 25 000 habitantes
- menos de 10 000 habitantes

Autonomías

	BARCELONA	más de 1 000 000 de habitantes
	VALENCIA	de 500 000 a 1 000 000 de habitantes
	VALLADOLID	de 250 000 a 500 000 habitantes
	Almería	de 100 000 a 250 000 habitantes
	Cáceres	de 50 000 a 100 000 habitantes
	Cuenca	de 25 000 a 50 000 habitantes
	Tacoronte	de 10 000 a 25 000 habitantes
	Navia	de 2 500 a 10 000 habitantes
	Hoyos	menos de 2 500 habitantes

SIGNOS ESPECIALES PARA LAS AUTONOMÍAS

FRONTERAS

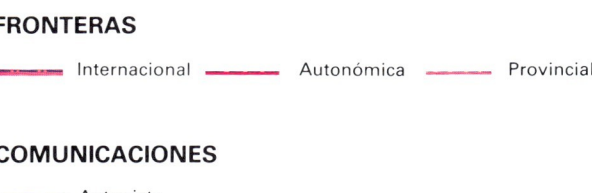

Internacional — Autonómica — Provincial

COMUNICACIONES

— Autopista
= = = Autopista en construcción

SIGNOS COMUNES A TODOS LOS MAPAS

FRONTERAS

— Internacional
— Internacional no determinada
— División administrativa

COMUNICACIONES

- Carretera principal
- Carretera principal en construcción
- Línea férrea
- Línea férrea en construcción
- Túnel de línea férrea
- Paso
- Canal

TOPOGRAFÍA

- Curso de agua permanente
- Curso de agua estacional
- ▲ 2990 Altitud en metros
- ▼ 935 Profundidades marinas
- + Polo magnético
- Lago estacional
- Salar
- Salina
- Zona pantanosa
- Hielo permanente
- Arrecifes

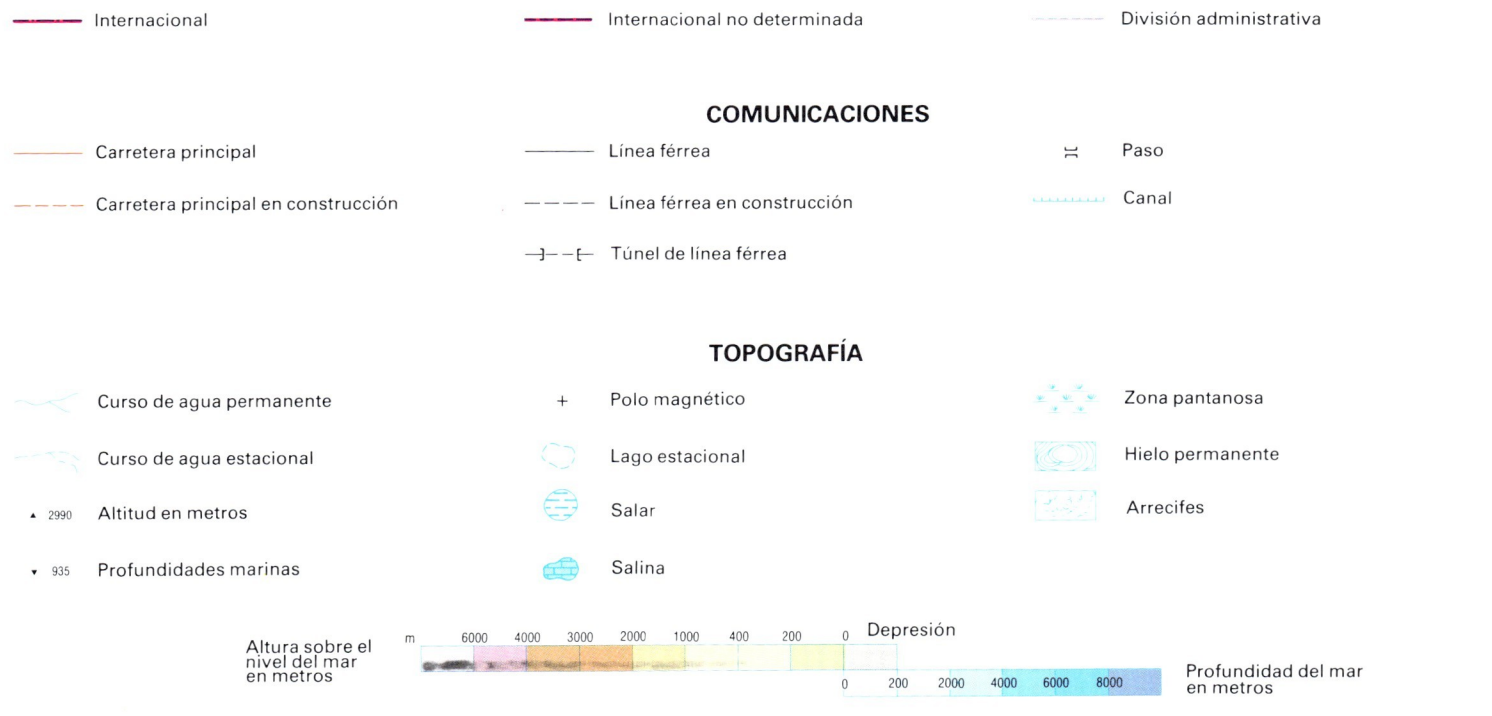

Altura sobre el nivel del mar en metros: m 6000 4000 3000 2000 1000 400 200 0 Depresión

Profundidad del mar en metros: 0 200 2000 4000 6000 8000

ABREVIATURAS

Arch.: Archipiélago   Bª: Bahía   C.: Cabo   Cº: Cerro   Cord.: Cordillera   Emb.: Embalse   Estr.: Estrecho   G.: Golfo   Is.: Islas   L.: Lago   Lag.: Laguna   Mte.: Monte
Nev.: Nevado   Pta.: Punta   Pto.: Puerto de montaña   Pen.: Península   Sª: Sierra

8 Principales proyecciones

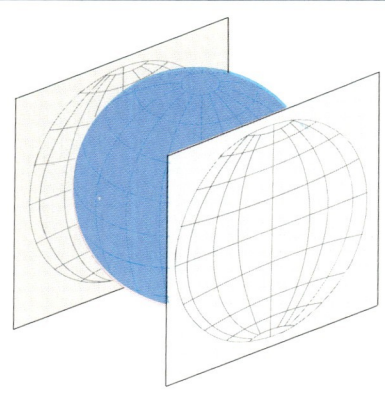

Proyección acimutal o cenital. Se establece mediante la proyección de los distintos puntos a un plano tangencial a cualquier punto de la esfera terrestre. Según la localización de este plano se determinan tres variables distintas: variable oblicua, variable polar y variable ecuatorial.

Equidistante	Equivalente	Ortográfica	Gnomónica	Estereográfica (conforme)
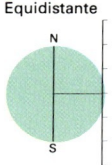	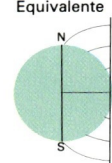	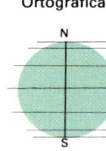	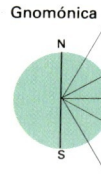	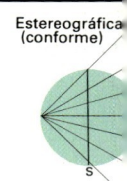

Cinco formas distintas de representación de la retícula en un plano.

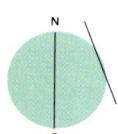 Variable oblicua. El plano de proyección es tangente a cualquier punto entre el ecuador y los polos.

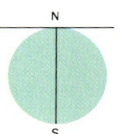 Variable polar. El plano de proyección es tangente a uno de los dos polos.

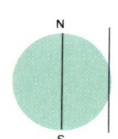 Variable ecuatorial. El punto tangente entre la esfera y el plano se sitúa en el ecuador.

Proyección cónica. Se determina a través de la proyección de la retícula del globo a un cono tangente a un paralelo estándar. La escala a lo largo de este paralelo tangencial es siempre real y las distorsiones son mínimas en sus distancias más próximas. Si la proyección se realiza mediante dos paralelos estándares, las distorsiones se reducen en sus proximidades ampliando así la latitud de representación.

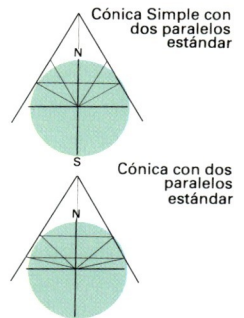

Cónica Simple con dos paralelos estándar

Cónica con dos paralelos estándar

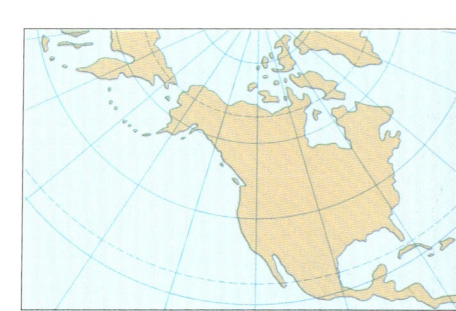

Proyección de Lambert. Esta proyección utiliza para su desarrollo dos paralelos estándares con el fin de mantener las formas correctas de los continentes reducir al mínimo las distorsiones en las variables dirección y distancia. Aunque el valor real de las áreas se ve sacrificado totalmente, las variables restantes que la caracterizan le dan total validez para ser utilizada como carta de navegación.

Proyección cilíndrica. La retícula terrestre se proyecta en un cilindro tangente a un punto del globo, lo que permite observar la superficie terrestre de forma global en un mismo plano independientemente del punto de contacto del cilindro. Esta proyección presenta importantes distorsiones tanto en la forma como en las áreas, sobre todo en las zonas más alejadas del paralelo principal.

Proyección de Mercator. Una de las características de las proyecciones cilíndricas fue aprovechada por Mercator para realizar un mapa apto para la navegación. Al respetarse los valores angulares, cualquier línea recta trazada en el globo correspondía siempre a una línea recta en el mapa, facilitando así el cálculo del rumbo a los navegantes.

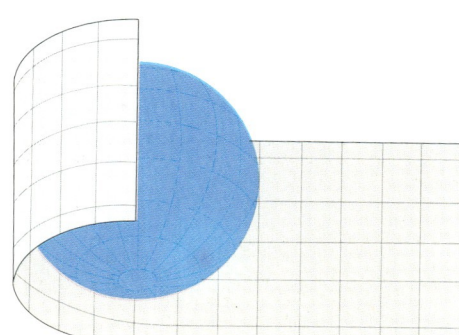

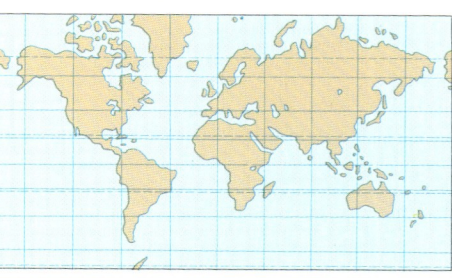

Cilíndrica con paralelos estándar

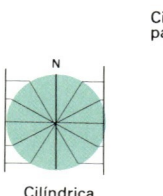 

Cilíndrica Simple

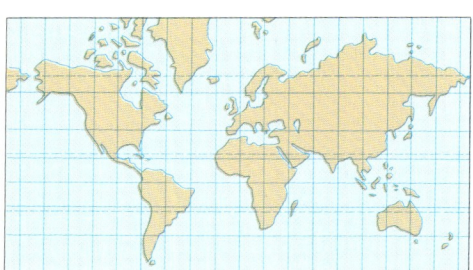

Proyección de Miller. La proyección cilíndrica de Miller fue presentada como modificación de la de Mercator con el fin de reducir las distorsiones en las zonas de altas latitudes. Esta proyección no mantiene ni las formas ni las áreas reales pero, a diferencia de la de Mercator, la exageración de los continentes en las zonas más extremas del mapa se reduce considerablemente.

Proyección de Peters. Con esta proyección, también cilíndrica, Peters establece un mapa equivalente donde todos los continentes mantienen una correcta proporcionalidad de medida y posición con la realidad. Pero, por otro lado, su desarrollo a partir de dos paralelos estándares a los 45° provoca grandes distorsiones principalmente en los trópicos y en las altas latitudes.

Mollweide — Sanson-Flamsteed

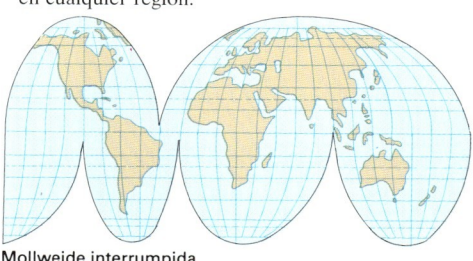

Tanto las dos proyecciones superiores como las inferiores son llamadas pseudo-cilíndricas porque, a diferencia de la proyección de Mercator, los paralelos han sido progresivamente acercados a los polos, con lo que se reducen considerablemente las distorsiones presentadas en la proyección cilíndrica original. No obstante, la interrupción de estas proyecciones, tal como se indica en las figuras inferiores, permite mejorar la forma de los continentes, ya que cada interrupción se proyecta respecto a un meridiano central que permite centrar el mapa en cualquier región.

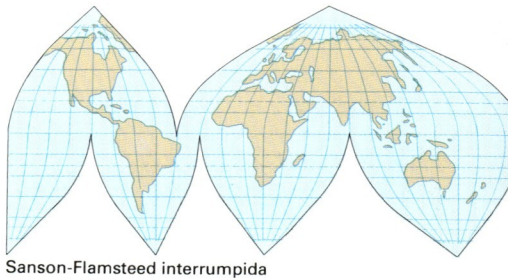

Mollweide interrumpida — Sanson-Flamsteed interrumpida

Husos horarios

Escala 1:956 800

USOS MATEMÁTICOS

- Zonas con horas impares
- Zonas con horas pares
- 17 Hora solar

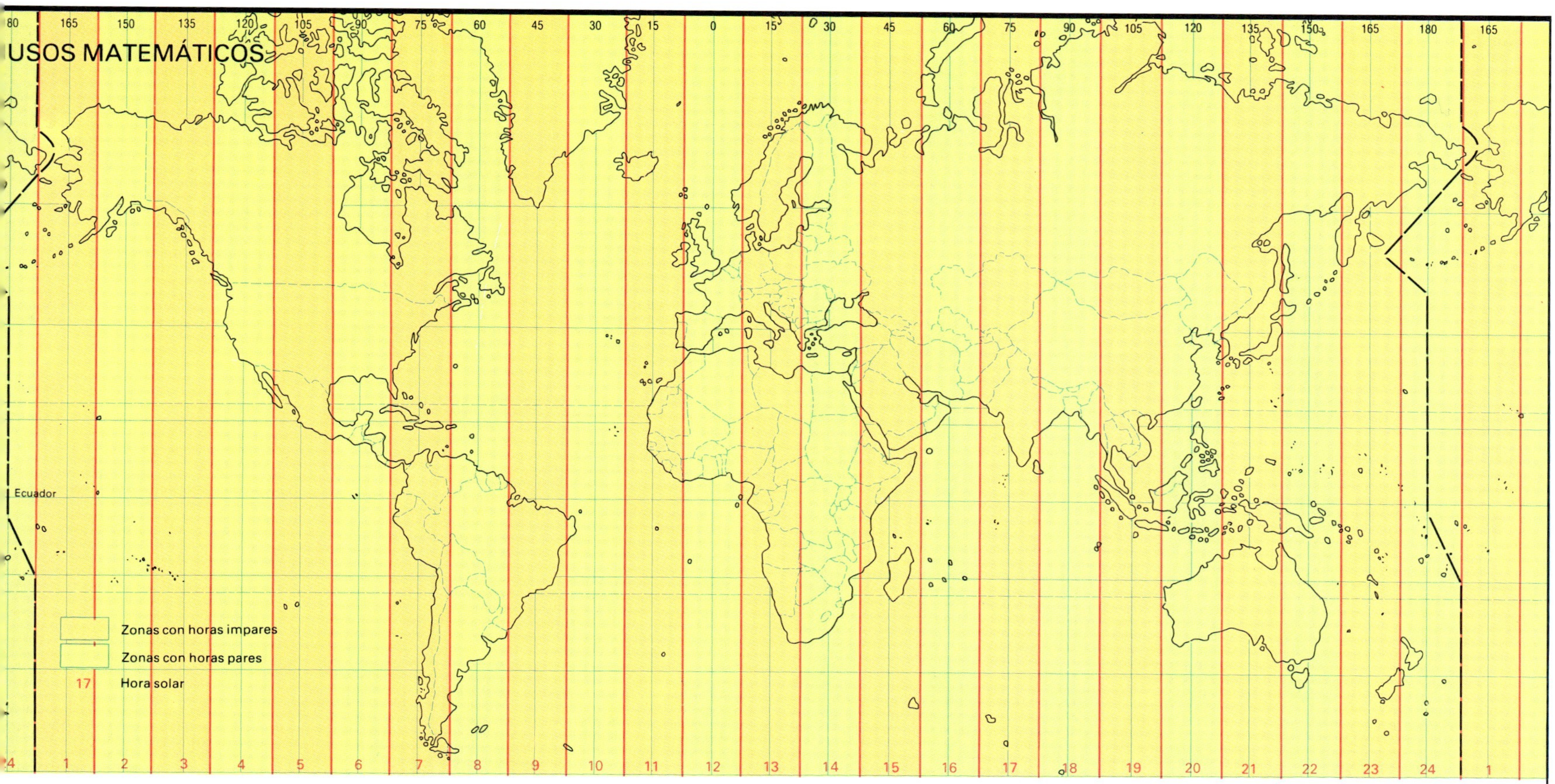

El día, y por tanto la hora, vienen determinados por el movimiento de rotación de la Tierra respecto al Sol. La Tierra tarda un día en dar la vuelta sobre sí misma; lo que quiere decir que el Sol ilumina los 360° de la esfera terrestre en 24 horas. Si dividimos 360° por 24 h veremos que en una hora ilumina 15° de esfera, que equivalen a un huso. De aquí surge el concepto de huso horario. Si tomamos como punto de partida el momento en que el Sol se encuentra sobre el meridiano de Greenwich, en toda la región geográfica cuya amplitud sea de 15° y tenga en su centro dicho meridiano, serán las 12 h del mediodía. En el huso situado inmediatamente al este será una hora más (las 13 h), mientras que en el situado al oeste será una hora menos (las 11 h). Esta consideración daría lugar a la hora matemática. Existe, sin embargo, la llamada hora oficial que se instituye para evitar que en un país pequeño que quede dividido entre dos husos matemáticos contiguos, existan horas diferentes. En este caso los "husos" oficiales se confeccionan adaptándolos a las fronteras políticas de los estados. Los países muy grandes suelen tener varias horas oficiales, como en el caso de Estados Unidos, Canadá, Australia, etc.

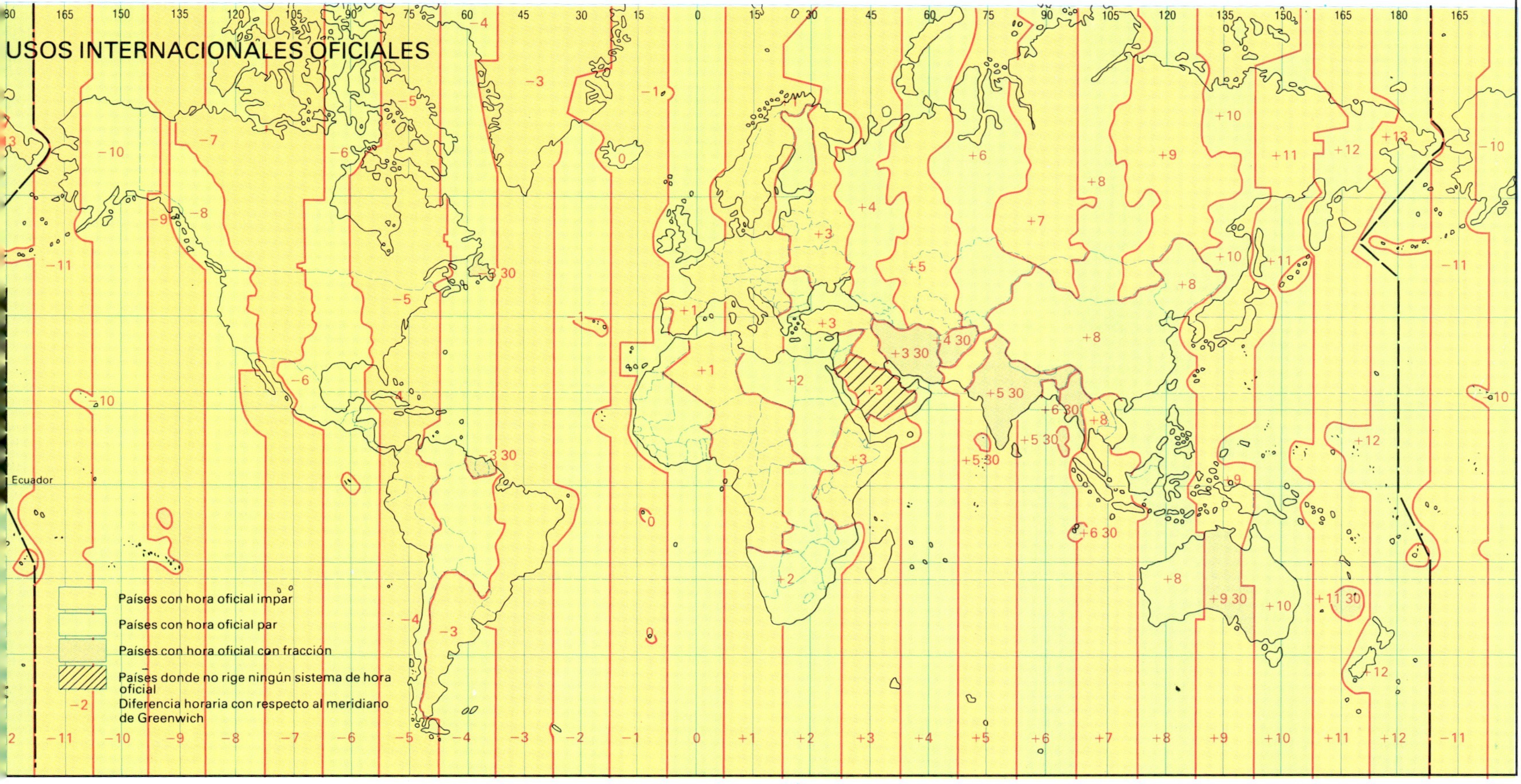

USOS INTERNACIONALES OFICIALES

- Países con hora oficial impar
- Países con hora oficial par
- Países con hora oficial con fracción
- Países donde no rige ningún sistema de hora oficial
- −2 Diferencia horaria con respecto al meridiano de Greenwich

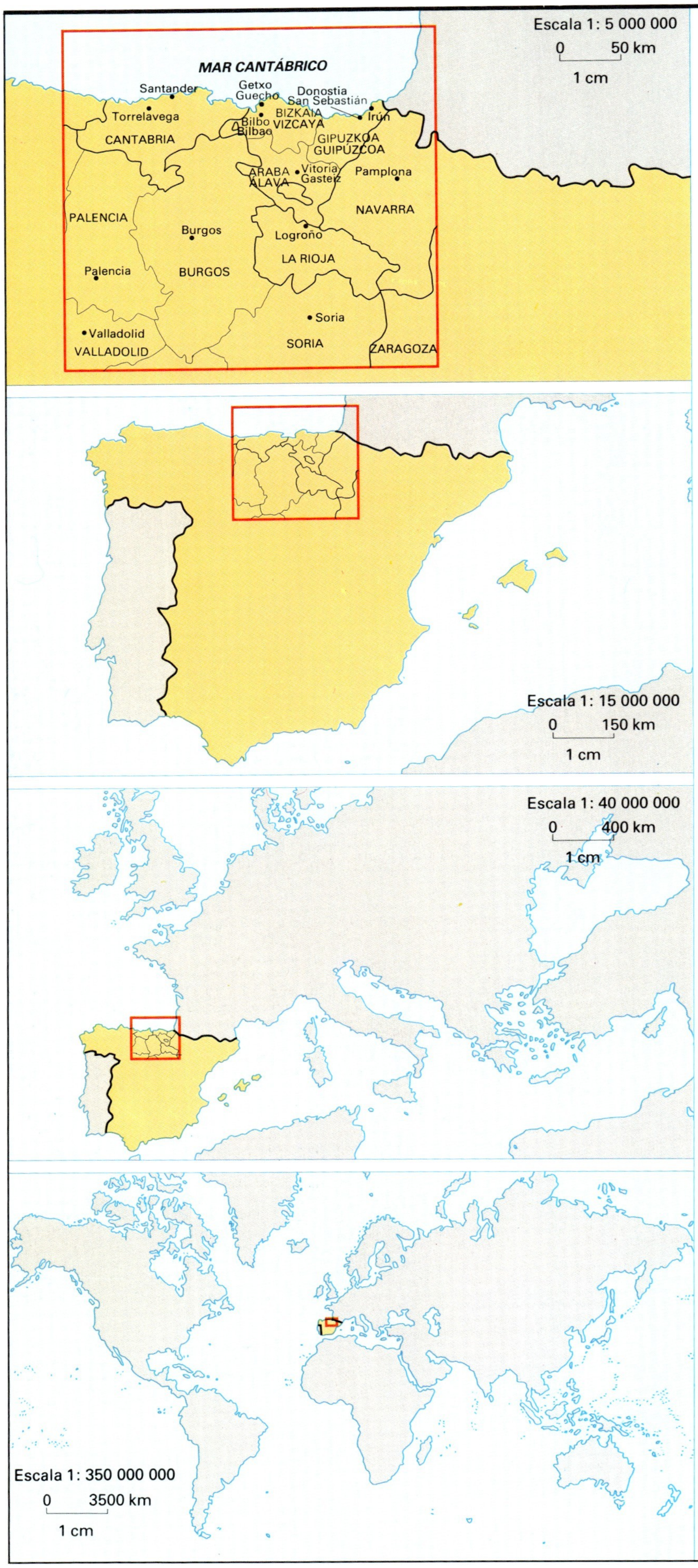

10 Ténicas cartográficas

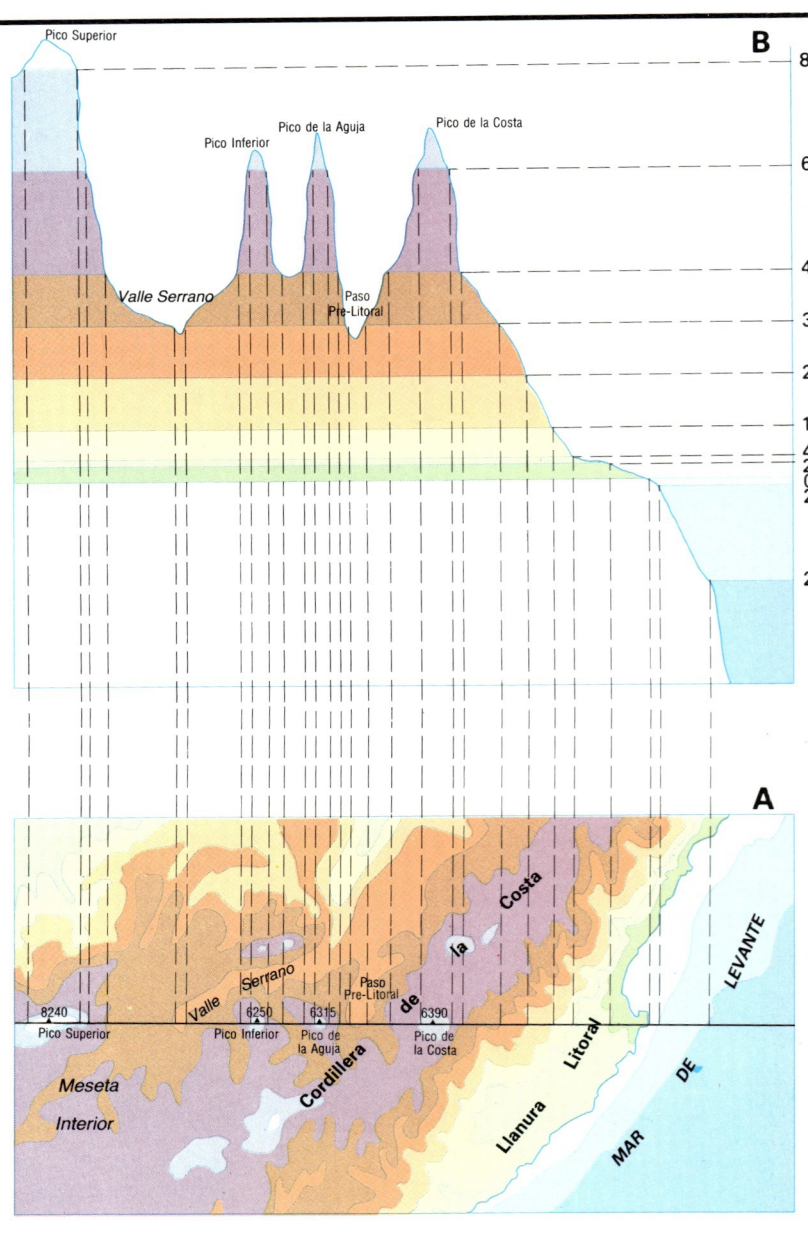

El relieve cartográfico
En la figura A se representa en un plano el relieve de la figura B. La altitud de las montañas se representa con diferentes colores, así como las profundidades del mar. Cada cambio de altitud viene indicado por las curvas de nivel y su correspondiente zona de color, tal como indica la figura B. Estos colores se mantienen constantes en la realización de un mapa, de tal manera que la altitud de cualquier punto puede conocerse por la lectura de la gama de colores. Así todos los puntos contenidos en una misma zona de color tendrán una misma altitud o profundidad.

La escala
A la izquierda podemos observar cuatro mapas, cada uno de ellos con distinta escala. El concepto de escala en cartografía podríamos definirlo como la proporción entre las dimensiones de un mapa y las reales de la zona que representa. En cada uno de estos mapas hay dos tipos de escala: la escala numérica y la gráfica. La primera de ellas se representa por la fracción de 1 dividido por el número de veces que se ha reducido la realidad, es decir, cuanto mayor sea el denominador de la fracción, mayor será la superficie representada. La escala gráfica se indica mediante un segmento que representa una longitud en el mapa. El segmento está limitado por el número 0 y el número de kilómetros que representa en realidad.
Si bien ambas escalas indican lo mismo, la escala gráfica facilita el cálculo de las distancias en el mapa.

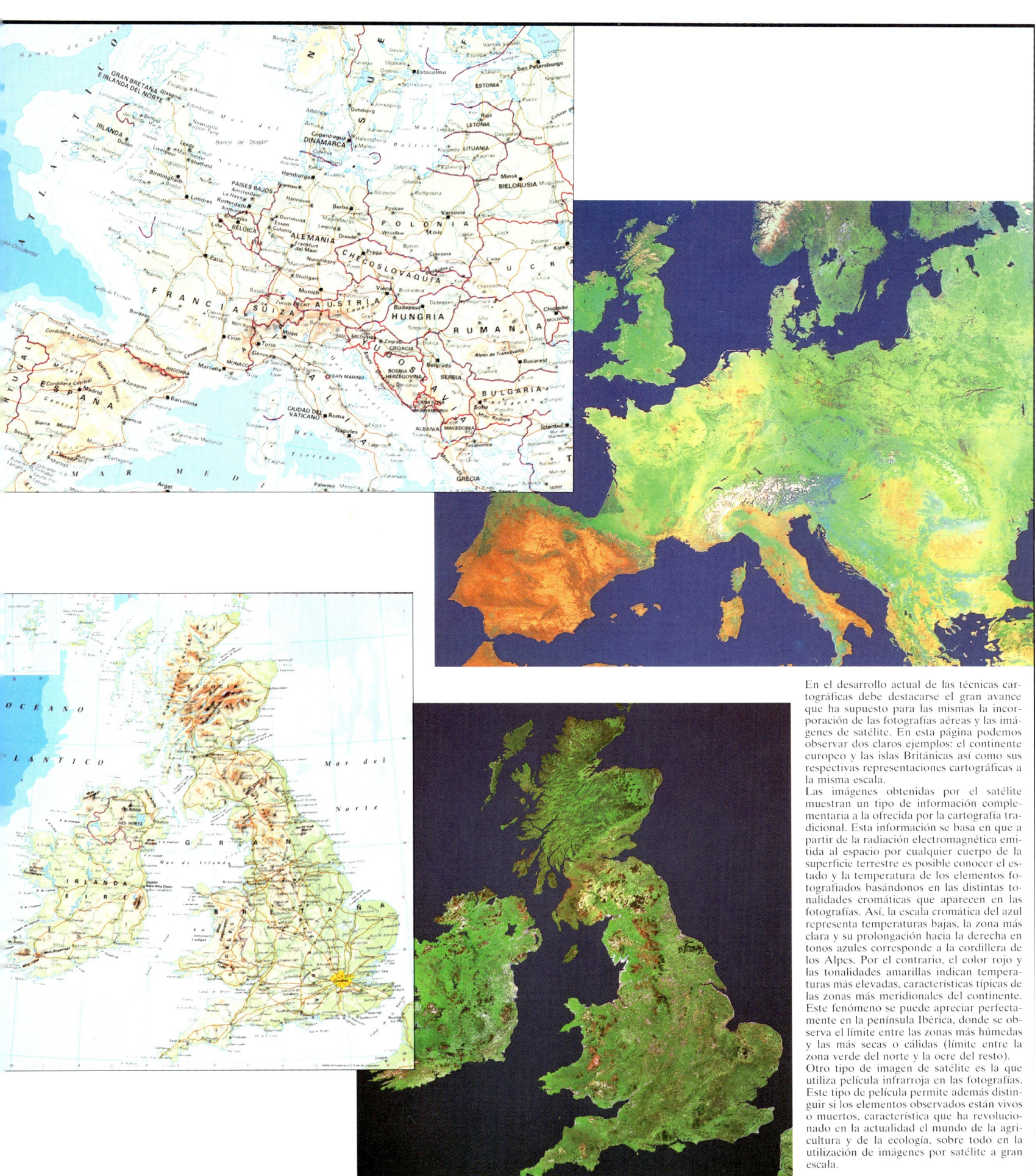

En el desarrollo actual de las técnicas cartográficas debe destacarse el gran avance que ha supuesto para las mismas la incorporación de las fotografías aéreas y las imágenes de satélite. En esta página podemos observar dos claros ejemplos: el continente europeo y las islas Británicas así como sus respectivas representaciones cartográficas a la misma escala.

Las imágenes obtenidas por el satélite muestran un tipo de información complementaria a la ofrecida por la cartografía tradicional. Esta información se basa en que a partir de la radiación electromagnética emitida al espacio por cualquier cuerpo de la superficie terrestre es posible conocer el estado y la temperatura de los elementos fotografiados basándonos en las distintas tonalidades cromáticas que aparecen en las fotografías. Así, la escala cromática del azul representa temperaturas bajas, la zona más clara y su prolongación hacia la derecha en tonos azules corresponde a la cordillera de los Alpes. Por el contrario, el color rojo y las tonalidades amarillas indican temperaturas más elevadas, características típicas de las zonas más meridionales del continente. Este fenómeno se puede apreciar perfectamente en la península Ibérica, donde se observa el límite entre las zonas más húmedas y las más secas o cálidas (límite entre la zona verde del norte y la ocre del resto).

Otro tipo de imagen de satélite es la que utiliza película infrarroja en las fotografías. Este tipo de película permite además distinguir si los elementos observados están vivos o muertos, característica que ha revolucionado en la actualidad el mundo de la agricultura y de la ecología, sobre todo en la utilización de imágenes por satélite a gran escala.

12 Planisferio celeste

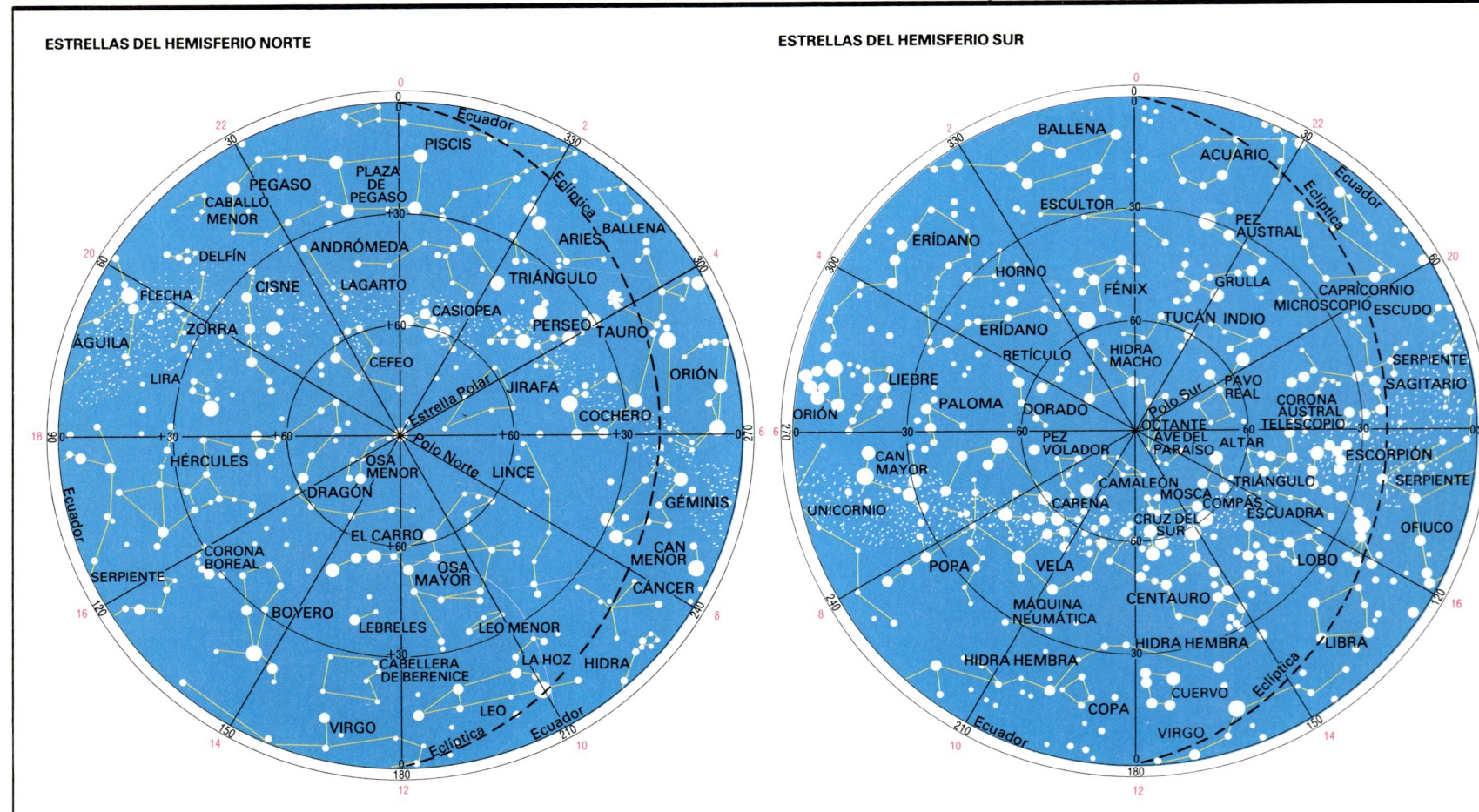

ESTRELLAS DEL HEMISFERIO NORTE

ESTRELLAS DEL HEMISFERIO SUR

Las Pléyades. Conjunto de estrellas sin disposición geométrica definida.

Estrellas

Las estrellas son astros que emiten luz propia, además de radiaciones no visibles para el ojo humano. La capacidad de emitir luz propia depende de su enorme campo gravitatorio que permite la aparición de reacciones nucleares de fusión. Las estrellas tienen una densidad muy baja ya que están formadas por hidrógeno y pequeñas cantidades de helio y otros elementos. En el Universo se calcula que pueden existir entre 10^{20} y 10^{22} estrellas, agrupadas en galaxias. Como es lógico suponer, no todas las estrellas son iguales; la clasificación de las estrellas se basa en dos parámetros: su magnitud absoluta y su temperatura externa, valores que equivalen a brillo y color respectivamente. Si situamos todas las estrellas conocidas, en un gráfico en el que figure en ordenadas el brillo y en abcisas la temperatura, observaremos que la inmensa mayoría de las estrellas aparecen situadas en una banda diagonal que va desde arriba a la izquierda hasta abajo a la derecha. Esta banda, en la que se encuentra también el Sol, se denomina secuencia principal y fuera de la misma sólo aparecen pequeños grupos de estrellas: uno arriba a la derecha (gigantes rojas) y otro abajo a la izquierda (enanas blancas). Este diagrama, llamado de Hertzprung-Russell o H-R, representa el ciclo "vital" de una estrella, cuya vida transcurre sobre todo en la secuencia principal, de la que sale al final del proceso, primero para expandirse en forma de gigante roja y finalmente para contraerse en forma de enana blanca. La existencia de supernovas, estrellas de neutrones y agujeros negros, sería un tipo particular de evolución estelar, en el caso de estrellas mucho más grandes que nuestro Sol.

Nebulosas

Las nebulosas son masas irregulares de densidad extraordinariamente baja, formadas por gases y polvo interestelar. El análisis espectral de las nebulosas, indica que están compuestas sobre todo por hidrógeno y helio y cantidades menores de dióxido de carbono, amoníaco, vapor de agua, metanol y ácido cianhídrico; entre los componentes sólidos destacan los silicatos férrico-magnésicos y el grafito.

La forma de las nebulosas es muy variada, desde esférica hasta caprichosamente irregular. Entre las últimas, algunas recuerdan figuras animales, como la nebulosa de la Cabeza de Caballo o del Pelícano. Las nebulosas, además de por su forma, se diferencian por su comportamiento frente a la luz. Debido a su bajísima densidad, las nebulosas nunca emiten luz propia, pero si que pueden reflejar la luz recibida de estrellas próximas, de modo que lleguen incluso a ocultarlas. Algunas nebulosas sólo absorben luz, de modo que su sombra resulta visible contra el fondo iluminado. A este tipo de nebulosas oscuras, pertenece la nebulosa de la Cabeza de Caballo. El estudio del movimiento de las nebulosas revela que éstas pueden ser de dos tipos, según se encuentren en expansión o en contracción. Las nebulosas que se expanden se llaman, por razones históricas, nebulosas planetarias, aunque no tengan nada que ver con los planetas. Las nebulosas planetarias se forman a consecuencia de la expulsión de los materiales más externos de una estrella en fase terminal. Las nebulosas en contracción constituyen todo lo contrario: estrellas en formación por acumulación de gases y polvo interestelar.

Nebulosa Omega en la constelación de Sagitario.

Nebulosa en la constelación de Andrómeda.

Galaxias. La Vía Láctea

Las galaxias son sistemas formados por millones de estrellas, planetas y satélites, además de polvo y gases interestelares. Por lo general, las galaxias tienen forma lenticular o de disco, con la región central más abultada y brillante. Las galaxias se clasifican por su aspecto en: elípticas, espirales normales, espirales barradas e irregulares; aunque la mayoría son de tipo espiral. Se considera que estas formas representan distintos estadios del ciclo "vital" de una galaxia y son consecuencia del movimiento de rotación de la misma. Las galaxias contienen entre 100.000 y 200.000 millones de estrellas y su diámetro es de unos 100.000 años luz. Su núcleo es sin duda la parte más importante, ya que en él se origina el sistema. Nuestro sistema solar forma parte de una galaxia llamada Vía Láctea y se sitúa en uno de sus brazos espirales, a una distancia de 32.600 años luz del centro. Todos los objetos luminosos que observamos a simple vista en el firmamento, pertenecen a nuestra galaxia excepto tres: las dos Nubes de Magallanes en el hemisferio sur y la llamada nebulosa de Andrómeda en el norte; que son en realidad las tres galaxias más próximas a la Vía Láctea.

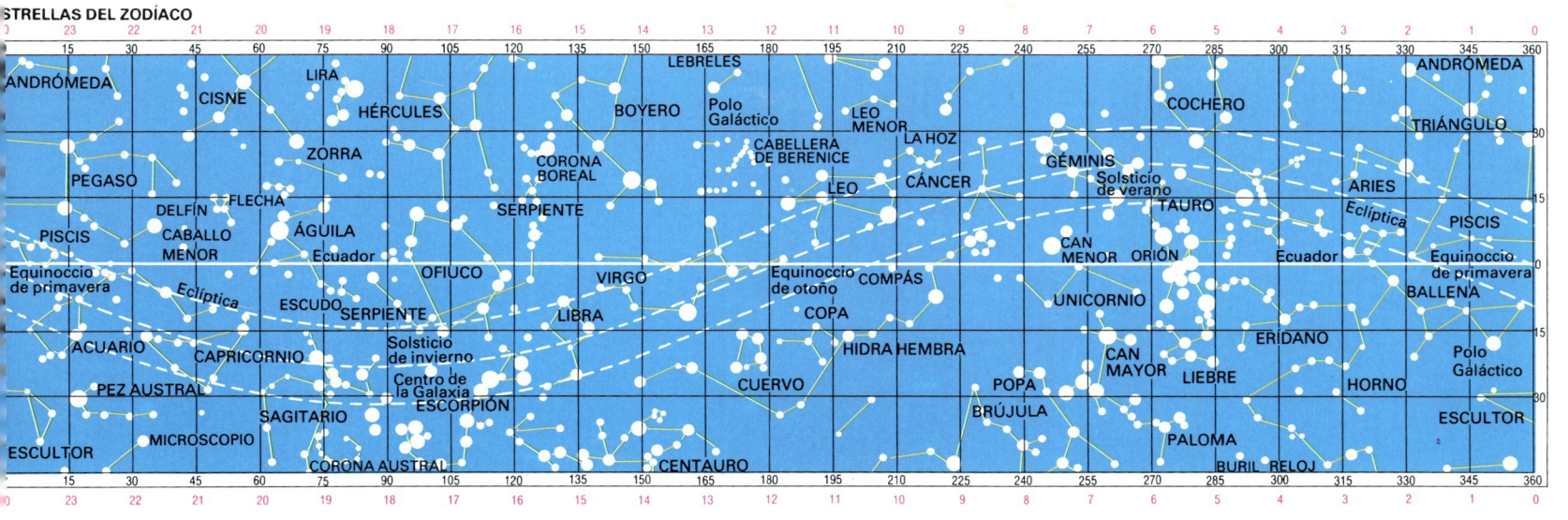

14 El sistema solar

El sistema solar se formó hace unos 4.600 millones de años y consta del Sol y nueve planetas q giran a su alrededor. A parte del Sol y los planetas existen numerosos satélites, cometas y aster des, aunque la masa del Sol representa el 99% del total del sistema. Los planetas del sistema sol se clasifican en interiores o telúricos y exteriores o jovianos. Los planetas interiores son Mercur Venus, Tierra y Marte y se caracterizan por ser pequeños pero densos, de tipo rocoso. Los plan tas exteriores son Júpiter, Saturno, Urano, Neptuno y Plutón, y son grandes pero de baja densida ya que están formados por elementos ligeros. **Mercurio.** Es, junto a Plutón, el menor planeta del s tema solar y el más próximo al Sol. Prácticamente carece de atmósfera aunque existen trazas de drógeno, helio y argón. La temperatura diurna supera los 425ºC mientras que la nocturna de ciende a -180ºC. **Venus.** De tamaño similar a la Tierra, Venus es junto a Urano el único planeta c movimiento retrógrado, es decir se mueve de este a oeste. Su atmósfera consta de dióxido de ca bono y pequeñas cantidades de nitrógeno, oxígeno y vapor de agua. La temperatura es superio la de Mercurio, 480ºC, debido al efecto invernadero. **Tierra.** Su mósfera está formada por nitrógeno, oxígeno y pequeñas cantidad de argón, vapor de agua y dióxido de carbono. Su temperatura med es de 15ºC. Tiene un satélite, la Luna. **Marte.** Su superficie, cubier de polvo de color rojo, está surcada por enormes cráteres volcánic a pesar de la fuerte erosión que provocan los poderosos vientos ca gados de partículas sólidas que barren su superficie. También se o serva la existencia de cañones excavados por el agua que alguna v surcó su superficie. Su atmósfera consta de dióxido carbono y pequeñas cantidades de nitrógeno, argón y tr zas de oxígeno. Posee además casquetes polares formad por agua y dióxido de carbono helados. Su temperatu oscila entre 27ºC y -128ºC. Tiene dos satélites: Fobos Deimos.

Anillo de asteroides. Se encuentra entre Marte y Júpiter y está constituido por fragmentos de un planeta que no se llegó a formar. **Júpiter.** Es el mayor planeta del sistema solar. Está formado en su conjunto, por hidrógeno y helio además de pequeñas cantidades de otras sustancias como amoníaco, metano y vapor de agua. El núcleo de Júpiter se supone que está formado por hidrógeno metálico, cubierto por hidrógeno líquido y éste a su vez por hidrógeno gaseoso. Su temperatura oscila entre -120ºC y -140ºC. Posee por lo menos doce lunas entre las que destacan Io, Europa, Ganímedes y Calisto. **Saturno.** Por su tamaño es el segundo planeta del sistema solar. Tal como su baja densidad sugiere, está formado por gases como hidrógeno, helio, metano y amoníaco, anque su núcleo es sólido. Su temperatura media es de -180ºC. Lo más característico de Saturno es su anillo formado por millones de partículas sólidas. Posee 17 satélites.

Urano. Está compuesto por hidrógeno, helio, amoníaco y metano, que de dentro a fuera se encuentran en estado sólido, líquido y gaseoso. Su temperatura media es de -180ºC. Como Saturno también está rodeado por un anillo; posee además 15 satélites. Su rotación es retrógrada, como la de Venus. **Neptuno.** Dada su gran distancia a la Tierra, es poco conocido. Está formado por hidrógeno, helio y metano. La temperatura de su superficie, se calcula que puede ser de -135ºC, mucho más alta que la que correspondería a su distancia (-220ºC). Tiene dos satélites. **Plutón.** Es el menos conocido de los planetas del sistema solar, aunque no se sabe con exactitud su radio, se estima que es menor que el de Mercurio. Su exiguo tamaño, junto al hecho de que su órbita está muy inclinada respecto a la eclíptica, hacen suponer que se trata de un satélite independizado de Neptuno. No obstante, el reciente descubrimiento de un satélite, parece rebatir esta teoría.

NOMBRE	Distancia media al Sol en millones de km	Revolución sideral	Velocidad media en km/s	Radio ecuatorial en km	Rotación sideral	Densidad en g/cm³
MERCURIO	57,9	87,97 días	47,89	2.440	58,7 días	5,46
VENUS	108,2	224,7 días	35,04	6.050	243 días	5,26
TIERRA	149,6	365,26 días	29,8	6.371	23 h 56 min 45 s	5,51
MARTE	227,9	687,96 días	24,09	3.380	24 h 37 min 23 s	3,9
JÚPITER	778,3	11,86 años	13,06	71.350	9 h 50 min	1,31
SATURNO	1.427	29 años 167 días	9,6	60.400	10 h 14 min	0,7
URANO	2.870	84 años 7,40 días	6,81	23.800	10 h 42 min	1,2
NEPTUNO	4.497	164,8 años	5,43	22.200	15 h 48 min	2,25
PLUTÓN	5.900	247,7 años	4,74	1.500-2.000	6 días 9 h 18 min	1,2

Izquierda. Júpiter. En el centro de la fotografía podemos contemplar la Gran Mancha Roja, perturbación atmosférica que fue vista por primera vez en 1665.

Derecha. Marte. Vista del planeta rojo desde la sonda espacial Viking 1. El norte del planeta aparece cubierto por nubes.

La sonda espacial es un ingenio astronómico lanzado al espacio interplanetario o en dirección a un astro del sistema solar para obtener información, generalmente de carácter topográfico y geológico, y estudiarla posteriormente. De entre todas las sondas destacan los proyectos realizados por soviéticos y estadounidenses. Luna, Marte, Venera y Zond son sondas enviadas por la astronáutica soviética, y Mariner, Pioneer, Voyager y Viking las estadounidenses que han obtenido mayores logros. El programa Pioneer se desarrolló entre 1958 y 1980. Sus principales objetivos fueron el estudio de la Luna, de la órbita terrestre y de los planetas. Pioneer 4 logró sobrevolar en 1973 Júpiter y Saturno. Mariner 10 lo hizo sobre Venus y Mariner 9 se convirtió en el primer satélite artificial de Marte. Voyager y Viking son las dos últimas familias de sondas. Las primeras, 1 y 2, han tomado fotos de los satélites de Júpiter, Saturno y Neptuno y prosiguen su trayectoria más allá del sistema solar. La sonda Viking, dedicada principalmente a la exploración de Marte y aerotransportada por la nave Titán III-Centaur, ha facilitado suficiente información como para afirmar que en dicho planeta no es posible la vida orgánica.

Saturno con sus característicos anillos formados por minúsculas partículas.

Mapa de Mercurio dibujado por Dollfus.

16 La Luna. Eclipses

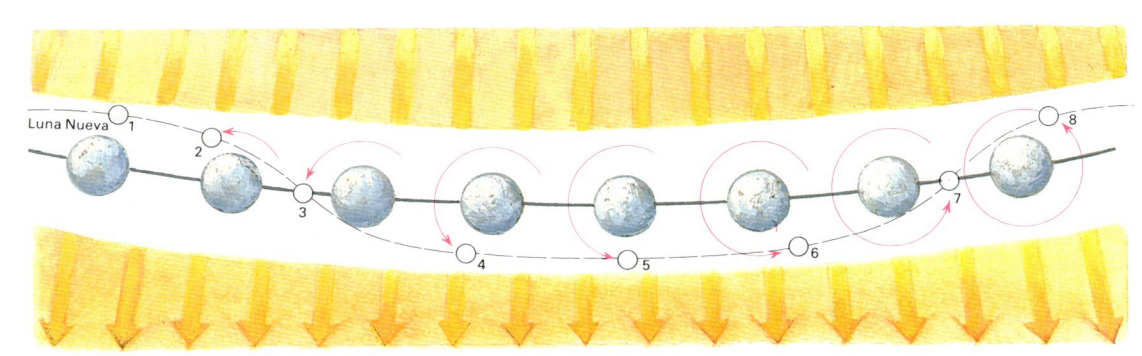

Movimientos de la Luna. Fases.

La Luna gira alrededor de la Tierra según una órbita elíptica. El tiempo necesario para recorrer dicha órbita se denomina lunación o mes sinódico y dura 29 días, 12 horas y 44 minutos. En realidad, este tiempo tiene en cuenta el desplazamiento simultáneo de la Tierra respecto del Sol, por lo que realmente la Luna da la vuelta a la Tierra en 27 días y 43 minutos, lo que constituye el período sidéreo. Además del movimiento de traslación alrededor de la Tierra, la Luna gira sobre sí misma según un movimiento de rotación, que tiene la misma duración que el de traslación. Por este motivo, este movimiento no se percibe desde la Tierra y la Luna siempre nos muestra la misma cara. El otro hemisferio se conoce como "cara oculta de la Luna". Debido a la variación de las posiciones relativas de la Luna, la Tierra y el Sol. La Luna es iluminada por el Sol desde todos los ángulos y su aspecto cambia al ser observada desde la Tierra, dando lugar a las llamadas fases de la Luna. En el esquema adjunto se aprecian las fases más representativas de la Luna. 1: Luna nueva. 3: Cuarto creciente. 5: Luna llena. 7: Cuarto menguante.

Datos de la Luna

Radio	1739 km
Masa	$7,38 \times 10^{22}$ kg
Densidad	3,34 g/cm^3
Gravedad	1,62 m/s^2
Período de rotación	27 d. 7 h 43 min
Distancia media a la Tierra	384.405 km
Superficie	$379 \cdot 10^5$ Km^2
Volumen	$219 \cdot 10^6$ Km^3

La Luna fotografiada desde el Apolo XI.

Fase de un eclipse total de Sol. En ella se puede apreciar el fenómeno conocido como corona.

Eclipses

Se denomina eclipse a la desaparición total o parcial del Sol o de la Luna debido a la particular posición relativa, en la que pueden encontrarse estos astros, en un momento dado. El eclipse de Sol se produce cuando la Luna se sitúa entre el Sol y la Tierra, mientras que el de Luna tiene lugar cuando la Tierra se interpone entre el Sol y la Luna. Aparentemente, esta circunstancia se debería producir cada día, pero en realidad un eclipse es un fenómeno raro. El hecho de que diariamente no se produzca un eclipse de Sol y otro de Luna, viene determinado por la circunstancia de que la órbita lunar está inclinada respecto a la eclíptica; es decir, respecto a la órbita que describe la Tierra en su movimiento de traslación alrededor del Sol. Por este motivo, para que haya un eclipse, es necesario que la órbita lunar coincida con la eclíptica y que los tres astros se encuentren a unas distancias determinadas.

Eclipse de Sol

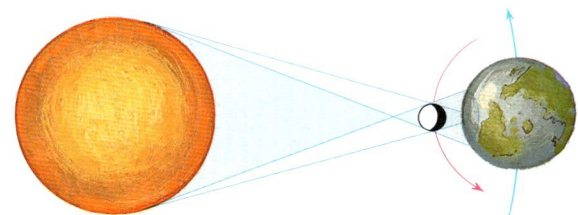

Eclipse de Luna

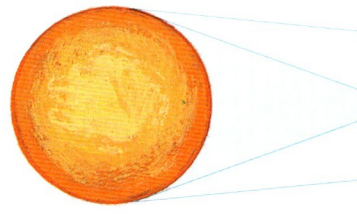

Eclipse parcial

Eclipse total

La Tierra. Movimientos

Movimiento de rotación
El día y la noche

La Tierra, como todos los astros, describe un movimiento alrededor de su eje, llamado movimiento de rotación. Este movimiento tiene lugar, como en la mayoría de los astros, de este a oeste, es decir, en sentido contrario al de las agujas del reloj (para un observador que esté situado en el hemisferio norte). La velocidad de rotación varía desde los polos al ecuador, donde es máxima, dada la forma esférica de la Tierra. El período de rotación para la Tierra, es de 23 h, 56 min y 4,1 s y determina la duración de los días y la alternancia del día y la noche. El período de rotación de los planetas del sistema solar está relacionado con su tamaño, siendo de 243 días para Venus y de menos de 10 horas para Júpiter.

Movimientos de traslación
Las estaciones

La Tierra realiza su movimiento de traslación alrededor del Sol según una órbita elíptica. El período de traslación dura 365 días, lo que define el año y las estaciones. El momento en que la Tierra se encuentra más próxima al Sol (perihelio) se denomina solsticio de invierno y tiene lugar el 21 ó 22 de diciembre, mientras que el 21 ó 22 de junio se produce el máximo alejamiento (afelio) y se denomina solsticio de junio o de verano. Tres meses después de cada una de estas fechas tienen lugar el equinoccio de primavera (21 de marzo) y el de otoño (22 de septiembre). Las estaciones no vienen definidas por la mayor o menor distancia al Sol, sino por el hecho de que el eje de rotación de la Tierra no sea perpendicular al plano de la eclíptica y forme respecto a aquel un ángulo de 23° 27'. Las estaciones vienen determinadas, pues, por el hecho de que durante el solsticio de verano el hemisferio norte recibe mayor insolación que el sur (verano boreal) mientras que la situación se invierte durante el solsticio de invierno (verano austral). Durante los equinoccios ambos hemisferios reciben la misma insolación, porque el Sol se halla en la perpendicular del ecuador.

Movimientos de precesión y nutación

Se denomina precesión al movimiento rotatorio del eje de la Tierra, que describe un círculo alrededor del polo de la eclíptica, de 46° 54' cada 25.790 años. Como se ve, dicho movimiento es muy lento y viene determinado por el achatamiento de la Tierra. Debido a dicho achatamiento, la atracción gravitatoria ejercida por la Luna y el Sol son mayores en el ecuador que en los polos, lo que origina el movimiento de precesión. El movimiento de nutación se debe a las mismas causas que el de precesión, pero en este caso se traduce en una desviación periódica hacia dentro y hacia fuera del eje de rotación terrestre, según un ángulo de sólo 18,4''.

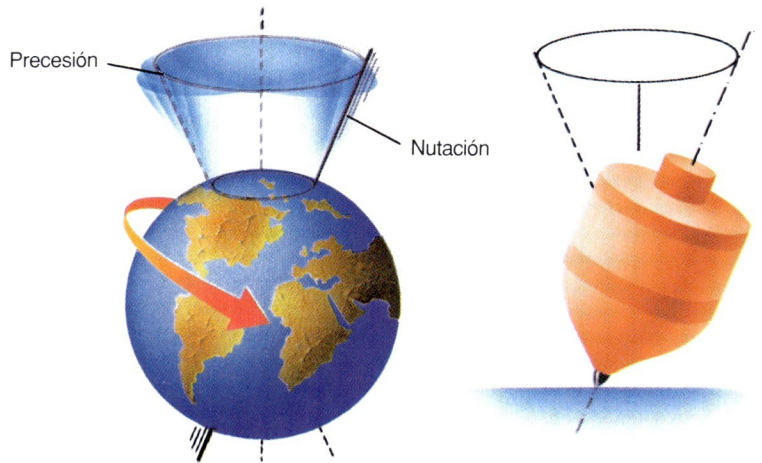

Datos de la Tierra

Distancia media al Sol	149,6 millones de km.
Duración del año	365,26 días
Duración del día	23h 56' 44''
Diámetro	12 756 km
Masa	5,976 x 10^{24} kg
Volumen	1 083 319 780 000 km^3
Area de la superficie terrestre	5,101 x 108 km^2
Gravedad superficial	9.78 m/seg cada seg.
Densidad media	5,517 g/cm^3
Norte magnético	73° lat. N. y 100° lat. O.
Sur magnético	69° lat. S. y 143° lat. E.
Temperatura media superficial	15° C
Satélites	La Luna

18 La atmósfera

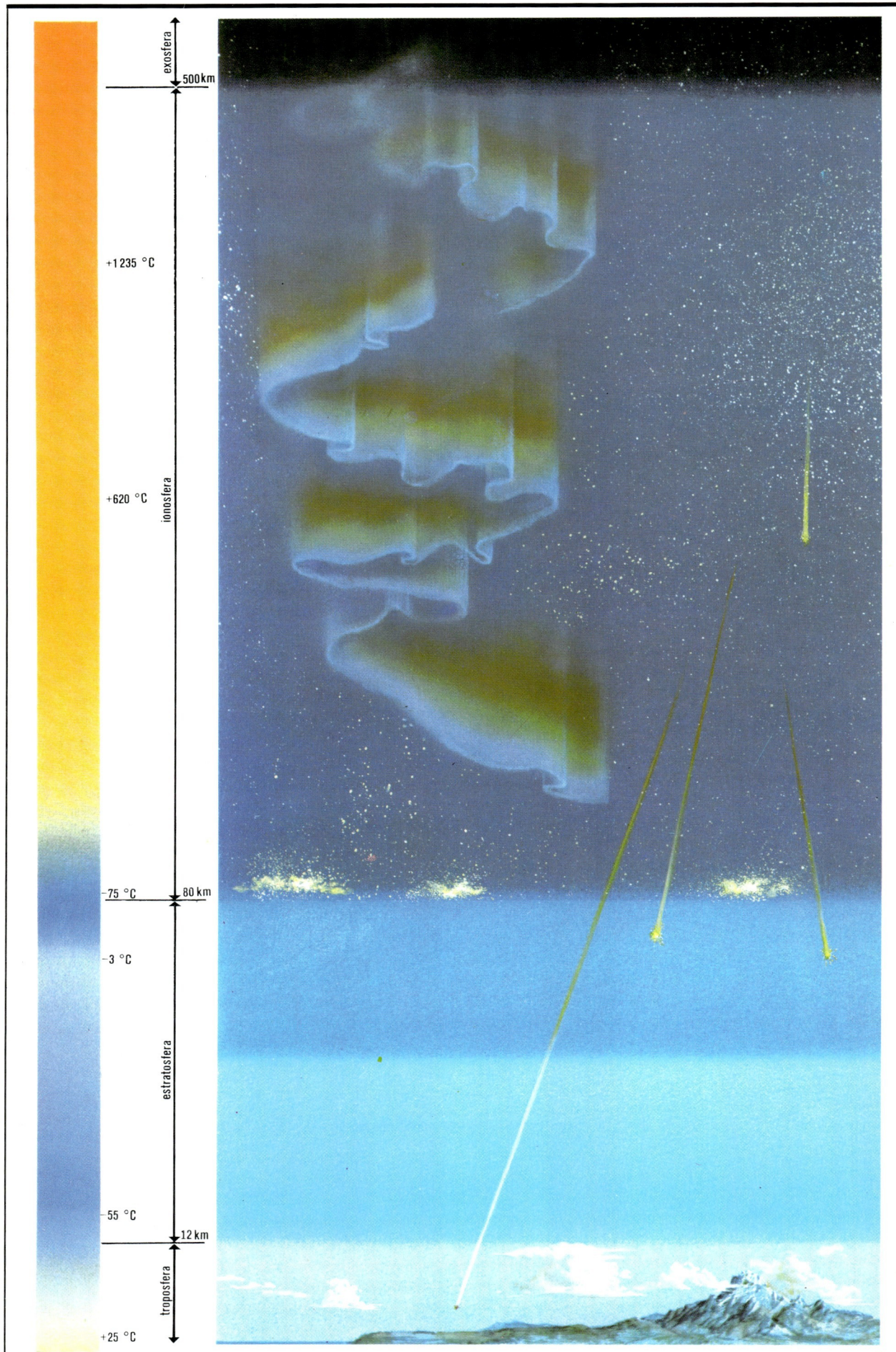

La atmósfera

Principales fenómenos atmosféricos

La atmósfera terrestre se formó a la vez que la Tierra, hace 4.600 millones de años, si bien su composición ha variado a lo largo del tiempo. La atmósfera primitiva carecía de oxígeno libre; el oxígeno actual ha sido liberado por los vegetales gracias a la fotosíntesis que, por otro lado, ha consumido parte del dióxido de carbono transformándolo en materia orgánica. La atmósfera terrestre actual consta de un 78% de nitrógeno, 21% de oxígeno, 0'9% de argón, 0'033% de dióxido de carbono y cantidades menores de otros gases. A parte de estos componentes, la atmósfera presenta una cantidad variable de vapor de agua. Por lo que respecta a su estructura, la atmósfera se encuentra dividida en capas. La troposfera es la capa más importante por que, a pesar de su escaso grosor, contiene el 80% de los gases atmosféricos y es en ella donde se producen la mayoría de los fenómenos meteorológicos. En la estratosfera, la mayor parte de la circulación del aire, es de tipo horizontal. En su seno se localiza una capa de ozono, que es responsable de la absorción de la mayoría de las radiaciones ultravioletas; sin la existencia de esta capa no sería posible la vida en la Tierra. En la mesosfera (parte inferior de la ionosfera) los gases se encuentran muy enrarecidos y en esta capa se dan las temperaturas atmosféricas más bajas. La ionosfera presenta los gases ionizados debido a la acción de los rayos solares y es donde tienen lugar las auroras polares. A partir de los 500 km de altitud aparece la exosfera que se encuentra prácticamente vacía.

Fenómenos atmosféricos

Se denominan fenómenos atmosféricos o meteoros a todos los acontecimientos que tienen lugar en la atmósfera y que se clasifican en meteoros climáticos, eléctricos y ópticos. Son meteoros climáticos: las nubes, la niebla, la bruma, el rocío, la escarcha, la lluvia, la nieve y el granizo, además del viento y la temperatura. Son meteoros eléctricos el rayo, el relámpago y las auroras polares. El arco iris es por su parte un meteoro óptico. Entre los meteoros climáticos, las nubes están formadas por pequeñísimas gotitas de agua o cristales de hielo, que se mantienen en suspensión gracias a la existencia de corrientes ascendentes de aire. La niebla y la bruma no son más que nubes bajas, que se disponen en contacto con el suelo y con el mar respectivamente. La lluvia se produce cuando se condensa la humedad atmosférica y se precipita sobre la corteza terrestre, siempre y cuando la temperatura ambiental sea superior a los 0°C. En caso contrario se precipitará en forma sólida dando lugar a nieve o granizo. El rocío se forma por condensación de la humedad atmosférica sobre superficies frías; si la temperatura desciende por debajo de los 0°C, el rocío se hiela y da lugar a la escarcha. Entre los meteoros eléctricos el rayo no es más que una descarga eléctrica originada entre dos nubes o entre una nube y el suelo; el relámpago es la manifestación lumínica del rayo. Las auroras polares se forman como consecuencia de la existencia de gases ionizados en la atmósfera que son perturbados por un incremento de la actividad solar. El arco iris es un meteoro luminoso que debe su origen a la refracción de la luz solar al atravesar las gotitas de lluvia que actúan como prismas.

Nubes (tipos)

1) Cirros. Nubes altas, blancas y de aspecto filamentoso. Están formadas por cristales de hielo y suelen anunciar mal tiempo.
2) Cirrocúmulos. Variedad de cirros formada por numerosas nubecillas.
3) Altocúmulos. Conjunto de nubecillas de color grisáceo o blanco. Se sitúan a una altura media y están formadas básicamente por gotitas de agua.
4) Cúmulos. Nubes enormes de contornos precisos y desarrollo vertical. Su base suele ser plana y gris mientras que el resto es de un brillante color blanco. Se consideran señal de buen tiempo aunque pueden originar chubascos aislados.
5) Altoestratos. Masa nubosa extensa y plana y por lo general uniforme y de color grisáceo. Se forma a una altura media y está formada por agua y hielo. Provoca precipitaciones contínuas y duraderas.

20 Clima, pluviometría y temperaturas

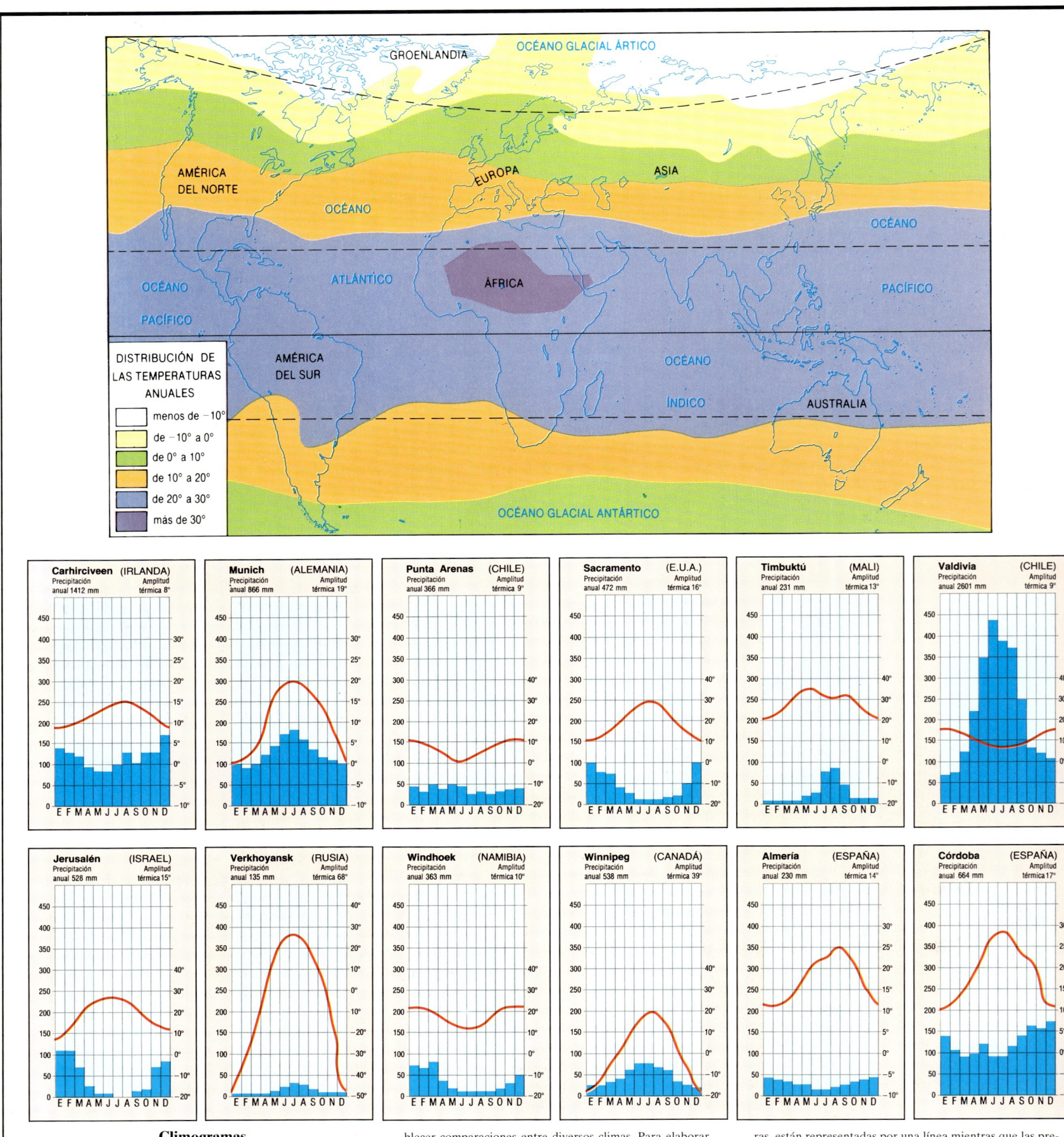

Climogramas

Se denominan climogramas a las gráficas que recogen las variaciones anuales de las temperaturas y las precipitaciones de una localidad geográfica. Resultan muy útiles para establecer comparaciones entre diversos climas. Para elaborar dichos gráficos se colocan en abcisas los meses del año, mientras que en ordenadas aparecen a la izquierda las precipitaciones en mm y a la derecha las temperaturas en grados centígrados. Las variaciones anuales de las temperaturas, están representadas por una línea mientras que las precipitaciones mensuales, aparecen representadas por barras. En la parte superior izquierda de los climogramas adjuntos, aparece el valor total de las precipitaciones anuales y a la derecha la amplitud u oscilación térmica.

Tiempo y clima

El clima se define como el conjunto de fenómenos meteorológicos que se suceden en una determinada región, a lo largo del año y durante varios años. La definición de clima no es pues muy precisa, y es lógico, dada la complejidad de los factores que intervienen. Por la misma razón, tampoco resulta fácil la clasificación de los climas, que se suele hacer en función de la temperatura media, la amplitud térmica anual y las precipitaciones. El tiempo meteorológico se define como el estado de la atmósfera en una determinada región geográfica, en un momento dado. El tiempo meteorológico depende del conjunto de factores que como la presión, la temperatura, el viento y la humedad, coinciden en un mismo lugar y en un momento dado. La duración de estas circunstancias acostumbra a ser breve, ya que en poco tiempo suelen variar uno o más de dichos factores. Dada la complejidad de factores que configuran el tiempo meteorológico y su continua variación, la predicción del tiempo no resulta fácil. No obstante y gracias a los avances tecnológicos actuales, el margen de error es cada vez menor. A modo de resumen, se puede decir que se consideran indicadores de mal tiempo: el descenso de la presión, el cambio de la dirección del viento y el descenso de la nubes. Son en cambio signos de buen tiempo: el aumento de la presión y la temperatura y el incremento de la altura a la que circulan las nubes.

Precipitaciones. Formación de una borrasca

Las precipitaciones se producen cuando la humedad atmosférica se condensa en gotas de agua o cristales de hielo de peso superior al que permite mantenerlas en suspensión en el aire. Si la precipitación se produce en forma líquida se denomina en general lluvia, aunque existen otros términos que expresan diferentes grados de intensidad: llovizna, chaparrón, chubasco, diluvio..... Si las precipitaciones son en forma sólida, debido a que la temperatura es inferior a 0°C, aparecen las nevadas y los granizos. La nieve es una precipitación sólida formada por cristales de hielo. El granizo en cambio se forma por superposición de varias capas de cristales de nieve, debido a fenómenos de turbulencia en las nubes. El granizo propiamente dicho consta de masas esféricas de hielo duro, de más de 5 mm de diámetro. Las borrascas o depresiones son zonas de baja presión que se originan a consecuencia del contacto entre una masa de aire frío (frente polar) y otra de aire caliente (frente tropical). Las zonas de contacto entre ambos frentes acaban por adoptar forma de dientes de sierra cuyo lado cóncavo corresponde al frente frío que es el más activo, mientras que el lado convexo corresponde al frente cálido. La combinación de movimientos horizontales y verticales da lugar a un torbellino que en el hemisferio norte gira en sentido contrario a las agujas del reloj. El aire caliente y cargado de humedad del sector central, al ascender, se enfría, por lo que la humedad se condensa y da lugar a precipitaciones.

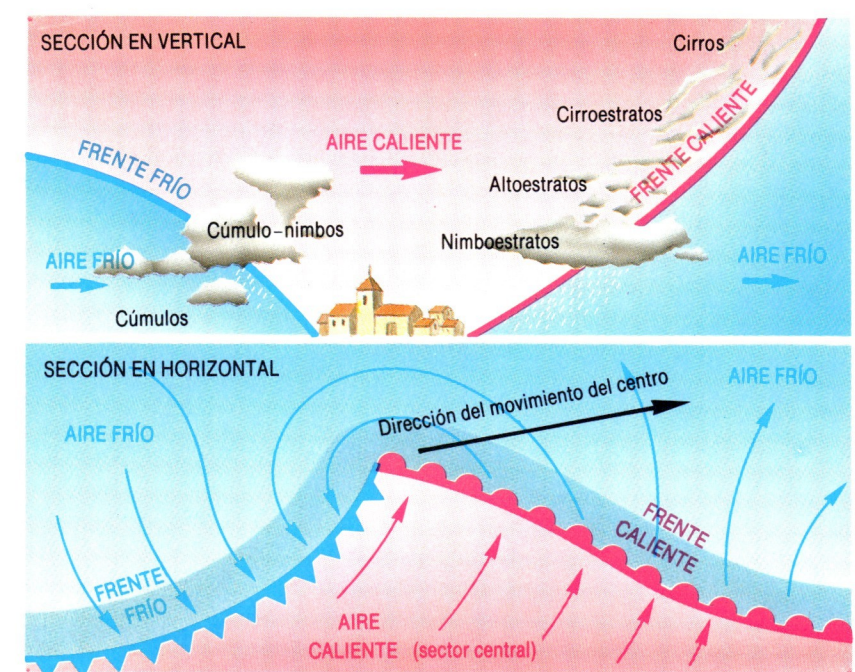

Ciclo del agua

Se denomina ciclo del agua al recorrido que experimenta una partícula de agua desde que se evapora del mar hasta que vuelve al mismo. El ciclo se inicia con la evaporación del agua de la superficie del océano; la evaporación es posible gracias a la energía del Sol que se manifiesta en forma de calor y de viento. Las partículas de vapor de agua pasan a formar las nubes, hasta el momento en que se condensan y se precipitan sobre el mar o un continente. Si se precipitan sobre un continente, lo pueden hacer en forma líquida (lluvia) o sólida (nieve). La nieve puede permanecer retenida en un glaciar durante años o fundirse y deslizarse como la lluvia por la superficie de los continentes. El agua superficial penetra en el subsuelo y pasa a formar parte de las aguas subterráneas. Una porción del agua es absorbida por las raíces de los vegetales o bebida por los animales, pasando a formar parte de un ser vivo. Este agua, por transpiración, puede volver de nuevo a la atmósfera en forma de vapor; el resto del agua superficial vuelve al mar por medio de los ríos, lo que permite cerrar el ciclo.

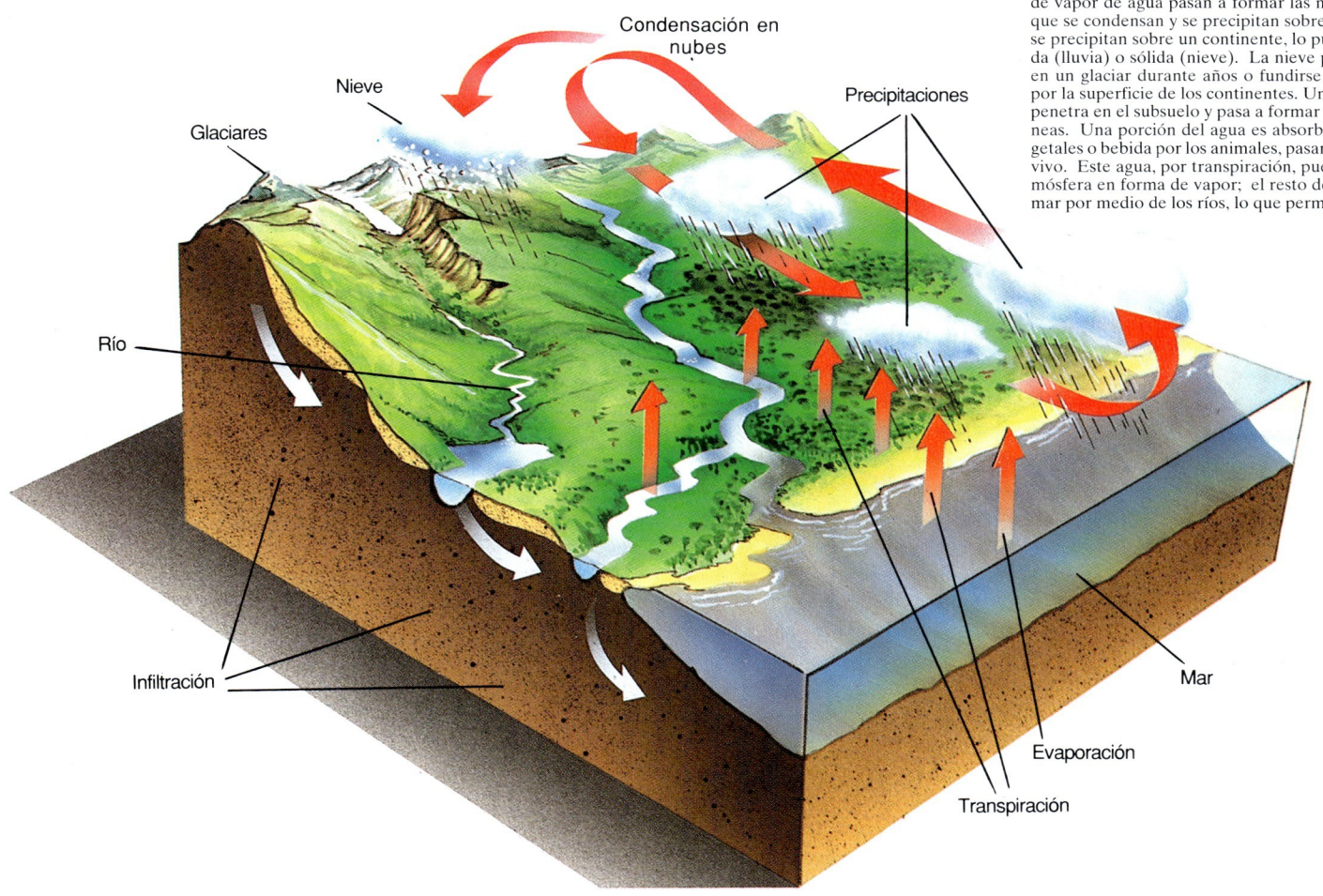

22 Clima. Corrientes marinas

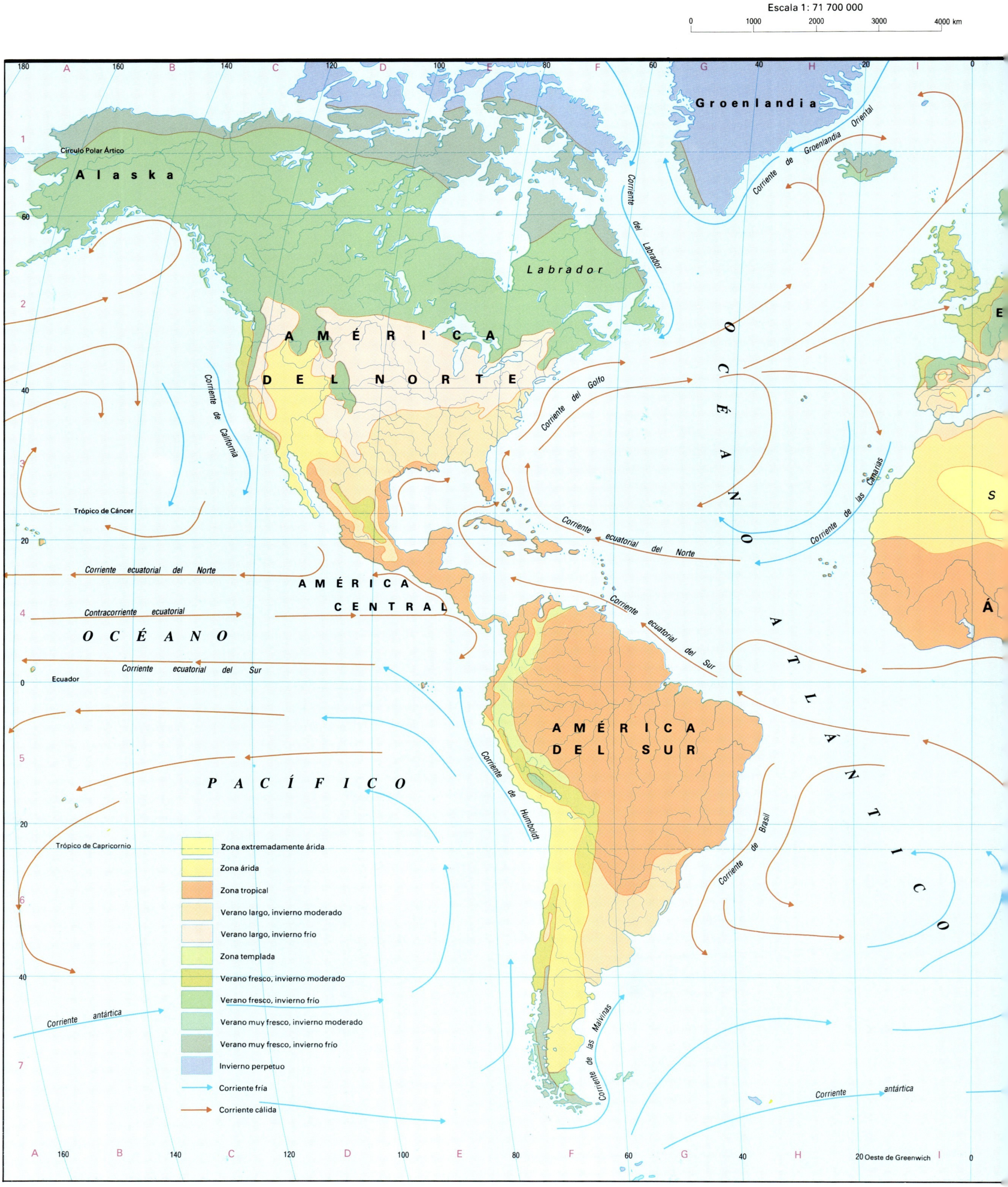

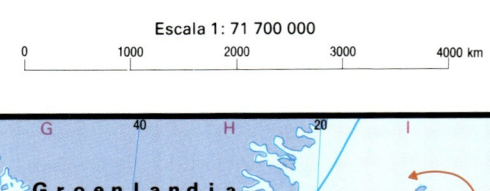
Escala 1: 71 700 000

Leyenda:
- Zona extremadamente árida
- Zona árida
- Zona tropical
- Verano largo, invierno moderado
- Verano largo, invierno frío
- Zona templada
- Verano fresco, invierno moderado
- Verano fresco, invierno frío
- Verano muy fresco, invierno moderado
- Verano muy fresco, invierno frío
- Invierno perpetuo
- Corriente fría
- Corriente cálida

Corrientes marinas indicadas:
- Corriente de Groenlandia Oriental
- Corriente del Labrador
- Corriente del Golfo
- Corriente de las Canarias
- Corriente ecuatorial del Norte
- Contracorriente ecuatorial
- Corriente ecuatorial del Sur
- Corriente de California
- Corriente de Humboldt
- Corriente de Brasil
- Corriente de las Malvinas
- Corriente antártica

Regiones: Alaska, América del Norte, América Central, América del Sur, Labrador, Groenlandia

Océanos: Océano Pacífico, Océano Atlántico

Círculo Polar Ártico — Trópico de Cáncer — Ecuador — Trópico de Capricornio — Oeste de Greenwich

24 Estructura de la Tierra. Hemisferios

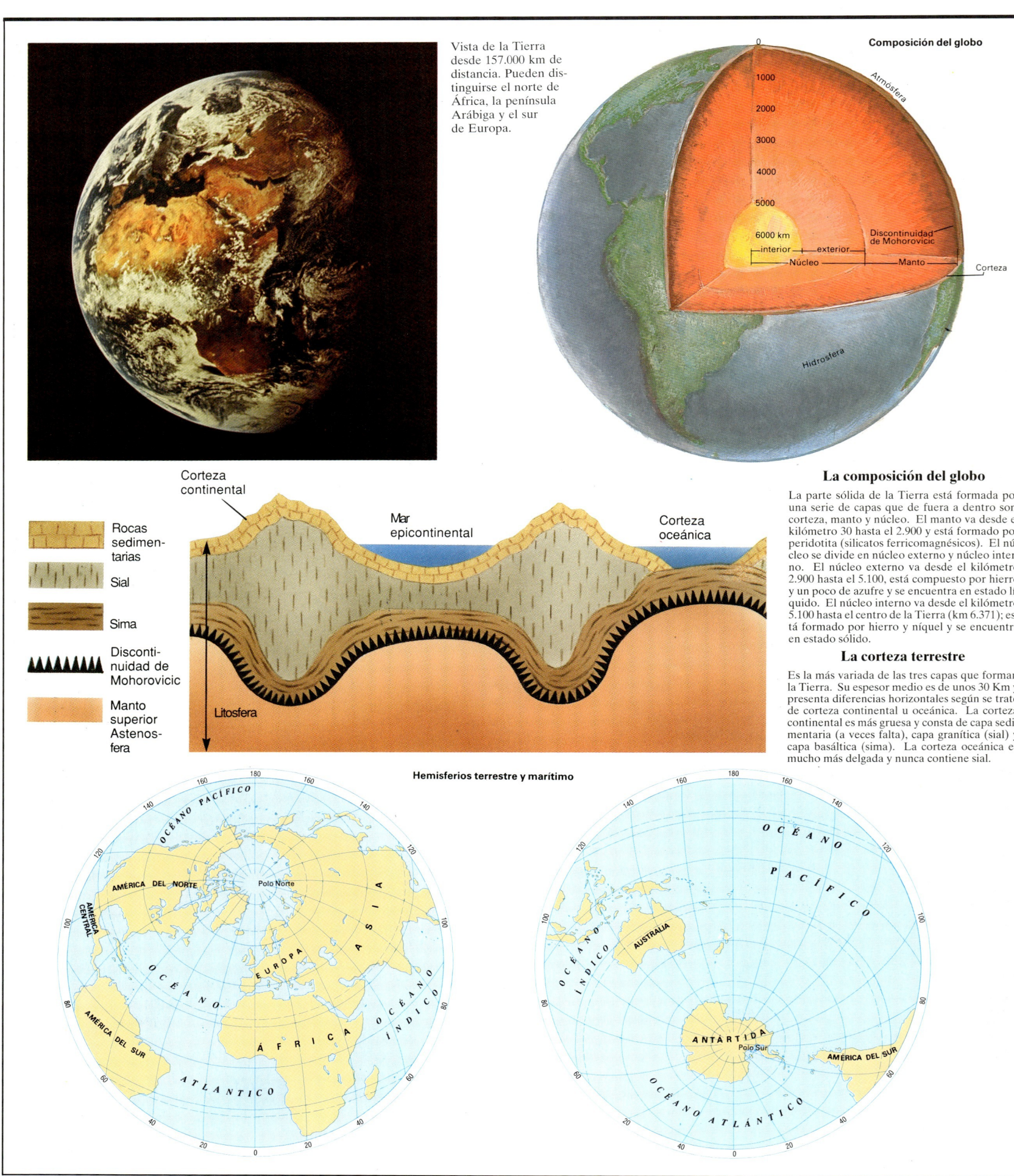

Vista de la Tierra desde 157.000 km de distancia. Pueden distinguirse el norte de África, la península Arábiga y el sur de Europa.

Composición del globo

La composición del globo

La parte sólida de la Tierra está formada por una serie de capas que de fuera a dentro son: corteza, manto y núcleo. El manto va desde el kilómetro 30 hasta el 2.900 y está formado por peridotita (silicatos ferricomagnésicos). El núcleo se divide en núcleo externo y núcleo interno. El núcleo externo va desde el kilómetro 2.900 hasta el 5.100, está compuesto por hierro y un poco de azufre y se encuentra en estado líquido. El núcleo interno va desde el kilómetro 5.100 hasta el centro de la Tierra (km 6.371); está formado por hierro y níquel y se encuentra en estado sólido.

La corteza terrestre

Es la más variada de las tres capas que forman la Tierra. Su espesor medio es de unos 30 Km y presenta diferencias horizontales según se trate de corteza continental u oceánica. La corteza continental es más gruesa y consta de capa sedimentaria (a veces falta), capa granítica (sial) y capa basáltica (sima). La corteza oceánica es mucho más delgada y nunca contiene sial.

Hemisferios terrestre y marítimo

Volcanes

Un volcán es una fisura de la corteza terrestre por el que ascienden magmas procedentes del interior de la Tierra. Los materiales que surgen al exterior se encuentran a temperaturas muy elevadas (800-1200°C) y en diferentes estados físicos: gaseoso, líquido y sólido. Entre los gases destaca el vapor de agua, el dióxido y el monóxido de carbono, el hidrógeno, el ácido sulfhídrico y el dióxido de azufre. Los productos líquidos o lavas proceden de rocas fundidas y están compuestos sobre todo por silicatos. Por último los productos sólidos se clasifican según su tamaño en cenizas, lapilli, bombas y bloques.

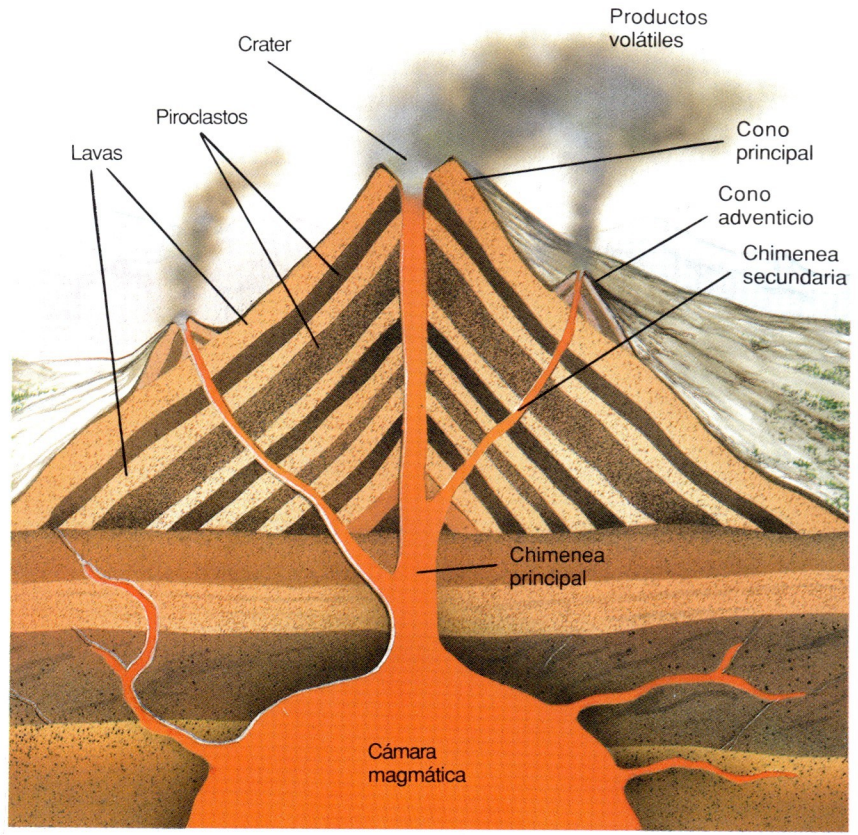

Erupción del volcán Etna.

Tipos de volcanes

Los volcanes se clasifican sobre todo en función de la naturaleza química de la lava y de su temperatura, aunque también se tienen en cuenta el mecanismo de la erupción, la proporción de gases y materiales sólidos y la morfología del edificio volcánico. Desde el punto de vista químico, las lavas se clasifican en ácidas, intermedias, básicas y ultrabásicas, en función de la cantidad de sílice libre que contengan. Las lavas ácidas son más claras y viscosas por lo que fluyen con mayor dificultad y tienden a solidificarse antes de salir por el cráter. Los volcanes que expulsan este tipo de lavas tienden pues a ser de tipo explosivo. Las paredes del cono volcánico tienen por este motivo una fuerte pendiente. Las lavas básicas y ultrabásicas contienen poco sílice libre por lo que son oscuras y fluidas. Dada su escasa viscosidad se desplazan a gran velocidad y forman coladas muy extensas. Las paredes del cono volcánico presentan pendientes suaves y las erupciones son bastantes tranquilas y con poca proporción de materiales sólidos. Según estas características, los volcanes se suelen clasificar en seis grupos que utilizan como referencia otros tantos volcanes actuales; la clasificación tal como se observa en el esquema adjunto incluye desde los volcanes de tipo hawaiano, caracterizados por sus paredes de pendientes suaves y por el predominio de los materiales líquidos sobre los sólidos y gaseosos, hasta los del tipo krakatoano. La erupción de los volcanes de este último tipo constituye una forma especial de vulcanismo de gran capacidad destructiva y se produce en volcanes cuya caldera entra en comunicación con el agua de mar, de modo que al hervir ésta, provoca un incremento tan desmesurado de la presión que acaba por estallar todo el aparato volcánico. La explosión del Krakatoa (Indonesia) en 1883 provocó la destrucción del 70% de la isla.

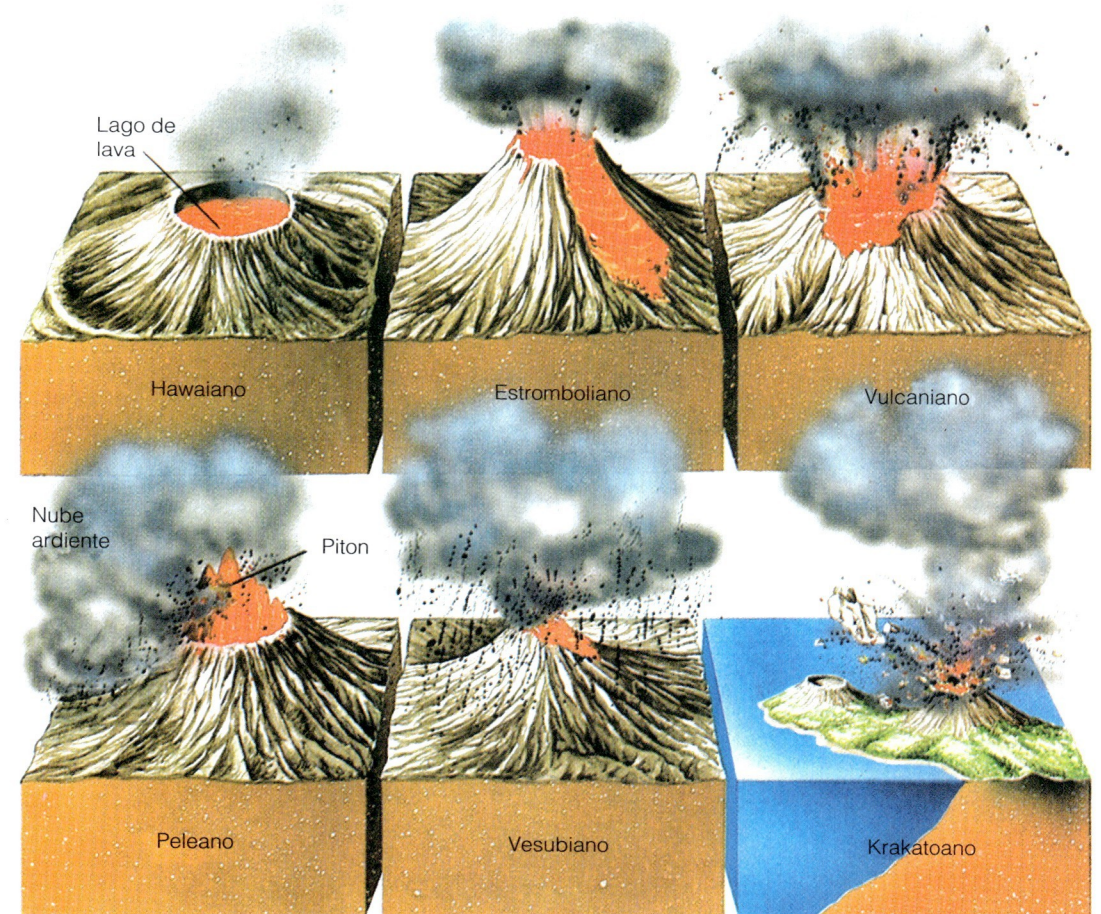

26 Plegamientos y fracturas

Elementos de un pliegue

Plano axial: plano imaginario que divide el pliegue en dos flancos simétricos. *Charnela*: línea de intersección entre el plano axial y la superficie externa del pliegue; es decir, línea que marca el cambio de buzamiento de los estratos. *Vergencia*: buzamiento del plano axial. *Buzamiento*: ángulo que forma el plano del estrato con la horizontal. *Anticlinal*: zona convexa del pliegue; en caso de que la forma convexa haya desaparecido por erosión, los materiales más antiguos aparecen en el centro rodeados por los más modernos. *Sinclinal*: zona cóncava del pliegue; sí la erosión ha modificado su aspecto cóncavo, el sinclinal se reconoce por presentar los materiales más modernos en el centro, rodeados por los más antiguos.

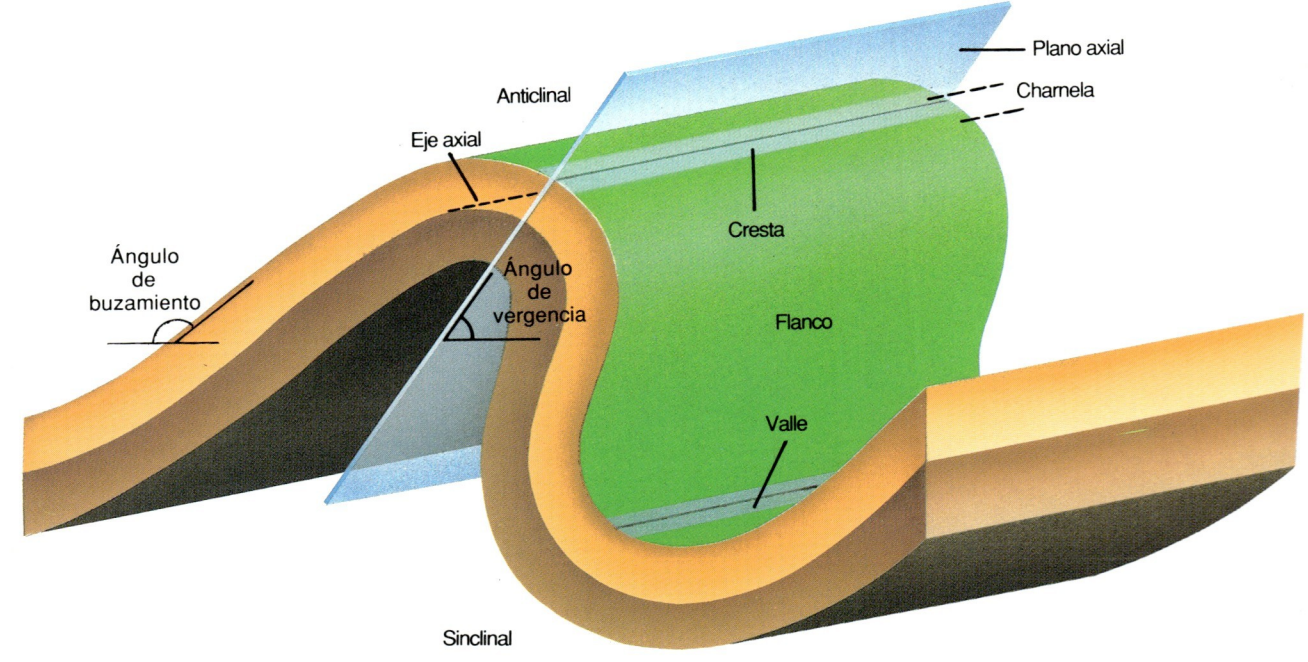

Tipos de pliegues

Los pliegues *rectos* no son muy frecuentes en la naturaleza y se caraterizan por tener su plano axial vertical; en consecuencia los dos flancos son prefectamente simétricos respecto al plano axial. Los pliegues *inclinados* son aquellos en los que el plano axial presenta una inclinación no superior a los 45º. Si la inclinación supera los 45º, sin alcanzar los 90º, el pliegue se denomina *tumbado*, pasándose a llamar *acostado* si la inclinación es de 90º y el plano axial pasa a ser horizontal. El pliegue en *abanico* no es más que el resultado de la asociación de dos o más pliegues contiguos. Un *anticlinorio* está constituido por la asociación de varios pliegues cuyos respectivos anticlinales y sinclinales adoptan en conjunto un aspecto convexo, es decir, constituyen una especie de anticlinal de segundo orden. Cuando el conjunto de pliegues se dispone de manera cóncava se denomina *sinclinorio*. En un sinclinorio los planos axiales de los pliegues de primer orden, convergen hacia arriba mientras que en un anticlinorio lo hacen hacia abajo.

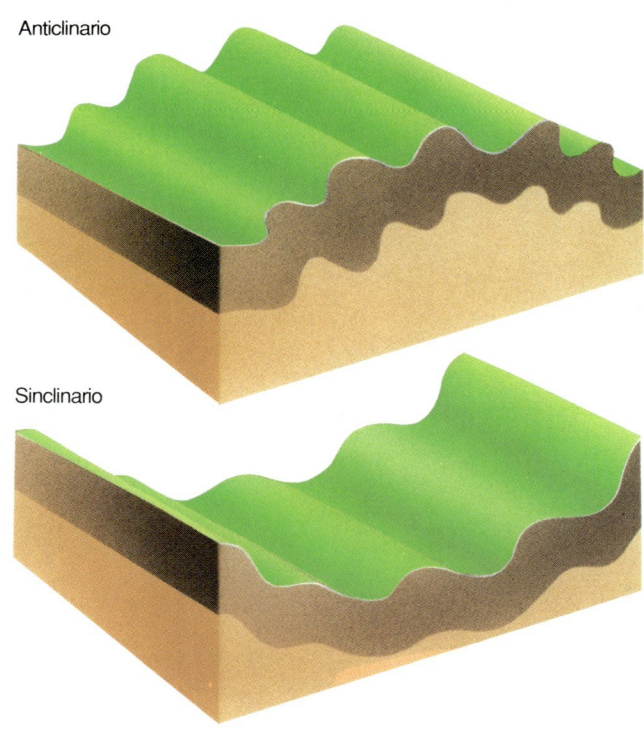

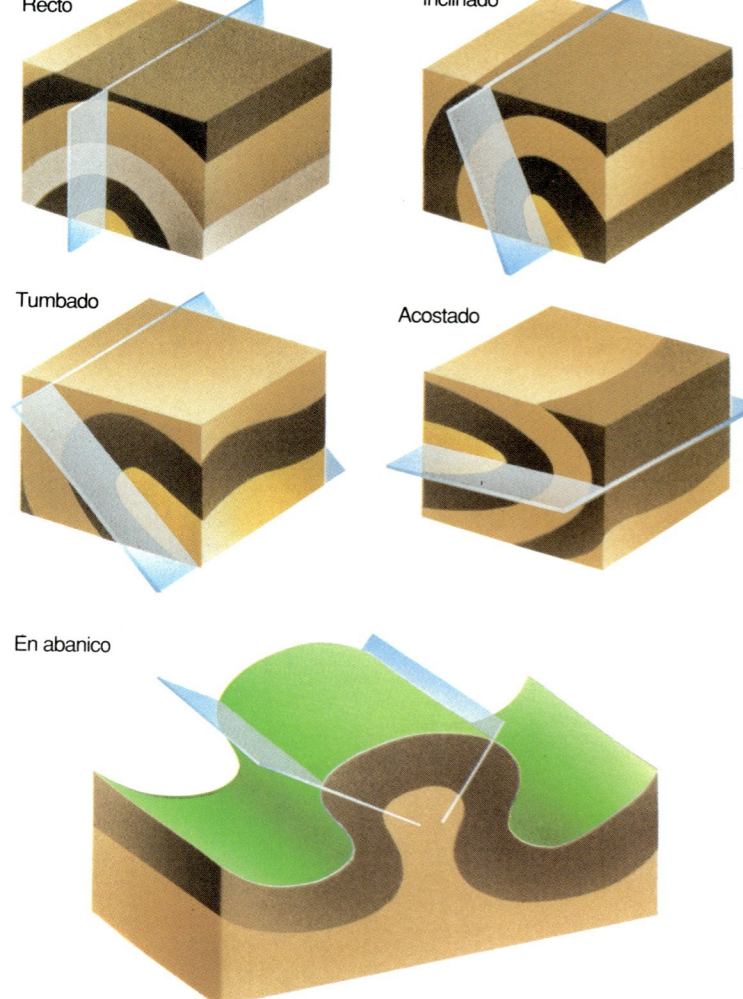

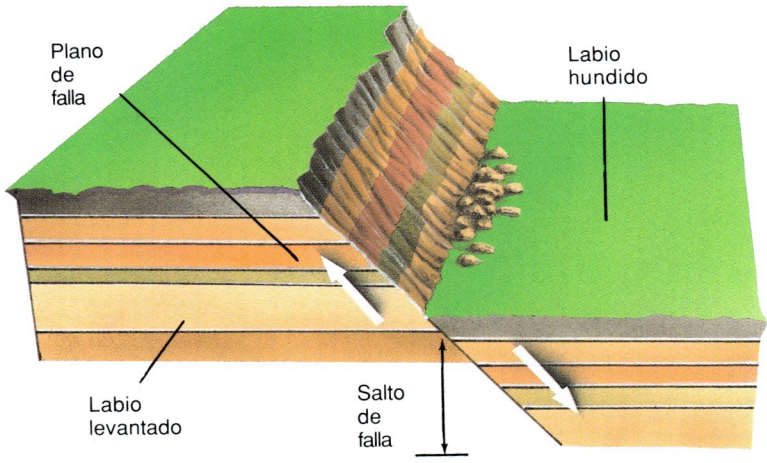

Elementos de una falla

Plano de falla: superficie respecto a la cual se ha producido el desplazamiento de los estratos. El plano de falla queda definido en función de su dirección y su buzamiento. Si el plano de falla adquiere un aspecto pulimentado debido a la fricción producida por el desplazamiento, se denomina *espejo de falla*. *Labio de falla*: cada uno de los dos bloques que han experimentado un desplazamiento. *Salto de falla*: es la distancia más corta entre dos puntos equivalentes de un mismo estrato que han quedado situados cada uno en un labio distinto; también se denomina escarpe de falla. A veces, como sucede en las fallas de rotación, el salto de falla es variable.

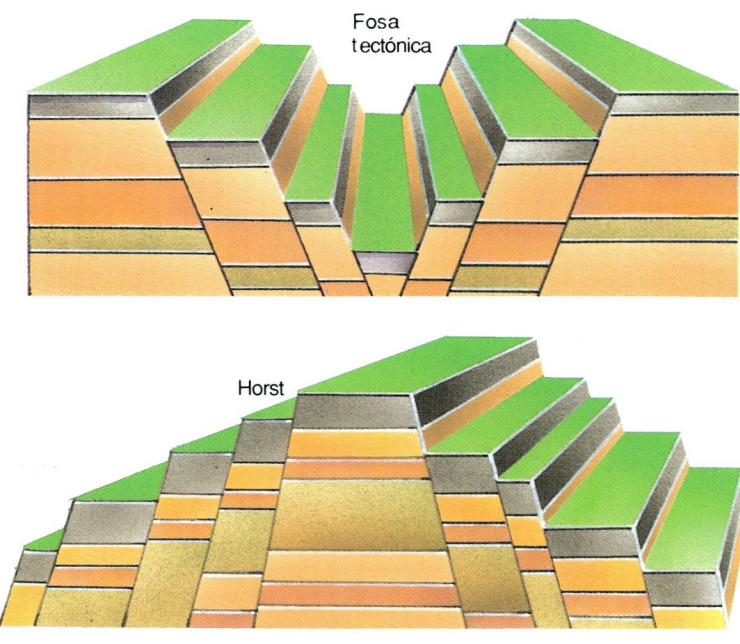

Clases de fallas

Las fallas se clasifican en función del tipo de desplazamiento que han experimentado los labios. La *falla normal* se caracteriza por que el buzamiento del plano de falla se dispone en la misma dirección que el labio hundido; es decir, el labio hundido se ha desplazado a favor de la pendiente. Las fallas normales están ligadas a procesos de descompresión tectónica y suelen formarse en la etapa postorogénica. En la *falla inversa* el buzamiento del plano de falla se dispone en la dirección del labio levantado; es decir, el labio levantado se ha desplazado contra pendiente. Las fallas inversas se originan como resultado de la presencia de fuerzas de compresión que actúan sobre materiales poco plásticos. Si el plano de falla se dispone muy inclinado, el labio levantado se sitúa sobre el hundido dando lugar a un cabalgamiento. En el caso extremo de que el plano de falla sea casi horizontal se originan los mantos de corrimiento que suelen encontrarse en las zonas axiales de los orógenos, allí donde el esfuerzo tectónico es máximo. La *falla de dirección* se caracteriza por carecer de salto de falla vertical, ya que el desplazamiento de los labios sólo tiene lugar en sentido horizontal. La *falla de rotación* o de tijera, se caracteriza por que los labios experimentan un movimiento de rotación uno respecto al otro, de tal manera que el salto de falla aumenta según nos alejemos del eje de rotación. Muy a menudo las fallas no aparecen aisladas sino que forman sistemas de fallas con direcciones bien definidas. Según la morfología general que adopta el conjunto, los sistemas de fallas se dividen en fosas tectónicas y horsts. Las *fosas tectónicas* son zonas hundidas que están limitadas por sistemas de fallas paralelas. Dan lugar a valles que a menudo son recorridos por ríos y cuentan con importantes asentamientos humanos. Los *horsts*, por el contrario, constituyen zonas elevadas limitadas igualmente por fallas.

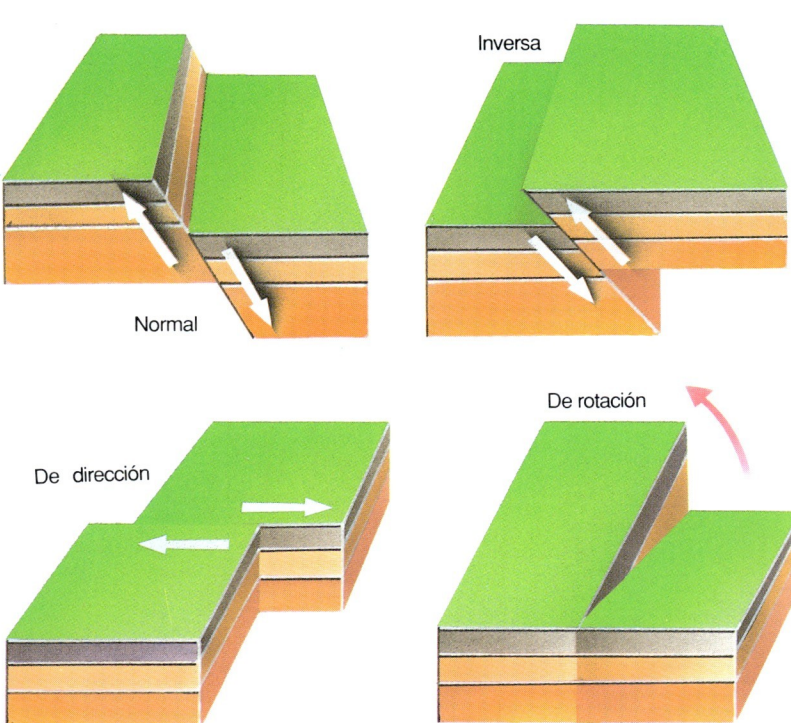

Fracturas en un plano de falla.

28 Geología

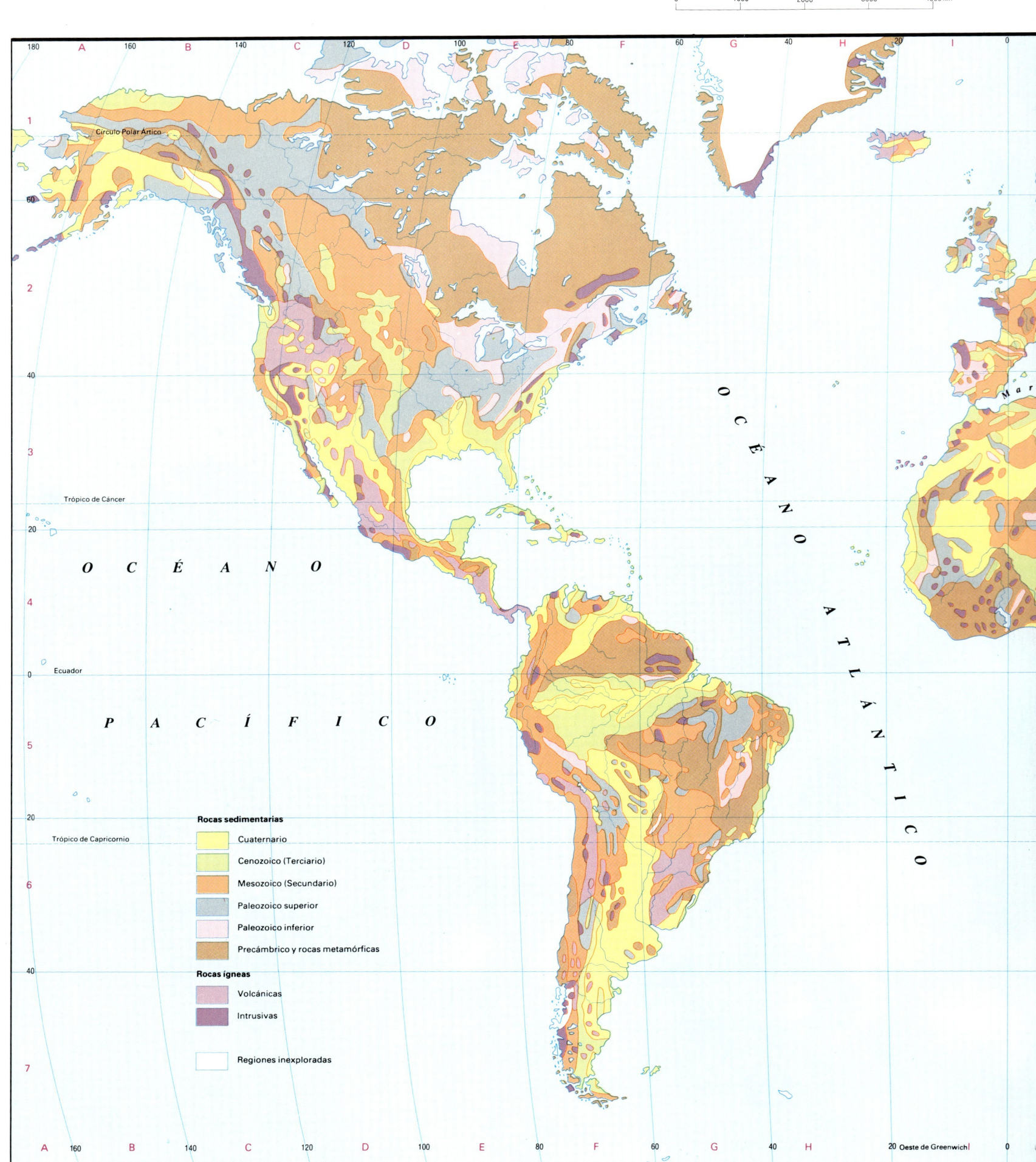

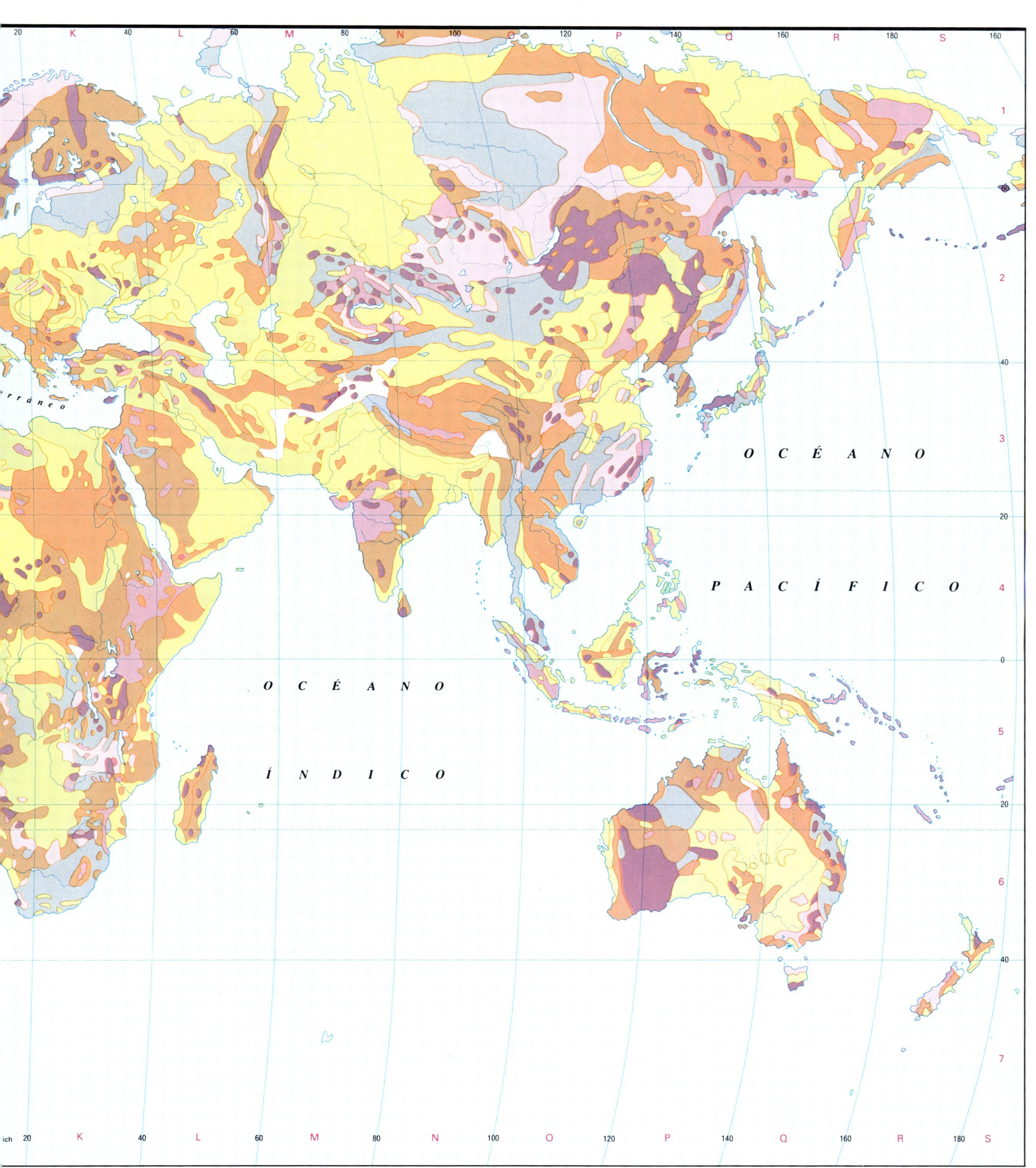

30 Sismicidad y vulcanismo

Escala 1: 88 000 000

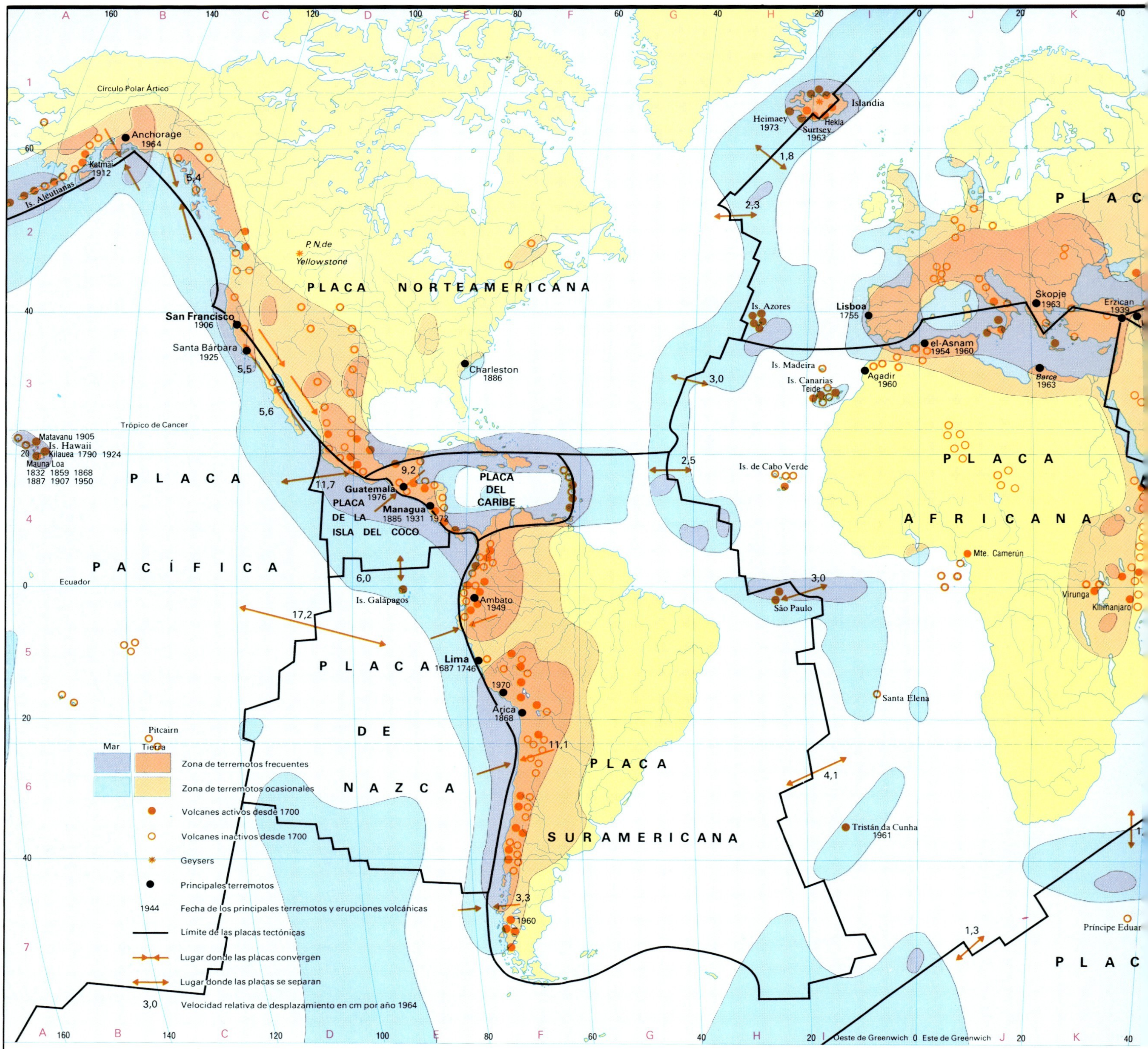

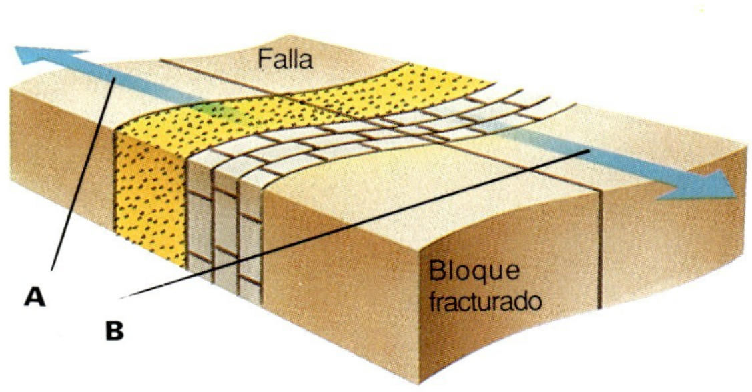

Sismicidad (foco sísmico)

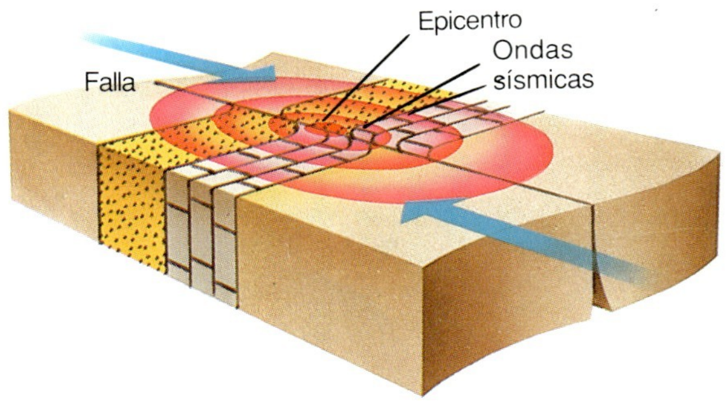

Los seísmos que se observan en la superficie de la Tierra son debidos, en su mayor parte, a las fuertes sacudidas que experimenta la corteza terrestre a consecuencia de las fuerzas tectónicas a las que se ve sometida. La causa última reside en la astenosfera, una capa pastosa del manto superior, en cuyo seno se originan unas corrientes convectivas que afectan a la litosfera resquebrajándola en placas que se mueven unas respecto a otras. A consecuencia de dichos movimientos, aparecen fuerzas

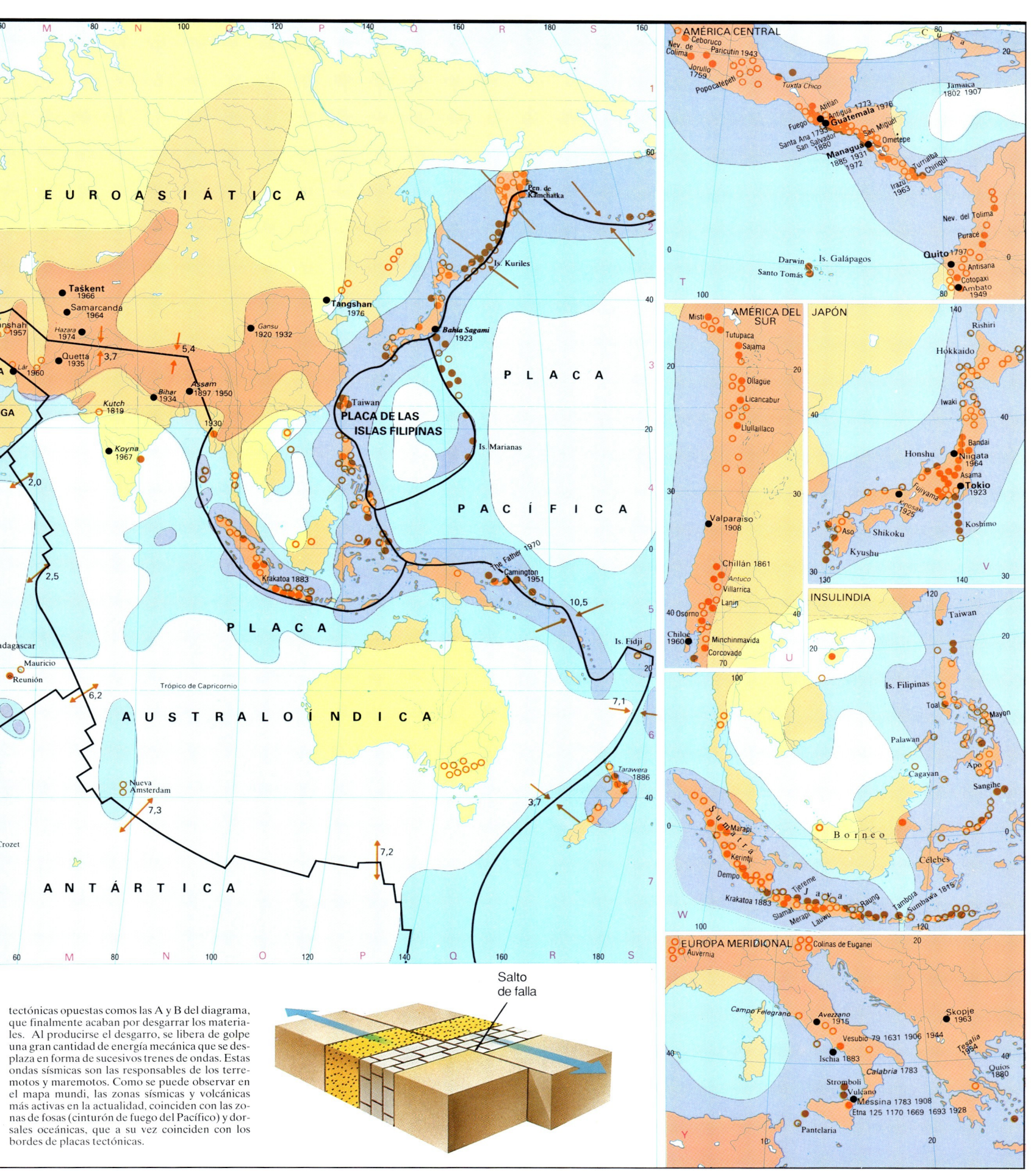

tectónicas opuestas comos las A y B del diagrama, que finalmente acaban por desgarrar los materiales. Al producirse el desgarro, se libera de golpe una gran cantidad de energía mecánica que se desplaza en forma de sucesivos trenes de ondas. Estas ondas sísmicas son las responsables de los terremotos y maremotos. Como se puede observar en el mapa mundi, las zonas sísmicas y volcánicas más activas en la actualidad, coinciden con las zonas de fosas (cinturón de fuego del Pacífico) y dorsales oceánicas, que a su vez coinciden con los bordes de placas tectónicas.

32 El medio ambiente. Ecosistemas terrestres

Ecosistemas

La ecología es una especialidad de la biología que estudia las relaciones que establecen los seres vivos entre sí y con el medio físico que les rodea. La unidad funcional de la ecología es el ecosistema. Un ecosistema concreto consta pues de un conjunto de factores abióticos, es decir, de naturaleza fisicoquímica, llamado *biotopo*, más el conjunto de seres vivos que se encuentran relacionados entre sí y que constituyen la *biocenosis*. Entre los factores físicos que caracterizan el biotopo destacan la temperatura, la presión y la luz. Los factores químicos son mucho más amplios y variados: agua, concentración de sales, oxígeno, dióxido de carbono, etc. El conjunto de seres vivos que puebla un ecosistema, no sólo se encuentra condicionado por el biotopo, sino que además siempre establece lazos más o menos fuertes o evidentes entre sus miembros. En una biocesosis las relaciones se suelen estudiar por separado, según se trate de relaciones intraespecíficas o interespecíficas. Las relaciones que se establecen con fines alimentarios se denominan redes tróficas, mientras que a la forma de obtener los alimentos (o mejor la materia y la energía) se le conoce como nivel trófico. Según el nivel trófico que ocupan, los seres vivos se clasifican en: *productores primarios, consumidores de primer grado o herbívoros, consumidores de segundo grado o carnívoros, supercarnívoros y descomponedores*. Los *productores primarios* son los organismos autótrofos, es decir, los vegetales verdes, que son los únicos seres vivos capaces de transformar la materia inorgánica en orgánica gracias a la energía lumínica. Los *herbívoros* se alimentan directamente de los productores primarios, mientras que los *carnívoros* se alimentan de herbívoros. Los *supercarnívoros* se nutren a expensas de los carnívoros para que, finalmente, los *descomponedores* aprovechen los cadáveres de cualquiera de los otros niveles y transformen la materia orgánica en inorgánica, lo que permite cerrar el ciclo. La representación, por medio de rectángulos, de la biomasa del conjunto de organismos que constituyen cada uno de dichos niveles da lugar a la formación de las *pirámides de biomasa*, que sirven para definir los ecosistemas. Por su parte, las *pirámides de números* reflejan de modo proporcional el número de individuos de cada especie existente de dicha biocenosis por unidad de superficie y volumen. El estudio de las cadenas tróficas permite comprobar cómo el flujo unidireccional de energía es abierto; únicamente al 10% de energía de un nivel es aprovechado por el siguiente nivel en sentido ascendente. A menudo la frontera entre los diversos tipos de ecosistemas no es rígida, del mismo modo que las características que definen a uno inciden también sobre otros. Cabe también señalar cómo algún tipo es recesivo o agresivo con respecto a otro, generalmente colindante.

Pirámide de números
Nº de individuos

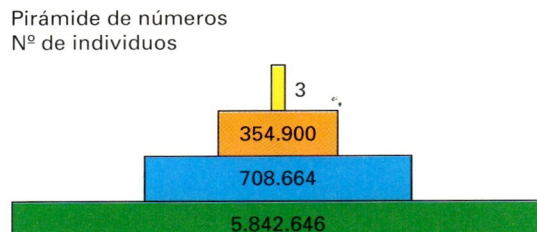

Pirámide de biomasa
g/m²

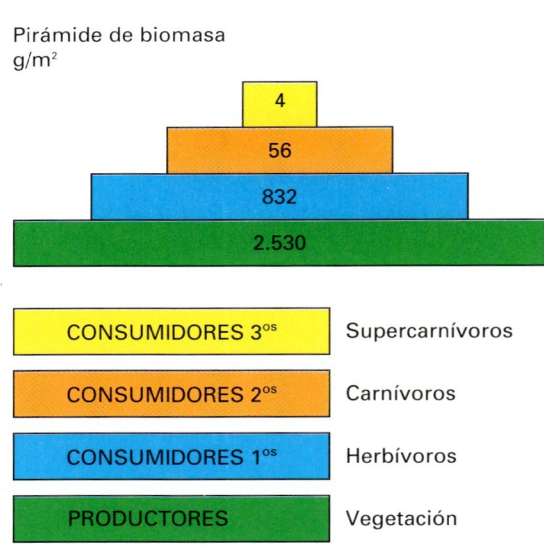

CONSUMIDORES 3ᵒˢ	Supercarnívoros
CONSUMIDORES 2ᵒˢ	Carnívoros
CONSUMIDORES 1ᵒˢ	Herbívoros
PRODUCTORES	Vegetación

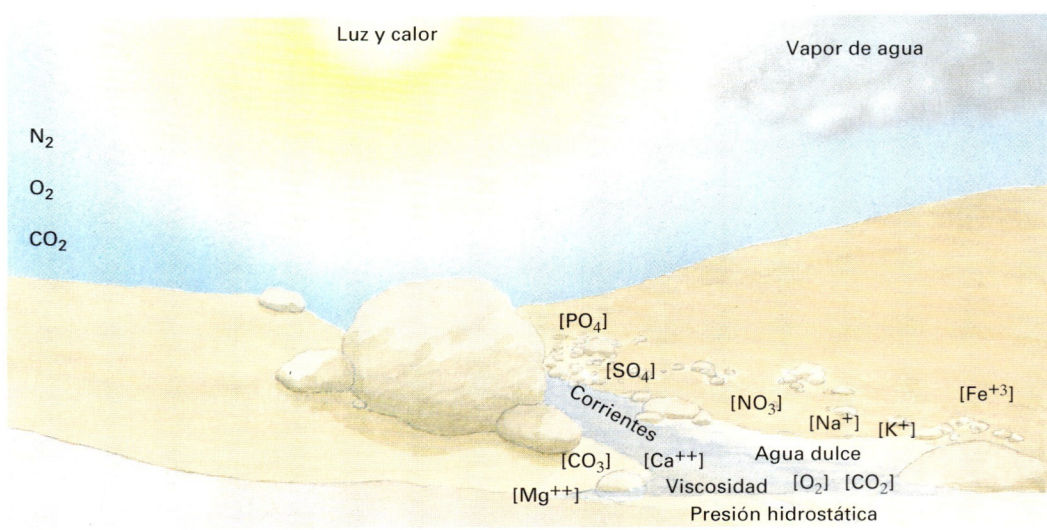

Biotopo
+

Biocenosis
=

Ecosistema

Ecosistemas terrestres

La diversidad del medio terrestre está configurada por aspectos tan diferentes y al tiempo tan interrelacionados como el clima, el tipo de suelo, la latitud o el origen biogeológico de la zona. Esta diversidad se puede clasificar en ecosistemas terrestres según sea su formación vegetal abierta o cerrada. Son abiertas tundra, desierto, estepa y sabana, y cerradas taigá, bosque templado, bosque esclerófilo y bosque tropical.

Tundra. Este ecosistema se sitúa por encima de las formaciones arbóreas. Lo caracterizan las bajas temperaturas durante períodos largos con un mínimo verano en el que se produce el deshielo. Durante los meses de frío el suelo permanece helado, mientras que en verano queda encharcado. La vegetación se reduce a líquenes y musgos, que al avanzar hacia el sur puede presentar hierbas, arbustos o árboles enanos como sauces, abedules o brezos. La fauna es escasa y acostumbra a emigrar en la época fría. Entre los mamíferos destacan el reno o caribú, zorro ártico, buey almizclero, liebre ártica y lemming, y entre las aves de carácter sedentario el escribano nival, eider, lagópodo y búho nival. En verano aves migradoras anidan en las tundras alimentándose principalmente de los insectos que eclosionan en esta estación. La tundra se localiza en el norte de Canadá, zonas de Groenlandia, y norte de Escandinavia y Siberia.

Desierto. Los desiertos se caracterizan por una extrema sequedad, con lluvias inferiores a los 100 mm/año. En ellos los días son calurosos, máximas de 50 °C, y las noches muy frías, con mínimas de 0 °C. Su relieve presenta escasa protección vegetal que comporta una constante erosión mecánica de los suelos, con formación de dunas y regs por la acción del viento y glacis o rampas de erosión en la época de lluvias. La vegetación es muy escasa o inexistente, con una adaptación al medio a través de suculencia, ciclos cortos y portes pequeños. La fauna, también muy escasa, presenta hábitos subterráneos (insectos, escorpiones, algún roedor, etc.). Los desiertos más extensos son los de Mojave y Valle de la Muerte, en América del Norte, Sahara y Kalahari, en África, Gobi y Thar Rajasthan, en Asia, y el gran desierto australiano.

Estepa. Son formaciones propias del interior de los continentes, con clima templado, presencia abundante de plantas gramíneas y discontinuidad del tapiz vegetal. En las estepas las lluvias se concentran principalmente en una única estación, siendo muy secas el resto del año, por lo que no presenta vegetación arbórea. Los inviernos son extremos y los veranos muy calurosos. En su fauna abundan los herbívoros, que forman grandes manadas, además de roedores, antílopes, caballos salvajes, bisontes, lobos, perros de las praderas, algún tipo de ardilla, crótalos y coyotes. Existen grandes estepas en Asia, América del Norte (praderas) y América del Sur (pampas).

Sabana. La sabana se da en regiones cálidas que presentan lluvias abundantes en una única estación. En ella la vegetación gramínea llega a alcanzar los seis metros de altura, acompañada de matorrales, arbustos y árboles generalmente xerófilos. Son características sus concentraciones de ungulados: antílope, gacela, cebra, jirafa, elefante, rinoceronte, etc., además del león, leopardo, guepardo, hiena, licaón, pagolín y aves no voladoras como el secretario, avestruz, emú y casuario. La fauna entomológica es muy abundante y diversa: termitas, ortópteros, etc. Las sabanas más representativas son las de América del Sur, Australia, y África, sobre todo.

Ecosistemas terrestres.
1 Tundra.
2 Desierto.
3 Estepa.
4 Sabana.
5 Taigá.
6 Bosque templado caducifolio.
7 Bosque esclerófilo.
8 Bosque tropical.

Taigá. La taigá es un ecosistema terrestre que limita con la tundra por el norte y caracterizada por la vegetación arbórea de coníferas. En ella los inviernos son largos, aunque los veranos suficientemente prolongados y calurosos como para permitir el buen desarrollo de los árboles. Estos poseen copas densas que configuran un sotobosque umbroso y no demasiado rico, debido a la lenta descomposición de las hojas. Entre su flora destaca el pino, abeto, píceas, alerces y abedules, y entre su fauna, algo escasa, el lince, oso, lobo, zorro, marta, glotón, ardilla, castor, urogallo, etc. Los insectos son principalmente xilófagos y fitófagos (coleópteros, lepidópteros), y dípteros en época estival. Se localiza en Europa nororiental, Escandinavia, Canadá y zonas de Siberia.

Bosque templado caducifolio. Están situados en zonas templado-húmedas con una diferenciación muy marcada del ritmo estacional y un régimen de lluvias repartido por todo el año (750-1.500 mm/año). En ellos abundan los árboles caducifolios, que originan, sobre todo al final del otoño, gran cantidad de hojarasca, de rápida descomposición por el alto nivel de humedad y la abundante fauna edáfica. Los árboles más característicos son haya, roble y arce. Destaca la variedad de insectos xilófagos y fitófagos (coleópteros, lepidópteros, himenópteros) que se alimenta de la riqueza de su vegetación. Son característicos de su fauna el ciervo, corzo, lobo, zorro, oso, jabalí, tejón, lirón, ardilla, topillo, comadreja y musaraña. Las aves están representadas por los picamaderos. Latitudinalmente queda por debajo de la taigá, ocupando Europa central, este de Norteamérica, China y Japón.

Bosque esclerófilo. Este ecosistema terrestre, tal vez uno de los más castigados por la acción del hombre, es propio del clima mediterráneo, de inviernos húmedos y veranos cálidos y secos. Su vegetación arbórea presenta gruesas cutículas y pilosidades en el envés originadas por la parada estival a que obliga la sequedad termoambiental. Encina, alcornoque y pino son sus árboles más característicos. Lince, lobo, zorro, jabalí, meloncillo, gineta, turón, gamo y ciervo son sus especies faunísticas más representativas, junto a una gran variedad de especies herpetológicas (reptiles). Entre las aves destacan las rapaces: águila, milano, buitre, y las insectívoras y granívoras.

Bosque tropical. También conocido como selva tropical, jungla (en el caso de presentar bambúes y palmeras espinosas) o manglares (en litorales marinos o fluviales), el bosque tropical es un ecosistema terrestre localizado cerca o en el propio ecuador. Está caracterizado por una precipitación superior a los 2.000 mm/año, constante a lo largo de los doce meses y con aguaceros imprevistos en horas diurnas. Este régimen de lluvias produce un constante lavado del sustrato vegetal, que puede ocasionar una laterización del terreno en caso de la desaparición de la cubierta vegetal. Posee gran diversidad de especies vegetales, no presentándose grandes formaciones aisladas de una de ellas. En su sotobosque, relativamente pobre y muy umbroso, abundan lianas, epífitas y parásitas, compitiendo por la luz. Su fauna es muy variada. Predominan las especies arbolícolas: simios, lemúridos, ardillas voladoras, perezoso, zarigüeya, jaguar, okapi (sólo en África) e hipopótamo enano; gran cantidad de aves: tucanes, papagayos, y reptiles: boa, pitón, etc. Los bosque tropicales más extensos son los de América del Sur, África central y Asia sudoriental.

34 Regiones biogeográficas

Leyenda del mapa:
- Pluviselva
- Bosque caducifolio
- Selva caducifolia
- Estepa
- Sabana
- Zonas áridas o desérticas cálidas
- Zonas áridas o desérticas frías
- Bosque de coníferas (taiga)
- Bosque esclerófilo
- Tundra
- Bosque húmedo
- Alta montaña

Regiones: Holdártica, Subregión Macaronésica, Paleotrópica, Neotrópica, Capense, Subregión Malgache, Australiana, Antártica.

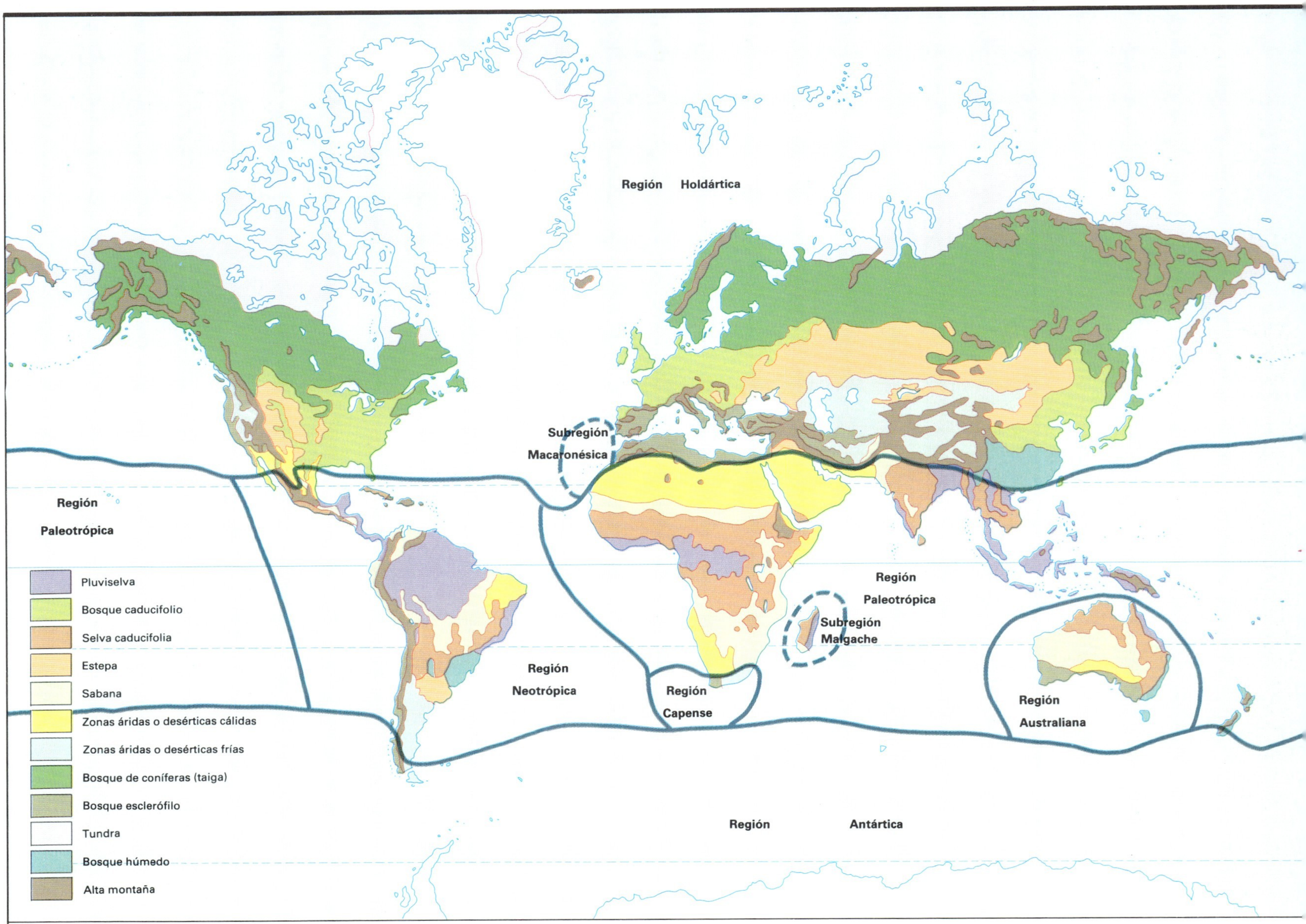

La forma esférica de la Tierra determina que existan notables diferencias respecto a la cantidad de energía solar que reciben las distintas regiones de nuestro planeta. Por esta razón las regiones polares, al estar muy inclinadas respecto al Sol, reciben muchas menos radiaciones que las regiones ecuatoriales, que son por ello mucho más cálidas. Este no es, sin embargo, el único factor que determina el clima. El clima depende además, de la cantidad de precipitaciones que se recogen en una región a lo largo del año, y éstas a su vez están condicionadas por la circulación general de la atmósfera lo que determina la formación de borrascas y anticiclones. Como es lógico suponer, la fauna y la flora mundiales se ven afectadas por el clima, de modo que se puede decir que son en gran medida consecuencia del mismo. Sin embargo, dos regiones con el mismo clima que se encuentren en distintos continentes no tienen, como sabemos, ni la misma flora, ni la misma fauna. La existencia de barreras geográficas, como el mar o las montañas, tanto actuales como las del pasado, han impedido la dispersión de muchas especies. El estudio global de la fauna y la flora mundiales ha permitido establecer una serie de regiones geográficas caracterizadas por albergar una flora y una fauna características y diferenciadoras. La representación de estas regiones, denominadas regiones biogeográficas, toman como modelo los dominios de vegetación potencial, es decir, sin considerar las modificaciones debidas a la acción del hombre. Es por ello que el mapa que representa a las regiones zoogeográficas es muy parecido al de vegetación. La flora y la fauna de la región paleártica es muy similar a la de la región neártica y por ello forman el dominio holoártico. La causa de que la flora y la fauna norteamericanas se parezcan más a la europea que a la sudamericana, viene determinada por la deriva de los continentes; Europa y Norteamérica estuvieron unidas hasta hace menos de 60 millones de años, mientras que la separación entre Sudamérica y Norteamérica se produjo hace más de 200 millones de años, aunque se hayan vuelto a unir en fecha más reciente. Una buena prueba de ello lo constituye el estudio evolutivo del caballo; los antecesores más primitivos del caballo actual surgieron en Norteamérica, aunque el caballo no fuera conocido en América hasta la llegada de los europeos.

Turbera en Aquitania (Francia). Las turberas son zonas pantanosas en las que por acumulación y posterior transformación de los vegetales se forma la turba. Ésta constituye un primer paso en el proceso de carbonización natural.

El impacto humano sobre el medio ambiente

El impacto humano sobre la naturaleza es tan importante que incluso plantea la necesidad de dividir los ecosistemas en dos subunidades que incluirían al hombre por una parte y al resto de los seres vivos por otra. ¿En qué sentido influye el hombre sobre la naturaleza? En el sentido de sobreexplotarla, y por lo tanto, simplificarla y empobrecerla. La actividad humana no sólo reduce la biomasa de la biosfera, sino que además tiende a disminuir la diversidad, es decir el número de especies. Las principales causas de esta agresión al medio ambiente deben sus orígenes en la *explosión demográfica* experimentada por nuestra especie y a su peculiar organización social. La población humana pasará de los 250 millones de habitantes del año 1 de nuestra era, a los 6000 millones de finales del siglo XX. La humanidad se comporta, pues, como una verdadera *plaga* que se expande con gran rapidez y devora todo lo que encuentra a su paso. Se calcula que la humanidad consume unos 3000 millones de tm de alimentos, aunque la biomasa humana no representa más que cuatro cienmilésimas de la biomasa total. De todas formas este consumo no constituye el verdadero problema. El hombre es, sin duda, el ser más despilfarrador de la naturaleza, ya que dada su peculiar configuración social (vive concentrado en grandes metrópolis) consume mucha más energía en transportar los alimentos que la que consigue de ellos mismos. Si sumamos la energía que consume el hombre en transportar los alimentos y eliminar sus residuos, en calefacción y refrigeración, en iluminación, industria, etc., vemos que en conjunto esta especie de metabolismo externo o cultural, necesita diez veces más energía que el propio metabolismo biológico. El metabolismo biológico representa sólo el 10-15% del total de la energía que consume el hombre.

Polución

El término polución o contaminación es un concepto impreciso desde el punto de vista científico, pero de amplia utilización social. Se utiliza en general para indicar que un medio es inadecuado para su uso. Los medios se contaminan cuando, por acción humana, se rompe el equilibrio físico-químico y biológico, y en consecuencia se produce la concentración anómala de una determinada sustancia (materia orgánica, CO_2, nitratos, fosfatos, etc.) o la variación de una constante física, como por ejemplo el aumento de la temperatura. Se habla de diversos tipos de polución: atmosférica, química, orgánica, radiactiva, térmica, etc.

Polución atmosférica

La fabricación de utensilios que permitan mejorar la calidad de vida humana ha propiciado el desarrollo de la industria y, en consecuencia, ha provocado un incremento de las necesidades energéticas. Esta energía en gran parte se obtiene de combustibles fósiles como el carbón y el petróleo, cuyas reservas se encuentran por ello en vías de extinción. La combustión de estos recursos y la actividad industrial en generalgeneran unos subproductos que hasta ahora se han vertido a las aguas o a la atmósfera sin ningún tipo de control. La consecuencia ha sido lógica: la polución atmosférica y de las aguas. Las sustancias responsables de la polución atmosférica son los óxidos de carbono, de azufre y de nitrógeno, además de diversos hidrocarburos volátiles. El incremento del dióxido de carbono en la atmósfera ha producido el famoso *efecto invernadero* que trae como consecuencia el aumento de la temperatura terrestre. Este aumento, además de modificar el clima, provoca la fusión de parte del hielo y en consecuencia el aumento del nivel de los mares y la disminución de la superficie de los continentes. La presencia de óxidos de nitrógeno y azufre en la atmósfera da lugar a la lluvia ácida, responsable de la destrucción de muchos bosques. La utilización de determinados propelentes en los aerosoles está provocando, a su vez, la destrucción parcial de la capa de ozono, y en consecuencia, el incremento de las peligrosas radiaciones ultravioletas que llegan a la superficie terrestre.

Conservación

Hasta el momento la acción del hombre sobre la naturaleza ha sido muy negativa: deforestación y desertización por tala abusiva e incendios, empobrecimiento de los ecosistemas y alteración de sus ciclos, favorecimiento de la expansión de especies oportunistas y plagas, etc. Desde hace unos años, sin embargo, el hombre está tomando conciencia: por una parte de la pérdida de calidad de vida que esto supone y por otra de que la humanidad no es sino una parte de la naturaleza y que su destrucción conduce irremisiblemente a su propia autodestrucción. Las leyes internacionales instauran la figura del delito ecológico y tienden a eliminar el vertido de productos tóxicos, a evitar la sobrepoblación y a explotar de una forma racional y respetuosa los recursos naturales; y lo más importante, existe la conciencia de que la naturaleza debe ser patrimonio de todos.

La contaminación ambiental es especialmente visible en los ríos. El vertido de sustancias tóxicas y materiales no biodegradables ocasionan la extinción de cualquier tipo de vida fluvial.

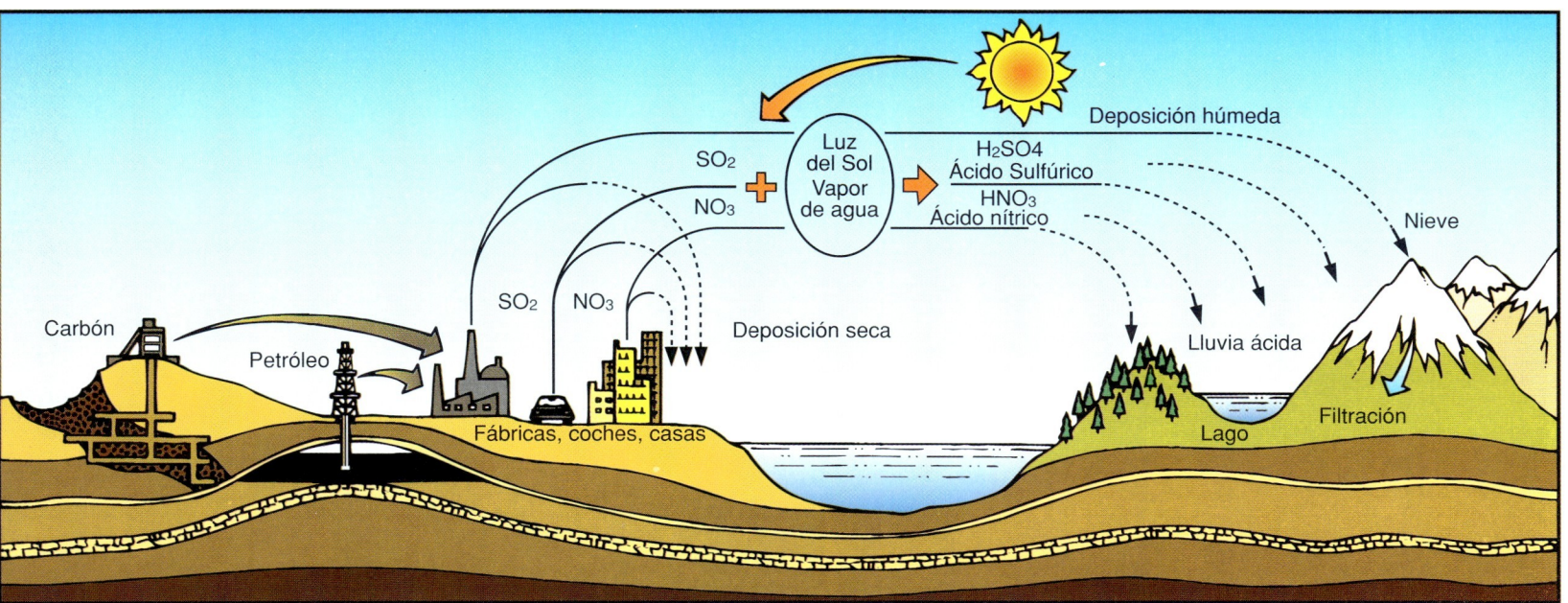

36 Vegetación y agricultura. Profundidades marinas

Escala 1: 71 700 000

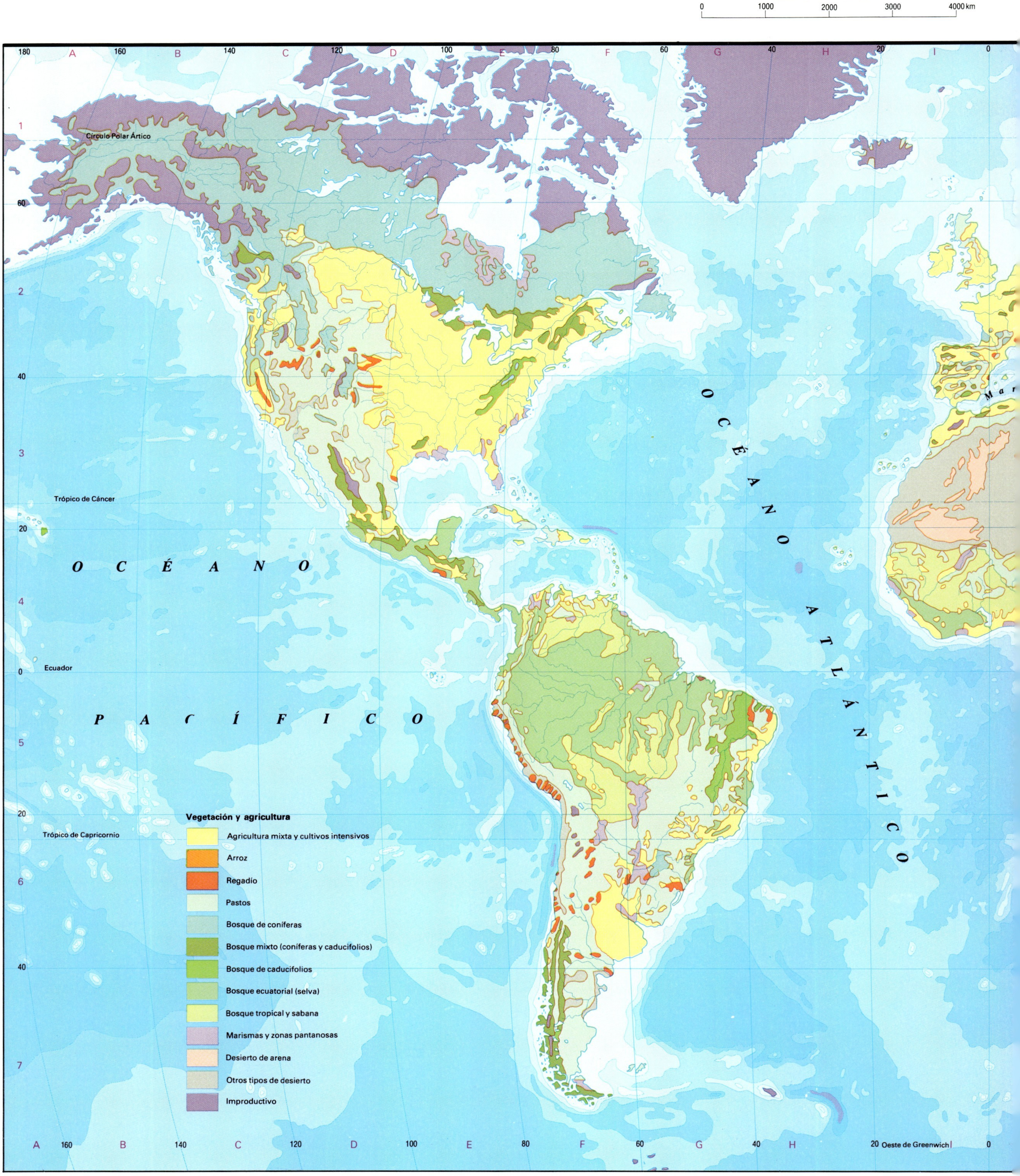
0 1000 2000 3000 4000 km
Círculo Polar Ártico
Trópico de Cáncer
Ecuador
Trópico de Capricornio
OCÉANO PACÍFICO
OCÉANO ATLÁNTICO
Vegetación y agricultura
Agricultura mixta y cultivos intensivos
Arroz
Regadío
Pastos
Bosque de coníferas
Bosque mixto (coníferas y caducifolios)
Bosque de caducifolios
Bosque ecuatorial (selva)
Bosque tropical y sabana
Marismas y zonas pantanosas
Desierto de arena
Otros tipos de desierto
Improductivo
20 Oeste de Greenwich

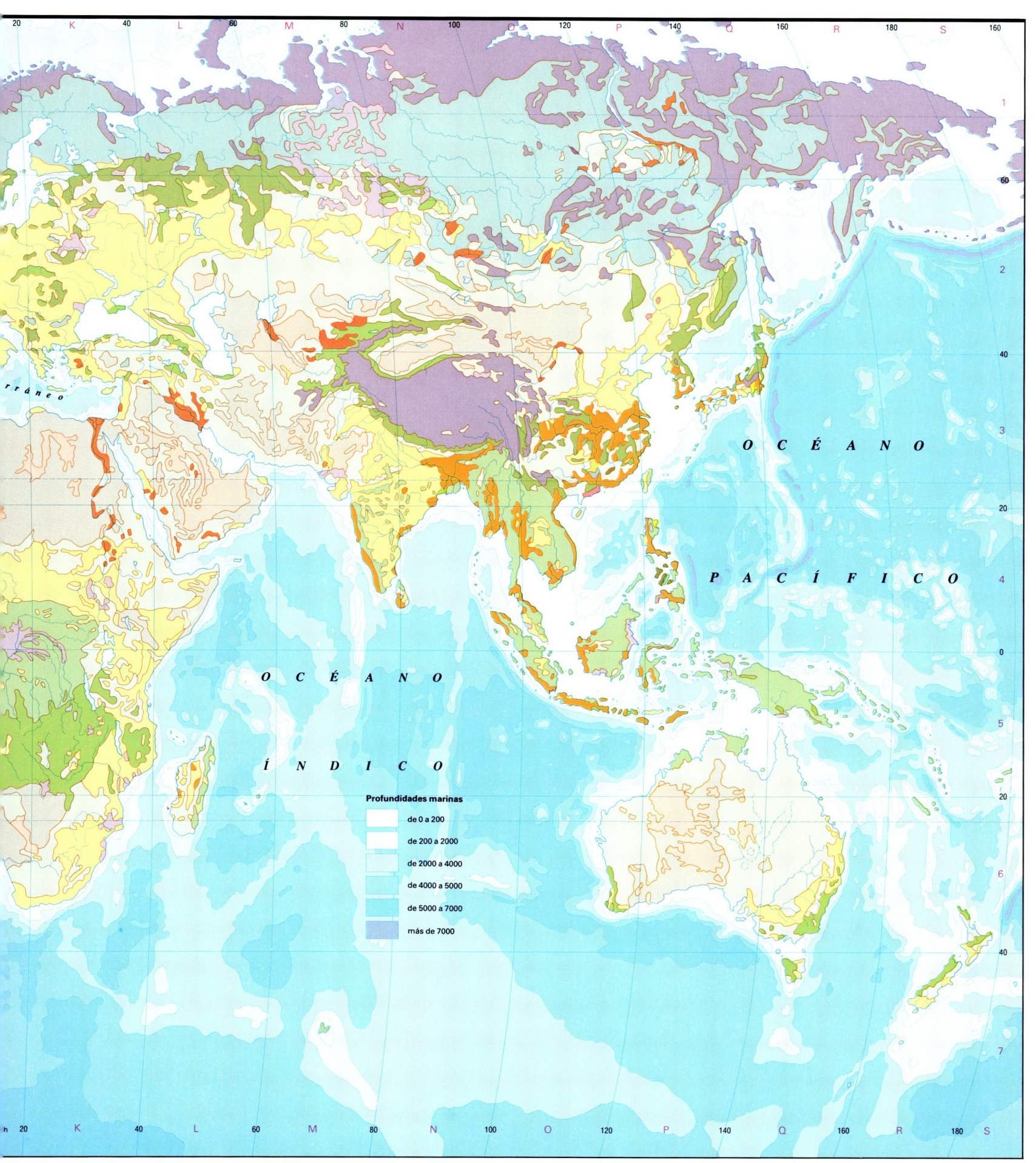

38 Sector primario

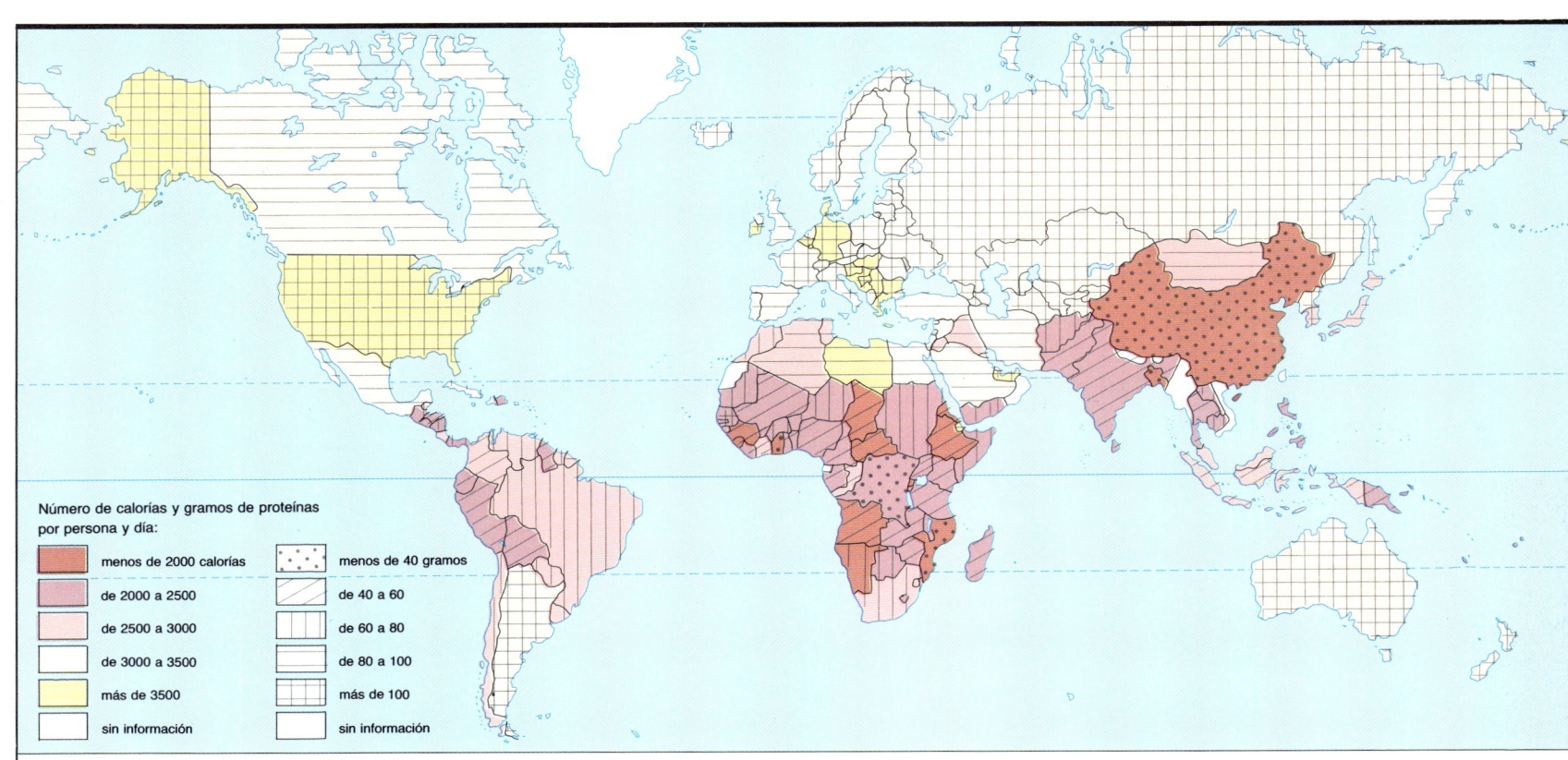

Número de calorías y gramos de proteínas por persona y día:
- menos de 2000 calorías
- de 2000 a 2500
- de 2500 a 3000
- de 3000 a 3500
- más de 3500
- sin información
- menos de 40 gramos
- de 40 a 60
- de 60 a 80
- de 80 a 100
- más de 100
- sin información

Agricultura

El objetivo tradicional de la agricultura es asegurar el alimento a los grupos humanos. Sus orígenes se remontan a hace unos 9.000 años aproximadamente, como respuesta del hombre a la necesidad de adaptación a una etapa de escasez de alimentos. Los primeros vegetales cultivados fueron algunos cereales: trigo, arroz, maíz, que ya crecían de manera salvaje en las zonas en que se domesticaron. En la actualidad todavía una parte muy importante de la población mundial se dedica a la agricultura; este porcentaje es muy alto en los países del Tercer Mundo, aunque la producción agrícola de estas zonas es baja en comparación con la de los países desarrollados. En los primeros, los bajos rendimientos se explican por la práctica de una economía de subsistencia, con escasa tecnología y pocos excedentes comercializables. Mientras que en los países desarrollados las técnicas de trabajo son mucho más avanzadas: maquinaria, semillas seleccionadas, fertilizantes..., el rendimiento es alto y los excedentes abundantes. En la actualidad en el mundo encontramos diversos sistemas agrarios, de los que destacan la agricultura de subsistencia, la agricultura de mercado y la agricultura planificada, con diversas situaciones intermedias. Se puede decir que en los países del Tercer Mundo, predomina la agricultura de subsistencia y la especulativa de mercado, con productos destinados a la exportación; en los países de economía capitalista predomina la agricultura de mercado.
De todas las tierras cultivadas la mayor extensión es la ocupada por los cereales, especialmente el trigo, que, al constituir tradicionalmente la base de la alimentación europea, se ha extendido ampliamente por las dos zonas templadas.

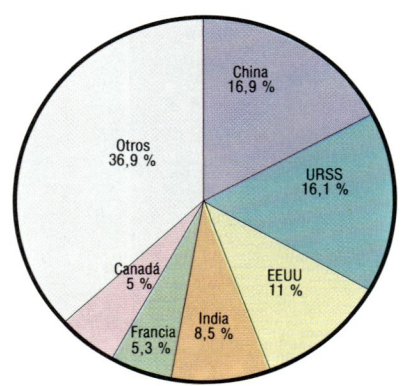

Trigo: producción total mundial en miles de toneladas métricas 517.152

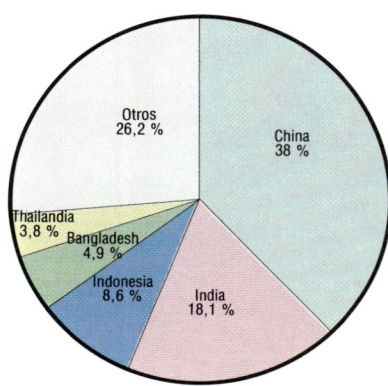

Arroz: producción total mundial en miles de toneladas métricas 464.514

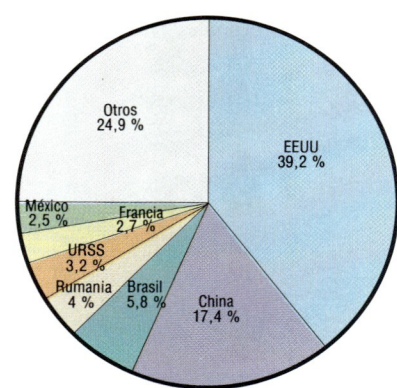

Maíz: producción total mundial en miles de toneladas métricas 458.028

Junto al trigo destaca también el maíz, cuyo principal productor son los Estados Unidos, donde se dedica mayoritariamente a alimento para el ganado; y el arroz, alimento básico de las poblaciones más concentradas del planeta, las del Asia monzónica, que necesita gran cantidad de agua para su cultivo ya que parte de su ciclo vegetativo transcurre en campos inundados.
Otros cultivos de gran importancia por la cantidad de tierra que ocupan son los destinados a bebidas como café, té, cacao, vid y cebada para cerveza; los destinados a la producción de aceites como olivos, girasol, cacahuete; los destinados a la producción de azúcar (remolacha, caña), los forrajeros y los frutales, legumbres y hortalizas. Muy por debajo quedan los llamados "cultivos industriales", que proporcionan materias primas para la industria, como el caucho, los cultivos de plantas para la obtención de colorantes, los destinados a perfumería y las fibras textiles como el algodón. Algunos de estos cultivos se pueden obtener en terrenos de secano, que sólo reciben aportes de agua cuando llueve, pero muchos otros se cultivan en terrenos de regadío, que son regados artificialmente por sistemas muy diversos, desde las antiguas acequias a los modernos sistemas de riego por aspersión y gota a gota.

Ganadería

La distribución geográfica de la ganadería es más amplia que la de la agricultura. De forma general se puede decir que todos los terrenos aptos para la agricultura, lo son también para la ganadería; mientras que terrenos no cultivados por su aridez, altitud o baja temperatura, sí que pueden ser utilizados por la ganadería aunque sea de manera estacional. En general la ganadería está perfectamente integrada en el sistema de cultivo practicado en cada zona, una parte de la cosecha se destina, con frecuencia, a alimento del ganado, y éste colabora en los trabajos agrícolas. Al igual que pasa con la agricultura, también podemos hablar de una ganadería de subsistencia, a pequeña escala y correspondiente a los países del Tercer Mundo o al autoconsumo en los desarrollados; y una ganadería de mercado en relación con los países de agricultura más tecnificada. La ganadería de subsistencia es con frecuencia transhumante o seminómada, cuando ocupa un papel preponderante en la economía rural, por ejemplo los rebaños transhumantes de renos en el ártico o de camellos y cabras en las zonas áridas; en estos casos los animales proporcionan a la población carne, leche, vestidos, transporte y combustible.

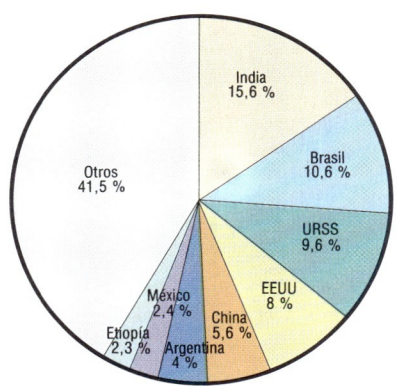

Ganadería bovina: cabaña total mundial en miles de cabezas 1.270.819

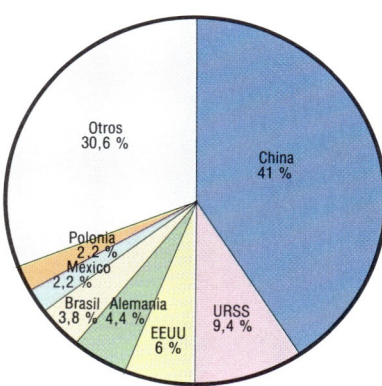

Ganadería porcina: cabaña total mundial en miles de cabezas 839.333

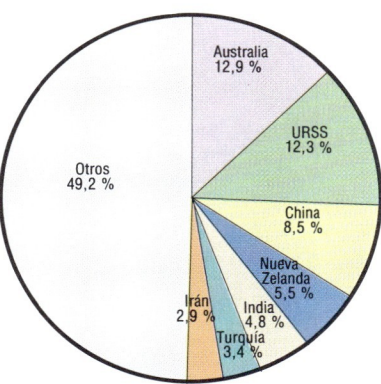

Ganadería ovina: cabaña total mundial en miles de cabezas 1.150.952

En los casos de economía mixta, agricultura-ganadería, los animales se utilizan también para el servicio de la agricultura en forma de trabajo y abono. Con respecto a la ganadería de mercado, hay que destacar que se destina fundamentalmente a la producción de leche y sus derivados y carne. Esta ganadería, en función del producto final y de la región geográfica que ocupe, puede ser intensiva, generalmente estabulada; o extensiva, como ocurre con los grandes rebaños bovinos de Norteamérica o los ovinos de Australia.

Alimentos y consumo

Del total de tierras emergidas de nuestro planeta, solamente un escaso 11% se aprovecha con fines agrícolas; el resto corresponde a zonas excesivamente áridas o muy frías o poco fértiles o de difícil cultivo. La producción y el consumo de alimentos es muy desigual, ya que, si bien según los informes de la FAO, la producción agrícola es suficiente para nutrir a la población mundial, la distribución en cuanto a la productividad de los campos y el consumo de calorías por habitante y día, es muy desigual. En el Tercer Mundo, con un alto porcentaje de población dedicada al sector primario, se practica una agricultura de subsistencia muy poco productiva, que no basta para alimentar a la población de estos países. En los países desarrollados, en cambio, se dan con frecuencia superávits de producción, que son destruidos o comercializados a muy bajo precio. Los habitantes del Tercer Mundo están mal e insuficientemente alimentados; no sólo hay una gran diferencia entre las calorías consumidas por un habitante de estas zonas y las consumidas por un habitante del mundo desarrollado, sino que además, la calidad de los alimentos ingeridos es muy deficiente. Esto da lugar a una malnutrición crónica de muchos de sus habitantes, que también se hallan expuestos a hambres devastadoras cuando su producción agrícola se ve amenazada por sequías, inundaciones, etc. Por contra en los países desarrollados, son frecuentes la obesidad y las enfermedades provocadas por la ingestión de alimentos excesivamente ricos en calorías.

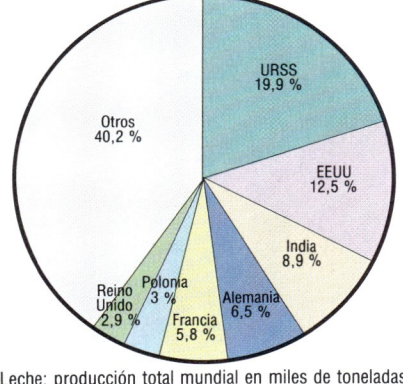

Leche: producción total mundial en miles de toneladas métricas 517.210

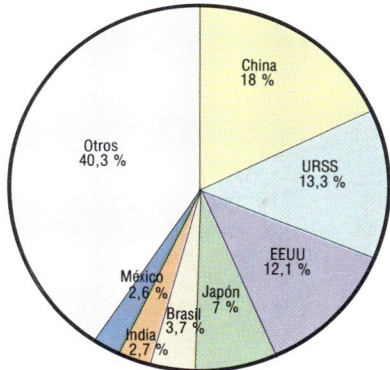

Huevos: producción total mundial en miles de toneladas métricas 33.765,4

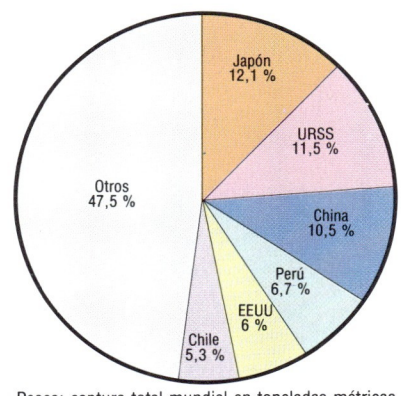

Pesca: captura total mundial en toneladas métricas 97.985.300

40 Recursos económicos

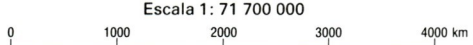

Escala 1: 71 700 000

0 1000 2000 3000 4000 km

Círculo Polar Ártico
Trópico de Cáncer
Ecuador
Trópico de Capricornio
O C É A N O
P A C Í F I C O
O C É A N O
A T L Á N T I C O
Oeste de Greenwich 20
Bosque de explotación comercial
Ganadería extensiva
Ganadería lechera
Agricultura comercial, cultivos y ganadería mixta
Agricultura mediterránea
Cultivos de plantación
Otros cultivos comerciales con predominio de cereales
Horticultura especializada
Agricultura de subsistencia con predominio de arroz
Agricultura de subsistencia con arroz
Agricultura de subsistencia, cultivos y ganadería mixta
Cultivo marginal y alternativo
Recolección, caza, pesca y cultivos primitivos
Pastoreo nómada
Escasa o nula actividad económica
Industria y manufacturas
Centros industriales aislados
Minas e industrias de extracción

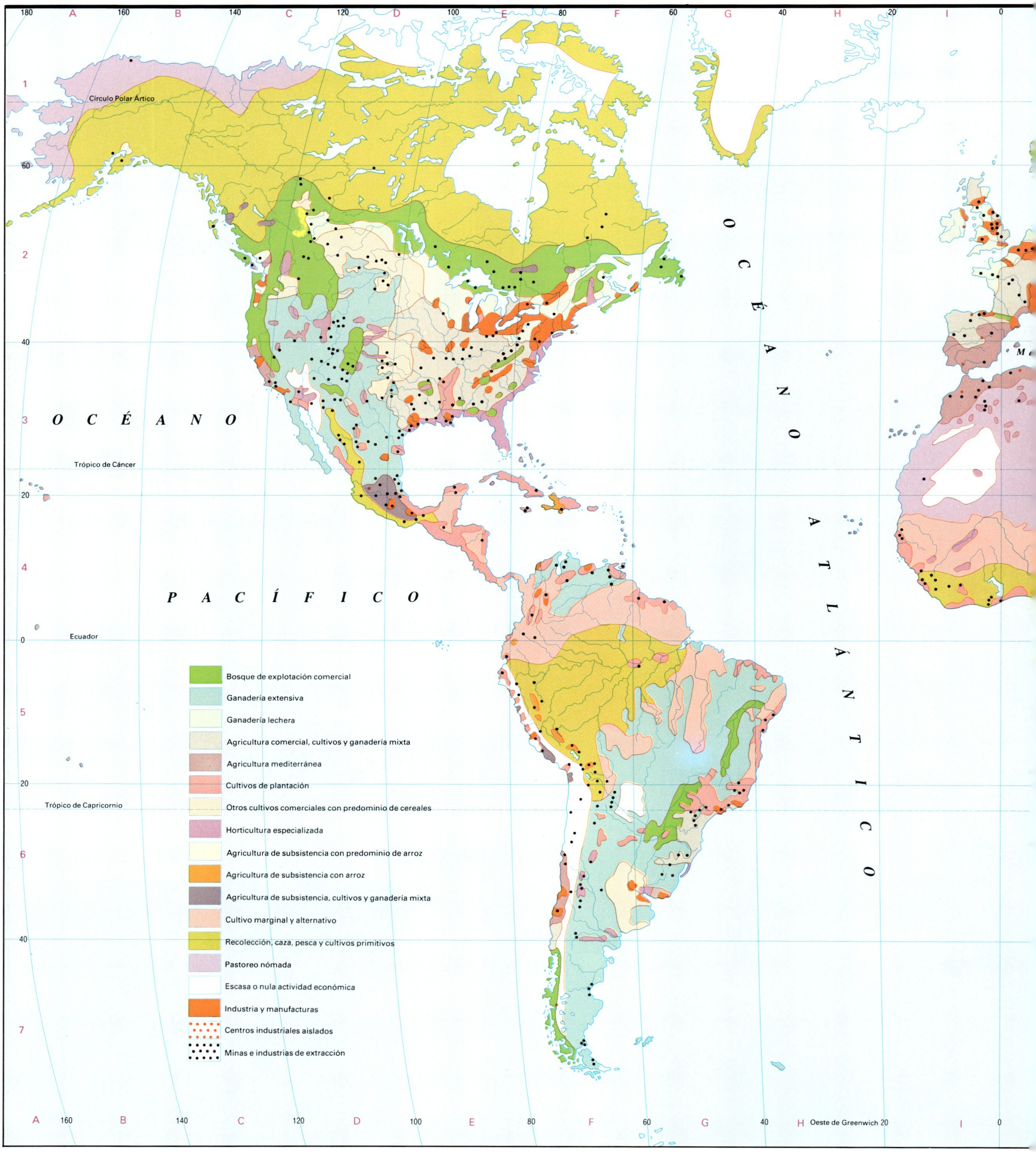

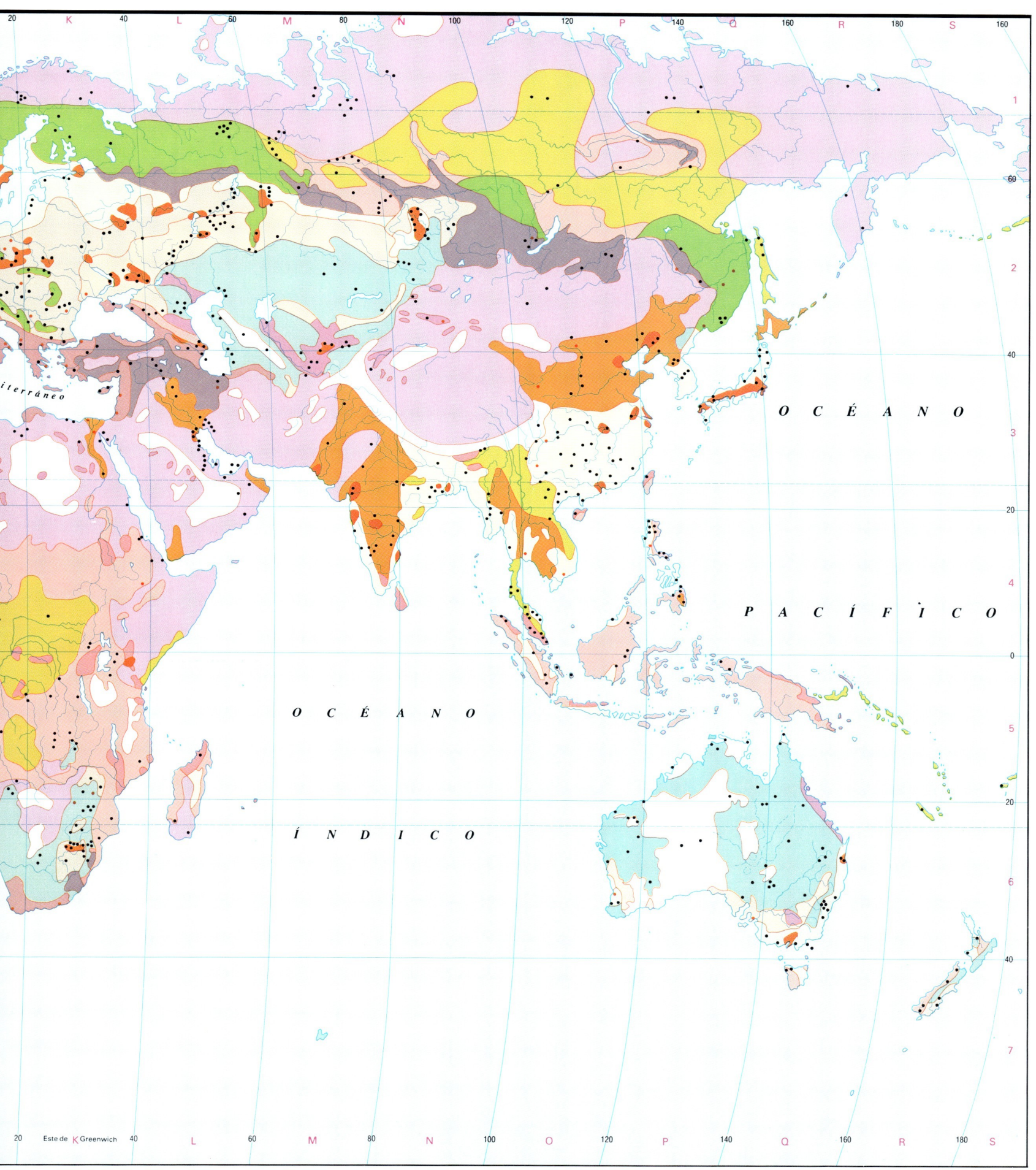

42 Energía

Escala 1 : 71 700 000

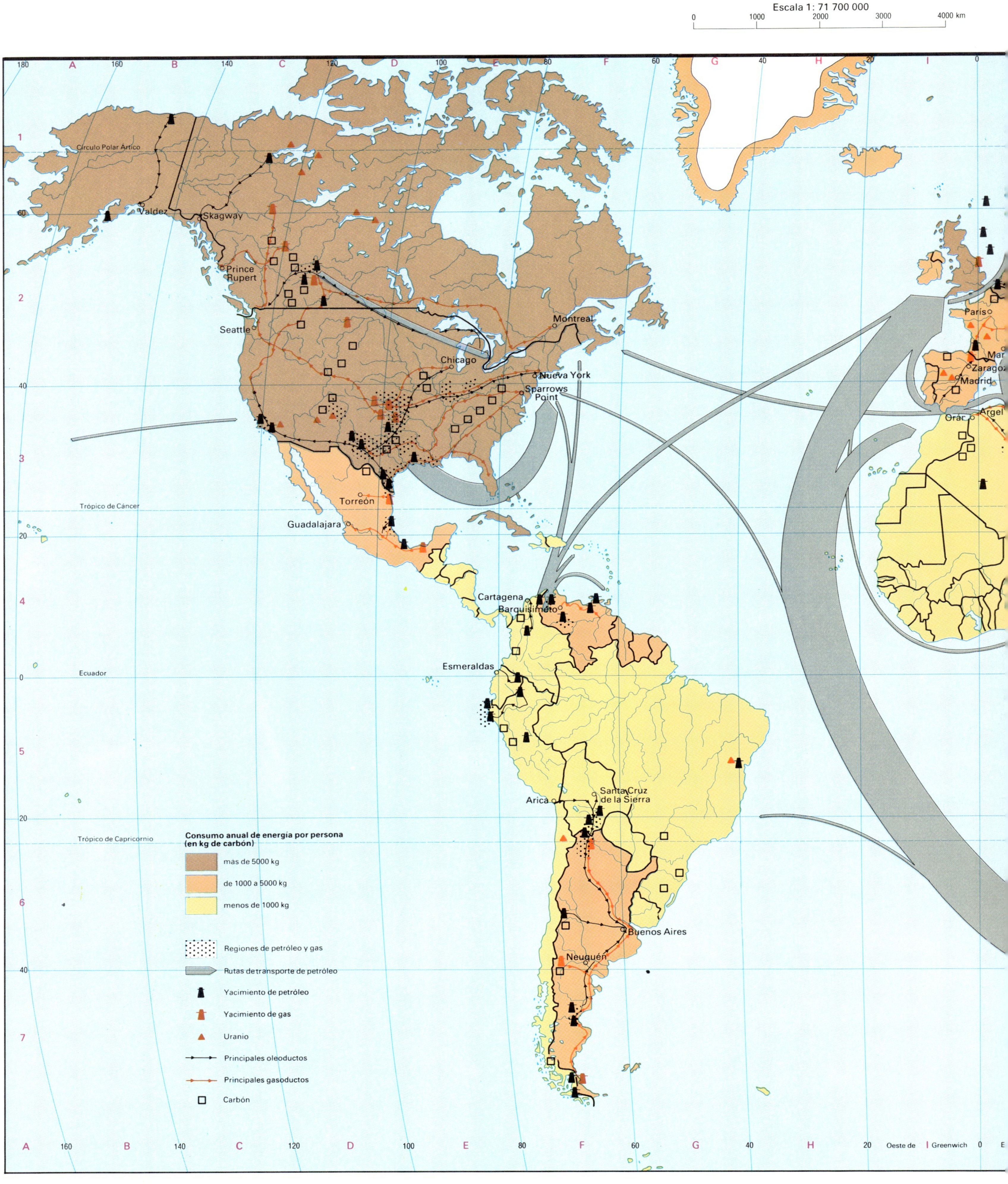

Consumo anual de energía por persona (en kg de carbón)
- más de 5000 kg
- de 1000 a 5000 kg
- menos de 1000 kg

- Regiones de petróleo y gas
- Rutas de transporte de petróleo
- Yacimiento de petróleo
- Yacimiento de gas
- Uranio
- Principales oleoductos
- Principales gasoductos
- Carbón

44 Sector secundario

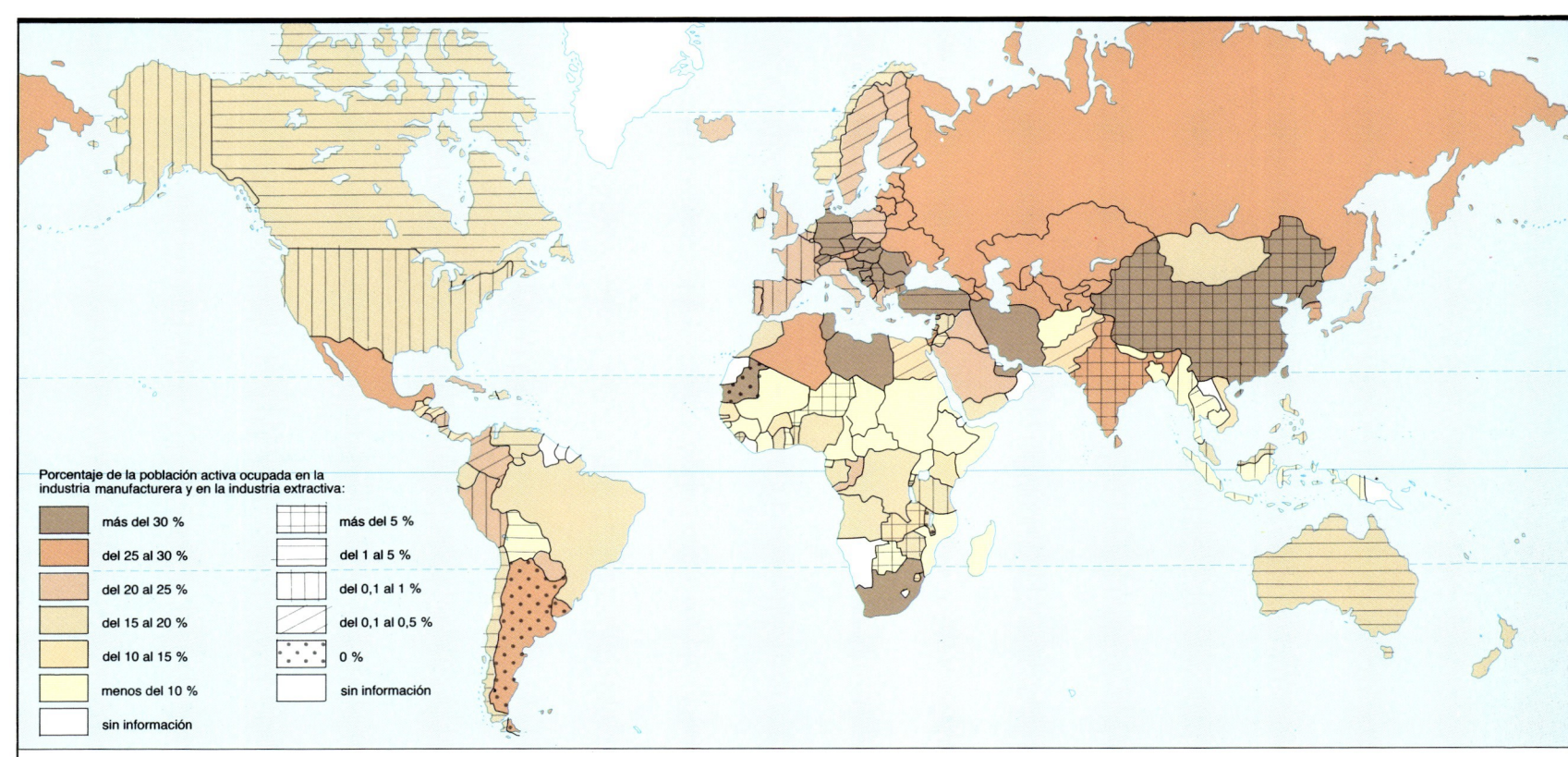

Porcentaje de la población activa ocupada en la industria manufacturera y en la industria extractiva:

- más del 30 %
- del 25 al 30 %
- del 20 al 25 %
- del 15 al 20 %
- del 10 al 15 %
- menos del 10 %
- sin información
- más del 5 %
- del 1 al 5 %
- del 0,1 al 1 %
- del 0,1 al 0,5 %
- 0 %
- sin información

Minería

La minería tiene como objeto la extracción de productos minerales de la Tierra, productos que servirán como fuentes de energía (carbón, petróleo) o materias primas para la industria. Estas materias primas son fundamentalmente minerales metálicos que, en muchas ocasiones, son transformados en el mismo lugar de la extracción. Las explotaciones mineras han de tener ciertas características para resultar rentables: una determinada concentración y calidad del mineral, proximidad a las zonas industriales o facilidad de transporte, etc. Pueden ser explotaciones a cielo abierto o subterráneas (minas). Son importantes productos de la minería, a parte del carbón que constituye una fuente de energía muy utilizada, hierro, cobre, estaño, plomo y zinc. En la actualidad uno de los grandes problemas de la minería es el agotamiento de las minas de más fácil explotación y la necesidad de explotar yacimientos en zonas de difícil acceso y transporte. En algunos casos para intentar paliar la futura falta de minerales, se procede al reciclaje de algunos metales a partir de desechos industriales.

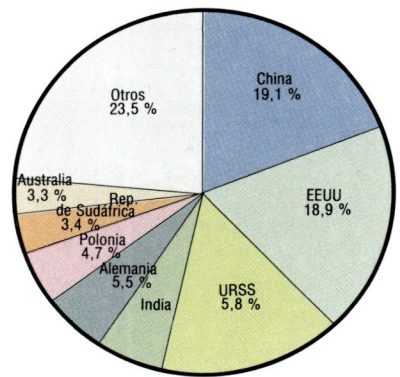

Carbón: total mundial en miles de toneladas métricas
4050531

- China 19,1 %
- EEUU 18,9 %
- URSS 5,8 %
- India
- Alemania 5,5 %
- Polonia 4,7 %
- Rep. de Sudáfrica 3,4 %
- Australia 3,3 %
- Otros 23,5 %

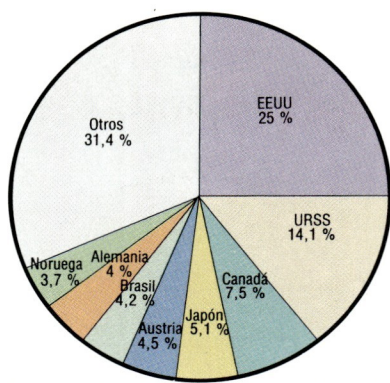

Aluminio: total mundial en miles de toneladas métricas
21218,6

- EEUU 25 %
- URSS 14,1 %
- Canadá 7,5 %
- Japón 5,1 %
- Austria 4,5 %
- Brasil 4,2 %
- Alemania 4 %
- Noruega 3,7 %
- Otros 31,4 %

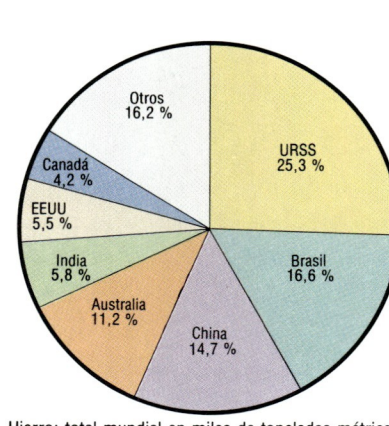

Hierro: total mundial en miles de toneladas métricas
546125

- URSS 25,3 %
- Brasil 16,6 %
- China 14,7 %
- Australia 11,2 %
- India 5,8 %
- EEUU 5,5 %
- Canadá 4,2 %
- Otros 16,2 %

Fuentes de energía

La economía industrial se basa en la utilización de gran cantidad de energía mecánica. Esta energía, de diferentes tipos, no siempre se produce en los países de economía industrializada. Es decir, en la actualidad, la localización de las fuentes de energía no tiene porque coincidir con la localización de las grandes áreas industriales. Hasta la Revolución Industrial, la utilización de energía era muy limitada, pero a partir de los siglos XVIII y XIX la demanda de energía crecerá de una manera espectacular. El carbón será uno de los motores de la Revolución Industrial; en ese momento la localización de los yacimientos de carbón será trascendental para la localización de las industrias. En la actualidad la producción de carbón en los países industrializados se encuentra en una situación estacionaria al haber sido sustituido por otras fuentes de energía. La fuente de energía más utilizada en nuestros días es el petróleo y sus derivados, a pesar de la importante crisis de los años 1973-1974. La producción de petróleo está muy localizada; en la actualidad la mayor parte de la producción está en manos del Mundo Árabe. También son importantes productores Estados Unidos, Venezuela, Unión Soviética y el Norte de África. Los países importadores de petróleo están localizados en Europa occidental y Japón, todos ellos son grandes consumidores, pero su producción es muy limitada. Por otro lado Estados Unidos es un gran importador a pesar de sus enormes reservas.

Petróleo: total mundial en miles de toneladas métricas 3993906

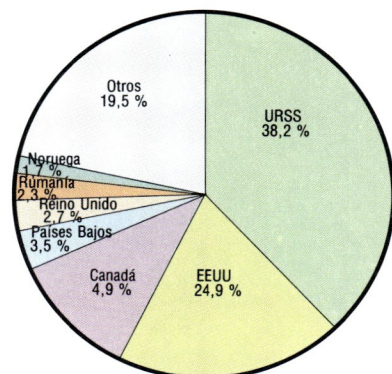

Gas natural: total mundial en miles de toneladas métricas 2256050

El principal problema de las fuentes de energía tradicionales, junto a la contaminación medioambiental que provocan, es el previsible agotamiento de los principales yacimientos a largo plazo. En el caso del petróleo además hay que sumar las dificultades de localización y la costosa puesta en funcionamiento de los yacimientos, que necesitan de una fuerte inversión de capital, si bien éste puede ser amortizado rápidamente. Tan solo grandes multinacionales, que puedan también controlar el refinado y la distribución del producto, pueden hacer frente a dicha inversión. Organismos supranacionales, como la OPEP (Organización de Países Exportadores de Petróleo), intentan controlar la producción y el precio de los hidrocarburos, como defensa ante esas grandes multinacionales. La crisis del petróleo durante los años 1973-1974 propició la utilización de otras fuentes de energía, como la energía nuclear y las llamadas "no contaminantes": eólica, solar, hidroeléctrica... La primera presenta problemas en cuanto a la seguridad de las centrales nucleares, puesta en entredicho a partir de accidentes tan graves como el de Chernobil. Las energías no contaminantes, tienen a su favor también el hecho de que en general, son inagotables. La obtención de calor, electricidad o energía mecánica a partir del aire, el Sol o el agua, no son inventos recientes, pero sí lo es su aplicación masiva y la posibilidad de obtener energía a gran escala por estos procedimientos.

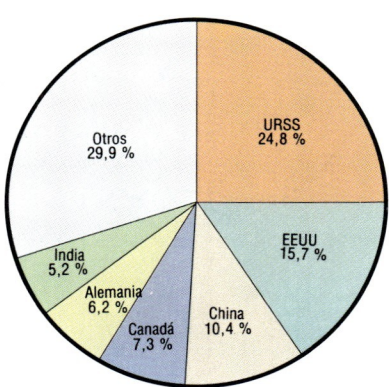

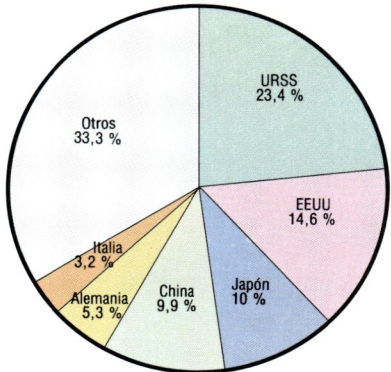

Acero: total mundial en miles de toneladas métricas 702662

Industria

El desarrollo de la producción industrial es el factor más diferenciador de la economía de los siglos XIX y XX y el que genera las enormes diferencias existentes en la actualidad entre los países desarrollados y los del Tercer Mundo. La producción industrial se halla concentrada en cuatro grandes zonas de los países industrializados: Europa occidental, Estados Unidos, Unión Soviética y Japón. Otros países tienen una actividad industrial mucho menor, si bien se ven implicados en gran medida en este proceso, ya como productores de materias primas, ya como consumidores. Los factores que históricamente han actuado sobre la localización industrial, han sido la proximidad a las fuentes de energía y materias primas, la existencia de una red de transportes suficiente, la proximidad de un mercado que consuma sus productos y la abundancia de mano de obra. En la actualidad estas condiciones no influyen tanto en la localización industrial debido al desarrollo de los medios de transporte. Las industrias se clasifican en industrias de equipo o pesadas e industrias de bienes de consumo o ligeras. Las primeras, en general, proporcionan materiales para las segundas, que elaboran bienes y productos destinados al consumo directo del público. Un país que no posea industrias de equipo, difícilmente puede desarrollar industrias ligeras sin recurrir a la ayuda de países más industrializados. Este es el caso de algunos países del Tercer Mundo, con importantes industrias ligeras, por ejemplo electrónicas, pero con una fuerte dependencia del capital y de la tecnología de otros países más desarrollados.

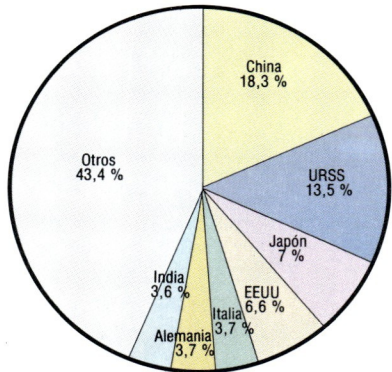

Cemento: total mundial en miles de toneladas métricas 1015379

Fertilizantes: total mundial en miles de toneladas métricas 135511

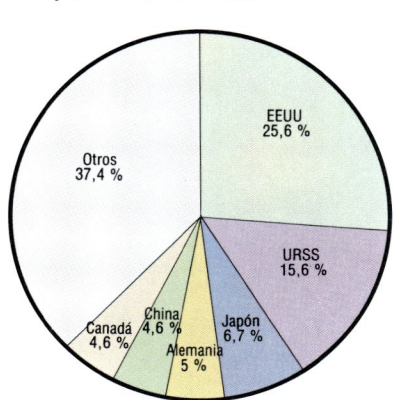

Electricidad: total mundial en miles de toneladas métricas 1300807

46 Sector terciario

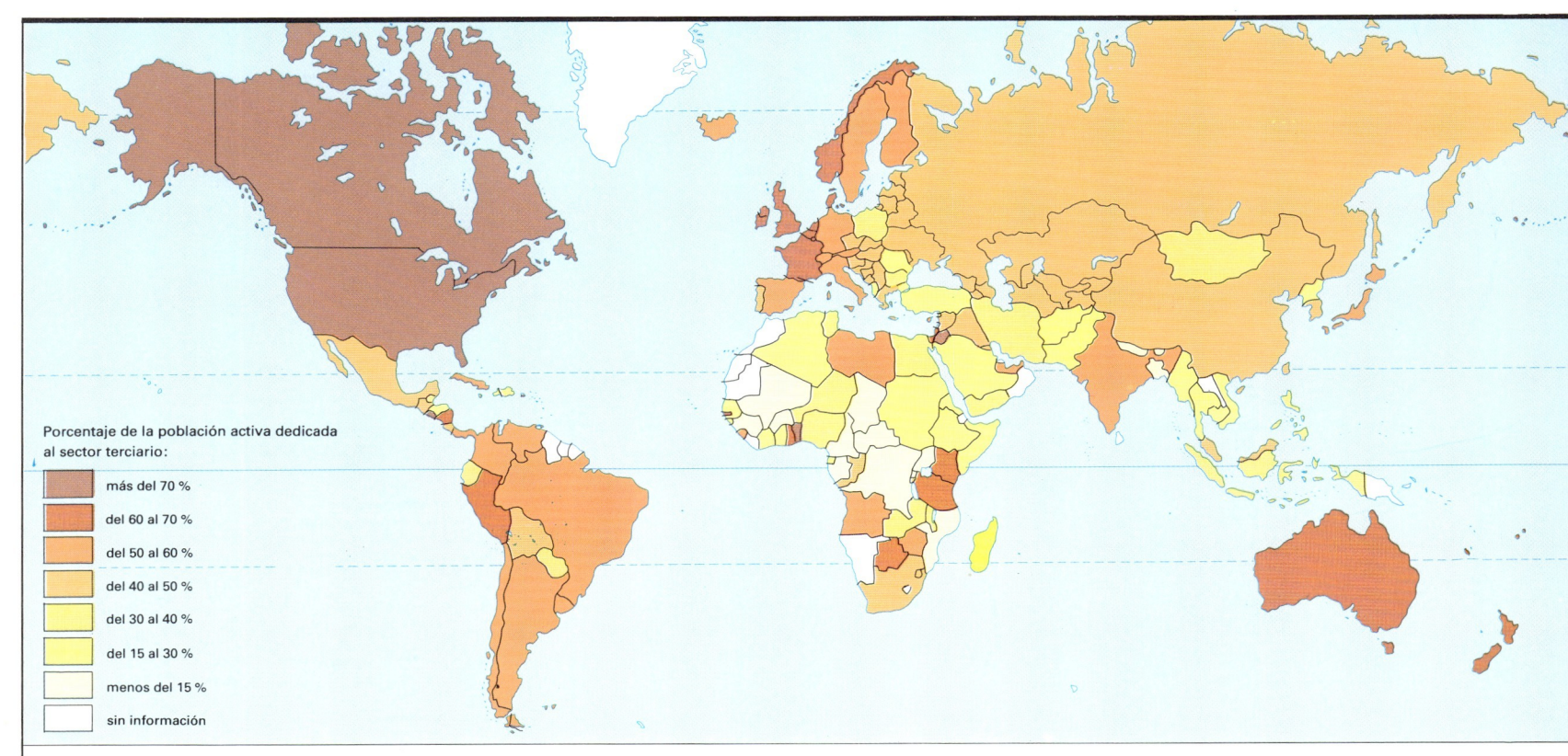

Porcentaje de la población activa dedicada al sector terciario:
- más del 70 %
- del 60 al 70 %
- del 50 al 60 %
- del 40 al 50 %
- del 30 al 40 %
- del 15 al 30 %
- menos del 15 %
- sin información

Transportes

El papel de los transportes en la vida económica es primordial. La densidad de la red de transportes, al igual que el consumo de energía, la balanza de pagos, etc., es un indicador de primer orden del nivel de desarrollo de un país. Los transportes pueden ser terrestres, acuáticos o aéreos. Los transportes terrestres más importantes son el transporte por carretera y el ferrocarril; este último en crisis por la competencia de otros medios de transporte más rápidos o más cómodos, como el avión; esta crisis se intenta superar con el desarrollo de líneas de Alta Velocidad. En los transportes por agua podemos diferenciar los fluviales, destinados al transporte de materiales muy pesados y voluminosos, de poco precio y sin exigencias de rapidez en el transporte; y los marítimos, en barcos de gran tonelaje y tendencia a la especialización: petroleros, congeladores... El transporte de pasajeros por mar ha quedado prácticamente reducido a distancias cortas o viajes de placer ya que, a pesar del aumento de comodidad y rapidez de los barcos, siempre serán superados por el transporte aéreo. Éste es el de más reciente desarrollo, a partir de la segunda Guerra Mundial, y si bien también se utilizan aviones para transportar mercancías dado el aumento progresivo de su capacidad de carga, es en el ámbito del transporte de viajeros donde destaca el transporte aéreo por su comodidad y rapidez.

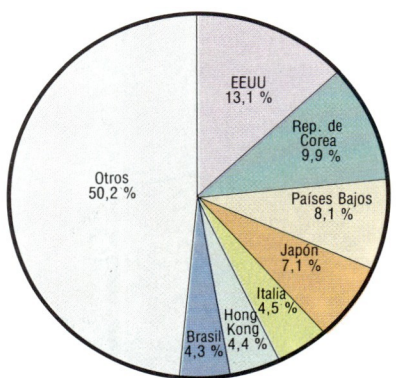

Transporte marítimo: total mundial de entradas y salidas en miles de toneladas netas registradas sin la URSS: 4817879

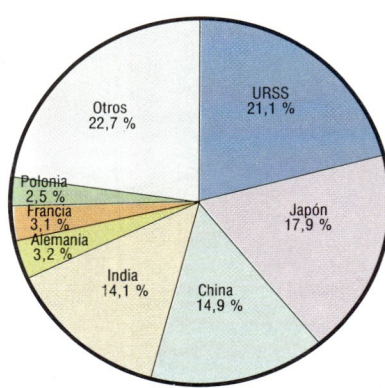

Transporte ferroviario: total mundial en millones de pasajeros por kilómetro: 1900922

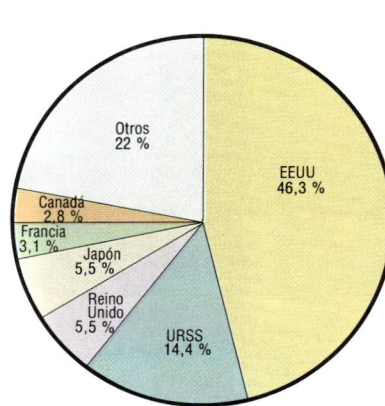

Transporte aéreo: total mundial en millones de pasajeros por kilómetro: 1386422

Comunicaciones

Los medios de comunicación también se han desarrollado de manera espectacular a partir del siglo XIX; el telégrafo primero y el teléfono después, constituyeron inventos revolucionarios para su época, ya que permitían la comunicación rápida e instantánea de dos personas alejadas en el espacio. Sin embargo no se prestaban para la comunicación de masas, que se encontraban limitadas a los medios de comunicación escritos, mucho más lentos. Será con la invención de la radio y la televisión cuando se podrán difundir noticias y comunicaciones a larga distancia y a un número muy elevado de personas a la vez. Estos grandes medios de comunicación de masas permiten difundir una información detallada y muy rápida, incluso para las personas alejadas de los núcleos urbanos que en otras épocas se encontraban totalmente al margen de los canales de comunicación. Para lograrlo se recurre a complejos sistemas de antenas, repetidores, satélites de comunicaciones, etc. Estos medios de comunicación de masas también se han convertido en una manera de difundir la cultura y los conocimientos a gran escala. Pero también tienen sus peligros y limitaciones, ya que ejercen una gran influencia sobre quien recibe sus mensajes, lo que puede convertirlos en instrumentos de presión de grupos políticos, económicos, religiosos, etc. En la actualidad el desarrollo de las comunicaciones va ligado a un gran desarrollo tecnológico, con la aparición de la telefonía sin hilos, las redes telemáticas, la transmisión por fibra óptica...

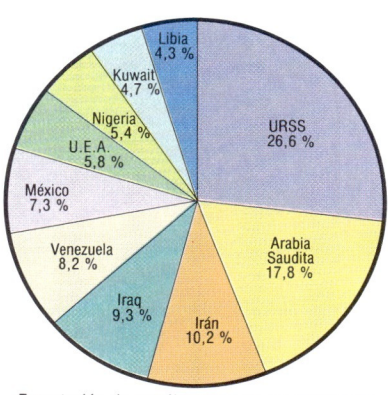

Exportación de mercancías: total mundial en miles de millones de dólares: 3470

Exportación de petróleo: total de los principales países en miles de toneladas métricas: 1552168,9

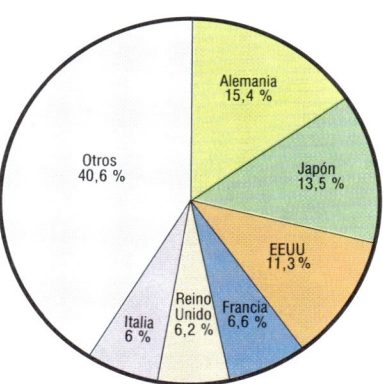

Exportación de productos manufacturados: total mundial en millones de dólares USA: 2748232,8

Comercio

Hasta el siglo XIX el comercio a larga distancia era muy limitado; se transportaban objetos de lujo que proporcionaban grandes beneficios a los comerciantes. El comercio local se limitaba a los mercados semanales y a las ferias anuales, en las que una o dos veces al año se podían adquirir productos procedentes de lugares alejados: especias, tejidos... A partir de la Revolución Industrial y con el desarrollo de los medios de transporte, esta situación cambió de forma sustancial y en la actualidad asistimos a un intercambio de productos muy activo. Con todo, en los países no desarrollados que todavía mantienen una economía rural preindustrial, el comercio que se ha desarrollado poco o bien está en manos de compañías de capital extranjero, como ocurre en el caso de las plantaciones, que producen productos agrícolas destinados al comercio exterior. En los países desarrollados la concentración de habitantes en las grandes ciudades y las zonas industriales, crea una demanda creciente de alimentos y productos manufacturados; mientras que por otra parte, el desarrollo industrial provoca una fuerte demanda de materias primas. Estos intercambios se realizan con frecuencia a larga distancia, siempre que no se puedan obtener a un mejor precio más cerca. La importancia actual del comercio internacional es muy grande; éste se basa en el equilibrio entre las compras exteriores o importaciones de un país, y sus ventas o exportaciones. El control de los mercados y los medios de transporte se encuentra mayoritariamente en manos de compañías de países desarrollados. En la mayor parte de los países del Tercer Mundo el nivel de importaciones excede con mucho al de exportaciones, lo que junto a otros factores, provoca un fuerte desequilibrio en la balanza de pagos y un progresivo endeudamiento. Con bastante frecuencia estos países del Tercer Mundo son exportadores de materias primas, cuya producción y comercialización está en manos de grandes multinacionales, mientras que importan materias y productos manufacturados. Entre los países con mayor nivel de exportaciones destaca Japón, especialmente de productos manufacturados. Actualmente en el mundo existen varios bloques comerciales, con diversos países adheridos para defender sus intereses comerciales y eliminar las trabas al comercio interior; el más importante de estos bloques es el Mercado Común Europeo, que cuenta en la actualidad con 12 miembros y que comprende tres comunidades diferentes: CECA (Comunidad Europea del Carbón y el Acero), CEE (Comunidad Económica Europea) y EURATOM (Comunidad Europea de la Energía Atómica).

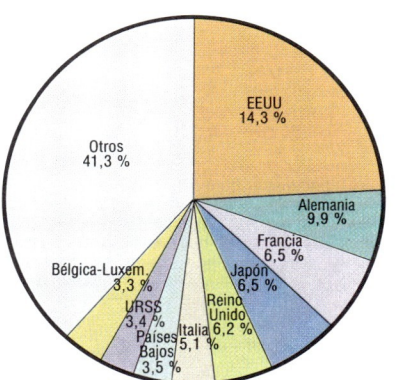

Importación de mercancías: total mundial en miles de millones de dólares: 3600

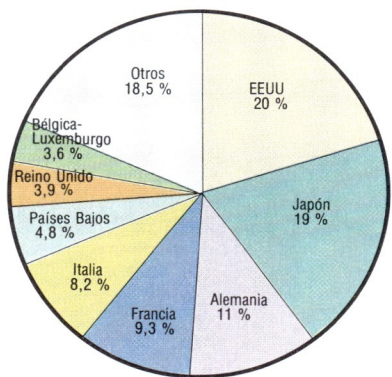

Importación de petróleo: total de los principales países en millones de dólares USA: 329,1

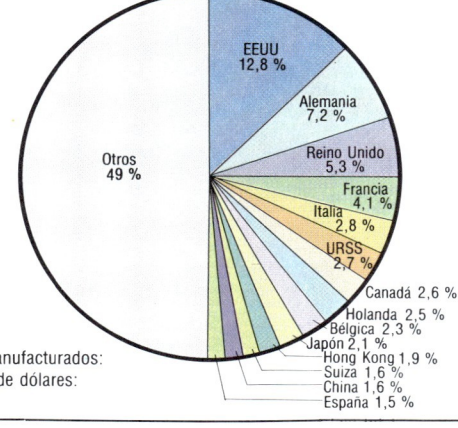

Importación de productos manufacturados: total mundial en millones de dólares: 2782464,8

48 Población mundial

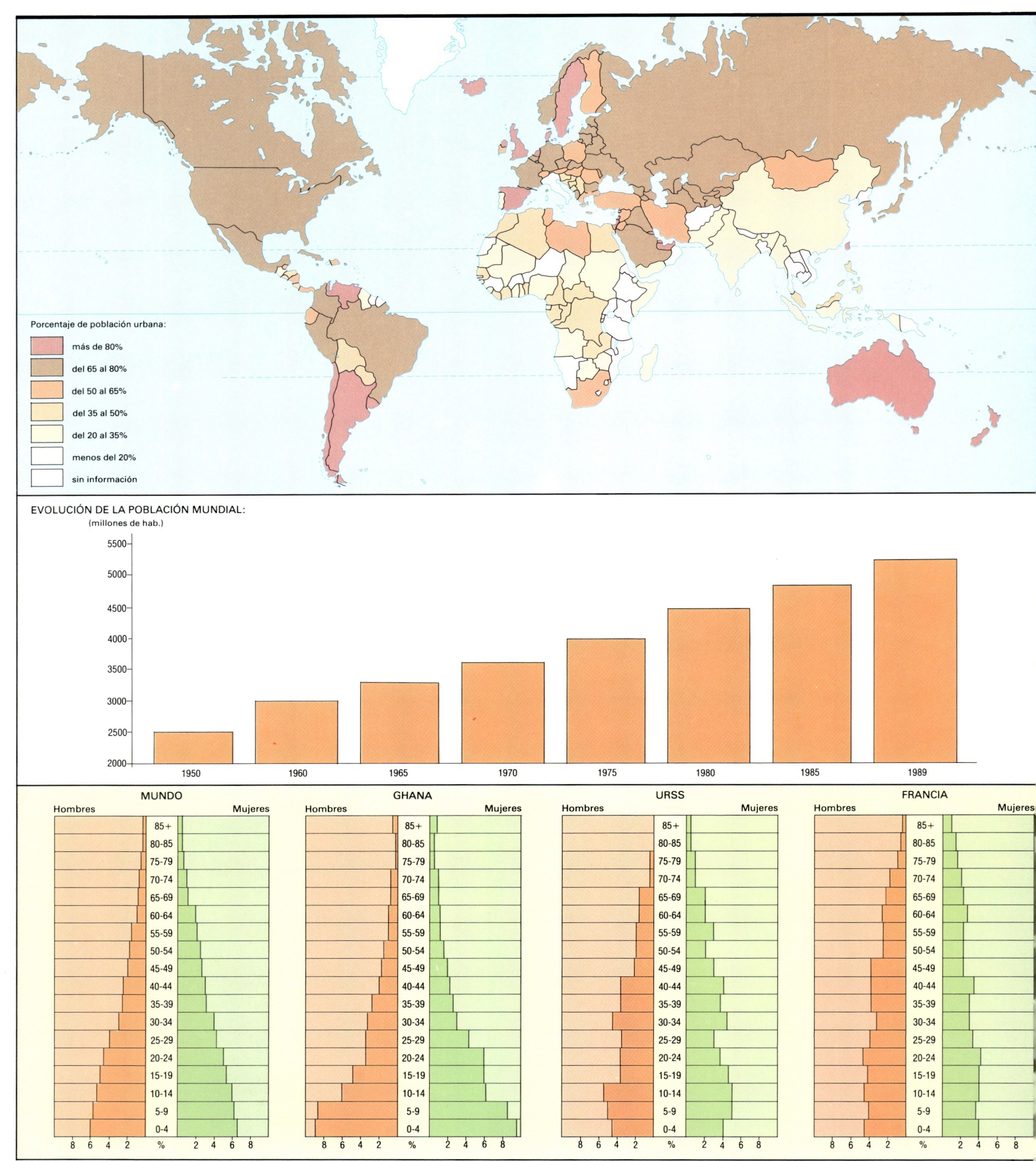

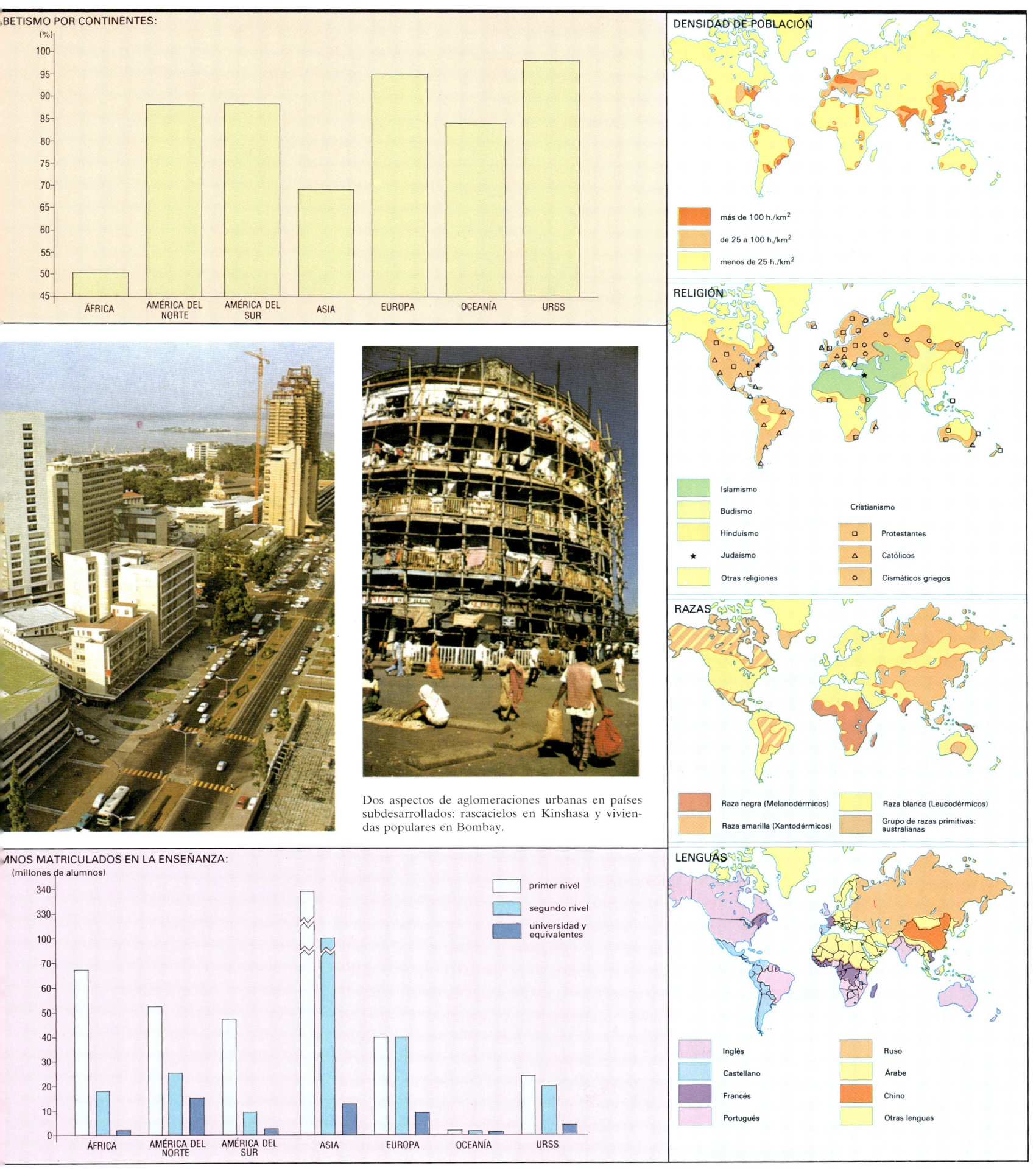

Dos aspectos de aglomeraciones urbanas en países subdesarrollados: rascacielos en Kinshasa y viviendas populares en Bombay.

50 Áreas geoeconómicas y políticas

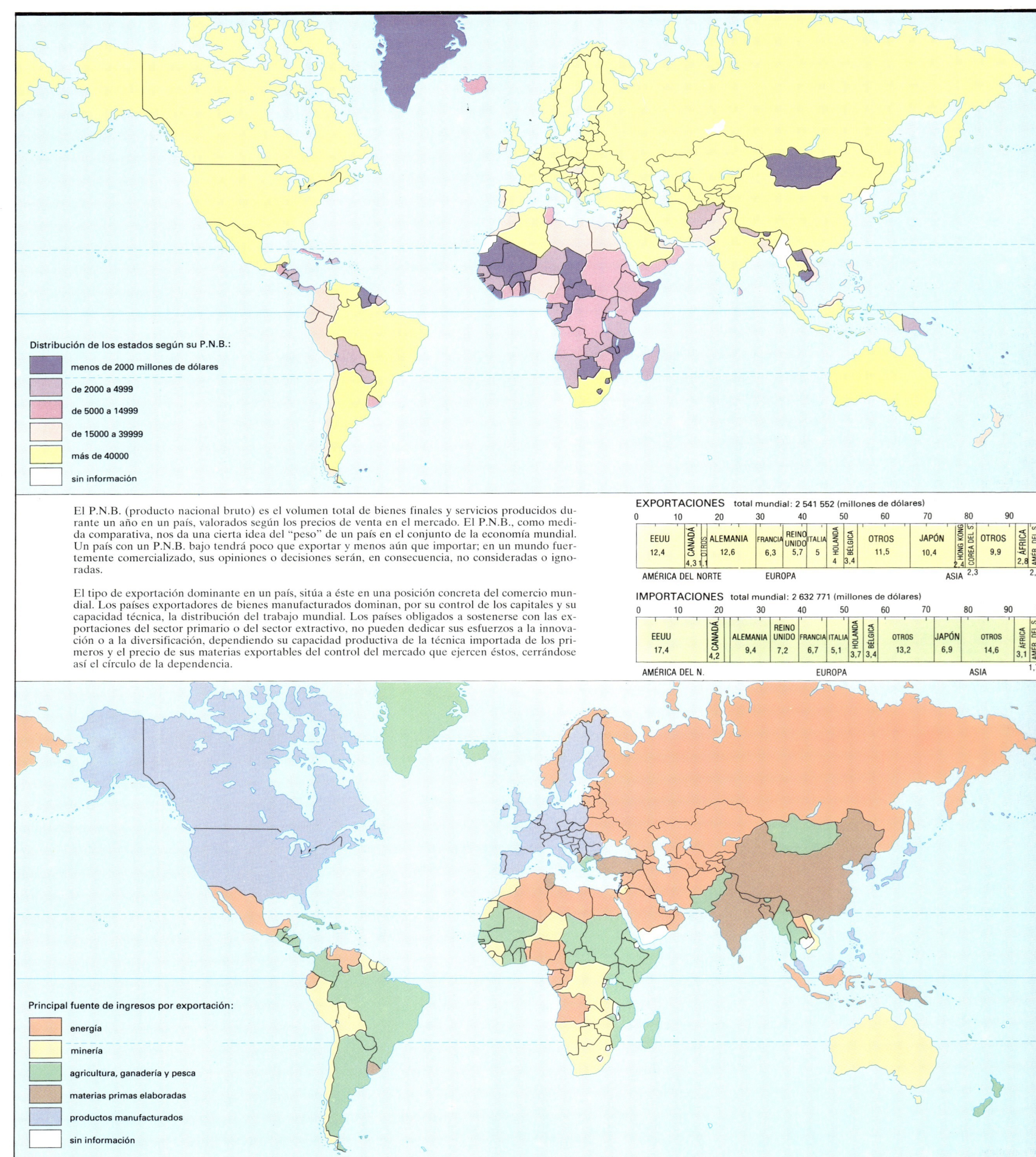

Distribución de los estados según su P.N.B.:
- menos de 2000 millones de dólares
- de 2000 a 4999
- de 5000 a 14999
- de 15000 a 39999
- más de 40000
- sin información

El P.N.B. (producto nacional bruto) es el volumen total de bienes finales y servicios producidos durante un año en un país, valorados según los precios de venta en el mercado. El P.N.B., como medida comparativa, nos da una cierta idea del "peso" de un país en el conjunto de la economía mundial. Un país con un P.N.B. bajo tendrá poco que exportar y menos aún que importar; en un mundo fuertemente comercializado, sus opiniones o decisiones serán, en consecuencia, no consideradas o ignoradas.

El tipo de exportación dominante en un país, sitúa a éste en una posición concreta del comercio mundial. Los países exportadores de bienes manufacturados dominan, por su control de los capitales y su capacidad técnica, la distribución del trabajo mundial. Los países obligados a sostenerse con las exportaciones del sector primario o del sector extractivo, no pueden dedicar sus esfuerzos a la innovación o a la diversificación, dependiendo su capacidad productiva de la técnica importada de los primeros y el precio de sus materias exportables del control del mercado que ejercen éstos, cerrándose así el círculo de la dependencia.

EXPORTACIONES total mundial: 2 541 552 (millones de dólares)

AMÉRICA DEL NORTE			EUROPA						ASIA				
EEUU 12,4	CANADÁ 4,3	OTROS 1,1	ALEMANIA 12,6	FRANCIA 6,3	REINO UNIDO 5,7	ITALIA 5	HOLANDA 4	BÉLGICA 3,4	OTROS 11,5	JAPÓN 10,4	HONG KONG 2,4	COREA DEL S 2,3	OTROS 9,9	ÁFRICA 2,8	AMER. DEL S

IMPORTACIONES total mundial: 2 632 771 (millones de dólares)

AMÉRICA DEL N.		EUROPA							ASIA			
EEUU 17,4	CANADÁ 4,2	ALEMANIA 9,4	REINO UNIDO 7,2	FRANCIA 6,7	ITALIA 5,1	HOLANDA 3,7	BÉLGICA 3,4	OTROS 13,2	JAPÓN 6,9	OTROS 14,6	ÁFRICA 3,1	AMER. DEL S 1,7

Principal fuente de ingresos por exportación:
- energía
- minería
- agricultura, ganadería y pesca
- materias primas elaboradas
- productos manufacturados
- sin información

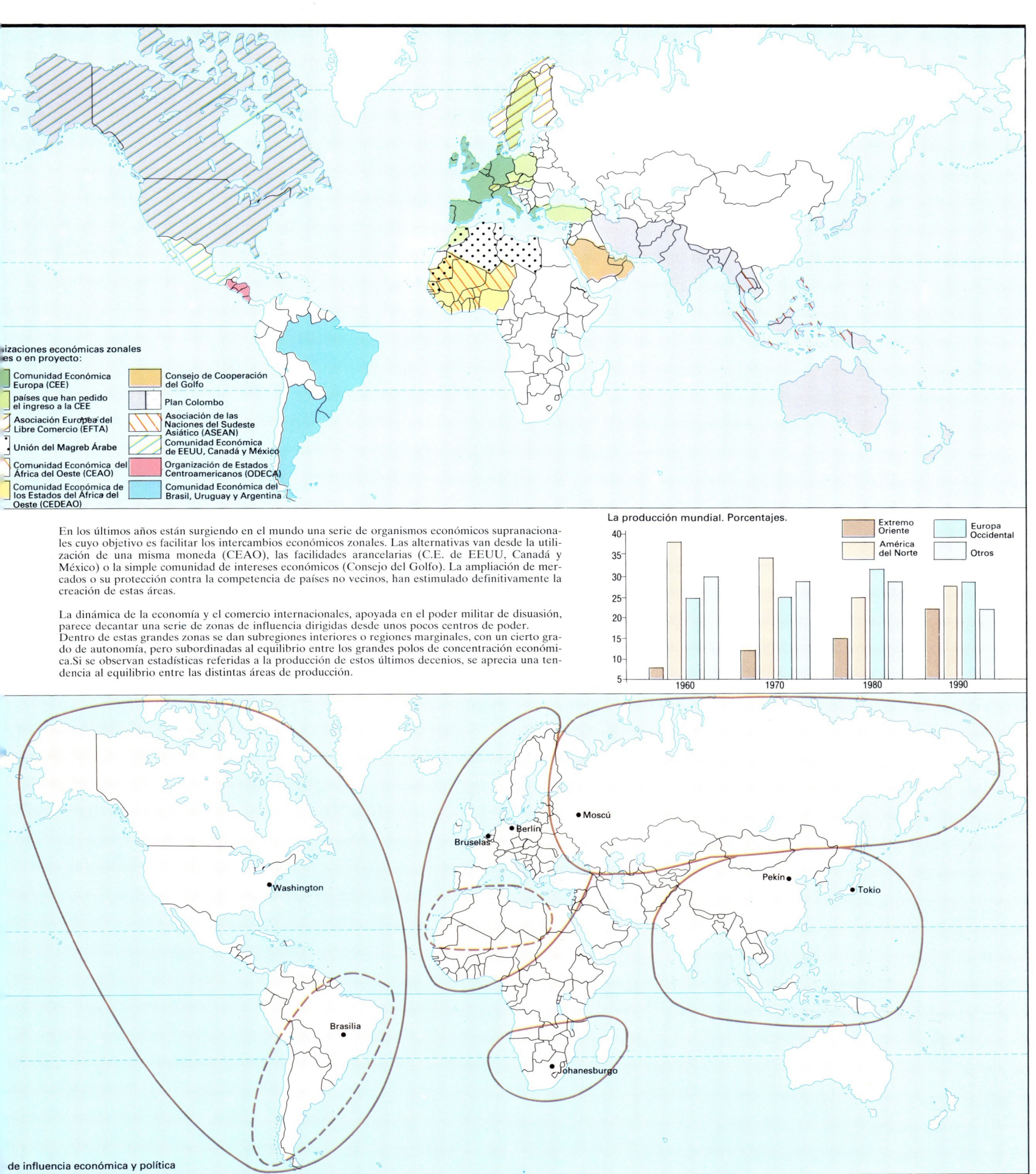

Organizaciones económicas zonales actuales o en proyecto:

- Comunidad Económica Europea (CEE)
- países que han pedido el ingreso a la CEE
- Asociación Europea del Libre Comercio (EFTA)
- Unión del Magreb Árabe
- Comunidad Económica del África del Oeste (CEAO)
- Comunidad Económica de los Estados del África del Oeste (CEDEAO)
- Consejo de Cooperación del Golfo
- Plan Colombo
- Asociación de las Naciones del Sudeste Asiático (ASEAN)
- Comunidad Económica de EEUU, Canadá y México
- Organización de Estados Centroamericanos (ODECA)
- Comunidad Económica del Brasil, Uruguay y Argentina

En los últimos años están surgiendo en el mundo una serie de organismos económicos supranacionales cuyo objetivo es facilitar los intercambios económicos zonales. Las alternativas van desde la utilización de una misma moneda (CEAO), las facilidades arancelarias (C.E. de EEUU, Canadá y México) o la simple comunidad de intereses económicos (Consejo del Golfo). La ampliación de mercados o su protección contra la competencia de países no vecinos, han estimulado definitivamente la creación de estas áreas.

La dinámica de la economía y el comercio internacionales, apoyada en el poder militar de disuasión, parece decantar una serie de zonas de influencia dirigidas desde unos pocos centros de poder. Dentro de estas grandes zonas se dan subregiones interiores o regiones marginales, con un cierto grado de autonomía, pero subordinadas al equilibrio entre los grandes polos de concentración económica. Si se observan estadísticas referidas a la producción de estos últimos decenios, se aprecia una tendencia al equilibrio entre las distintas áreas de producción.

La producción mundial. Porcentajes.

Zonas de influencia económica y política

52 División política. Banderas

Escala 1: 88 000 000

Abrev.	País	Abrev.	País
A.:	Albania	KI.:	Kirguizistán
AN.:	Andorra	KUW.:	Kuwait
AR.:	Armenia	L.:	Liechtenstein
AZ.:	Azerbaiján	LES.:	Lesotho
B.:	Bélgica	LI.:	Lituania
B.-H.:	Bosnia-Herzegovina	LIB.:	Líbano
BHUT.:	Bhutan	LUX.:	Luxemburgo
BU.:	Burundi	M.:	Mónaco
C.:	Croacia	MA.:	Macedonia
CAM.:	Camboya	MO.:	Moldova
C.G.:	Crna Gora (Montenegro)	P.B.:	Países Bajos
E.:	Eslovenia	R.:	Ruanda
E.A.U.:	Emiratos Árabes Unidos	R.CH.:	Checa, República
ES.:	Estonia	S.:	Suiza
EV.:	Eslovaquia	SE.:	Serbia
GE.:	Georgia	SM.:	San Marino
H.:	Hungría	SW.:	Swazilandia
ISR.:	Israel	TA.:	Tadjikistán
JOR.:	Jordania	ZIM.:	Zimbabwe

Banderas: Afganistán, Albania, Alemania, Andorra, Angola, Antigua, Arabia Saudita, Argelia, Argentina, Armenia, Australia, Austria, Azerbaiján, Bahamas, Bahrein, Bangla Desh, Barbados, Belau, Bélgica, Belice, Benin, Bhutan, Bielorrusia, Birmania (Myanmar), Bolivia, Bosnia-Herzegovina, Botswana, Brasil, Brunei, Bulgaria, Burkina Fasso, Burundi, Cabo Verde, Camboya, Camerún, Canadá, Centroafricana, Rep., Colombia, Comores, Congo, Corea del Norte, Corea del Sur, Costa de Marfil, Costa Rica, Croacia, Cuba, Chad, Checa, Rep., Chile, China, Chipre, Dinamarca, Djibuti, Dominica, Dominicana, Rep., Ecuador

54 España: Físico

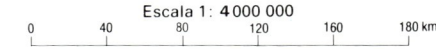
Escala 1: 4 000 000
0 40 80 120 160 180 km

Extensión .... 505.954 km²

OROGRAFÍA

Sistema montañoso	Longitud en km	Nombre	Altitud mayor Metros
Macizo galaico	325	Cabeza de Manzaneda	1.778 (Sierra de Queixa)
Montes de León	150	Teleno	2.188
Cordillera Cantábrica	300	Peña Cerredo	2.648 (Picos de Europa)
Montes Vasco	150	Peña Gorbea	1.475
Cordillera Pirenaica	440	Aneto	3.404
Macizo de Montseny	30	Turó de l'Home	1.713 (Montseny)
Sistema Ibérico	460	Moncayo	2.313
Cordillera Central	700	Pico del Moro Almanzor	2.592 (Sierra de Gredos)
Sierra Morena	600	Estrella	1.308
Cordillera Subbética	620	Sagra	2.381
Cordillera Penibética	520	Mulhacén	3.478
Islas Baleares		Puig Major	1.445
Islas Canarias		Pico de Teide	3.718

HIDROGRAFÍA

Ríos principales	Afluentes y subafluentes	Longitud en km
Bidasoa		67
Nervión		69
Nalón		129
Navia		159
Fluvià		98
Ter		209
Llobregat		157
Ebro		910
	Aragón	197
	Gállego	149
	Segre	216
	Jalón	224
Mijares		156
Turia		280
Júcar		498
Segura		325
Tambre		134
Miño		310
	Sil	225
Duero		895
	Tormes	247
	Pisuerga	275
	Esla	275
	Valderaduey	185
Tajo		1.007
	Jarama	194
	Alagón	201
	Tajuña	248
Guadiana		778
	Zújar	210
	Matachel	124
	Cigüela	194
Guadalquivir		657
	Guadiana Menor	94
	Genil	337
Odiel		121
Tinto		93
Guadalete		79
Guadalhorce		154
Guadiaro		79

m
3000
2000
1500
1000
400
200
0
0
200
2000

CANTÁBRICO
Golfo de Vizcaya
FRANCIA
Golfo de León
Cordillera Pirenaica
Pirineos Navarros
Pirineos Aragoneses
Pirineos Catalanes
ANDORRA
Picos de Europa
Cantábrica
Montes Vascos
Sierra de la Demanda
Picos de Urbión
Depresión del Ebro
Los Monegros
Sistema Ibérico
Sistema Central
Sierra de Guadarrama
Meseta
La Mancha
Llanos de Urgell
Cordillera Costera Catalana
Costa Brava
Golfo de Rosas
Golfo de San Jorge
Delta del Ebro
Golfo de Valencia
Is. Columbretes
Islas Baleares
Mallorca
Menorca
Ibiza
Formentera
Cabrera
Dragonera
Serranía de Cuenca
Montes Universales
Sierra de Albarracín
Maestrazgo
Sierra Morena
Cordillera Subbética
Cordillera Penibética
Sierra Nevada
Mulhacén
3478
Veleta
3392
Sierra de Cazorla
Sierra de Segura
Sierra de Espuña
Sierra de Almenara
Mar Menor
Bahía de Alicante
Golfo de Mazarrón
Golfo de Almería
C. de Gata
Pta. del Moro
MAR MEDITERRÁNEO
Alborán (Esp.)
ARGELIA
Macizo de Ouarsenis
Atlas Blida
Gran Kabylia
Montes Dahara
Mtes. du Titeri
Chott de Orán
G. de Arzew
C. Ferrat
C. Figalo
C. Tres Forcas
Oeste de Greenwich
Este de Greenwich
Ebro
Duero
Tajo
Júcar
Turia
Segura
Guadiana
Guadalquivir
Genil
Garona
Adour
Aneto
3404
Mte. Perdido
3355
Vignemale
3303
Moncayo
2313
Peñalara
2430
Campo de Calatrava
Campo de Cartagena
Huerta de Valencia
La Plana
Hoya de Calatayud
Tierra de Arévalo
La Sagra
Campiña

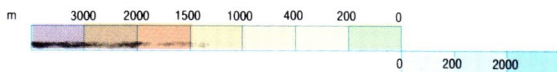

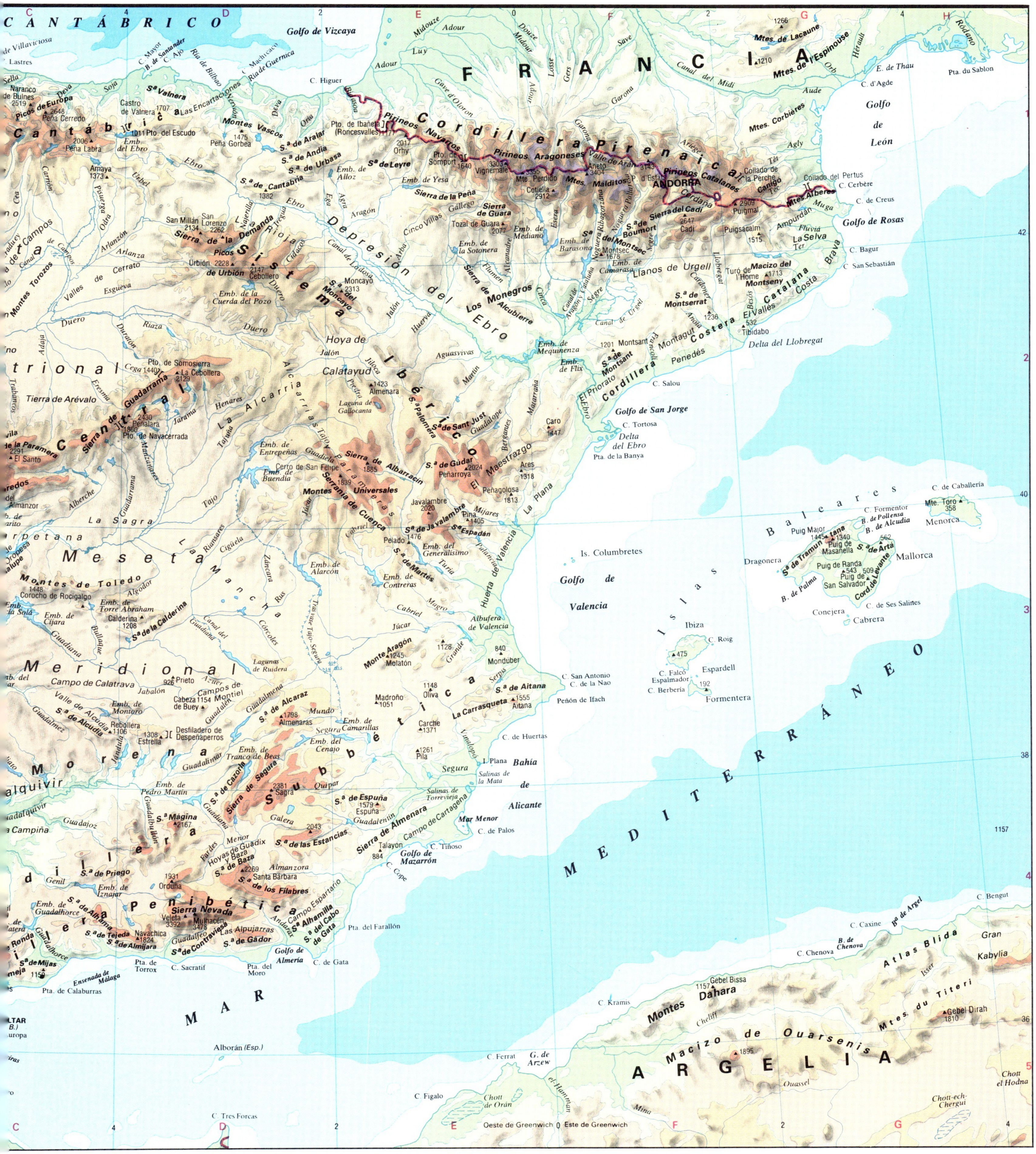

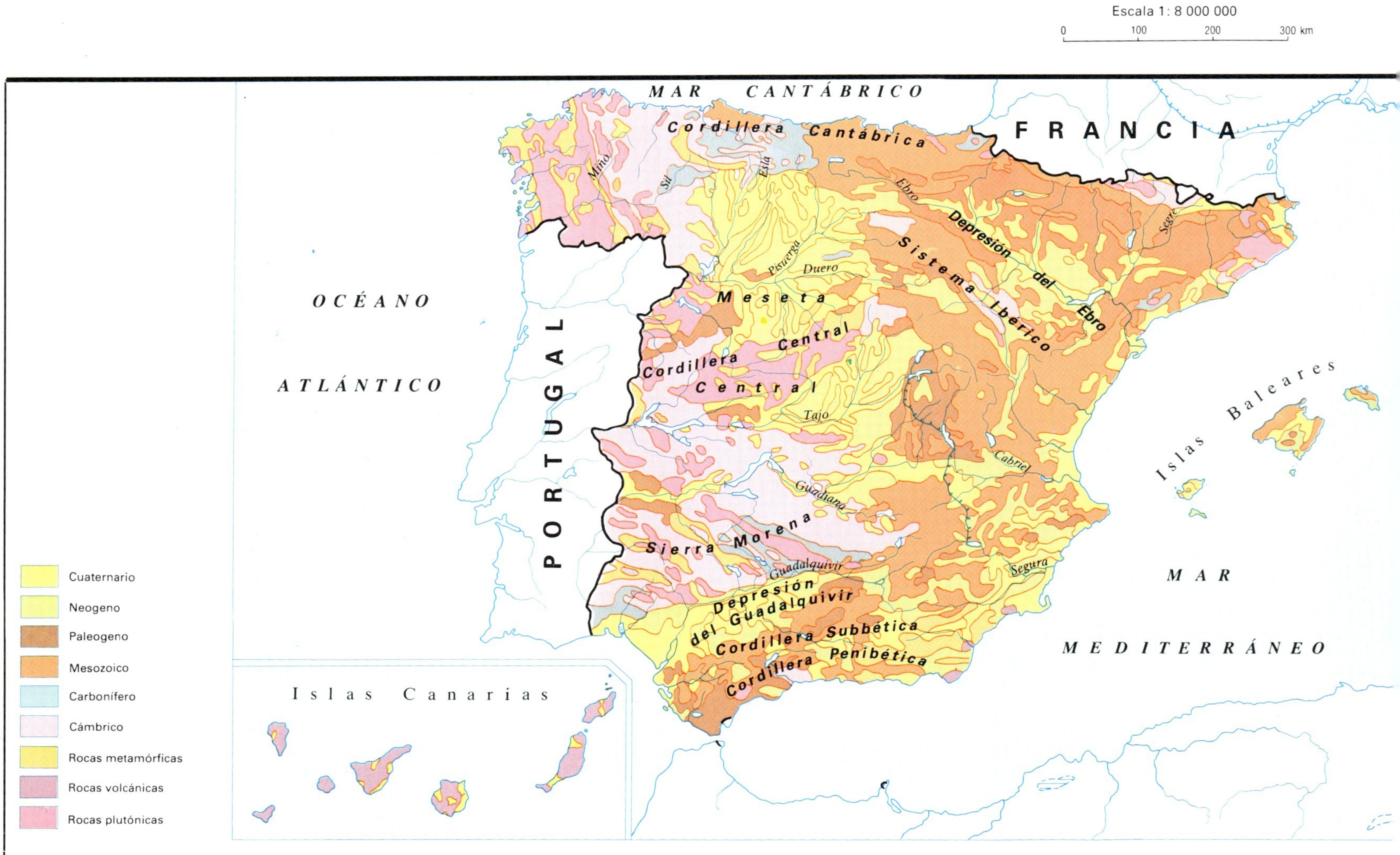

56 España: Geología

Escala 1 : 8 000 000

Leyenda:
- Cuaternario
- Neogeno
- Paleogeno
- Mesozoico
- Carbonífero
- Cámbrico
- Rocas metamórficas
- Rocas volcánicas
- Rocas plutónicas

España, a pesar de su reducido tamaño, es muy variada y compleja desde el punto de vista geológico, tanto por lo que se refiere al tipo y edad de los materiales, como a su morfología. Existen evidencias de que las orogenias caledoniana y herciniana afectaron a la Península Ibérica, además de la alpina, cuyos efectos todavía se manifiestan en la actualidad. Durante la orogenia herciniana la Península Ibérica, que sería una isla separada de Europa y África, colisionó con el continente europeo al que, a partir de entonces, quedaría unida. Esta unión se produjo en dos fases, de modo que Andalucía se unió con el resto de la Península más tarde, durante la orogenia alpina. Las grandes unidades geomorfológicas actuales son cosecuencia, precisamente, de esta última orogenia. La zona menos afectada por la orogenia alpina ha sido la mitad occidental de la Península, que viene a coincidir con la España silícea. Desde el punto de vista geomorfológico, las unidades más características son el Sistema Ibérico y las cordilleras periféricas. El Sistema Ibérico comprende los materiales más antiguos (precámbricos y paleozoicos) afectados por la orogenia herciniana. Forman parte del Sistema Ibérico: Cordillera Cantábrica, montes Galaicos, Cordillera Central y Sierra Morena, además de las depresiones del Duero y del Tajo. Las cordilleras periféricas están representadas por los Pirineos, Sistema Costero Catalán, Sistema Ibérico y Cordilleras Béticas, además de las Depresiones del Ebro y del Guadalquivir. Baleares son continuación del Sistema Bético y Canarias de origen volcánico.

Característico relieve cárstico en el Torcal de Antequera (Málaga).

Cráter de un volcán extinguido en Lanzarote.

España: Suelos

Cresta calcárea y conos de derrubio en el Parque de Ordesa-Monte Perdido. La erosión constante de los agentes atmosféricos, sobre todo la gelificación, originan estos paisajes de piedra desmenuzada habituales en las zonas de alta montaña.

Suelo salino en Torrevella (Alicante). Este tipo de suelo origina terrenos más o menos áridos, por lo que su utilización agrícola es siempre costosa y difícil. Son frecuentes en lugares llanos, como depresiones y llanuras aluviales o litorales.

La edafología, o ciencia que estudia los suelos, es una ciencia joven pero que tiene un gran interés práctico, principalmente para la agricultura. Uno de los aspectos más complejos de la edafología, consiste en el criterio de clasificación de los suelos. A diferencia de otras ciencias, en edafología no existe un único sistema de clasificación universalmente aceptado. Debido a ello, en esta obra se ha optado por hacer una clasificación sencilla y muy simplificada de los suelos españoles, y basada en la naturaleza química o petrológica del suelo. Los suelos *silíceos* se forman sobre rocas ácidas como granitos, areniscas, cuarcitas, etc. cuya alteración da lugar a suelos *arcillosos*. A este grupo pertenecen como ejemplos más característicos los suelos tipo *ranker* de las zonas más bajas y las *tierras pardas*, propias de regiones montañosas. En las regiones calcáreas secas se desarrollan suelos muy característicos: las *tierras rojas mediterráneas* (terra rossa) cuyo color viene determinado por la abundancia de hierro férrico, o forma más oxidada del hierro. Si el clima no es tan seco, aparece el suelo tipo *rendzina*. Las Islas Canarias tienen unos suelos especiales, debido a su naturaleza volcánica y a la juventud de la roca madre. En determinadas regiones, como los Monegros, Almería, Murcia y Sevilla, aparecen suelos de tipo *salino* debido a la concentración de sales minerales: cloruros y sulfatos.

58 España: Clima

España, por su situación en latitudes medias, se encuentra en el dominio de los climas templados, en la zona de influencia de las masas de aire polar del norte y de aire tropical del sur. Por su carácter de península y su posición entre dos mares, presenta unas caraterísticas peculiares que se ven acentuadas por el accidentado relieve peninsular, que impide la circulación de las masas de aire y de los frentes hacia el interior. El resultado es una diversidad climática, tanto estacional como regional. A pesar de esta diversidad reconoceremos dos dominios climáticos en el conjunto de la península: el oceánico y el mediterráneo, este último con diversas variedades regionales.

Dominio oceánico. Corresponde a la España húmeda, se localiza por tanto en Galicia y la costa cantábrica. La pluviosidad es abundante, distribuida de forma regular a lo largo del año. Las temperaturas son suaves, sin que exista un verdadero invierno; la amplitud térmica es la menor de toda la Península.

Dominio mediterráneo. Corresponde a la España seca y semiárida y en él podemos distinguir cuatro tipos.
Mediterráneo de tendencia continental. Localizado en la Meseta y el valle del Ebro. La pluviosidad es baja, algo más elevada en las zonas periféricas; las máximas se producen en primavera. Las temperaturas son extremas, por tanto la amplitud térmica es elevada. El invierno es largo y frío y el verano caluroso.
Mediterráneo periférico. Localizado en Baleares y la costa mediterránea hasta Murcia. Presenta temperaturas medias elevadas y amplitud térmica mode-rada, mayor cuanto más al norte. También se produce esta gradación en las precipitaciones que son más abundantes en el norte que en el sur, zona de contacto con la España semiárida. El máximo pluviométrico se produce en otoño.
Mediterráneo del Valle del Guadalquivir. Localizado en Andalucía Oriental y parte de Extremadura. Las temperaturas son en conjunto elevadas, especialmente las estivales. Las precipitaciones presentan un mínimo estival muy marcado. La influencia oceánica es menor cuanto más al interior, acentuando entonces estas características.
Mediterráneo de tendencia árida. Corresponde a la España semiárida. Las temperaturas son relativamente elevadas a lo largo de todo el año. Las precipitaciones son muy escasas y con frecuencia torrenciales lo que determina la aridez.

Clima de las islas Canarias. Por la situación de las Islas Canarias es totalmente diferente del de la Península. De clara tendencia tropical recibe además la influencia sahariana. Las lluvias son más abundantes en las zonas norte de las islas que en el sur, excepto en Lanzarote y Fuerteventura, que por su proximidad a Africa y su menor altitud son mucho más secas que el resto. La amplitud térmica es escasa y las temperaturas moderadas a lo largo de todo el año.

Paisaje de la Meseta Central en la provincia de Palencia.

Puerto de Castro Urdiales, en Cantabria.

España: Temperatura. Pluviosidad

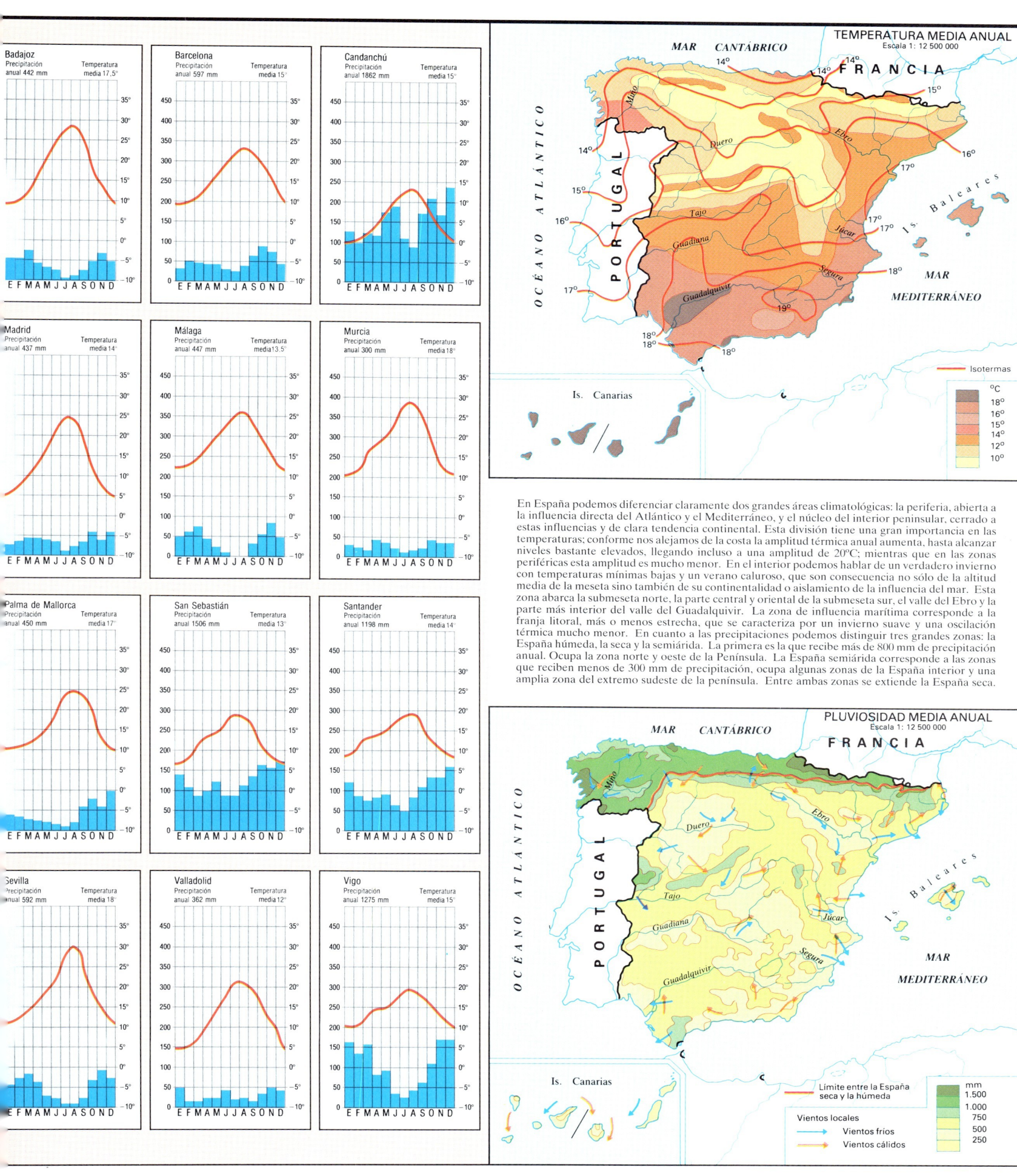

En España podemos diferenciar claramente dos grandes áreas climatológicas: la periferia, abierta a la influencia directa del Atlántico y el Mediterráneo, y el núcleo del interior peninsular, cerrado a estas influencias y de clara tendencia continental. Esta división tiene una gran importancia en las temperaturas; conforme nos alejamos de la costa la amplitud térmica anual aumenta, hasta alcanzar niveles bastante elevados, llegando incluso a una amplitud de 20°C; mientras que en las zonas periféricas esta amplitud es mucho menor. En el interior podemos hablar de un verdadero invierno con temperaturas mínimas bajas y un verano caluroso, que son consecuencia no sólo de la altitud media de la meseta sino también de su continentalidad o aislamiento de la influencia del mar. Esta zona abarca la submeseta norte, la parte central y oriental de la submeseta sur, el valle del Ebro y la parte más interior del valle del Guadalquivir. La zona de influencia marítima corresponde a la franja litoral, más o menos estrecha, que se caracteriza por un invierno suave y una oscilación térmica mucho menor. En cuanto a las precipitaciones podemos distinguir tres grandes zonas: la España húmeda, la seca y la semiárida. La primera es la que recibe más de 800 mm de precipitación anual. Ocupa la zona norte y oeste de la Península. La España semiárida corresponde a las zonas que reciben menos de 300 mm de precipitación, ocupa algunas zonas de la España interior y una amplia zona del extremo sudeste de la península. Entre ambas zonas se extiende la España seca.

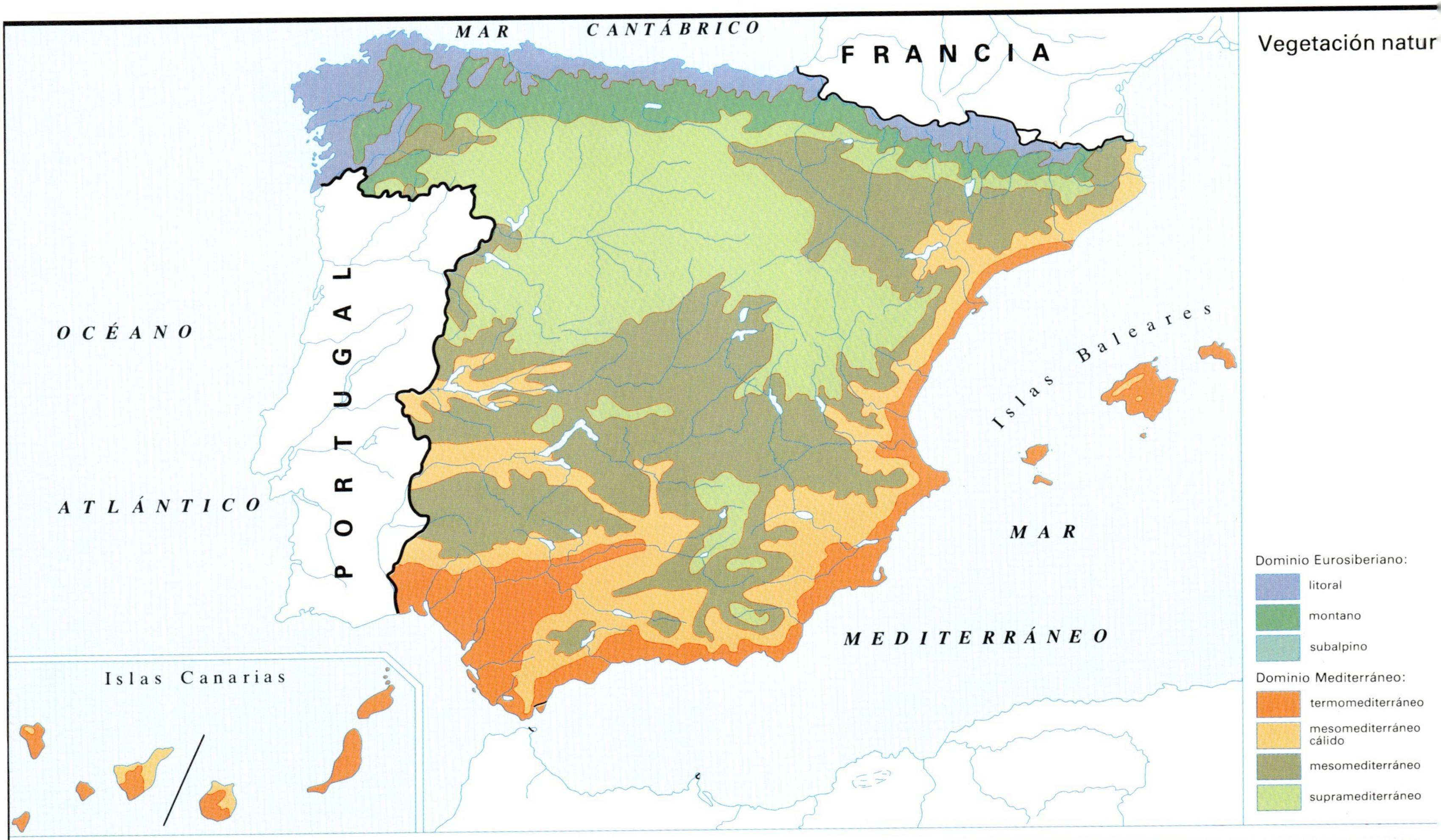

60 España: Vegetación

Vegetación natur[al]

Dominio Eurosiberiano:
- litoral
- montano
- subalpino

Dominio Mediterráneo:
- termomediterráneo
- mesomediterráneo cálido
- mesomediterráneo
- supramediterráneo

España, debido a su peculiar posición geográfica, posee una vegetación muy rica y variada. Su territorio, dada su particular orografía, alberga desde especies boreales en los Pirineos, hasta formas tropicales procedentes del norte de África. Gracias a su situación de encrucijada, España cuenta además con gran número de especies endémicas, es decir, exclusivas de su territorio.

El tipo de vegetación que ocupa una mayor extensión territorial es el mediterráneo y submediterráneo y se encuentra representado por los bosques de encinas (*Quercus ilex* y *Q. rotundifolia*) y alcornoques (*Q. suber*), acompañados por especies características: madroño, durillo, lentisco, hiedra, madreselva, brusco, esparraguera, brezo, aladierno, coscoja, jara, etc. Las especies mediterráneas son perennifolias y tienen las hojas pequeñas y duras (xerófilas o esclerófilas), bien adaptadas a la escasa pluviosidad propia de este clima. La acción humana, sin embargo, ha sustituido gran parte de los encinares por pinares.

Las regiones septentrionales y occidentales de la Península Ibérica, desde Galicia y la cornisa cantábrica, hasta el valle de Arán en Lérida, presentan una vegetación de tipo atlántico, representada en las zonas más húmedas por bosques caducifolios de robles y en las más secas por pinares de pino albar. Los robledales presentan como especies más características junto a los robles (*Quercus sp.*), el abedul, el serbal, el acebo, el arándano, el avellano, el arce, el helecho común, etc.

La vegetación de las zonas de clima algo más frío y húmedo es de tipo centroeuropeo y está representada por el hayedo. El haya (*Fagus sylvatica*) cuenta con especies acompañantes como el ranúnculo, nemorosa, aleluya, cárice, mezéreon y varias especies de orquídeas. El haya suele coexistir con el abeto (*Abies alba*) aunque es sustituido totalmente por este en las zonas menos húmedas.

En las zonas más altas de los Pirineos y del Sistema Ibérico, encontramos una vegetación de tipo boreal representada por los pinares de pino negro (*Pinus uncinata*) que marca el límite altitudinal del bosque; por encima suyo sólo crecen las especies herbáceas que caracterizan al prado alpino.

Junto a estos tipos de vegetación dominante, encontramos localmente otras comunidades muy condicionadas por el medio, como son las comunidades de zonas inundadas, propias sobre todo de los valles del Ebro y del Guadalquivir o las comunidades adaptadas a vivir en medios particulares, como las psamófilas o de dunas y las halófilas que viven en medios muy ricos en sales minerales. De gran interés resultan también, por su elevado contenido en especies endémicas, las comunidades rupícolas, es decir, las que viven sobre las rocas.

Por último merece una mención especial la flora de las islas Canarias, dada su especialísima originalidad y que a pesar del reducido tamaño del territorio que ocupa, constituye una región biogeográfica particular, junto a Madeira, Azores y Cabo Verde: la región Macaronésica. Las comunidades vegetales más representativas de las Canarias serían el brezal y la laurisilva en las zonas altas y húmedas, el pinar de pino canario (*Pinus canariensis*) en las zonas medias y los cardonales y tabaibales en las zonas bajas, cálidas y secas, acompañados por palmerales y tarajales cuando la humedad del suelo es alta, tal como ocurre en los barrancos.

Paisaje del Parque Nacional de Aigües Tortes - Sant Maurici. En esta zona pirenaica podemos encontrar especies propias del bosque boreal, como el pino negro y el abeto. En las zonas de montaña, la vegetación arbórea desaparece a partir de determinada altura y es sustituida por herbáceas de pequeño tamaño.

España. Ecosistemas. Medioambiente

Arriba izquierda. La laurisilva es un tipo de bosque tropical que se encuentra en las zonas altas y húmedas de las islas Canarias. *Arriba derecha.* Parque Nacional de Monfragüe (Cáceres). La dehesa ocupada por el alcornocal constituye un paisaje de tipo mediterráneo que cubre gran parte de Extremadura. *Abajo izquierda.* Estribaciones de la montaña el Teno (Tenerife). Las zonas bajas y secas de las Canarias se encuentran ocupadas por una vegetación basal formada por cardonales y tabaibales. *Abajo derecha.* Parque Nacional de Timanfaya (Lanzarote), zona volcánica de extrema aridez azotada con frecuencia por los vientos saharianos.

Parques nacionales y reservas naturales

Parques nacionales

1 Covadonga
2 Valle de Ordesa y Monte Perdido
3 Aigües Tortes y lago de Sant Maurici
4 Las Tablas de Daimiel
5 Doñana
6 Cañadas del Teide
7 Caldera de Taburiente
8 Timanfaya
9 Garajonay

Reservas naturales

10 Los Ancares
11 Somiedo
12 Saja
13 Picos de Europa
14 Irati
15 Cadí-Moixeró
16 Cabo de Creus-Islas Medes
17 Lagunas de Villafáfila
18 Tejera Negra
19 Baidenas Reales
20 Moncayo
21 Sierra de Guara
22 Montserrat
23 Montseny
24 Peña de Francia-Las Batuecas
25 Pedriza del Manzanares
26 Hosquillo-Rio Cuervo
27 Laguna de Gallocanta
28 Ports de Beceit y Tortosa
29 Delta de l'Ebre
30 Monfragüe
31 Gredos
32 Albufera d'Es Grau
33 Serra de Tramontana
34 Cabrera
35 Montes de Toledo
36 Albufera de València
37 Lagunas de Ruidera
38 Sierras de Cazorla y Segura
39 Torcal de Antequera
40 Sierra Nevada
41 Desierto de Almería
42 Cabo de Gata
43 Sierra de Grazalema
44 Archipiélago Chinijo
45 Dunas de Corralejo e isla de Lobos
46 Peninsula de Jandía
47 Montañas de Teno
48 Malpais de Güimar

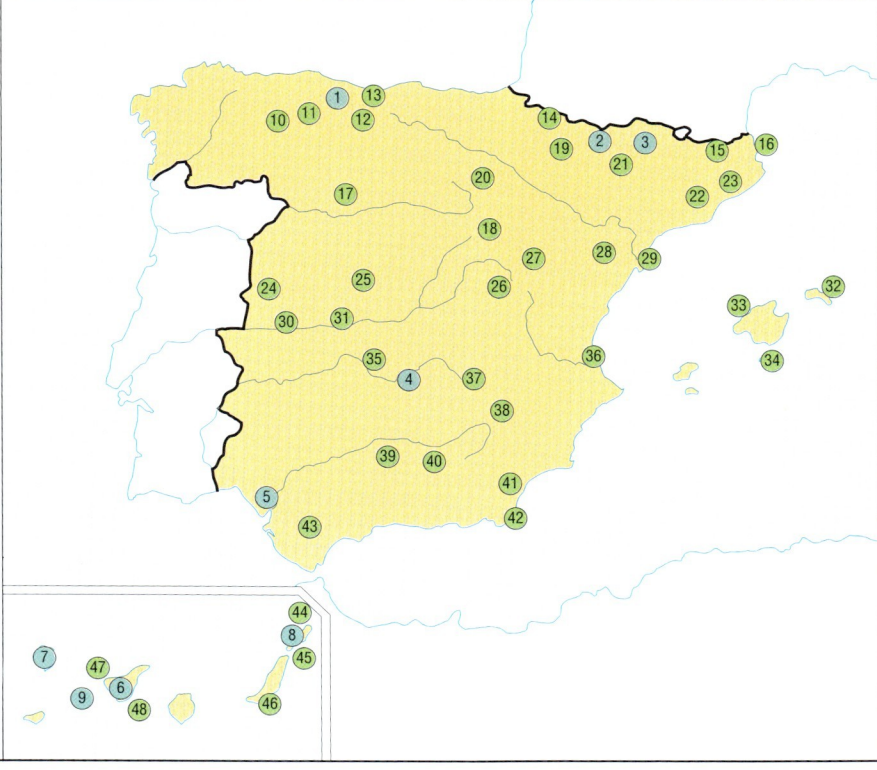

62 España: Demografía

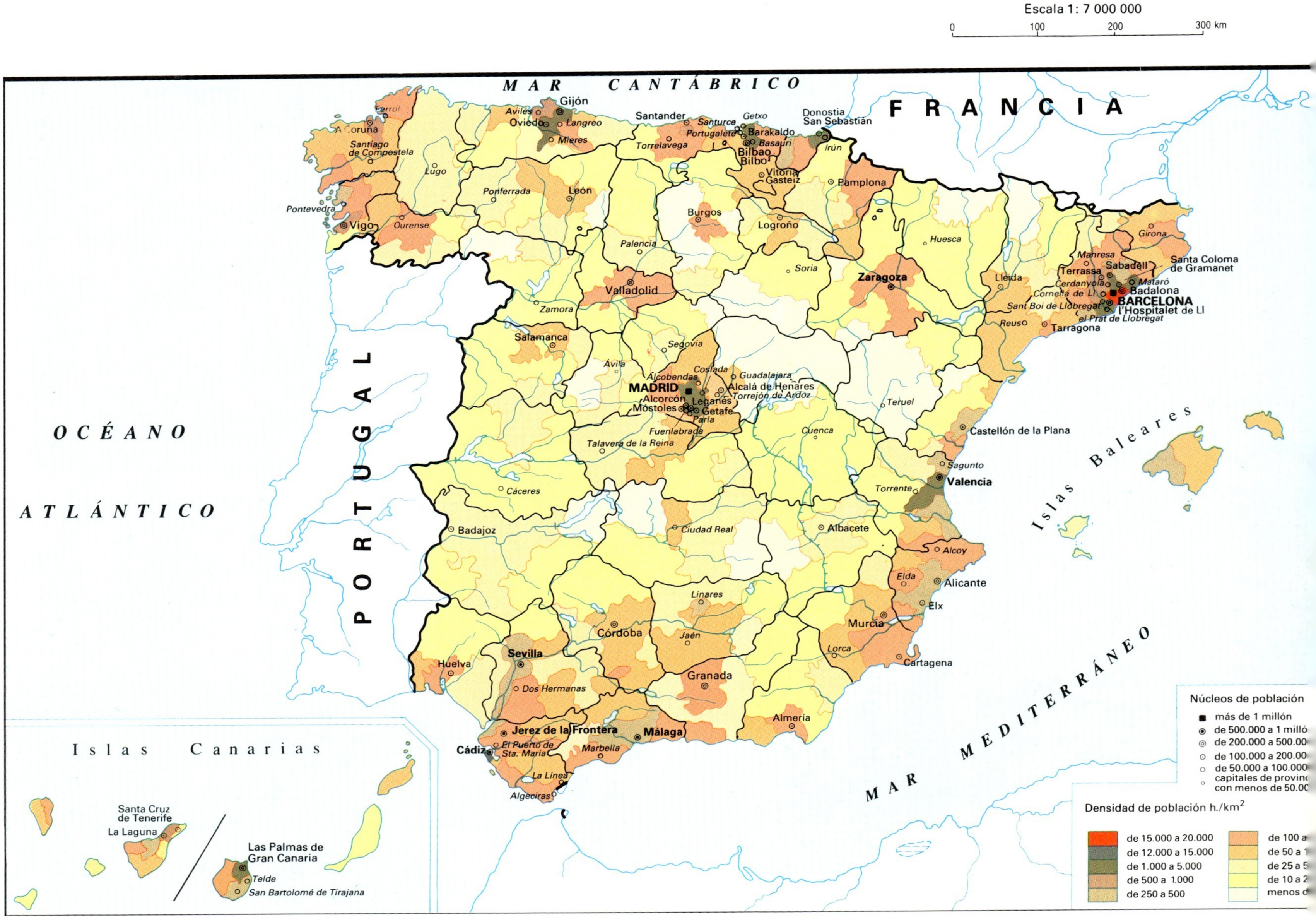

Escala 1: 7 000 000

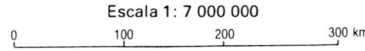

Núcleos de población
- más de 1 millón
- de 500.000 a 1 millón
- de 200.000 a 500.000
- de 100.000 a 200.000
- de 50.000 a 100.000
- capitales de provincia con menos de 50.000

Densidad de población h./km²
- de 15.000 a 20.000
- de 12.000 a 15.000
- de 1.000 a 5.000
- de 500 a 1.000
- de 250 a 500
- de 100 a
- de 50 a
- de 25 a
- de 10 a
- menos d

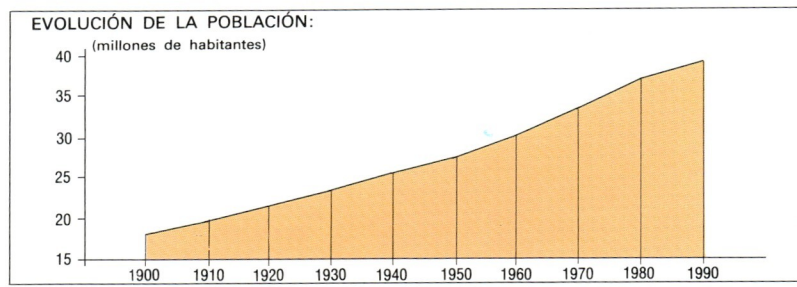

EVOLUCIÓN DE LA POBLACIÓN: (millones de habitantes)

Durante siglos la población absoluta española creció muy lentamente, debido a una mortalidad muy elevada, como es característico del régimen demográfico antiguo. Estudiando la población en esas épocas, se pueden apreciar etapas de crecimiento más intenso, interrumpidas por las clásicas crisis demográficas del momento. En éstas tenían un papel importante las epidemias y las enfermedades crónicas; esta mortalidad catastrófica no será superada hasta el siglo XIX, casi un siglo más tarde que en el resto de Europa occidental. Ya en ese siglo se inicia un cambio de tendencia que se acelerará de forma importante ya entrado el siglo XX; la disminución de la mortalidad será más acusada, mientras que la natalidad se mantiene elevada hasta principios de siglo, bajando después de forma evidente para alcanzar porcentajes similares a los del resto de Europa. Todo ello provoca un envejecimiento progresivo de la población con una disminución clara de los nacimientos y un aumento de la esperanza de vida, alrededor de los 75 años, y de la población de mayor edad. En dichas pirámides de población puede observarse una disminución de efectivos correspondiendo con los grupos nacidos durante la Guerra Civil y el aumento posterior de natalidad: época de recuperación económica.

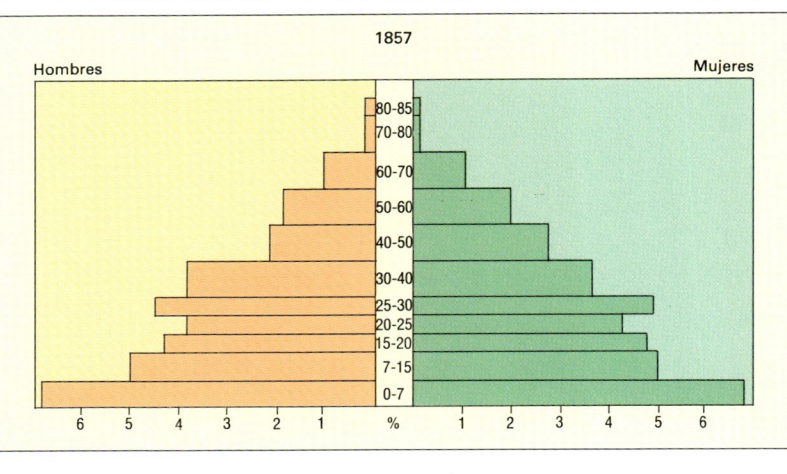

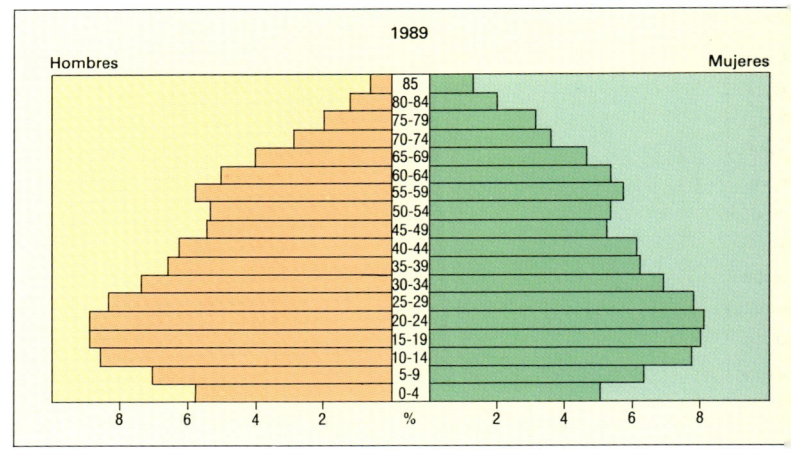

EVOLUCIÓN DE LA ESPERANZA DE VIDA AL NACER:

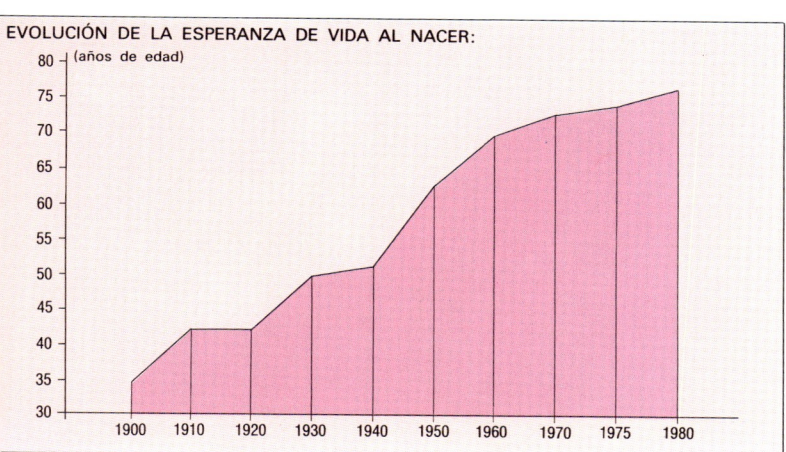

Arriba. Campo de Criptana en la provincia de Ciudad Real. *Abajo.* Vista aérea del barrio del Eixample en Barcelona.

EVOLUCIÓN DE LA EDUCACIÓN:

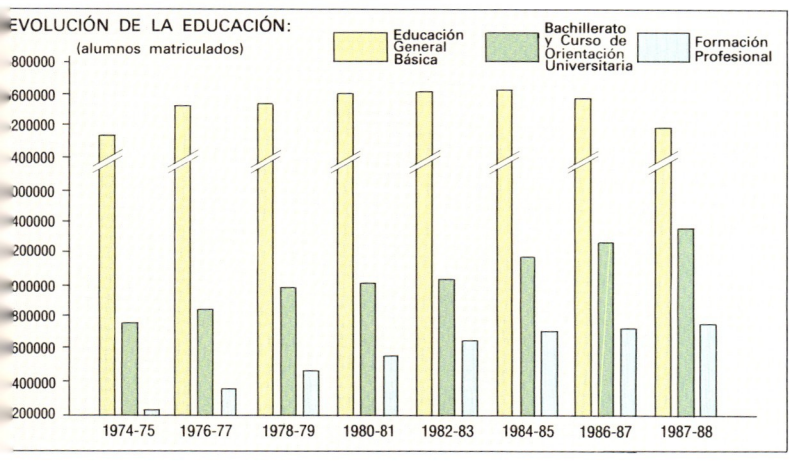

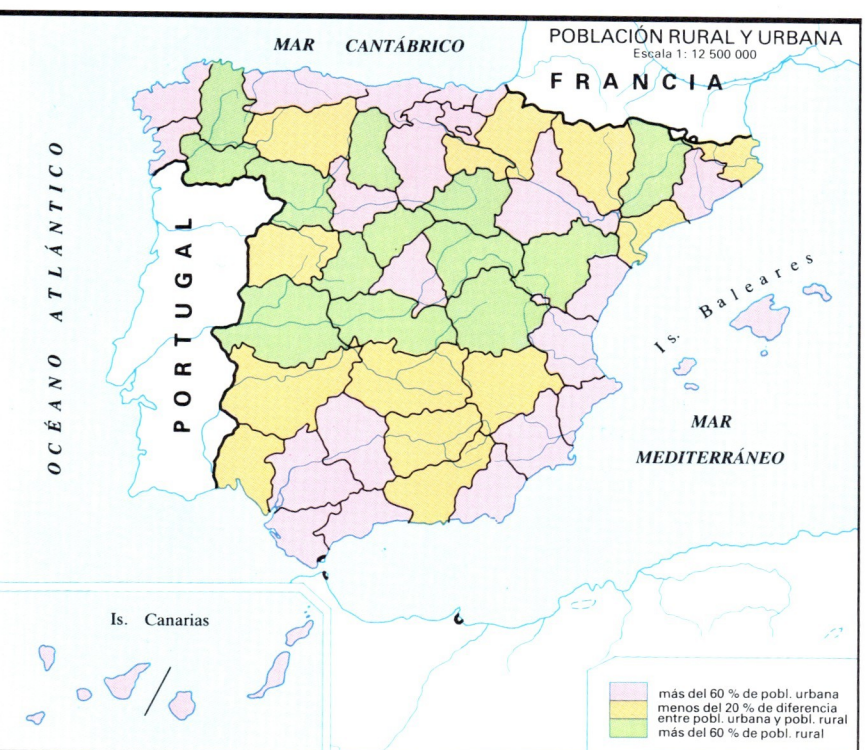

POBLACIÓN RURAL Y URBANA
Escala 1: 12 500 000

- más del 60 % de pobl. urbana
- menos del 20 % de diferencia entre pobl. urbana y pobl. rural
- más del 60 % de pobl. rural

Uno de los factores de más trascendencia en la reciente demografía española es la importante variación que ha sufrido la población española con respecto a sus áreas de asentamiento. Durante el siglo XX, pero de forma mucho más intensa a partir de la década de los años 50, se produce un fuerte trasvase de población de las zonas rurales hacia los núcleos urbanos. Este trasvase se produce entre provincias tradicionalmente agrícolas y provincias más industrializadas, suponiendo también, por lo tanto, una variación en cuanto a la actividad económica a la que se dedica dicha población trasvasada; se abandona la actividad agraria para dedicarse a la industria. Las zonas de atracción las constituyen las capitales de provincia y las zonas altamente industrializadas de Cataluña, País Vasco, Madrid, etc., mientras los núcleos rurales pierden población de manera continuada, algunos hasta el extremo de quedar despoblados. Si en un principio los núcleos de atracción eran las grandes ciudades, más adelante, también aumentarán considerablemente su número de habitantes las ciudades satélite, situadas alrededor de los grandes núcleos industriales. En la actualidad esta corriente parece ralentizada, produciéndose un retorno estacional, no definitivo, de población hacia sus pueblos de origen. Por otro lado un fenómeno reciente es el desplazamiento de población urbana hacia los núcleos residenciales situados en las proximidades de las grandes ciudades.

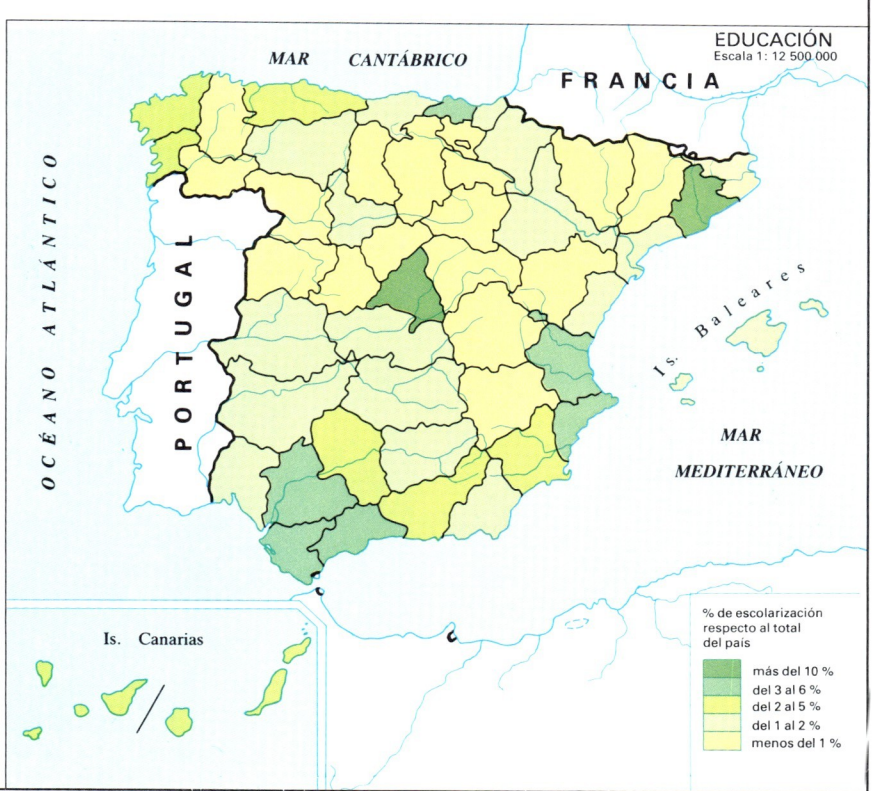

EDUCACIÓN
Escala 1: 12 500.000

% de escolarización respecto al total del país

- más del 10 %
- del 3 al 6 %
- del 2 al 5 %
- del 1 al 2 %
- menos del 1 %

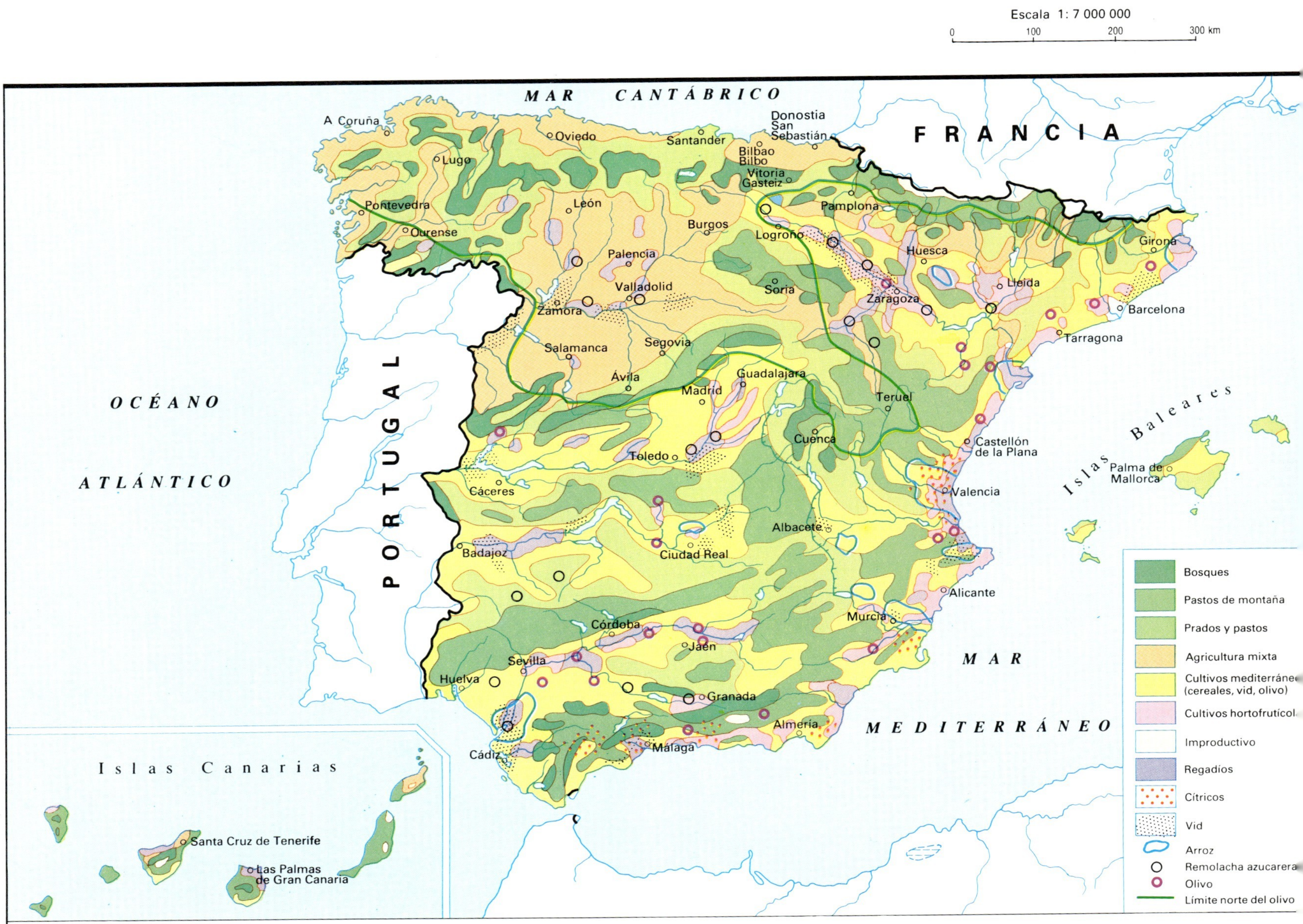

64 España: Agricultura

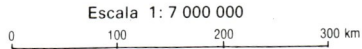
Escala 1 : 7 000 000

Leyenda:
- Bosques
- Pastos de montaña
- Prados y pastos
- Agricultura mixta
- Cultivos mediterráneos (cereales, vid, olivo)
- Cultivos hortofrutícolas
- Improductivo
- Regadíos
- Cítricos
- Vid
- Arroz
- Remolacha azucarera
- Olivo
- Límite norte del olivo

Los factores que condicionan la agricultura en la Península Ibérica son físicos, básicamente clima y relieve, e históricos: determinadas estructuras de propiedad y tenencia de la tierra. El complejo relieve de la Península no permite señalar con claridad unas determinadas regiones naturales, pero sí que son evidentes dos grandes dominios climáticos: la Iberia húmeda y la Iberia seca. La primera ocupa el norte de la Península desde Cataluña a Galicia, el resto, mucho más extenso, corresponde a la Iberia seca. Esta división climática influye de una forma muy importante en la distribución y en los sistemas de cultivo. Los factores históricos han provocado grandes desequilibrios en cuanto la estructura de la propiedad y tenencia de la tierra; en Andalucía y Extremadura predomina el latifundio (explotaciones de gran extensión), mientras que en el norte, especialmente en Galicia, predomina el minifundio (explotaciones de muy poca superficie). Las tierras son, en su mayoría, explotadas directamente por sus propietarios si bien son frecuentes otros sistemas de tenencia, como arrendamientos, aparcería, etc. Con respecto al tipo y sistema de cultivo se pueden diferenciar tres grandes zonas: la España húmeda, la mediterránea y la del interior. La España húmeda, es la de mayor índice de pluviosidad; en ella se producen bien aquellos productos que necesitan agua abundante y temperaturas moderadas: pastos para el ganado, maíz, patata, manzanos. En las otras dos zonas las diferencias más acusadas están entre las tierras de secano y las de regadío, las primeras más abundantes en el interior. En las zonas de secano predominan los cultivos típicos de la llamada "trilogía mediterránea": trigo, olivo y vid; productos de secano que se dan tanto en el interior como en la zona mediterránea. En las zonas de regadío, que están en clara expansión, se cultivan hortalizas, frutales, entre los que destacan los cítricos, arroz; a lo que hay que añadir la moderna horticultura en invernaderos de algunas zonas de la costa mediterránea, como el Maresme en Cataluña, o la zona de Almería en Andalucía.

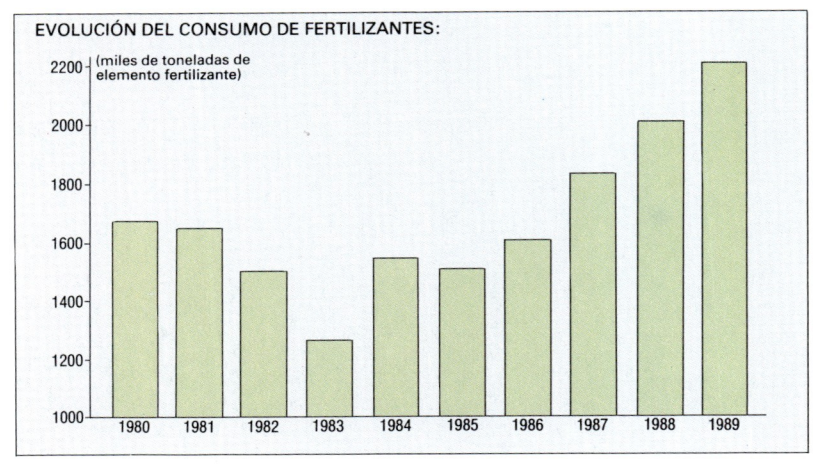

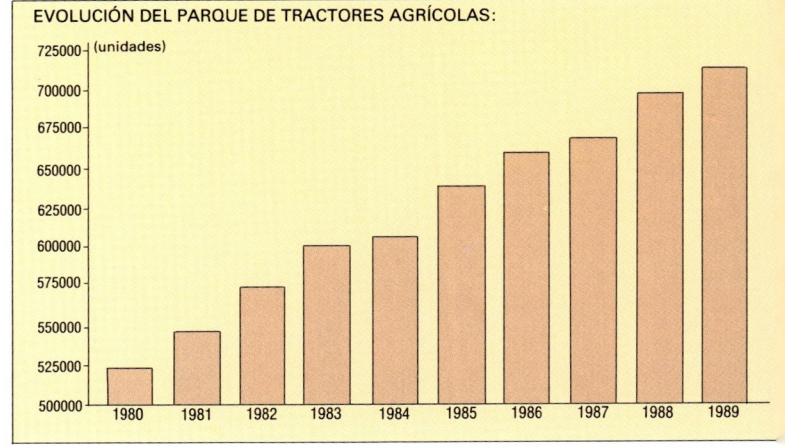

España: Ganadería. Pesca

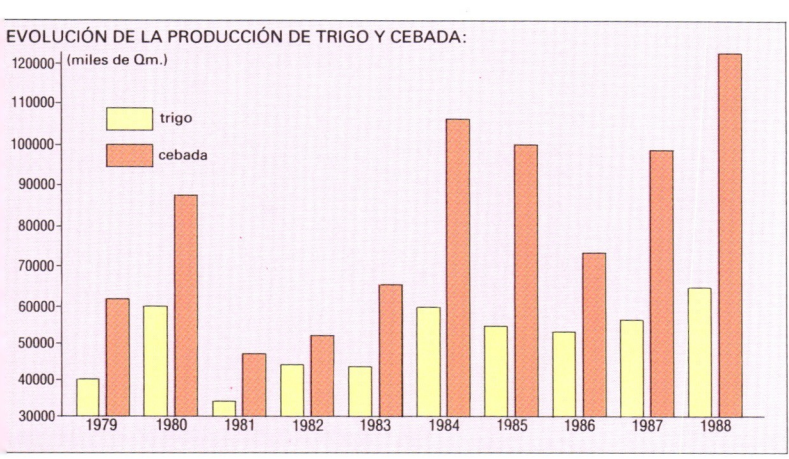

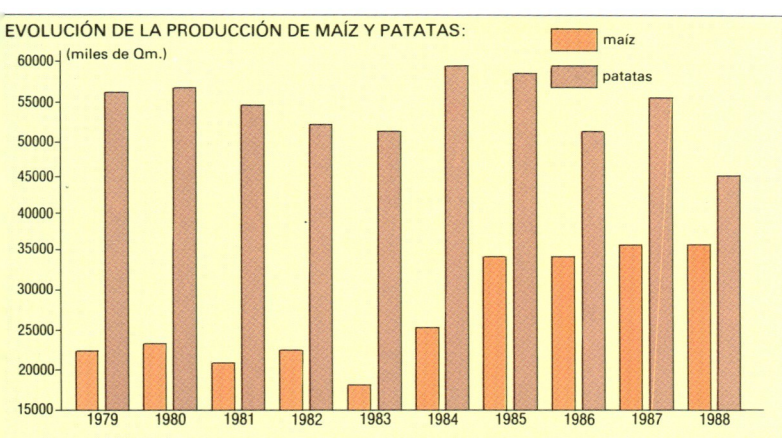

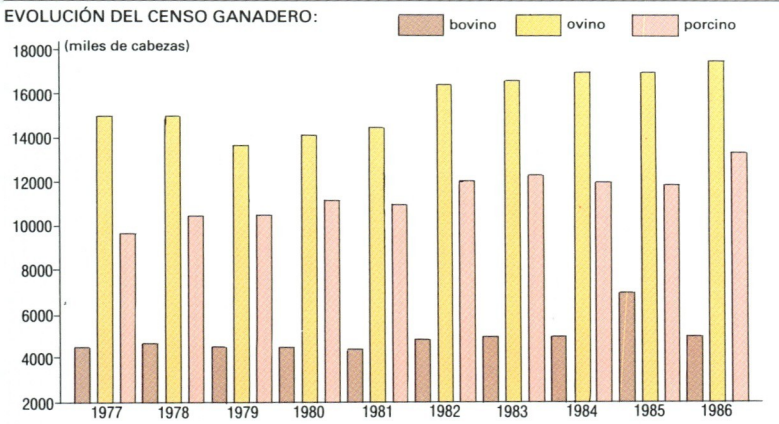

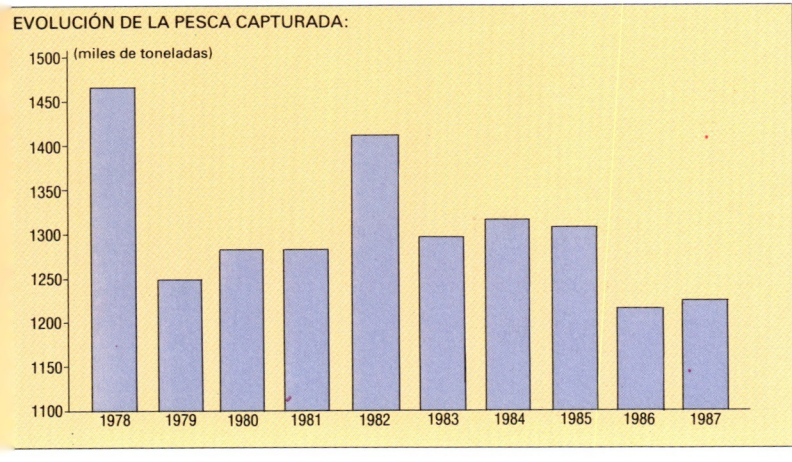

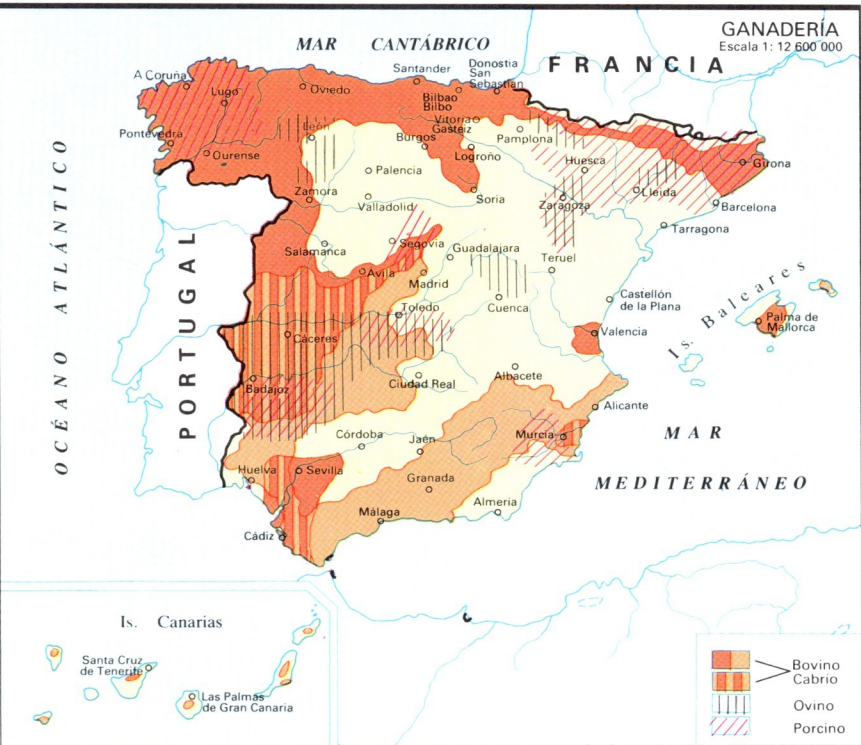

Tradicionalmente en España la ganadería más importante era la ovina, favorecida por las condiciones climáticas de la Península y explotada por un sistema extensivo transhumante. En la actualidad la transhumancia ha desaparecido ya que se trataba de un sistema muy primitivo que se basaba en la existencia de grandes zonas sin cultivar o en barbecho y en la propiedad comunal de la tierra, prácticamente desaparecida. La ganadería bovina, históricamente menos importante, se utilizaba para el trabajo en el campo y de forma secundaria para la obtención de carne y leche. En la actualidad son estos productos y sus industrias derivadas los que han impulsado la modernización del sector. La ganadería porcina, destinada a la producción de carne, es la base de una importante industria cárnica, localizada por todo el estado.

España es una de las primeras potencias pesqueras del mundo, aunque la mayoría de las capturas se realizan fuera de las aguas territoriales españolas. Las principales regiones pesqueras son: la región cantábrica y Galicia, que tiene sus caladeros en el Atlántico Norte, y donde las capturas más importantes son las de bacalao y merluza; Andalucía occidental, con caladeros en las costas africanas y producción de atún, sardinas y mariscos; y la región mediteránea dedicada fundamentalmente a la pesca de bajura.

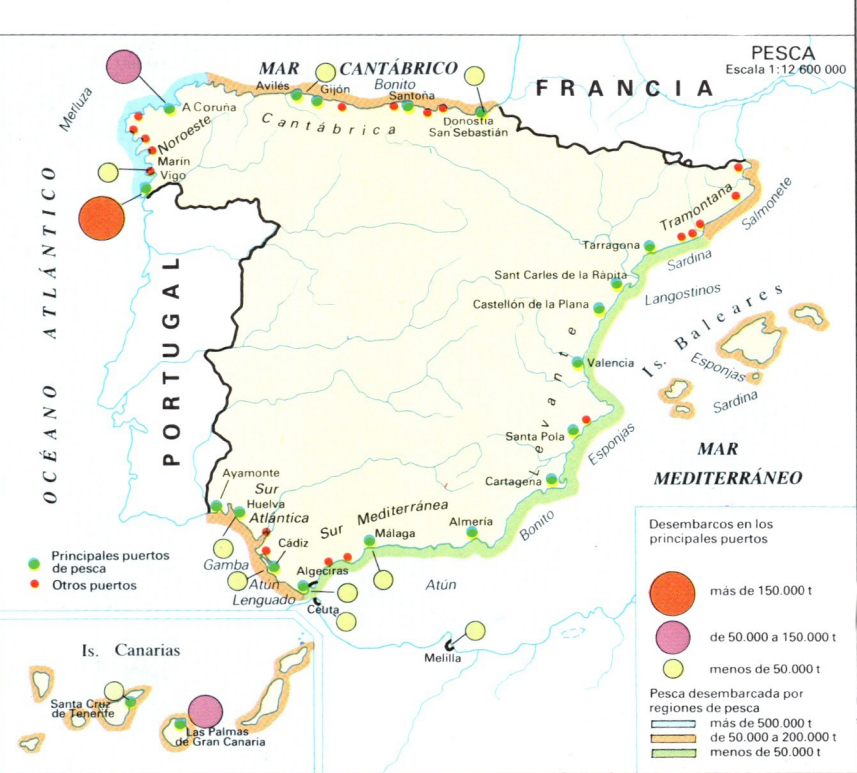

66 España: Minería

Escala 1: 8 000 000

Leyenda:
- Antimonio
- Azufre
- Bauxita
- Caolín
- Cinc
- Cobre
- Espato flúor
- Estaño
- Fosforita
- Hierro
- Manganeso
- Magnesitas
- Mercurio
- Minerales de hierro
- Oro
- Piritas de hierro
- Plata
- Plomo
- Potasas
- Sal común
- Titanio
- Uranio
- Volframio
- Cuenca de hulla y antracita
- Yacimiento de hulla
- Yacimiento de antracita
- Cuenca de lignito
- Yacimiento de lignito

España ha sido desde la antigüedad uno de los países europeos con mayor diversidad y abundancia de minerales; esta circunstancia tiene como base la compleja estructura geológica de la Península, con importantes afloramientos paleozoicos y gran riqueza en materiales filonianos. En la actualidad la mayor parte de los yacimientos más ricos o de más fácil explotación están agotados o han entrado en un rápido proceso de agotamiento. Estos yacimientos han sido explotados intensamente desde la antigüedad y en el siglo XIX fueron, además, explotados de manera abusiva por compañías pertenecientes a países en pleno proceso de industrialización, como por ejemplo, Inglaterra. Este agotamiento de los yacimientos tiene como consecuencia la cada vez mayor dependencia de la importación de materias primas de otros países. España es deficitaria en algunos de los minerales metálicos más importantes para la industria moderna como aluminio, cobre, manganeso, estaño, níquel, etc. Por contra se exporta mercurio, pirita, espato, flúor, sales potásicas... Las zonas mineras más importantes de la Península se sitúan en los rebordes montañosos de las grandes cuencas sedimentarias: Meseta Central, valle del Ebro y valle del Guadalquivir. Los productos de la minería española más destacados son los minerales de hierro, abundantes en ambas vertientes de la Cordillera Cantábrica, en Vizcaya, Cantabria, León. La producción de estos minerales, sin embargo, no es suficiente para cubrir la demanda nacional, con lo que se hace necesaria su importación. Por lo que hace a los yacimientos más importantes, cabe citar los de cobre, que se obtiene de las piritas cupríferas de Riotinto, en Huelva; los de mercurio, del cual España es el principal productor mundial, y que se obtiene en Almadén, Ciudad Real; los de plomo, en los yacimientos de Linares y La Carolina en Sierra Morena; y los de zinc, en la sierra de Cartagena, donde también se encuentra hierro, manganeso, cobre, estaño, galena argentífera, etc. Barcelona y Navarra poseen importantes yacimientos de sales potásicas. En Cabezón de la Sal, en Santander, se encuentran a su vez los más destacados en la producción de sal gema. En la actualidad la minería española se encuentra en un proceso de reconversión, con el cierre de minas poco productivas y la mecanización y racionalización del trabajo en las más rentables.

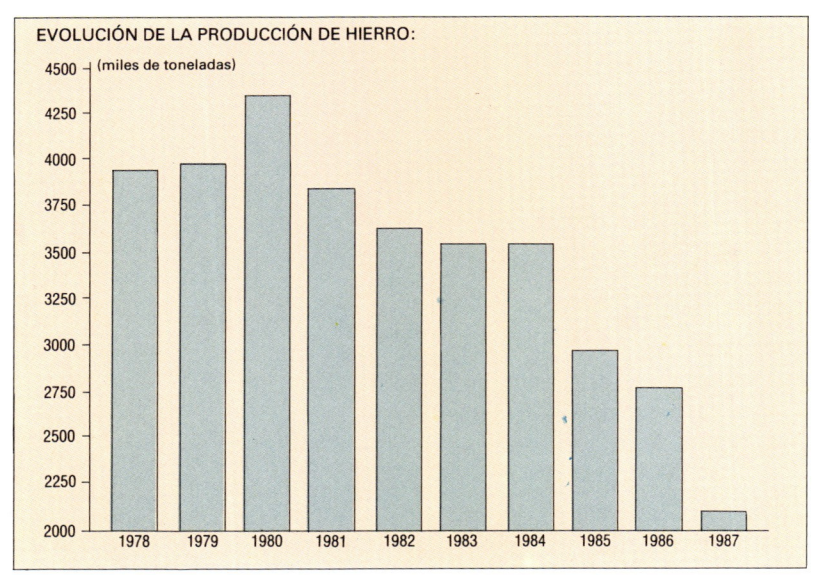

EVOLUCIÓN DE LA PRODUCCIÓN DE HIERRO (miles de toneladas)

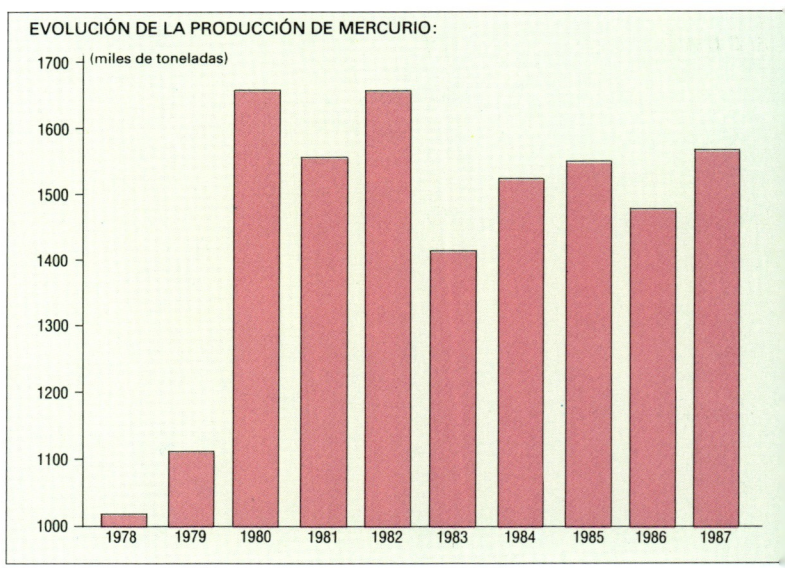

EVOLUCIÓN DE LA PRODUCCIÓN DE MERCURIO (miles de toneladas)

España: Energía 67

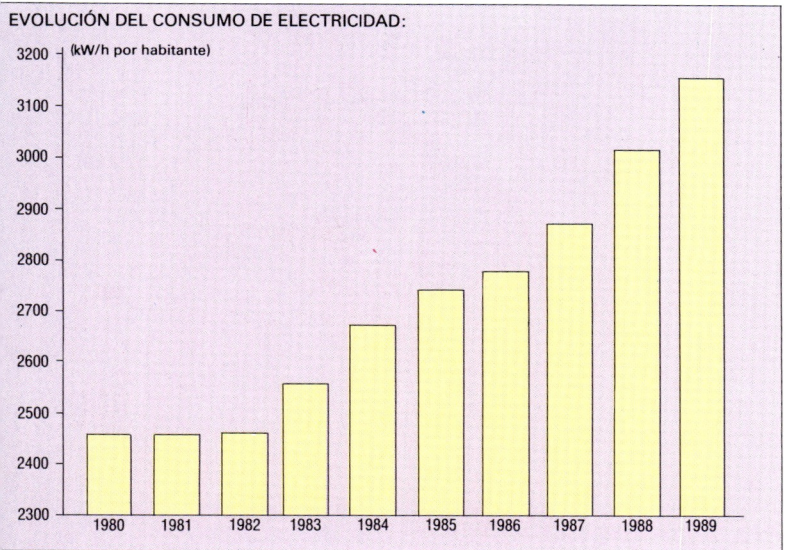

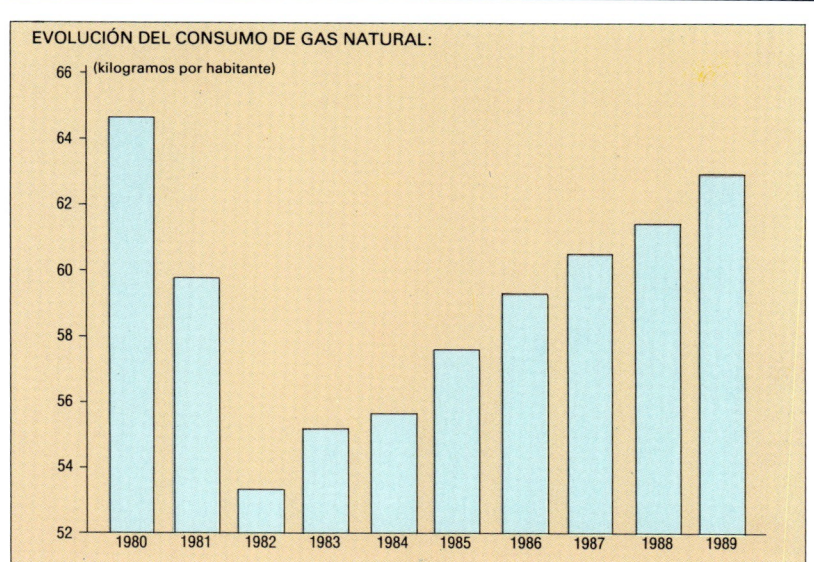

En la actualidad España es claramente deficitaria en fuentes de energía, por lo que debe importarlas en grandes cantidades. Durante el siglo XX el consumo de energía ha pasado por varias etapas; en principio, y en parte como consecuencia de las circunstancias bélicas que afectaron al país en la década de los años 30, el único recurso energético utilizado a gran escala era el carbón. Esta circunstancia supuso la inexistencia de una expansión industrial destacable. Se intentó paliar este desfase con el Plan de Electrificación, con la construcción de embalses y centrales hidraúlicas. Más adelante la producción de energía hidroeléctrica fue sustituida, en parte, por la producida en las centrales térmicas de carbón, a partir de los años 60, en una época de fuerte crecimiento industrial. También a partir de este momento de despegue industrial se incrementará el consumo de carburantes líquidos (petróleo) y se iniciará la obtención de energía nuclear.

El carbón español es insuficiente en cuanto a calidad y cantidad. Las vetas se encuentran a gran profundidad y son estrechas y fragmentadas, circunstancias que incrementan el coste. Los principales yacimientos se encuentran en Asturias, vertiente sur de la Cordillera Cantábrica, Sierra Morena y Ciudad Real para la hulla y la antracita, y en Cataluña y Aragón para el lignito. Las aplicaciones actuales se limitan a la siderurgia y la obtención de energía en las centrales térmicas. En la actualidad se plantea un grave problema en este sector por los elevados costes de la reconversión iniciada y la necesidad del cierre de explotaciones poco rentables. El petróleo es muy escaso en España, se importa la mayor parte. Los primeros yacimientos se localizaron en la comarca de la Lora, en Burgos, resultando muy poco productivos. En la actualidad se explota la plataforma continental delante de las costas de Tarragona y Castellón. La política en este campo ha pasado por la creación de un monopolio estatal (CAMPSA), en proceso de desaparición en la actualidad, y la construcción de refinerías en un intento de abaratar el coste del producto final.

La energía eléctrica se obtiene en centrales hidroeléctricas, que aprovechan el escarpado relieve peninsular, si bien se enfrentan con la escasez e irregularidad de los ríos españoles; en centrales térmicas, que utilizan como combustible el carbón o el fuel-oil; y en centrales nucleares, que presentan como principal problemática el riesgo de accidentes y el almacenamiento de los residuos. Se experimenta también con energías alternativas, como la solar o la eólica.

68 España: Transportes y comunicaciones

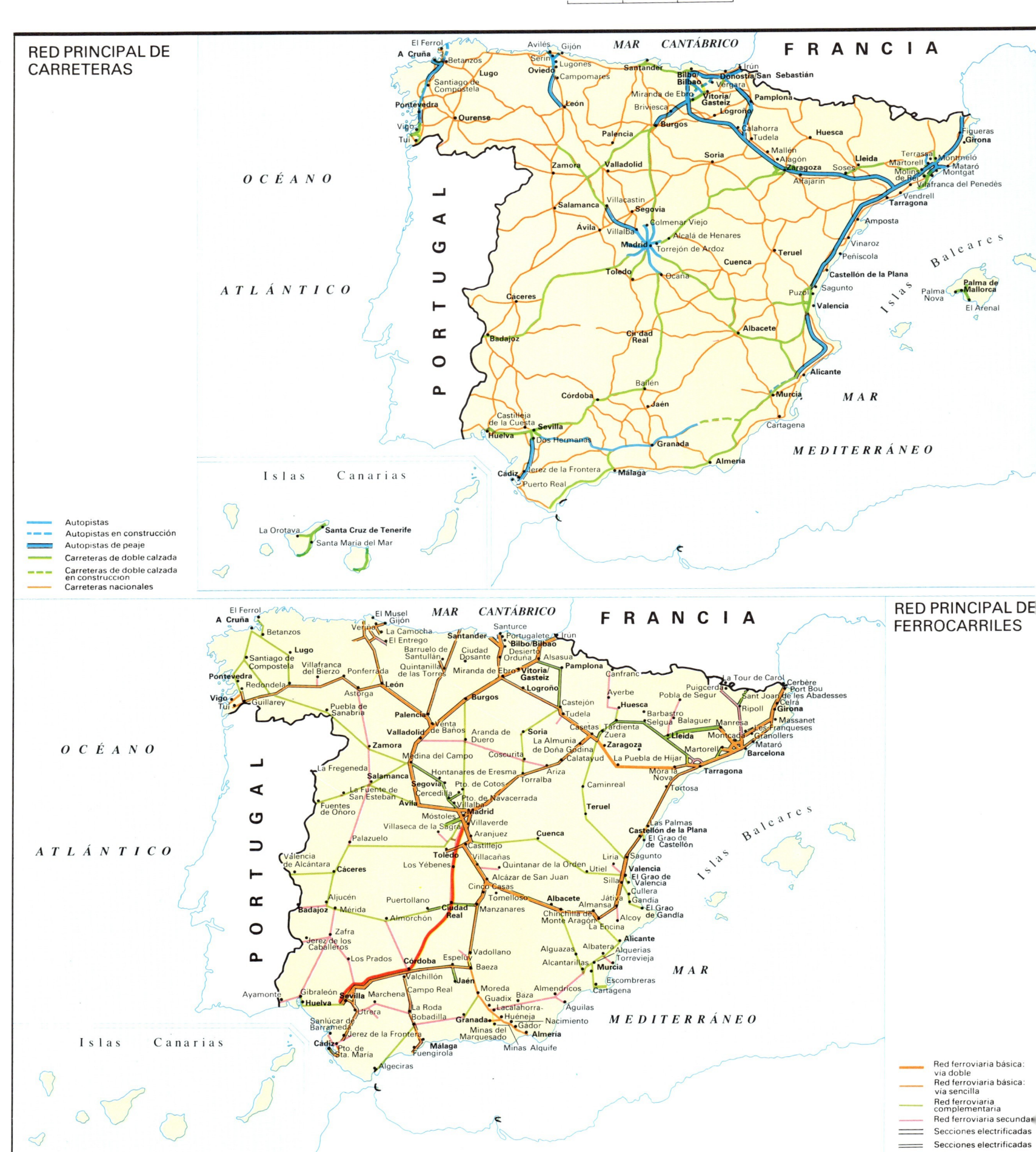

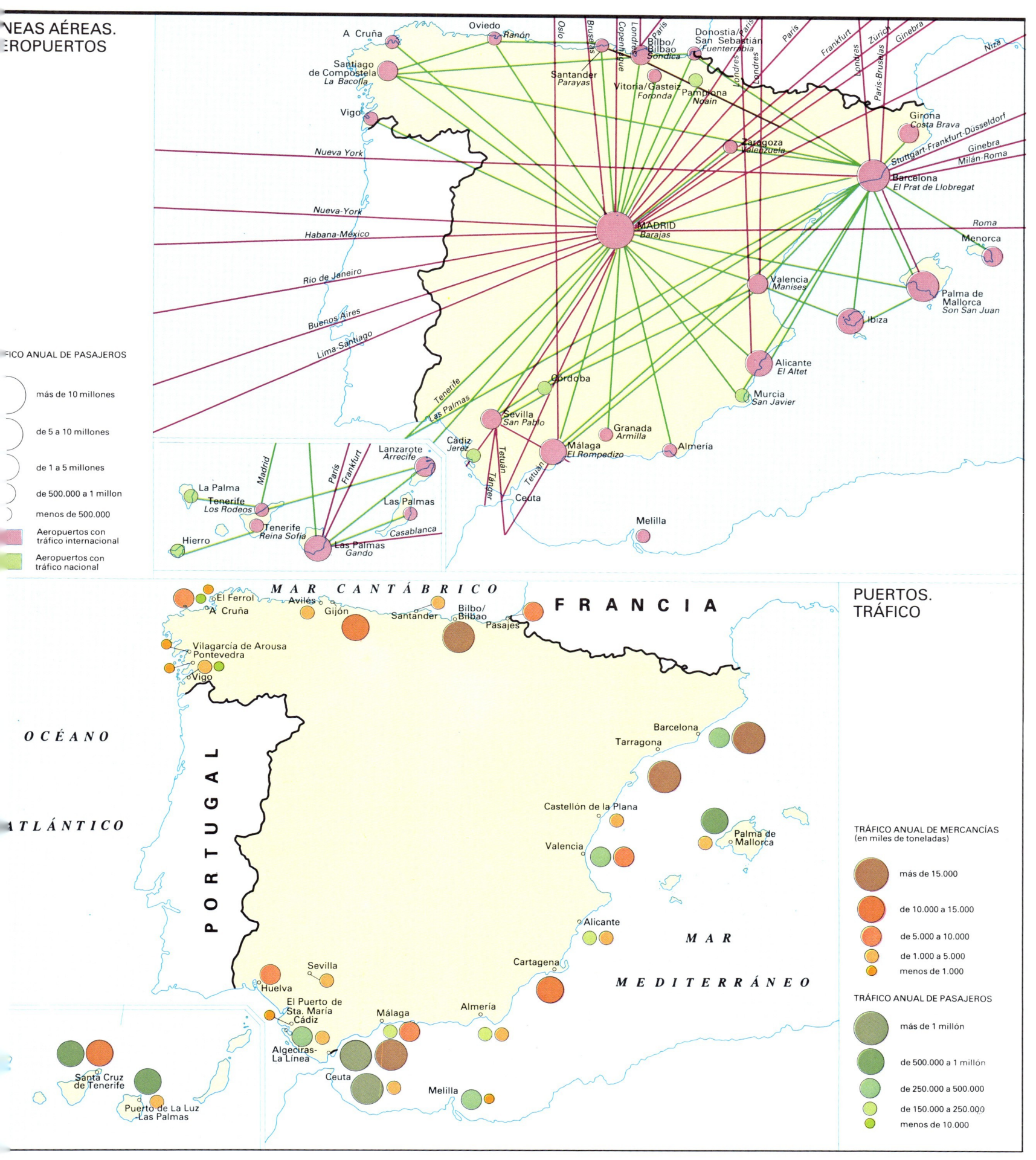

70 España: Industria pesada

Escala 1: 8 000 000

INDUSTRIA PESADA

- ■ Metalúrgica
- ● Siderúrgica
- ▲ Mecánica
- ● Automovilística
- ● Química
- ■ Petroquímica
- ● Aeronáutica
- ▲ Astilleros
- ▲ Material ferroviario

España, un país tradicionalmente agrícola y ganadero, no inicia un proceso general de industrialización hasta mediados del siglo XX. Con anterioridad el proceso de industrialización se había limitado a algunas zonas muy concretas: Cataluña y País Vasco; a partir de mediados de siglo se inicia un proceso de despegue industrial que tendrá su momento álgido en la década de los años 60. En parte este retraso en el proceso de industrialización con respecto al resto de los países de Europa se debió a la coyuntura histórica: crisis bélica y postguerra, a la escasez de fuentes de energía y a los problemas de financiación. Este último problema dificultó la renovación de las instalaciones y la maquinaria, y la dedicación de fondos para la investigación, por lo que se hizo necesario recurrir al capital extranjero y al crédito. La constitución del Instituto Nacional de Industria (INI) en el año 1941 pretendía, en parte, hacer frente a dicha situación con la creación de empresas estatales para suplir la falta de iniciativa privada en algunos sectores y la prestación de ayuda y colaboración a aquellas empresas privadas con capital insuficiente. Los diferentes tipos de industrias pueden agruparse bajo dos grandes denominaciones: industrias pesadas e industrias ligeras. Las primeras son aquellas que realizan la primera transformación de materias primas en productos semielaborados, utilizados posteriormente como materia prima por otras industrias de transformación. Las industrias ligeras son aquellas que transforman materias primas o productos semielaborados en objetos destinados al consumo. La industria pesada tiende a instalarse en las proximidades de los yacimientos o en zonas costeras, cerca de puertos importantes a los que lleguen las materias primas. Entre las industrias pesadas más importantes en España destacan la siderúrgica, la metalúrgica, la química pesada y las industrias de construcción de medios de transporte: naval, aeronáutica, automovilística, ferroviaria, etc. La industria siderúrgica es la base de la industria pesada y de gran número de industrias mecánicas. Se localiza en Asturias y Bilbao, en relación con los yacimientos de carbón y de mineral de hierro de la zona. La industria metalúrgica es muy dispersa, con todo pueden señalarse tres áreas de mayor concentración: País Vasco, Cataluña y Madrid. La industria química es una de las más prósperas, con una frecuente concentración vertical de la producción. Las industrias de los medios de transporte presentan problemáticas diferentes; mientras la del automóvil y la aeronáutica se encuentran bien asentadas y en expansión, la naval entró en crisis en los años 70, combatida por el desarrollo de los astilleros dedicados a la construcción de barcos de pequeño tamaño.

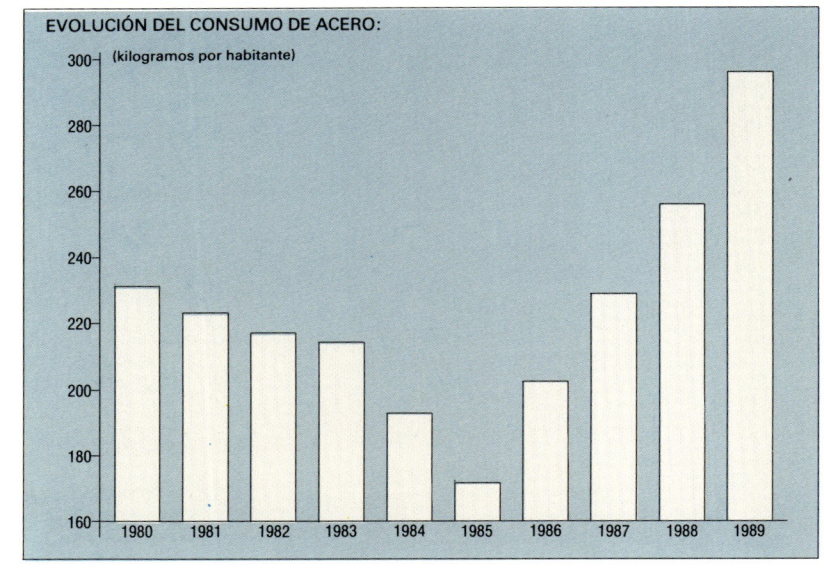

EVOLUCIÓN DEL CONSUMO DE ACERO: (kilogramos por habitante)

EVOLUCIÓN DE LA CONSTRUCCIÓN NAVAL: (T.R.B. de buques botados)

España: Industria ligera 71

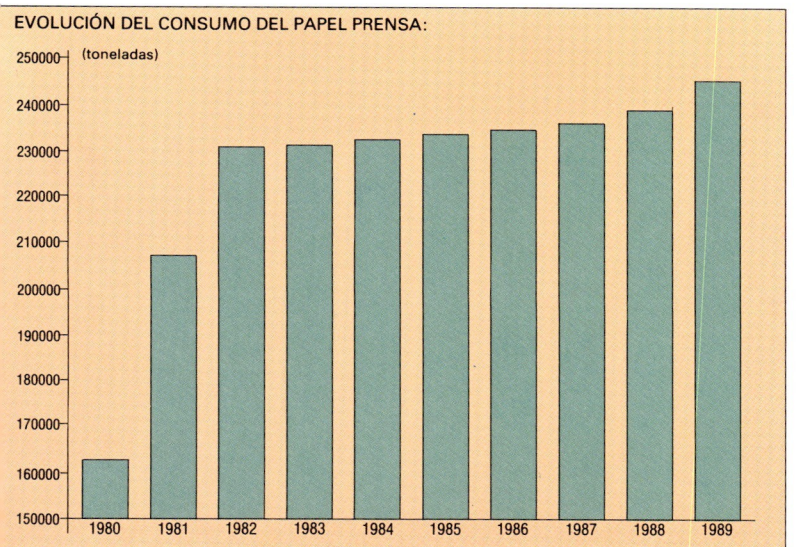

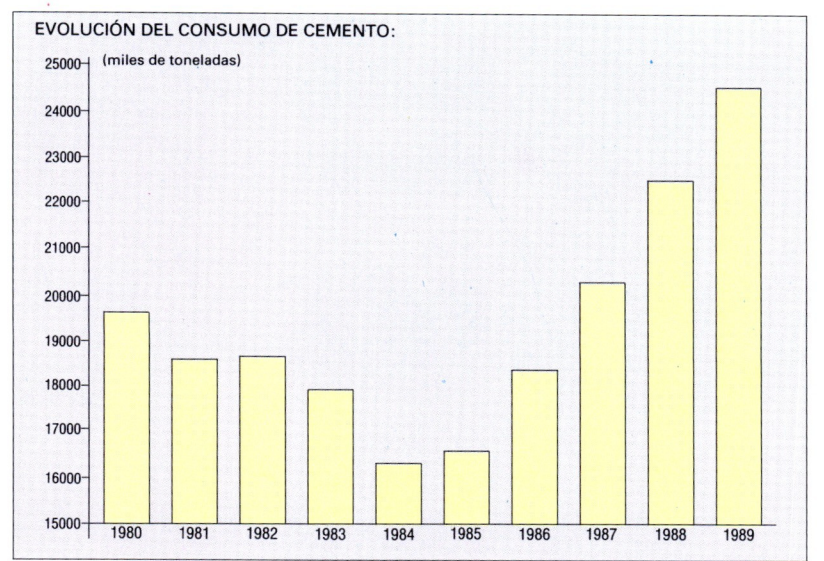

La industria ligera consume menores cantidades de energía y de materias primas que la industria pesada, por lo que su ubicación no está tan relacionada con la localización de estos productos. Requiere menores inversiones para su instalación y, en principio, permite obtener beneficios más inmediatos; es por todo esto que las industrias ligeras son más atractivas para el capital privado. A medida que aumenta la variedad y la demanda de productos de consumo, las industrias ligeras sufren una creciente diferenciación. Todos estos factores provocan en este sector la proliferación de medianas y pequeñas empresas y una importante dispersión geográfica. Con todo podemos señalar dos zonas donde se da una mayor concentración de este tipo de industrias: Cataluña y País Vasco, zonas que coinciden con las de mayor tradición industrial. En este campo los sectores más productivos han ido cambiando con el paso del tiempo; si en un principio era el textil el sector más productivo y avanzado, en la actualidad ha sido sustituido por las industrias de nuevas tecnologías: la química ligera, la electrónica, la informática; industrias basadas en una tecnología muy avanzada y con altos niveles de productividad. Entre las industrias ligeras españolas destacan las de material eléctrico, electrodomésticos y electrónica, muchas de las cuales trabajan con licencias extranjeras. Son importantes también las de química ligera, que se localizan en las zonas fuertemente industrializadas y abarcan la fabricación de colorantes, explosivos, plásticos, productos farmacéuticos, abonos, etc., así como la industria papelera, localizada en el País Vasco, Cataluña y Levante. Las más antiguas de estas industrias datan de los siglos XI y XII y se localizan en Játiva (Valencia) y Capellades (Barcelona). En la actualidad la madera suministra el 80% de la pasta de papel; las especies forestales más productivas son los abetos, los pinos y los eucaliptus. Esta circunstancia incide en la problemática de la progresiva desforestación de la Península. La industria textil se centra en Cataluña, con la producción de tejidos de lana y algodón, así como de procedencia artificial (fibras sintéticas, polímeros, poliamidas). Otra zona con una destacada producción de tejidos de lana es Béjar, en Salamanca. En la actualidad este sector se encuentra inmerso en una crisis provocada por la competencia de los países en vías de desarrollo, con unas materias primas y una mano de obra más baratas. Otras industrias ligeras destacadas son las de la piel y el calzado, la juguetera y las alimentarias: conservas, aceites, vinos, etc.

72 España: División autonómica

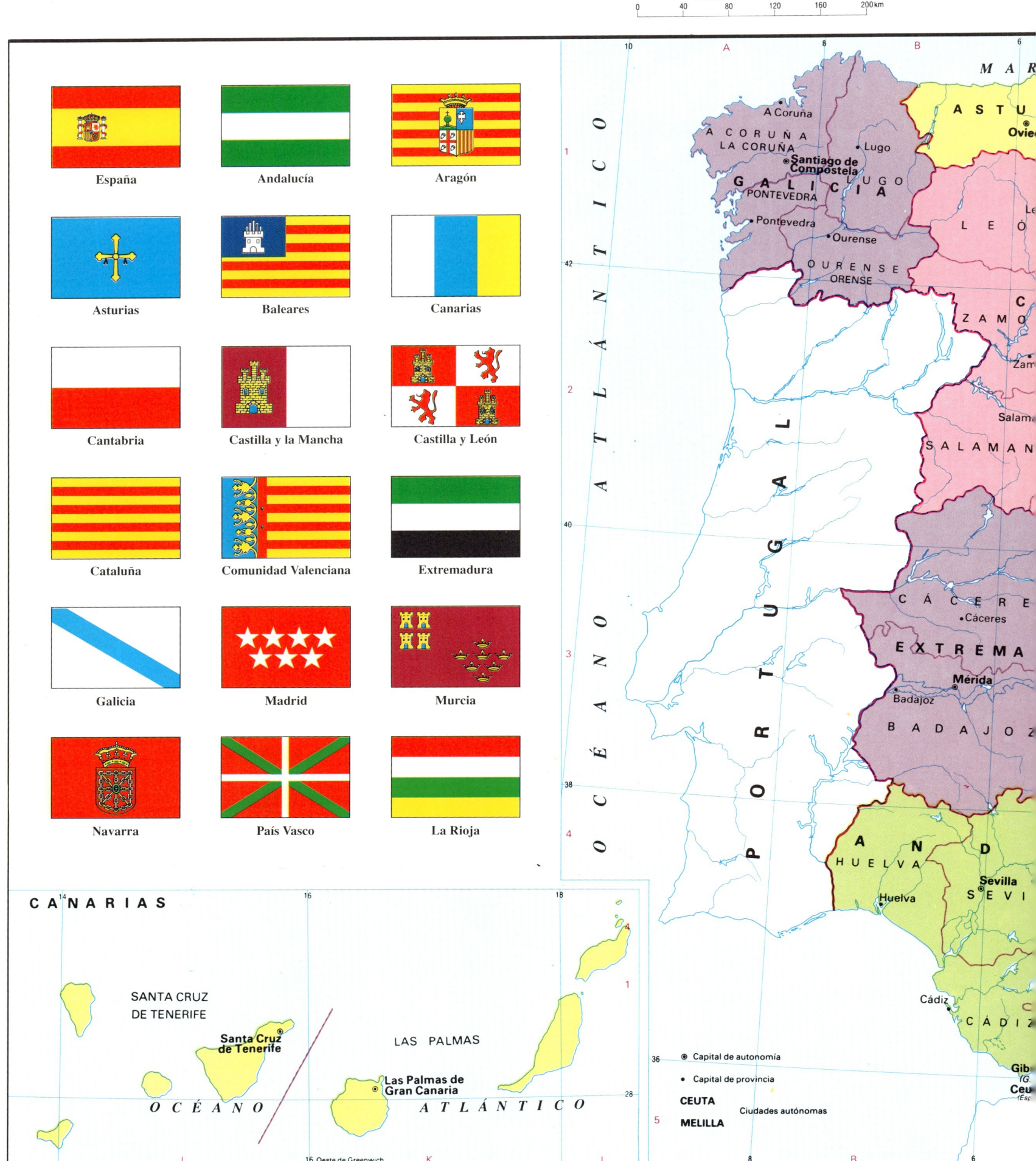

74 Galicia

Aspecto de la comarca de O Ribeiro, al NO de la provincia de Orense. El cultivo de la y la producción de vino es la principal ocupación económica de la zona. La reconocida calidad de sus vinos es uno de los resortes de la industria alimentaria gallega.

Arriba. El río Miño a su paso por Francelos, Orense. *Abajo.* La ciudad de Tui, con el río Miño en primer término, junto a la frontera con Portugal. Su función administrativa y aduanera ocupa a gran parte de su población activa.

Datos físicos y de población

Superficie	29.434 km²
Población	2.886.012
Densidad	98 hab./km²
Capital y habitantes:	Santiago de Compostela (86.250)
Provincias y habitantes:	
La Coruña	1.107.157
Lugo	410.733
Orense	435.799
Pontevedra	894.669
Ciudades principales y habitantes:	
Carballo	26.962
Ferrol	86.180
La Coruña	242.437
Narón	30.060
Orense	100.430
Pontevedra	67.289
Vigo	262.560
N.º de municipios	312
Fecha de constitución	6 abril 1981
Natalidad	8,5‰
Mortalidad	9‰
Crecimiento vegetativo	-0,53‰

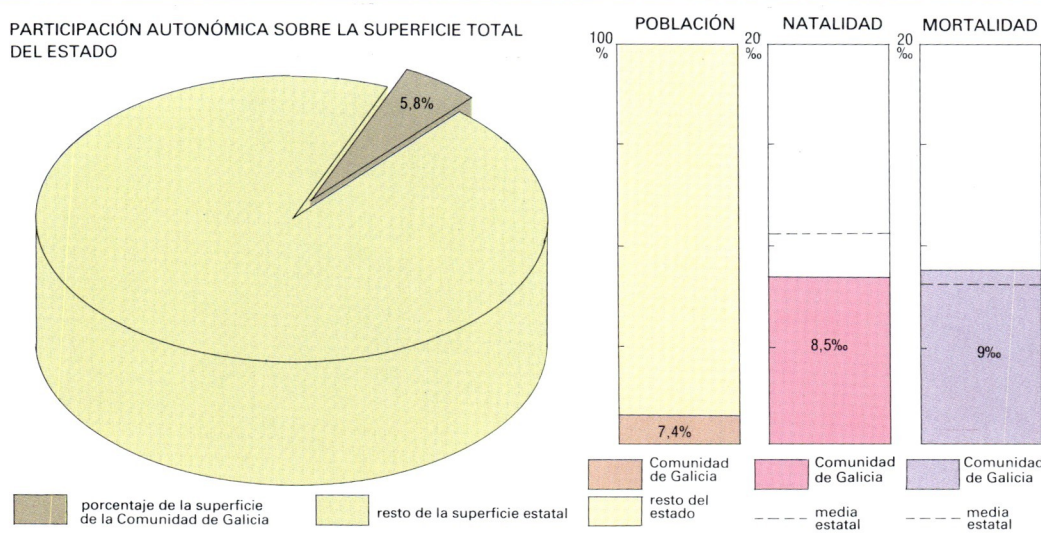

PARTICIPACIÓN AUTONÓMICA SOBRE LA SUPERFICIE TOTAL DEL ESTADO — 5,8%

porcentaje de la superficie de la Comunidad de Galicia / resto de la superficie estatal

POBLACIÓN: 7,4% Comunidad de Galicia / resto del estado
NATALIDAD: 8,5‰ Comunidad de Galicia / media estatal
MORTALIDAD: 9‰ Comunidad de Galicia / media estatal

EVOLUCIÓN DEL SALDO MIGRATORIO

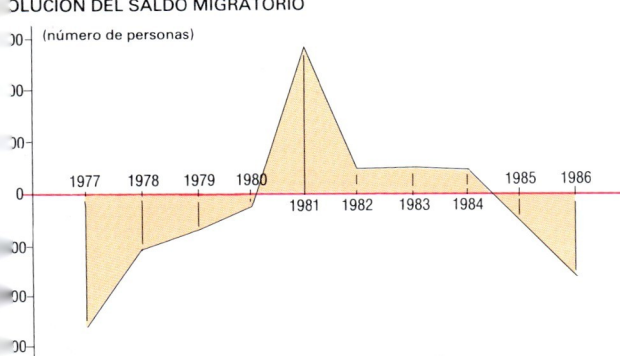

(número de personas) — 1977, 1978, 1979, 1980, 1981, 1982, 1983, 1984, 1985, 1986

EVOLUCIÓN DEL CONSUMO DE ELEMENTOS ENERGÉTICOS (excepto carbón)

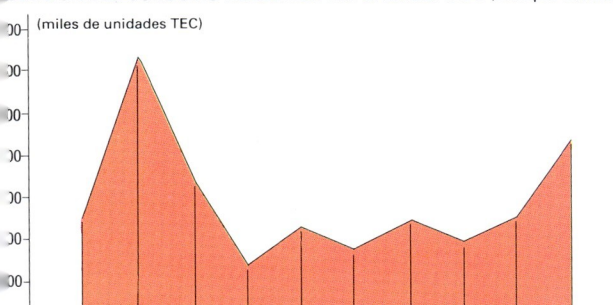

(miles de unidades TEC) — 1979, 1980, 1981, 1982, 1983, 1984, 1985, 1986, 1987, 1988

Datos socioeconómicos

Producción bruta	1.637.930*
Producción bruta per cápita	751.946**
Renta per cápita	652.622**
Médicos/hab.	2,7‰
Teléfonos/hab.	221,6‰
Carreteras	15.438 km
Enseñanza (nº de alumnos 1988-89):	
Primaria	442.851
Secundaria	149.290
Superior	50.298
Tasa de población activa (1988):	
Agricultura y ganadería	38,2%
Industria y minería	14,3%
Construcción	8,6%
Servicios	38,9%

* En millones de PTA. ** En PTA.

La población de El Barquero en la provincia de Lugo. Esta provincia centra su economía en el sector primario, con una atención fundamental a la industria manufacturera de carácter familiar.

Muros, en la coruñesa ría de Muros y Noia. Las rías gallegas concentran en sus orillas importantes núcleos económicos y población.

Galicia

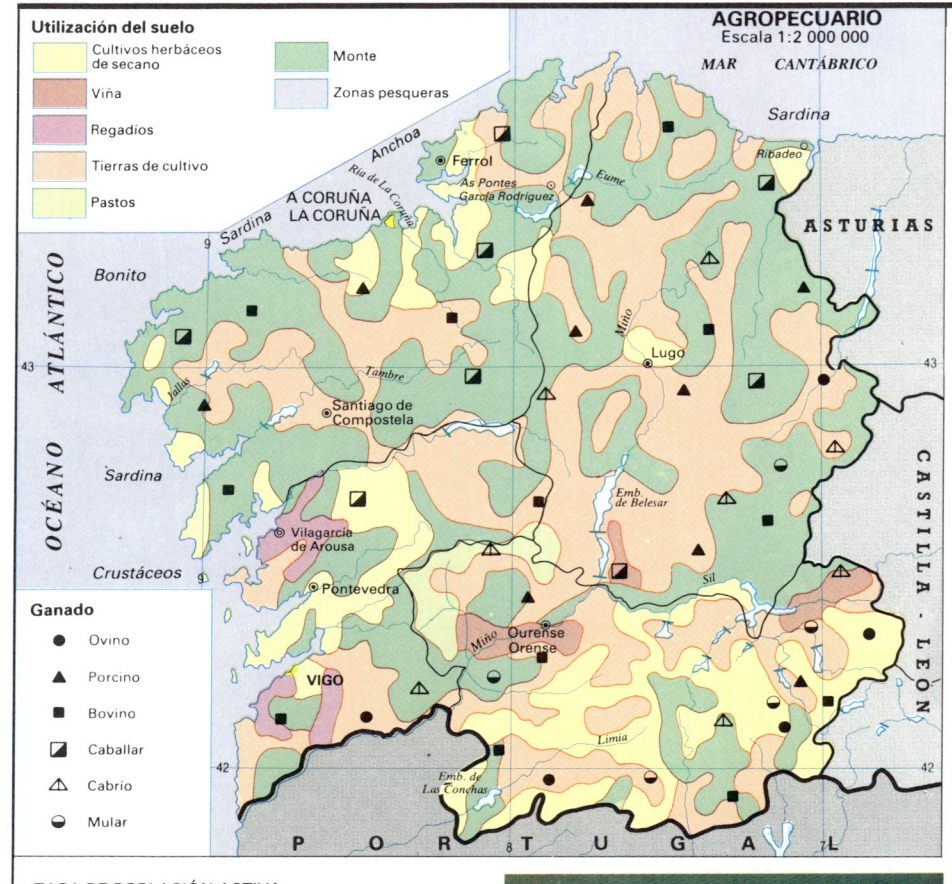

Utilización del suelo
- Cultivos herbáceos de secano
- Viña
- Regadíos
- Tierras de cultivo
- Pastos
- Monte
- Zonas pesqueras

Ganado
- ● Ovino
- ▲ Porcino
- ■ Bovino
- ◩ Caballar
- △ Cabrío
- ◔ Mular

AGROPECUARIO
Escala 1:2 000 000

Agricultura (en t)

Trigo	69.877
Maíz	400.755
Centeno	64.724
Judías secas	20.900
Lentejas	20.412
Tomate	38.397
Cebolla	34.727
Col	114.640
Nabo forrajero	652.835
Patata	1.101.205
Vid	217.255

Ganadería (nº de cabezas) y derivados

Bovino	1.049.397
Ovino	310.508
Caprino	60.169
Porcino	1.026.074
Caballar	41.492
Asnal	26.991
Huevos (miles de docenas)	136.803
Leche (miles de l)	1.166.347
Lana (kg)	257.400
Pesca. Captura bruta en millones de PTA	98.198

TASA DE POBLACIÓN ACTIVA

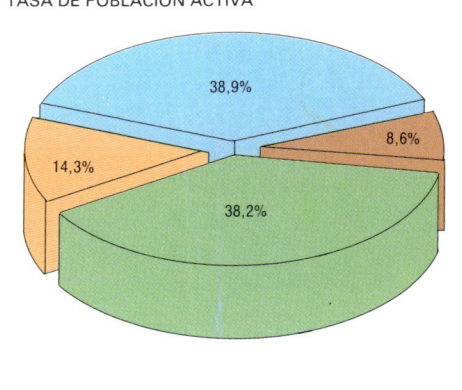

- 38,9% población activa dedicada a los servicios
- 14,3% población activa dedicada a la industria
- 38,2% población activa dedicada a la agricultura
- 8,6% población activa dedicada a la construcción

Tasa de paro: 12,1%

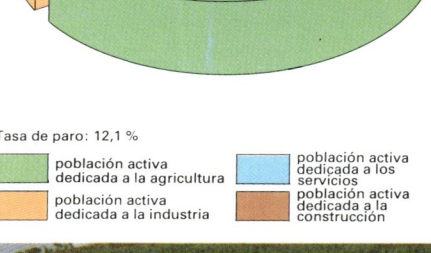

En la estructura económica gallega se combinan los sectores primario y terciario, principalmente turismo, con las industrias conservera, textil y metalúrgica. *Arriba izquierda.* Playa de Riazor, en A Coruña. *Arriba derecha.* Aspecto de la provincia de Pontevedra. *Abajo izquierda.* Hórreos en los alrededores de Carballo, en la comarca coruñesa de Bergantiños. *Abajo derecha.* O Grove, en la ría de Arousa, Pontevedra.

Industria y minería
(Prod. bruta en millones de PTA)

Energía	294.470
Transformación de metales	78.351
Productos minerales no metálicos	45.453
Industria química	53.677
Material de transporte	201.902
Textil y confección	28.322
Alimentación, bebidas, tabaco	269.022
Madera, corcho, muebles	54.859
Artes gráficas, papel, edición	25.892
Cerámica, cemento, construcción	19.955

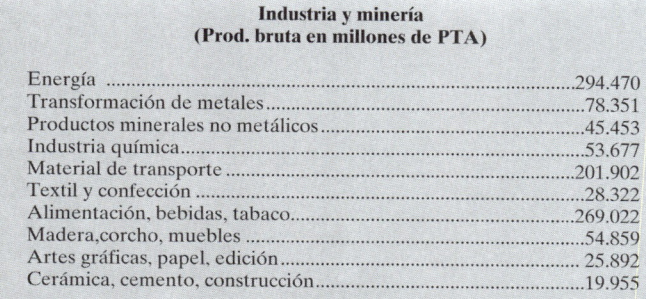

Betanzos, junto a la ría homónima, destaca por su producción textil y alimentaria.

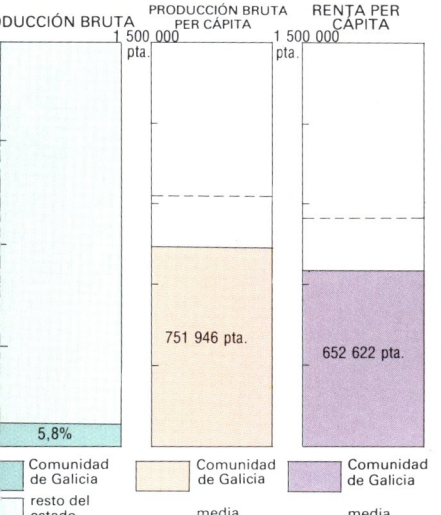

Izquierda. Santuario de San Esteban de Ribas, Ribas de Sil. *Abajo izquierda.* Galerías acristaladas en el paseo de la Marina, A Coruña. *Abajo derecha.* Franza, en la comarca de As Mariñas.

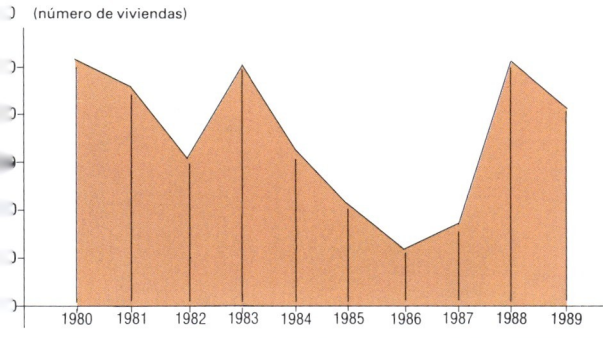

78 Asturias

Datos físicos y de población	
Superficie	10.565 km²
Población	1.123.201
Densidad	106 hab./km²
Cap. y habs.	Oviedo (186.363)
Ciudades principales y habitantes:	
Gijón	256.433
N.º de municipios	78
Fecha de constitución	30 dic. 1981
Natalidad	8,2‰
Mortalidad	9,3‰
Crecimiento vegetativo	-1,09‰

Agricultura (en t)	
Trigo	859
Maíz	12.109
Centeno	381
Judía seca	1.584
Tomate	3.650
Cebolla	5.300
Col	7.250
Vid	1.060
Patata	142.158
Manzana	59.324
Alfalfa	40.950

Asturias, además de ocupar un lugar destacado en el conjunto de la minería española, diversifica su actividad económica entre la agricultura y el turismo, aunque este último de carácter estacional. *Izquierda.* Vista del barrio de Cimadevilla en Gijón. *Derecha.* Pola de Allende.

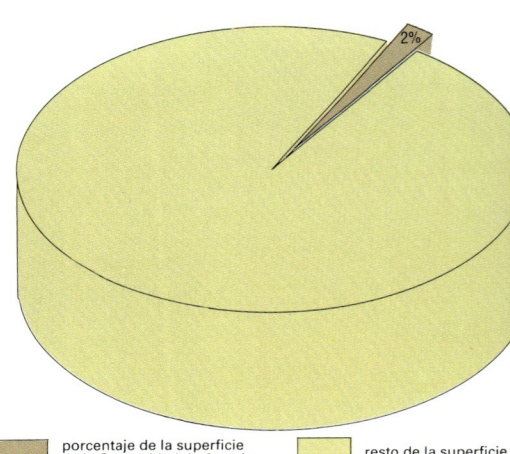

PARTICIPACIÓN AUTONÓMICA SOBRE LA SUPERFICIE TOTAL DEL ESTADO

porcentaje de la superficie de la Comunidad de Asturias — resto de la superficie

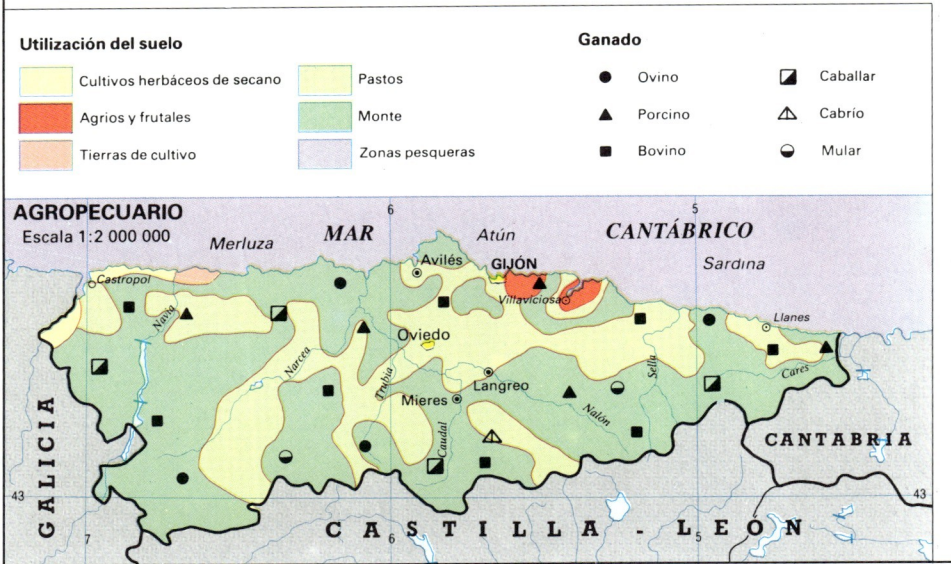

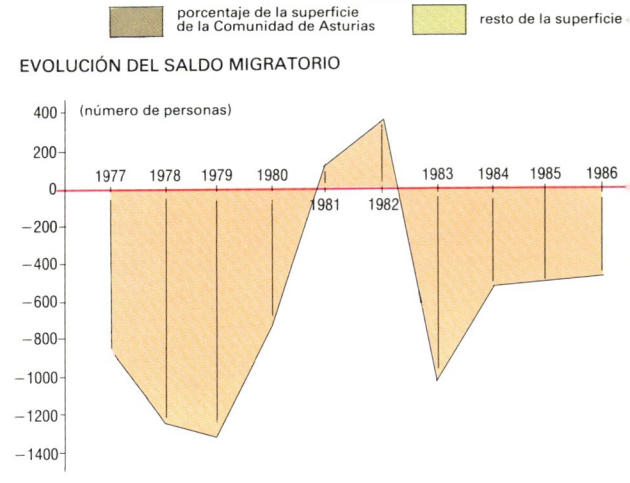

EVOLUCIÓN DEL SALDO MIGRATORIO

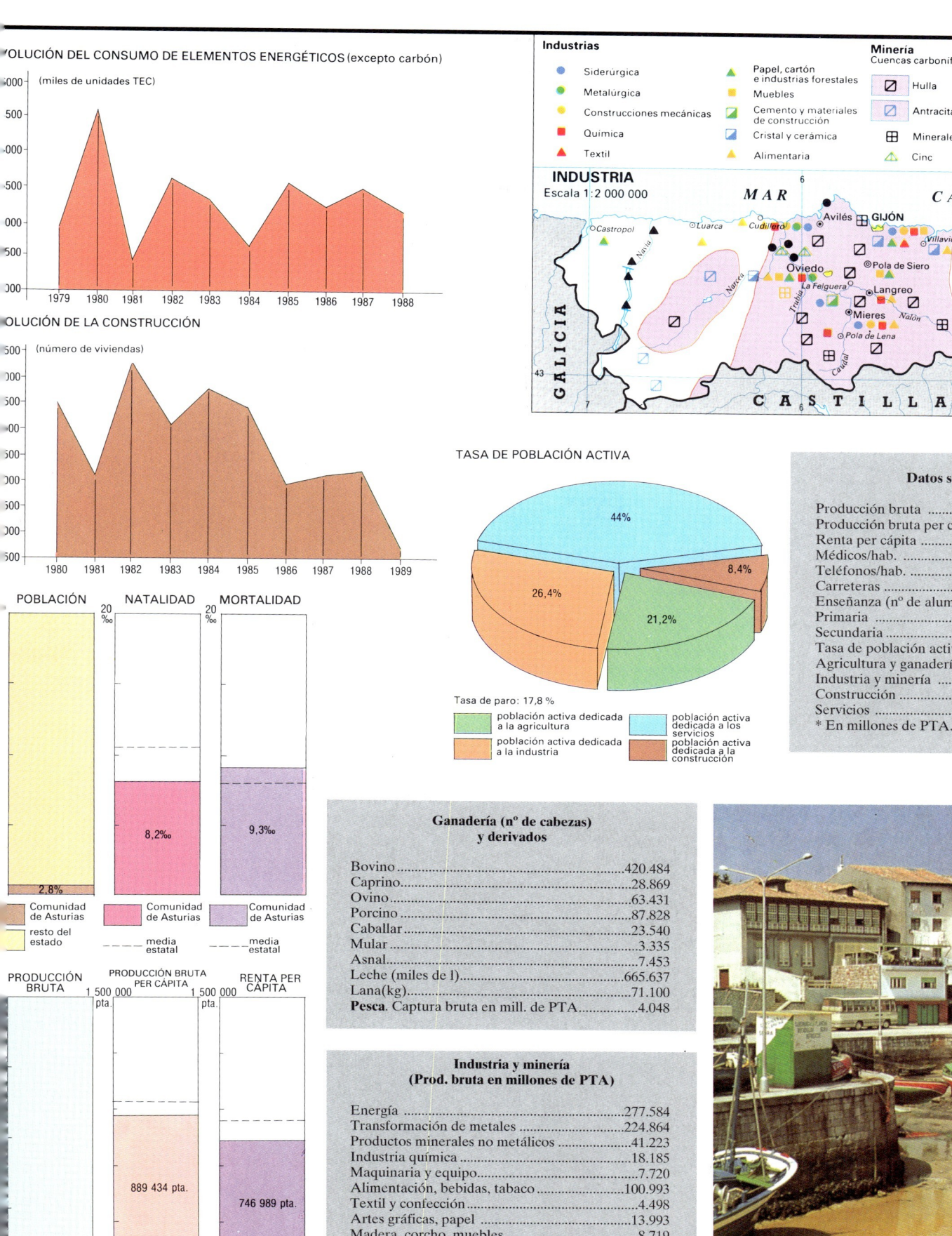

EVOLUCIÓN DEL CONSUMO DE ELEMENTOS ENERGÉTICOS (excepto carbón)
(miles de unidades TEC)

EVOLUCIÓN DE LA CONSTRUCCIÓN
(número de viviendas)

POBLACIÓN — NATALIDAD 8,2‰ — MORTALIDAD 9,3‰
2,8% Comunidad de Asturias / resto del estado

PRODUCCIÓN BRUTA — PRODUCCIÓN BRUTA PER CÁPITA 889 434 pta. — RENTA PER CÁPITA 746 989 pta.
2,7%

INDUSTRIA
Escala 1:2 000 000

Industrias: Siderúrgica, Metalúrgica, Construcciones mecánicas, Química, Textil, Papel, cartón e industrias forestales, Muebles, Cemento y materiales de construcción, Cristal y cerámica, Alimentaria

Minería. Cuencas carboníferas: Hulla, Antracita, Minerales de hierro, Cinc, Espato de flúor, Manganeso

Energía: Central hidráulica, Central térmica

TASA DE POBLACIÓN ACTIVA
- Servicios: 44%
- Industria: 26,4%
- Agricultura: 21,2%
- Construcción: 8,4%

Tasa de paro: 17,8 %

Datos socioeconómicos

Producción bruta	777.861*
Producción bruta per cápita	889.434**
Renta per cápita	746.989**
Médicos/hab.	3,8‰
Teléfonos/hab.	280‰
Carreteras	6.115 km
Enseñanza (nº de alumnos 1986-87):	
Primaria	141.311
Secundaria	62.138
Tasa de población activa (1988):	
Agricultura y ganadería	21,2%
Industria y minería	26,4%
Construcción	8,4%
Servicios	44%

* En millones de PTA. ** En PTA.

Ganadería (nº de cabezas) y derivados

Bovino	420.484
Caprino	28.869
Ovino	63.431
Porcino	87.828
Caballar	23.540
Mular	3.335
Asnal	7.453
Leche (miles de l)	665.637
Lana (kg)	71.100
Pesca. Captura bruta en mill. de PTA	4.048

Industria y minería (Prod. bruta en millones de PTA)

Energía	277.584
Transformación de metales	224.864
Productos minerales no metálicos	41.223
Industria química	18.185
Maquinaria y equipo	7.720
Alimentación, bebidas, tabaco	100.993
Textil y confección	4.498
Artes gráficas, papel	13.993
Madera, corcho, muebles	8.719
Otras industrias manufactureras	282

Aspecto del puerto de Llanes durante la marea baja. La pesca y la ganadería asturianas están en la base de una importante industria alimentaria.

80 Cantabria

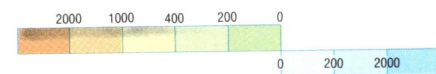

El contraste del paisaje cántabro tiene su reflejo en la diversidad de la actividad económica de esta comunidad. Su agricultura es principalmente de ámbito comarcal. Industrias químicas y de transformación de metales son, por su parte, las más dinámicas del sector secundario. *Arriba.* Cordillera Cantábrica con el embalse de Cohilla en primer término. *Abajo.* Península de la Magdalena en Santander.

Datos físicos y de población

Superficie	5.289 km²
Población	530.067
Densidad	100 hab./km²
Cap. y habitantes	Santander (187.222)
Ciudades principales y habitantes:	
Torrelavega	56.490
N.º de municipios	102
Fecha de constitución	30 dic. 1981
Natalidad	9,7‰
Mortalidad	8,4‰
Crecimiento vegetativo	1,32‰

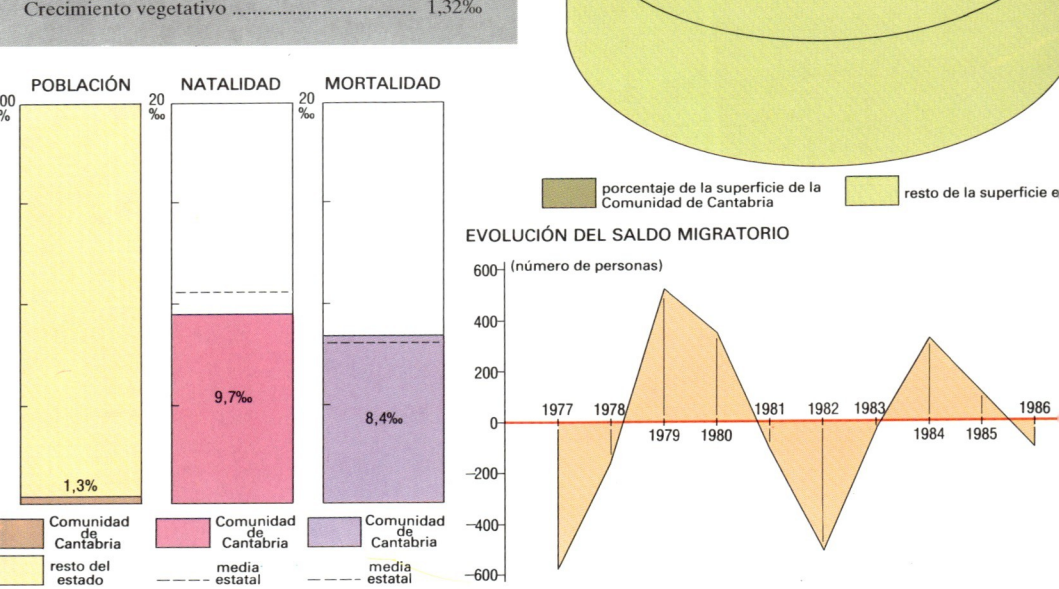

TASA DE POBLACIÓN ACTIVA

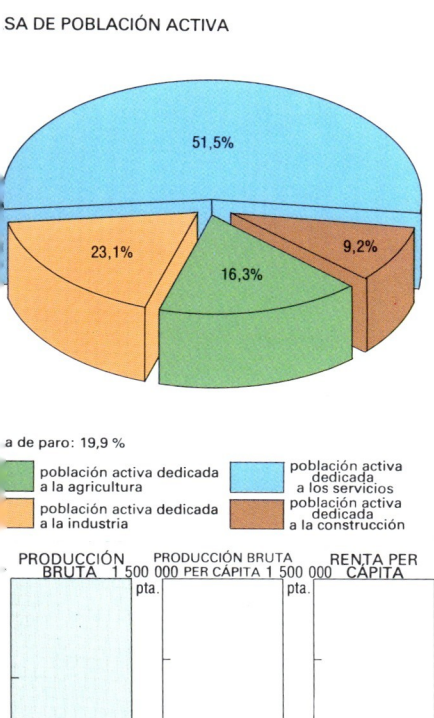

Tasa de paro: 19,9 %

- población activa dedicada a la agricultura
- población activa dedicada a los servicios
- población activa dedicada a la industria
- población activa dedicada a la construcción

PRODUCCIÓN BRUTA 1 500 000 pta. — PRODUCCIÓN BRUTA PER CÁPITA 1 500 000 pta. — RENTA PER CÁPITA

- Comunidad de Cantabria
- resto del estado
- media estatal

Agricultura (en t)

Trigo	836
Cebada	700
Maíz	4.238
Patatas	55.203
Judía seca	353
Tomate	3.863
Cebolla	2.018
Col	2.542
Alfalfa	86.990

Ganadería (nº de cabezas) y derivados

Bovino	345.963
Ovino	59.789
Caprino	24.706
Porcino	29.072
Caballar	22.771
Asnal	3.703
Mular	1.217
Huevos (miles de docenas)	9.838
Leche (miles de l)	393.780
Lana (kg)	60.400
Pesca. Captura bruta en mill. de PTA	3.544

Industria y minería (prod. bruta en mill. de PTA)

Energía	20.605
Minerales metálicos	5.624
Transformación de metales	45.865
Industria química	51.452
Productos metálicos	29.590
Máquinaria y equipo	4.895
Material eléctrico y electrónico	15.791
Alimentación, bebidas, tabaco	84.334
Textil y confección	8.595
Madera, corcho, muebles	4.808
Artes gráficas, papel	6.479
Caucho, plásticos	17.311

INDUSTRIA
Escala 1: 2 000 000

Datos socioeconómicos

Producción bruta	372.023*
Producción bruta per cápita	877.702**
Renta per cápita	835.001**
Médicos/hab.	3,6‰
Teléfonos/hab.	270‰
Carreteras	2.456km
Enseñanza (nº de alumnos 1986-87):	
Primaria	72.249
Secundaria	29.632
Tasa de población activa (1988):	
Agricultura y ganadería	16,3%
Industria y minería	23,1%
Construcción	9,2
Servicios	51,5%

* millones de PTA. ** En PTA.

EVOLUCIÓN DEL CONSUMO DE ELEMENTOS ENERGÉTICOS (excepto carbón)

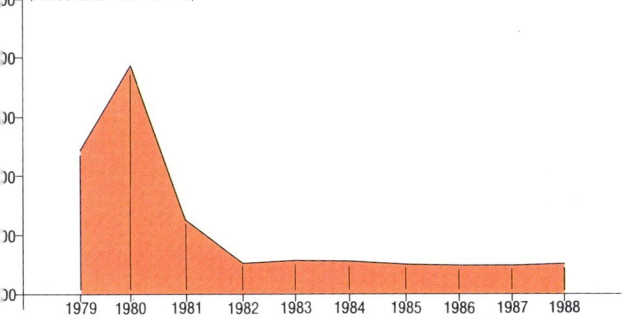

(miles de unidades TEC)

EVOLUCIÓN DE LA CONSTRUCCIÓN

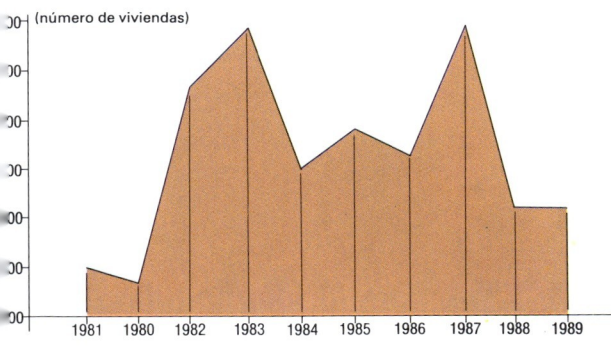

(número de viviendas)

Aspecto de una calle de Santillana del Mar, población cuyo atractivo reside tanto en la antigüedad de sus edificaciones como en la conservación y cuidado de su entorno urbano.

82 País Vasco

Escala 1: 1 500 000

Datos físicos y de población

Superficie	7.261 km²
Población	2.154.828
Densidad	296 hab./km²
Capital y habs.	Vitoria-Gasteiz (200.742)
Provincias y habitantes:	
Álava	264.389
Guipúzcoa	712.137
Vizcaya	1.219.393
Ciudades principales y habitantes:	
Barakaldo	114.092
Bilbao	381.506
Donostia-San Sebastián	175.011
Getxo	77.856
Portugalete	57.794
Santurtzi	52.502
Irún	54.043
Rentería	43.676
N.º de municipios	243
Fecha de constitución	18 dic. 1979
Natalidad	8,4‰
Mortalidad	7,3‰
Crecimiento vegetativo	1,1‰

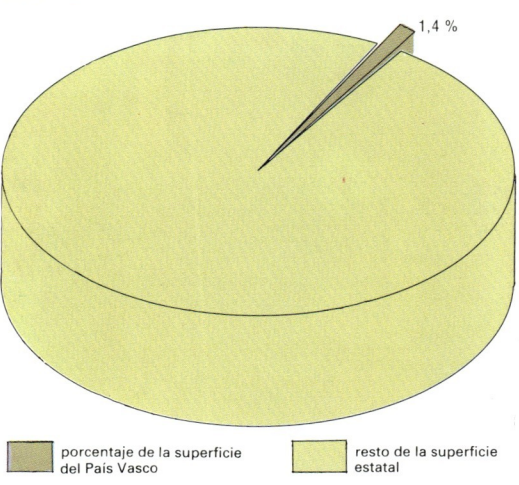

PARTICIPACIÓN AUTONÓMICA SOBRE LA SUPERFICIE TOTAL DEL ESTADO

porcentaje de la superficie del País Vasco — resto de la superficie estatal

El sector primario en el País Vasco está representado principalmente por la pesca y la ganadería, mientras que la agricultura se centra en el cultivo de plantas forrajeras en la zona norte y en el de cereales y vid en el interior. *Arriba.* Aspecto del puerto pesquero de Pasaia, Guipúzcoa. *Centro.* Bahía de la Concha, Donostia-San Sebastián. *Abajo.* Valle del Regil.

OLUCIÓN DEL SALDO MIGRATORIO (número de personas)

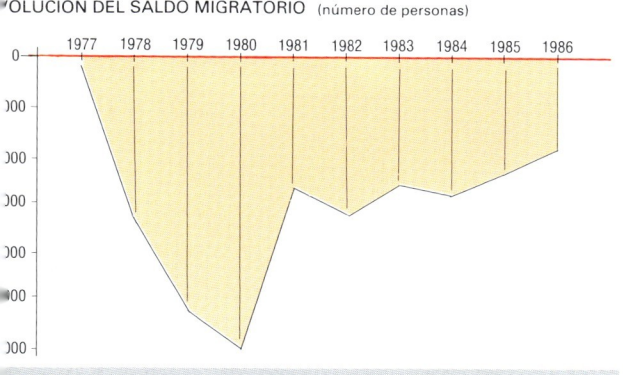

Datos socioeconómicos

Producción bruta	1.970.389*
Producción bruta per cápita	1.009.435**
Renta per cápita	854.694*
Médicos/hab.	1,43‰
Teléfonos/hab.	328,9‰
Carreteras	4.068 km
Enseñanza (n.º de alumnos 1987-88):	
Primaria	360.156
Secundaria	134.003
Superior	62.824
Tasa de población activa (1988):	
Agricultura y ganadería	4,2%
Industria y minería	33,6%
Construcción	7,3%
Servicios	54,8%

* En millones de PTA. ** En PTA.

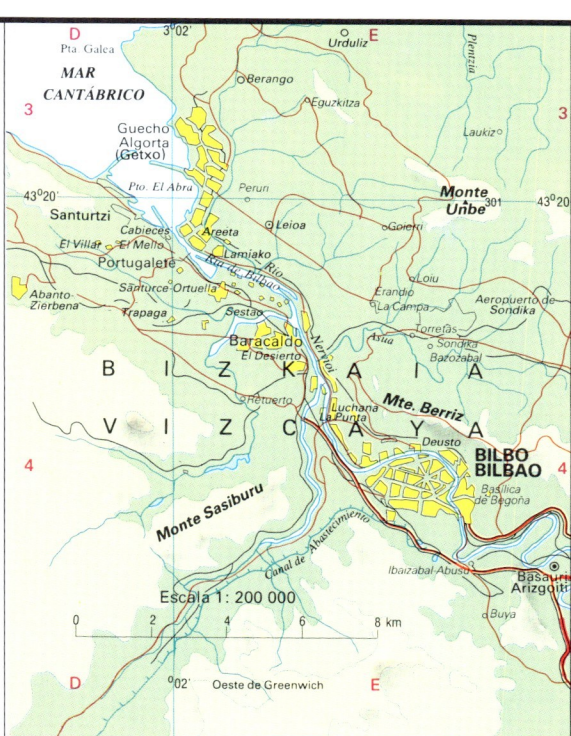

La actividad portuaria vasca está dinamizada por la industria siderometalúrgica que requiere la constante importación y exportación de mercancías. Vista del puerto de Ondarroa.

...erío típico de la zona rural del País Vasco. En las áreas agrícolas y ganaderas del interior ...onserva el modo tradicional de explotación.

OLUCIÓN DEL CONSUMO DE ELEMENTOS ENERGÉTICOS (excepto carbón)

(miles de unidades TEC)

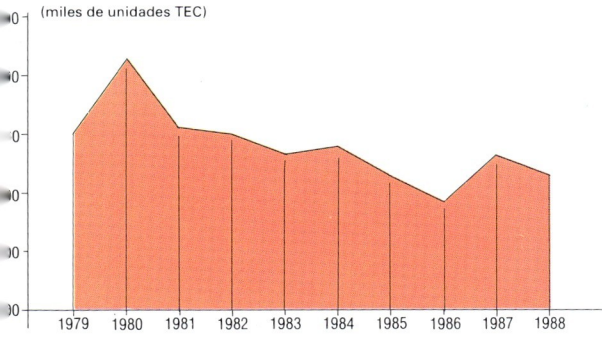

Bilbao. Muelles del puerto en la ría del Nervión, en cuya desembocadura se construyó la ampliación del puerto bilbaíno.

84 País Vasco

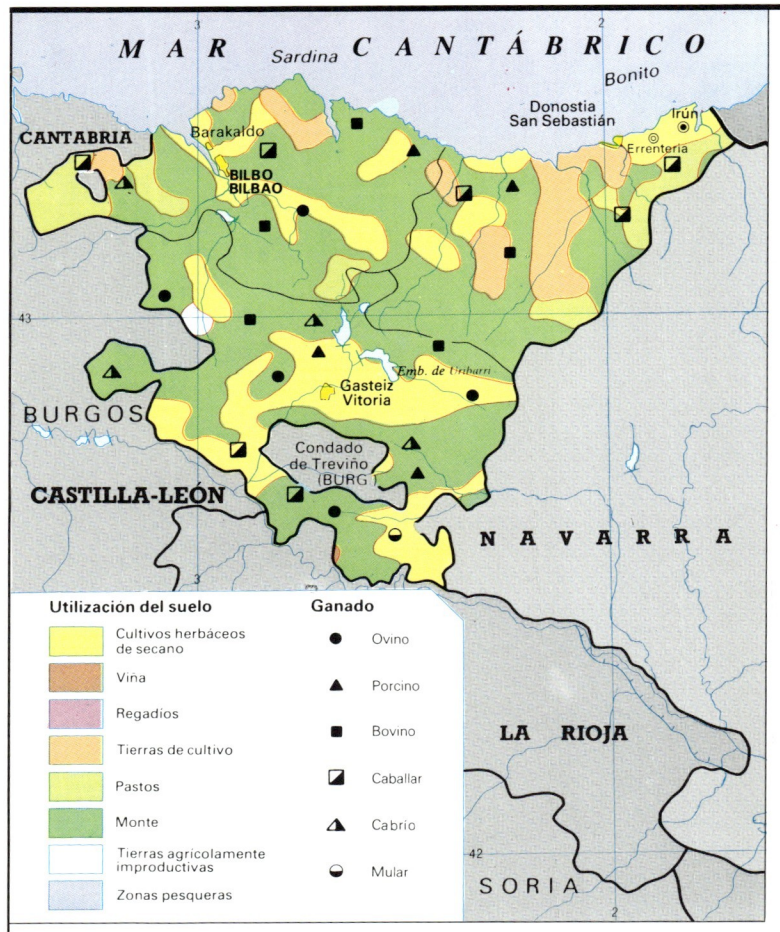

Aspecto parcial de la factoría de Altos Hornos de Vizcaya.

EVOLUCIÓN DE LA CONSTRUCCIÓN
(número de viviendas)

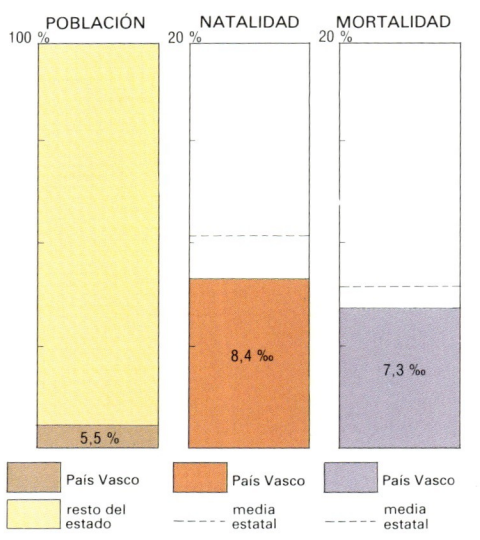

Agricultura (en t)	
Trigo	98.000
Cebada	46.300
Maíz	5.000
Centeno	800
Avena	12.300
Patata	280.500
Tomate	10.802
Cebolla	7.866
Col	11.088
Remolacha	134.400
Vid	44.827

Ganadería (nº de cabezas) y derivados	
Bovino	180.034
Ovino	338.551
Caprino	34.829
Porcino	65.859
Caballar	17.128
Asnal	10.110
Huevos (miles de docenas)	42.011
Leche (miles de l)	338.277
Lana (kg)	427.100
Pesca. Captura bruta en mill. de PTA	11.921

Ayuntamiento de Bilbao. Además de la industria siderometalúrgica Bilbao destaca por una gran concentración de capitales, lo que le confiere gran poder como plaza financiera de primer orden.

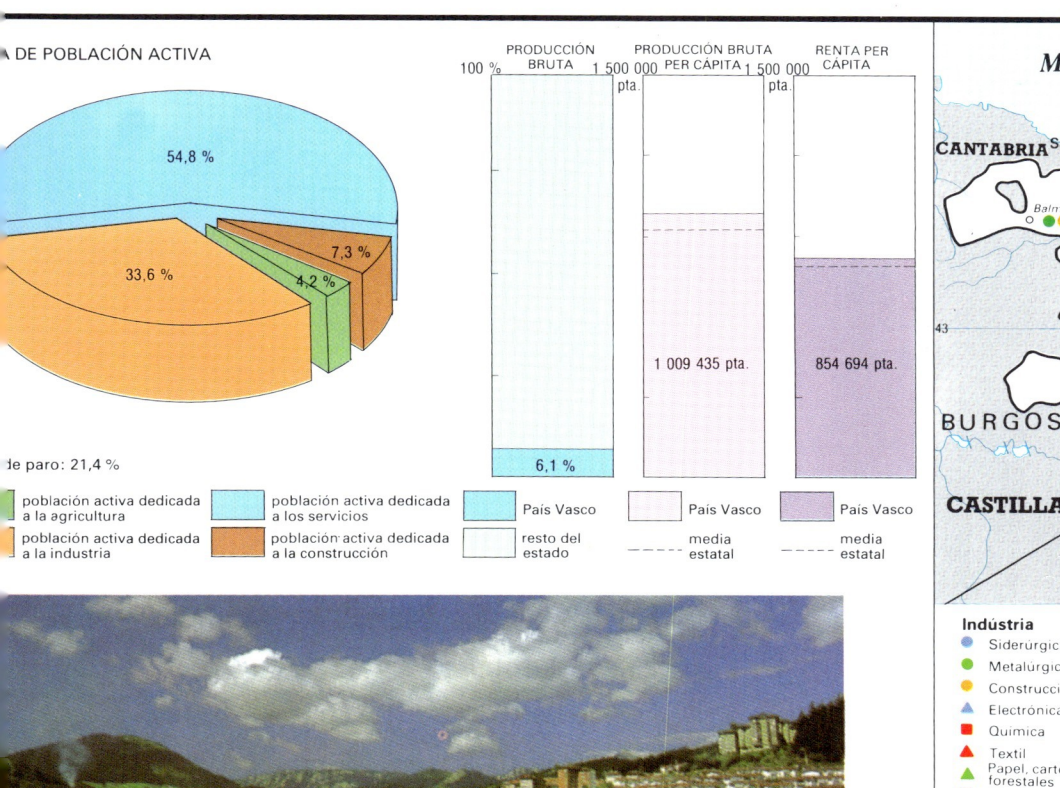
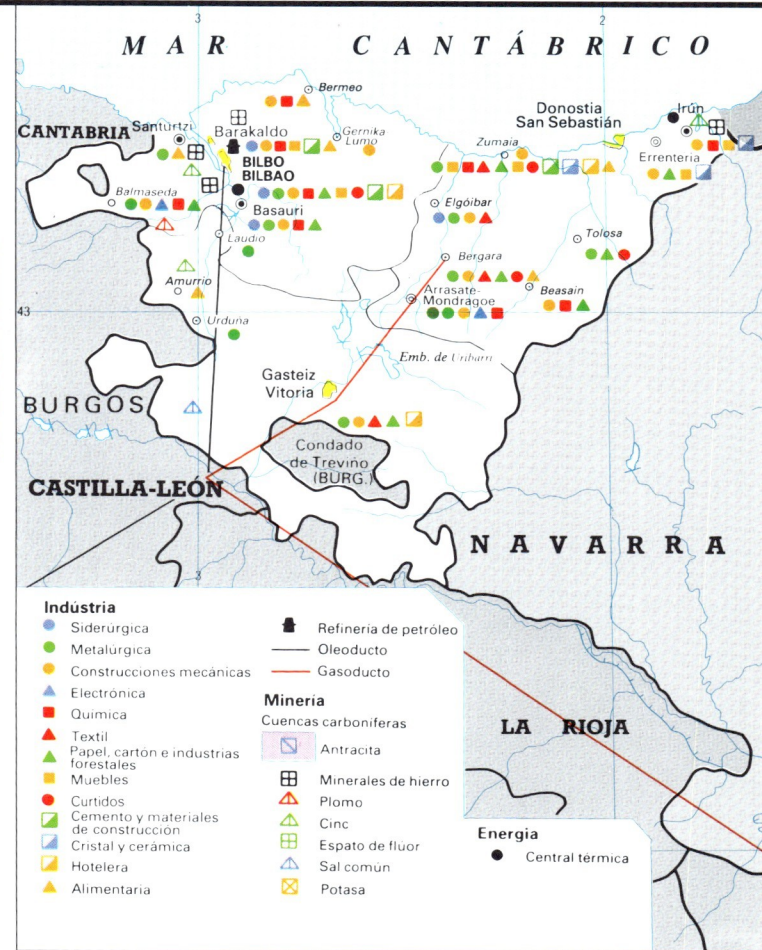

La flota del País Vasco, tanto de bajura como de altura, posee un elevado volumen anual de capturas. Además de los tradicionales caladeros de Gran Sol y Terranova, faena en Senegal y zonas de América del Sur. *Arriba.* Vista de Mondragon. *Abajo izquierda.* Puerto pesquero de Zumaia. *Abajo derecha.* Puerto de Donostia-San Sebastián

Industria y minería (prod. bruta en mill. de PTA)	
Energía	261.883
Minerales metálicos	5.303
Transformación de matales	382.158
Minerales no metálicos	66.657
Industria química	117.872
Productos metálicos	318.837
Maquinaria y equipo	177.461
Material eléctrico y electrónico	136.534
Material de transporte	98.066
Alimentación, bebidas, tabaco	171.667
Textil y confección	27.593
Madera, corcho, muebles	50.596
Artes gráficas, papel	133.248
Caucho, plásticos	125.753

86 Navarra

Datos físicos y de población

Superficie	10.421 km²
Población	520.715
Densidad	50 hab./km²
Capital y habs.	Pamplona (178.666)
Ciudades principales y habitantes:	
Estella	12.603
Tafalla	10.256
Tudela	26.041
N.º de municipios	264
Fecha de constitución	10 agosto 1982
Natalidad	9,3‰
Mortalidad	8,1‰
Crecimiento vegetativo	1,16‰

Datos socioeconómicos

Producción bruta	410.244*
Producción bruta per cápita	1.050.929**
Renta per cápita	906.620**
Médicos/hab.	4,3‰
Teléfonos/hab.	290‰
Carreteras	3.750 km
Enseñanza (n.º de alumnos 1986-87):	
Primaria	65.976
Secundaria	29.280
Tasa de población activa (1988):	
Agricultura y ganadería	10,8%
Industria y minería	32,1%
Construcción	7,2%
Servicios	49,9%

* En millones de PTA. ** En PTA.

En el ámbito económico de Navarra se combinan el sector primario, fundamentado principalmente en la ganadería, y un sector secundario amplio y muy diversificado. *Arriba.* El hábitat disperso es típico de la población rural navarra. *Abajo.* El río Bidasoa a su paso por Vera de Bidasoa.

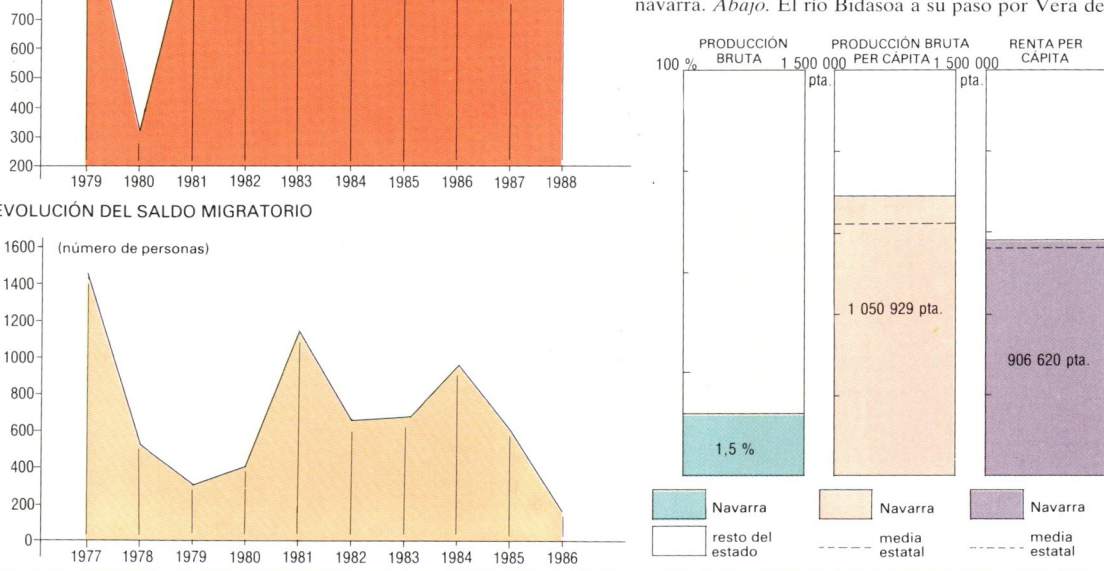

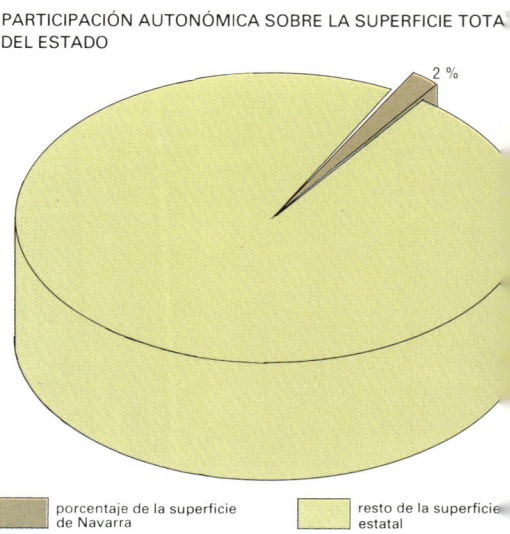

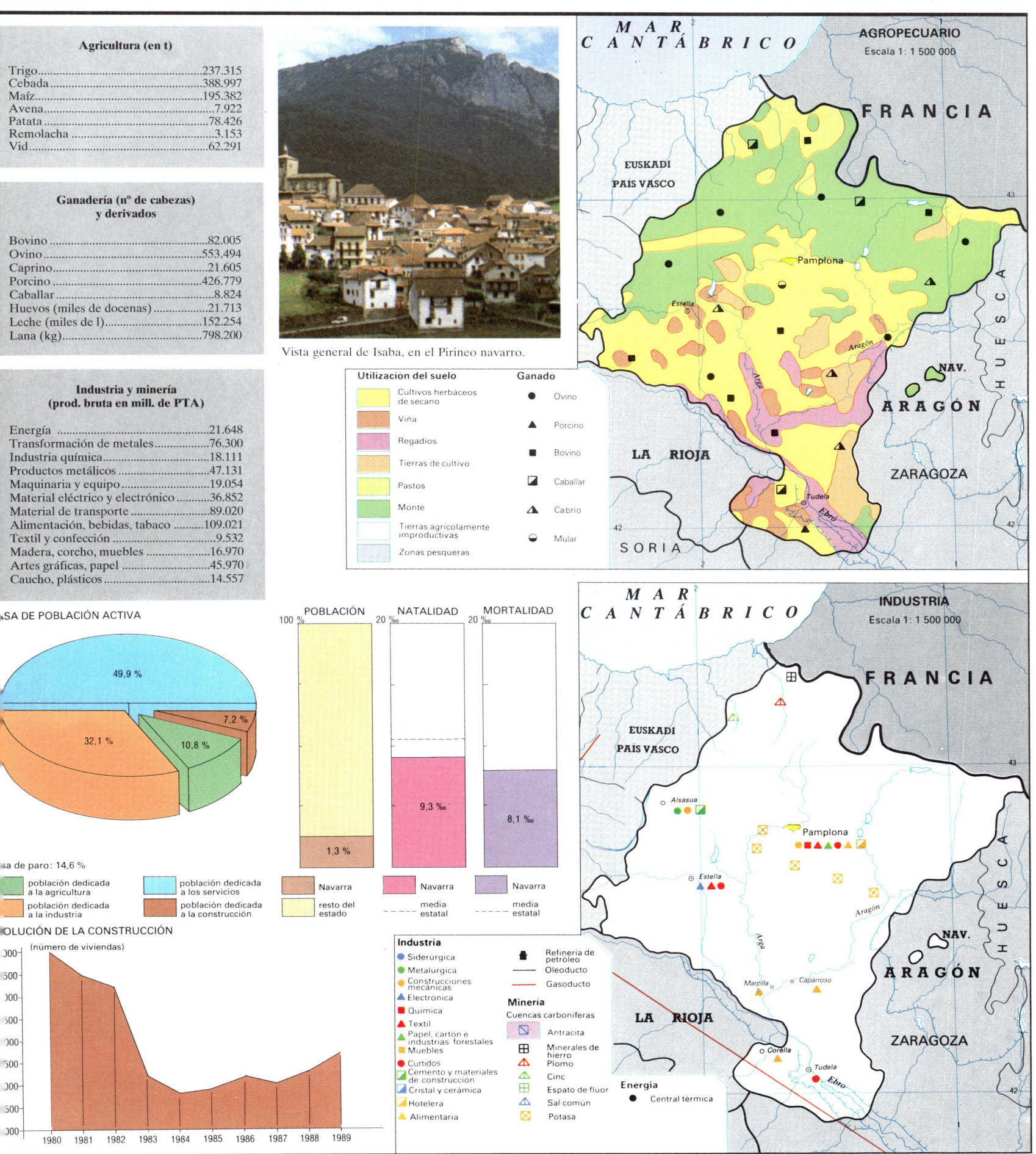

Agricultura (en t)

Trigo	237.315
Cebada	388.997
Maíz	195.382
Avena	7.922
Patata	78.426
Remolacha	3.153
Vid	62.291

Ganadería (nº de cabezas) y derivados

Bovino	82.005
Ovino	553.494
Caprino	21.605
Porcino	426.779
Caballar	8.824
Huevos (miles de docenas)	21.713
Leche (miles de l)	152.254
Lana (kg)	798.200

Industria y minería (prod. bruta en mill. de PTA)

Energía	21.648
Transformación de metales	76.300
Industria química	18.111
Productos metálicos	47.131
Maquinaria y equipo	19.054
Material eléctrico y electrónico	36.852
Material de transporte	89.020
Alimentación, bebidas, tabaco	109.021
Textil y confección	9.532
Madera, corcho, muebles	16.970
Artes gráficas, papel	45.970
Caucho, plásticos	14.557

Vista general de Isaba, en el Pirineo navarro.

TASA DE POBLACIÓN ACTIVA
- 49,9 % población dedicada a los servicios
- 32,1 % población dedicada a la industria
- 10,8 % población dedicada a la construcción
- 7,2 % población dedicada a la agricultura

Tasa de paro: 14,6 %

POBLACIÓN: Navarra 1,3 % / resto del estado
NATALIDAD: Navarra 9,3 ‰
MORTALIDAD: Navarra 8,1 ‰

EVOLUCIÓN DE LA CONSTRUCCIÓN (número de viviendas) 1980-1989

Escala 1: 1 500 000

0 15 30 45 60 75 km

m 3000 2000 1000 400 200 0

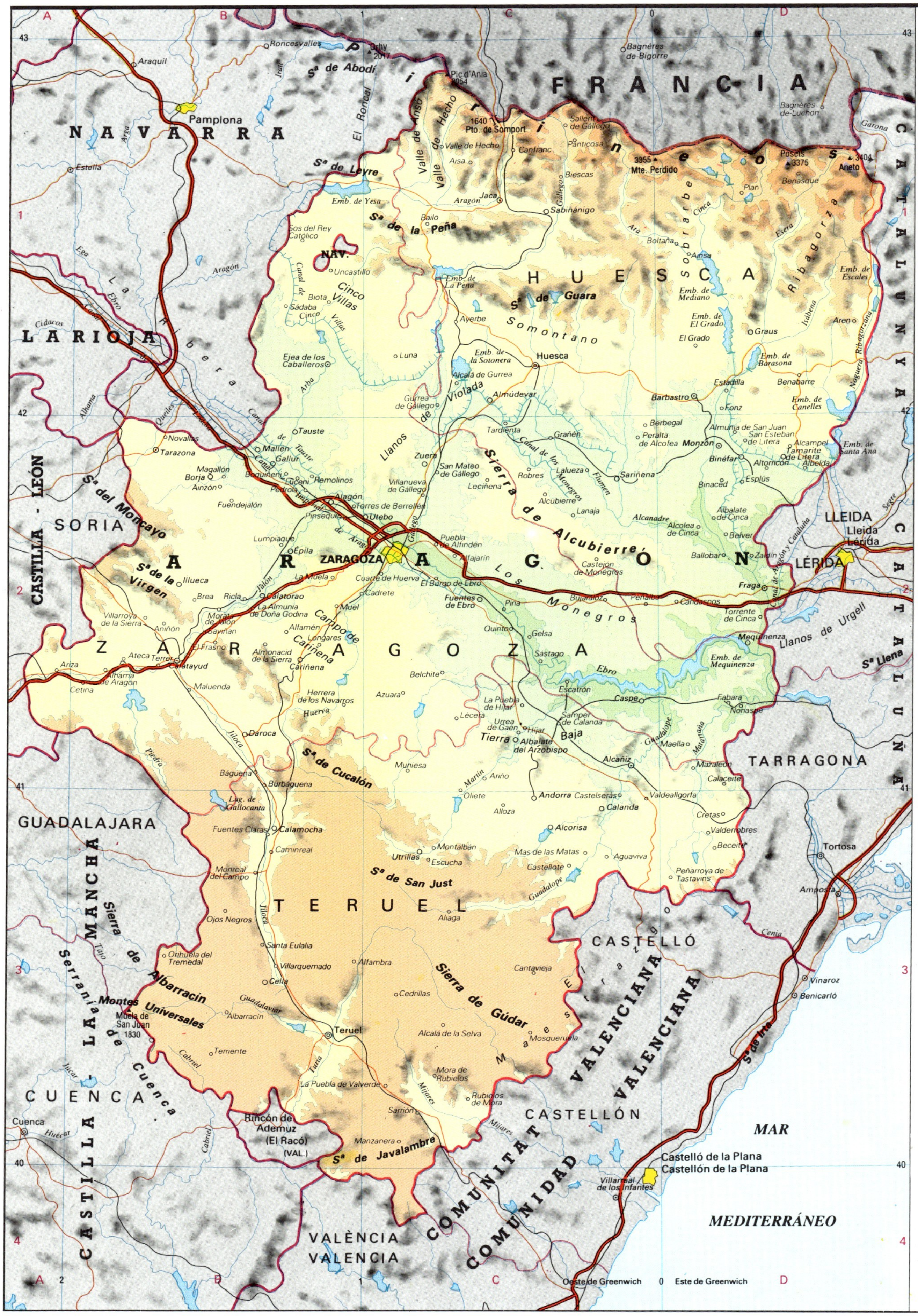

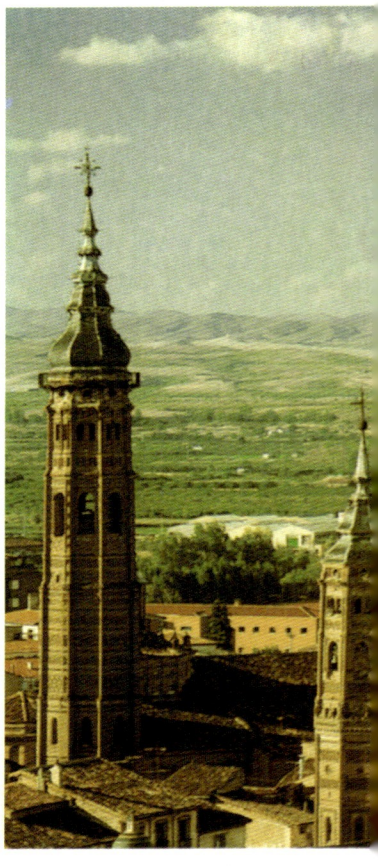

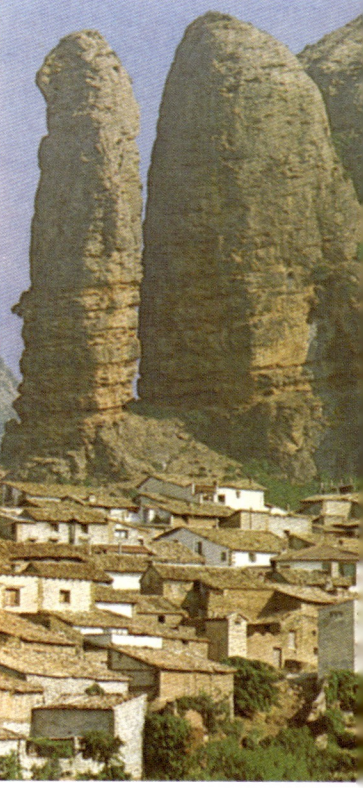

El clima árido de Aragón, se manifiesta una media termométrica de amplia oscilaci entre invierno y verano, con un régimen lluvias inferiores a los 400 mm, excepto en zonas pirenaicas. *Arriba.* Torres de la coleg ta de Santa María y San Andrés en Cala yud. *Abajo.* Vista parcial de Agüero, Hues

PARTICIPACIÓN AUTONÓMICA SOBRE LA SUPERFICIE TOTAL DEL ESTADO

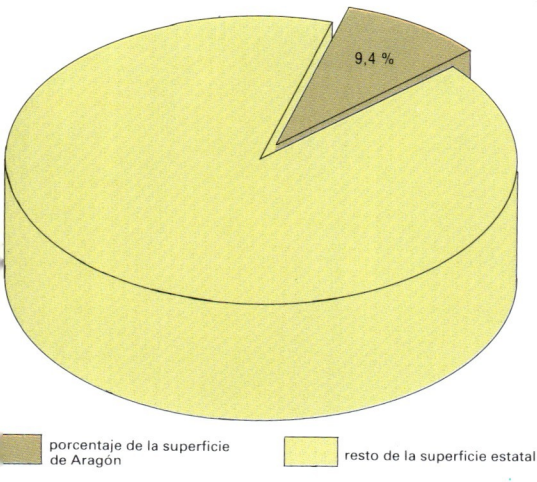

porcentaje de la superficie de Aragón
resto de la superficie estatal

EVOLUCIÓN DEL SALDO MIGRATORIO

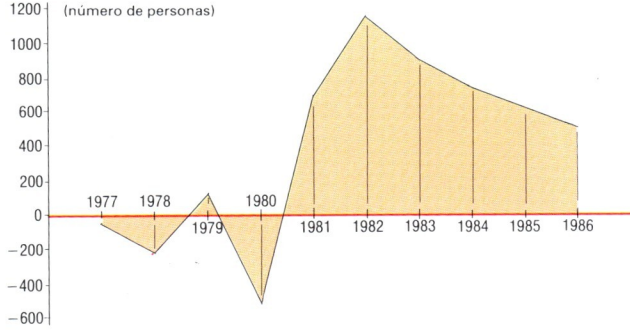

Datos socioeconómicos

Producción bruta	958.388*
Producción bruta per cápita	1.023.991**
Renta per cápita	866.730**
Médicos/hab.	4,6‰
Teléfonos/hab.	293‰
Carreteras	9.962 km
Enseñanza (n.º de alumnos 1986-87):	
Primaria	139.819
Secundaria	64.964
Tasa de población activa (1988):	
Agricultura y ganadería	14,3%
Industria y minería	26,9%
Construcción	8,4%
Servicios	50,4%

* En millones de PTA. ** En PTA.

Datos físicos y de población

Superficie	47.650 km²
Población	1.193.778
Densidad	25 hab./km²
Capital y habs.	Zaragoza (575.317)
Provincias y habitantes:	
Huesca	216.753
Teruel	154.926
Zaragoza	836.627
Ciudades principales y habitantes:	
Barbastro	14.970
Calatayud	17.824
Huesca	40.736
Monzón	14.645
Tarazona	11.038
Teruel	27.226
N.º de municipios	728
Fecha de constitución	10 agosto 1982
Natalidad	7,9‰
Mortalidad	9,3‰
Crecimiento vegetativo	1,41‰

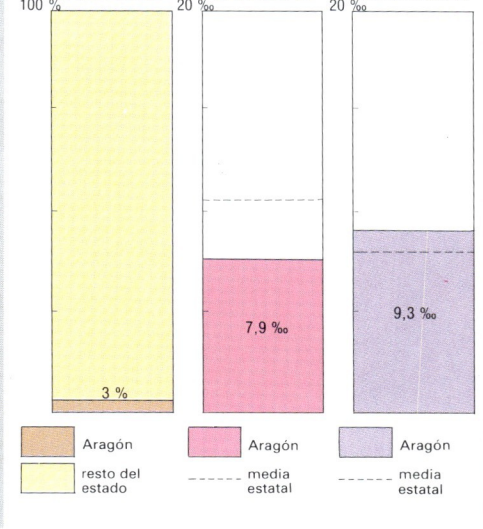

En Aragón predomina el cultivo de secano frente al regadío. *Arriba izquierda.* Vista general de Sos del Rey Católico en la comarca de Cinco Villas. *Arriba derecha.* Albarracín en la provincia de Teruel. *Abajo.* Regadíos en Las Bárdenas.

90 Aragón

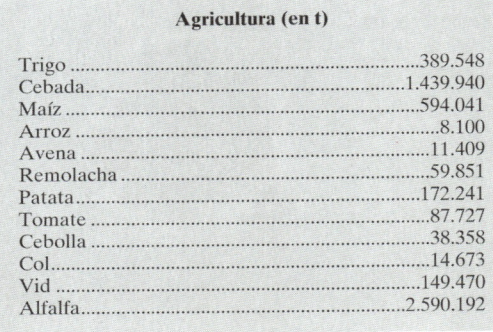

Agricultura (en t)

Trigo	389.548
Cebada	1.439.940
Maíz	594.041
Arroz	8.100
Avena	11.409
Remolacha	59.851
Patata	172.241
Tomate	87.727
Cebolla	38.358
Col	14.673
Vid	149.470
Alfalfa	2.590.192

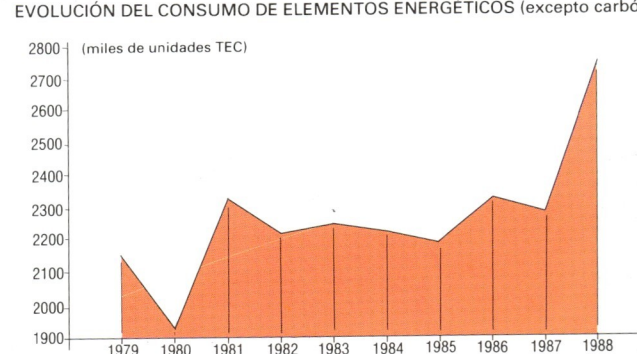

EVOLUCIÓN DEL CONSUMO DE ELEMENTOS ENERGÉTICOS (excepto carbón)

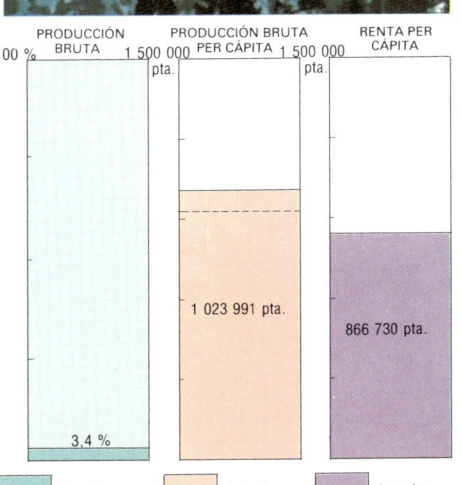

PRODUCCIÓN BRUTA — PRODUCCIÓN BRUTA PER CÁPITA — RENTA PER CÁPITA

3,4 % / 1 023 991 pta. / 866 730 pta.

Aragón / resto del estado / media estatal

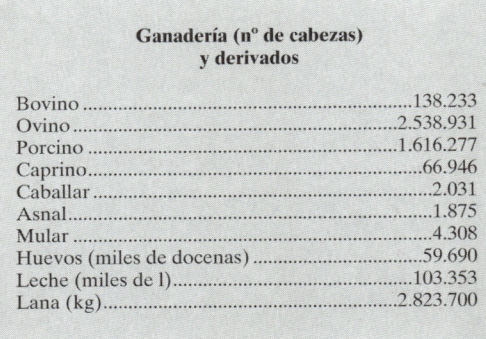

Ganadería (nº de cabezas) y derivados

Bovino	138.233
Ovino	2.538.931
Porcino	1.616.277
Caprino	66.946
Caballar	2.031
Asnal	1.875
Mular	4.308
Huevos (miles de docenas)	59.690
Leche (miles de l)	103.353
Lana (kg)	2.823.700

Industria y minería (prod. bruta en mill. de PTA)

Energía	147.570
Minerales no metálicos	28.961
Transformación de metales	29.119
Maquinaria y equipos	47.196
Productos metálicos	29.118
Industria química	51.805
Material eléctrico y electrónico	49.250
Alimentación, bebidas, tabaco	143.768
Madera, corcho, muebles	24.412
Textil, confección	26.137
Artes gráficas, papel	34.313

TASA DE POBLACIÓN ACTIVA

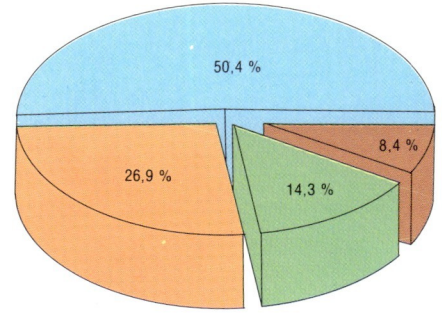

50,4 % servicios / 26,9 % industria / 14,3 % agricultura / 8,4 % construcción

Tasa de paro: 13,7 %

Arriba. Paisaje del Pirineo aragonés. *Centro.* Aspecto característico de los Monegros. *Abajo.* Vista del valle de Canfranc, en Huesca.

EVOLUCIÓN DE LA CONSTRUCCIÓN

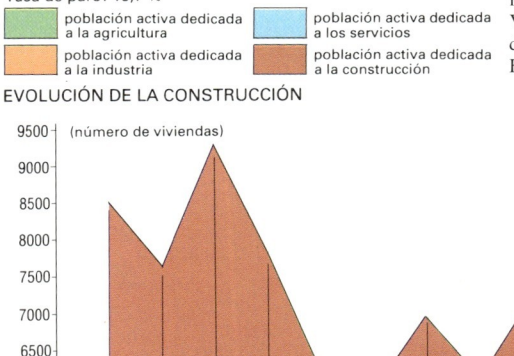

(número de viviendas) 1980–1989

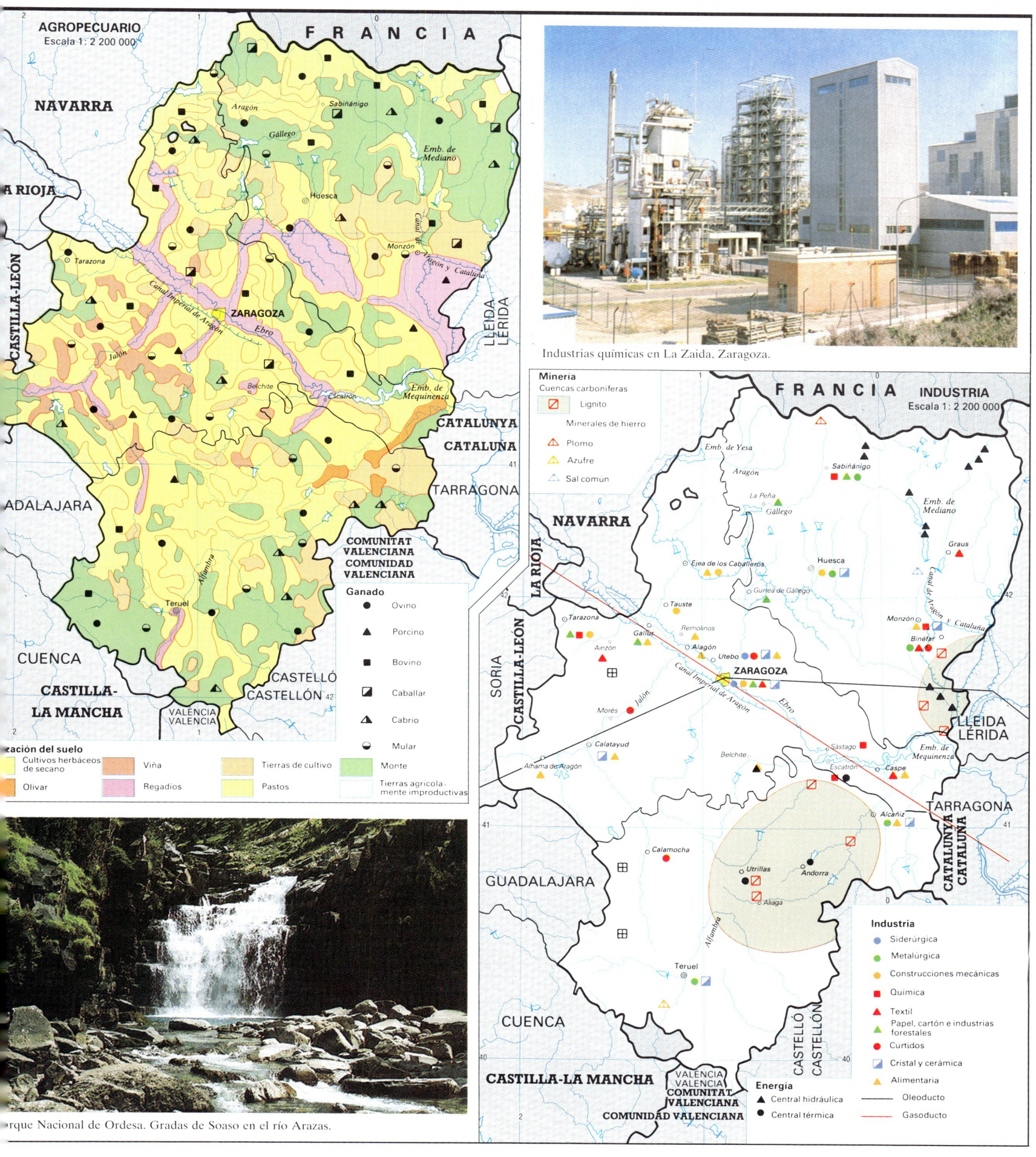

Industrias químicas en La Zaida, Zaragoza.

Parque Nacional de Ordesa. Gradas de Soaso en el río Arazas.

92 Cataluña

Vista del lago de Banyoles, Girona.

Datos físicos y de población

Superficie	31.930 km²
Población	6.077.735
Densidad	190 hab./km²
Capital y habs.	Barcelona (1.703.744)
Provincias y habitantes:	
Barcelona	4.734.291
Gerona	478.187
Lérida	361.690
Tarragona	525.151
Ciudades principales y habitantes:	
Badalona	224.233
Hospitalet de Llobregat	277.688
N.º de municipios	940
Fecha de constitución	18 dic. 1979
Natalidad	9,8‰
Mortalidad	8,3‰
Crecimiento vegetativo	1,50‰

Datos socioeconómicos

Producción bruta	5.379.082*
Producción bruta per cápita	1.152.023**
Renta per cápita	1.024.229**
Médicos/hab.	3,7‰
Teléfonos/hab.	524‰
Carreteras	11.329 km
Enseñanza (nº de alumnos 1988-89):	
Primaria	928.177
Secundaria	355.623
Superior	44.465
Tasa de población activa (1988):	
Agricultura y ganadería	4,6%
Industria y minería	35,5%
Construcción	8,2%
Servicios	51,7%

* En millones de PTA. ** En PTA.

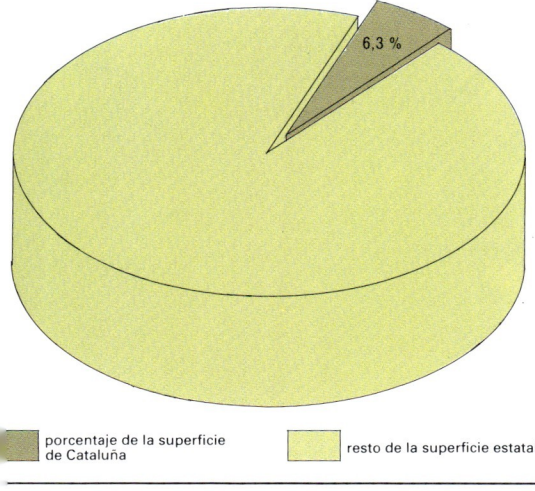

PARTICIPACIÓN AUTONÓMICA SOBRE LA SUPERFICIE TOTAL DEL ESTADO

6,3 %

porcentaje de la superficie de Cataluña

resto de la superficie estatal

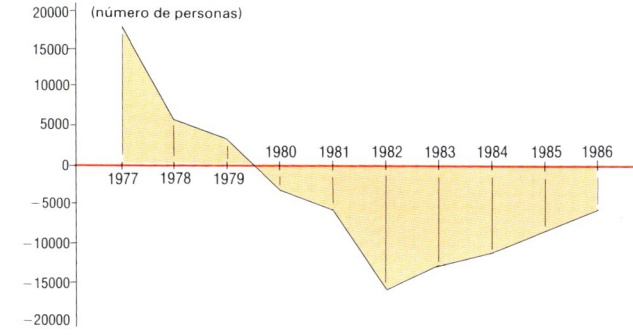

EVOLUCIÓN DEL SALDO MIGRATORIO (número de personas)

La diversidad del relieve en el territorio catalán queda reflejada en sus diferencias climatológicas bastante acentuadas. Lleida registra una media pluviométrica anual de 350 mm, mientras que en el NE se superan los 1000 mm. En el litoral el clima es plenamente mediterráneo, con veranos calurosos e inviernos templados. En el interior los veranos son secos y durante el invierno predominan las nieblas y las temperaturas bajas. *Arriba izquierda.* Cadaqués, Girona. *Arriba derecha.* El Pirineo en la provincia de Lleida. *Abajo.* Vista del puerto de Barcelona.

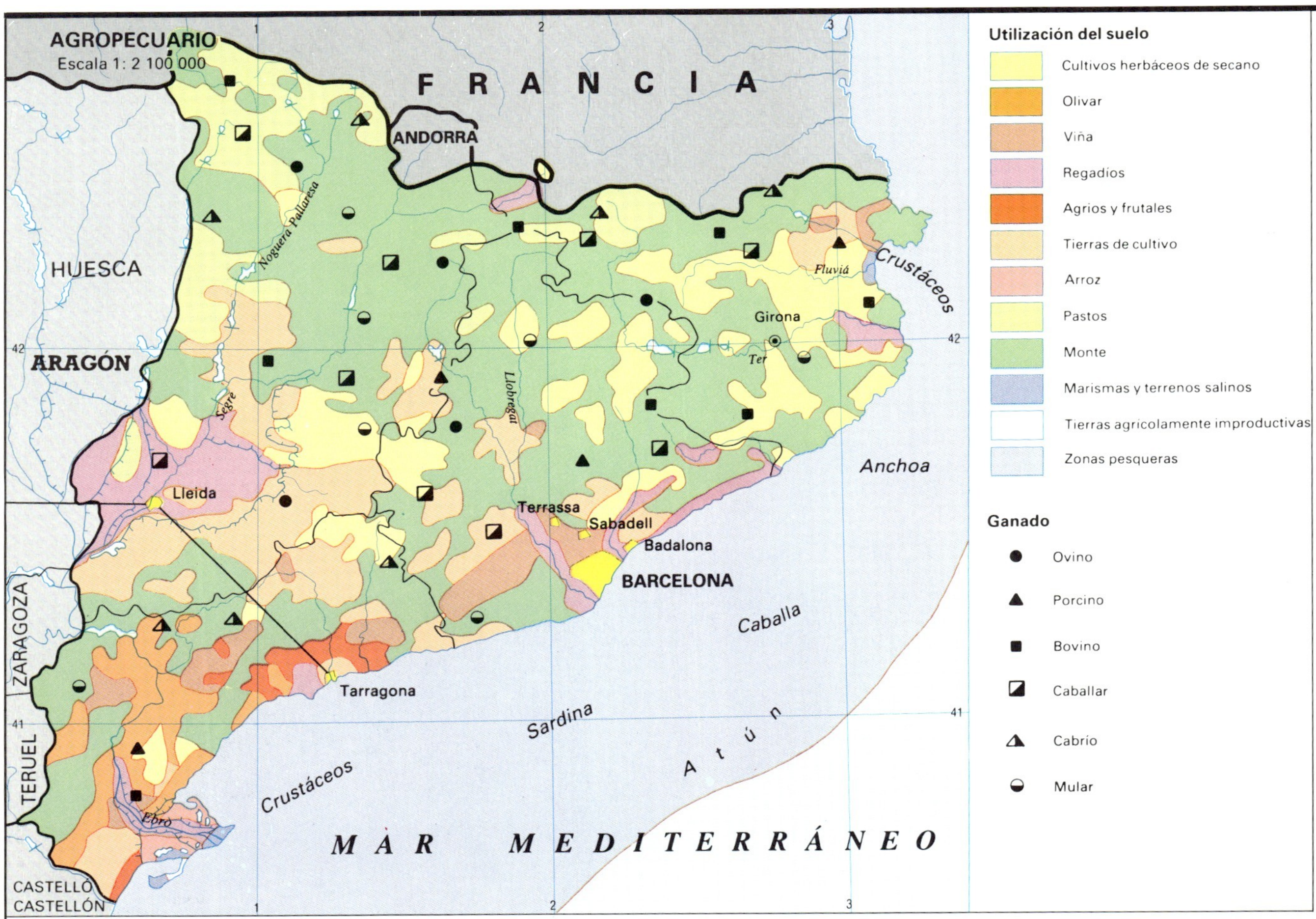
AGROPECUARIO
Escala 1: 2 100 000
FRANCIA
ANDORRA
HUESCA
ARAGÓN
ZARAGOZA
TERUEL
CASTELLÓ
CASTELLÓN
Lleida
Girona
Terrassa
Sabadell
Badalona
BARCELONA
Tarragona
Noguera Pallaresa
Segre
Llobregat
Fluviá
Ter
Ebro
Crustáceos
Anchoa
Caballa
Sardina
Atún
Crustáceos
MAR MEDITERRÁNEO
Utilización del suelo
Cultivos herbáceos de secano
Olivar
Viña
Regadios
Agrios y frutales
Tierras de cultivo
Arroz
Pastos
Monte
Marismas y terrenos salinos
Tierras agricolamente improductivas
Zonas pesqueras
Ganado
Ovino
Porcino
Bovino
Caballar
Cabrío
Mular

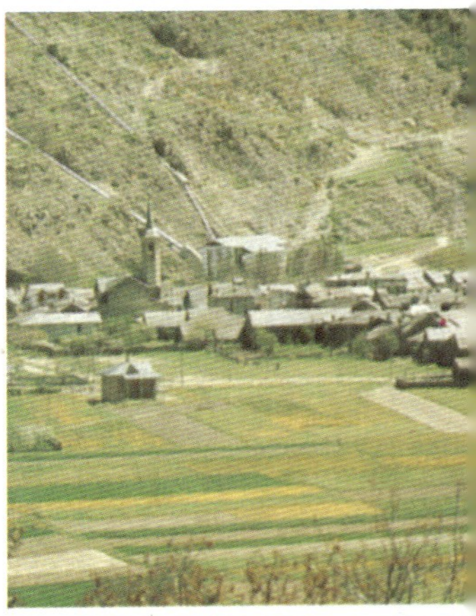

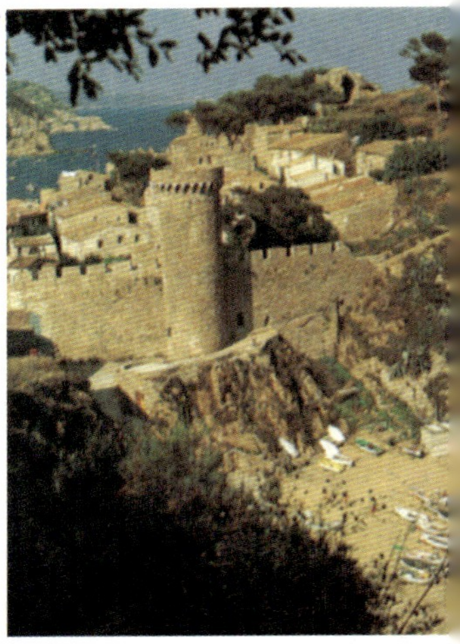

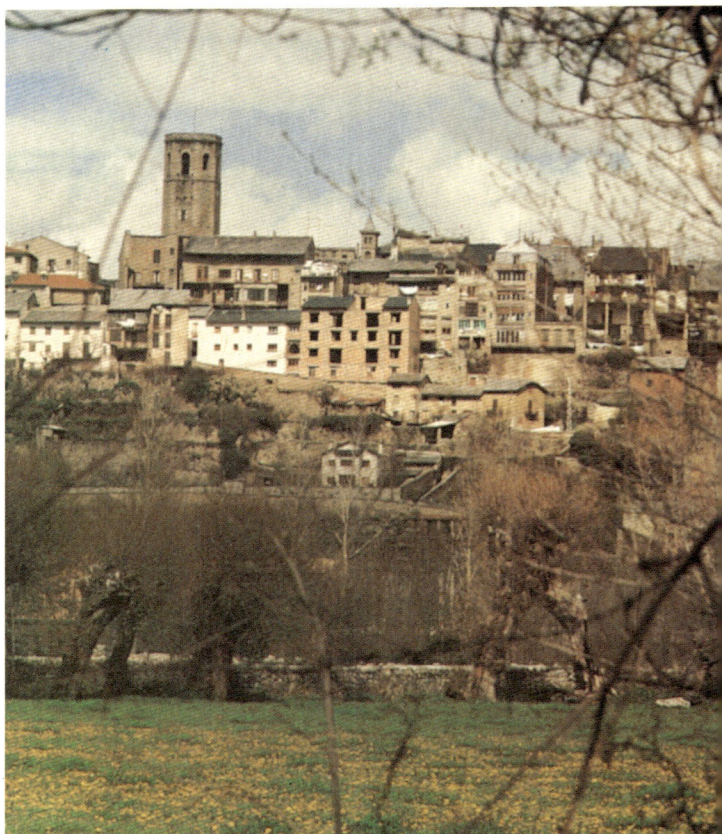

Arriba. Esterri d'Aneu, Lleida. *Abajo.* Vista del casco antiguo del municipio de Tossa de Mar, Girona. La actividad económica del sector terciario en estas dos provincias se ve potenciada por la proximidad y contraste de los parajes.

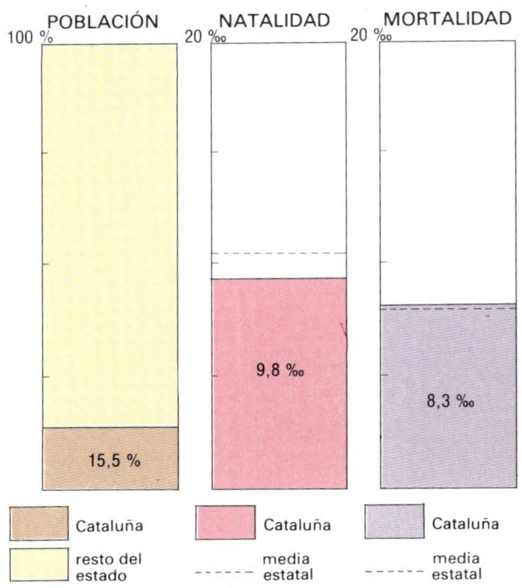
POBLACIÓN
100 %
15,5 %
Cataluña
resto del estado
NATALIDAD
20 ‰
9,8 ‰
Cataluña
media estatal
MORTALIDAD
20 ‰
8,3 ‰
Cataluña
media estatal

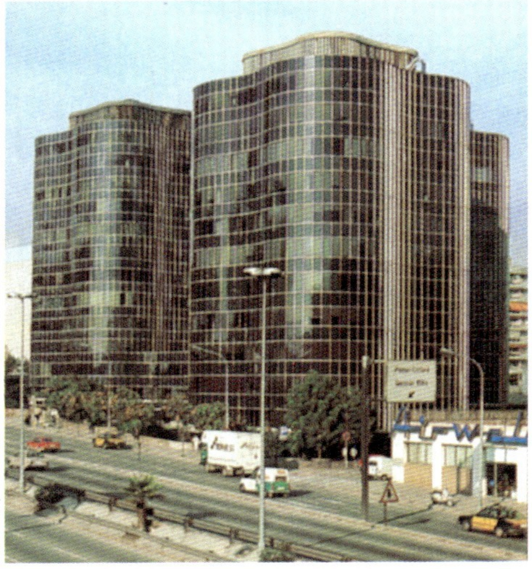

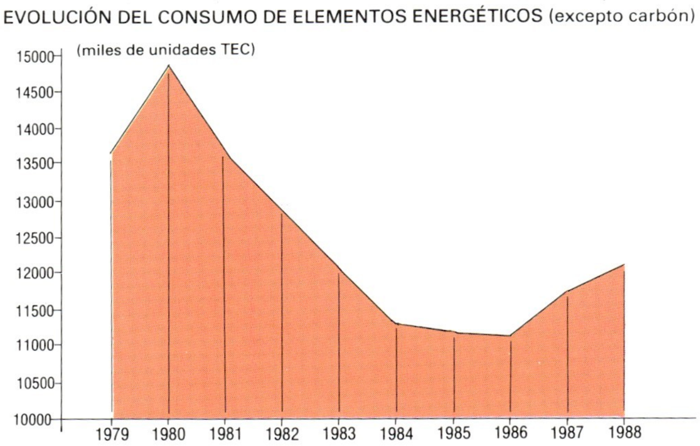
EVOLUCIÓN DEL CONSUMO DE ELEMENTOS ENERGÉTICOS (excepto carbón)
(miles de unidades TEC)
15000
14500
14000
13500
13000
12500
12000
11500
11000
10500
10000
1979 1980 1981 1982 1983 1984 1985 1986 1987 1988

La actividad que generan las diversas áreas industriales de la ciudad de Barcelona potencian una concentración de capital que sumada a su tradición mercantil hacen de ella el principal centro económico del Mediterráneo occidental. *Izquierda.* Edificios Trade, obra de J. A. Coderch en Barcelona. *Derecha.* Vista parcial de Puigcerdà, Girona.

Agricultura (en t)

Maíz	307.734
Arroz	96.795
Cebada	782.460
Trigo	307.734
Patata	277.711
Tomate	114.825
Cebolla	91.755
Vid	405.762
Pera	222.364
Manzana	422.784

Ganadería (nº de cabezas) y derivados

Bovino	528.811
Ovino	1.224.138
Porcino	4.514.290
Aves de corral (en t)	244.882
Conejos (en t)	8.018
Huevos (miles de docenas)	151.904
Leche (miles de l)	619.323
Lana (kg)	836.600
Pesca. Captura bruta en mill. de PTA	17.058

Industria y minería (prod. bruta en mill. de PTA)

Energía	616.080
Transformación de metales	60.387
Industria química	805.943
Productos metálicos	281.500
Maquinaria y equipo	231.640
Material eléctrico	313.565
Alimentación	882.105
Madera, corcho, muebles	85.195
Material de transporte	370.968
Artes gráficas, papel	276.908
Caucho, plásticos	211.392
Otras industrias manufactureras	34.685

EVOLUCIÓN DE LA CONSTRUCCIÓN

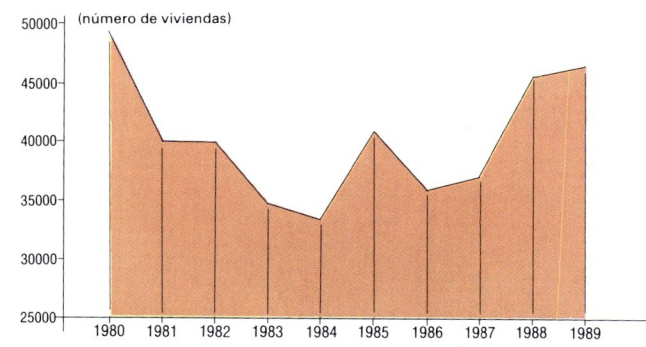

TASA DE POBLACIÓN ACTIVA

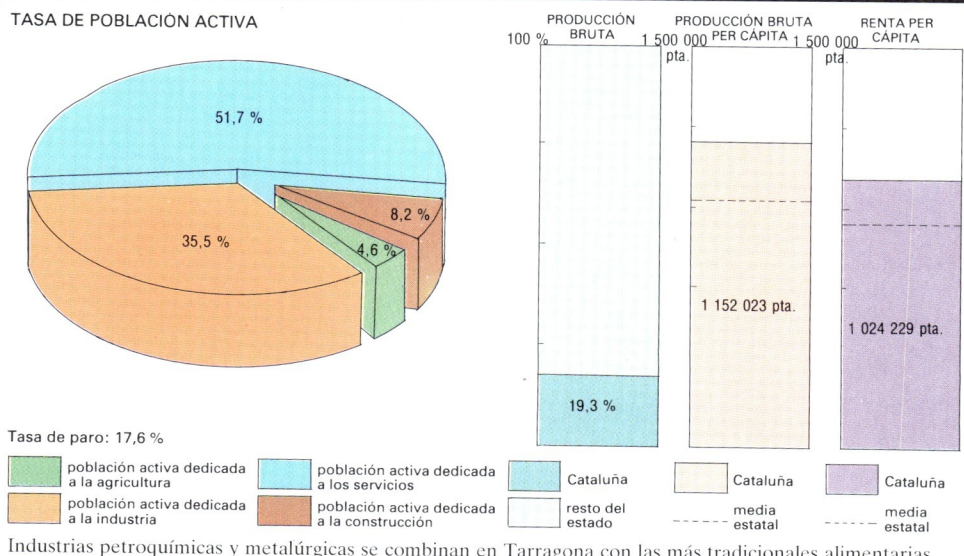

Tasa de paro: 17,6 %

- población activa dedicada a la agricultura
- población activa dedicada a los servicios
- población activa dedicada a la industria
- población activa dedicada a la construcción

Industrias petroquímicas y metalúrgicas se combinan en Tarragona con las más tradicionales alimentarias del aceite y del vino. Vista panorámica de Falset.

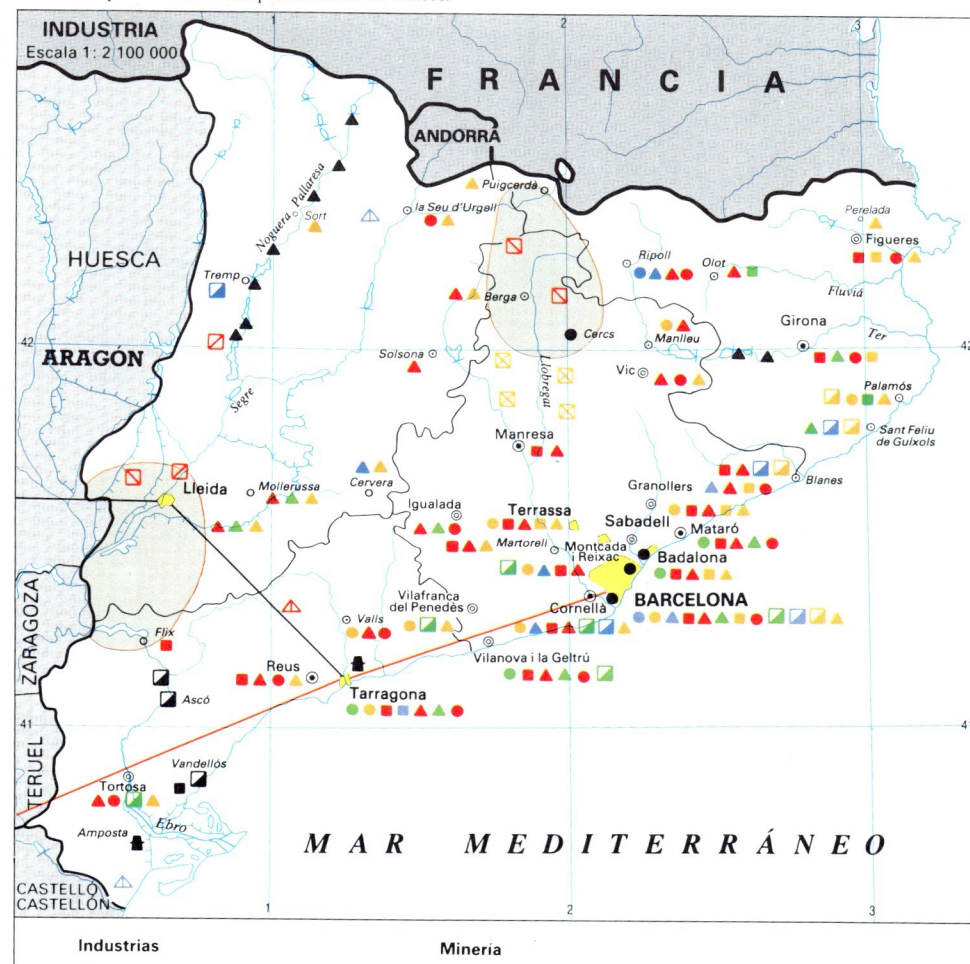

Industrias
- Siderúrgica
- Metalúrgica
- Construcciones mecánicas
- Electrónica
- Química
- Petroquímica
- Textil
- Papel, cartón e industrias forestales
- Corcho
- Muebles
- Curtidos
- Cemento y materiales de construcción
- Cristal y cerámica
- Hotelera
- Alimentaria

Minería

Cuencas carboníferas
- Lignito
- Plomo
- Potasa
- Sal común
- Refinería de petróleo
- Oleoducto
- Gasoducto

Energía
- Central hidráulica
- Central térmica
- Central nuclear
- Central nuclear en construcción

96 Castilla y León

Escala 1: 1 500 000

Datos físicos y de población

Superficie	94.193 km²
Población	2.605.950
Densidad	27 hab./km²
Capital y habs.	Valladolid (329.206)

Provincias y habitantes:

Ávila	186.639
Burgos	369.341
León	532.093
Palencia	191.627
Salamanca	370.129
Segovia	151.727
Soria	102.376
Valladolid	489.568
Zamora	231.527
N.º de municipios	2.252
Fecha de constitución	25 febrero 1983
Natalidad	8,9‰
Mortalidad	8,5‰
Crecimiento vegetativo	0,39‰

El clima de Castilla y León, plenamente continental, está caracterizado por inviernos largos y rigurosos, con mínimas de –7 ºC, y veranos cortos aunque con máximas de 40 ºC. Vista de Aranda de Duero, Burgos.

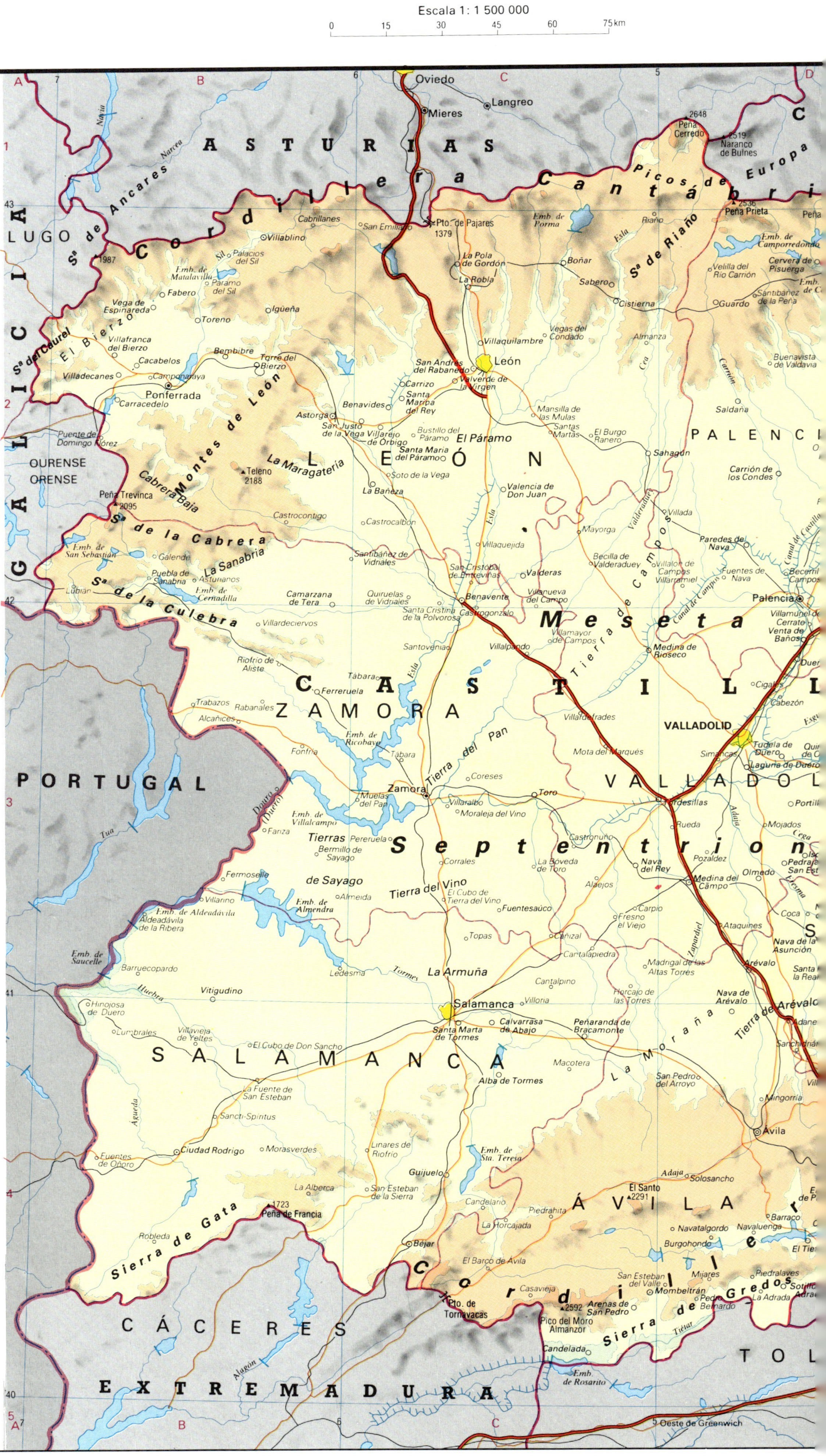

PARTICIPACIÓN AUTONÓMICA SOBRE LA SUPERFICIE TOTAL DEL ESTADO

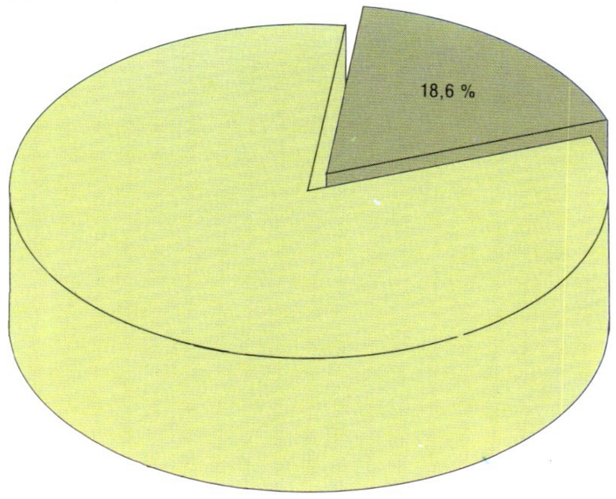

- porcentaje de la superficie de Castilla y León
- resto de la superficie estatal

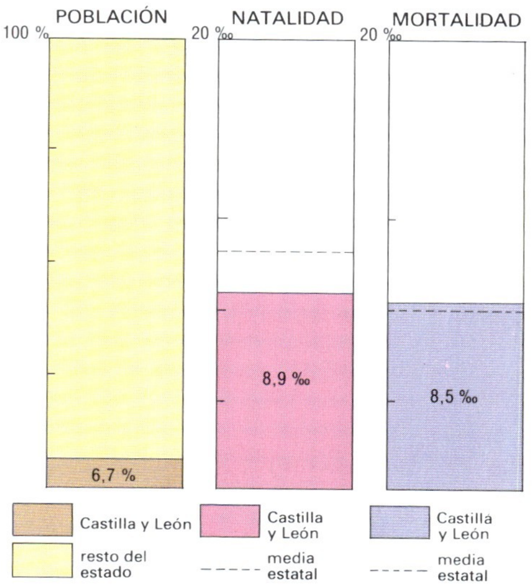

POBLACIÓN	NATALIDAD	MORTALIDAD
6,7 %	8,9 ‰	8,5 ‰

- Castilla y León / resto del estado
- Castilla y León / media estatal
- Castilla y León / media estatal

Datos socioeconómicos

Producción bruta	1.894.211*
Producción bruta per cápita	833.208**
Renta per cápita	715.593**
Médicos/hab.	3,7‰
Teléfonos/hab.	231‰
Carreteras	30.292 km
Enseñanza (n.º de alumnos 1987-88):	
Primaria	373.957
Secundaria	147.504
Superior	40.540
Tasa de población activa (1988):	
Agricultura y ganadería	24,2%
Industria y minería	19%
Construcción	9,5%
Servicios	47,3%

* En millones de PTA. ** En PTA.

El Ebro a su paso por Miranda de Ebro, Burgos.

98 Castilla y León

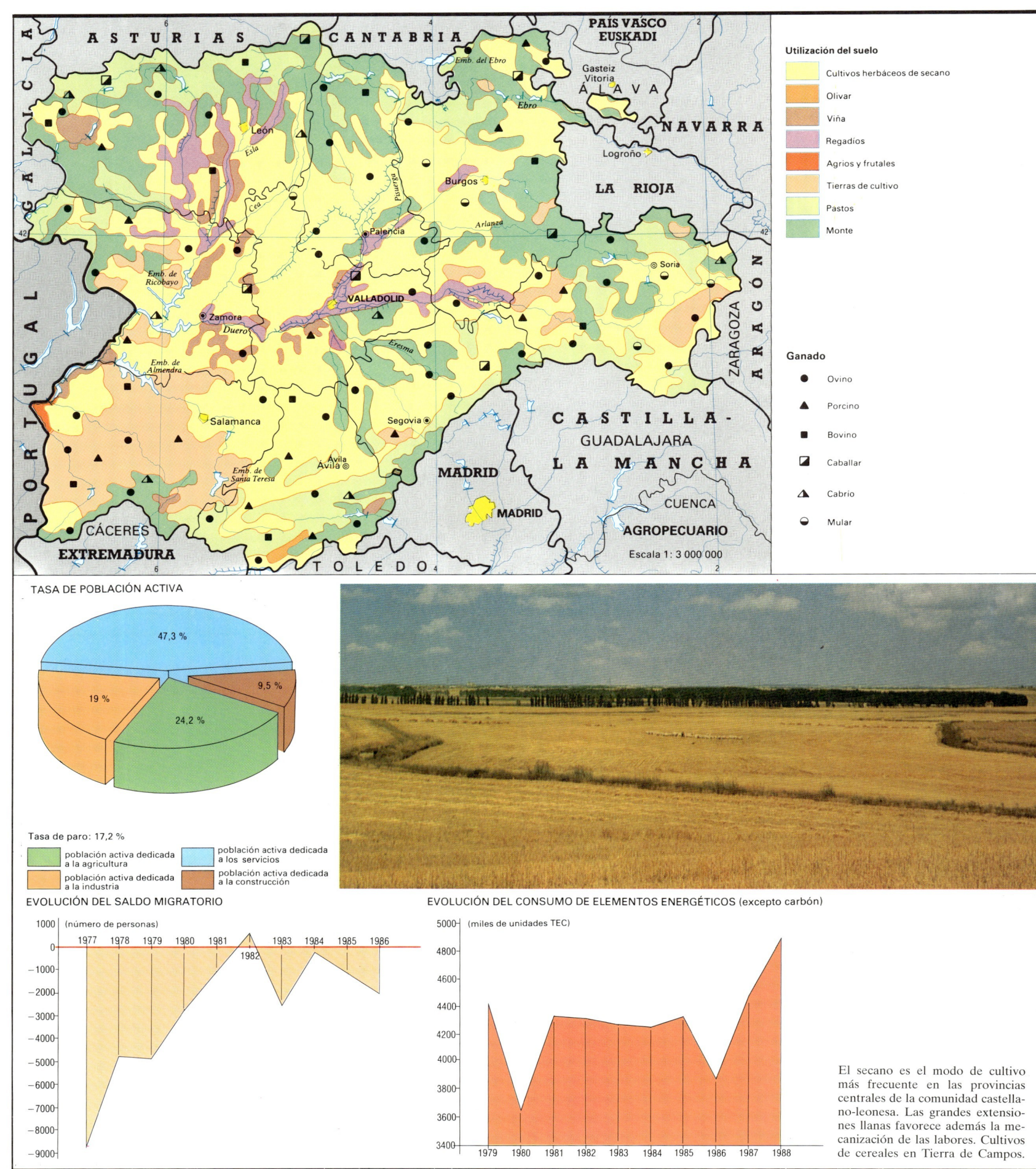

El secano es el modo de cultivo más frecuente en las provincias centrales de la comunidad castellano-leonesa. Las grandes extensiones llanas favorece además la mecanización de las labores. Cultivos de cereales en Tierra de Campos.

99

Agricultura (en t)

Trigo	2.656.220
Cebada	4.876.516
Maíz	223.506
Avena	158.862
Centeno	242.234
Judía seca	29.210
Habas	1.010
Garbanzos	8.750
Lentejas	13.555
Tomate	24.384
Cebolla	26.041
Col	45.326
Patata	802.607
Remolacha	4.608.137
Vid	70.260
Olivo	3.532
Alfalfa	3.077.189

Ganadería (nº de cabezas) y derivados

Bovino	1.119.324
Ovino	5.696.433
Porcino	2.746.568
Caballar	31.600
Mular	14.948
Asnal	25.178
Huevos (miles de docenas)	133.592
Leche (miles de l)	1.254.270
Lana (kg)	7.126.110

Industria y minería (prod. bruta en mill. de PTA)

Energía	302.012
Transformación de metales	24.536
Industria química	82.643
Productos metálicos	48.621
Maquinaria y equipo	23.227
Material eléctrico y electrónico	10.724
Material de transporte	303.187
Alimentación, bebidas, tabaco	380.712
Textil y confección	35.542
Artes gráficas, papel	52.319
Otras industrias manufactureras	602

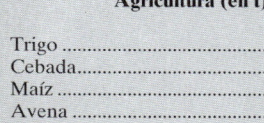

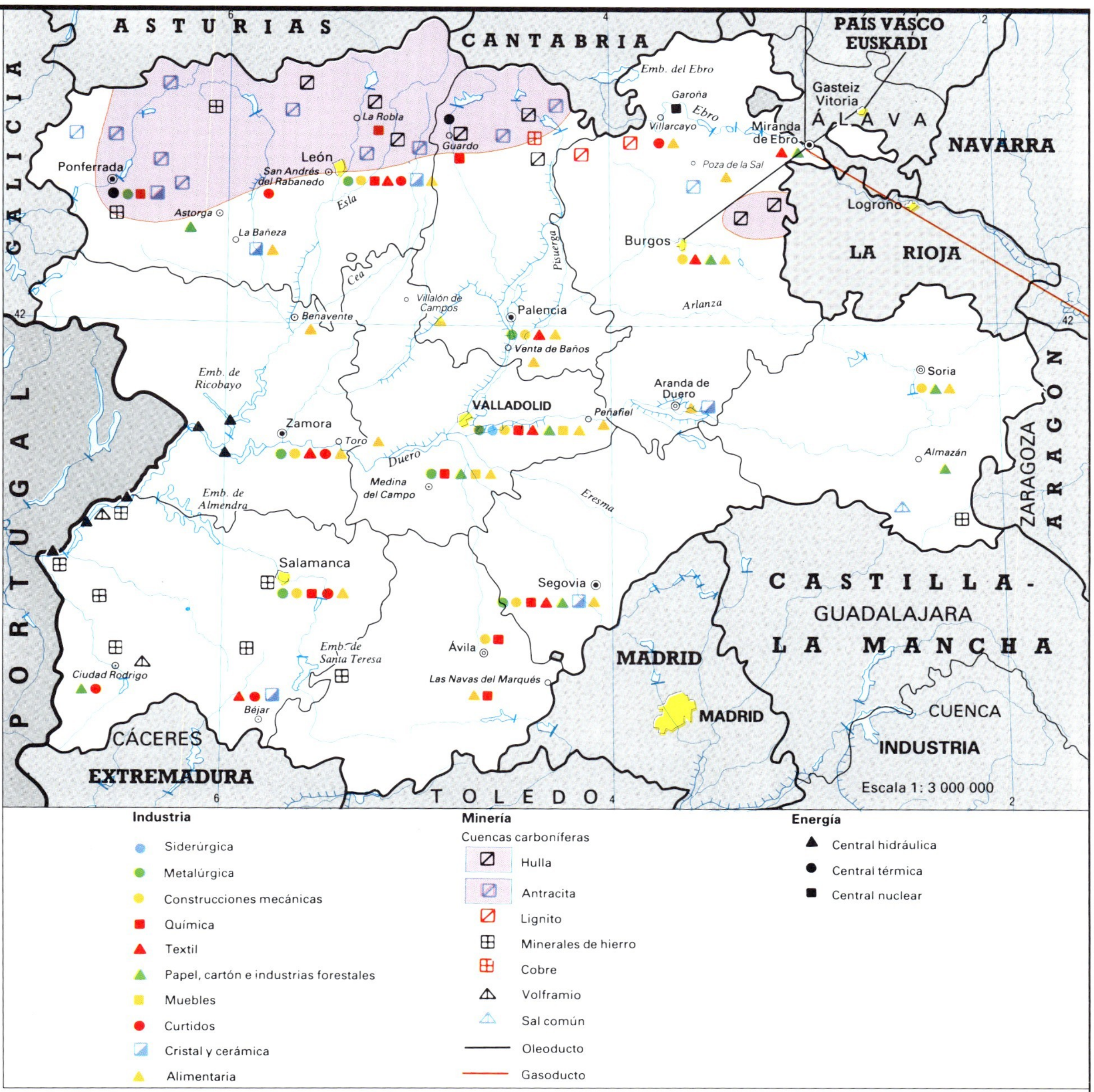

Escala 1: 3 000 000

Industria
- Siderúrgica
- Metalúrgica
- Construcciones mecánicas
- Química
- Textil
- Papel, cartón e industrias forestales
- Muebles
- Curtidos
- Cristal y cerámica
- Alimentaria

Minería — Cuencas carboníferas
- Hulla
- Antracita
- Lignito
- Minerales de hierro
- Cobre
- Volframio
- Sal común
- Oleoducto
- Gasoducto

Energía
- Central hidráulica
- Central térmica
- Central nuclear

...capacidad agrícola de Castilla y León, tanto en las variedades hortícolas cultivadas en las riberas de los cauces fluviales como los ...eales de tipo extensivo (trigo, cebada) y las leguminosas (habas, ...banzos) conoce en la actualidad un renovado rendimiento económico propiciado por la incorporación de técnicas modernas. Puebla de ...abria, Zamora.

...OLUCIÓN DE LA CONSTRUCCIÓN

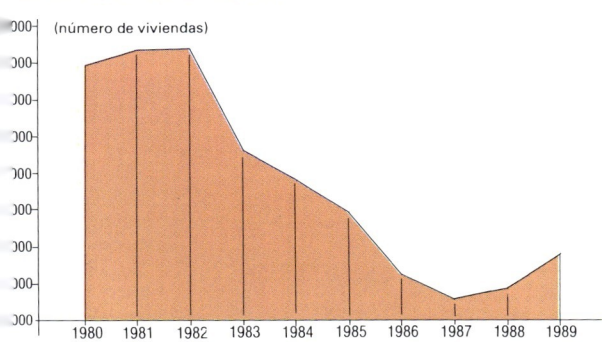
(número de viviendas)

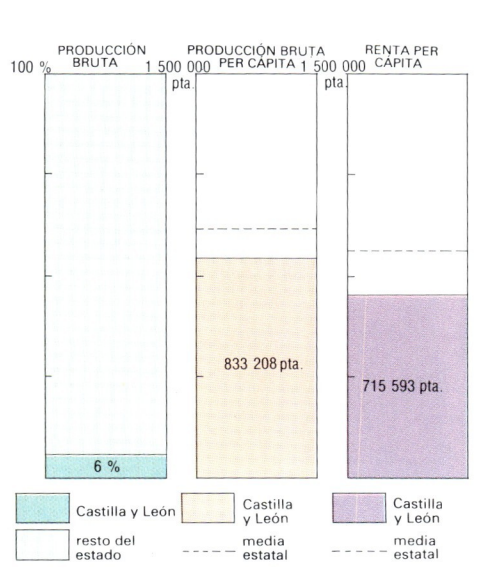

PRODUCCIÓN BRUTA — PRODUCCIÓN BRUTA PER CÁPITA — RENTA PER CÁPITA

833 208 pta. — 715 593 pta. — 6 %

Castilla y León / resto del estado / Castilla y León / media estatal

100 La Rioja

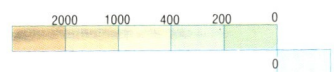

La influencia de las corrientes atlánticas propicia un clima húmedo en la Rioja Alta, mientras que en la vertiente oriental o Rioja Baja se deja notar más la proximidad de áreas de carácter mediterráneo. *Arriba.* San Millán de la Cogolla; monasterio de Yuso. *Abajo.* Vista de la Gran Vía de Logroño.

Datos físicos y de población

Superficie	5.034 km²
Población	263.075
Densidad	52 hab./km²
Capital y habs.	Logroño (116.273)
Ciudades principales y habitantes:	
Arnedo	12.267
Calahorra	18.179
N.º de municipios	174
Fecha de constitución	9 junio 1982
Natalidad	9,2‰
Mortalidad	8,7‰
Crecimiento vegetativo	0,53‰

Datos socioeconómicos

Producción bruta	206.130*
Producción bruta per cápita	1.015.302**
Renta per cápita	915.742**
Médicos/hab.	3,7
Teléfonos/hab.	330
Carreteras	1.774 km
Enseñanza (n.º de alumnos 1986-87):	
Primaria	32.805
Secundaria	14.763
Tasa de población activa (1988):	
Agricultura y ganadería	15%
Industria y minería	30,4%
Construcción	7%
Servicios	47,6%

* En millones de PTA. ** En PTA.

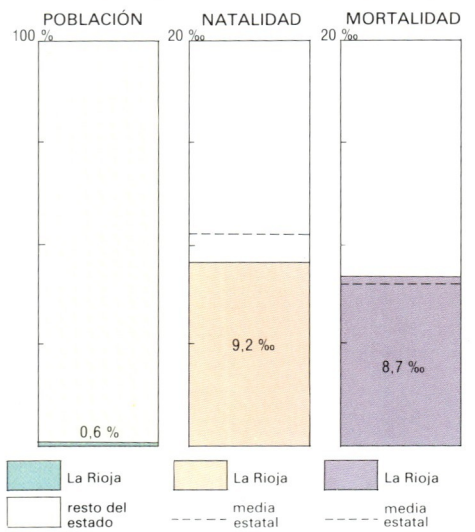

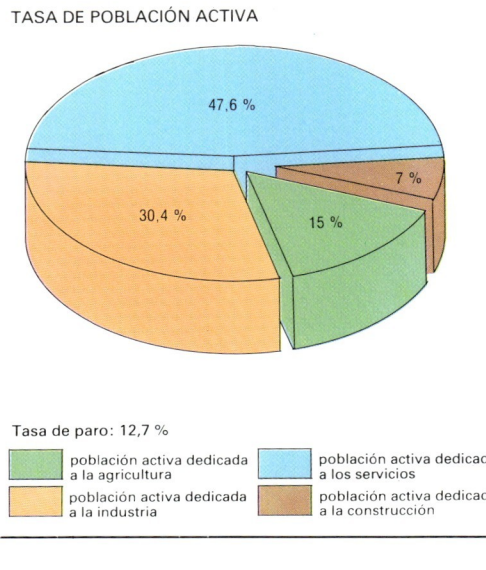

Tasa de paro: 12,7 %

población activa dedicada a la agricultura
población activa dedicada a la industria
población activa dedicada a los servicios
población activa dedicada a la construcción

EVOLUCIÓN DEL SALDO MIGRATORIO

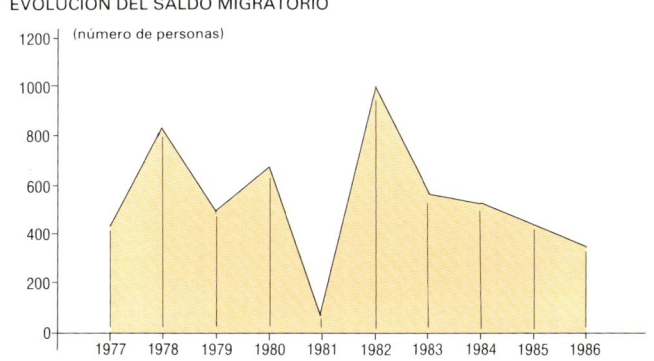

Utilización del suelo

- Cultivos herbáceos de secano
- Olivar
- Viña
- Regadíos
- Agrios y frutales
- Tierras de cultivo
- Pastos
- Monte

Ganado

- ● Ovino
- ▲ Porcino
- ■ Bovino
- ◐ Mular

PARTICIPACIÓN AUTONÓMICA SOBRE LA SUPERFICIE TOTAL DEL ESTADO

0,9 %

porcentaje de la superficie de La Rioja / resto de la superficie estatal

Agricultura (en t)

Trigo	99.699
Cebada	123.985
Maíz	26.416
Patata	276.268
Remolacha	245.782
Vid	127.812

Ganadería (nº de cabezas) y derivados

Bovino	36.637
Ovino	219.665
Caprino	20.669
Porcino	117.595
Caballar	3.360
Mular	1.872
Asnal	587
Huevos (miles de docenas)	7.113
Leche (miles de l)	18.356
Lana (kg)	369.600

PRODUCCIÓN BRUTA — 0,7 %
PRODUCCIÓN BRUTA PER CÁPITA — 1 015 302 pta.
RENTA PER CÁPITA — 915 742 pta.

La Rioja / resto del estado / media estatal

Industria y minería (prod. bruta en mill. de PTA)

Energía	8.245
Productos metálicos	20.184
Material de transporte	8.935
Alimentación, bebidas, tabaco	113.383
Textil y confección	17.868
Calzado	16.268
Madera, corcho, muebles	11.134
Artes gráficas, papel	8.490
Caucho, plásticos	10.884
Otras industrias manufactureras	232

EVOLUCIÓN DEL CONSUMO DE ELEMENTOS ENERGÉTICOS (excepto carbón)
(miles de unidades TEC) — 1979–1988

EVOLUCIÓN DE LA CONSTRUCCIÓN
(número de viviendas) — 1980–1989

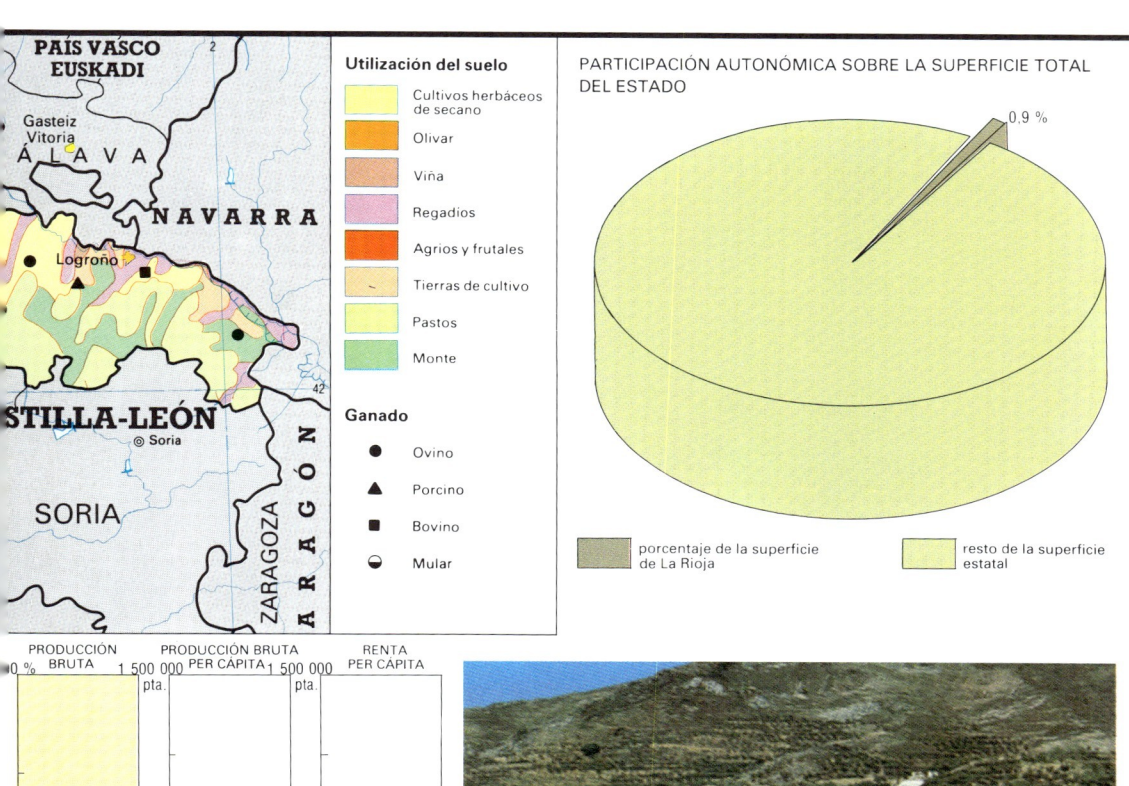

El cultivo de la vid es sin duda la característica dominante en el paisaje agrario riojano. La mayor concentración se da en la Rioja Alta, principalmente en Haro y el valle del Najerilla. La calidad y prestigio de los vinos riojanos los ha llevado a constituirse en producto emblemático de esta comunidad. *Arriba.* Aspecto de Arnedillo. *Abajo.* Vista de Cellórigo, bajo la Peña Lengua.

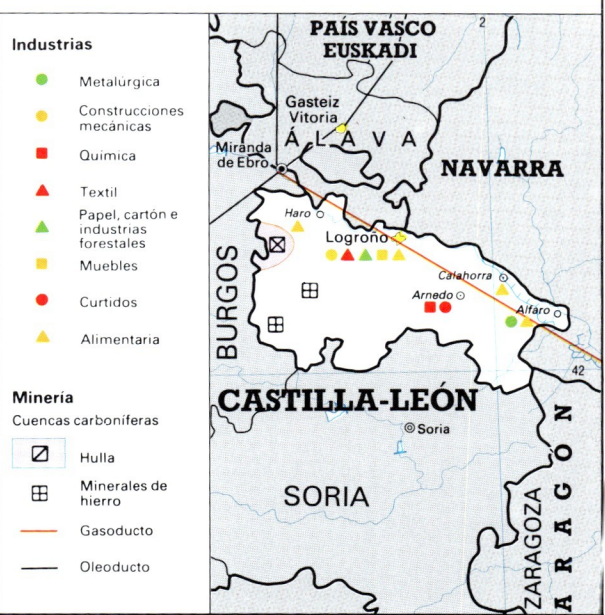

Industrias

- ● Metalúrgica
- ● Construcciones mecánicas
- ■ Química
- ▲ Textil
- ▲ Papel, cartón e industrias forestales
- ■ Muebles
- ● Curtidos
- ▲ Alimentaria

Minería
Cuencas carboníferas
- ⊘ Hulla
- ⊞ Minerales de hierro
- — Gasoducto
- — Oleoducto

102 Extremadura

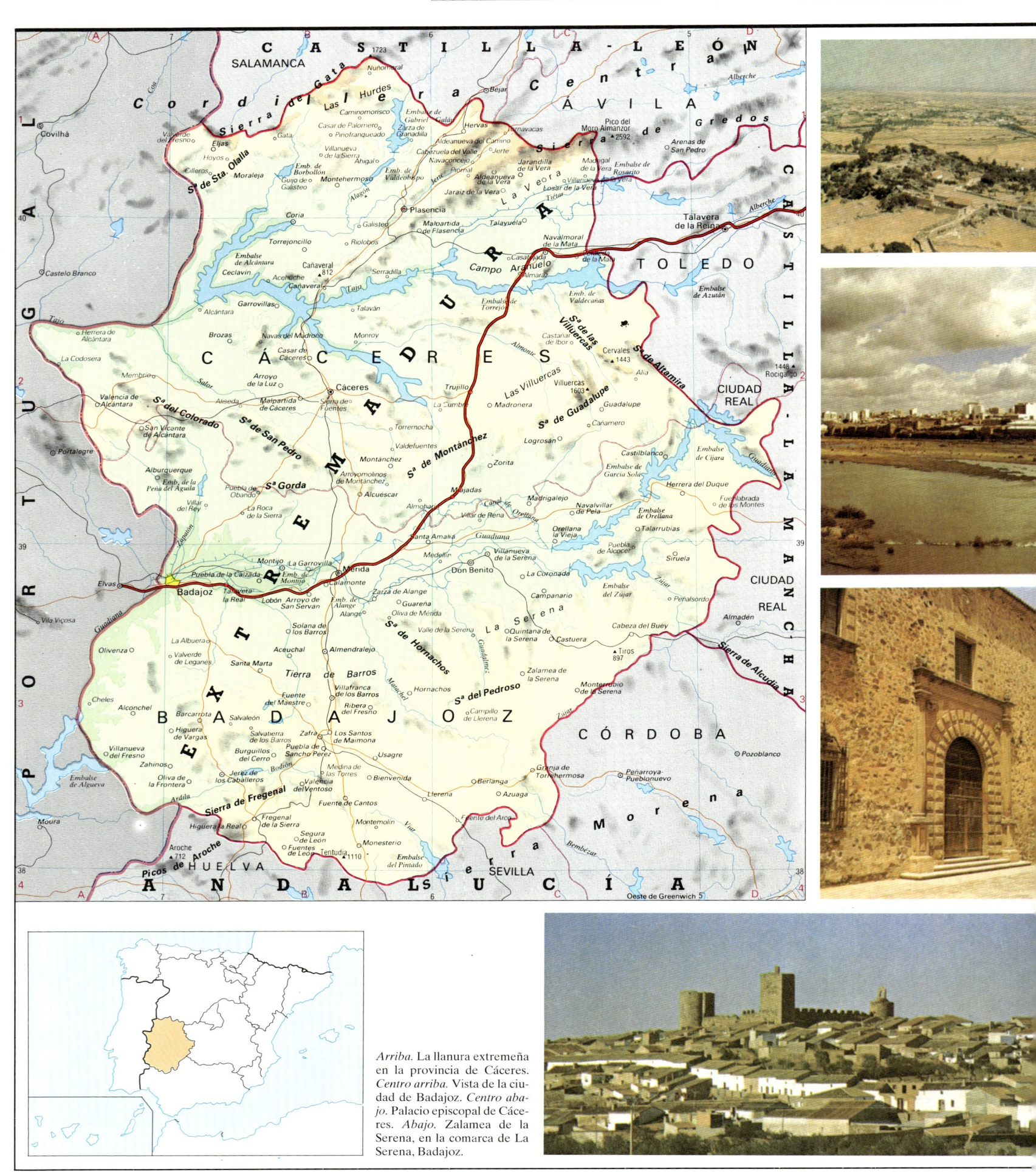

Arriba. La llanura extremeña en la provincia de Cáceres. *Centro arriba.* Vista de la ciudad de Badajoz. *Centro abajo.* Palacio episcopal de Cáceres. *Abajo.* Zalamea de la Serena, en la comarca de La Serena, Badajoz.

PARTICIPACIÓN AUTONÓMICA SOBRE LA SUPERFICIE TOTAL DEL ESTADO

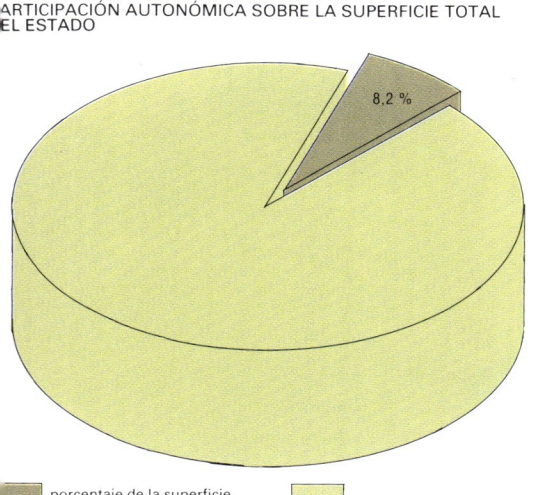

- porcentaje de la superficie de Extremadura (8,2 %)
- resto de la superficie estatal

Datos físicos y de población

Superficie	41.602 km²
Población	1.099.316
Densidad	26 hab./km²
Capital y habitantes	Mérida (51.641)
Provincias y habitantes:	
Badajoz	663.401
Cáceres	434.400
Ciudades principales y habitantes:	
Badajoz	118.852
Cáceres	69.193
Plasencia	32.430
N.º de municipios	380
Fecha de constitución	25 febrero 1983
Natalidad	12,2‰
Mortalidad	8,9‰
Crecimiento vegetativo	3,33‰

Datos socioeconómicos

Producción bruta	714.900**
Producción bruta per cápita	602.497**
Renta per cápita	520.008**
Médicos/hab.	2,3‰
Teléfonos/hab.	146‰
Carreteras	8.346
Enseñanza (n.º de alumnos 1989-90):	
Primaria	166.353
Secundaria	48.986
Superior	16.672
Tasa de población activa (1988):	
Agricultura y ganadería	27,5%
Industria y minería	8,7%
Construcción	12,9%
Servicios	50,8%

* En millones de PTA. ** En PTA.

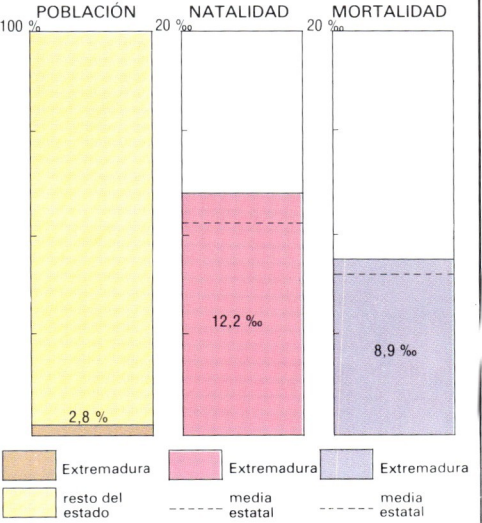

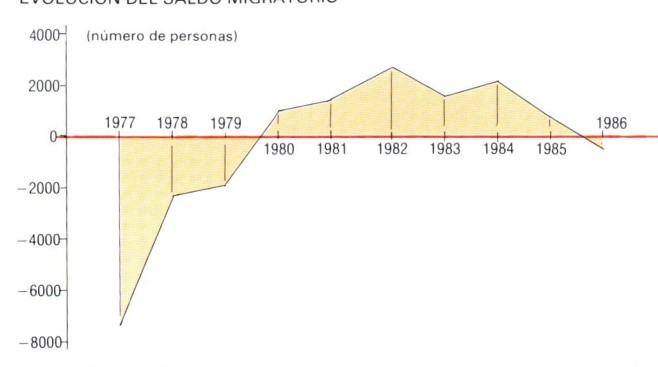

EVOLUCIÓN DEL SALDO MIGRATORIO (número de personas)

La tradición agropecuaria de Extremadura, con una producción triguera de primer orden, sobre todo en Tierra de Barros, y la reconocida calidad de la lana merina y del ganado porcino, alimentado en las dehesas de encinas y en los pastos de La Serena, son los resortes de la actividad económica extremeña. *Izquierda.* Paisaje de Las Hurdes, con el río Malo en primer término. *Derecha.* Cultivos en La Muela.

POBLACIÓN — Extremadura 2,8 % / resto del estado
NATALIDAD — Extremadura 12,2‰ / media estatal
MORTALIDAD — Extremadura 8,9‰ / media estatal

104 Extremadura

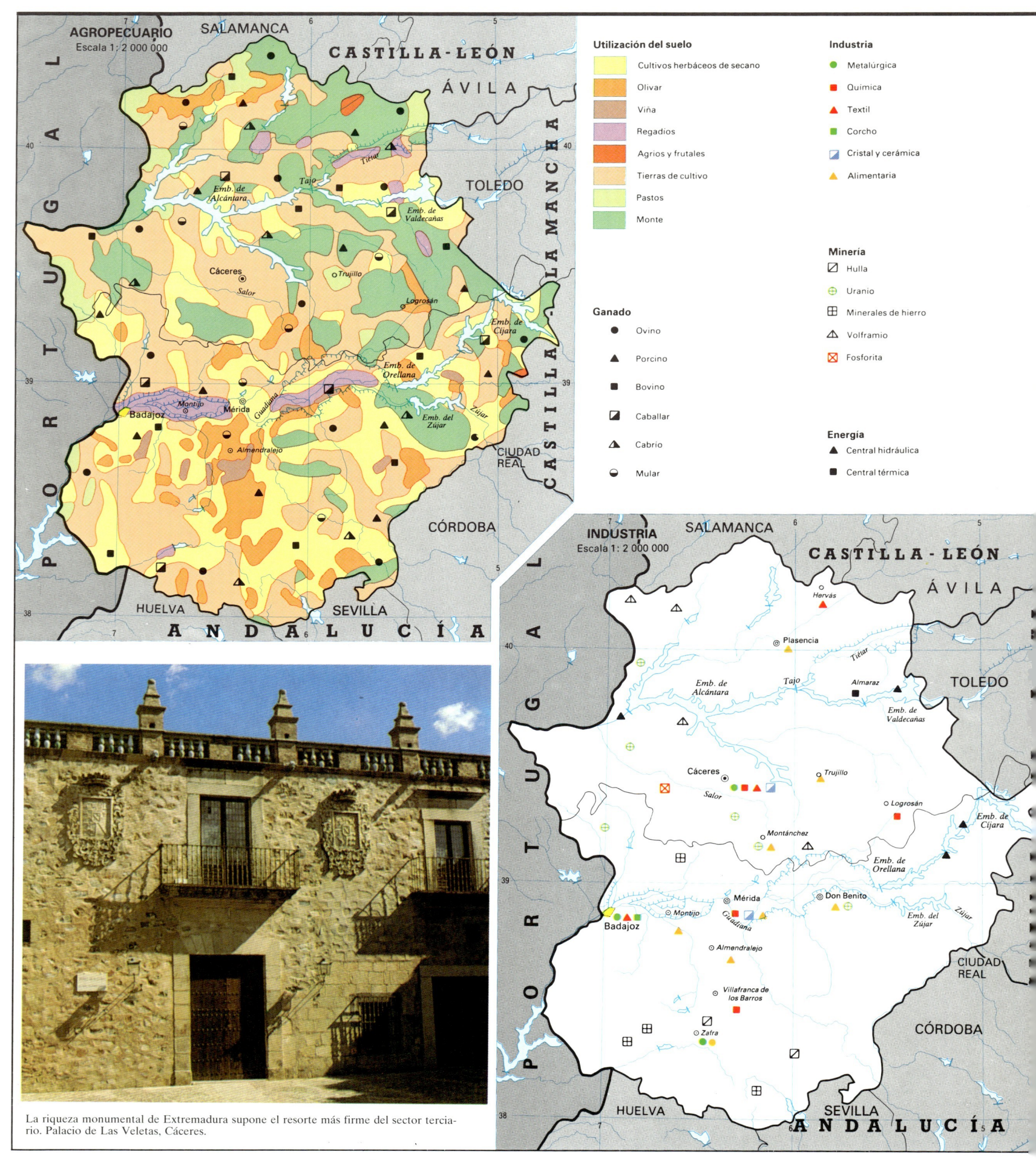

La riqueza monumental de Extremadura supone el resorte más firme del sector terciario. Palacio de Las Veletas, Cáceres.

Izquierda. Teatro romano de Mérida, Badajoz. *Derecha.* Embalse de Torrejón en el río Tajo, Cáceres.

Ganadería (nº de cabezas) y derivados

Bovino	389.164
Ovino	2.970.378
Caprino	423.153
Porcino	863.639
Asnal	19.684
Caballar	20.255
Mular	18.458
Huevos (miles de docenas)	8.717
Leche (miles de l)	170.954
Lana (kg)	5.071.900

Agricultura (en t)

Trigo	246.360
Maíz	711.750
Cebada	220.200
Avena	37.200
Patata	121.163
Remolacha	240.000
Arroz	59.000
Tabaco	26.695
Olivo	112.775
Vid	354.750

Industria y minería (prod. bruta en mill. de PTA)

Energía	111.097
Minerales metálicos	406
Minerales no metálicos	8.783
Industria química	2.919
Alimentación, bebidas, tabaco	70.514
Textil y confección	6.637
Maderas, corcho, muebles	4.908
Otras industrias manufactureras	79

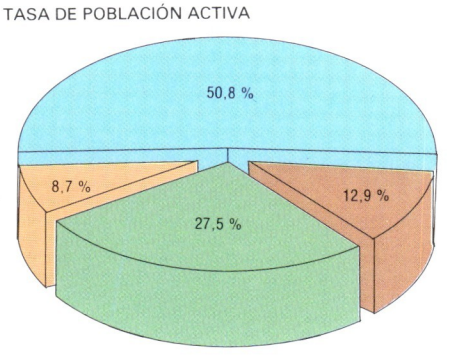

TASA DE POBLACIÓN ACTIVA

Tasa de paro: 25,47 %

- población activa dedicada a la agricultura
- población activa dedicada a los servicios
- población activa dedicada a la industria
- población activa dedicada a la construcción

La instalación de industrias alimentarias y manufactureras se ha incrementado gracias a la implantación de centrales hidroeléctricas y térmicas en ambas provincias extremeñas. Sin embargo esta comunidad adolece todavía de una red de comunicaciones anticuada y escasamente efectiva. Vista de Plasencia, Cáceres.

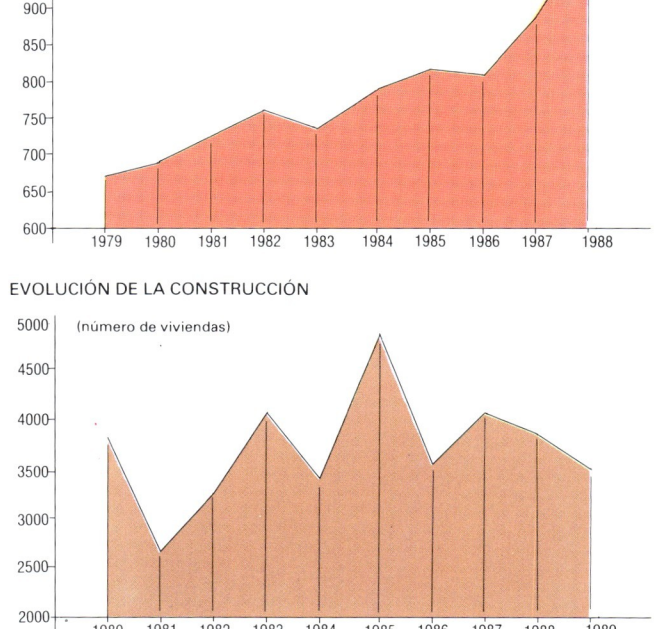

EVOLUCIÓN DEL CONSUMO DE ELEMENTOS ENERGÉTICOS (excepto carbón)

EVOLUCIÓN DE LA CONSTRUCCIÓN

106 Castilla-La Mancha

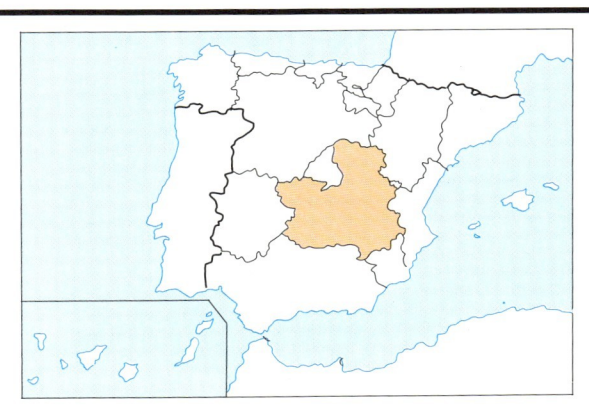

Datos físicos y de población

Superficie	79.230 km²
Población	1.688.951
Densidad	21 hab./km²
Capital y habs.	Toledo (58.391)
Provincias y habitantes:	
Albacete	348.603
Ciudad Real	487.942
Cuenca	221.792
Guadalajara	147.297
Toledo	487.434
Ciudades principales y habitantes:	
Albacete	126.110
Ciudad Real	54.409
Cuenca	41.034
Guadalajara	59.080
N.º de municipios	915
Fecha de constitución	10 agosto 1982
Natalidad	11‰
Mortalidad	8,9‰
Crecimiento vegetativo	2,1‰

Refinería de petróleo en Puertollano, Ciudad Real.

Escala 1:1 500 000

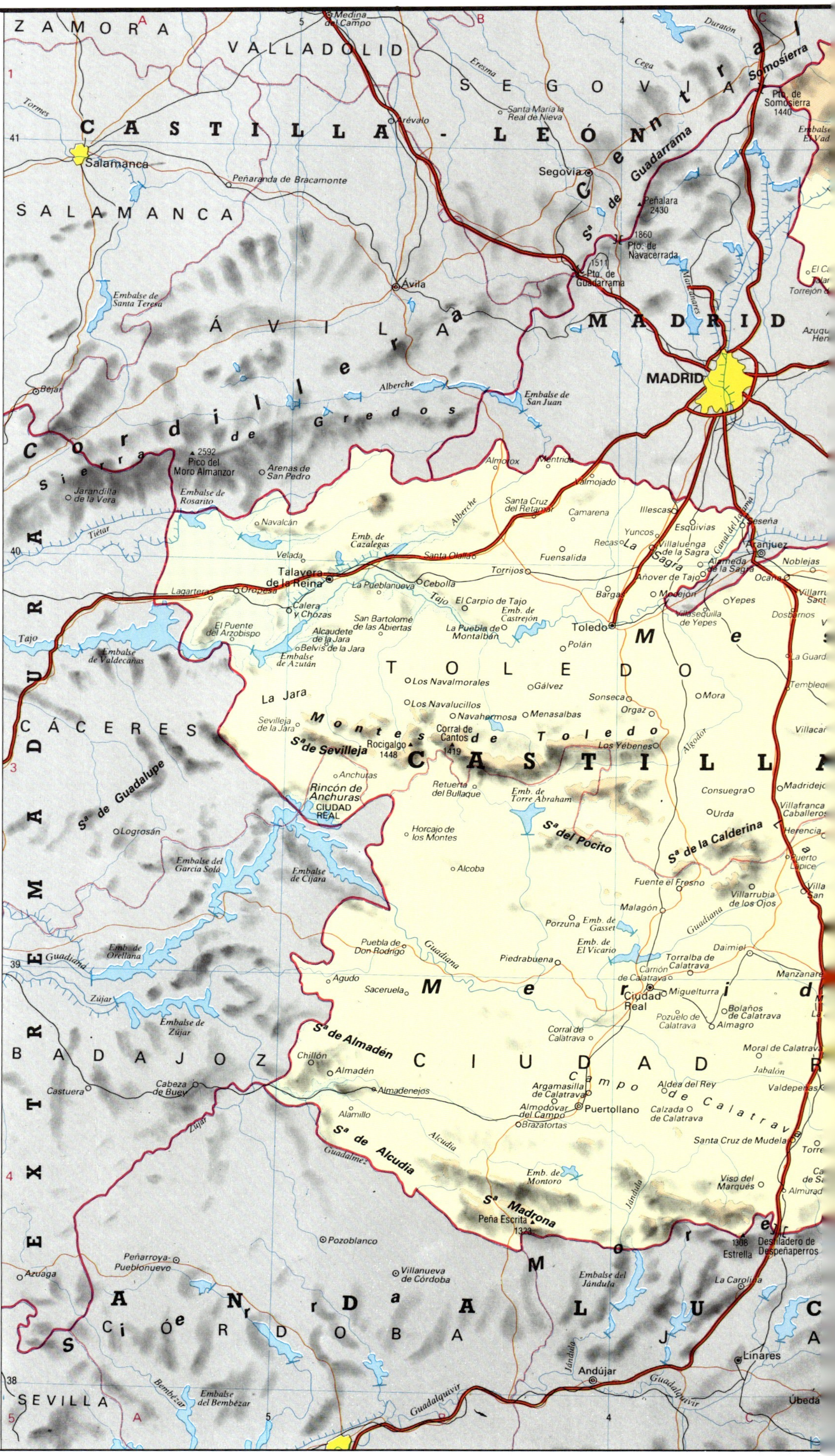

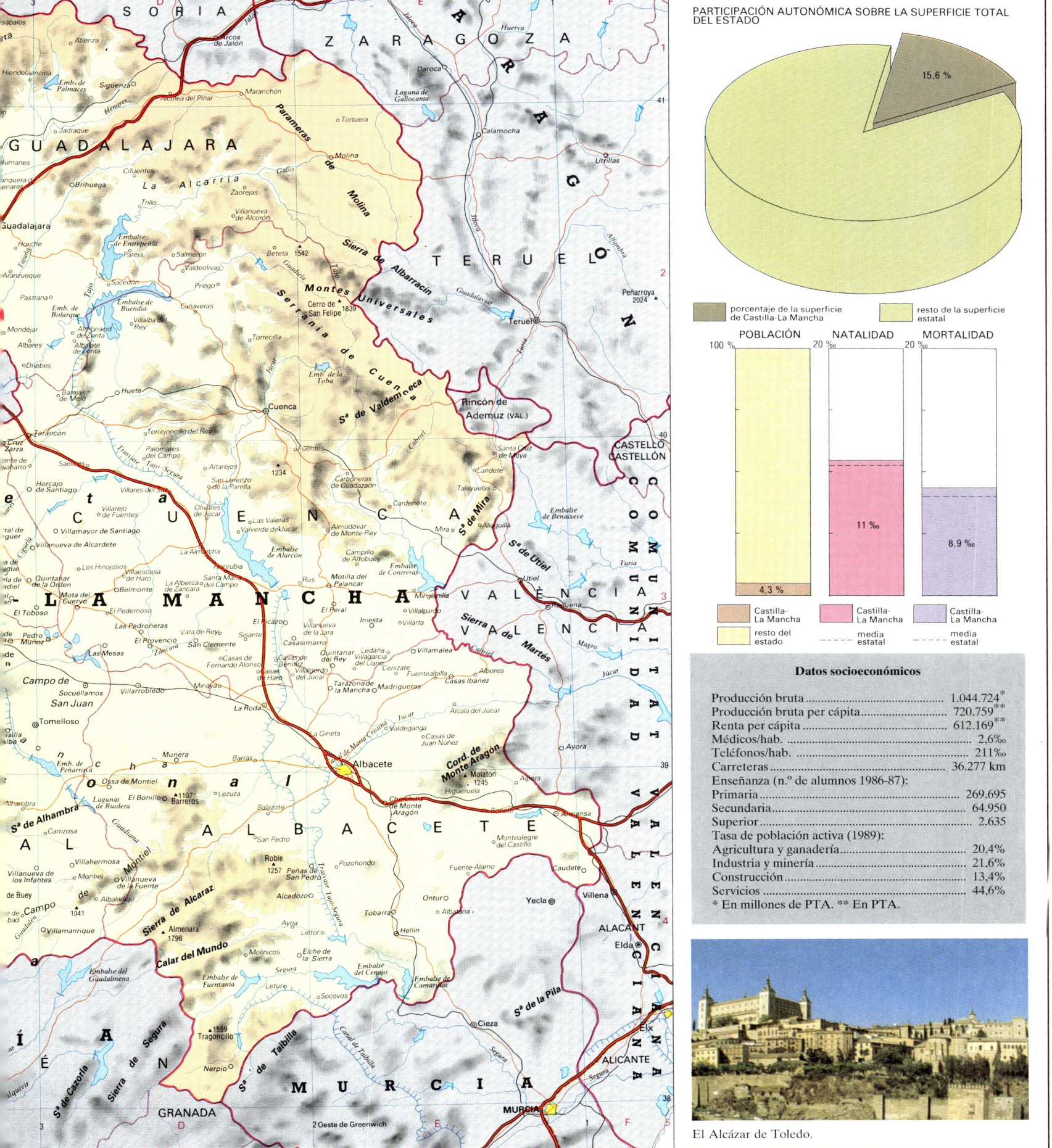

El Alcázar de Toledo.

PARTICIPACIÓN AUTONÓMICA SOBRE LA SUPERFICIE TOTAL DEL ESTADO

15,6 %

- porcentaje de la superficie de Castilla-La Mancha
- resto de la superficie estatal

POBLACIÓN: 4,3 %
NATALIDAD: 11 ‰
MORTALIDAD: 8,9 ‰

- Castilla-La Mancha / resto del estado
- Castilla-La Mancha / media estatal
- Castilla-La Mancha / media estatal

Datos socioeconómicos

Producción bruta	1.044.724*
Producción bruta per cápita	720.759**
Renta per cápita	612.169**
Médicos/hab.	2,6‰
Teléfonos/hab.	211‰
Carreteras	36.277 km
Enseñanza (n.º de alumnos 1986-87):	
Primaria	269.695
Secundaria	64.950
Superior	2.635
Tasa de población activa (1989):	
Agricultura y ganadería	20,4%
Industria y minería	21,6%
Construcción	13,4%
Servicios	44,6%

* En millones de PTA. ** En PTA.

108 Castilla-La Mancha

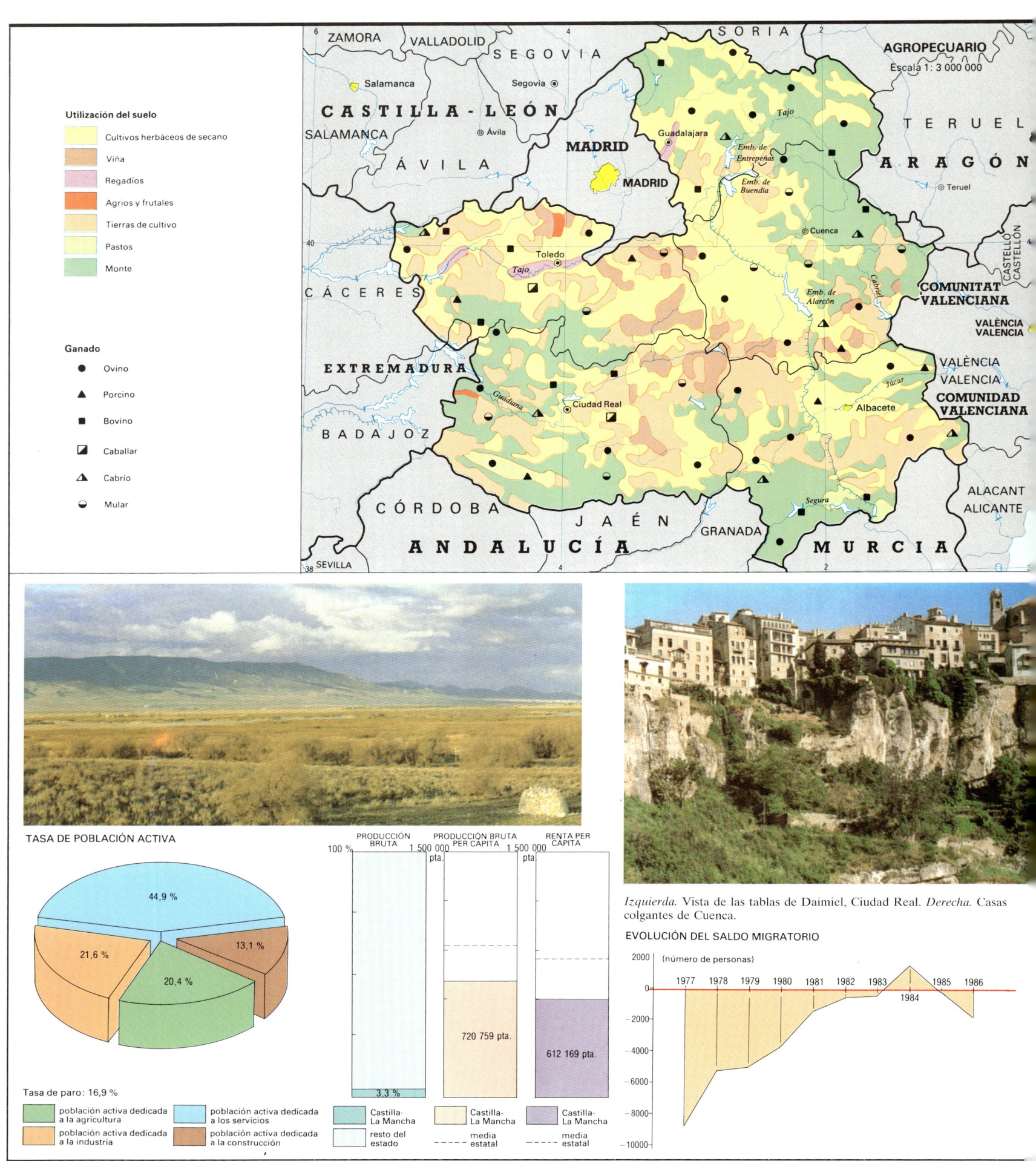

Izquierda. Vista de las tablas de Daimiel, Ciudad Real. *Derecha.* Casas colgantes de Cuenca.

Agricultura (en t)

Trigo	778.000
Cebada	2.582.800
Maíz	739.800
Avena	144.000
Patata	255.800
Remolacha	490.800
Vid	1.996.100
Olivo	249.800

Industria y minería (prod. bruta en mill. de PTA)

Energía	197.272
Minerales no metálicos	53.453
Industria química	99.799
Productos metálicos	17.644
Maquinaria y equipo	9.403
Material eléctrico y electrónico	26.316
Alimentación, bebidas, tabaco	198.556
Textil y confección	26.606
Artes gráficas, papel	9.522
Calzado	22.029
Madera, corcho, muebles	26.606
Otras industrias manufactureras	821

EVOLUCIÓN DEL CONSUMO DE ELEMENTOS ENERGÉTICOS (excepto carbón)

EVOLUCIÓN DE LA CONSTRUCCIÓN

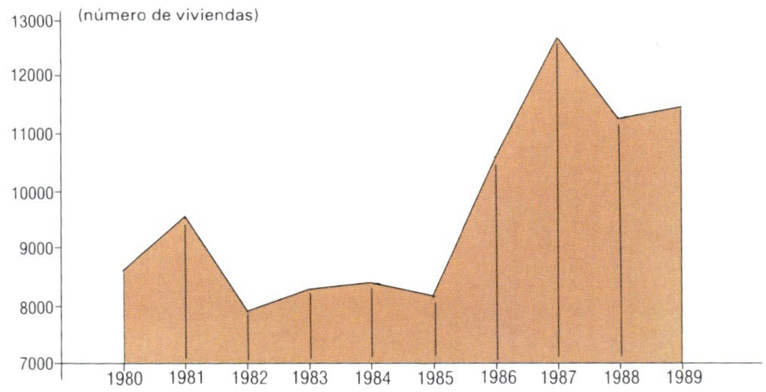

Ganadería (nº de cabezas) y derivados

Bovino	210.196
Ovino	3.086.917
Caprino	526.771
Porcino	624.029
Caballar	8.927
Mular	9.878
Asnal	8.637
Huevos (miles de docenas)	117.628
Leche (miles de l)	320.915
Lana (kg)	4.182.300

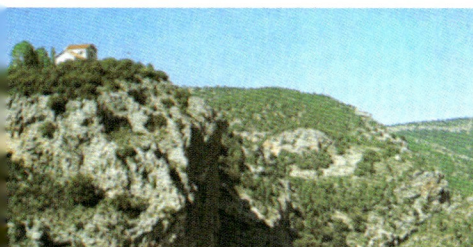

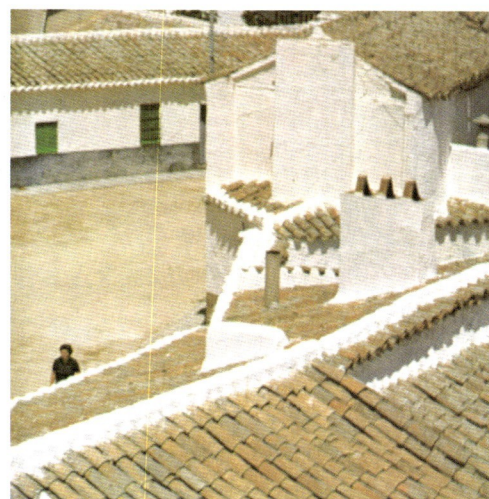

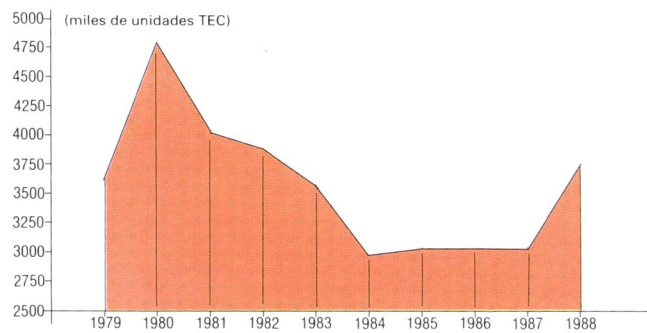

La actividad económica de la comunidad de Castilla-La Mancha está muy diversificada en los tres sectores productivos. La tradición agrícola-ganadera ha dado paso en las últimas décadas a las industrias de carácter energético, metalquímico y alimentario, en un intento de frenar el progresivo abandono de las zonas rurales y la potenciación de fuentes de riqueza dependientes de los recursos propios. *Izquierda.* Vista de la Serranía de Cuenca. *Derecha.* Aspecto de la villa de Orgaz, Toledo.

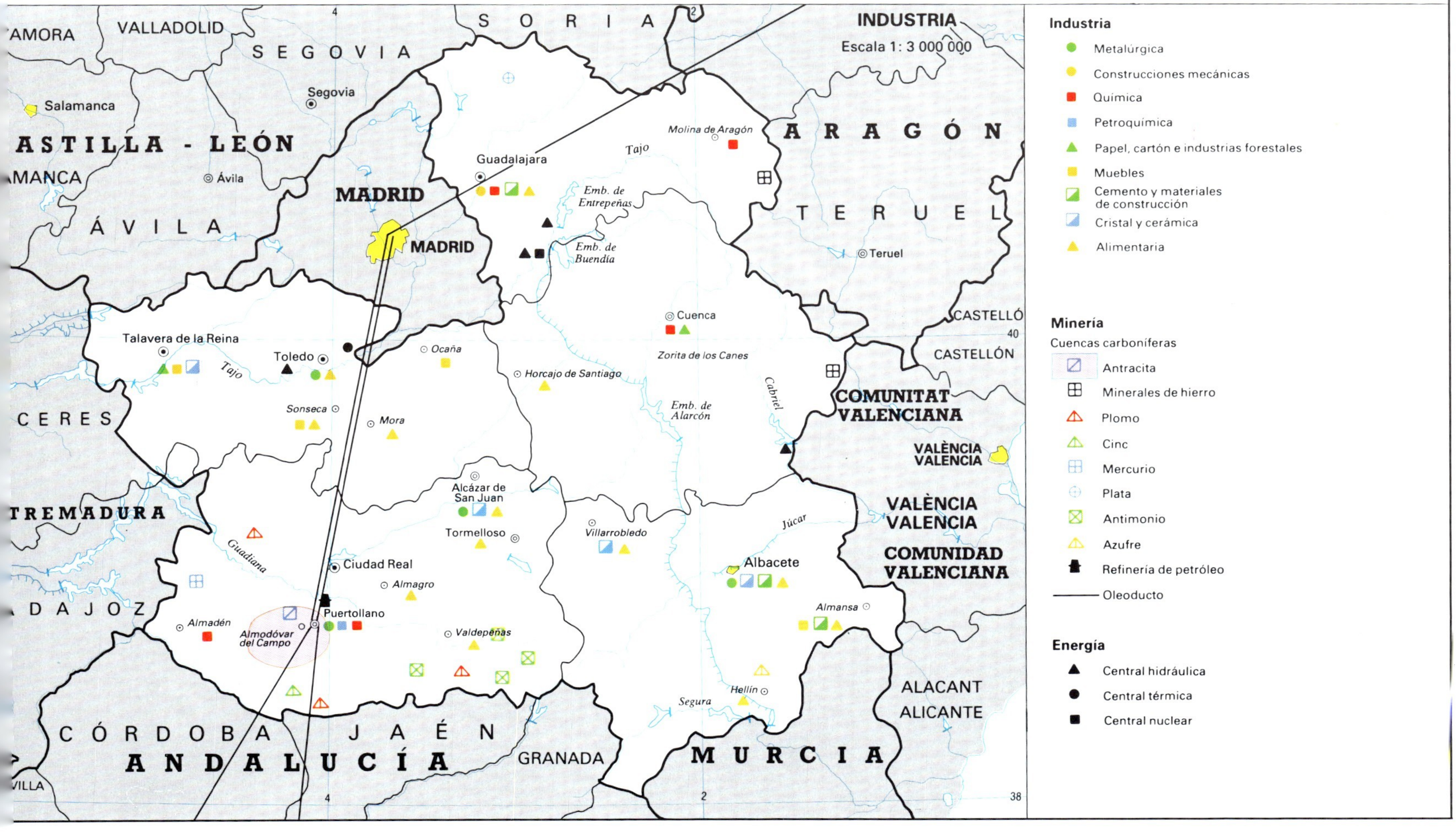

110 Madrid

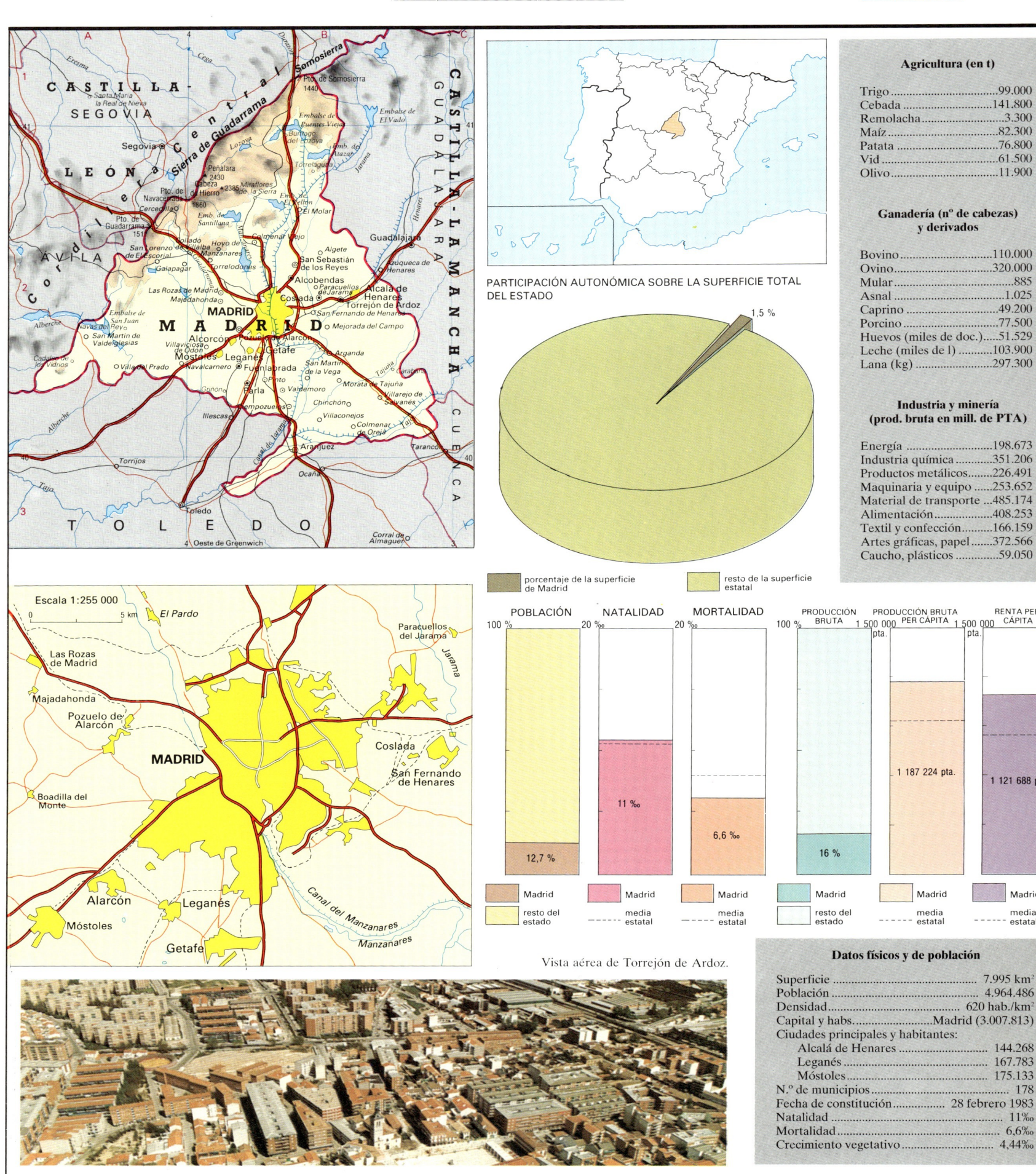

PARTICIPACIÓN AUTONÓMICA SOBRE LA SUPERFICIE TOTAL DEL ESTADO

Vista aérea de Torrejón de Ardoz.

Agricultura (en t)

Trigo	99.000
Cebada	141.800
Remolacha	3.300
Maíz	82.300
Patata	76.800
Vid	61.500
Olivo	11.900

Ganadería (nº de cabezas) y derivados

Bovino	110.000
Ovino	320.000
Mular	885
Asnal	1.025
Caprino	49.200
Porcino	77.500
Huevos (miles de doc.)	51.529
Leche (miles de l)	103.900
Lana (kg)	297.300

Industria y minería (prod. bruta en mill. de PTA)

Energía	198.673
Industria química	351.206
Productos metálicos	226.491
Maquinaria y equipo	253.652
Material de transporte	485.174
Alimentación	408.253
Textil y confección	166.159
Artes gráficas, papel	372.566
Caucho, plásticos	59.050

Datos físicos y de población

Superficie	7.995 km²
Población	4.964.486
Densidad	620 hab./km²
Capital y habs.	Madrid (3.007.813)
Ciudades principales y habitantes:	
Alcalá de Henares	144.268
Leganés	167.783
Móstoles	175.133
N.º de municipios	178
Fecha de constitución	28 febrero 1983
Natalidad	11‰
Mortalidad	6,6‰
Crecimiento vegetativo	4,44‰

TASA DE POBLACIÓN ACTIVA

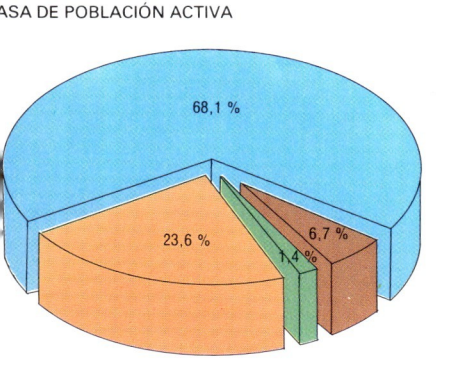

- población activa dedicada a la agricultura
- población activa dedicada a la industria
- población activa dedicada a los servicios
- población activa dedicada a la construcción

Datos socioeconómicos

Producción bruta	4.567.038*
Producción bruta per cápita	1.187.224**
Renta per cápita	1.121.688**
Médicos/hab.	4,5‰
Teléfonos/hab.	540‰
Carreteras	3.300 km
Enseñanza (n.º de alumnos 1988-89):	
Primaria	789.764
Secundaria	337.925
Superior	213.985
Tasa de población activa (1989):	
Agricultura y ganadería	1,4%
Industria y minería	23,6%
Construcción	6,7%
Servicios	68,1%

* En millones de PTA. ** En PTA.

EVOLUCIÓN DE LA CONSTRUCCIÓN

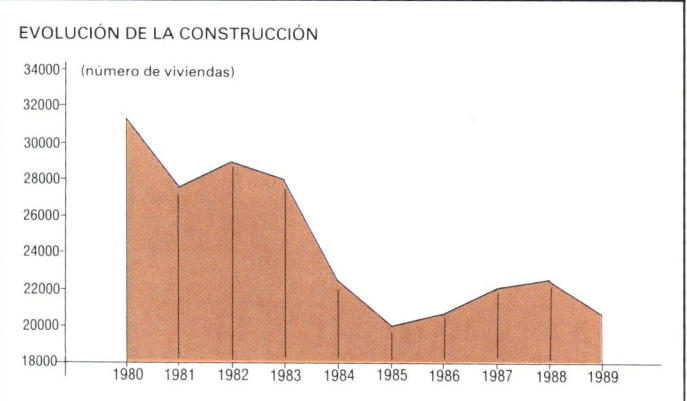

EVOLUCIÓN DEL SALDO MIGRATORIO

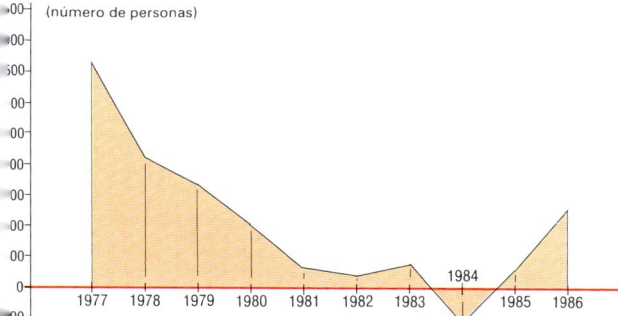

EVOLUCIÓN DEL CONSUMO DE ELEMENTOS ENERGÉTICOS (excepto carbón)

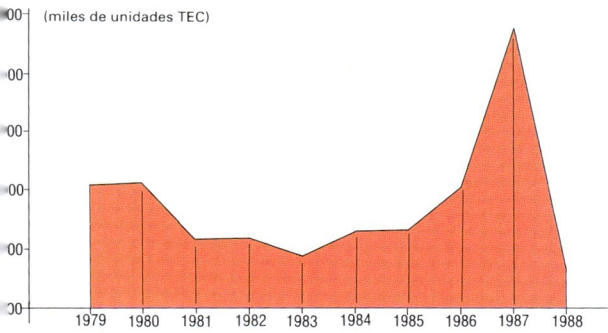

El río Manzanares a su paso por Madrid. La comunidad autónoma de Madrid es una de las grandes regiones industriales y de servicios de España. Estos dos sectores ocupan a cerca del 92% de la población activa. Centro administrativo del Estado y primera plaza financiera, la ciudad de Madrid es además un importante polo de atracción cultural.

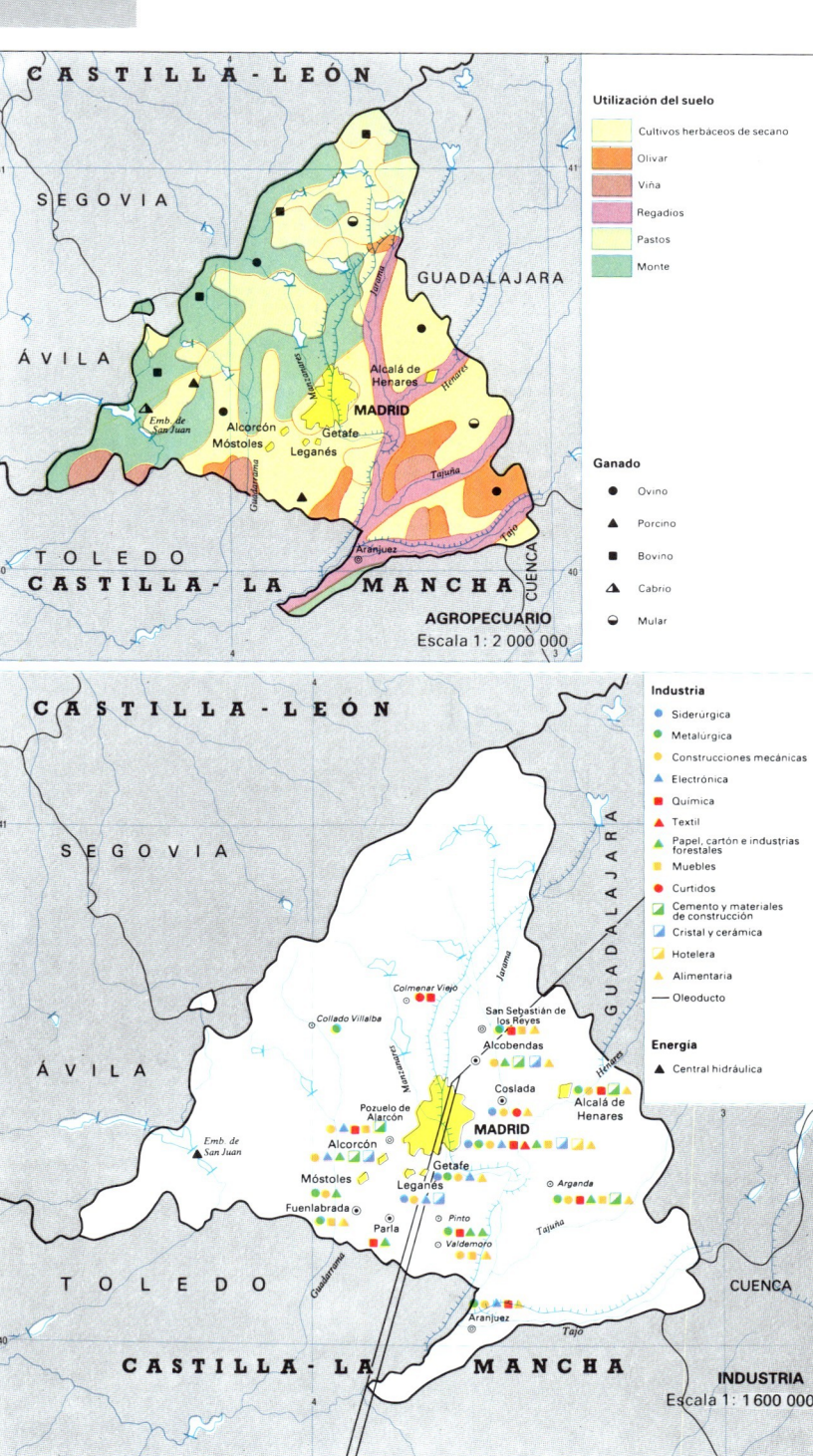

112 Comunidad Valenciana

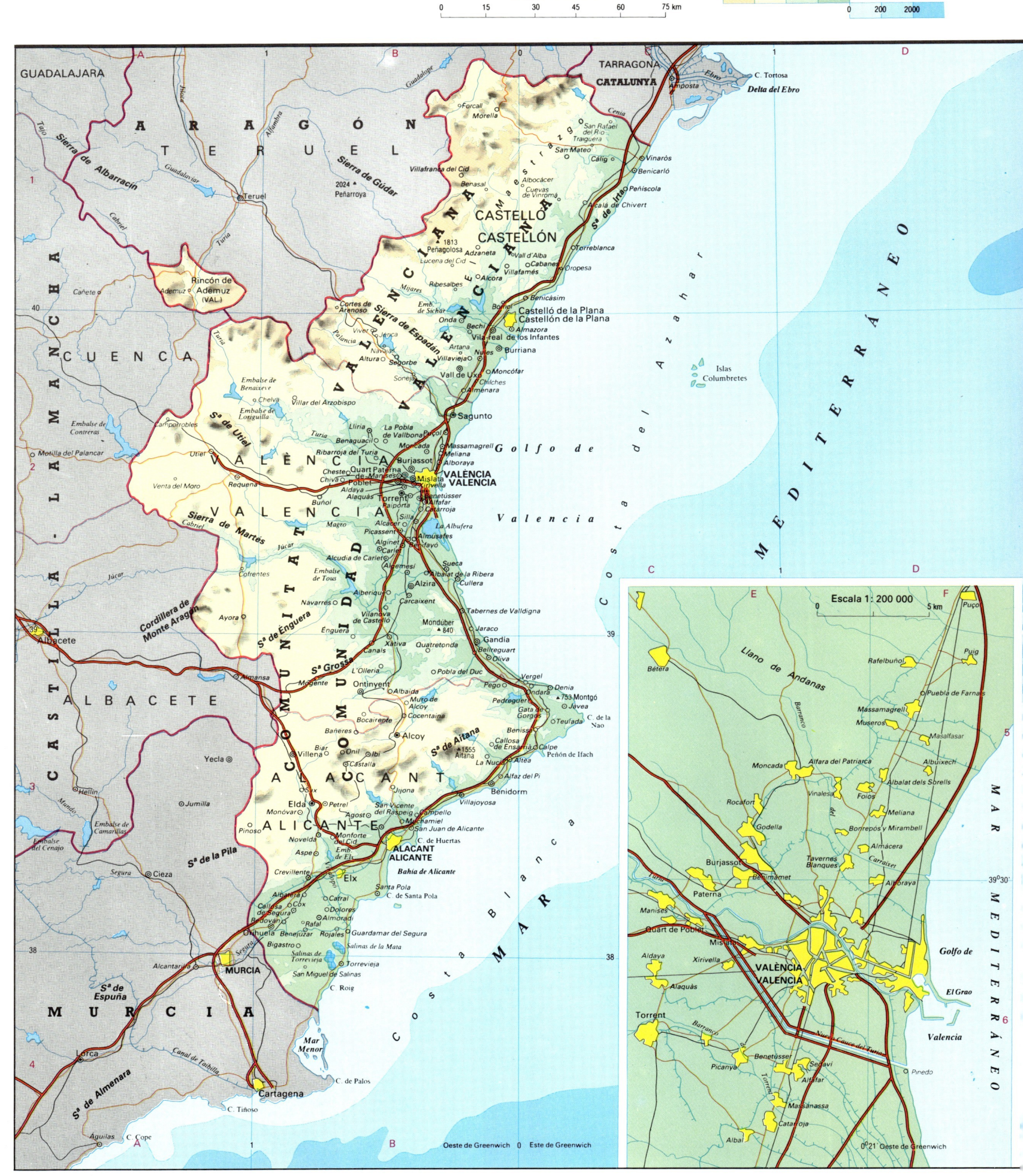

RTICIPACIÓN AUTONÓMICA SOBRE LA SUPERFICIE TOTAL
L ESTADO

4,6 %

- porcentaje de la superficie de la Comunidad Valenciana
- resto de la superficie estatal

Datos físicos y de población

Superficie	23.505 km²
Población	3.852.623
Densidad	165 hab./km²
Capital y habs.	Valencia (732.491)
Provincias y habitantes:	
Alicante	1.187.747
Castellón	446.300
Valencia	2.135.381
Ciudades principales y habitantes:	
Alcoy	66.244
Alicante	258.112
Elche	175.649
Castelló de la plana	127.440
N.º de municipios	536
Fecha de constitución	1 julio 1982
Natalidad	11‰
Mortalidad	9,2‰
Crecimiento vegetativo	1,88‰

Datos socioeconómicos

Producción bruta	2.880.882*
Producción bruta per cápita	1.006.689**
Renta per cápita	878.294**
Médicos/hab.	3,5‰
Teléfonos/hab.	316‰
Carreteras	8.829 km
Enseñanza (n.º de alumnos 1989-90):	
Primaria	608.561
Secundaria	214.788
Superior	45.777
Tasa de población activa (1989):	
Agricultura y ganadería	9,4%
Industria y minería	28,7%
Construcción	7,6%
Servicios	54,3%

* En millones de PTA. ** En PTA.

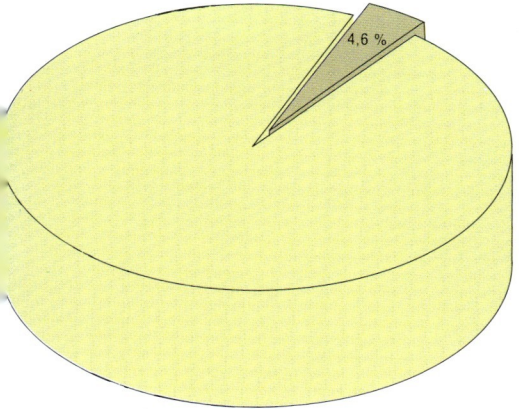

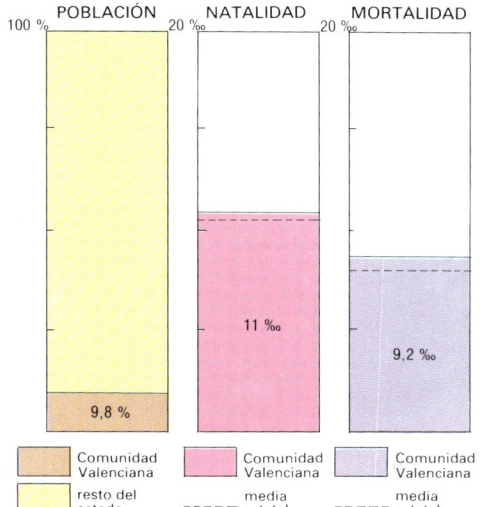

Arriba izquierda. La albufereta de Alicante. *Arriba derecha.* Puerto del Grao en Castellón. *Izquierda.* Peñíscola, en la costa del Azahar. La Comunidad Valenciana posee una estructura económica diversificada. Junto a una agricultura exportadora y una oferta turística de grandes proporciones, coexiste una indústria de tipo medio muy extendida, pero poco evolucionada. El crecimiento económico de la Comunidad en estos últimos años se ha situado bastante por encima de la media estatal.

POBLACIÓN — 9,8 % Comunidad Valenciana / resto del estado
NATALIDAD — 11 ‰ Comunidad Valenciana / --- media estatal
MORTALIDAD — 9,2 ‰ Comunidad Valenciana / --- media estatal

EVOLUCIÓN DEL SALDO MIGRATORIO

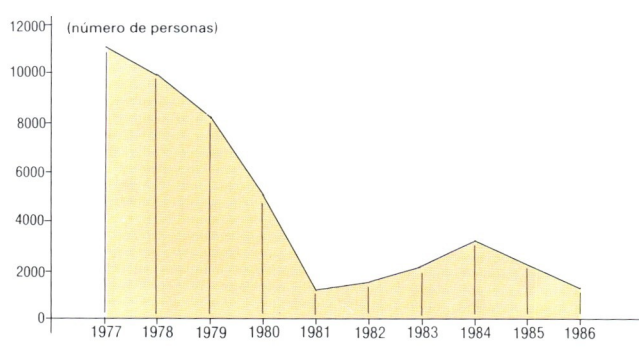
(número de personas) 1977–1986

114 Comunidad Valenciana

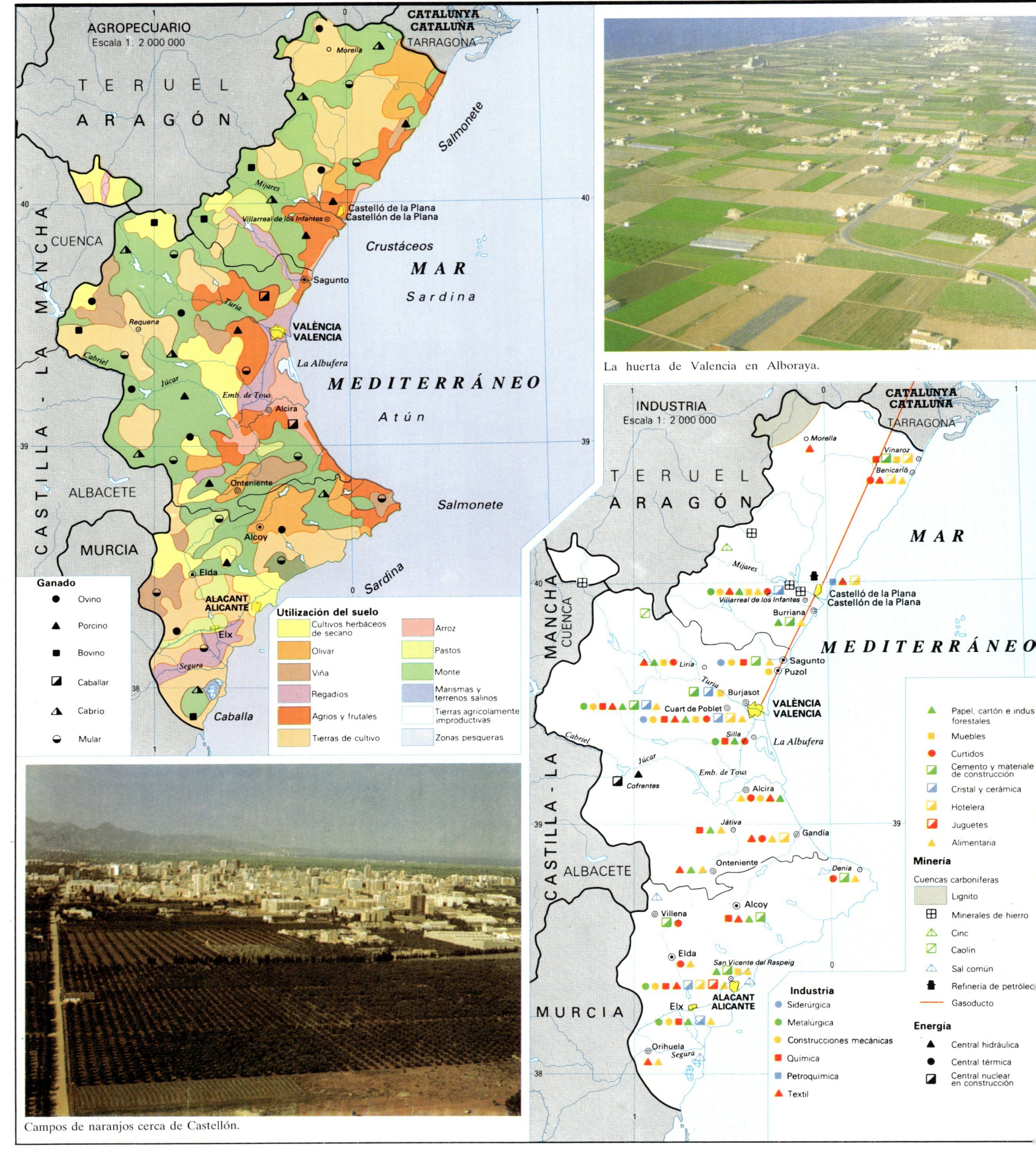

La huerta de Valencia en Alboraya.

Campos de naranjos cerca de Castellón.

TASA DE POBLACIÓN ACTIVA

- 48,6 % población activa dedicada a los servicios
- 28,7 % población activa dedicada a la industria
- 9,4 % población activa dedicada a la agricultura
- 7,6 % población activa dedicada a la construcción

Tasa de paro: 15,1 %

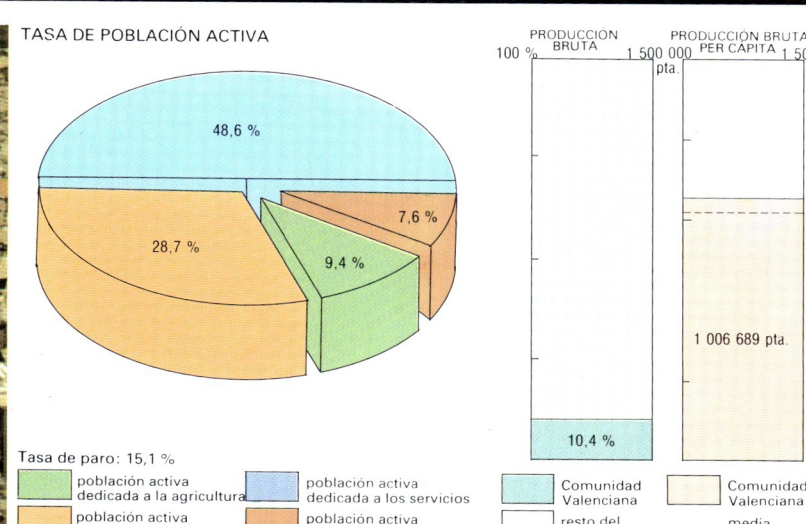

- PRODUCCIÓN BRUTA: 10,4 % Comunidad Valenciana / resto del estado
- PRODUCCIÓN BRUTA PER CAPITA: 1 006 689 pta. (Comunidad Valenciana) — media estatal
- RENTA PER CAPITA: 878 294 pta. (Comunidad Valenciana) — media estatal

Agricultura (en t)	
Trigo	30.100
Cebada	50.503
Maíz	40.224
Avena	4.128
Arroz	116.280
Patata	218.116
Algodón	22.175
Vid	428.470
Olivo	69.678
Naranjas	1.744.000
Limones	290.700

Ganadería (nº de cabezas) y derivados	
Bovino	51.199
Ovino	804.204
Caprino	135.560
Porcino	823.973
Caballar	6.730
Huevos (miles de docenas)	44.411
Leche (miles de l)	82.865
Lana (kg)	366.400
Pesca. Captura bruta en mill. de PTA	14.392

Industria y minería (prod. bruta en mill. de pta)	
Energía	222.168
Transformación de metales	63.996
Minerales no metálicos	212.938
Industria química	109.930
Productos metálicos	112.998
Maquinaria y equipo	122.124
Material de transportes	311.127
Alimentación, bebidas, tabaco	363.322
Calzado	141.935
Maderas, corcho, muebles	152.165

Arriba. Centro de la ciudad de Valencia. *Abajo izquierda.* Vista panorámica de la ciudad de Alcoy. *Abajo derecha.* Ares del Maestrat, en la comarca castellonense del Maestrat. El relieve de la Comunidad Valenciana tiene dos partes muy diferenciadas, una llanura costera aluvial densamente poblada y muy feraz, y una zona interior abrupta, de clima más extremo y terrenos áridos.

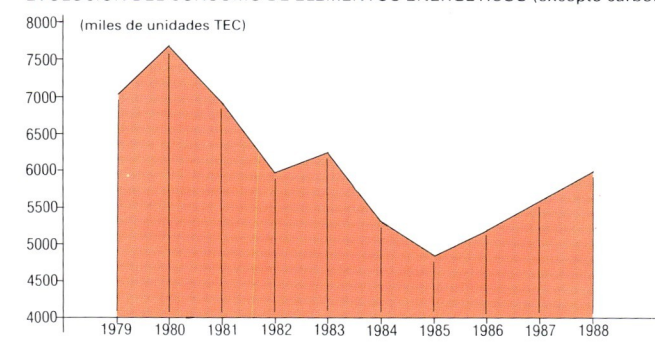

EVOLUCIÓN DEL CONSUMO DE ELEMENTOS ENERGÉTICOS (excepto carbón) (miles de unidades TEC)

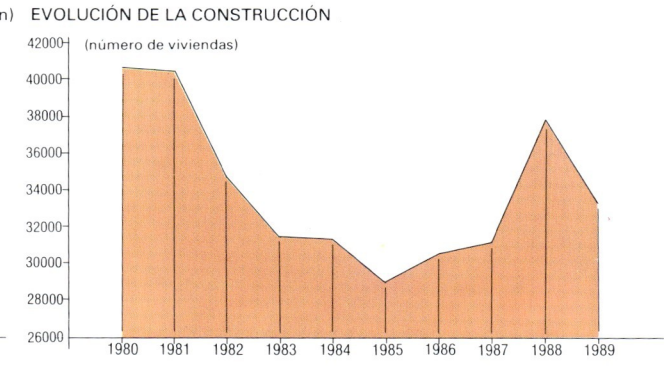

EVOLUCIÓN DE LA CONSTRUCCIÓN (número de viviendas)

116 Murcia

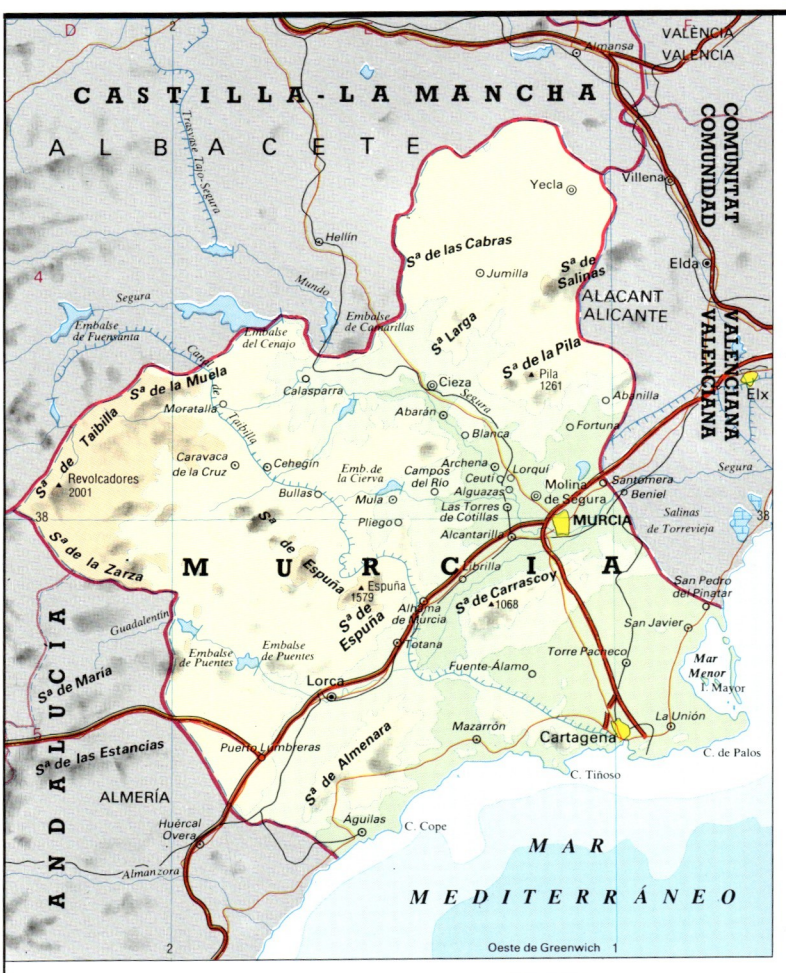

Datos físicos y de población

Superficie	11.317 km²
Población	1.035.736
Densidad	91 hab./km²
Capital y habs.	Murcia (303.257)
Ciuddades principales y habs.:	
Cartagena	168.596
Molina de Segura	34.917
Lorca	65.458
N.º de municipios	45
Fecha de constitución	9 junio 1982
Natalidad	13,4‰
Mortalidad	7,4‰
Crecimiento vegetativo	5,92‰

Datos socioeconómicos

Producción bruta	674.69
Producción bruta per cápita	801.777
Renta per cápita	684.754
Médicos/hab.	2,9
Teléfonos/hab.	298
Carreteras	3.302 k
Enseñanza (n.º de alumnos 1987-88):	
Primaria	202.2
Secundaria	59.3
Tasa de población activa (1988):	
Agricultura y ganadería	15
Industria y minería	23,8
Construcción	9,5
Servicios	51,7

* En millones de PTA. ** En PTA.

Arriba. Aspecto de la huerta murciana entre Monteagudo y Las Cuevas. *Abajo.* Vista de Yecla. La comunidad murciana es la más árida de España. El régimen de lluvias, más de 1000 mm anuales en las sierras y menos de 350 mm en el resto, provoca crecidas torrenciales e inesperadas. La temperatura media anual, siempre por encima de 16 °C, se traduce en una red fluvial escasa e irregular. La agricultura es el sector económico más floreciente, con la incorporación de técnicas modernas de riego para los cultivos hotofrutícolas.

PARTICIPACIÓN AUTONÓMICA SOBRE LA SUPERFICIE TOTAL DEL ESTADO

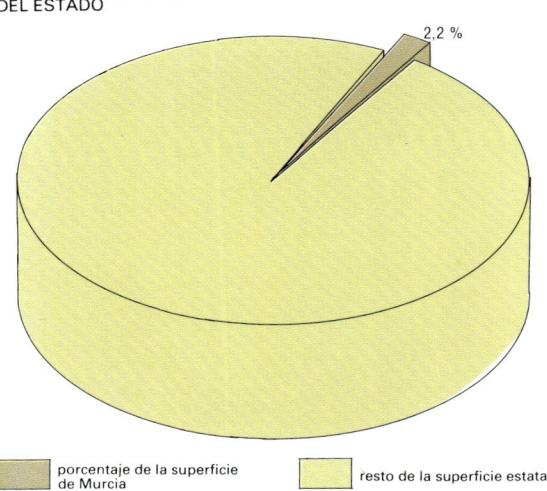

- porcentaje de la superficie de Murcia
- resto de la superficie estatal

EVOLUCIÓN DEL SALDO MIGRATORIO

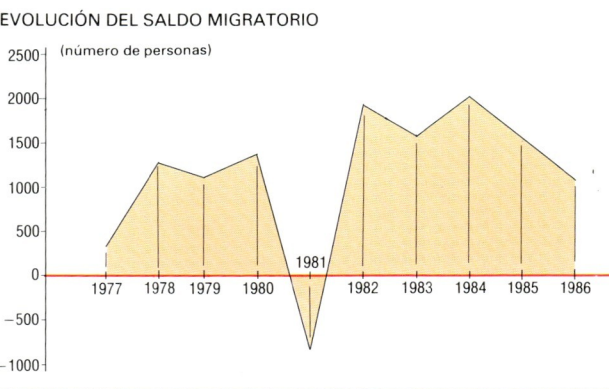

TASA DE POBLACIÓN ACTIVA

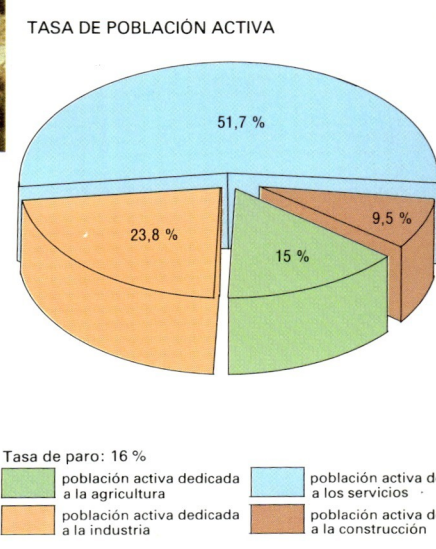

Tasa de paro: 16 %

- población activa dedicada a la agricultura
- población activa dedicada a la industria
- población activa dedicada a los servicios
- población activa dedicada a la construcción

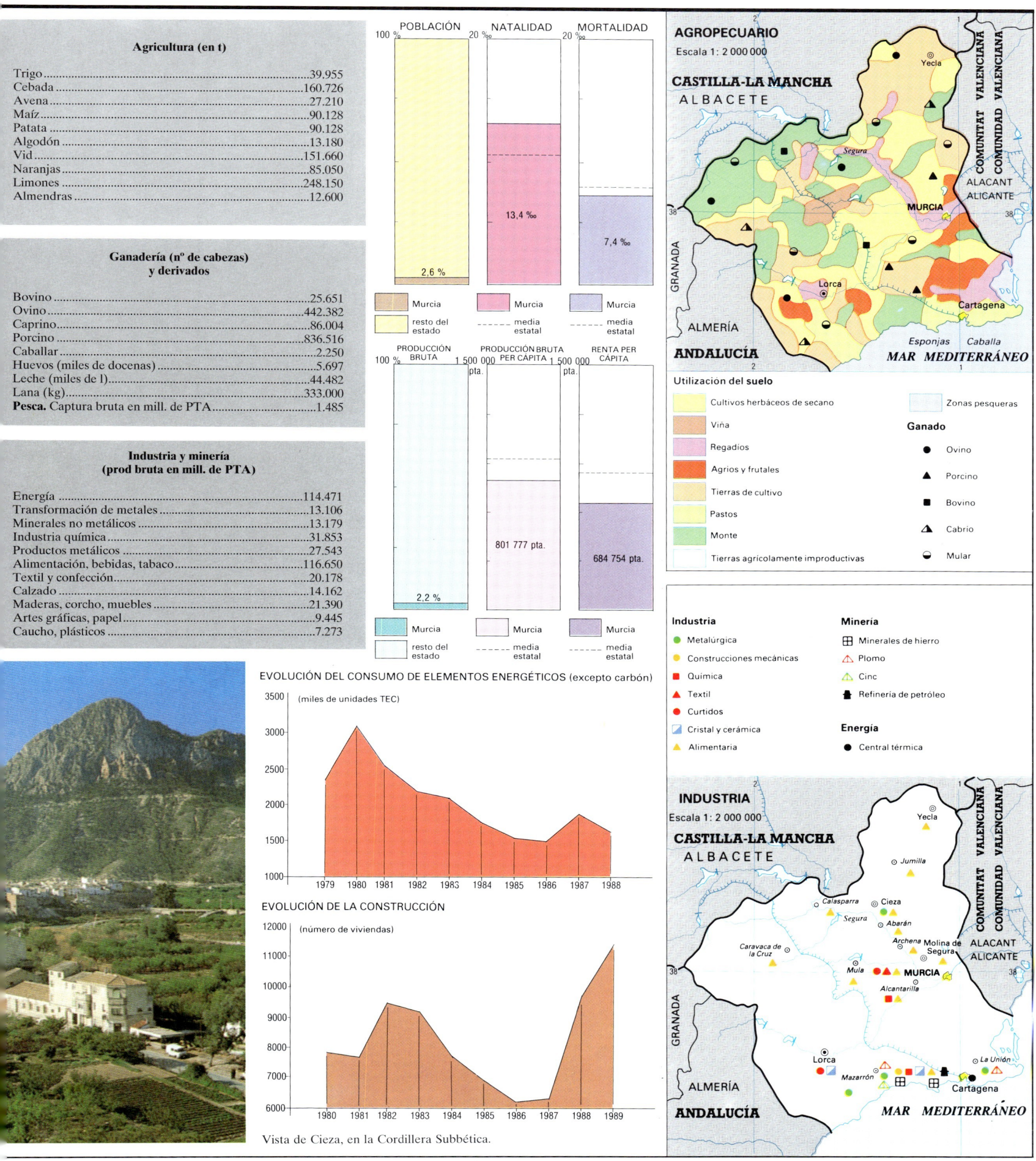

Agricultura (en t)	
Trigo	39.955
Cebada	160.726
Avena	27.210
Maíz	90.128
Patata	90.128
Algodón	13.180
Vid	151.660
Naranjas	85.050
Limones	248.150
Almendras	12.600

Ganadería (nº de cabezas) y derivados	
Bovino	25.651
Ovino	442.382
Caprino	86.004
Porcino	836.516
Caballar	2.250
Huevos (miles de docenas)	5.697
Leche (miles de l)	44.482
Lana (kg)	333.000
Pesca. Captura bruta en mill. de PTA	1.485

Industria y minería (prod bruta en mill. de PTA)	
Energía	114.471
Transformación de metales	13.106
Minerales no metálicos	13.179
Industria química	31.853
Productos metálicos	27.543
Alimentación, bebidas, tabaco	116.650
Textil y confección	20.178
Calzado	14.162
Maderas, corcho, muebles	21.390
Artes gráficas, papel	9.445
Caucho, plásticos	7.273

Vista de Cieza, en la Cordillera Subbética.

118 Baleares

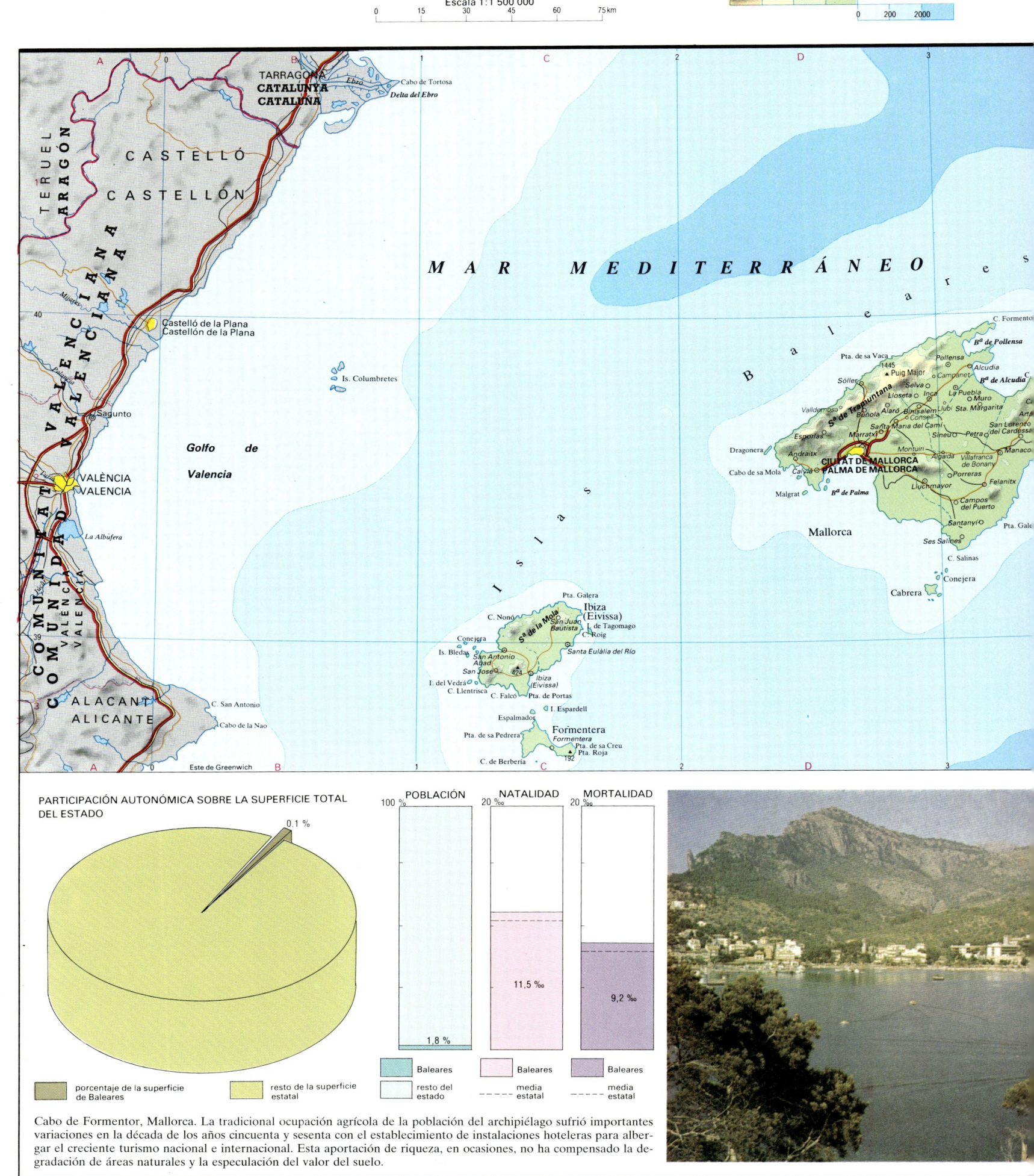

Cabo de Formentor, Mallorca. La tradicional ocupación agrícola de la población del archipiélago sufrió importantes variaciones en la década de los años cincuenta y sesenta con el establecimiento de instalaciones hoteleras para albergar el creciente turismo nacional e internacional. Esta aportación de riqueza, en ocasiones, no ha compensado la degradación de áreas naturales y la especulación del valor del suelo.

EVOLUCIÓN DEL SALDO MIGRATORIO (número de personas)

EVOLUCIÓN DEL CONSUMO DE ELEMENTOS ENERGÉTICOS (excepto carbón)
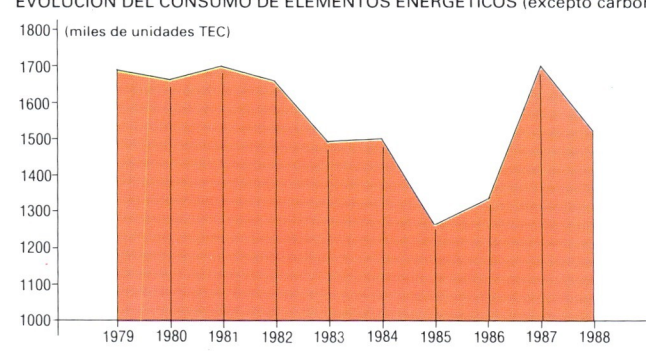
(miles de unidades TEC)

EVOLUCIÓN DE LA CONSTRUCCIÓN

(número de viviendas)

Datos físicos y de población

Superficie	5.014 km²
Población	728.173
Densidad	145 hab./km²
Capital y habitantes:	Palma de Mallorca (295.136)
Ciudades principales y habitantes:	
Eivissa	27.384
N.º de municipios	66
Fecha de constitución	25 febrero 1983
Natalidad	11,5‰
Mortalidad	9,2‰
Crecimiento vegetativo	2,22‰

Datos socioeconómicos

Producción bruta	722.576*
Producción bruta per cápita	1.429.349**
Renta per cápita	1.116.298**
Médicos/hab.	3,15‰
Teléfonos/hab.	390‰
Carreteras	2.174 km
Enseñanza (n.º de alumnos 1986-87):	
Primaria	97.100
Secundaria	30.415
Tasa de población activa (1988):	
Agricultura y ganadería	7,4%
Industria y minería	19,7%
Construcción	11,5%
Servicios	61,2%

* En millones de PTA. ** En PTA.

Agricultura (en t)

Trigo	10.071
Cebada	25.600
Avena	9.685
Patata	86.288
Olivo	1.999
Vid	17.757
Naranjas	15.029
Limones	2.218

Arriba. Aspecto de Binibeca, Menorca. *Derecha.* Vista de la bahía de Pollensa, Mallorca.

Aspecto de Mahón, Menorca.

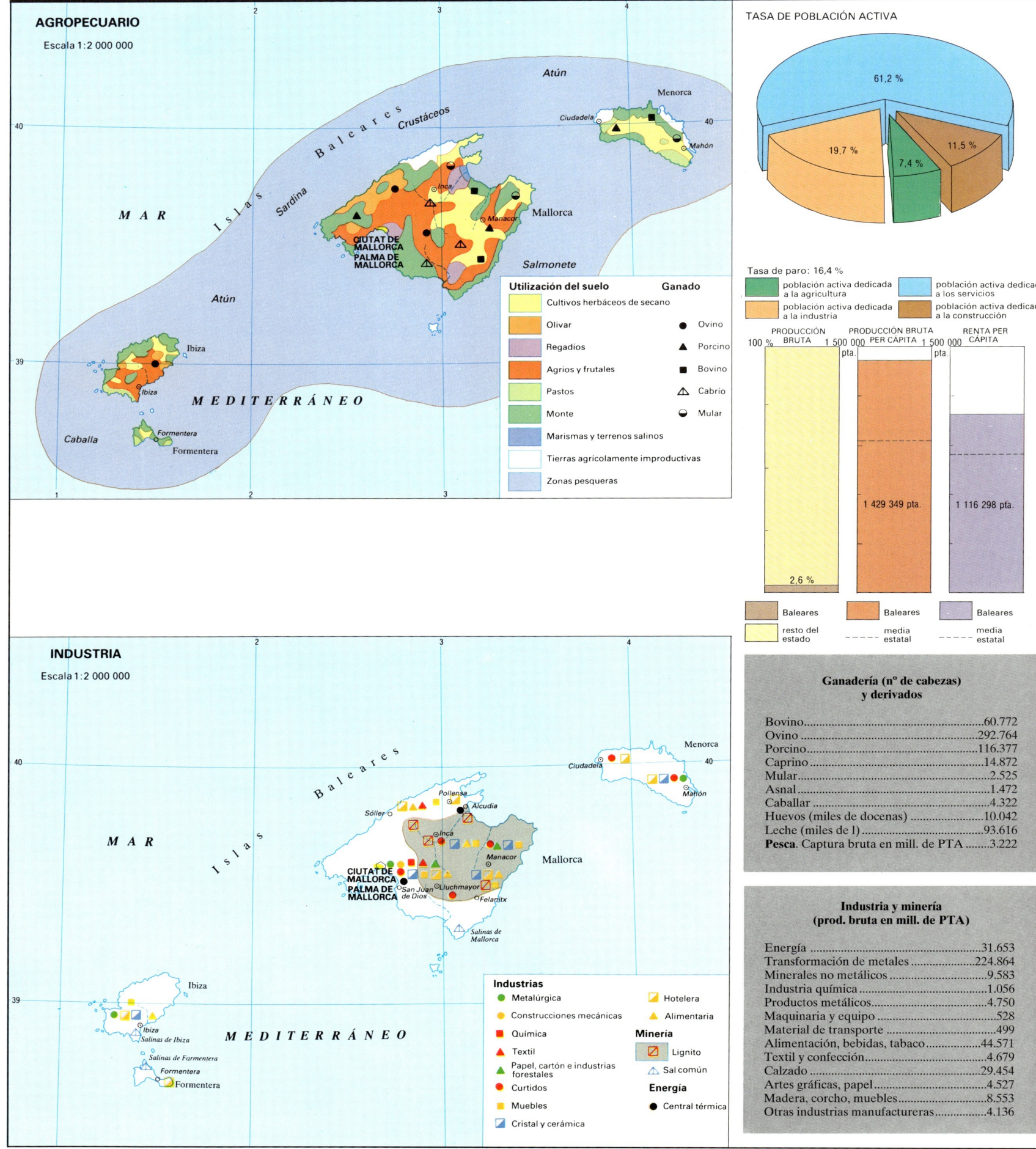

Andalucía

PARTICIPACIÓN AUTONÓMICA SOBRE LA SUPERFICIE TOTAL DEL ESTADO

17,2 %

- porcentaje de la superficie de Andalucía
- resto de la superficie estatal

Datos socioeconómicos

Producción bruta	3.962.691*
Producción bruta per cápita	666.376**
Renta per cápita	598.326**
Médicos/hab.	3,1‰
Teléfonos/hab.	253‰
Carreteras	23.498 km
Enseñanza (n.º de alumnos 1988-89):	
Primaria	1.243.182
Secundaria	387.530
Superior	141.404
Tasa de población activa (1989):	
Agricultura y ganadería	19,2%
Industria y minería	15,5%
Construccción	9,4%
Servicios	55,8%

* En millones de PTA. ** En PTA.

TASA DE POBLACIÓN ACTIVA

- 55,8 % población activa dedicada a los servicios
- 19,2 % población activa dedicada a la agricultura
- 15,5 % población activa dedicada a la industria
- 9,4 % población activa dedicada a la construcción

Tasa de paro: 27,2 %

EVOLUCIÓN DEL CONSUMO DE ELEMENTOS ENERGÉTICOS (excepto carbón)

(miles de unidades TEC)

1979 1980 1981 1982 1983 1984 1985 1986 1987 1988

EVOLUCIÓN DE LA CONSTRUCCIÓN

(número de viviendas)

1980 1981 1982 1983 1984 1985 1986 1987 1988 1989

POBLACIÓN / NATALIDAD / MORTALIDAD

- POBLACIÓN: 17,9 % (Andalucía / resto del estado)
- NATALIDAD: 13,4 ‰ (Andalucía / media estatal)
- MORTALIDAD: 7,6 ‰ (Andalucía / media estatal)

PRODUCCIÓN BRUTA / PRODUCCIÓN BRUTA PER CÁPITA / RENTA PER CÁPITA

- Producción bruta: 12,4 % Andalucía / resto del estado
- Producción bruta per cápita: 666 376 pta. (Andalucía / media estatal)
- Renta per cápita: 598 326 pta. (Andalucía / media estatal)

Arriba. Barrio del Albahicín, en la ciudad de Granada. *Centro.* Écija, en la provincia de Sevilla. *Abajo.* Nacimiento del Guadalquivir en la sierra de Cazorla.

EVOLUCIÓN DEL SALDO MIGRATORIO

(número de personas)

1977 1978 1979 1980 1981 1982 1983 1984 1985 1986

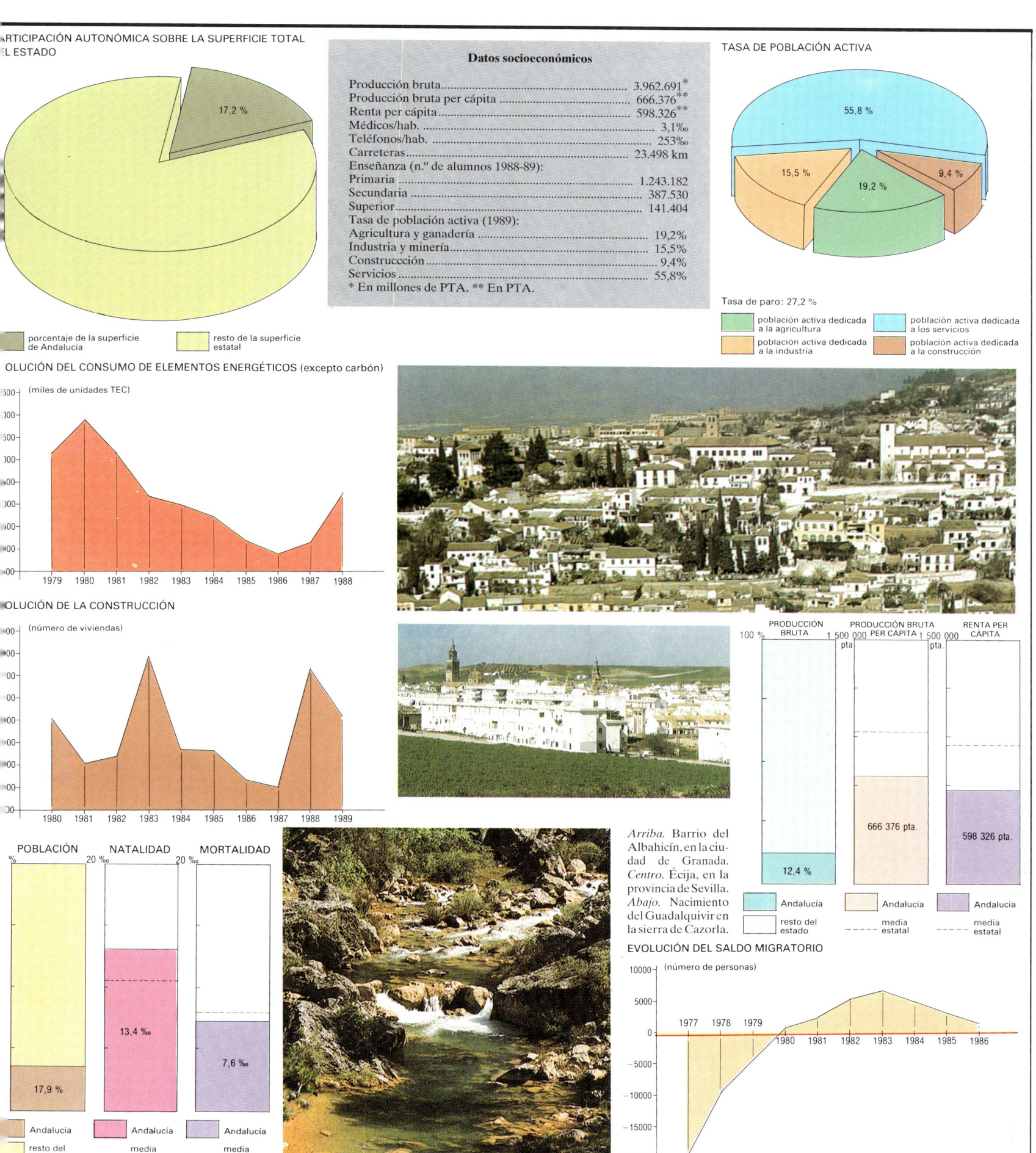

Escala 1: 1 500 000

0 15 30 45 60 75 km

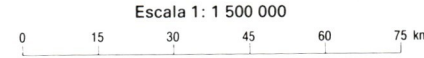

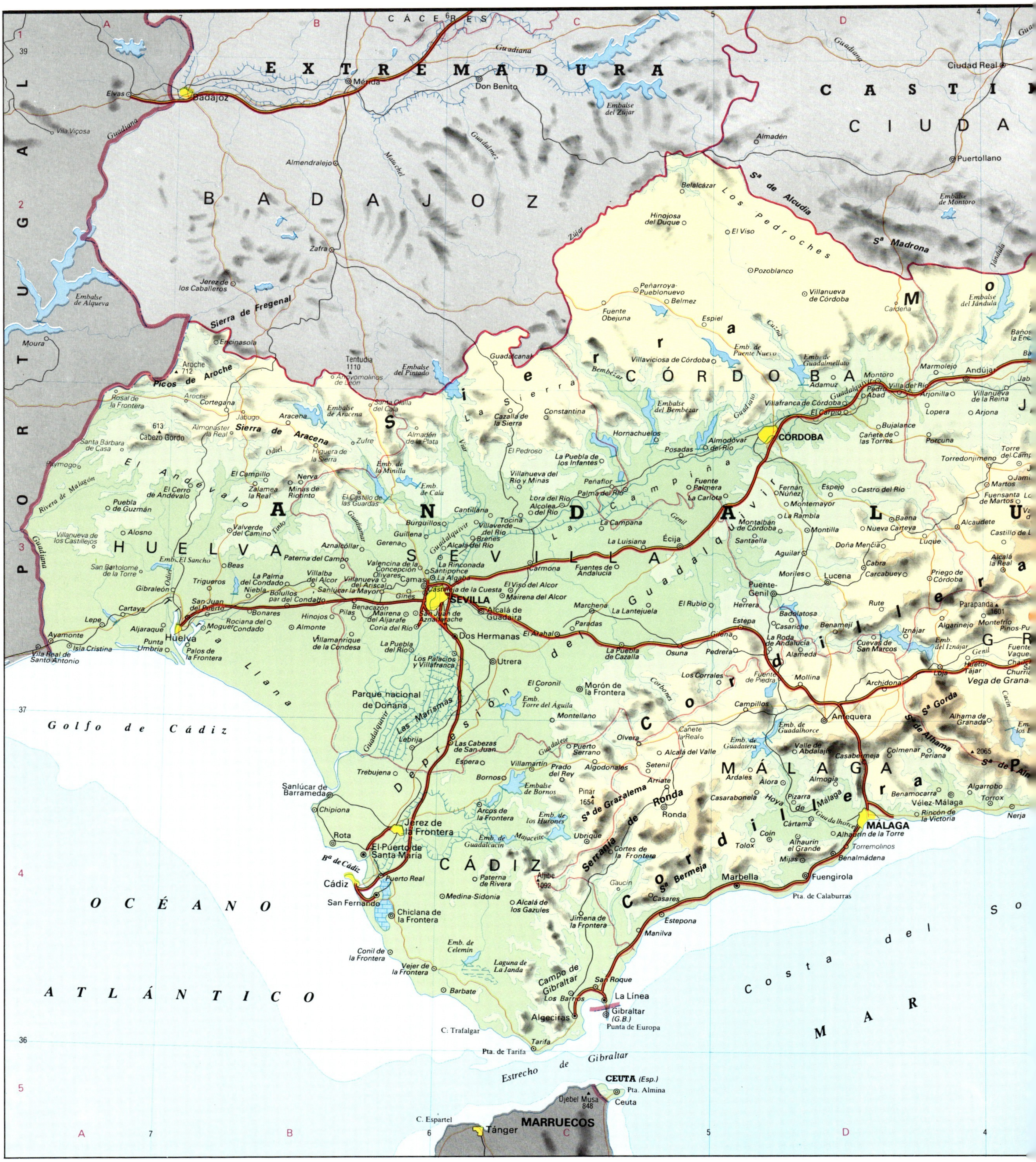

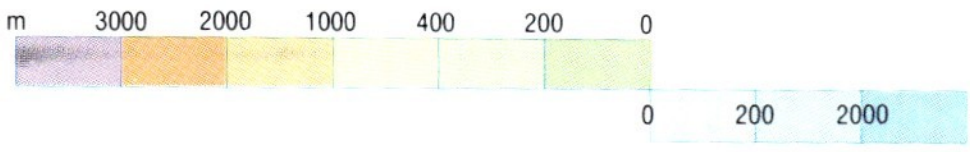

Datos físicos y de población	
Superficie	87.268 km²
Población	7.019.285
Densidad	80 hab./km²
Capital y habitantes	Sevilla (655.435)
Provincias y habitantes:	
Almería	435.340
Cádiz	1.047.410
Córdoba	763.552
Granada	803.810
Huelva	443.529
Jaén	677.575
Málaga	1.086.304
Sevilla	1.565.997
Ciudades principales y habitantes:	
Almería	153.592
Algeciras	96.882
Cádiz	155.299
Jerez de la Frontera	179.191
Córdoba	295.290
Granada	256.073
Huelva	135.210
Jaén	102.933
Málaga	548.445
N.º de municipios	766
Fecha de constitución	30 diciembre 1981
Natalidad	13,4‰
Mortalidad	7,6‰
Crecimiento vegetativo	5,87‰

Olivares de la provincia de Jaén.

124 Andalucía

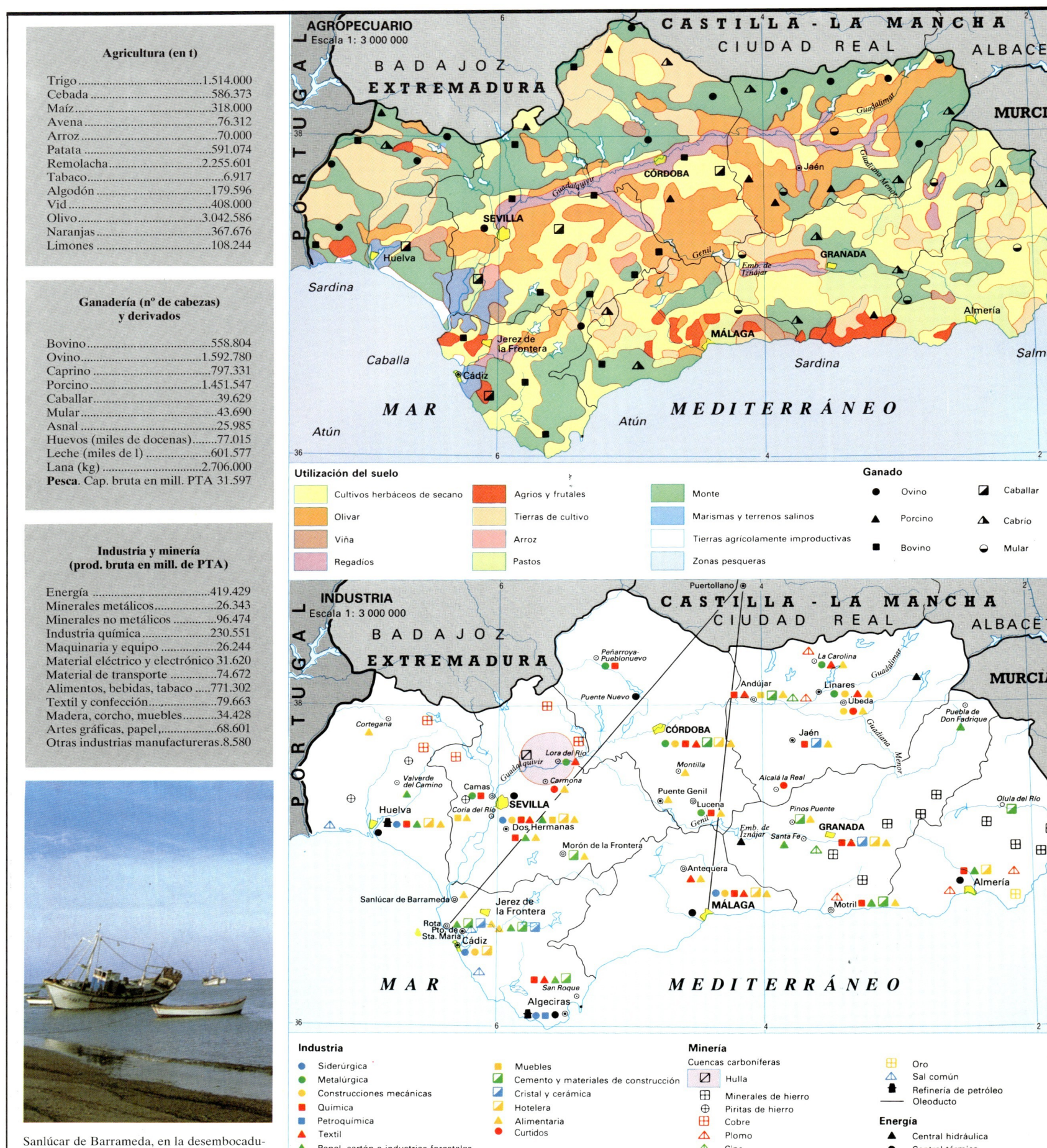

Agricultura (en t)

Trigo	1.514.000
Cebada	586.373
Maíz	318.000
Avena	76.312
Arroz	70.000
Patata	591.074
Remolacha	2.255.601
Tabaco	6.917
Algodón	179.596
Vid	408.000
Olivo	3.042.586
Naranjas	367.676
Limones	108.244

Ganadería (nº de cabezas) y derivados

Bovino	558.804
Ovino	1.592.780
Caprino	797.331
Porcino	1.451.547
Caballar	39.629
Mular	43.690
Asnal	25.985
Huevos (miles de docenas)	77.015
Leche (miles de l)	601.577
Lana (kg)	2.706.000
Pesca. Cap. bruta en mill. PTA	31.597

Industria y minería (prod. bruta en mill. de PTA)

Energía	419.429
Minerales metálicos	26.343
Minerales no metálicos	96.474
Industria química	230.551
Maquinaria y equipo	26.244
Material eléctrico y electrónico	31.620
Material de transporte	74.672
Alimentos, bebidas, tabaco	771.302
Textil y confección	79.663
Madera, corcho, muebles	34.428
Artes gráficas, papel	68.601
Otras industrias manufactureras	8.580

Sanlúcar de Barrameda, en la desembocadura del Guadalquivir.

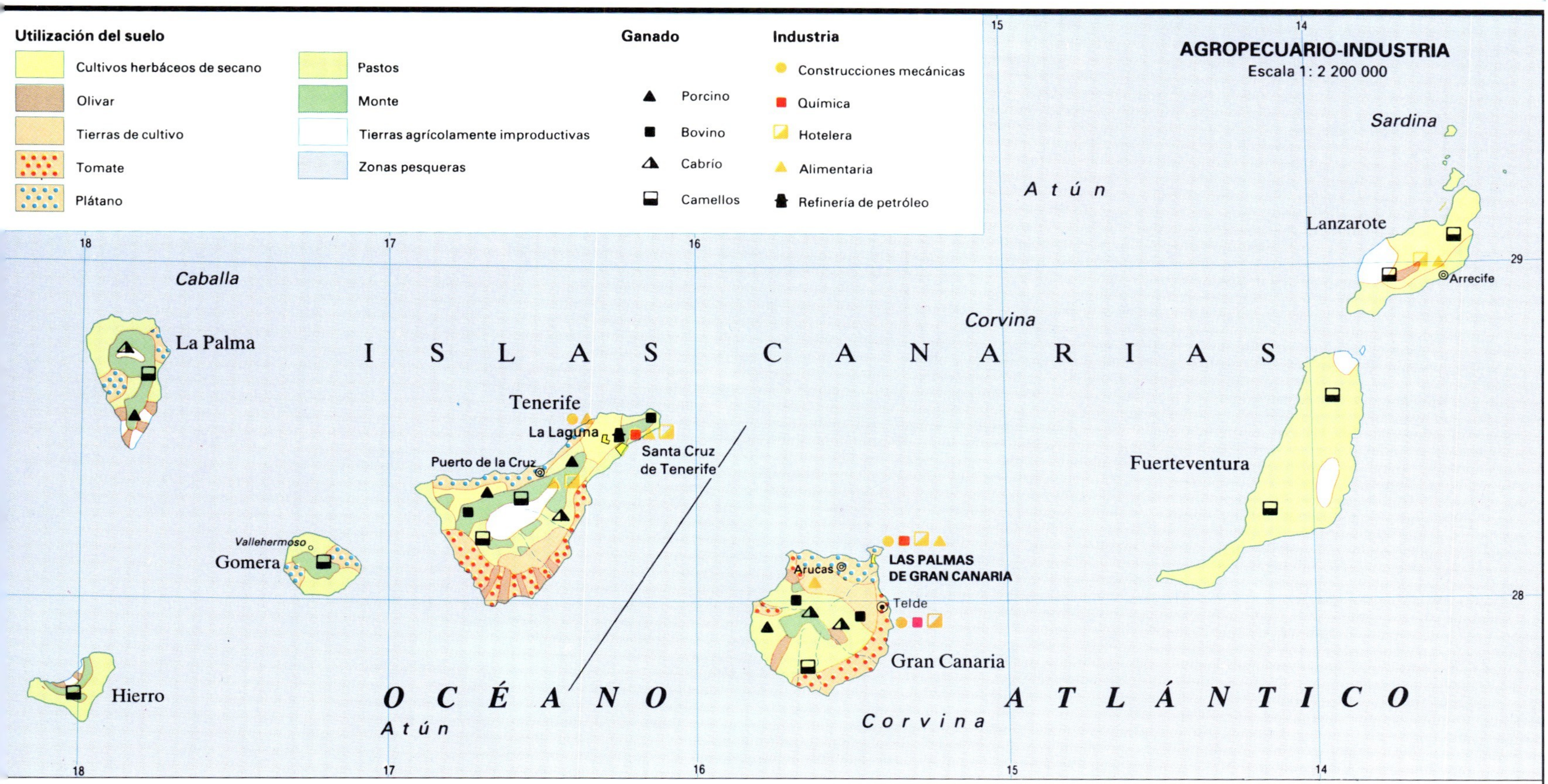

Canarias 125

Utilización del suelo
- Cultivos herbáceos de secano
- Olivar
- Tierras de cultivo
- Tomate
- Plátano
- Pastos
- Monte
- Tierras agrícolamente improductivas
- Zonas pesqueras

Ganado
- ▲ Porcino
- ■ Bovino
- △ Cabrío
- ▢ Camellos

Industria
- ● Construcciones mecánicas
- ■ Química
- ▮ Hotelera
- ▲ Alimentaria
- ■ Refinería de petróleo

AGROPECUARIO-INDUSTRIA
Escala 1: 2 200 000

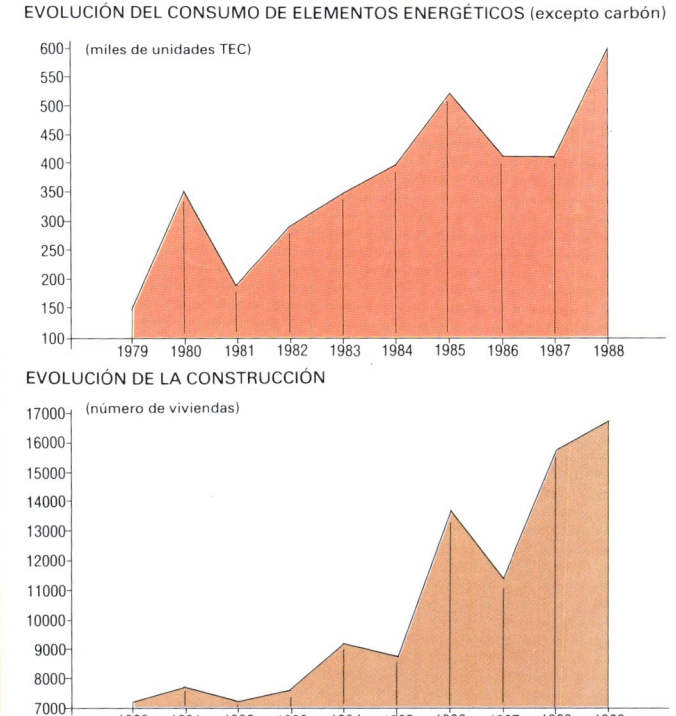

EVOLUCIÓN DEL CONSUMO DE ELEMENTOS ENERGÉTICOS (excepto carbón)
(miles de unidades TEC)

EVOLUCIÓN DE LA CONSTRUCCIÓN
(número de viviendas)

Las Playitas del Gran Tarajal, Fuerteventura. La situación de las islas occidentales (Hierro, La Palma, Gomera y Tenerife), con preponderancia de clima atlántico y un relieve mucho más accidentado que el de las orientales (Gran Canaria, Fuerteventura y Lanzarote), junto a las características del suelo facilitan los cultivos agrarios. La influencia de los vientos secos provenientes del continente se deja notar en las tres islas orientales, sobre todo en Lanzarote y Fuerteventura, que presentan un paisaje desértico en amplias zonas de su territorio. En estas islas las precipitaciones no superan los 300 mm anuales y la temperatura media es de 30 ó 35 °C para las máximas y de 15 °C para las mínimas. En la isla de Tenerife existe una zona de permanente condensación con nieblas abundantes y humedad, debido a la altura de 3.718 m que alcanza el Teide.

126 Canarias

Datos socioeconómicos	
Producción bruta	980.834*
Producción bruta per cápita	934.262**
Renta per cápita	773.153**
Médicos/hab.	2,8‰
Teléfonos/hab.	240‰
Carreteras	4.633 km
Enseñanza (n.º de alumnos 1986-87):	
Primaria	239.580
Secundaria	63.213
Tasa de población activa (1988):	
Agricultura y ganadería	9,9%
Industria y minería	10,9%
Construcción	12,6%
Servicios	66%

* En millones de PTA. ** En PTA.

Las características climáticas y la diversidad del litorial canario han potenciado a estas islas como uno de los centros turísticos más destacados de España. A estas condiciones naturales se ha sumado en las últimas décadas una estructura hotelera y de servicios que en la actualidad ocupa a más de la mitad de la población activa. Es destacable también en este sector la reciente incorporación de capital extranjero, que se ha introducido también en otras áreas económicas del sector secundario. *Izquierda*. El Dedo de Dios en Puerto de las Nieves, Gran Canaria. *Derecha*. Paisaje de la isla de Gomera.

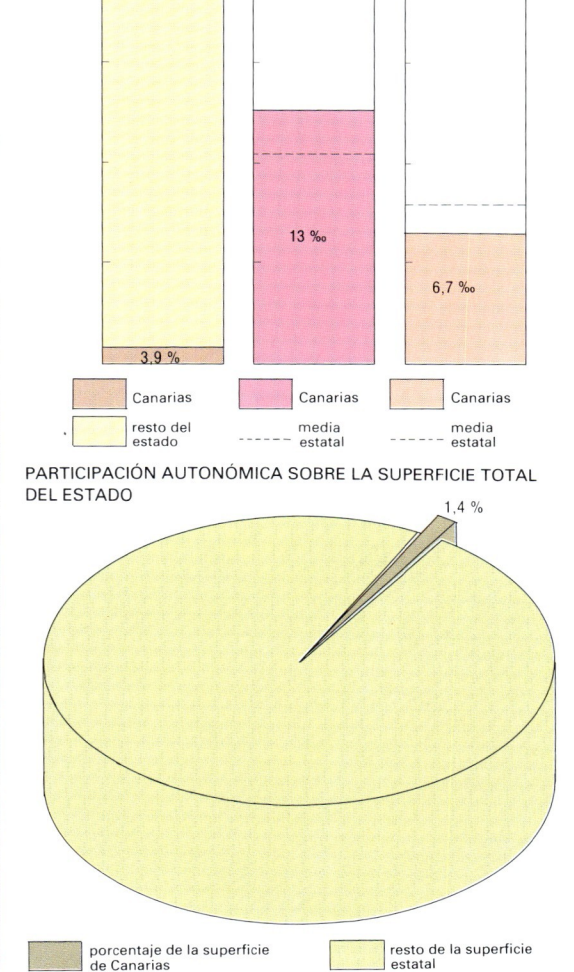

Datos físicos y de población

Superficie	7.242 km²
Población	1.522.380
Densidad	210 hab./km²
Capital y habitantes:	
Las Palmas	358.272
Sta. Cruz de Tenerife	211.209
Provincias y habitantes:	
Las Palmas	753.116
Tenerife	700.214
Ciudades principales y habitantes:	
La Orotava	35.304
La Laguna	107.379
Arrecife	30.694
Santa Lucía	30.036
Telde	72.938
N.º de municipios	87
Fecha de constitución	10 agosto 1982
Natalidad	13‰
Mortalidad	6,7‰
Crecimiento vegetativo	6,23‰

...producción agrícola canaria es rica y muy variada. Sin embargo ...ncuentra permanentemente en lucha contra la aridez del terreno ...or tanto, contra la carencia de agua. Los productos más caracte-...cos son plátanos, tomate y tabaco, en la zona norte de Tenerife, ...n Canaria y La Palma. También destacan los frutos tropicales ...o ananás, aguacate y mango, que tienen en la actualidad una ...or aceptación en el mercado peninsular. Como tercera vía, y ...de hace unos años, son importantes los cultivos de invernadero: ...es, plantas ornamentales, hortalizas, etc. *Arriba.* Plantación de ...anos en Gran Canaria. *Abajo.* Vista del Valle de las Mil ...neras, Lanzarote.

128 Canarias

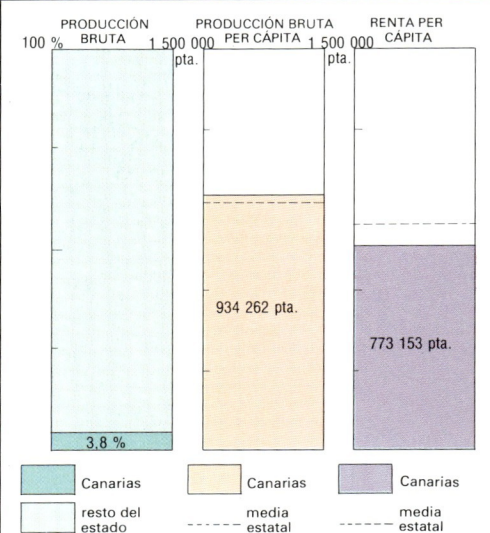

PRODUCCIÓN BRUTA: Canarias 3,8 %
PRODUCCIÓN BRUTA PER CÁPITA: 934 262 pta.
RENTA PER CÁPITA: 773 153 pta.

Izquierda. Salinas de origen artificial, Gran Canaria. *Derecha.* Las Cañadas del Teide, Tenerife.

Agricultura (en t)

Trigo	1.034
Cebada	581
Maíz	3.459
Patata	118.465
Tomate	226.410
cebolla	12.944
Vid	26.809
Plátano	449.187
Tabaco	86
Limones	6.326
Naranjas	22.334

Ganadería (nº de cabezas) y derivados

Bovino	29.811
Caprino	165.105
Ovino	19.370
Porcino	55.960
Caballar	1.862
Asnal	3.150
Huevos (miles de docenas)	49.963
Leche (miles de litros)	116.290
Lana (kg)	28.100
Pesca. Captura bruta en mill. de PTA	19.784

Industria y minería (prod. bruta en mill. de PTA)

Energía	121.064
Minerales no metálicos	25.729
Industria química	4.383
Productos metálicos	4.903
Material de transporte	3.291
Alimentación, bebidas, tabaco	102.271
Textil y confección	1.221
Madera, caucho, muebles	7.650
Artes gráficas, papel	18.069

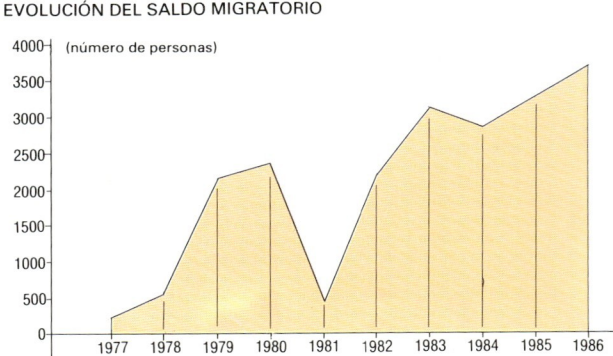

EVOLUCIÓN DEL SALDO MIGRATORIO (número de personas), 1977-1986

Izquierda. Vista panorámica de La Laguna, Tenerife. *Abajo izquierda.* Santa Cruz de Tenerife. *Abajo derecha.* Isla de Hierro, vista de El Golfo.

TASA DE POBLACIÓN ACTIVA

- Servicios: 66 %
- Industria: 10,9 %
- Agricultura: 9,9 %
- Construcción: 12,6 %

Tasa de paro: 21,6 %

Ceuta y Melilla 129

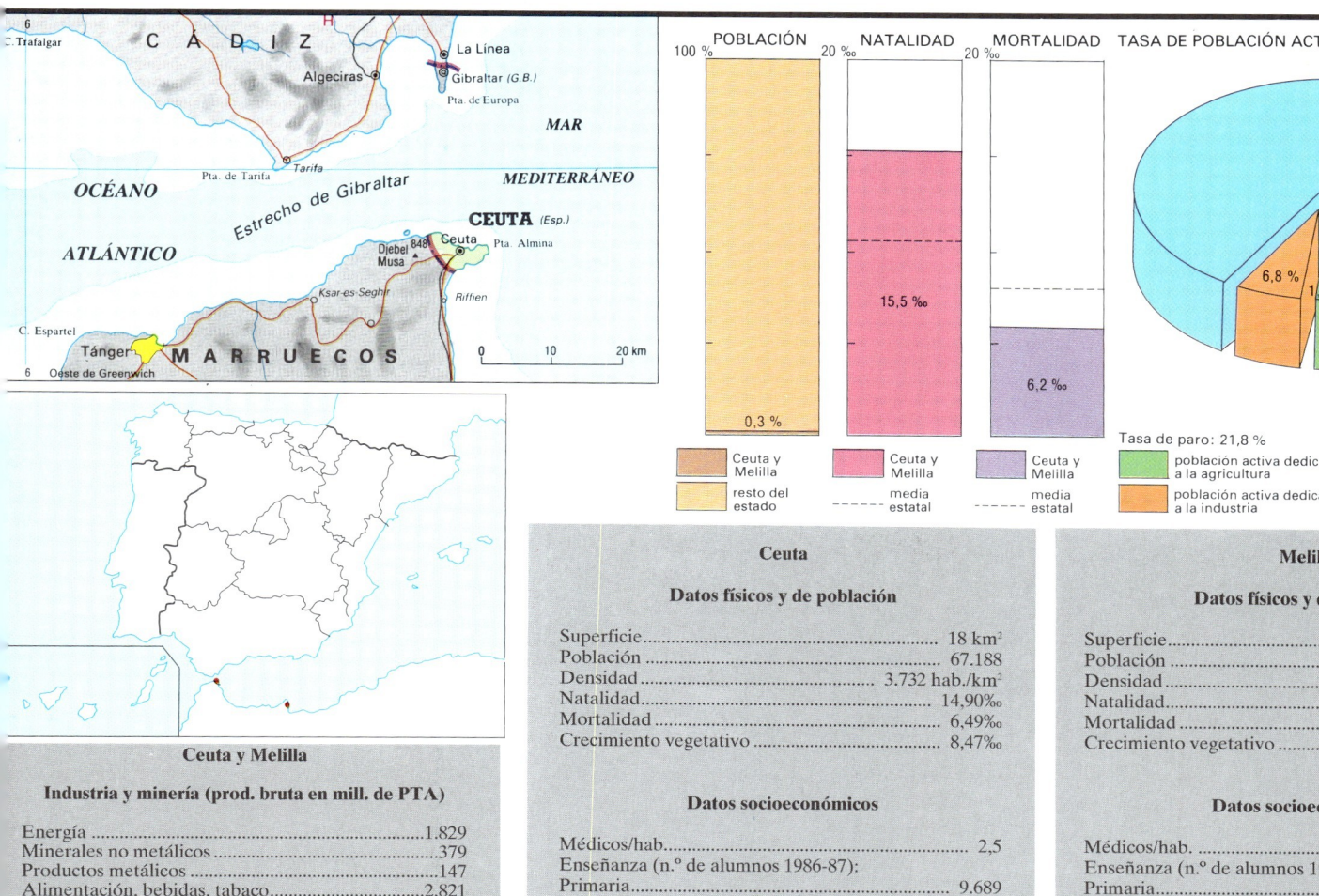

Ceuta y Melilla

Industria y minería (prod. bruta en mill. de PTA)

Energía	1.829
Minerales no metálicos	379
Productos metálicos	147
Alimentación, bebidas, tabaco	2.821
Textil y confección	84
Artes gráficas, papel	257

Ceuta

Datos físicos y de población

Superficie	18 km²
Población	67.188
Densidad	3.732 hab./km²
Natalidad	14,90‰
Mortalidad	6,49‰
Crecimiento vegetativo	8,47‰

Datos socioeconómicos

Médicos/hab.	2,5
Enseñanza (n.º de alumnos 1986-87):	
Primaria	9.689
Secundaria	2.929

Melilla

Datos físicos y de población

Superficie	14,km²
Población	52.388
Densidad	3.742 hab./km²
Natalidad	16,15‰
Mortalidad	5,99‰
Crecimiento vegetativo	10,16‰

Datos socioeconómicos

Médicos/hab.	2,5‰
Enseñanza (n.º de alumnos 1986-87):	
Primaria	8.0733
Secundaria	2.670

Ceuta. Aspecto del puerto de pescadores.

Vista de la ciudad de Melilla, al fondo el puerto.

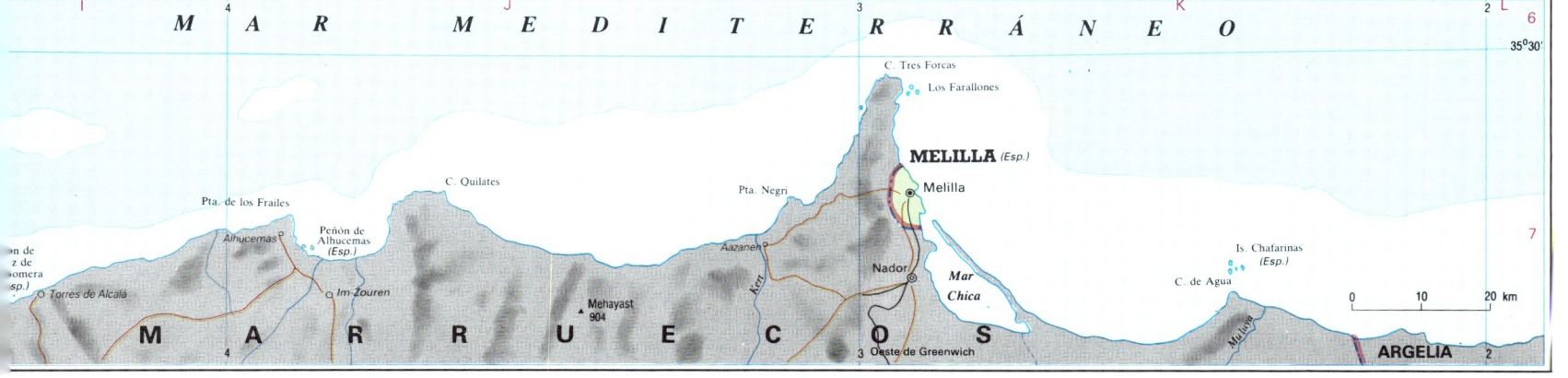

130 Europa: Físico-político

Arriba. Vista del centro de París. *Centro.* Castillo Gutenburg, Liechtenstein. *Abajo.* Isla de Paros, Grecia. La diversidad de poblaciones y culturas en Europa es muy notable. Sociedades con tradiciones milenarias comparten un espacio común

132 Europa: Clima

Escala 1: 30 770 000

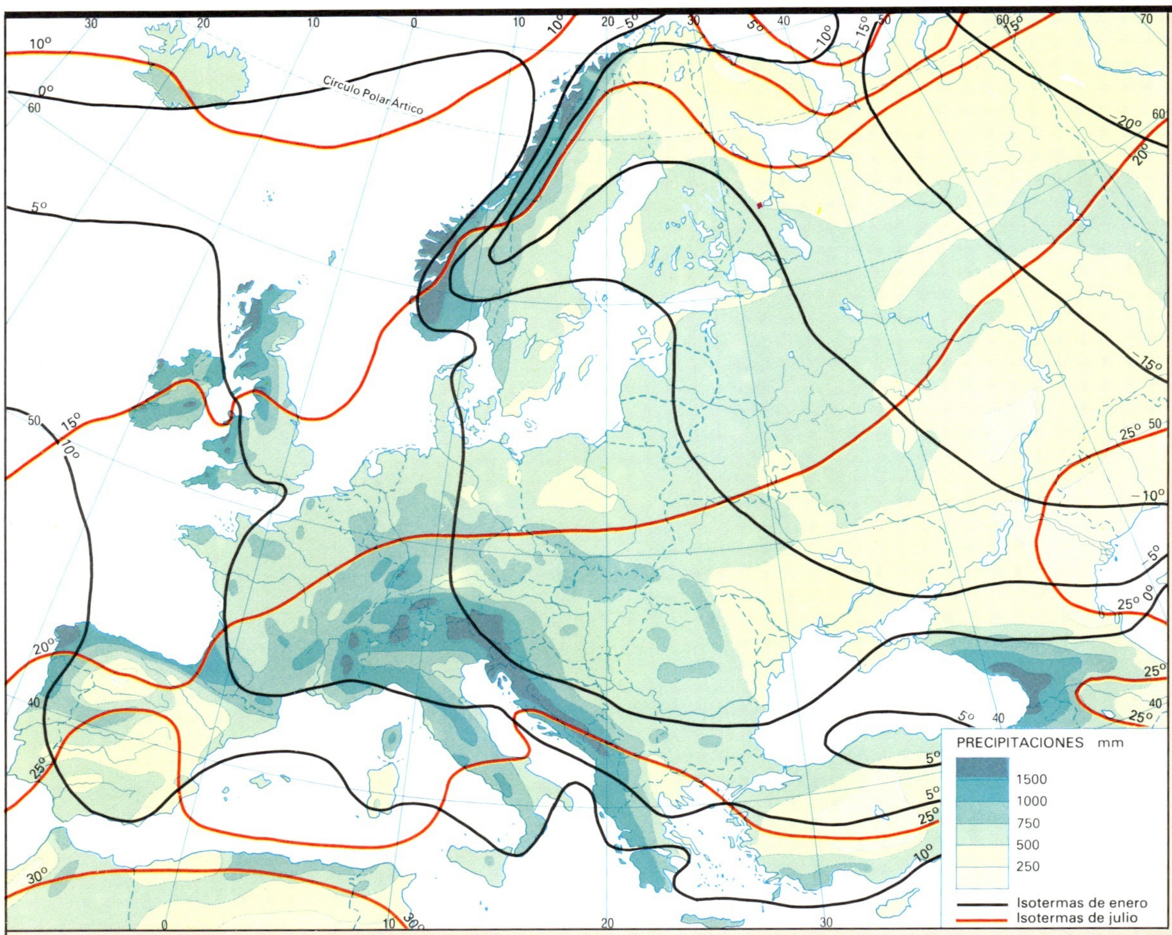

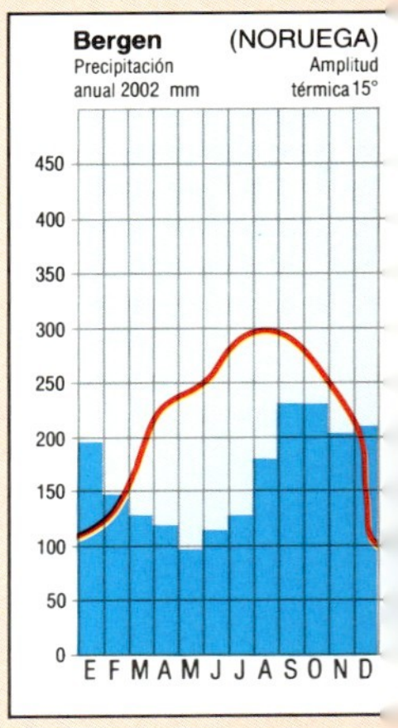

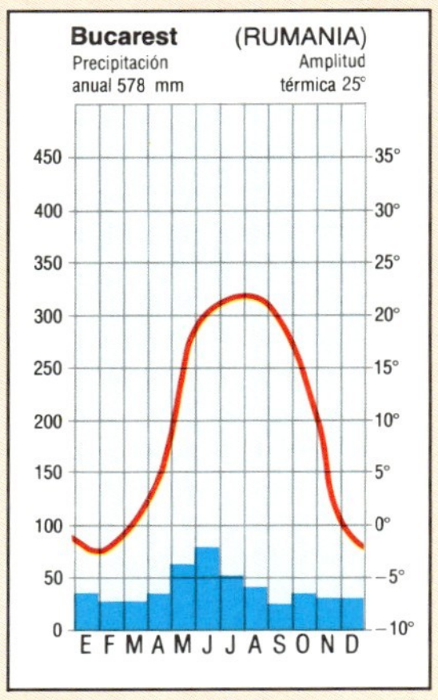

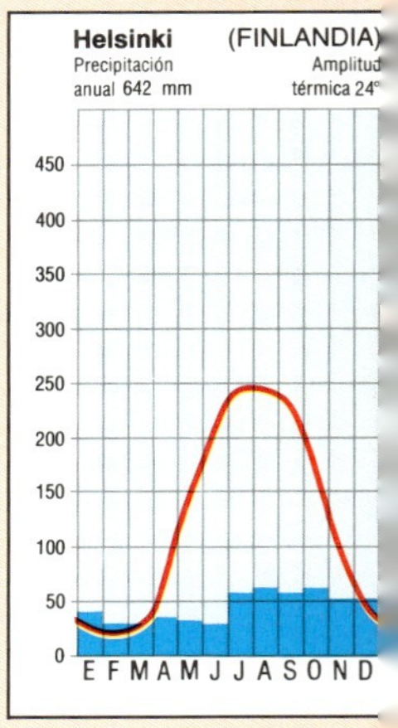

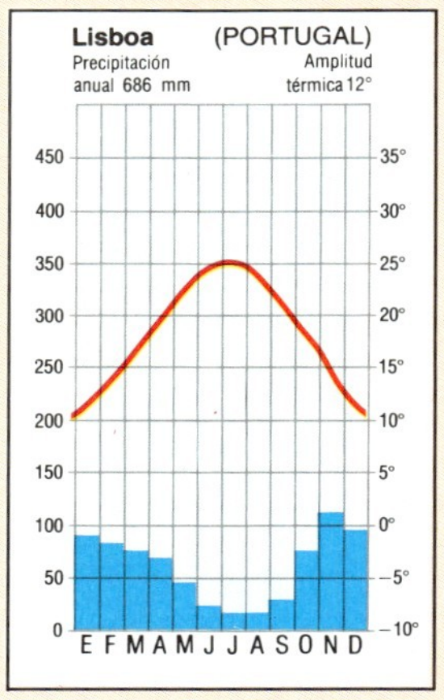

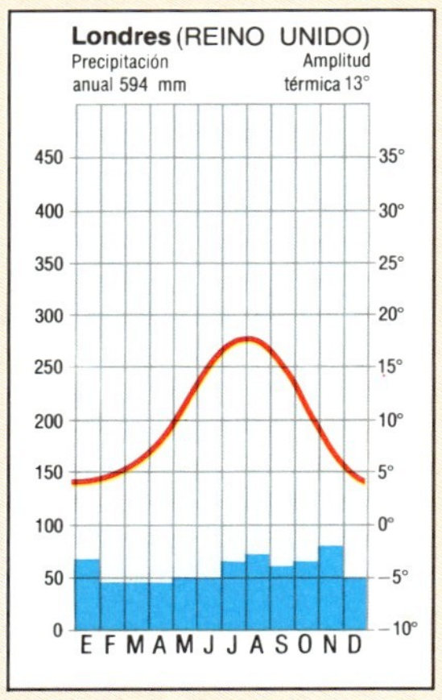

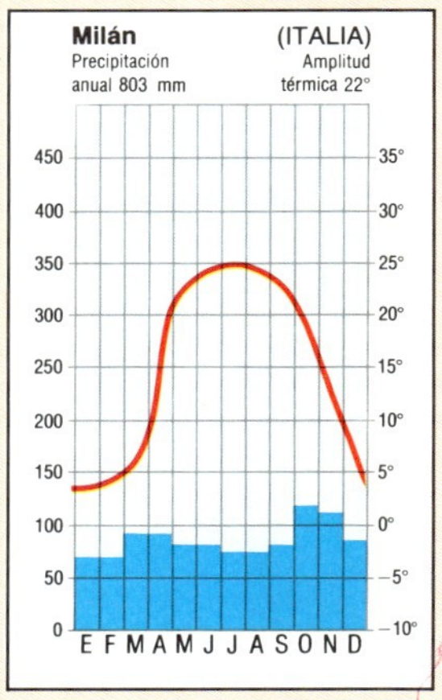

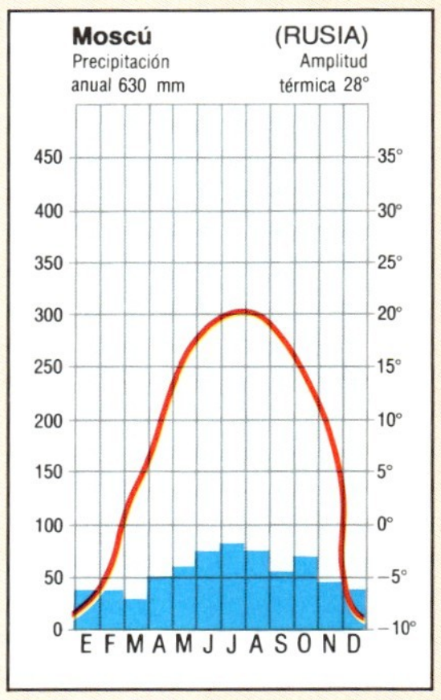

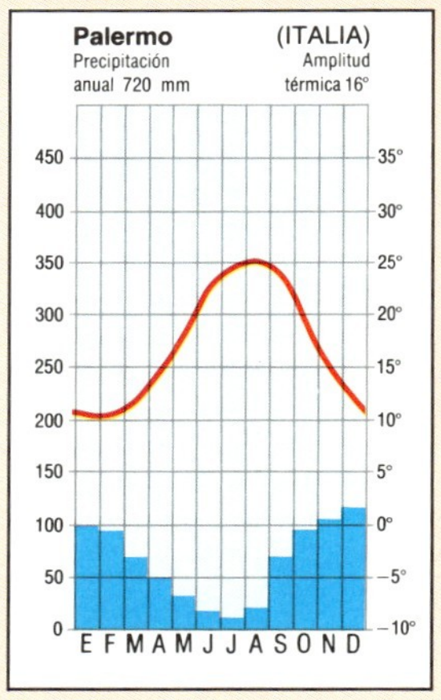

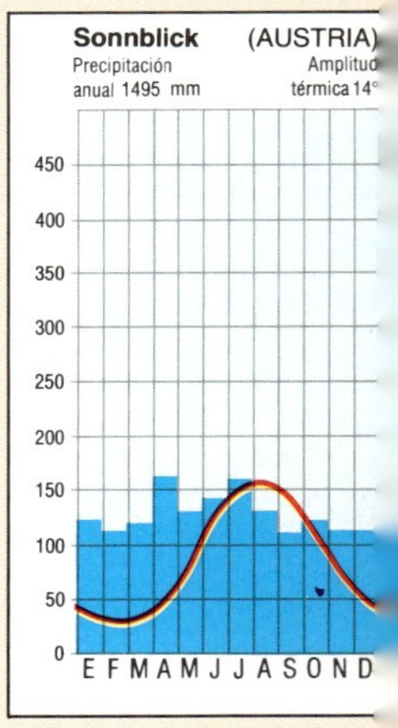

PRECIPITACIONES mm
- 1500
- 1000
- 750
- 500
- 250

Isotermas de enero
Isotermas de julio

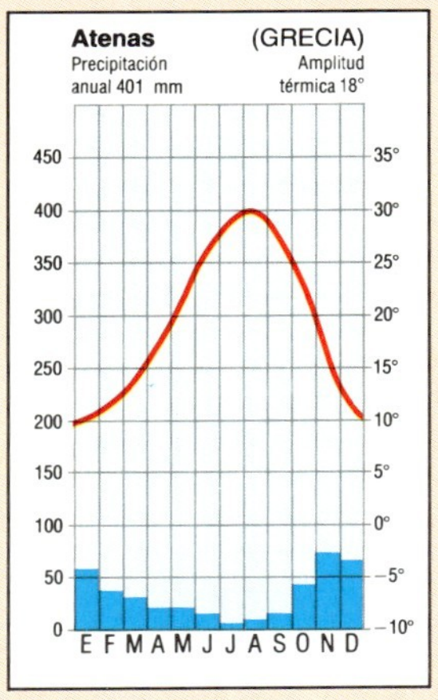

Atenas (GRECIA) — Precipitación anual 401 mm — Amplitud térmica 18°

Bergen (NORUEGA) — Precipitación anual 2002 mm — Amplitud térmica 15°

Bucarest (RUMANIA) — Precipitación anual 578 mm — Amplitud térmica 25°

Helsinki (FINLANDIA) — Precipitación anual 642 mm — Amplitud térmica 24°

Lisboa (PORTUGAL) — Precipitación anual 686 mm — Amplitud térmica 12°

Londres (REINO UNIDO) — Precipitación anual 594 mm — Amplitud térmica 13°

Milán (ITALIA) — Precipitación anual 803 mm — Amplitud térmica 22°

Moscú (RUSIA) — Precipitación anual 630 mm — Amplitud térmica 28°

Palermo (ITALIA) — Precipitación anual 720 mm — Amplitud térmica 16°

Sonnblick (AUSTRIA) — Precipitación anual 1495 mm — Amplitud térmica 14°

Paisaje característico de un valle alpino.

Puerto de Tórshavn en las islas Faeroe.

Europa: Población 133

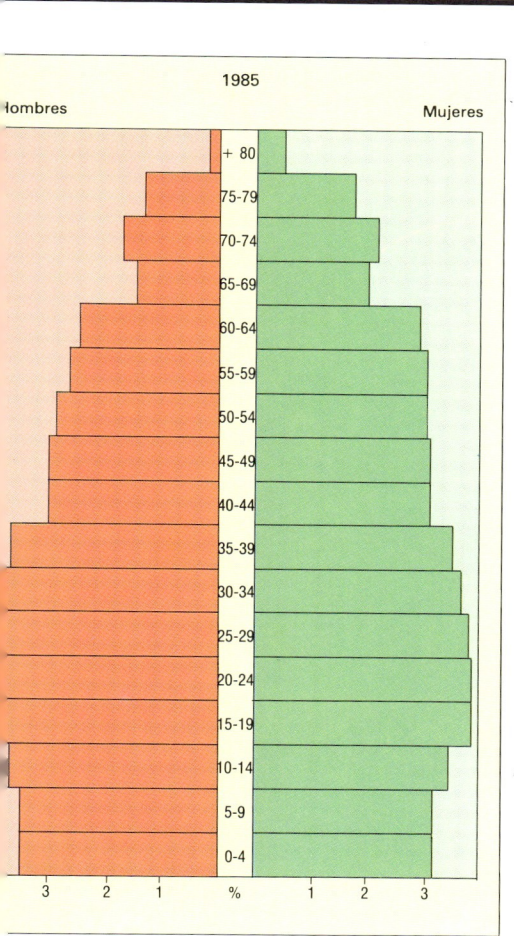

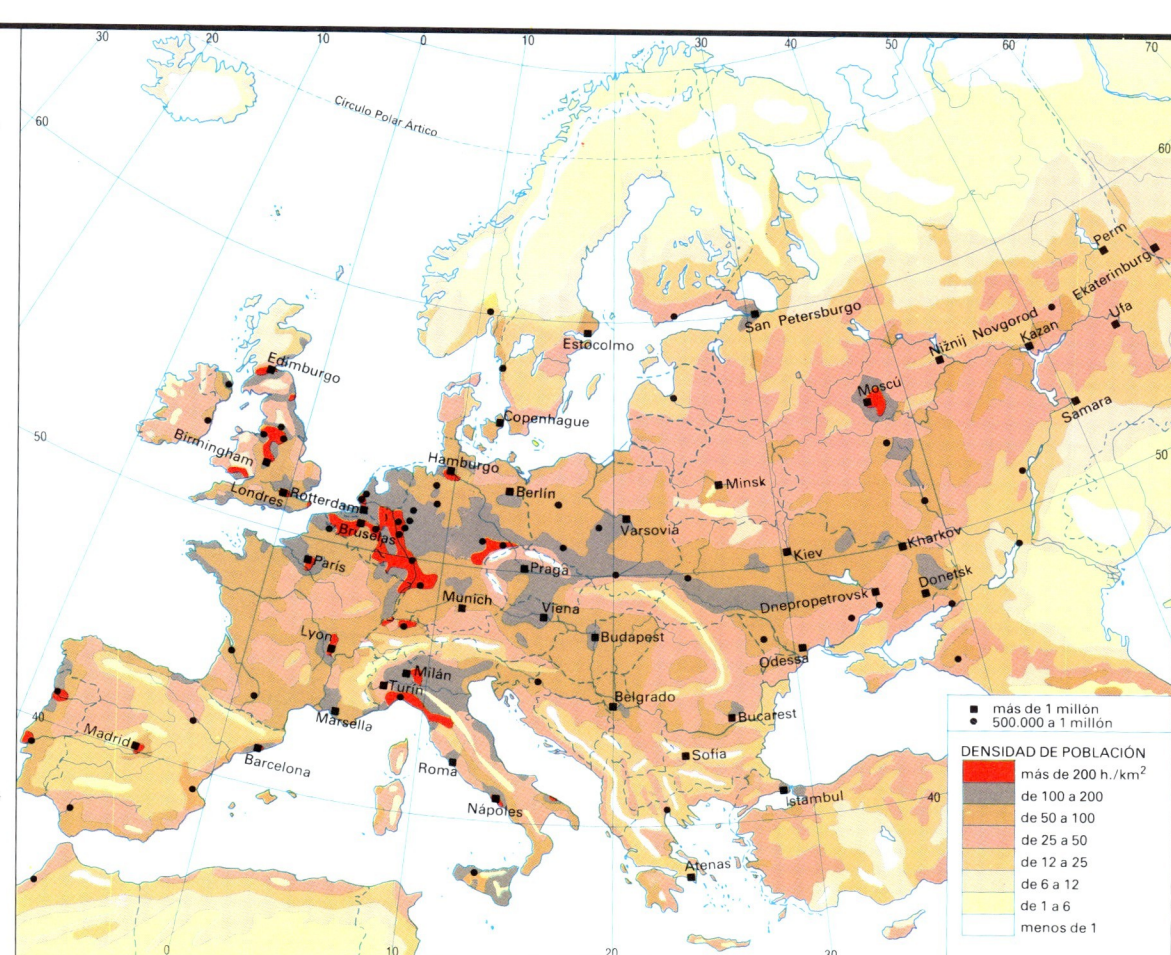

Palacio del Parlamento británico en Westminster, Londres.

El río Sena a su paso por París.

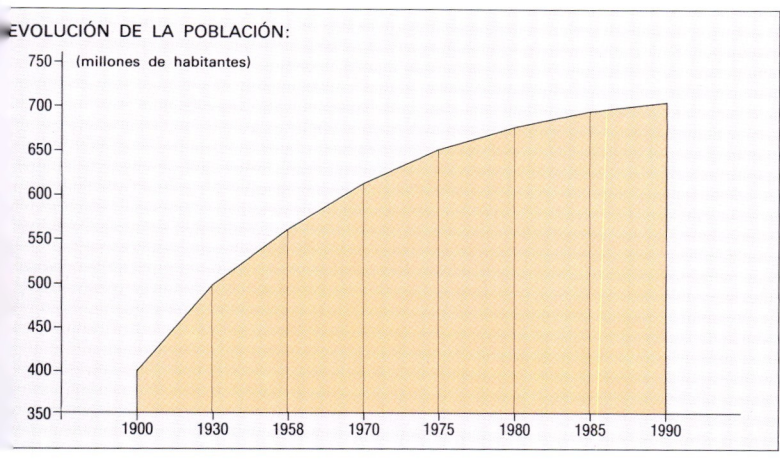

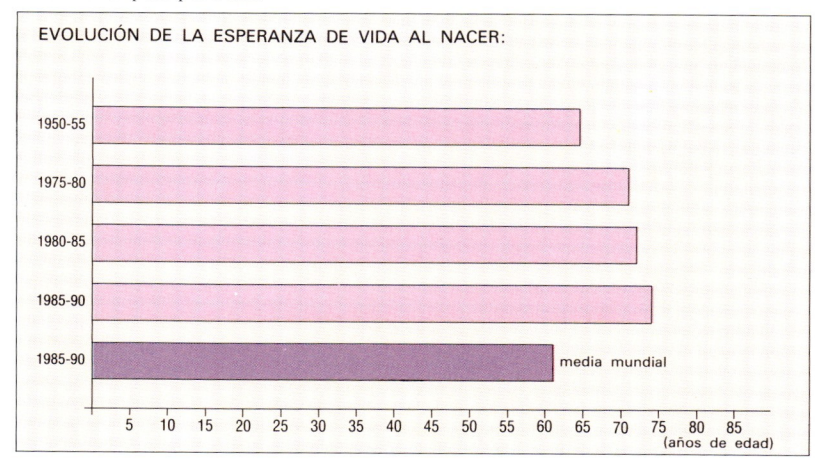

134 Francia. Andorra

Escala 1: 5 000 000

0 50 100 150 200 km

m 4000 3000 2000 1500 1000 400 200 0

0 200

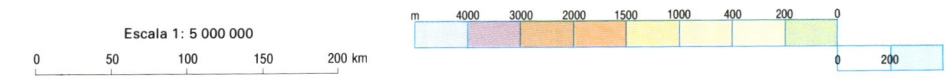

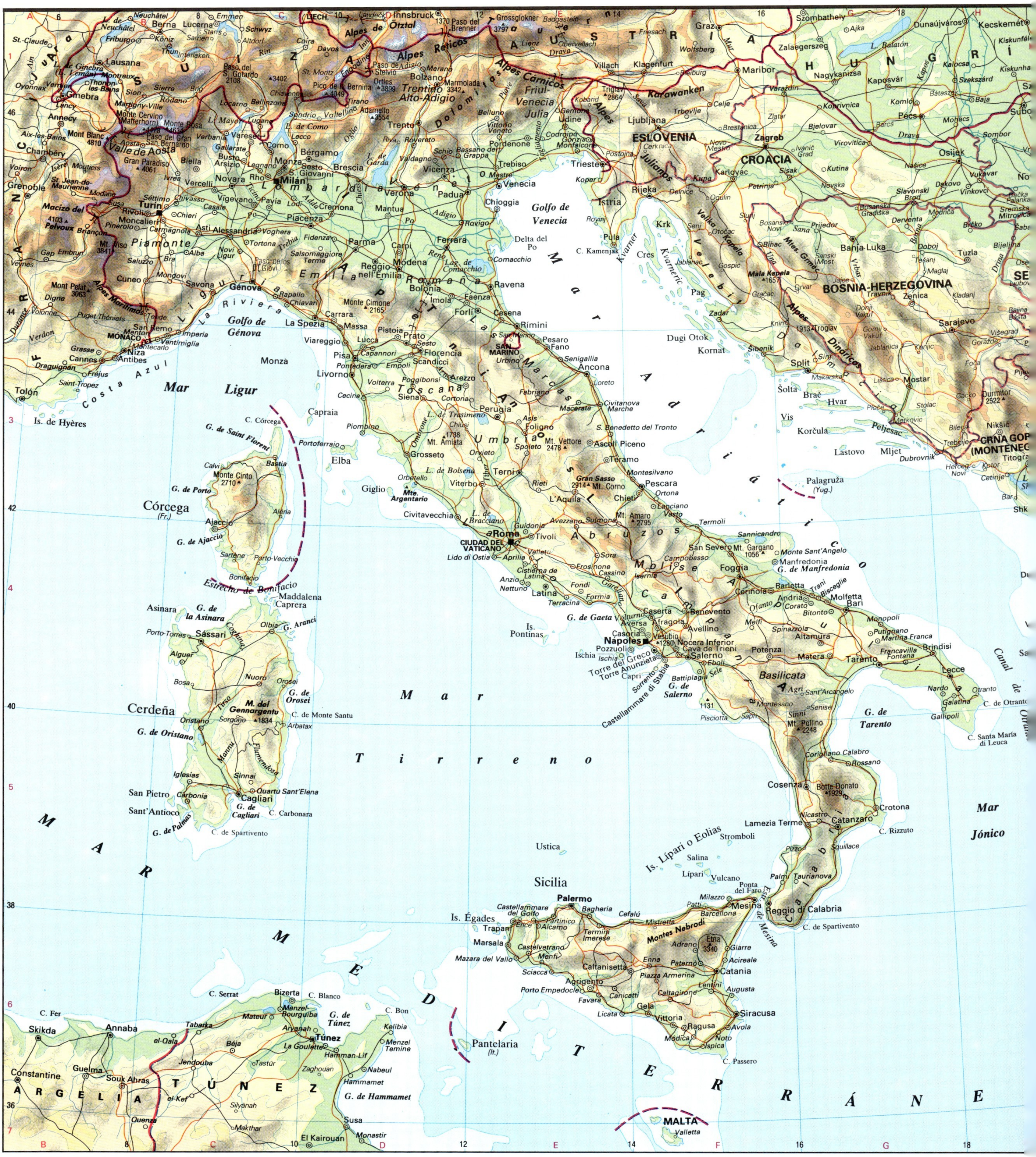

Europa central

140 Benelux

Europa nórdica. Islandia 141

142 Europa balcánica

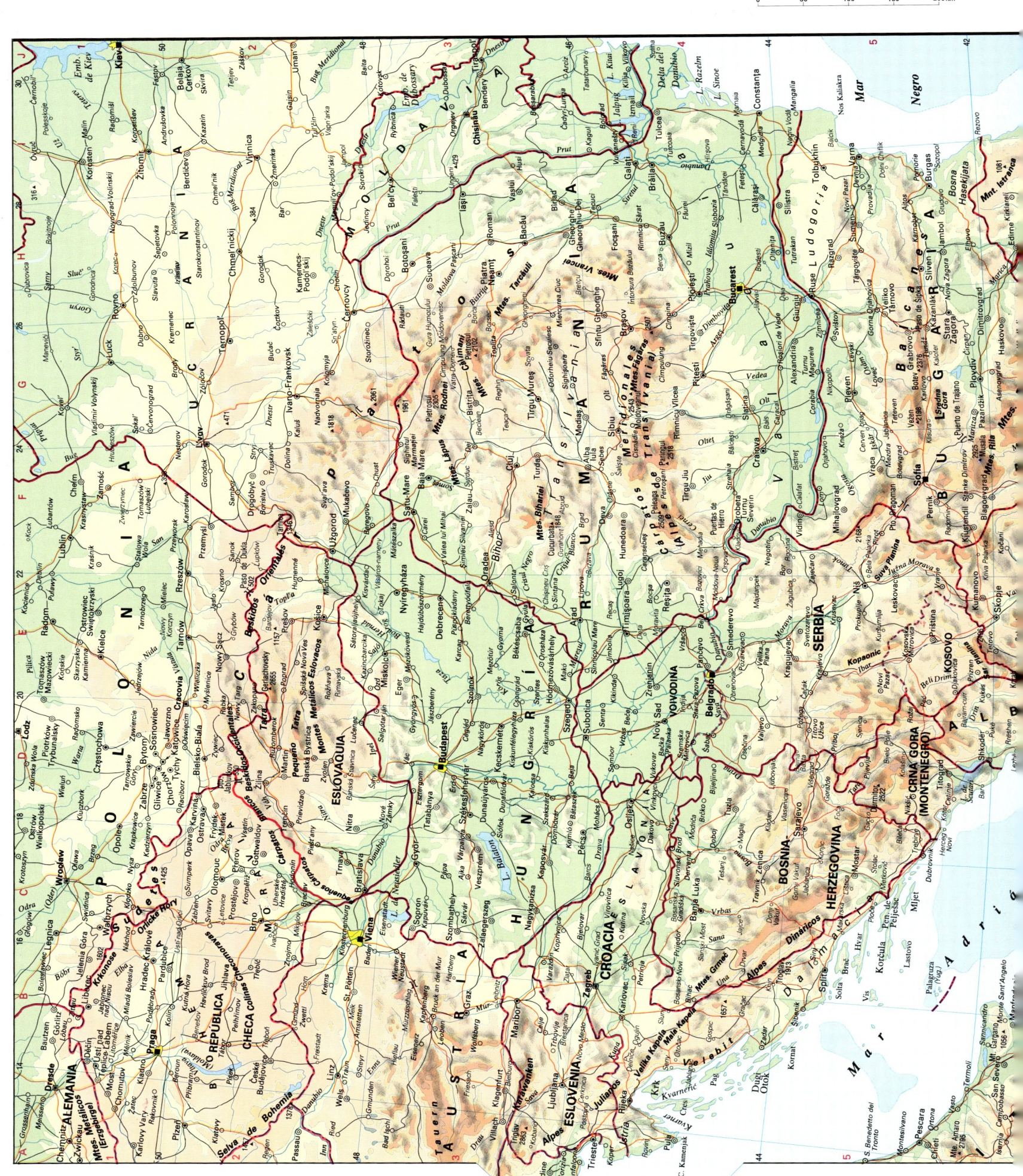

m
3000
2000
1500
1000
400
200
0
0
200

M A R M E D I T E R R Á N E O
Mar Jónico
Mar Egeo
Mar de Creta
Mar Tirreno
Mar de Mármara
Mar de Tracia
Canal de Otranto
Golfo de Tarento
G. de la Sirte
Is. Jónicas
Dodecaneso
Is. Cícladas
Is. Espóradas del Norte
GRECIA
TURQUÍA
ANATOLIA Occidental
LIBIA
EGIPTO
Meseta Libica
Peloponeso
Creta
Sicilia
Calabria
Basilicata
Montes Pindo
Atenas
Tesalónica
Izmir (Esmirna)
Bengasi
Tobruk
Rodas
Kárpathos
Iráklion (Candia)
Patras
Corfú
Cefalonia
Zante
Leucade
Citera
Lesbos
Quíos
Samos
Lemnos
Samotracia
Tasos
Naxos
Paros
Santorini
Milos
Andros
Eubea
Calcídica
Catania
Siracusa
Mesina
Reggio di Calabria
Taranto
Brindisi
Lecce
Otranto
Etna 3340
Mte. Olimpo 2917
Mte. Ida 2456
Estr. de Mesina
Estr. de los Dardanelos
Is. Lipari o Eolicas
Strómboli
Este de Greenwich

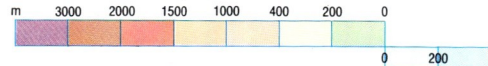

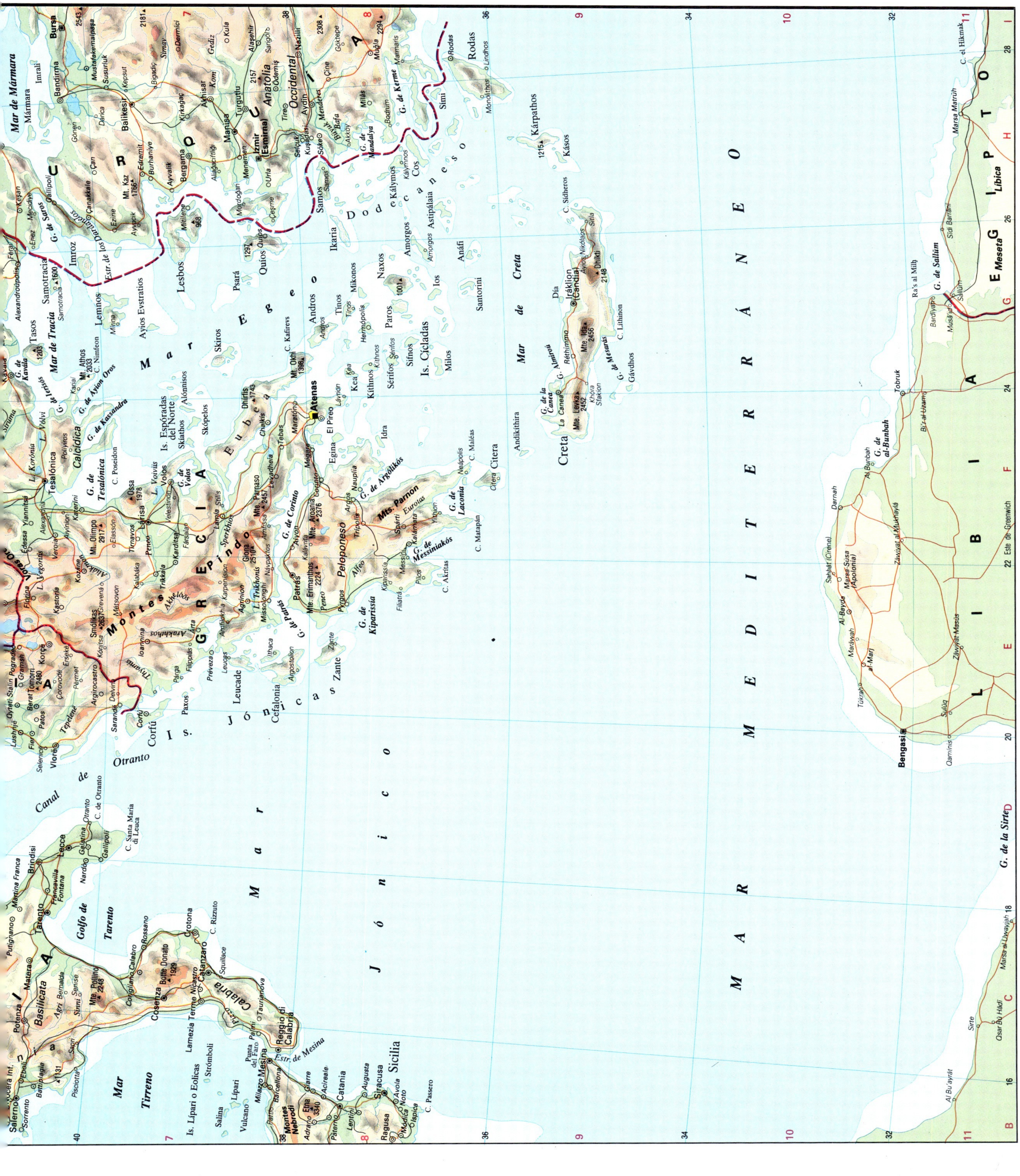

144 Europa oriental

Comunidad europea 145

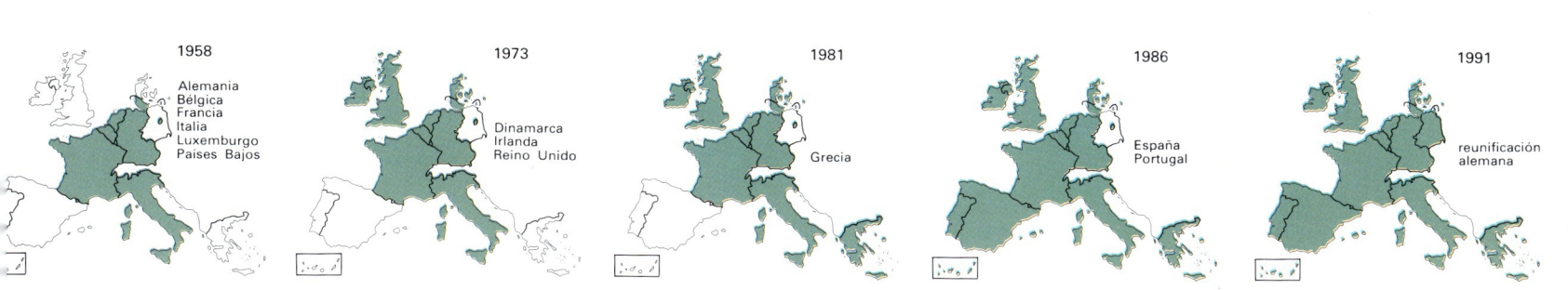

C.E. surgió a raíz de los esfuerzos para desarrollar la cooperación económica entre los países europeos tras la segunda guerra mundial, y para facilitar la contribución alemana a la defensa de Europa occidental. A partir del tratado que dió vida a la C.E.C.A. (Comunidad Europea del Carbón y del Acero), firmado en 1951, empezó a tomar cuerpo la idea de una sociedad de naciones sujeta a una autoridad supranacional en Europa. Los seis países firmantes del acuerdo de la C.E.C.A. consolidaron definitivamente la C.E.E. en enero de 1958, al entrar en vigor el tratado de fundación de ésta. A partir del acta única europea (1986), los órganos políticos de la C.E. quedaron definidos en: el Consejo de Ministros, con poder decisorio; la Comisión Europea, con atribuciones de control, gestión y regulación; el Parlamento Europeo, con poderes presupuestarios, consultivos y de control; el Tribunal de Justicia, encargado de lo contencioso y del control judicial de las decisiones de los otros órganos; el Comité Económico y Social y el Tribunal de Cuentas, órganos consultivos que sólo emiten dictámenes.

Consejo de Ministros

País	Nº de votos
Alemania	10
Francia	10
Italia	10
Reino Unido	10
España	8
Bélgica	5
Grecia	5
Países Bajos	5
Portugal	5
Dinamarca	3
Irlanda	3
Luxemburgo	2

Comisión Europea

País	Nº de miembros
Alemania	2
España	2
Francia	2
Italia	2
Reino Unido	2
Bélgica	1
Dinamarca	1
Grecia	1
Irlanda	1
Luxemburgo	1
Países Bajos	1
Portugal	1

Tribunal de Justicia

13 Jueces
6 Abogados Generales

Designados de común acuerdo

Parlamento Europeo

518 miembros

Elegidos por sufragio universal

Comité Económico y Social

189 miembros

Designados por los sindicatos y asociaciones socioprofesionales

Tribunal de Cuentas

Comité consultivo formado por 12 miembros

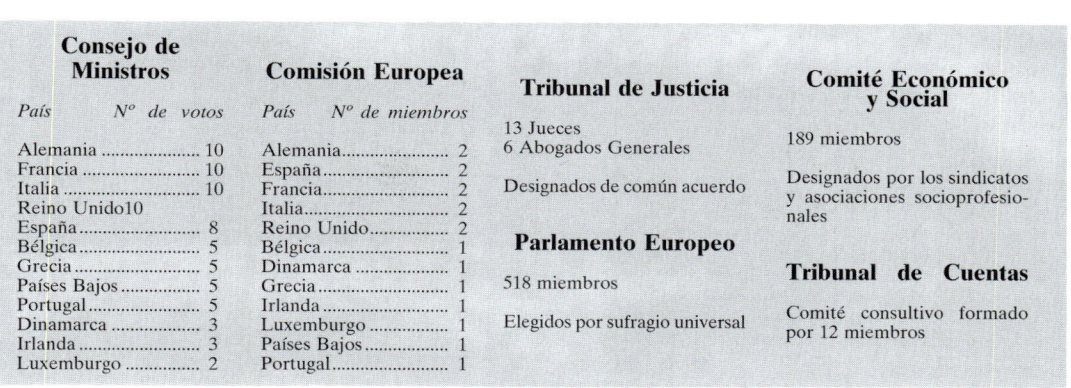

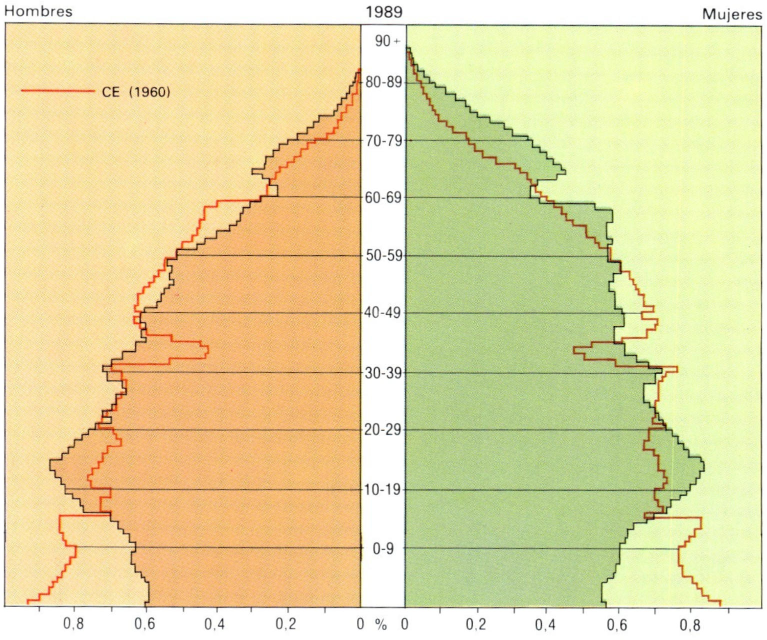

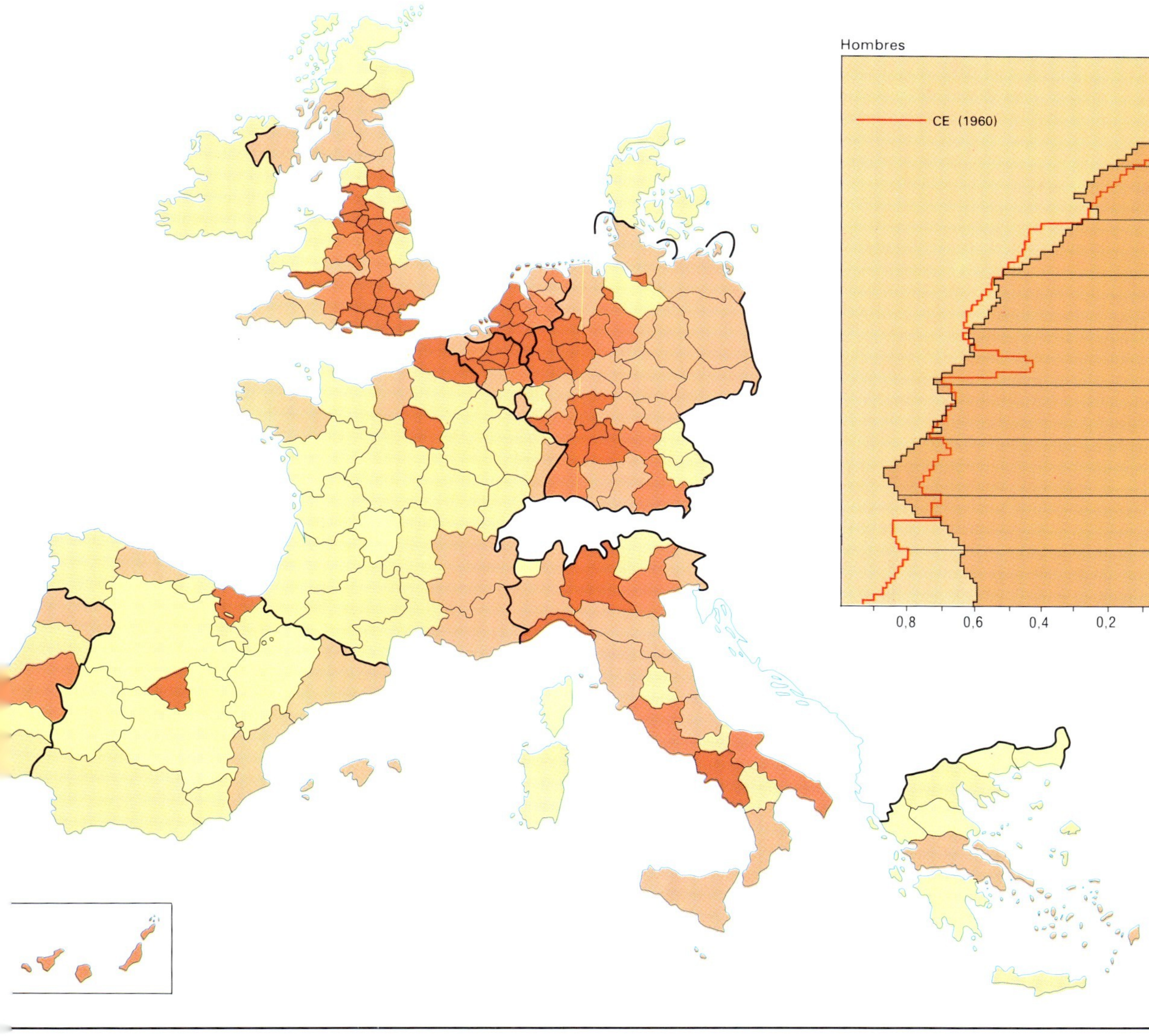

Densidad de población:
- más de 300 hab./km^2
- de 200 a 300
- de 100 a 200
- de 50 a 100
- menos de 50

(los datos de la ex-RDA son globales)
CE: 143 hab./km^2

146 Comunidad europea

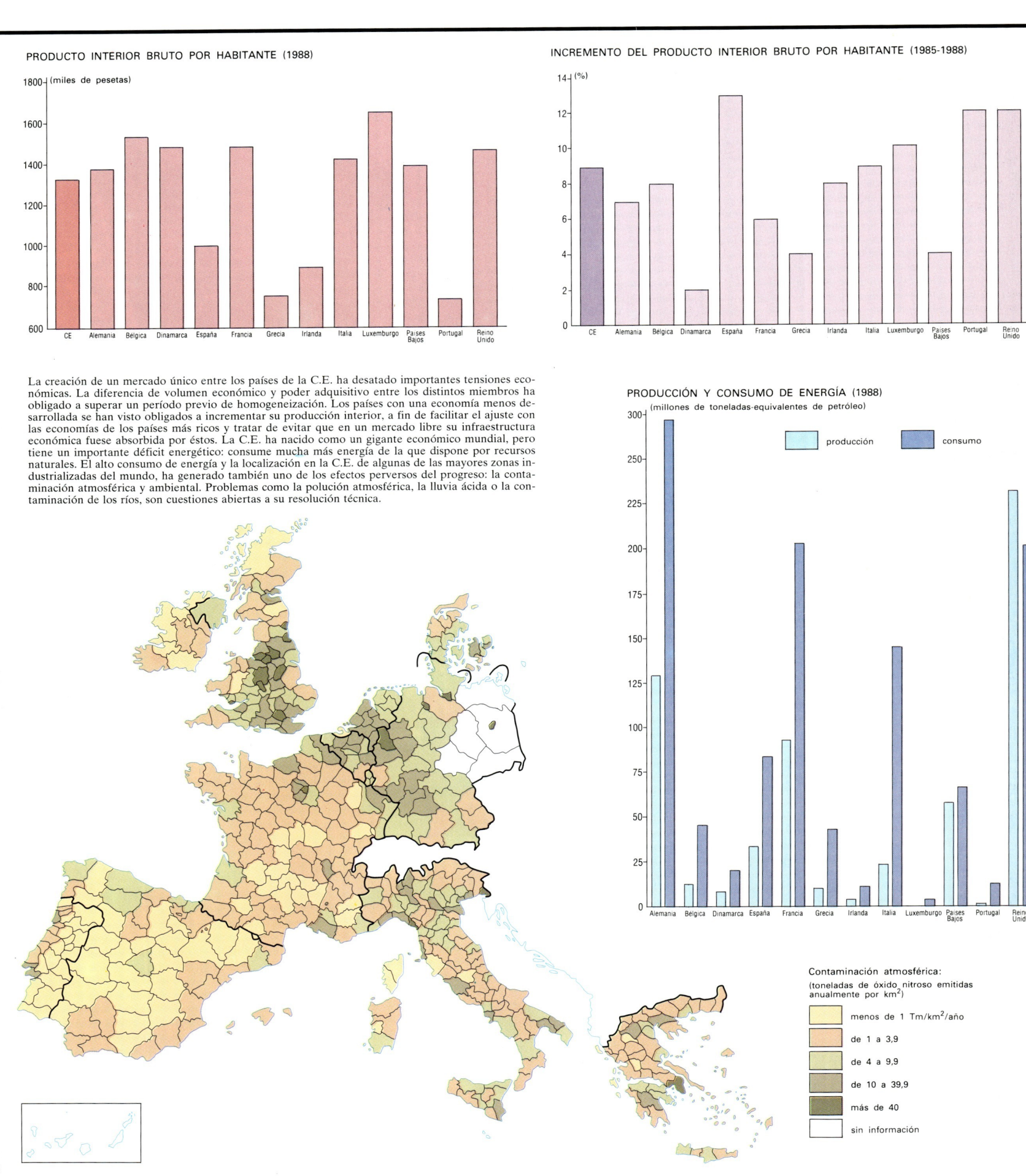

PRODUCTO INTERIOR BRUTO POR HABITANTE (1988)

INCREMENTO DEL PRODUCTO INTERIOR BRUTO POR HABITANTE (1985-1988)

La creación de un mercado único entre los países de la C.E. ha desatado importantes tensiones económicas. La diferencia de volumen económico y poder adquisitivo entre los distintos miembros ha obligado a superar un período previo de homogeneización. Los países con una economía menos desarrollada se han visto obligados a incrementar su producción interior, a fin de facilitar el ajuste con las economías de los países más ricos y tratar de evitar que en un mercado libre su infraestructura económica fuese absorbida por éstos. La C.E. ha nacido como un gigante económico mundial, pero tiene un importante déficit energético: consume mucha más energía de la que dispone por recursos naturales. El alto consumo de energía y la localización en la C.E. de algunas de las mayores zonas industrializadas del mundo, ha generado también uno de los efectos perversos del progreso: la contaminación atmosférica y ambiental. Problemas como la polución atmosférica, la lluvia ácida o la contaminación de los ríos, son cuestiones abiertas a su resolución técnica.

PRODUCCIÓN Y CONSUMO DE ENERGÍA (1988)
(millones de toneladas-equivalentes de petróleo)

Contaminación atmosférica:
(toneladas de óxido nitroso emitidas anualmente por km²)

- menos de 1 Tm/km²/año
- de 1 a 3,9
- de 4 a 9,9
- de 10 a 39,9
- más de 40
- sin información

Comunidad europea 147

Full-page thematic map of the European Community showing foreign trade (Comercio Exterior), secondary sector (industry, construction and energy) and primary sector (agriculture, livestock and fishing) indicators by country.

COMERCIO EXTERIOR
- Importaciones: procedentes de estados integrados en la CEE / procedentes de estados no integrados en la CEE
- Exportaciones: a estados integrados en la CEE / a estados no integrados en la CEE

Valor del comercio exterior en millones de ECU: 300 000 / 200 000 / 150 000 / 100 000 / 50 000 / 10 000

SECTOR SECUNDARIO: INDUSTRIA, CONSTRUCCIÓN Y ENERGÍA
Porcentaje de la población activa ocupada en el sector secundario
- más del 40 %
- del 35 al 40 %
- del 30 al 35 %
- del 25 al 30 %
- menos del 25 %

SECTOR PRIMARIO: AGRICULTURA, GANADERÍA Y PESCA
Porcentaje de la población activa ocupada en la agricultura
- más del 20 %
- del 10 al 20 %
- del 5 al 10 %
- menos del 5 %

Pesca (en 1 000 toneladas): menos de 50 / de 100 a 500 / de 500 a 1 000 / de 1 000 a 1 500 / de 1 500 a 1 700

Trade pie chart values:
- REINO UNIDO: 51,5 % / 48,5 % ; 49,6 % / 50,4 %
- IRLANDA: 63,6 % / 36,4 % ; 66,7 % / 33,3 %
- PAÍSES BAJOS: 62,7 % / 37,3 % ; 76,2 % / 23,8 %
- DINAMARCA: 66,5 % / 43,5 % ; 50 % / 50 %
- BÉLGICA Y LUXEMBURGO: 72,6 % / 27,4 % ; 74,65 % / 25,35 %
- R.F. DE ALEMANIA: 54,5 % / 45,5 % ; 53 % / 47 %
- FRANCIA: 65,7 % / 34,3 % ; 63,4 % / 36,6 %
- ESPAÑA: 55 % / 45 % ; 61,3 % / 38,7 %
- PORTUGAL: 70,8 % / 29,2 % ; 76 % / 24 %
- ITALIA: 56,5 % / 43,5 % ; 56,4 % / 43,6 %
- GRECIA: 70 % / 30 % ; 80 % / 20 %

Los datos disponibles de la antigua R.D.A. no son comparables con los de la C.E.E.

Escala 1 : 20 000 000 0 – 250 – 500 – 750 km

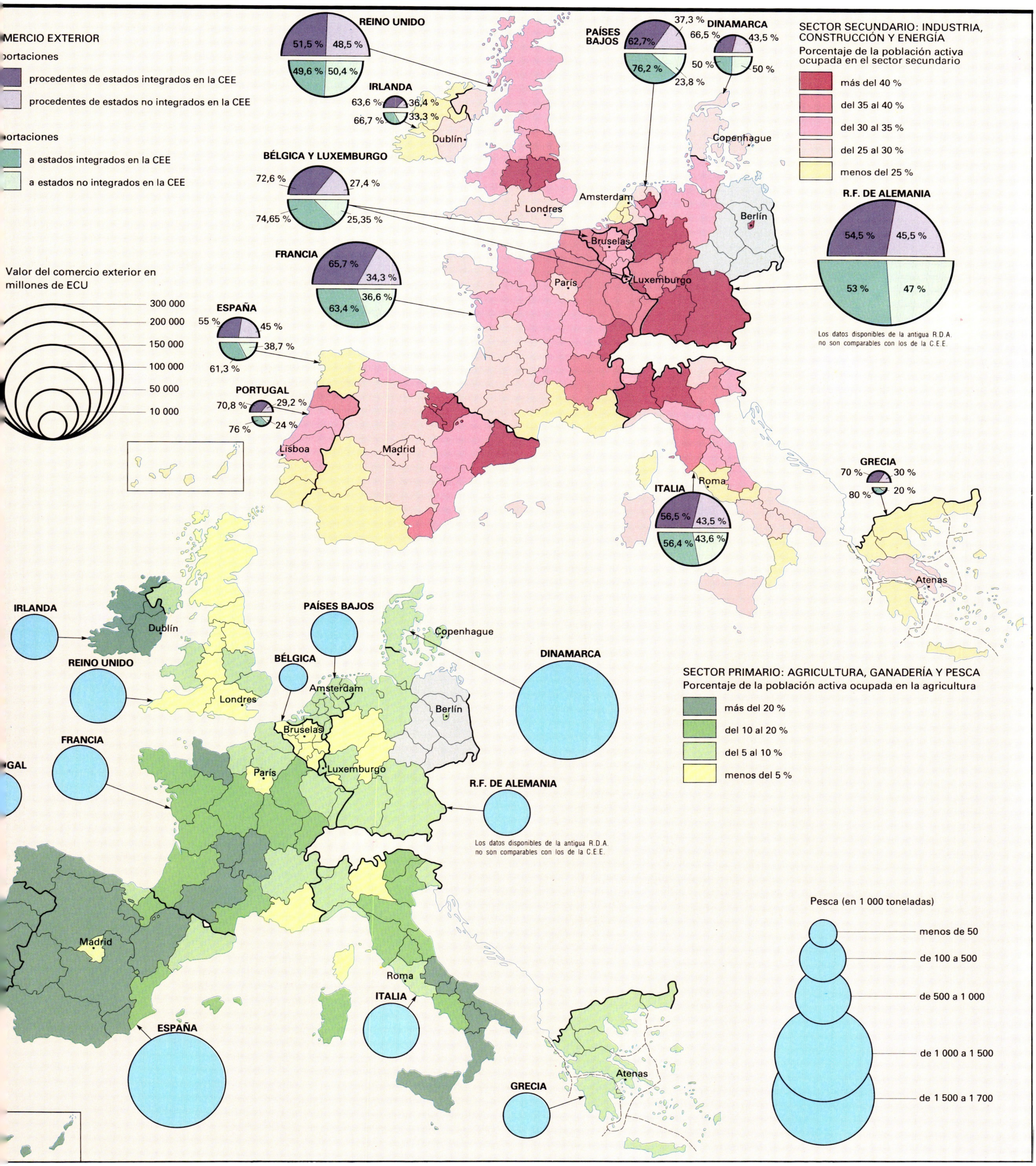

148 Asia: Físico-político

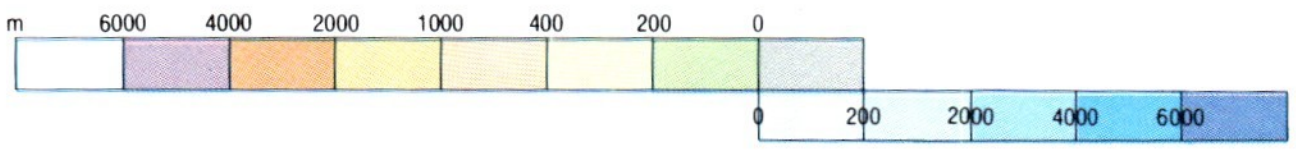

Arriba. Vista de Teherán con los montes Elburz al fondo. *Centro.* Campos de arroz en la India. *Abajo.* Refinería de petróleo en Arabia Saudita.

150 Asia: Clima

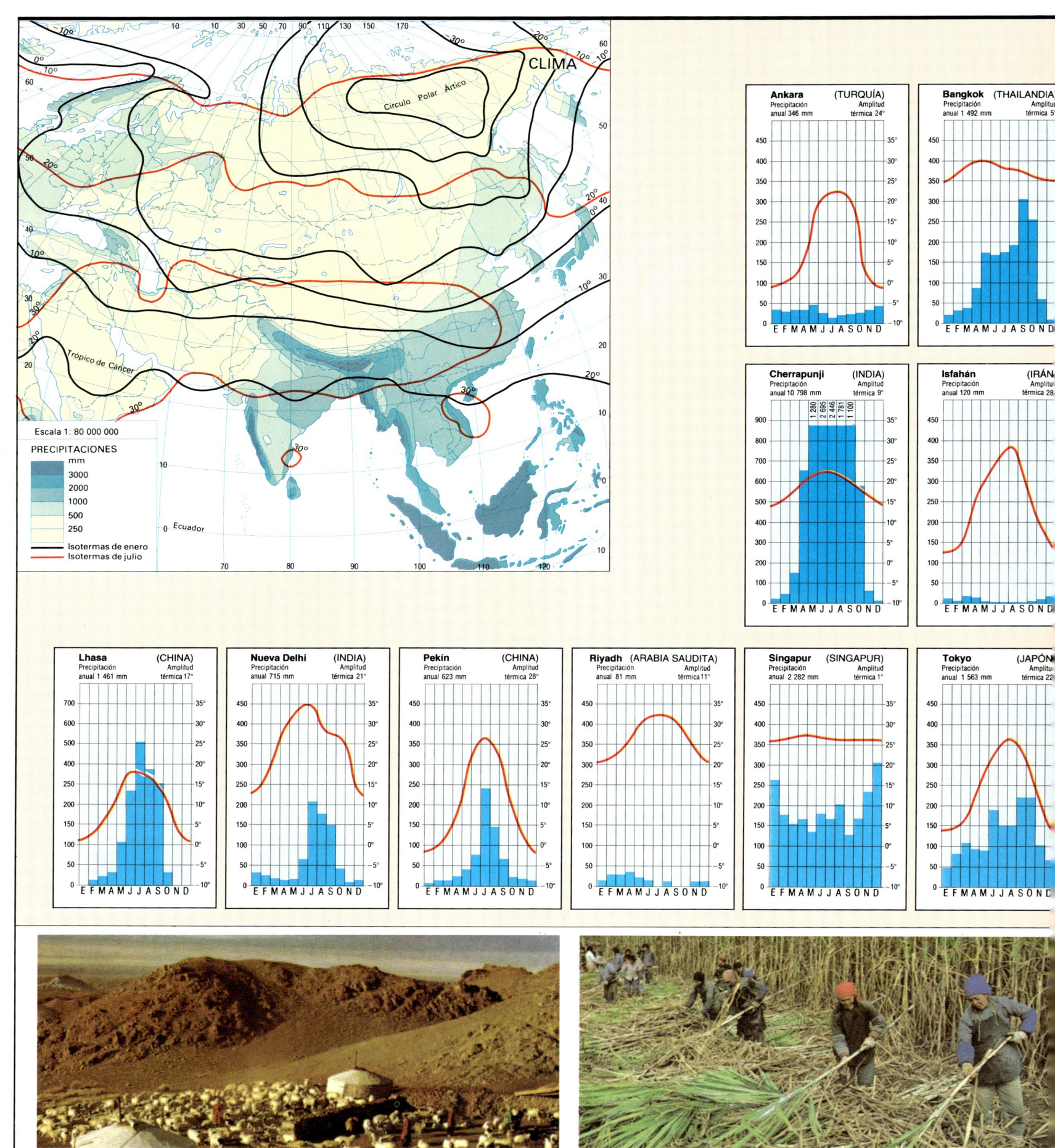

Campamento de nómadas en Mongolia.

Recogida de la caña de azúcar en China.

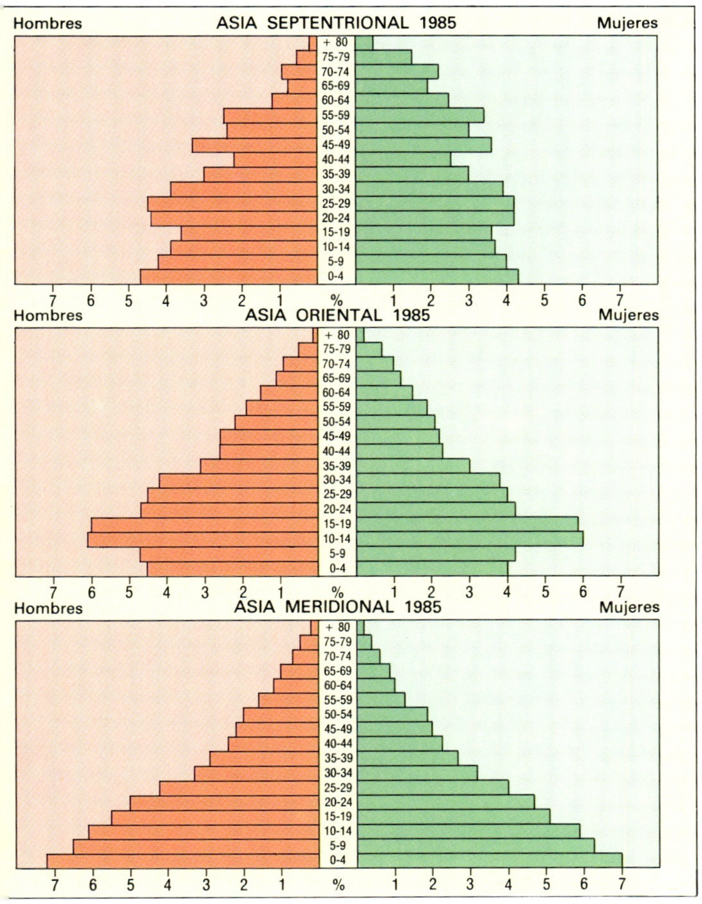

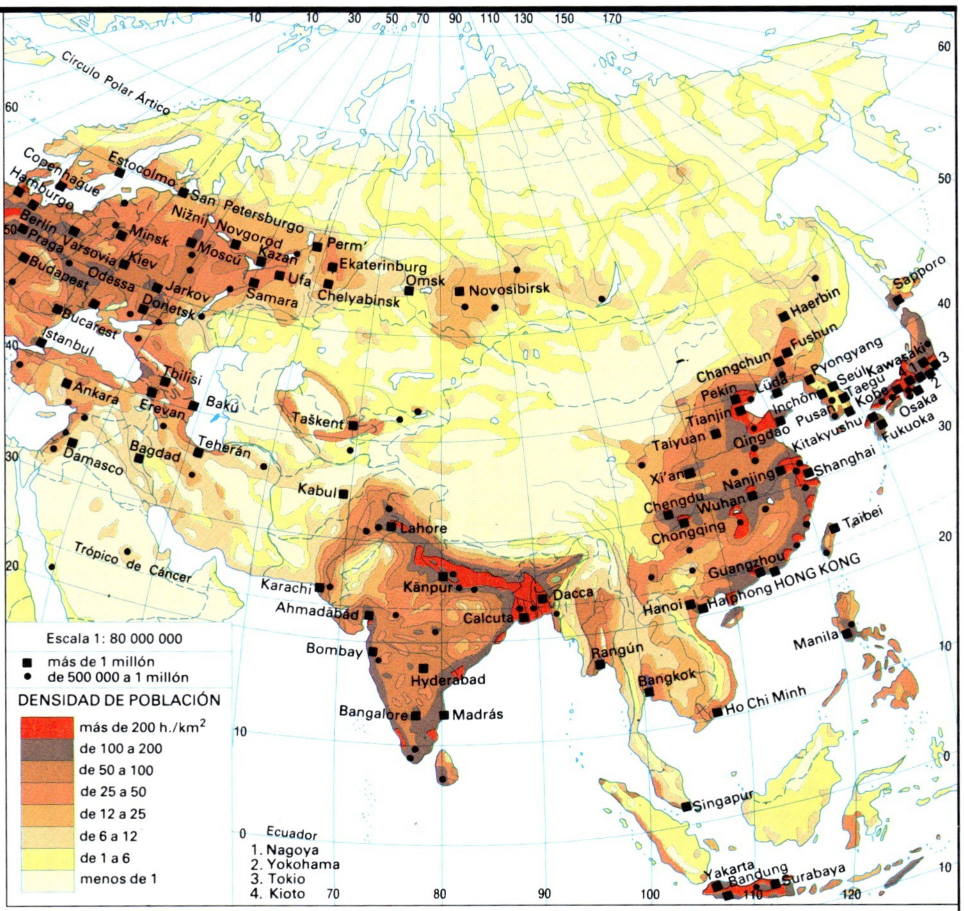

Asia: Población 151

Arriba. Vista aérea del distrito Marunochi en Tokio. *Derecha.* Calle de Hanoi.

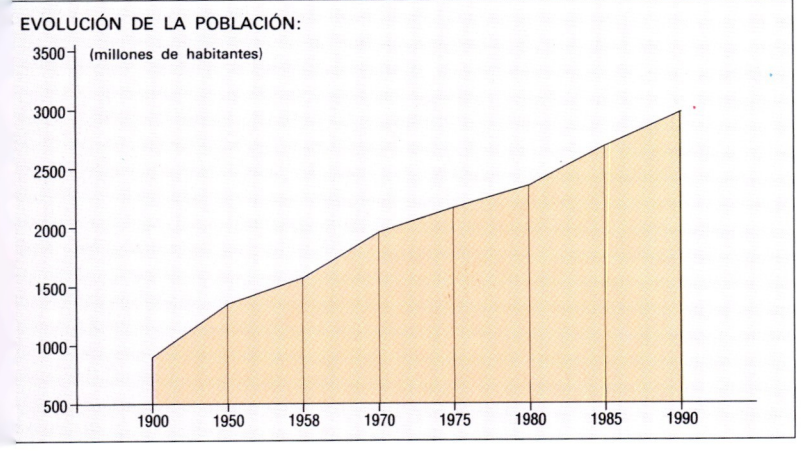

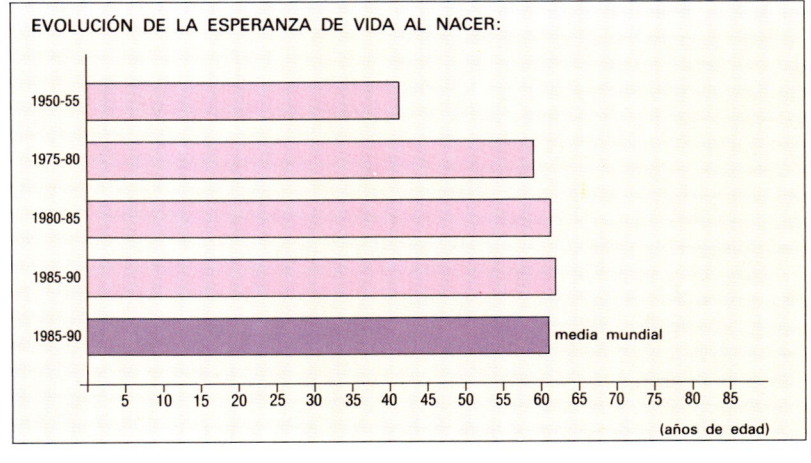

Asia septentrional

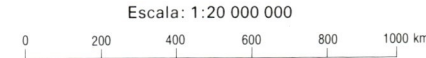
Escala: 1:20 000 000

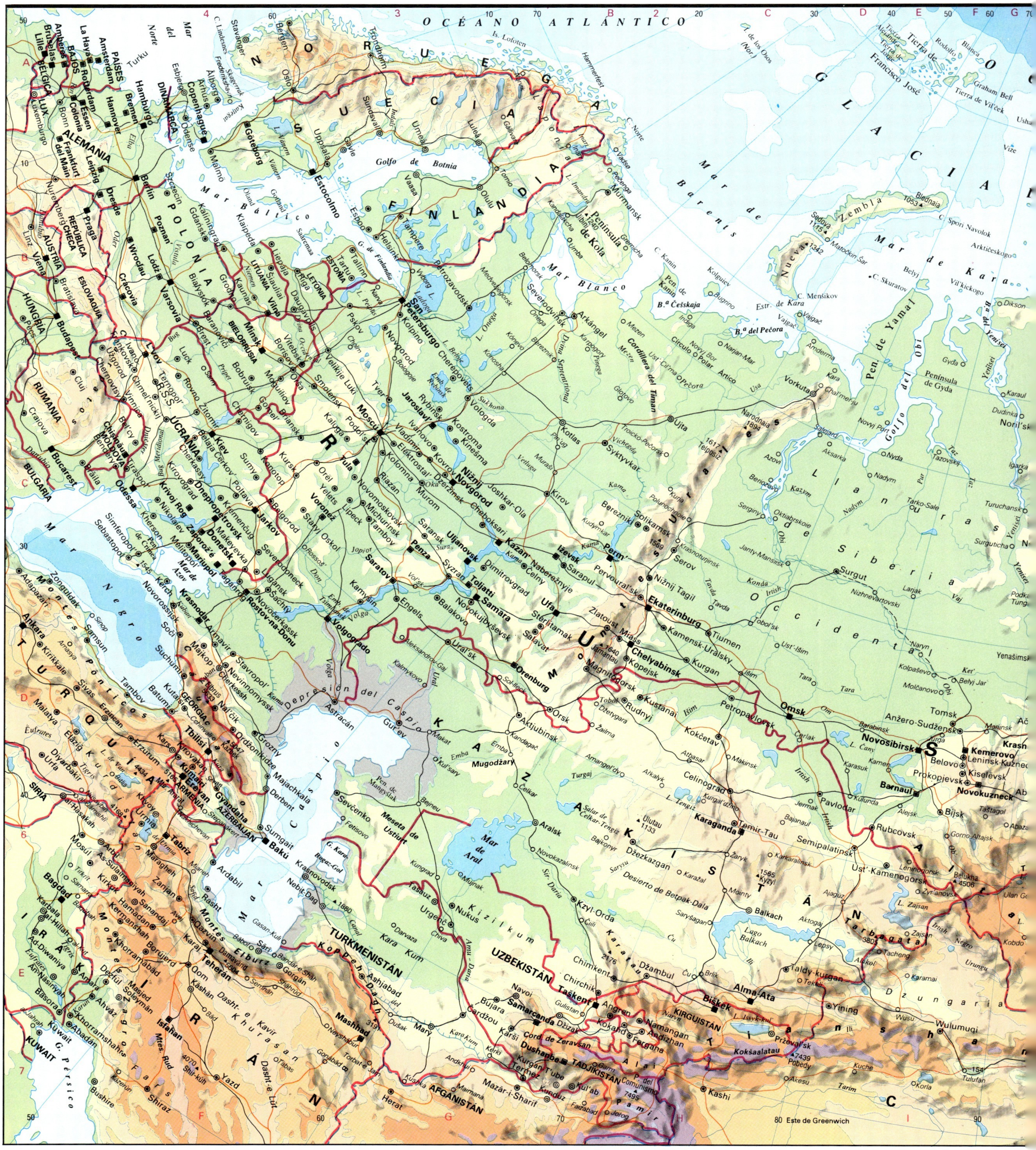

154 Palestina. Próximo y Medio Oriente

Arriba. Puerto de Bodrum en la costa turca del mar Egeo. *Centro.* Belén, Palestina. *Abajo.* Puerto de Haifa, el principal de Israel.

Asia meridional

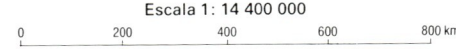

Arriba. Baño ritual en el río Ganges (India). El Ganges representa para los indúes la Diosa-Madre, dadora de vida y salud, benevolente y capaz de purificar los pecados. La antropomorfización de los fenómenos naturales es un hecho habitual en la India. *Derecha.* Barrio flotante en Hong-Kong. La densidad de población en algunas zonas de Asia figura entre las más altas del mundo.

El arroz constituye el alimento básico de la mayoría de los asiáticos. *Izquierda.* Cultivos según métodos tradicionales. *Arriba.* Campos de arroz en terrazas.

158 China. Corea. Japón

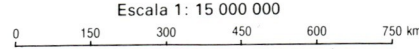
Escala 1: 15 000 000

El Altar del Cielo en la Ciudad Prohibida de Pekín.

160 Sureste asiático insular

162 África: Físico-político

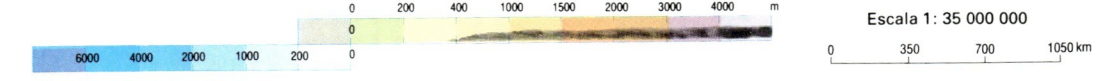

Escala 1: 35 000 000

África: Clima 163

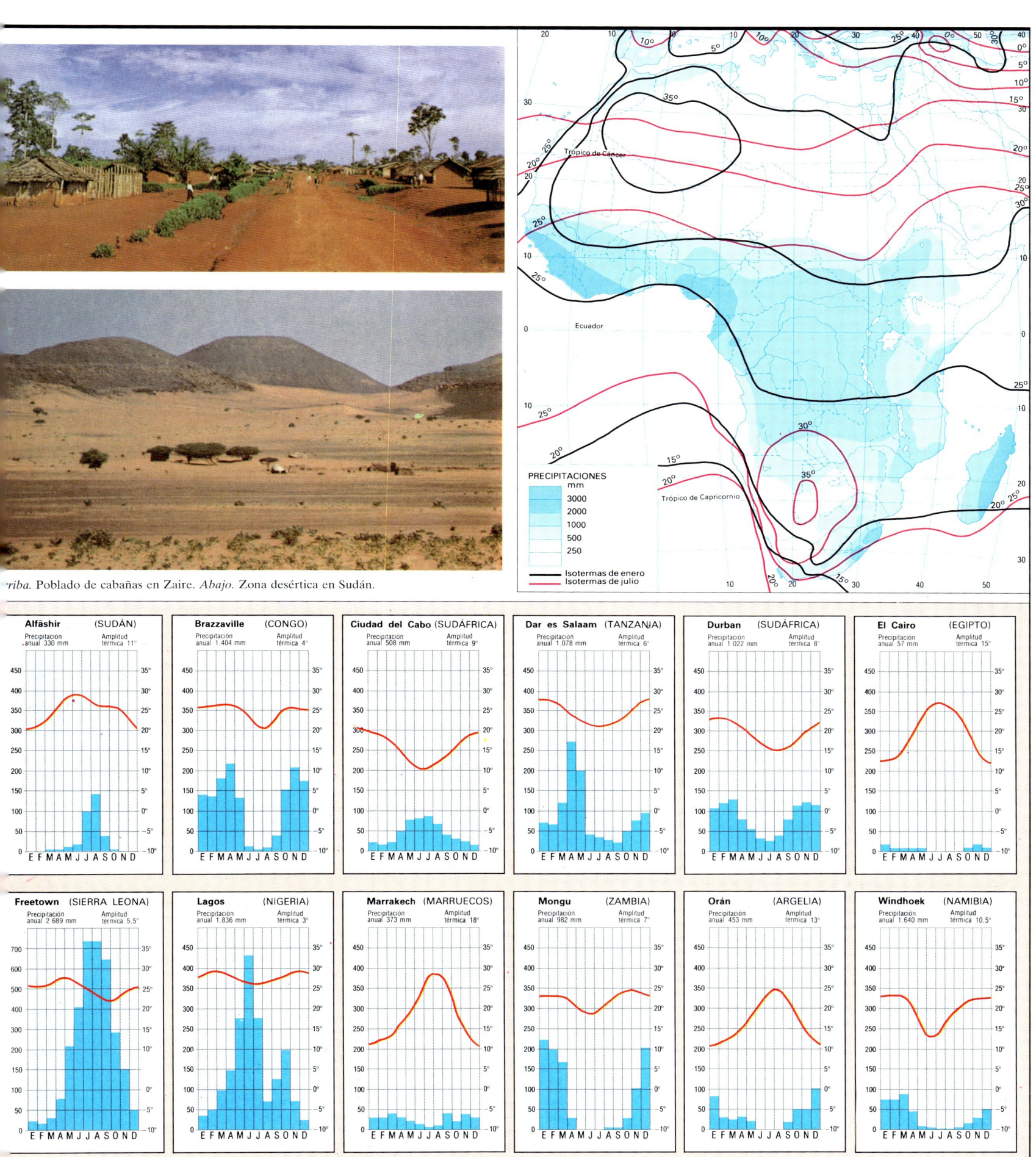

Arriba. Poblado de cabañas en Zaire. *Abajo.* Zona desértica en Sudán.

164 África: Población

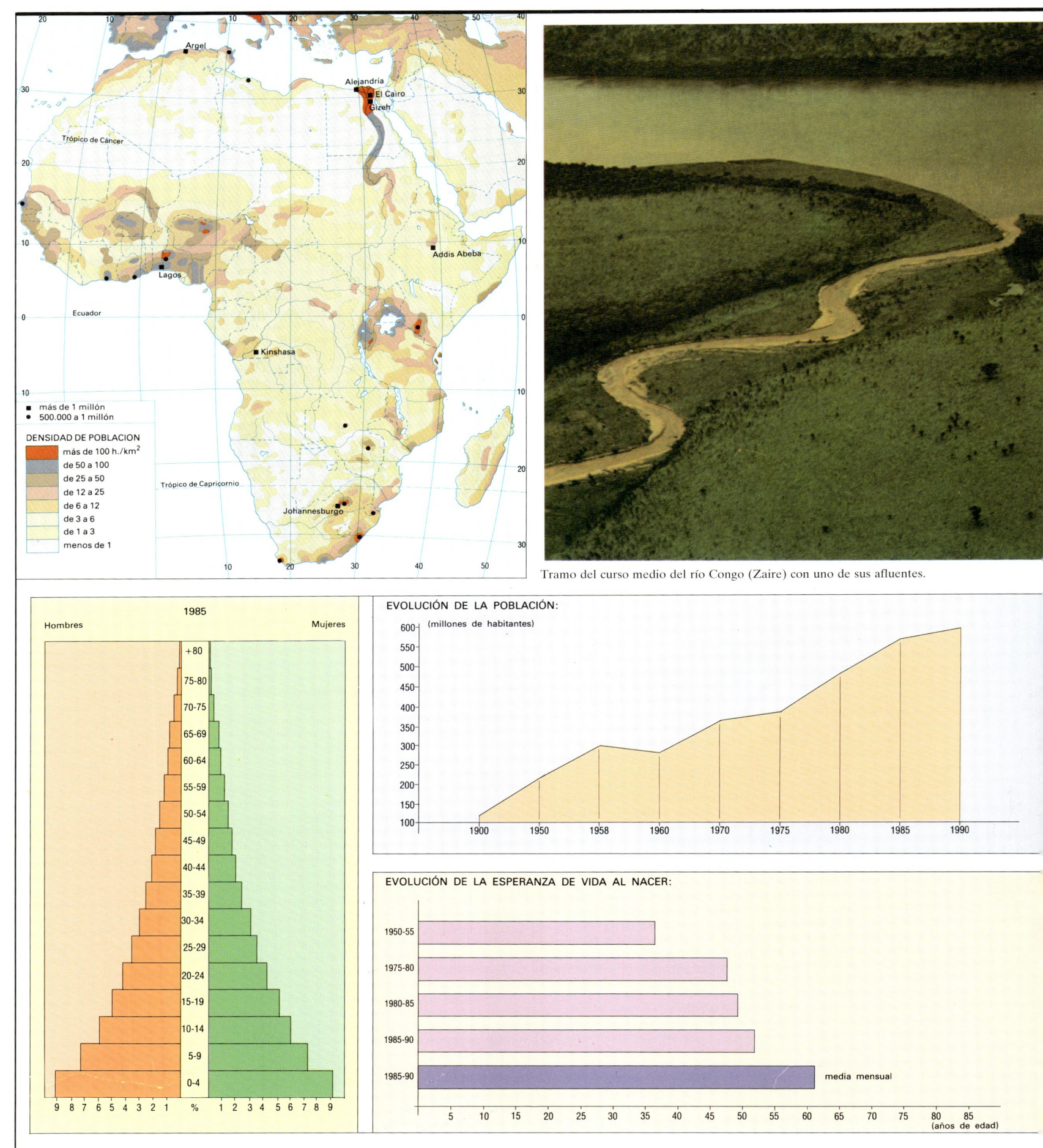

Tramo del curso medio del río Congo (Zaire) con uno de sus afluentes.

DENSIDAD DE POBLACION
- más de 100 h./km²
- de 50 a 100
- de 25 a 50
- de 12 a 25
- de 6 a 12
- de 3 a 6
- de 1 a 3
- menos de 1

- ■ más de 1 millón
- ● 500.000 a 1 millón

1985 — Hombres / Mujeres (pirámide de edades: +80, 75-80, 70-75, 65-69, 60-64, 55-59, 50-54, 45-49, 40-44, 35-39, 30-34, 25-29, 20-24, 15-19, 10-14, 5-9, 0-4)

EVOLUCIÓN DE LA POBLACIÓN: (millones de habitantes) — 1900, 1950, 1958, 1960, 1970, 1975, 1980, 1985, 1990

EVOLUCIÓN DE LA ESPERANZA DE VIDA AL NACER:
- 1950-55
- 1975-80
- 1980-85
- 1985-90
- 1985-90 — media mensual

(años de edad)

166 África septentrional

m
4000
3000
2000
1500
1000
400
200
0
0
200
2000
4000

G R E C I A
TURQUÍA
SIRIA
CHIPRE
LÍBANO
ISRAEL
JORDANIA
ARABIA SAUDITA
M A R   M E D I T E R R Á N E O
MALTA
Sicilia
Creta
Rodas
Kárpathos
Iráklion
Nicosia
Limasol
Antalya
Mersin
Iskenderun
Alepo
Latakia
Hama
Tartus
Homs
Trípoli
Beirut
Damasco
Haifa
Tel Aviv
Jerusalén
Ammán
Mar Muerto
Alejandría
Port Said
Damietta
Ismailia
Suez
Tanta
Az-Zaqaziq
Gizeh
El Cairo
El Fayum
Beni Suef
al-Minya
Mallawi
Asyūt
Sohag
Qena
Luxor
Assuán
Lago Nasser
Pen. del Sinaí
Golfo de Suez
Desierto Arábigo
E G I P T O
Nilo
Bengasi
Tobruk
Misrātah
Gran Sirte
Cirenaica
Oasis de Jalū
Oasis de Jufra
D e s i e r t o   d e   L i b i a
S a h a r a
Oasis de al-Kufrah
Trópico de Cáncer
Meseta al-Jilf al-Kabīr
Oasis de ad-Dakhilah
Oasis de al-Khārijah
Tibesti
Emi Koussi
3415
Tarso Emissi
Borkou
Ennedi
Bodelé
Djurab
C H A D
Kanem
Lago Chad
N'Djamena
Abéché
Uadai
M a r   R o j o
Desierto de Nubia
Wādi Halfa
Port Sudán
Atbara
Oasis de Selimah
Oasis de Nukhaylah
Kordofan
Darfur
Omdurman
Khartum
Khartum Norte
al Jazirah
Wad Medani
El Obeid
Nyālā
S U D Á N
Bahr-al-'Arab
Bahr al-Ghazal
As-Sudd
Nilo Blanco
Nilo Azul
E R I T R E A
Asmara
Massaua
Kassalā
YEMEN
Sana
Hodeida
Ta'izz
DJIBUTI
Djibuti
Bab-el-Mandeb
SOMALIA
Hargeysa
E T I O P Í A
Macizo Etiópico
Gondar
Lago Tana
Addis Abeba
Dire Dawa
Harar
Ras Dashen
4620
L. Abaya
Lago Turkana
K E N I A
UGANDA
Z A I R E
REPÚBLICA CENTROAFRICANA
Bangui
Juba
VALLE DEL NILO
SUDÁN
0
100
200 km

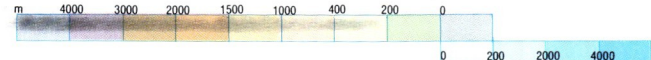

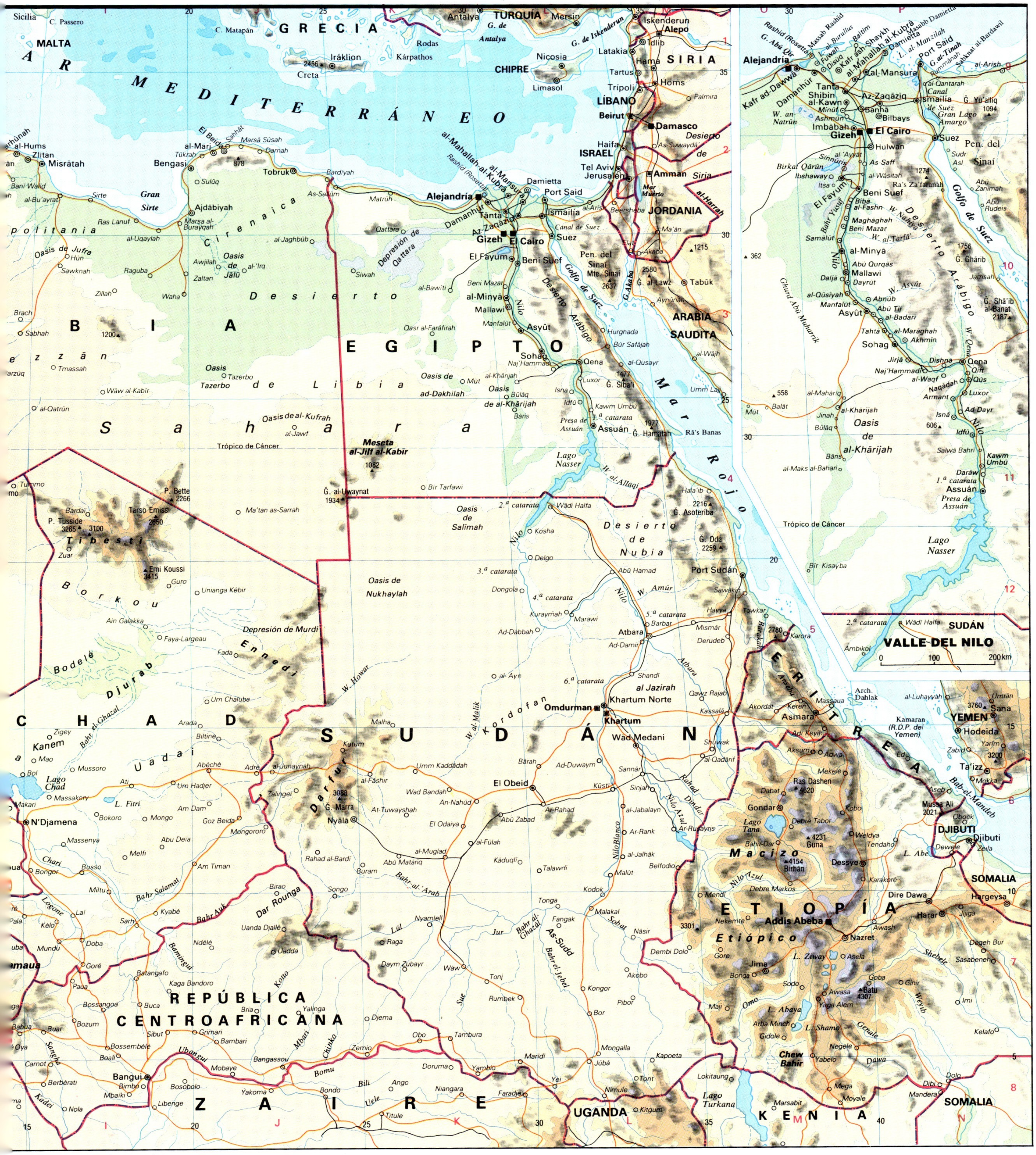

168 África meridional

170 América del Norte: Físico-político

Arriba. Vista aérea de un sector de la ciudad de Boston (Estados Unidos). *Centro.* Lago Honeymoon en la zona canadiense de las Montañas Rocosas. *Abajo.* Rascacielos en Manhatan, Nueva York.

172 América del Norte: Clima

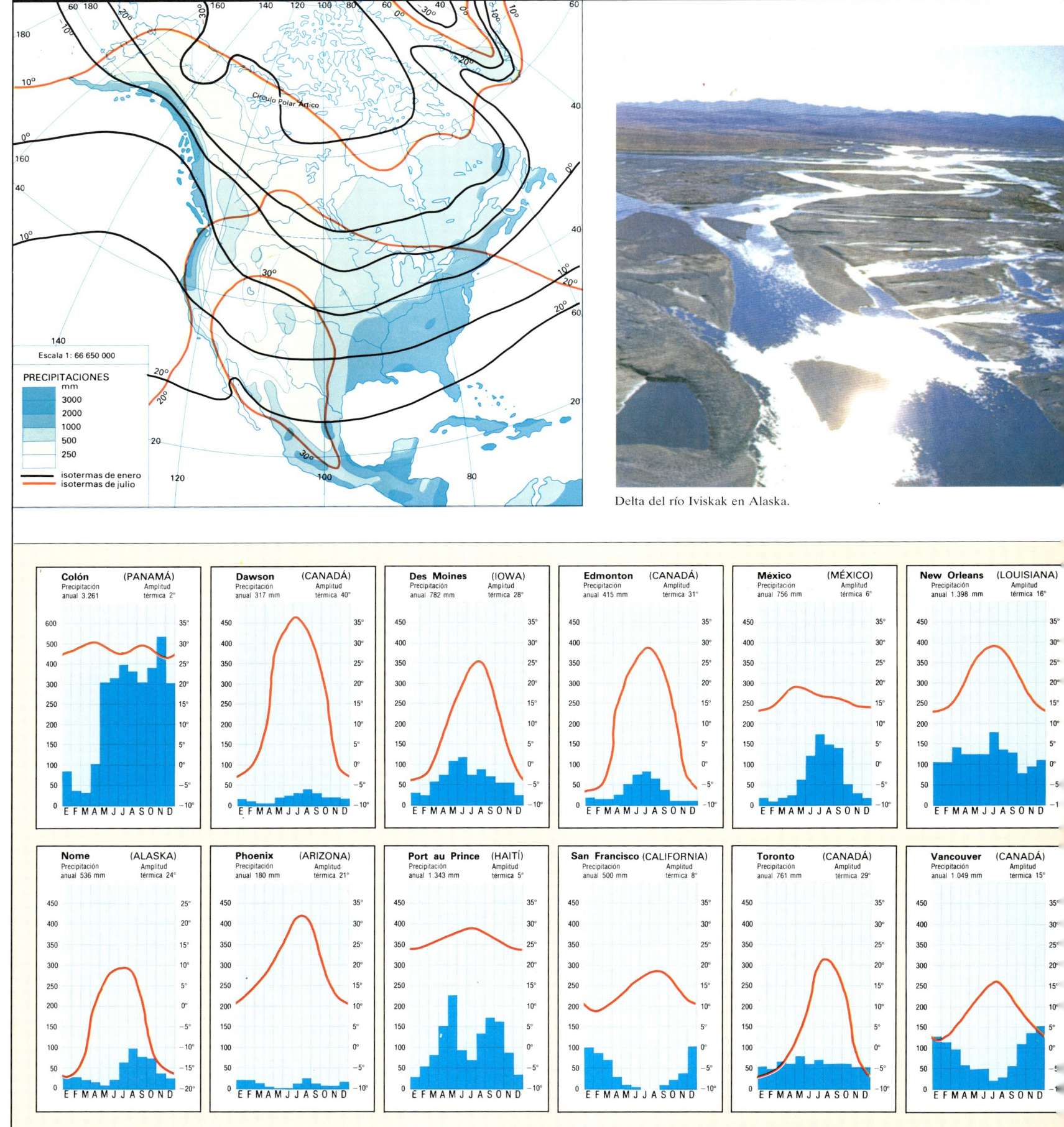

Delta del río Iviskak en Alaska.

América del Norte: Población 173

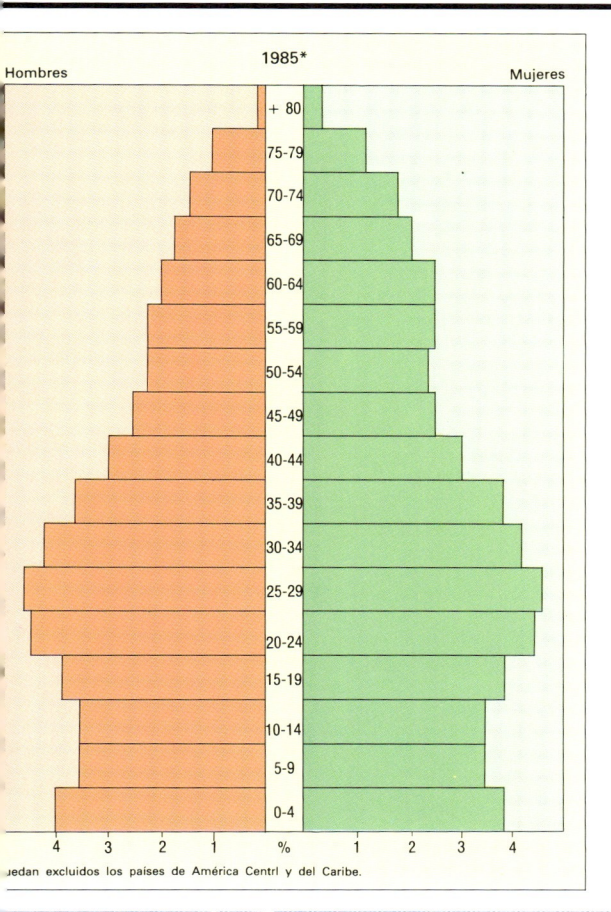

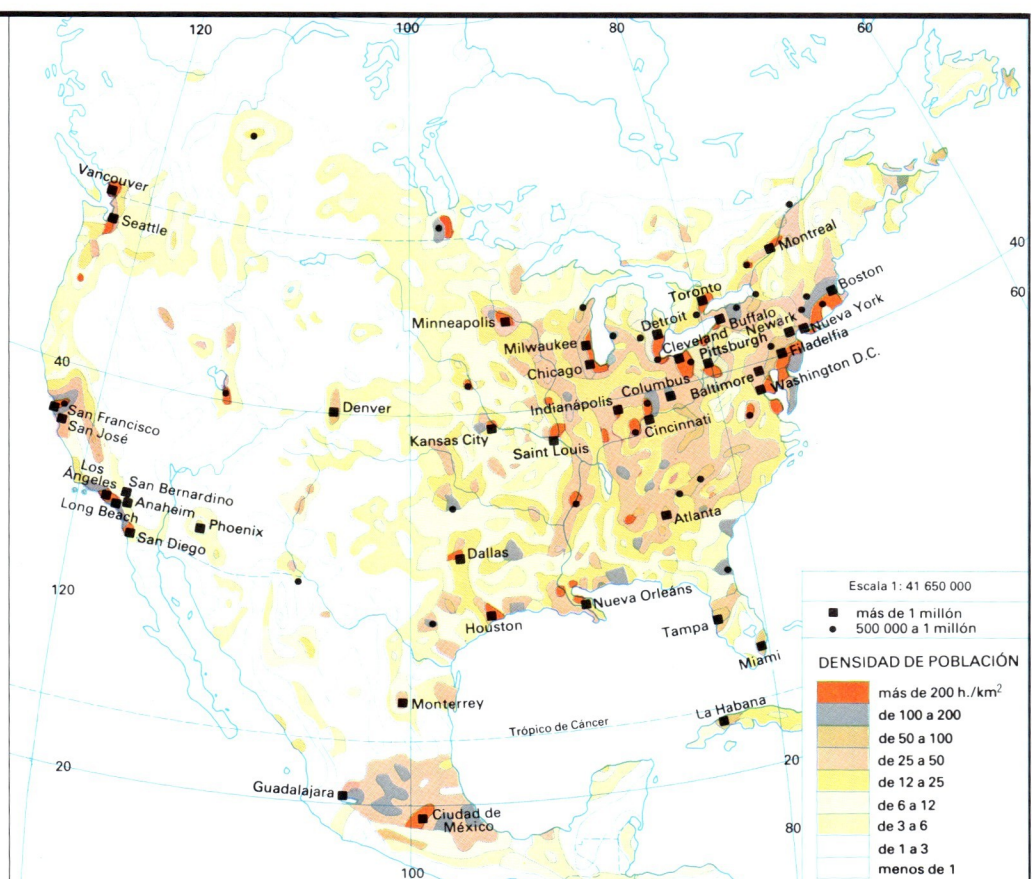

badlands en Dakota del Sur.

Centro de la ciudad de Chicago.

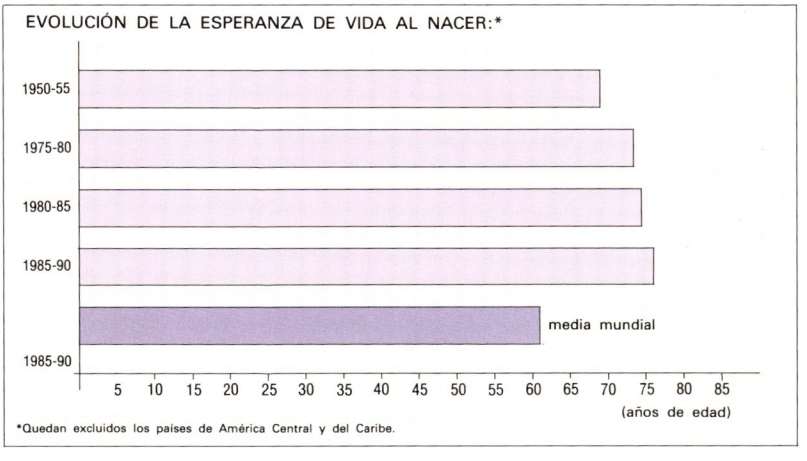

174 Alaska. Canadá. Groenlandia

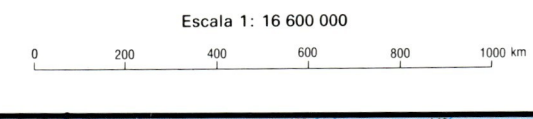
Escala 1 : 16 600 000

176 Estados Unidos

m
4000
3000
2000
1500
1000
500
200
0
0
200
2000
4000
6000

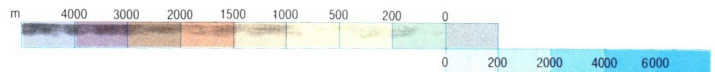

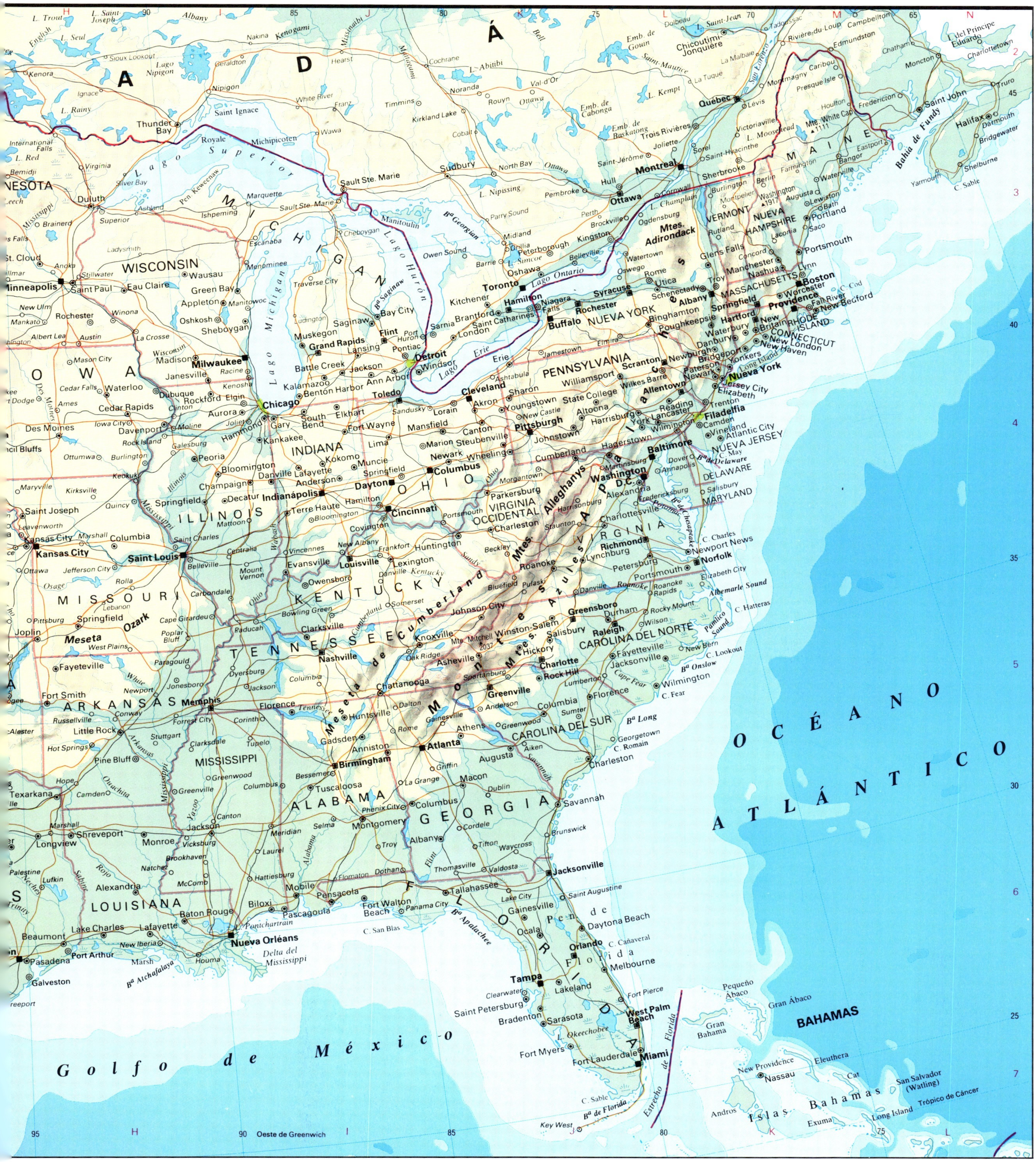
C A N A D Á
Lago Superior
MICHIGAN
Lago Michigan
Lago Hurón
Lago Erie
Lago Ontario
Bª Georgian
WISCONSIN
IOWA
ILLINOIS
INDIANA
OHIO
MISSOURI
KENTUCKY
TENNESSEE
ARKANSAS
MISSISSIPPI
ALABAMA
GEORGIA
LOUISIANA
FLORIDA
PENNSYLVANIA
NUEVA YORK
VIRGINIA OCCIDENTAL
VIRGINIA
CAROLINA DEL NORTE
CAROLINA DEL SUR
MARYLAND
DELAWARE
NUEVA JERSEY
CONNECTICUT
RHODE ISLAND
MASSACHUSETTS
VERMONT
NUEVA HAMPSHIRE
MAINE
Mtes. Adirondack
Mtes. Alleghanys
Meseta de Cumberland
Montes Azules
Apalaches
Meseta Ozark
OCÉANO ATLÁNTICO
Golfo de México
BAHAMAS
Islas Bahamas
Gran Bahama
Gran Ábaco
Pequeño Ábaco
Andros
Eleuthera
New Providence
Nassau
Exuma
Cat
Long Island
San Salvador (Watling)
Trópico de Cáncer
Estrecho de Florida
Península de Florida
Delta del Mississippi
Bahía de Fundy
Chicago
Nueva York
Detroit
Filadelfia
Washington D.C.
Baltimore
Boston
Montreal
Toronto
Ottawa
Québec
Atlanta
Memphis
Nashville
Saint Louis
Kansas City
Cleveland
Pittsburgh
Buffalo
Cincinnati
Louisville
Indianápolis
Columbus
Milwaukee
Minneapolis
Nueva Orléans
Birmingham
Jacksonville
Tampa
Miami
Charlotte
Norfolk
Richmond
Key West
Galveston
Houston
Pasadena
Mobile
Tallahassee
Savannah
Charleston
Wilmington
Raleigh
Greensboro
Knoxville
Chattanooga
Lexington
Dayton
Toledo
Springfield
Des Moines
Duluth
Sault Ste. Marie
Sudbury
Hamilton
Rochester
Syracuse
Albany
Hartford
Providence
Portland
Saint John
Halifax
Fredericton
Moncton
Sherbrooke
Trois Rivières
Chicoutimi-Jonquière
Kingston
Thunder Bay
Orlando
Daytona Beach
Fort Lauderdale
West Palm Beach
Saint Petersburg
Sarasota
Fort Myers
Gainesville
C. Hatteras
C. Fear
C. Lookout
C. Cañaveral
C. Sable
C. Cod
C. May
Mte. Mitchell 2037
Mte. White Cap 1111
95
90 Oeste de Greenwich
85
80
75
70
65
35
30
25
40
45

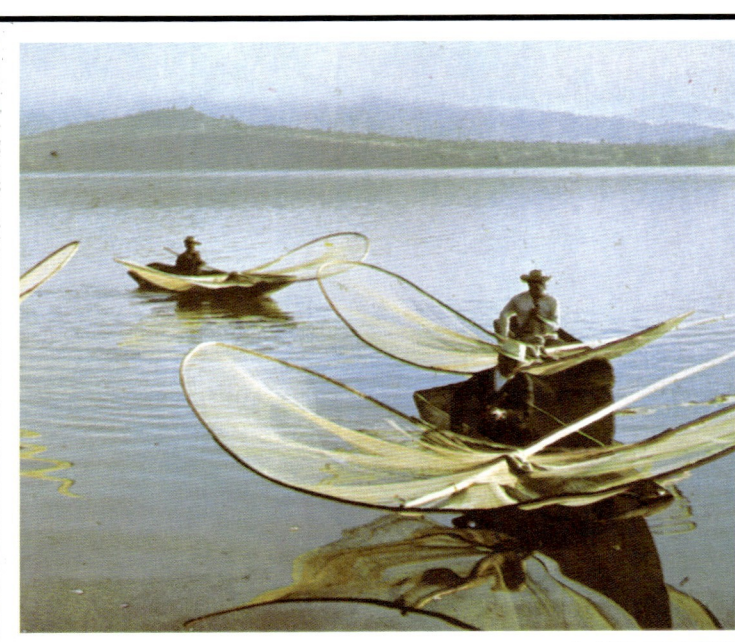

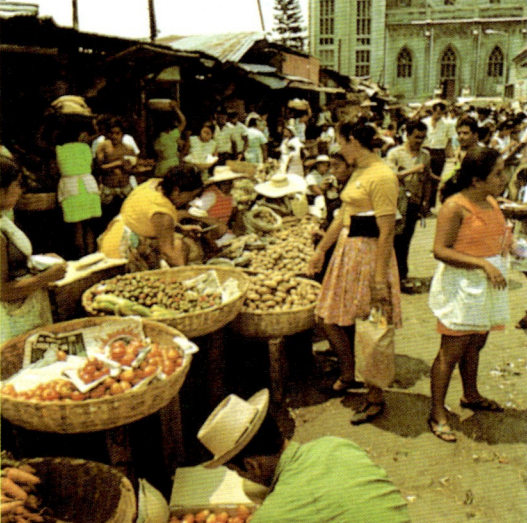

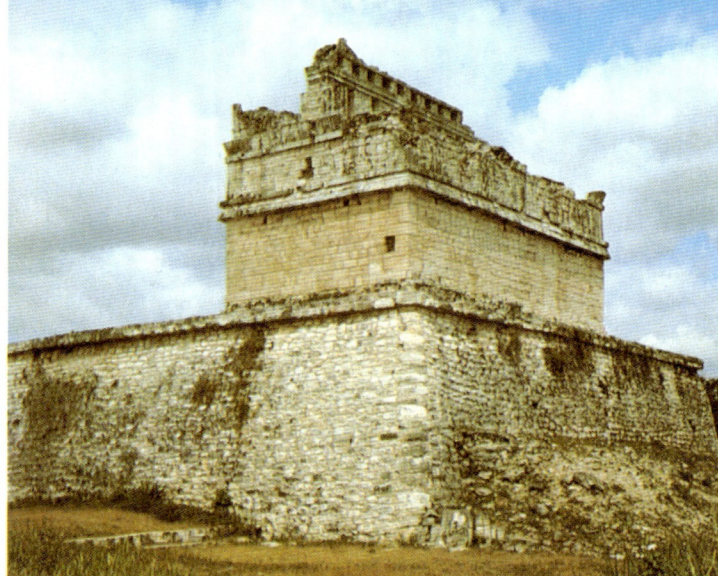

Arriba. Pesca con métodos tradicionales en el lago Pátzcuaro, México. *Centro.* Mercado agrícola en San Salvador. *Abajo.* Ruinas mayas de Chichén-Itza en el estado mexicano de Yucatán.

Escala 1:9 000 000

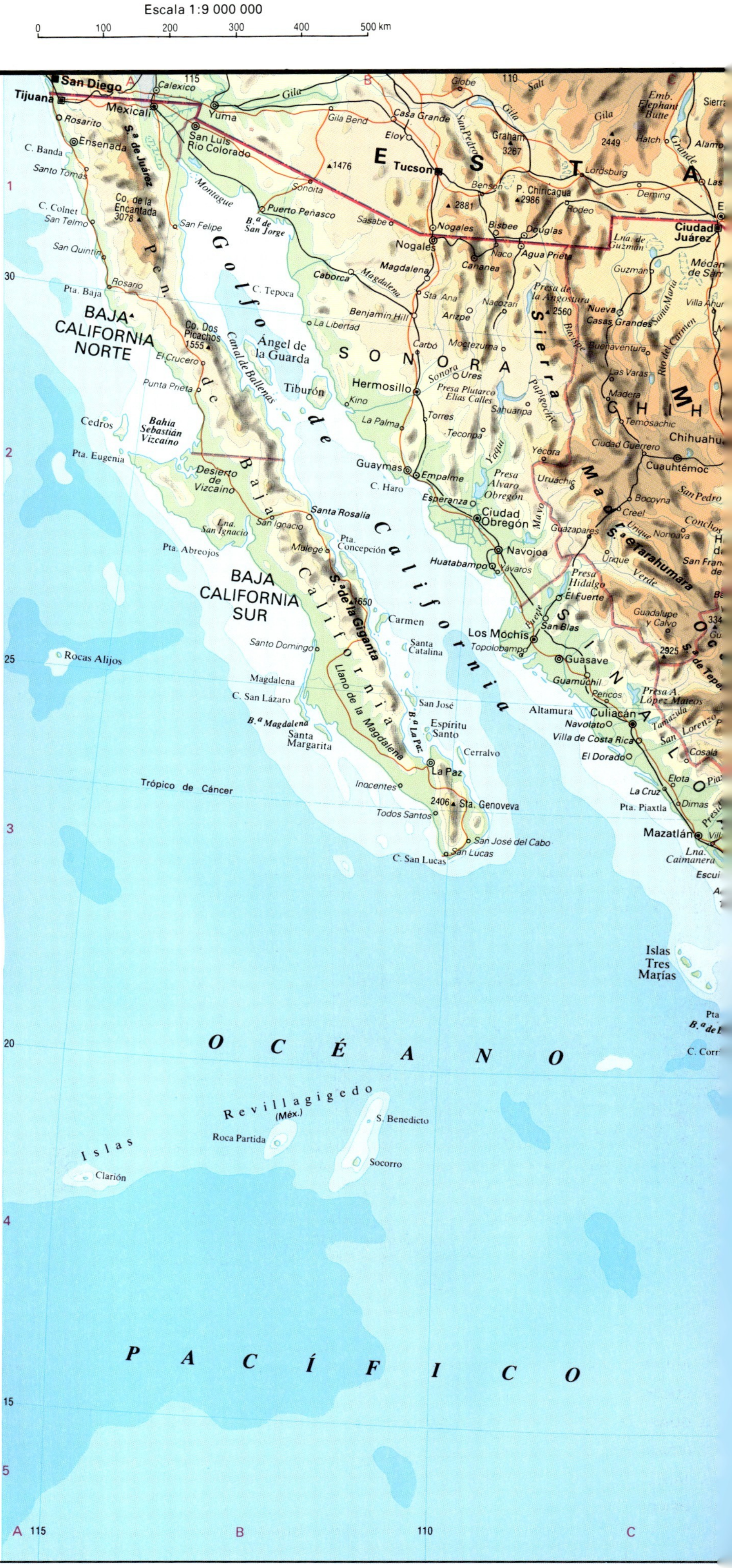

180 América Central. Antillas

Escala 1 : 8 000 000

182 América del Sur: Físico-político

Arriba izquierda. Volcán Tunguralma en Ecuador. *Arriba derecha.* Explotación petrolífera en el lago Maracaibo. *Centro izquierda.* Suburbio de Bogotá. *Centro derecha.* La cordillera de los Andes en Argentina. *Abajo.* Port Stanley en las islas Malvinas. La desigual distribución de las tierras emergidas, sumado al accidentado relieve y a la diferente temperatura de los mares colindantes configuran una gran variedad climática en el territorio suramericano. Esta orografía tan diversa acusa fenómenos de población muy concretos, entre ellos la concentración de población en los llanos, y la población en los valles altos de los Andes.

m
6000
4000
3000
2000
1000
400
200
0
0
200

Cuenca de Brasil
Trópico de Capricornio
Meseta Brasileña
Meseta del Mato Grosso
S.ª do Espinhaço
Salvador
Vitória
Rio de Janeiro
São Paulo
Santos
Curitiba
Florianópolis
Porto Alegre
Brasília
Belo Horizonte
PARAGUAY
Asunción
URUGUAY
Montevideo
Buenos Aires
Río de la Plata
Mar del Plata
Bahía Blanca
BOLIVIA
La Paz
Sucre
Potosí
Cochabamba
Santiago
Valparaíso
Mendoza
Córdoba
Rosario
Concepción
Valdivia
Puerto Montt
Chiloé
Comodoro Rivadavia
Punta Arenas
Tierra del Fuego
Is. Malvinas (G.B. reiv. por Arg.)
Cuenca Argentina
Plataforma continental de Patagonia
Cuenca de Chile
Dorsal de Nazca
Dorsal del Arch. Juan Fernández
Arch. Juan Fernández
San Félix (Chile)
San Ambrosio (Chile)
Gran Chaco
Pampa
Patagonia
Andes
Fosa de Atacama
Oeste de Greenwich
O C É A N O   A T L Á N T I C O
O C É A N O   P A C Í F I C O

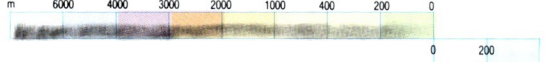

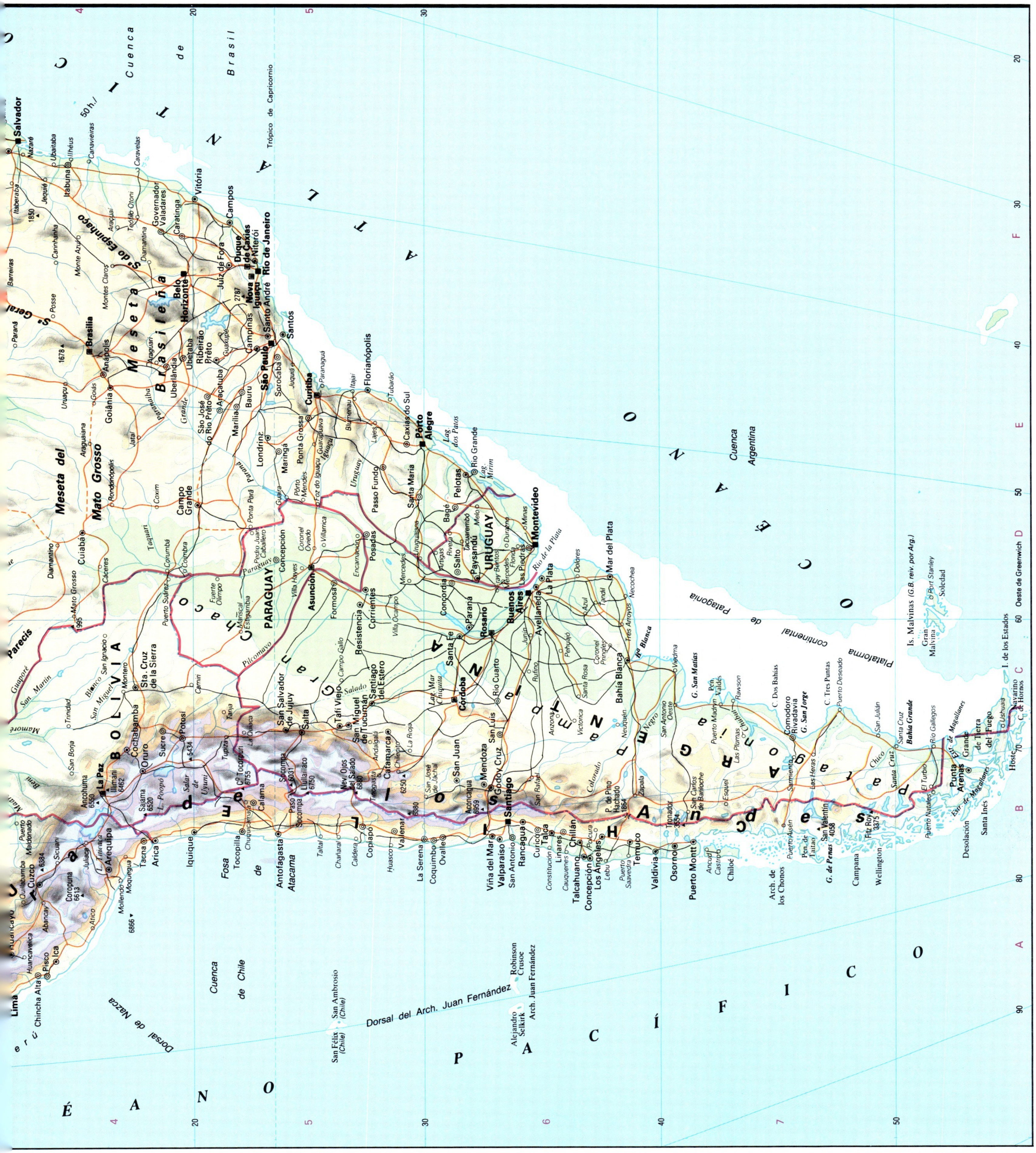

184 América del Sur: Clima

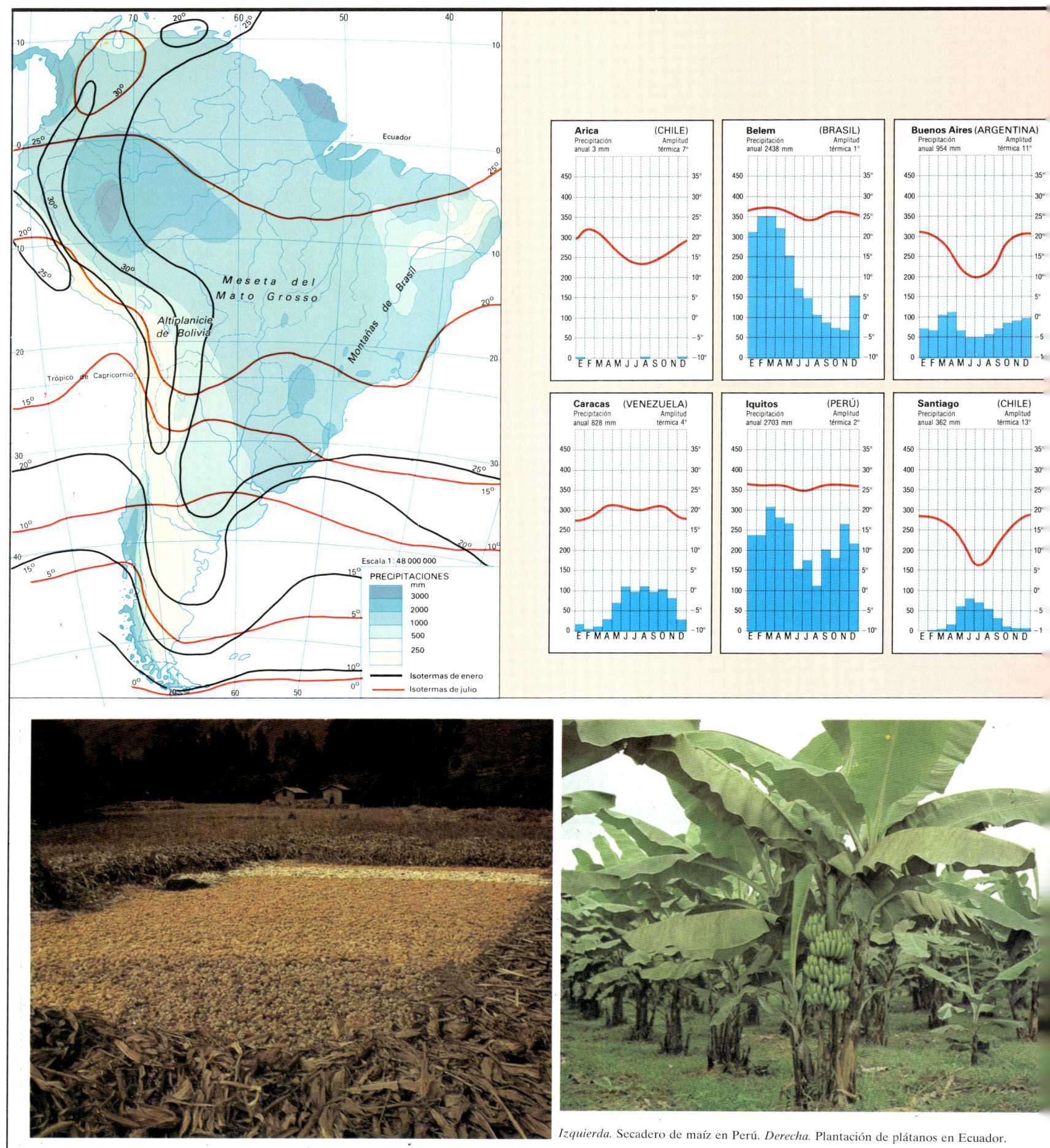

Izquierda. Secadero de maíz en Perú. *Derecha.* Plantación de plátanos en Ecuador.

América del Sur: Población

El aumento de población en Sudamérica es de los mayores del mundo, superior al 25‰ anual. La explosión demográfica registrada en este continente en los últimos años ha producido graves desequilibrios en la relación campo-ciudad. Tras verse obligados por diferentes motivos a abandonar el medio rural, la mayoría de la población se concentra en barrios degradados que se arraciman en torno a los antiguos núcleos urbanos. En la fotografía, vista de la ciudad de Caracas.

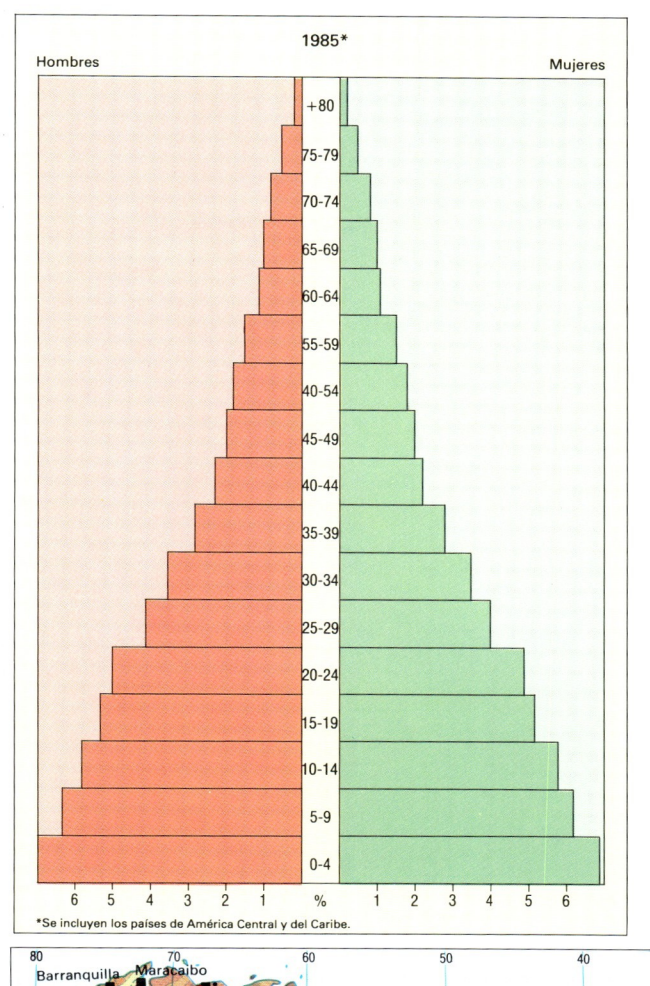

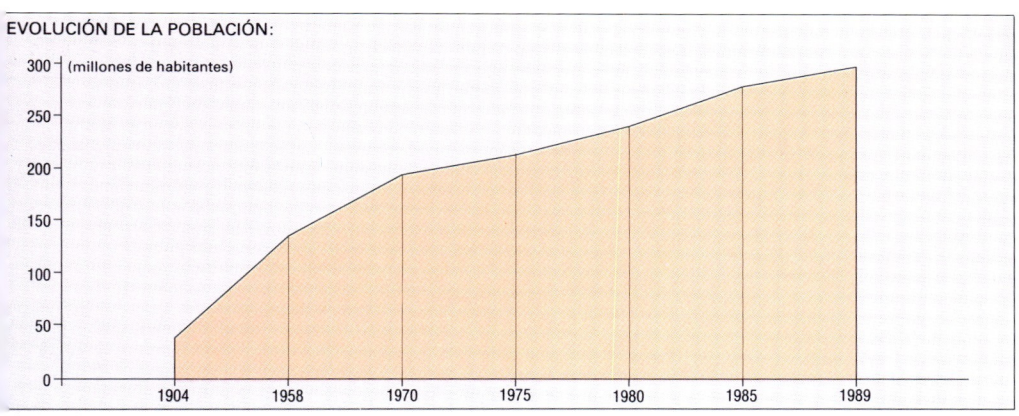

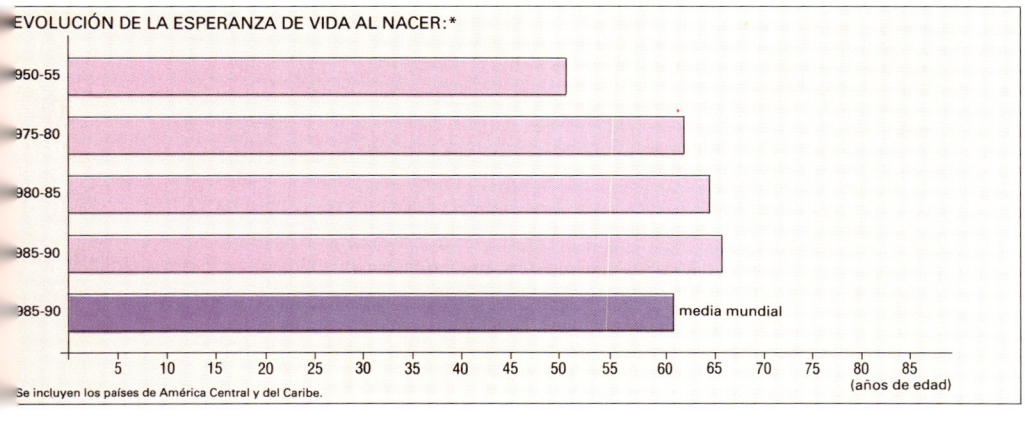

186 América del Sur septentrional

Escala 1 : 14 250 000

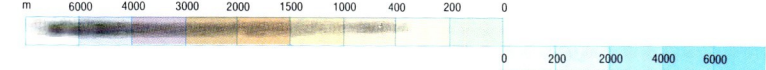

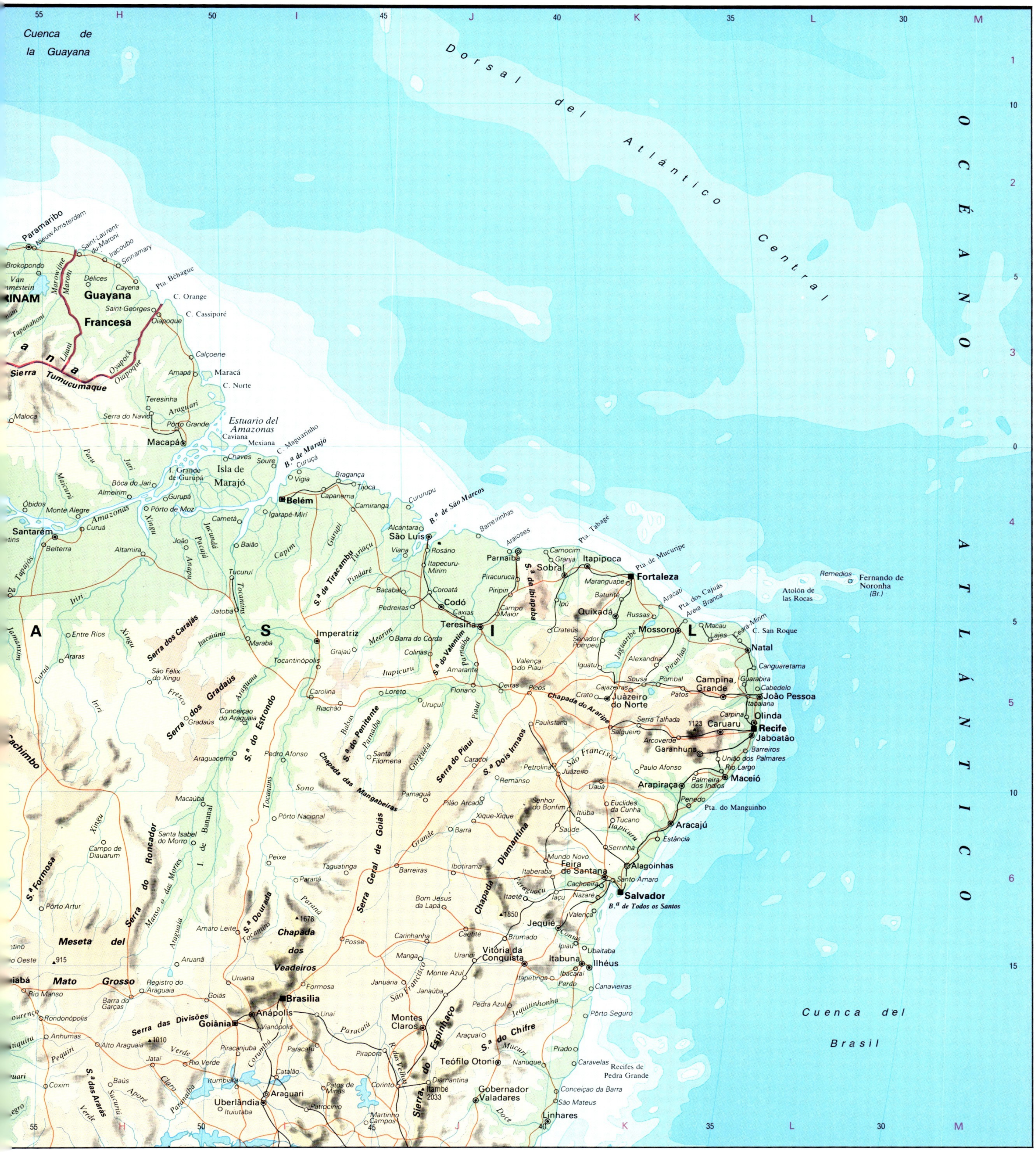

188 América del Sur meridional

Escala 1: 14 250 000

0 150 300 450 600 700 km

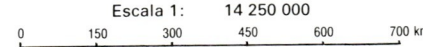

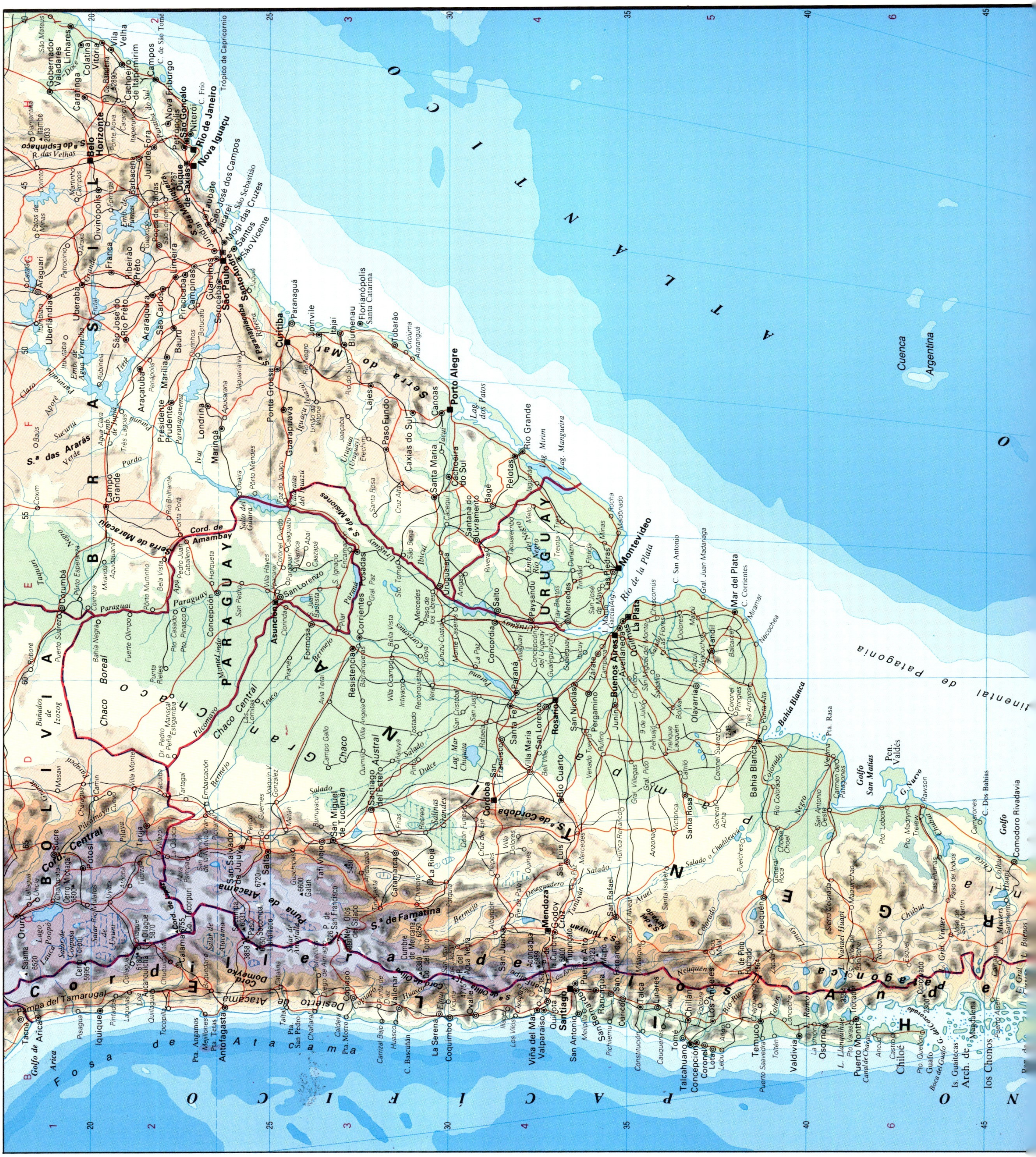

Arriba izquierda. Palacio del Congreso Nacional en Brasilia. *Arriba derecha.* Panorámica de Río de Janeiro desde el monte Corcovado. *Centro izquierda.* Aserradero en Chile. *Centro derecha.* Paisaje de Tierra del Fuego. *Abajo.* Cataratas del Iguazú, situadas en la frontera entre Argentina y Brasil.

190 Oceanía: Físico-político

Arriba. Edificio del Teatro de la Ópera de Sidney. *Centro*. Poblado indígena de Melanesia. *Abajo*. Playa en la isla de Maloto Lai Lau en el archipiélago de las Fidji.

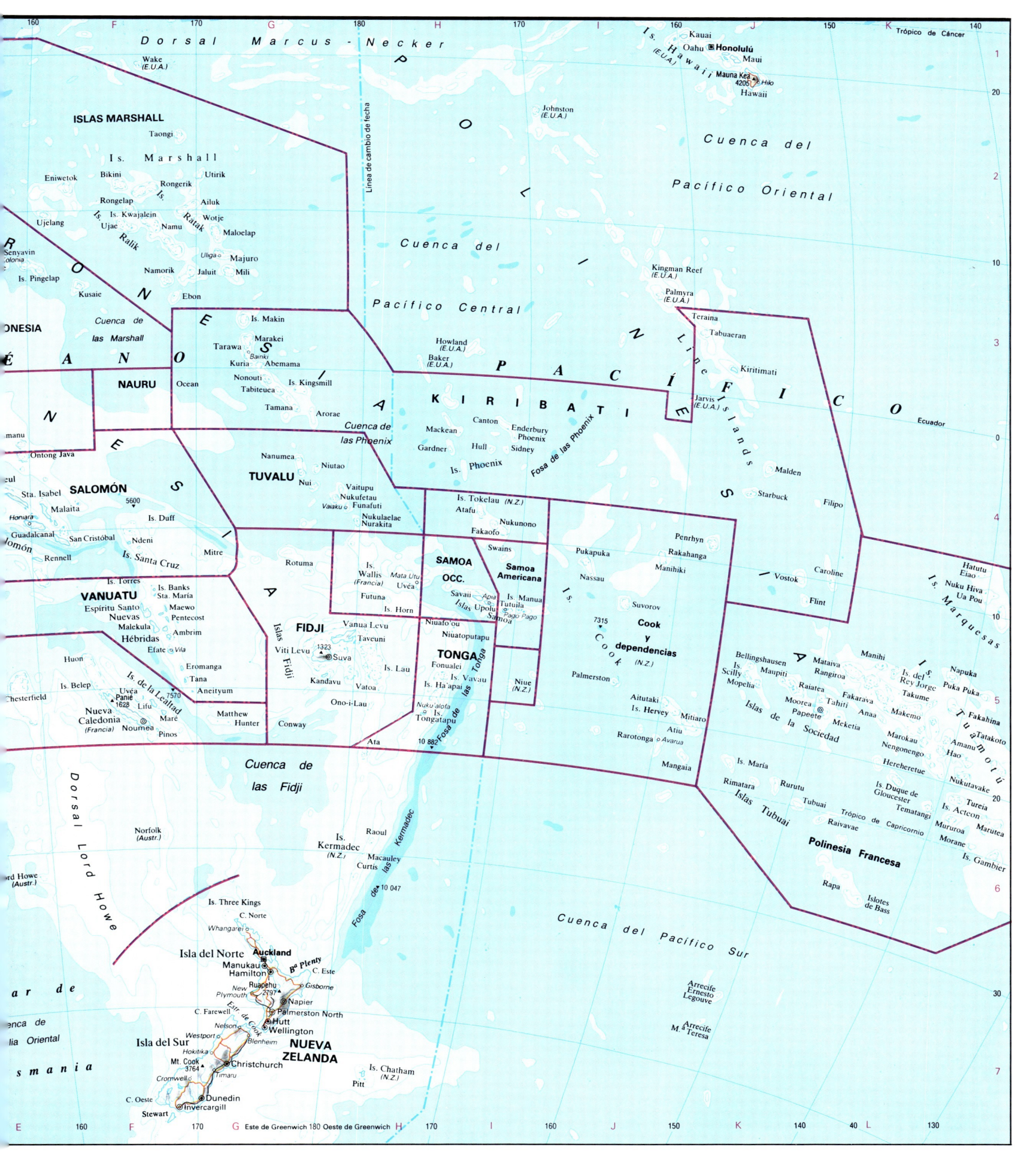

192 Oceanía: Clima

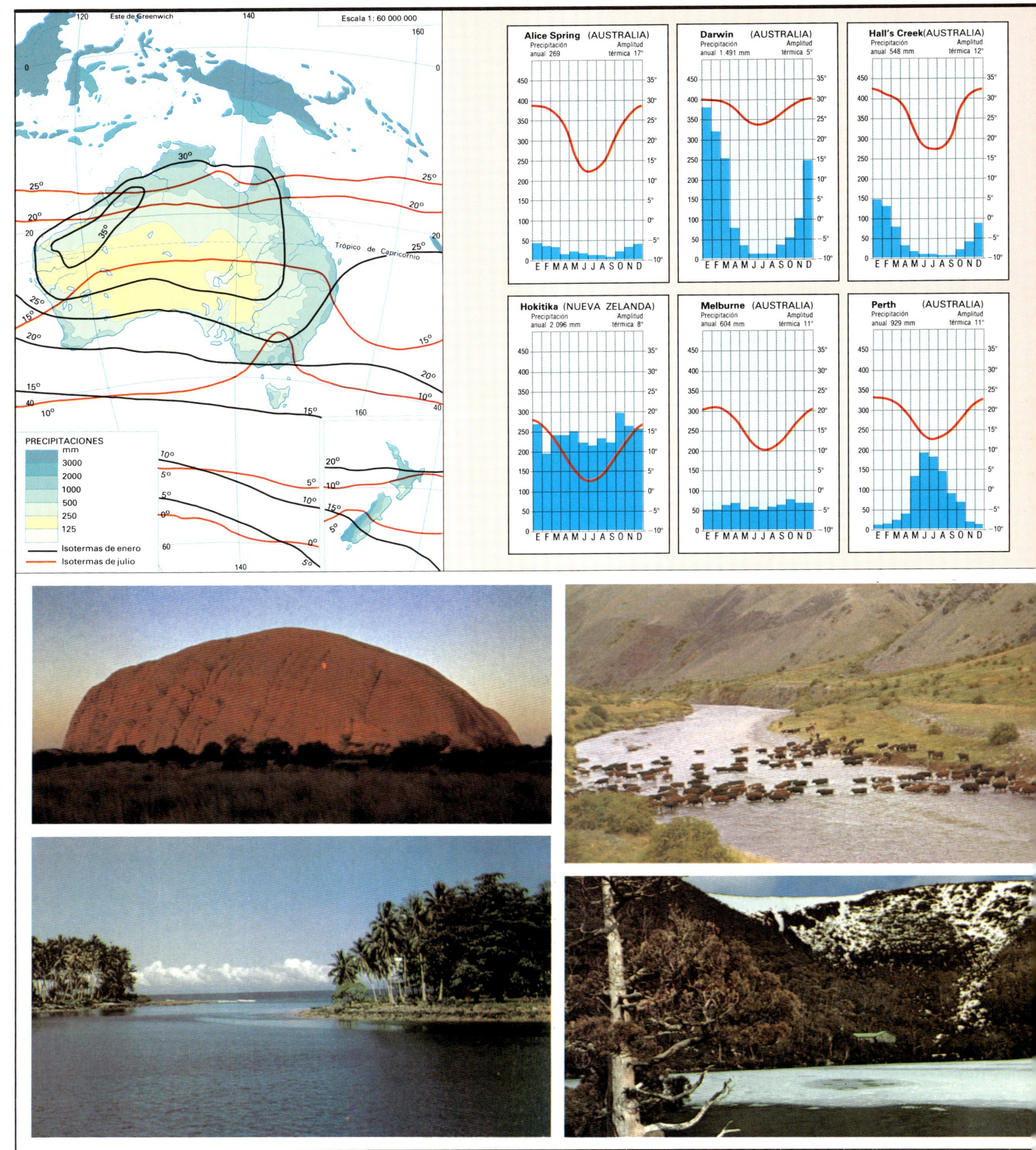

Oceanía: Población

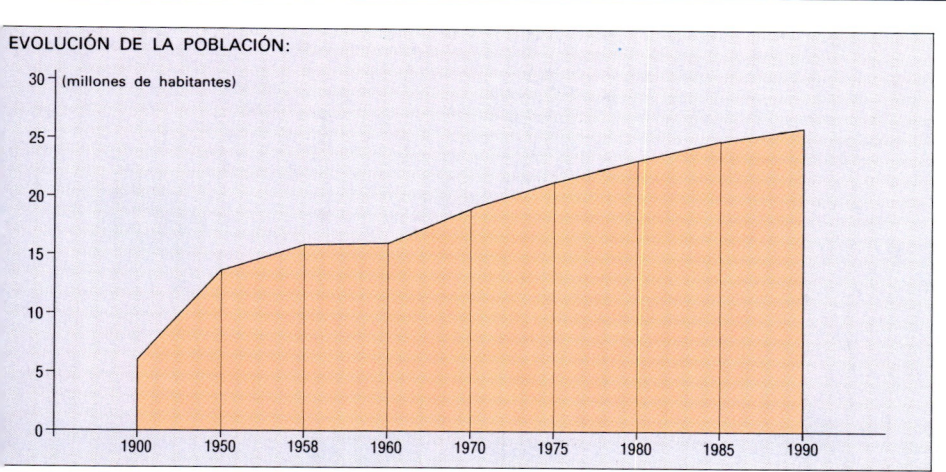

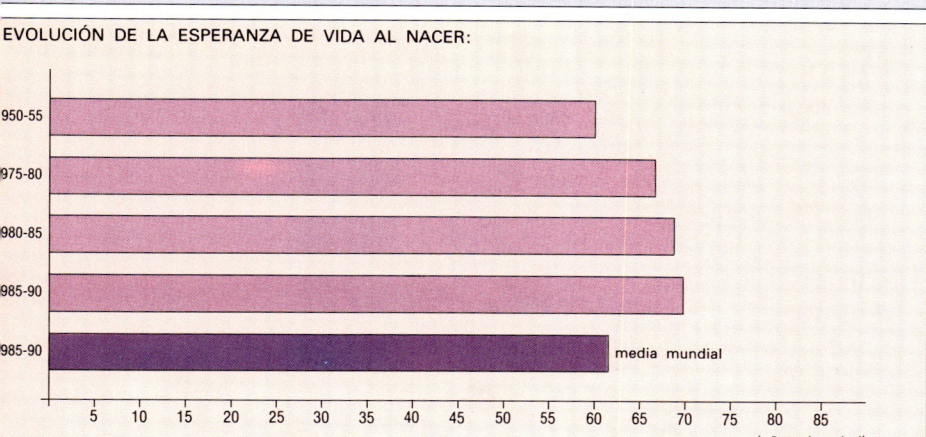

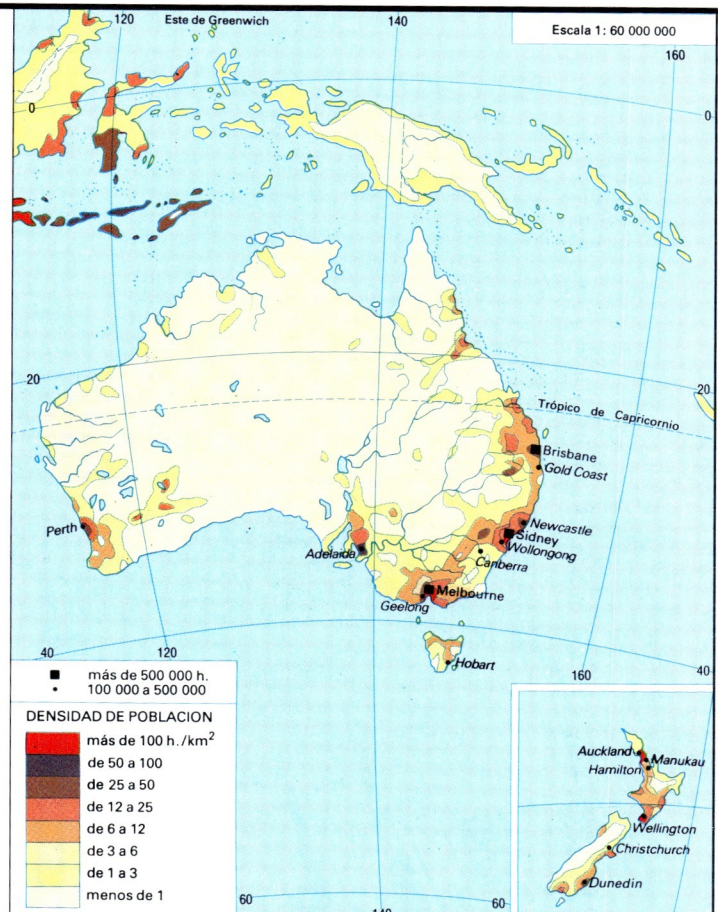

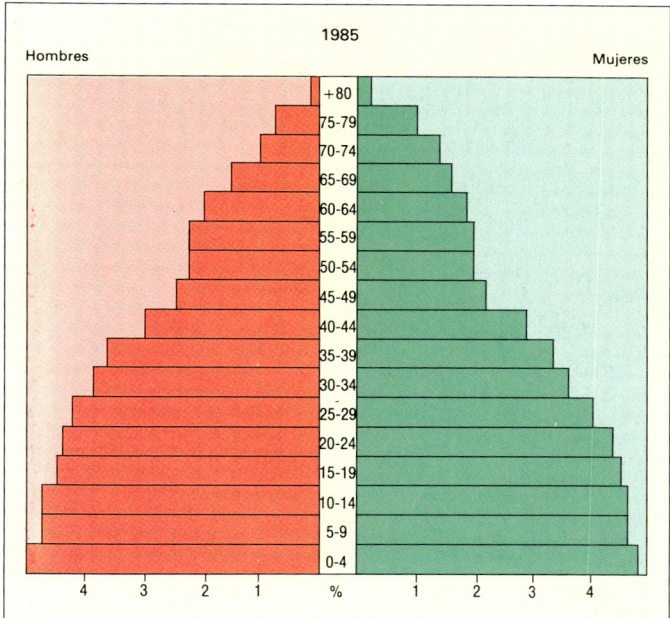

En la página anterior. *Arriba izquierda.* Ayers Rock en el desierto australiano. *Arriba derecha.* Ganado en la Isla Norte de Nueva Zelanda. *Abajo izquierda.* Isla Malaita en Salomón. *Abajo derecha.* Lago Dobson en el Parque Nacional de Mount Field en Tasmania.
En esta página. *Arriba.* Muelles en el río Yarra, Sidney. *Abajo.* Wellington, en la Isla Norte, capital y principal centro político y comercial de Nueva Zelanda. La principal característica demográfica del continente australiano es su baja densidad de población. Ésta se concentra en unas pocas áreas muy urbanizadas, permaneciendo vírgenes enormes extensiones de terreno.

194 Australia-Nueva Zelanda

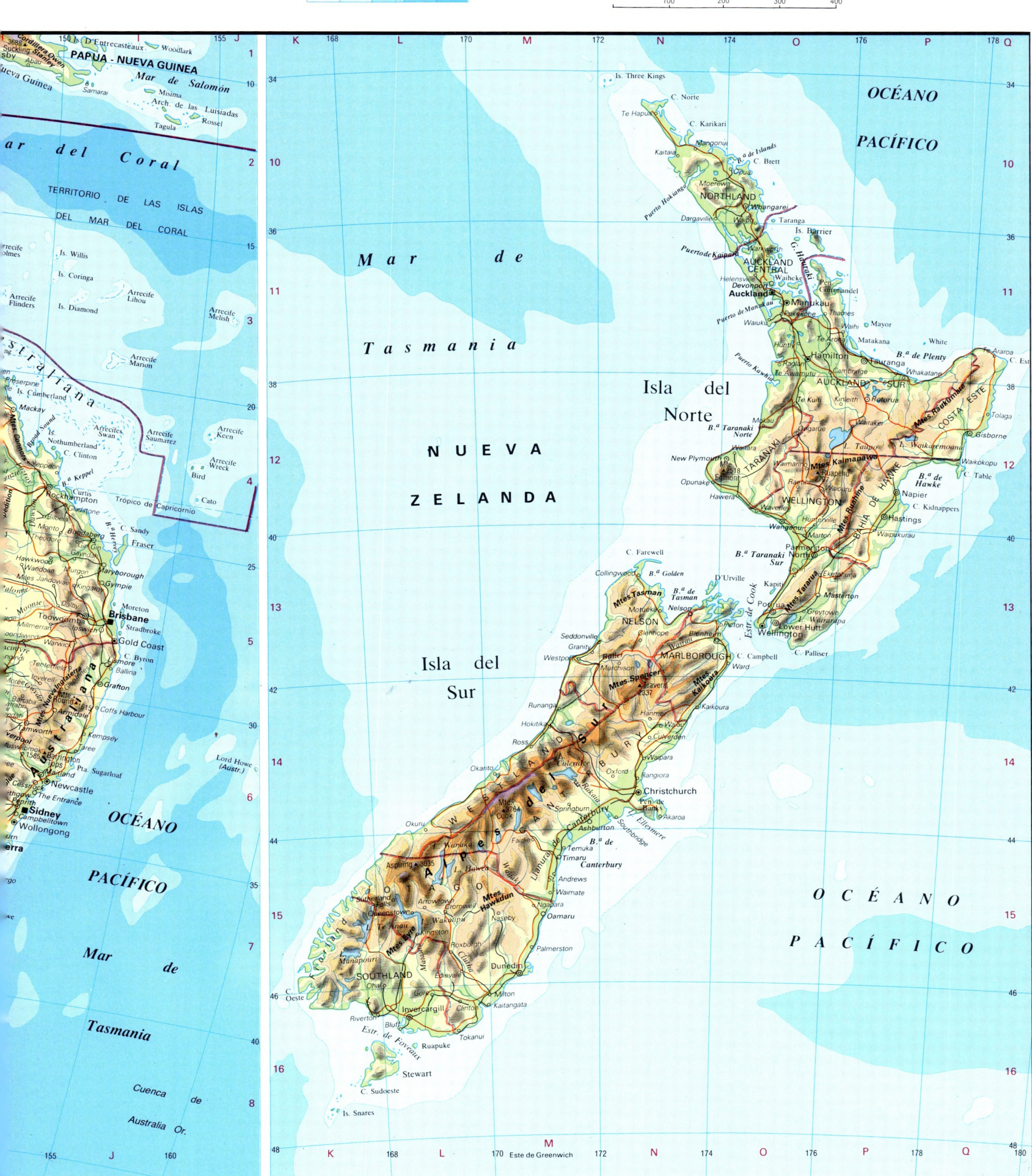

Regiones polares

Escala 1: 41 000 000

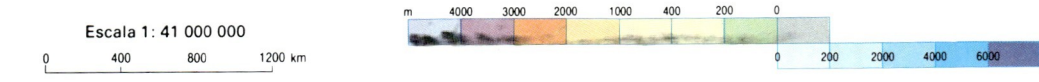

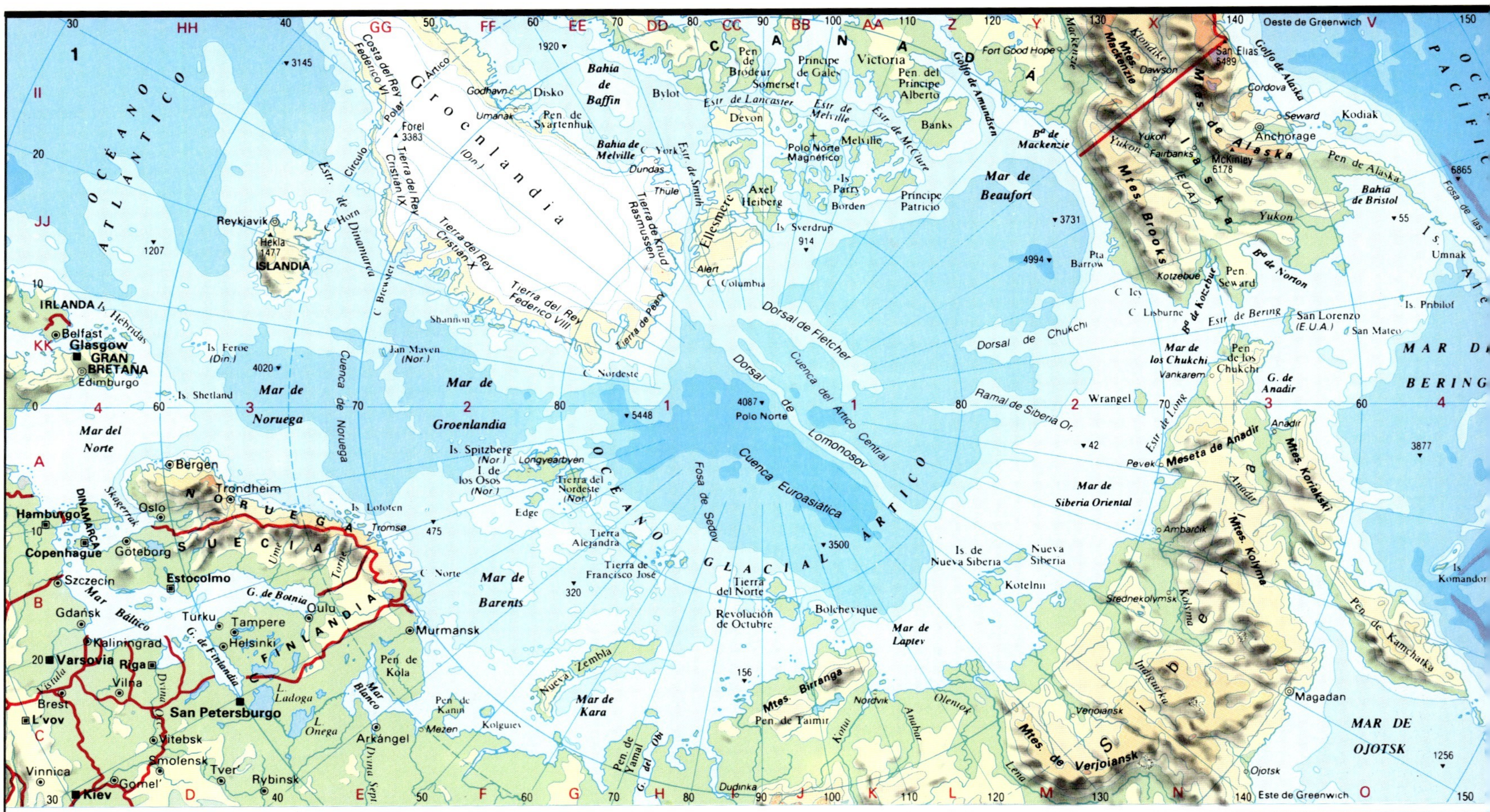

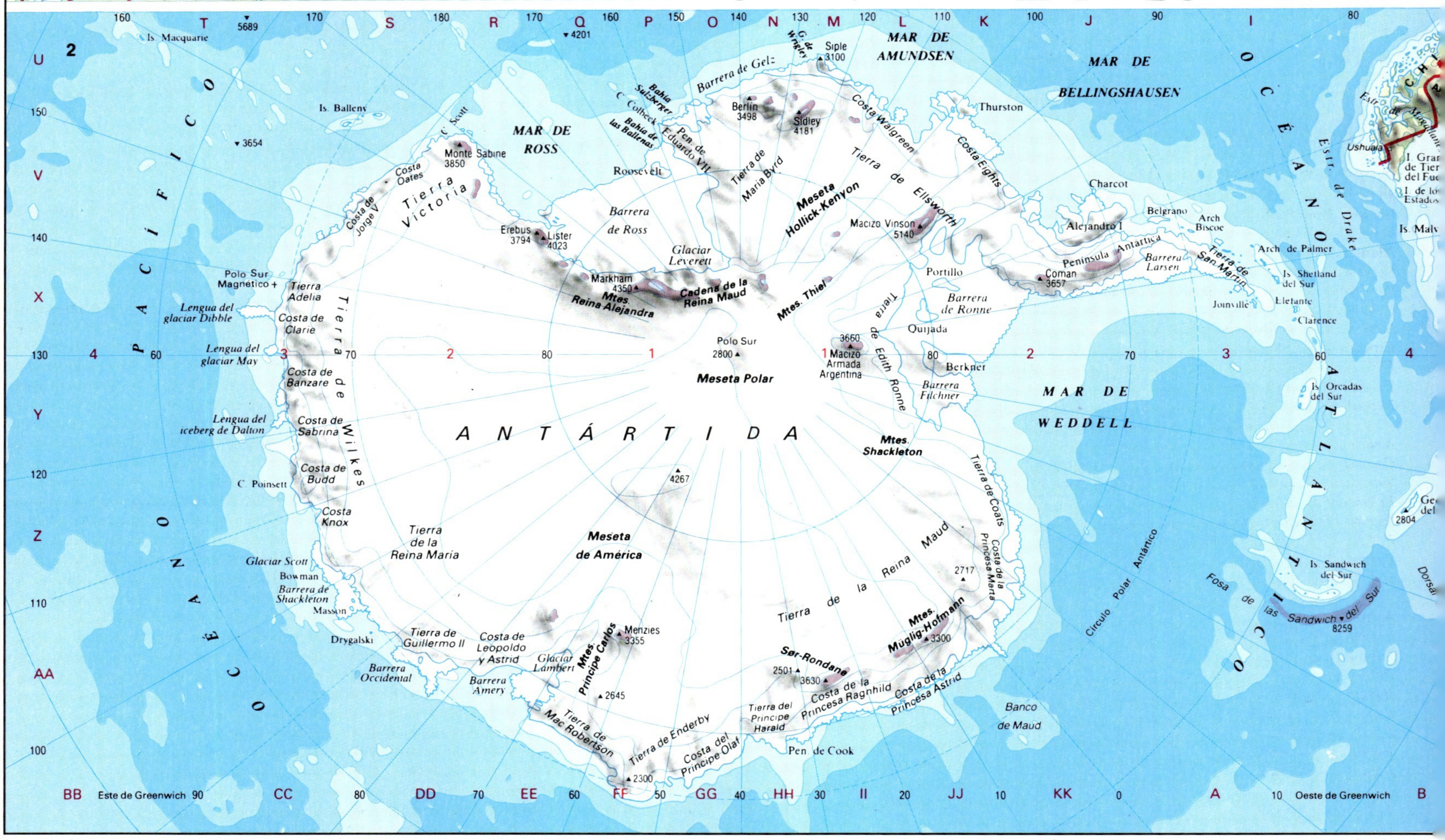

PAÍSES DEL MUNDO

Afganistán
Capital: ....Kabul
Superficie: ....652.000 km²
Población: .... 18.614.000 hab.
Incremento anual de población: ....2,6 %
Esperanza de vida:..41,5 años
P.N.B. (mill. $):...3.518
Exportaciones (mill. $):..728
Importaciones (mill. $):..846

Albania
Capital: ....Tirana
Superficie: ....28.748 km²
Población: ....3.202.000 hab.
Incremento anual de población:....................................2 %
Esperanza de vida:..71,6 años
P.N.B. (mill. $):...1.930
Exportaciones (mill. $):..436
Importaciones (mill. $):..519

Alemania
Capital:...Berlín
Superficie: ....356.961 km²
Población: ....78.620.000 hab.
Incremento anual de población:.................................0,3 %
Esperanza de vida:..74,5 años
P.N.B. (mill. $):...1.933.899
Exportaciones (mill. $):...428.256
Importaciones (mill. $):...342.433

Andorra
Capital:...Andorra la Vella
Superficie: ....467 km²
Población: ....50.000 hab.
Incremento anual de población:.................................2,7 %
P.N.B. (mill. $):... 280
Exportaciones (mill. $):... 0,02
Importaciones (mill. $):..604

Angola
Capital: ....Luanda
Superficie: ....1.246.700 km²
Población: ....9.747.000 hab.
Incremento anual de población:.................................2,7 %
Esperanza de vida:..44,5 años
P.N.B. (mill. $):...6.010
Exportaciones (mill. $):...2.257
Importaciones (mill. $):..665

Antigua y Barbuda
Capital:...Saint John's
Superficie: ....442 km²
Población: ....78.000 hab.
Incremento anual de población:.................................0,7 %
P.N.B. (mill. $):...302
Exportaciones (mill. $):..22
Importaciones (mill. $):..225

Arabia Saudí
Capital:..Riyhad
Superficie: ....2.149.690 km²
Población: ....14.435.000 hab.
Incremento anual de población:....................................5 %
Esperanza de vida:..63,4 años
P.N.B. (mill. $):..89.986
Exportaciones (mill. $):..27.011
Importaciones (mill. $):..21.782

Argelia
Capital:..Argel
Superficie: ....2.381.741 km²
Población: ....22.971.000 hab.
Incremento anual de población:.................................3,2 %
Esperanza de vida:..62,5 años
P.N.B. (mill. $):..53.116
Exportaciones (mill. $):...7.830
Importaciones (mill. $):...9.234

Argentina
Capital:..Buenos Aires
Superficie: ....2.766.889 km²
Población: ....31.929.000 hab.
Incremento anual de población:.................................1,3 %
Esperanza de vida:..70,6 años
P.N.B. (mill. $):..68.780
Exportaciones (mill. $):...6.360
Importaciones (mill. $):...5.817

Armenia
Capital:..Ereván
Superficie: ....29.800 km²
Población: ....3.283.000 hab.

Australia
Capital: ....Canberra
Superficie: ....7.682.300 km²
Población: ....16.807.000 hab.
Incremento anual de población:.................................1,6 %
Esperanza de vida:..76,1 años
P.N.B. (mill. $):..242.131
Exportaciones (mill. $):..34.334
Importaciones (mill. $):..37.180

Austria
Capital: ....Viena
Superficie: ....83.857 km²
Población: ....7.618.000 hab.
Incremento anual de población:.................................0,2 %
Esperanza de vida:..74,1 años
P.N.B. (mill. $):..131.899
Exportaciones (mill. $):..32.449
Importaciones (mill. $):..38.912

Azerbaiján
Capital: ....Bakú
Superficie: ....86.600 km²
Población: ....7.029.000 hab.

Bahamas
Capital:..Nassau
Superficie: ....13.878 km²
Población: ....249000 hab.
Incremento anual de población:.................................1,8 %
P.N.B. (mill. $):...2.820

Bahrein
Capital: ....Manamah
Superficie: ....678 km²
Población: ....489.000 hab.
Incremento anual de población:.................................4,1 %
Esperanza de vida:..70,7 años
P.N.B. (mill. $):...3.009
Exportaciones (mill. $):...2.673
Importaciones (mill. $):...2.793

Bangla Desh
Capital:..Dacca
Superficie: ....143.998 km²
Población: ....106.507.000 hab.
Incremento anual de población:.................................1,9 %
Esperanza de vida:..50,7 años
P.N.B. (mill. $):..19.913
Exportaciones (mill. $):...1.176
Importaciones (mill. $):...2.660

Barbados
Capital: ....Bridgetown
Superficie: ....430 km²
Población: ....256.000 hab.
Incremento anual de población:.................................0,3 %
Esperanza de vida:..73,9 años
P.N.B. (mill. $):...1.622
Exportaciones (mil. $):...187
Importaciones (mill. $):..677

Belau
Capital: ... Koror
Superficie: ... 508 km²
Población: ... 15.105 hab.

Bélgica
Capital: ... Bruselas
Superficie: ... 30.519 km²
Población: ... 9.883.000 hab.
Incremento anual de población: ... 0,1 %
Esperanza de vida: ... 74,7 años
P.N.B. (mill. $): ... 162.026
Exportaciones (mill. $): ... 99.748
Importaciones (mill. $): ... 98.462

Belice
Capital: ... Belmopan
Superficie: ... 22.965 km²
Población: ... 180.000 hab.
Incremento anual de población: ... 2,7 %
P.N.B. (mill. $): ... 294
Exportaciones (mill. $): ... 78
Importaciones (mill. $): ... 143

Benin
Capital: ... Porto Novo
Superficie: ... 112.622 km²
Población: ... 4.591.000 hab.
Incremento anual de población: ... 3,2 %
Esperanza de vida: ... 46,5 años
P.N.B. (mill. $): ... 1.753
Exportaciones (mill. $): ... 80
Importaciones (mill. $): ... 352

Bhutan
Capital: ... Thimbu
Superficie: ... 47.000 km²
Población: ... 1.165.000 hab.
Esperanza de vida: ... 47,9 años
P.N.B. (mill. $): ... 266
Exportaciones (mill. $): ... 8
Importaciones (mill. $): ... 12

Bielorrusia
Capital: ... Minsk
Superficie: ... 207.600 km²
Población: ... 10.200.000 hab.

Birmania (Myanmar)
Capital: ... Rangún
Superficie: ... 676.578 km²
Población: ... 38.541.000 hab.
Incremento anual de población: ... 2 %
Esperanza de vida: ... 60 años
P.N.B. (mill. $): ... 7.450
Exportaciones (mill. $): ... 513
Importaciones (mill. $): ... 780

Bolivia
Capital: ... La Paz
Superficie: ... 1.098.581 km²
Población: ... 7.193.000 hab.
Incremento anual de población: ... 2,8 %
Esperanza de vida: ... 53,1 años
P.N.B. (mill. $): ... 4.301
Exportaciones (mill. $): ... 570
Importaciones (mill. $): ... 776

Bosnia Herzegovina
Capital: ... Sarajevo
Superficie: ... 51.129 km²
Población: ... 4.441.000 hab.

Botswana
Capital: ... Gaborone
Superficie: ... 581.730 km²
Población: ... 1.256.000 hab.
Incremento anual de población: ... 3,9 %
Esperanza de vida: ... 58,5 años
P.N.B. (mill. $): ... 4.301
Exportaciones (mill. $): ... 1.195
Importaciones (mill. $): ... 985

Brasil
Capital: ... Brasilia
Superficie: ... 8.511.965 km²
Población: ... 147.404.000 hab.
Incremento anual de población: ... 2,1 %
Esperanza de vida: ... 64,9 años
P.N.B. (mill. $): ... 375.146
Exportaciones (mill. $): ... 26.225
Importaciones (mill. $): ... 15.052

Brunei
Capital: ... Bandar Seri Begawan
Superficie: ... 5.765 km²
Población: ... 249.000 hab.
Incremento anual de población: ... 2,9 %
P.N.B. (mill. $): ... 3.317
Exportaciones (mill. $): ... 1.956
Importaciones (mill. $): ... 711

Bulgaria
Capital: ... Sofía
Superficie: ... 110.994 km²
Población: ... 8.981.000 hab.
Incremento anual de población: ... 0,1 %
Esperanza de vida: ... 72 años
P.N.B. (mill. $): ... 20.860
Exportaciones (mill. $): ... 10.546
Importaciones (mill. $): ... 10.661

Burkina Faso
Capital: ... Uagadugu
Superficie: ... 274.200 km²
Población: ... 8.770.000 hab.
Incremento anual de población: ... 2,7 %
Esperanza de vida: ... 47,2 años
P.N.B. (mill. $): ... 2.716
Exportaciones (mill. $): ... 90
Importaciones (mill. $): ... 438

Burundi
Capital: ... Bujumbura
Superficie: ... 27.834 km²
Población: ... 5.302.000 hab.
Incremento anual de población: ... 3 %
Esperanza de vida: ... 49 años
P.N.B. (mill. $): ... 1.149
Exportaciones (mill. $): ... 57
Importaciones (mill. $): ... 164

Cabo Verde
Capital: ... Praia
Superficie: ... 4.003 km²
Población: ... 347.000 hab.
Incremento anual de población: ... 2,4 %
Esperanza de vida: ... 61 años
P.N.B. (mill. $): ... 281
Exportaciones (mill. $): ... 49
Importaciones (mill. $): ... 45

Camboya
Capital: ... Phnom Penh
Superficie: ... 181.035 km²
Población: ... 8.005.000 hab.
Incremento anual de población: ... 2,5 %
Esperanza de vida: ... 48,4 años
P.N.B. (mill. $): ... 585
Exportaciones (mill. $): ... 10
Importaciones (mill. $): ... 109

Camerún
Capital: ... Yaundé
Superficie: ... 475.442 km²
Población: ... 11.540.000 hab.
Incremento anual de población: ... 3,2 %
Esperanza de vida: ... 51 años
P.N.B. (mill. $): ... 11.661
Exportaciones (mill. $): ... 1.700
Importaciones (mill. $): ... 1.854

Canadá
Capital: ... Ottawa
Superficie: ... 9.970.610 km²
Población: ... 26.248.000 hab.
Incremento anual de población: ... 1,1 %
Esperanza de vida: ... 76,7
P.N.B. (mill. $): ... 500.337
Exportaciones (mill. $): ... 99.764
Importaciones (mill. $): ... 95.665

Centroafricana, República
Capital: ... Bangui
Superficie: ... 622.984 km²
Población: ... 2.740.000 hab.
Incremento anual de población: ... 2,9 %
Esperanza de vida: ... 45,5 años
P.N.B. (mill. $): ... 1.144
Exportaciones (mill. $): ... 145
Importaciones (mill. $): ... 139

Colombia
Capital: ... Bogotá
Superficie: ... 1.138.000 km²
Población: ... 32.317.000 hab.
Incremento anual de población: ... 2 %
Esperanza de vida: ... 64,8 años
P.N.B. (mill. $): ... 38.607
Exportaciones (mill. $): ... 3.877
Importaciones (mill. $): ... 5.446

Comores
Capital: ... Moroni
Superficie: ... 2.235 km²
Población: ... 484.000 hab.
Incremento anual de población: ... 4,2 %
Esperanza de vida: ... 52 años
P.N.B. (mill. $): ... 209
Exportaciones (mill. $): ... 15
Importaciones (mill. $): ... 25

Congo
Capital: ... Brazzaville
Superficie: ... 342.000 km²
Población: ... 1.843.000 hab.
Incremento anual de población: ... 3,1 %
Esperanza de vida: ... 48,5 años
P.N.B. (mill. $): ... 2.045
Exportaciones (mill. $): ... 1.533
Importaciones (mill. $): ... 961

Corea del Norte
Capital: ... Pyongyang
Superficie: ... 120.538 km²
Población: ... 22.418.000 hab.
Incremento anual de población: ... 2,4 %
Esperanza de vida: ... 69,3 años
P.N.B. (mill. $): ... 17.670
Exportaciones (mill. $): ... 1.300
Importaciones (mill. $): ... 1.700

Corea del Sur
Capital: ... Seúl
Superficie: ... 99.222 km²
Población: ... 42.380.000 hab.
Incremento anual de población: ... 1 %
Esperanza de vida: ... 69,3 años
P.N.B. (mill. $): ... 186.467
Exportaciones (mill. $): ... 47.280
Importaciones (mill. $): ... 41.019

Costa de Marfil
Capital: ... Abidján
Superficie: ... 322.463 km²
Población: ... 9.300.000 hab.
Incremento anual de población: ... 4,1 %
Esperanza de vida: ... 52,5 años
P.N.B. (mill. $): ... 9.305
Exportaciones (mill. $): ... 3.643
Importaciones (mill. $): ... 2.226

Costa Rica
Capital: ... San José
Superficie: ... 51.100 km²
Población: ... 2.489.000 hab.
Incremento anual de población: ... 2,3 %
Esperanza de vida: ... 74,7 años
P.N.B. (mill. $): ... 4.898
Exportaciones (mill. $): ... 1.106
Importaciones (mill. $): ... 1.147

Croacia
Capital: ... Zagreb
Superficie: ... 56.538 km²

Población: ....4.679.000 hab.

Cuba
Capital: ....La Habana
Superficie: ....110.861 km²
Población: ....10.514.000 hab.
Incremento anual de población: ....1 %
Esperanza de vida: ....74 años
P.N.B. (mill. $): 15.487
Exportaciones (mill. $): 6.898
Importaciones (mill. $): 9.804

Chad
Capital: ....N'Djamena
Superficie: ....1.248.000 km²
Población: ....5.538.000 hab.
Incremento anual de población: ....2,5 %
Esperanza de vida: ....45,5 años
P.N.B. (mill. $): 1.038
Exportaciones (mill. $): 152
Importaciones (mill. $): 235

Checa, República
Capital: ....Praga
Superficie: ....78.864 km²
Población: ....10.380.000 hab.

Chile
Capital: ....Santiago
Superficie: ....756.945 km²
Población: ....12.961.000 hab.
Incremento anual de población: ....1,7 %
Esperanza de vida: ....71,5 años
P.N.B. (mill. $): 22.910
Exportaciones (mill. $): 5.102
Importaciones (mill. $): 4.023

China
Capital: ....Pekín
Superficie: ....9.571.300 km²
Población: ....1.133.683.000 hab.
Incremento anual de población: ....1,5 %
Esperanza de vida: ....69,4 años
P.N.B. (mill. $): 393.006
Exportaciones (mill. $): 30.492
Importaciones (mill. $): 42.904

Chipre
Capital: ....Nicosia
Superficie: ....9.251 km²
Población: ....694.000 hab.
Incremento anual de población: ....1,1 %
Esperanza de vida: ....75,7 años
P.N.B. (mill. $): 4.892
Exportaciones (mill. $): 145
Importaciones (mill. $): 454

Dinamarca
Capital: ....Copenhage
Superficie: ....43.093 km²
Población: ....5.132.000 hab.
Incremento anual de población: ....0,1 %
Esperanza de vida: ....75,4 años
P.N.B. (mill. $): 105.263
Exportaciones (mill. $): 24.245
Importaciones (mill. $): 24.100

Djibuti
Capital: ....Djibuti
Superficie: ....32.200 km²
Población: ....456.000 hab.
Incremento anual de población: ....4,2 %
Esperanza de vida: ....47 años
P.N.B. (mill. $): 423
Exportaciones (mill. $): 20
Importaciones (mill. $): 186

Dominica
Capital: ....Roseau
Superficie: ....751 km²
Población: ....81.000 hab.
Incremento anual de población: ....0,9 %
Esperanza de vida: ....70,4 años
P.N.B. (mill. $): 136
Exportaciones (mill. $): 46

Importaciones (mill. $): 60

Dominicana, República
Capital: ....Santo Domingo
Superficie: ....48.734 km²
Población: ....7.012.000 hab.
Incremento anual de población: ....2,2 %
Esperanza de vida: ....65,9 años
P.N.B. (mill. $): 5.513
Exportaciones (mill. $): 722
Importaciones (mill. $): 1.357

Ecuador
Capital: ....Quito
Superficie: ....283.561 km²
Población: ....10.490.000 hab.
Incremento anual de población: ....2,8 %
Esperanza de vida: ....65,4 años
P.N.B. (mill. $): 10.774
Exportaciones (mill. $): 2.021
Importaciones (mill. $): 2.246

Egipto
Capital: ....El Cairo
Superficie: ....1.001.449 km²
Población: ....53.080.000 hab.
Incremento anual de población: ....2,3 %
Esperanza de vida: ....60,6 años
P.N.B. (mill. $): 32.501
Exportaciones (mill. $): 1.776
Importaciones (mill. $): 11.501

Eslovaquia
Capital: ....Bratislava
Superficie: ....49.039 km²
Población: ....5.260.000 hab.

Eslovenia
Capital: ....Ljubljana
Superficie: ....20.251 km²
Población: ....1.943.000 hab.

España
Capital: ....Madrid
Superficie: ....504.782 km²
Población: ....38.811.000 hab.
Incremento anual de población: ....0,2 %
Esperanza de vida: ....76,5 años
P.N.B. (mill. $): 358.352
Exportaciones (mill. $): 33.678
Importaciones (mill. $): 43.370

Estados Unidos
Capital: ....Washington
Superficie: ....9.372.614 km²
Población: ....248.760.000 hab.
Incremento anual de población: ....1 %
Esperanza de vida: ....75,4 años
P.N.B. (mill. $): 5.237.707
Exportaciones (mill. $): 252.686
Importaciones (mill. $): 405.901

Estonia
Capital: ....Tallinn
Superficie: ....45.100 km²
Población: ....1.573.000 hab.
Incremento anual de población: ....-0,2%
Esperanza de vida: ....72 años

Etiopía
Capital: ....Addis Abeba
Superficie: ....1.221.900 km²
Población: ....49.513.000 hab.
Incremento anual de población: ....3,4 %
Esperanza de vida: ....41 años
P.N.B. (mill. $): 5.953
Exportaciones (mill. $): 454
Importaciones (mill. $): 1.101

Fidji
Capital: ....Suva
Superficie: ....18.274 km²
Población: ....727.000 hab.
Incremento anual de población: ....0,5 %
Esperanza de vida: ....70,4 años

P.N.B. (mill. $): 1.218
Exportaciones (mill. $): 190
Importaciones (mill. $): 338

Filipinas
Capital: ....Manila
Superficie: ....300.000 km²
Población: ....60.097.000 hab.
Incremento anual de población: ....2,4 %
Esperanza de vida: ....63,5 años
P.N.B. (mill. $): 42.754
Exportaciones (mill. $): 5.720
Importaciones (mill. $): 6.737

Finlandia
Capital: ....Helsinki
Superficie: ....338.145 km²
Población: ....4.962.000 hab.
Incremento anual de población: ....0,3 %
Esperanza de vida: ....74,8 años
P.N.B. (mill. $): 109.705
Exportaciones (mill. $): 19.761
Importaciones (mill. $): 19.561

Francia
Capital: ....París
Superficie: ....543.965 km²
Población: ....56.160.000 hab.
Incremento anual de población: ....0,4 %
Esperanza de vida: ....75,6 años
P.N.B. (mill. $): 1.000.866
Exportaciones (mill. $): 134.569
Importaciones (mill. $): 148.358

Gabón
Capital: ....Libreville
Superficie: ....267.667 km²
Población: ....1.206.000 hab.
Esperanza de vida: ....51,5 %
P.N.B. (mill. $): 3.060
Exportaciones (mill. $): 2.784
Importaciones (mill. $): 1.215

Gambia
Capital: ....Banjul
Superficie: ....11.295 km²
Población: ....688.000 hab.
Incremento anual de población: ....3,4 %
Esperanza de vida: ....43 años
P.N.B. (mill. $): 196
Exportaciones (mill. $): 9
Importaciones (mill. $): 79

Georgia
Capital: ....Tbilisi
Superficie: ....69.700 km²
Población: ....5.444.000 hab.

Ghana
Capital: ....Accra
Superficie: ....238.533 km²
Población: ....13.391.000 hab.
Incremento anual de población: ....2,6 %
Esperanza de vida: ....54 años
P.N.B. (mill. $): 5.503
Exportaciones (mill. $): 531
Importaciones (mill. $): 279

Granada
Capital: ....Saint Georges's
Superficie: ....344 km²
Población: ....97.000 hab.
Incremento anual de población: ....1,4 %
Esperanza de vida: ....70,4 años
P.N.B. (mill. $): 179
Exportaciones (mill. $): 18
Importaciones (mill. $): 57

Grecia
Capital: ....Atenas
Superficie: ....131.957 km²
Población: ....10.020.000 hab.
Incremento anual de población: ....0,2 %
Esperanza de vida: ....75,6 años
P.N.B. (mill. $): 53.626

Exportaciones (mill. $): 5.784
Importaciones (mill. $): 11.549

Guatemala
Capital: Guatemala
Superficie: 108.889 km^2
Población: 8.935.000 hab.
Incremento anual de población: 2,9 %
Esperanza de vida: 62 años
P.N.B. (mill. $): 8.205
Exportaciones (mill. $): 978
Importaciones (mill. $): 1.447

Guinea
Capital: Conakry
Superficie: 245.587 km^2
Población: 5.071.000 hab.
Incremento anual de población: 2,8 %
Esperanza de vida: 42,2 años
P.N.B. (mill. $): 2.372
Exportaciones (mill. $): 537
Importaciones (mill. $): 403

Guinea-Bissau
Capital: Bissau
Superficie: 36.125 km^2
Población: 943.000 hab.
Incremento anual de población: 2,4 %
Esperanza de vida: 45 años
P.N.B. (mill. $): 173
Exportaciones (mill. $): 9
Importaciones (mill. $): 54

Guinea Ecuatorial
Capital: Malabo
Superficie: 28.051 km^2
Población: 341.000 hab.
Incremento anual de población: 2,2 %
Esperanza de vida: 46,5 años
P.N.B. (mill. $): 149
Exportaciones (mill. $): 24
Importaciones (mill. $): 34

Guyana
Capital: Georgetown
Superficie: 214.969 km^2
Población: 790.000 hab.
Incremento anual de población: 0,8 %
Esperanza de vida: 69,7 años
P.N.B. (mill. $): 248
Exportaciones (mill. $): 88
Importaciones (mill. $): 105

Haití
Capital: Puerto Príncipe
Superficie: 27.750 km^2
Población: 5.609.000 hab.
Incremento anual de población: 1,5 %
Esperanza de vida: 54,7 años
P.N.B. (mill. $): 2.256
Exportaciones (mill. $): 210
Importaciones (mill. $): 406

Honduras
Capital: Tegucigalpa
Superficie: 112.088 km^2
Población: 4.951.000 hab.
Incremento anual de población: 3,2 %
Esperanza de vida: 64 años
P.N.B. (mill. $): 4.495
Exportaciones (mill. $): 825
Importaciones (mill. $): 898

Hungría
Capital: Budapest
Superficie: 93.033 km^2
Población: 10.576.000 hab.
Incremento anual de población: -0,2 %
Esperanza de vida: 70,1 años
P.N.B. (mill. $): 27.078
Exportaciones (mill. $): 8.287
Importaciones (mill. $): 8.525

India
Capital: Nueva Delhi
Superficie: 3.287.590 km^2
Población: 811.817.000 hab.
Incremento anual de población: 2 %
Esperanza de vida: 57,9 años
P.N.B. (mill. $): 287.383
Exportaciones (mill. $): 8.654
Importaciones (mill. $): 13.831

Indonesia
Capital: Yakarta
Superficie: 1.904.000 km^2
Población: 178.421.000 hab.
Incremento anual de población: 2,1 %
Esperanza de vida: 56 años
P.N.B. (mill. $): 87.396
Exportaciones (mill. $): 17.569
Importaciones (mill. $): 12.370

Irak
Capital: Bagdad
Superficie: 438.000 km^2
Población: 16.278.000 hab.
Incremento anual de población: 3,1 %
Esperanza de vida: 63,9 años
P.N.B. (mill. $): 43.794
Exportaciones (mill. $): 9.785
Importaciones (mill. $): 7.507

Irán
Capital: Teherán
Superficie: 1.648.000 km^2
Población: 54.203.000 hab.
Incremento anual de población: 3,2 %
Esperanza de vida: 65,2 años
P.N.B. (mill. $): 183.843
Exportaciones (mill. $): 17.039
Importaciones (mill. $): 14.494

Irlanda
Capital: Dublín
Superficie: 70.283 km^2
Población: 3.515.000 hab.
Incremento anual de población: -0,2 %
Esperanza de vida: 74,1 años
P.N.B. (mill. $): 25.227
Exportaciones (mill. $): 15.312
Importaciones (mill. $): 13.073

Islandia
Capital: Reykjavik
Superficie: 103.000 km^2
Población: 250.000 hab.
Incremento anual de población: 1,2 %
Esperanza de vida: 77,5 años
P.N.B. (mill. $): 5.351
Exportaciones (mill. $): 1.095
Importaciones (mill. $): 1.115

Israel
Capital: Jerusalén
Superficie: 20.770 km^2
Población: 4.509.000 hab.
Incremento anual de población: 1,6 %
Esperanza de vida: 75,4 años
P.N.B. (mill. $): 44.131
Exportaciones (mill. $): 8.475
Importaciones (mill. $): 11.916

Italia
Capital: Roma
Superficie: 301.277 km^2
Población: 57.517.000 hab.
Incremento anual de población: 0,2 %
Esperanza de vida: 75,6 años
P.N.B. (mill. $): 871.995
Exportaciones (mill. $): 107.852
Importaciones (mill. $): 115.839

Jamaica
Capital: Kingston
Superficie: 10.990 km^2
Población: 2.375.000 hab.
Incremento anual de población: 0,7 %
Esperanza de vida: 74 años
P.N.B. (mill. $): 3.011
Exportaciones (mill. $): 696
Importaciones (mill. $): 1.216

Japón
Capital: Tokio
Superficie: 377.815 km^2
Población: 123.116.000 hab.
Incremento anual de población: 0,5 %
Esperanza de vida: 78,1 años
P.N.B. (mill. $): 2.920.310
Exportaciones (mill. $): 229.221
Importaciones (mill. $): 149.515

Jordania
Capital: Amman
Superficie: 97.740 km^2
Población: 4.102.000 hab.
Incremento anual de población: 4 %
Esperanza de vida: 66 años
P.N.B. (mill. $): 5.291
Exportaciones (mill. $): 657
Importaciones (mill. $): 2.420

Kazakistán
Capital: Alma-Ata
Superficie: 2.717.300 km^2
Población: 16.538.000 hab.

Kenia
Capital: Nairobi
Superficie: 580.367 km^2
Población: 21.163.000 hab.
Incremento anual de población: 4 %
Esperanza de vida: 58,4 años
P.N.B. (mill. $): 8.785
Exportaciones (mill. $): 752
Importaciones (mill. $): 1.447

Kirguistán
Capital: Biškek
Superficie: 198.500 km^2
Población: 4.291.000 hab.

Kiribati
Capital: Bairiki
Superficie: 861 km^2
Población: 68.000 hab.
Incremento anual de población: 2 %
Esperanza de vida: 69,6
P.N.B. (mill. $): 48
Exportaciones (mill. $): 1
Importaciones (mill. $): 16

Kuwait
Capital: Kuwait
Superficie: 17.818 km^2
Población: 2.048.000 hab.
Incremento anual de población: 4,6 %
Esperanza de vida: 72,8 años
P.N.B. (mill. $): 33.082
Exportaciones (mill. $): 12.906
Importaciones (mill. $): 5.902

Laos
Capital: Vientiane
Superficie: 236.800 km^2
Población: 3.585.000 hab.
Esperanza de vida: 48,5
P.N.B. (mill. $): 693
Exportaciones (mill. $): 48
Importaciones (mill. $): 163

Lesotho
Capital: Maseru
Superficie: 30.355 km^2
Población: 1.700.000 hab.
Incremento anual de población: 2,7 %
Esperanza de vida: 55,9 años
P.N.B. (mill. $): 816
Exportaciones (mill. $): 24
Importaciones (mill. $): 375

Letonia
Capital: Riga
Superficie: 64.500 km^2

Población: ....2.681.000 hab.
Incremento anual de población: ....-0,3 %

Líbano
Capital: ....Beirut
Superficie: ....10.400 km²
Población: ....2.897.000 hab.
Incremento anual de población: ....2,1 %
Esperanza de vida: ....67 años
P.N.B. (mill. $): 949
Exportaciones (mill. $): 500
Importaciones (mill. $): 2.203

Liberia
Capital: ....Monrovia
Superficie: ....111.369 km²
Población: ....2.508.000 hab.
Incremento anual de población: ....3,5 %
Esperanza de vida: ....54,5 años
P.N.B. (mill. $): 1.051
Exportaciones (mill. $): 382
Importaciones (mill. $): 307

Libia
Capital: ....Trípoli
Superficie: ....1.759.000 km²
Población: ....3.367.000 hab.
Incremento anual de población: ....4,5 %
Esperanza de vida: ....60,7 años
P.N.B. (mill. $): 22.976
Exportaciones (mill. $): 11.339
Importaciones (mill. $): 4.532

Liechtenstein
Capital: ....Vaduz
Superficie: ....160 km²
Población: ....28.000 hab.
Incremento anual de población: ....1,2 %
P.N.B. (mill. $): 600
Exportaciones (mill. $): 1.153

Lituania
Capital: ....Vilnius
Superficie: ....65.500 km²
Población: ....3.690.000 hab.
Incremento anual de población: ....-0,3 %

Luxemburgo
Capital: ....Luxenburgo
Superficie: ....2.586 km²
Población: ....378.000 hab.
Incremento anual de población: ....0,7 %
Esperanza de vida: ....74,3 años
P.N.B. (mill. $): 9.408
Exportaciones (mill. $): 4.461
Importaciones (mill. $): 4.821

Macedonia
Capital: ....Skopje
Superficie: ....25.713 km²
Población: ....2.084.000 hab.

Madagascar
Capital: ....Antananarivo
Superficie: ....587.041 km²
Población: ....9.985.000 hab.
Incremento anual de población: ....2,8 %
Esperanza de vida: ....53,5 años
P.N.B. (mill. $): 2.543
Exportaciones (mill. $): 228
Importaciones (mill. $): 270

Malawi
Capital: ....Lilongwe
Superficie: ....118.484 km²
Población: ....7.983.000 hab.
Incremento anual de población: ....3,7 %
Esperanza de vida: ....47 años
P.N.B. (mill. $): 1.475
Exportaciones (mill. $): 237
Importaciones (mill. $): 258

Malaysia
Capital: ....Kuala Lumpur
Superficie: ....329.749 km²
Población: ....16.942.000 hab.
Incremento anual de población: ....2,6 %
Esperanza de vida: ....69,5 años
P.N.B. (mill. $): 37.005
Exportaciones (mill. $): 16.676
Importaciones (mill. $): 11.806

Maldivas
Capital: ....Malé
Superficie: ....298 km²
Población: ....206.000 hab.
Incremento anual de población: ....2,9 %
P.N.B. (mill. $): 87
Exportaciones (mill. $): 178
Importaciones (mill. $): 47

Mali
Capital: ....Bamako
Superficie: ....1.240.192 km²
Población: ....7.960.000 hab.
Incremento anual de población: ....1,7 %
Esperanza de vida: ....44 años
P.N.B. (mill. $): 2.109
Exportaciones (mill. $): 126
Importaciones (mill. $): 218

Malta
Capital: ....Valletta
Superficie: ....316 km²
Población: ....350.000 hab.
Incremento anual de población: ....1 %
Esperanza de vida: ....72,7 años
P.N.B. (mill. $): 2.041
Exportaciones (mill. $): 628
Importaciones (mill. $): 1.182

Marruecos
Capital: ....Rabat
Superficie: ....446.550 km²
Población: ....24.521.000 hab.
Incremento anual de población: ....2,6 %
Esperanza de vida: ....60,7 años
P.N.B. (mill. $): 22.069
Exportaciones (mill. $): 2.848
Importaciones (mill. $): 4.295

Marshall, Islas
Capital: ....Dalap-Uliga-Darrit
Superficie: ....180 km²
Población: ....43.355 hab.

Mauricio
Capital: ....Port Louis
Superficie: ....2.040 km²
Población: ....1.068.000 hab.
Incremento anual de población: ....1,2 %
Esperanza de vida: ....69 años
P.N.B. (mill. $): 2.068
Exportaciones (mill. $): 869
Importaciones (mill. $): 942

Mauritania
Capital: ....Nuakchott
Superficie: ....1.025.520 km²
Población: ....1.339.000 hab.
Esperanza de vida: ....46 años
P.N.B. (mill. $): 953
Exportaciones (mill. $): 342
Importaciones (mill. $): 229

México
Capital: ....Ciudad de México
Superficie: ....1.958.201 km²
Población: ....84.490.000 hab.
Incremento anual de población: ....2 %
Esperanza de vida: ....68,9 años
P.N.B. (mill. $): 170.053
Exportaciones (mill. $): 20.656
Importaciones (mill. $): 12.761

Micronesia, Estados Federados de
Capital: ....Kolonia
Superficie: ....700 km²
Población: ....100.000 hab.

Moldavia
Capital: ....Chišimán
Superficie: ....7.682.300 km²
Población: ....16.807.000 hab.

Mónaco
Capital: ....Mónaco
Superficie: ....2 km²
Población: ....27.000 hab.
Incremento anual de población: ....1,1 %

Mongolia
Capital: ....Ulan-Bator
Superficie: ....1.566.500 km²
Población: ....2.043.000 hab.
Incremento anual de población: ....2,5 %
Esperanza de vida: ....63,5 años
P.N.B. (mill. $): 1.408
Exportaciones (mill. $): 795
Importaciones (mill. $): 1.114

Mozambique
Capital: ....Maputo
Superficie: ....801.590 km²
Población: ....15.326.000 hab.
Incremento anual de población: ....2,6 %
Esperanza de vida: ....46,5 años
P.N.B. (mill. $): 1.193
Exportaciones (mill. $): 159
Importaciones (mill. $): 458

Namibia
Capital: ....Windhoek
Superficie: ....824.292 km²
Población: ....1.817.000 hab.
Incremento anual de población: ....3,2 %
Esperanza de vida: ....56,2 años
P.N.B. (mill. $): 1.150
Exportaciones (mill. $): 761
Importaciones (mill. $): 720

Nauru
Capital: ....Yaren
Superficie: ....21 km²
Población: ....8.000 hab.
Incremento anual de población: ....1,6 %
Esperanza de vida: ....69,6 años
Exportaciones (mill. $): 93
Importaciones (mill. $): 14

Nepal
Capital: ....Katmandú
Superficie: ....140.797 km²
Población: ....18.442.000 hab.
Incremento anual de población: ....2,5 %
Esperanza de vida: ....50,9 años
P.N.B. (mill. $): 3.206
Exportaciones (mill. $): 162
Importaciones (mill. $): 553

Nicaragua
Capital: ....Managua
Superficie: ....130.000 km²
Población: ....3.384.000 hab.
Incremento anual de población: ....3,6 %
Esperanza de vida: ....63,3 años
P.N.B. (mill. $): 2.911
Exportaciones (mill. $): 242
Importaciones (mill. $): 826

Níger
Capital: ....Niamey
Superficie: ....1.267.000 km²
Población: ....7.250.000 hab.
Incremento anual de población: ....3,4 %
Esperanza de vida: ....44,5 años
P.N.B. (mill. $): 2.195
Exportaciones (mill. $): 310
Importaciones (mill. $): 511

Nigeria
Capital: ....Lagos
Superficie: ....923.768 km²
Población: ....104.957.000 hab.
Esperanza de vida: 50,5

P.N.B. (mill. $):...28.314
Exportaciones (mill. $):...5.543
Importaciones (mill. $):...2.941

Noruega
Capital: ...Oslo
Superficie: ...323.877 km²
Población: ...4.227.000 hab.
Incremento anual de población:...0,4 %
Esperanza de vida:...76,8 años
P.N.B. (mill. $):...92.097
Exportaciones (mill. $):...21.445
Importaciones (mill. $):...22.558

Nueva Zelanda
Capital: ...Wellington
Superficie: ...267.844 km²
Población: ...3.389.000 hab.
Incremento anual de población:...0,6 %
Esperanza de vida:...74,7 años
P.N.B. (mill. $):...39.437
Exportaciones (mill. $):...7.626
Importaciones (mill. $):...7.433

Omán
Capital: ...Mascate
Superficie: ...212.457 km²
Población: ...1.422.000 hab.
Incremento anual de población:...3,4 %
Esperanza de vida:...55,4 años
P.N.B. (mill. $):...7.756
Exportaciones (mill. $):...3.776
Importaciones (mill. $):...1.882

Países Bajos
Capital:...Amsterdam
Superficie: ...40.844 km²
Población: ...14.835.000 hab.
Incremento anual de población:...0,6 %
Esperanza de vida:...76,8 años
P.N.B. (mill. $):...237.415
Exportaciones (mill. $):...101.737
Importaciones (mill. $):...98.502

Pakistán
Capital:...Islamabad
Superficie: ...796.095 km²
Población: ...108.678.000 hab.
Incremento anual de población:...3,1 %
Esperanza de vida:...56,5 años
P.N.B. (mill. $):...40.134
Exportaciones (mill. $):...3.384
Importaciones (mill. $):...5.377

Panamá
Capital:...Panamá
Superficie: ...77.082 km²
Población: ...2.370.000 hab.
Incremento anual de población:...2,1 %
Esperanza de vida:...72,1 años
P.N.B. (mill. $):...4.221
Exportaciones (mill. $):...38
Importaciones (mill. $):...1.306

Papúa-Nueva Guinea
Capital:...Port Moresby
Superficie: ...462.840 km²
Población: ...3.593.000 hab.
Incremento anual de población:...2,1 %
Esperanza de vida:...54 años
P.N.B. (mill. $):...3.444
Exportaciones (mill. $):...1.283
Importaciones (mill. $):...1.164

Paraguay
Capital:...Asunción
Superficie: ...406.752 km²
Población: ...4.157.000 hab.
Incremento anual de población:...3 %
Esperanza de vida:...66,9 años
P.N.B. (mill. $):...4.299
Exportaciones (mill. $):...379
Importaciones (mill. $):...679

Perú
Capital:...Lima
Superficie: ...1.285.216 km²
Población: ...21.792.000 hab.
Incremento anual de población:...2,6 %
Esperanza de vida:...61,4 años
P.N.B. (mill. $):...23.009
Exportaciones (mill. $):...2.605
Importaciones (mill. $):...3.482

Polonia
Capital:...Varsovia
Superficie: ...312.683 km²
Población: ...37.854.000 hab.
Incremento anual de población:...0,4 %
Esperanza de vida:...71,4 años
P.N.B. (mill. $):...66.794
Exportaciones (mill. $):...12.074
Importaciones (mill. $):...11.535

Portugal
Capital:...Lisboa
Superficie: ...92.389 km²
Población: ...10.467.000 hab.
Incremento anual de población:...0,8 %
Esperanza de vida:...73,3 años
P.N.B. (mill. $):...44.058
Exportaciones (mill. $):...8.798
Importaciones (mill. $):...12.900

Qatar
Capital:...Doha
Superficie: ...11.000 km²
Población: ...422.000 hab.
Incremento anual de población:...4,1 %
Esperanza de vida:...69,3 años
P.N.B. (mill. $):...4.077
Exportaciones (mill. $):...3.542
Importaciones (mill. $):...1.139

Reino Unido de Gran Bretaña e Irlanda del Norte
Capital: ...Londres
Superficie: ...244.103 km²
Población: ...57.205.000 hab.
Incremento anual de población:...0,3 %
Esperanza de vida:...75,2 años
P.N.B. (mill. $):...834.166
Exportaciones (mill. $):...144.449
Importaciones (mill. $):...170.092

Ruanda
Capital: ...Kigali
Superficie: ...26.338 km²
Población: ...6.274.000 hab.
Incremento anual de población:...3,6 %
Esperanza de vida:...48,5 años
P.N.B. (mill. $):...2.157
Exportaciones (mill. $):...214
Importaciones (mill. $):...399

Rumanía
Capital: ...Bucarest
Superficie: ...237.500 km²
Población: ...23.152 hab.
Incremento anual de población:...0,5 %
Esperanza de vida:...70,1 años
P.N.B. (mill. $):...57.030
Exportaciones (mill. $):...13.667
Importaciones (mill. $):...9.262

Rusia
Capital: ...Moscú
Superficie: ...17.075.400 km²
Población: ...147.686.000 hab.

Salvador, El
Capital:...San Salvador
Superficie: ...21.041 km²
Población: ...5.207.000 hab.
Incremento anual de población:...2 %
Esperanza de vida:...62,1 años
P.N.B. (mill. $):...5.356
Exportaciones (mill. $):...590
Importaciones (mill. $):...994

Salomón
Capital: ...Honiara
Superficie: ...27.556 km²
Población: ...299.000 hab.
Incremento anual de población:...3,5 %
Esperanza de vida:...41,1 años
P.N.B. (mill. $):...181
Exportaciones (mill. $):...61
Importaciones (mill. $):...64

Samoa Occidental
Capital:...Apia
Superficie: ...2.831 km²
Población: ...159.000 hab.
Incremento anual de población:...0,5 %
P.N.B. (mill. $):...14
Exportaciones (mill. $):...9
Importaciones (mill. $):...83

San Cristóbal-Nevis
Capital: ...Basseterre
Superficie: ...262.000 km²
Población: ... 44.000 hab.
P.N.B. (mill. $):...119
Exportaciones (mill. $):...18
Importaciones (mill. $):...43

San Marino
Capital: ...San Marino
Superficie: ...61 km²
Población: ...23.000 hab.
Incremento anual de población:...0,6 %
P.N.B. (mill. $):...290

Santa Lucía
Capital:...Castries
Superficie: ...622 km²
Población: ...148.000 hab.
Incremento anual de población:...1,9 %
Esperanza de vida:...70,4 años
P.N.B. (mill. $):...267
Exportaciones (mill. $):...79
Importaciones (mill. $):...155

Santo Tomé y Príncipe
Capital: ...Santo Tomé
Superficie: ...964 km²
Población: ...116.000 hab.
Incremento anual de población:...2,4 %
P.N.B. (mill. $):...43
Exportaciones (mill. $):...8
Importaciones (mill. $):...20

San Vicente y Granadinas
Capital: ...Kingstown
Superficie: ...388 km²
Población: ...113.000 hab.
Incremento anual de población:...1,1 %
Esperanza de vida:...70,4 años
P.N.B. (mill. $):...135
Exportaciones (mill. $):...63
Importaciones (mill. $):...87

Senegal
Capital:...Dakar
Superficie: ...196.722 km²
Población: ...6.882.000 hab.
Incremento anual de población:...5 %
Esperanza de vida:...63,4 años
P.N.B. (mill. $):...89.986
Exportaciones (mill. $):...833
Importaciones (mill. $):...1.224

Seychelles
Capital: ...Victoria
Superficie: ...308 km²
Población: ...67.000 hab.
Incremento anual de población:...0,6 %
P.N.B. (millones $): ...285
Exportaciones (mill. $):...4
Importaciones (mill. $):...130

Sierra Leona
Capital: ...Freetown
Superficie: ...71.740 km²

Población: 4.046.000 hab.
Incremento anual de población: 2,5 %
Esperanza de vida: 41 años
P.N.B. (mill. $): 830
Exportaciones (mill. $): 17
Importaciones (mill. $): 20

Singapur
Capital: Singapur
Superficie: 626 km²
Población: 2.685.000 hab.
Incremento anual de población: 1,2 %
Esperanza de vida: 72,8 años
P.N.B. (mill. $): 28.058
Exportaciones (mill. $): 31.000
Importaciones (mill. $): 35.193

Siria
Capital: Damasco
Superficie: 185.180 km²
Población: 11.719.000 hab.
Incremento anual de población: 3,4 %
Esperanza de vida: 65 años
P.N.B. (mill. $): 12.444
Exportaciones (mill. $): 463
Importaciones (mill. $): 954

Somalia
Capital: Mogadiscio
Superficie: 637.657 km²
Población: 7.339.000 hab.
Incremento anual de población: 3,5 %
Esperanza de vida: 45 años
P.N.B. (mill. $): 1.035
Exportaciones (mill. $): 13
Importaciones (mill. $): 39

Sri Lanka
Capital: Colombo
Superficie: 65.610 km²
Población: 16.806.000 hab.
Incremento anual de población: 1,5 %
Esperanza de vida: 70,3 años
P.N.B. (mill. $): 7.268
Exportaciones (mill. $): 1.207
Importaciones (mill. $): 1.552

Sudáfrica, República de
Capital: Pretoria
Superficie: 1.221.037 km²
Población: 34.492.000 hab.
Incremento anual de población: 2,2 %
Esperanza de vida: 60,4 años
P.N.B. (mill. $): 86.029
Exportaciones (mill. $): 20.521
Importaciones (mill. $): 16.622

Sudán
Capital: Khartum
Superficie: 2.505.813 km²
Población: 20.564.000 hab.
Esperanza de vida: 49,8 años
P.N.B. (mill. $): 10.094
Exportaciones (mill. $): 198
Importaciones (mill. $): 375

Suecia
Capital: Estocolmo
Superficie: 440.945 km²
Población: 8.493.000 hab.
Incremento anual de población: 0,4 %
Esperanza de vida: 77,1 años
P.N.B. (mill. $): 184.230
Exportaciones (mill. $): 49.760
Importaciones (mill. $): 45.659

Suiza
Capital: Berna
Superficie: 41.293 km²
Población: 6.647.000 hab.
Incremento anual de población: 0,7 %
Esperanza de vida: 77 años
P.N.B. (mill. $): 197.984
Exportaciones (mill. $): 44.909
Importaciones (mill. $): 50.030

Surinam
Capital: Paramaribo
Superficie: 163.265 km²
Población: 389.000 hab.
Incremento anual de población: 2,2 %
Esperanza de vida: 69,5 años
P.N.B. (mill. $): 1.314
Exportaciones (mill. $): 304
Importaciones (mill. $): 294

Swazilandia
Capital: Mbabane
Superficie: 17.364 km²
Población: 681.000 hab.
Incremento anual de población: 3,3 %
Esperanza de vida: 55,5 años
P.N.B. (mill. $): 683
Exportaciones (mill. $): 319
Importaciones (mill. $): 368

Taiwan
Capital: Taibei
Superficie: 36.000 km²
Población: 20.000.000 hab.
Incremento anual de población: 1,1 %
Esperanza de vida: 68,2 años
P.N.B. (mill. $): 150.393
Exportaciones (mill. $): 58.872
Importaciones (mill. $): 38.005

Tanzania
Capital: Dar es-Salaam
Superficie: 945.087 km²
Población: 24.802.000 hab.
Incremento anual de población: 3,4 %
Esperanza de vida: 53 años
P.N.B. (mill. $): 3.079
Exportaciones (mill. $): 148
Importaciones (mill. $): 242

Tayikistán
Capital: Dušanbe
Superficie: 143.100 km²
Población: 5.112.000 hab.

Thailandia
Capital: Bangkok
Superficie: 513.115 km²
Población: 55.448.000 hab.
Incremento anual de población: 1,8 %
Esperanza de vida: 65 años
P.N.B. (mill. $): 64.437
Exportaciones (mill. $): 11.880
Importaciones (mill. $): 13.246

Togo
Capital: Lomé
Superficie: 56.785 km²
Población: 3.296.000 hab.
Incremento anual de población: 3,3 %
Esperanza de vida: 53 años
P.N.B. (mill. $): 1.364
Exportaciones (mill. $): 282
Importaciones (mill. $): 527

Tonga
Capital: Nuku'alofa
Superficie: 748 km²
Población: 95.000 hab.
Incremento anual de población: 0,5 %
Esperanza de vida: 55,2 años
P.N.B. (mill. $): 910
Exportaciones (mill. $): 7
Importaciones (mill. $): 48

Trinidad y Tobago
Capital: Puerto España
Superficie: 5.130 km²
Población: 1.212 hab.
Incremento anual de población: 1 %
Esperanza de vida: 70,2 años
P.N.B. (mill. $): 4.000
Exportaciones (mill. $): 1.238
Importaciones (mill. $): 1.032

Túnez
Capital: Túnez
Superficie: 163.610 km²
Población: 7.465.000 hab.
Incremento anual de población: 2,6 %
Esperanza de vida: 65,3 años
P.N.B. (mill. $): 10.089
Exportaciones (mill. $): 1.970
Importaciones (mill. $): 2.792

Turkmenistán
Capital: Ashjabad
Superficie: 499.100 km²
Población: 3.534.000 hab.

Turquía
Capital: Ankara
Superficie: 779.452 km²
Población: 56.741.000 hab.
Incremento anual de población: 3,1 %
Esperanza de vida: 64,1 años
P.N.B. (mill. $): 74.731
Exportaciones (mill. $): 10.190
Importaciones (mill. $): 14.163

Tuvalu
Capital: Funafuti
Superficie: 25 km²
Población: 8.000 hab.
Incremento anual de población: 2 %
P.N.B. (mill. $): 5
Importaciones (mill. $): 2

Ucrania
Capital: Kiev
Superficie: 603.700 km²
Población: 51.740.000 hab.

Uganda
Capital: Kampala
Superficie: 235.880 km²
Población: 12.636.000 hab.
Incremento anual de población: 2,7 %
Esperanza de vida: 51 años
P.N.B. (mill. $): 4.254
Exportaciones (mill. $): 352
Importaciones (mill. $): 325

Unión de Emiratos Árabes
Capital: Abu Dhabi
Superficie: 83.600 km²
Población: 1.206.000 hab.
Incremento anual de población: 5,9 %
Esperanza de vida: 70,7 años
P.N.B. (mill. $): 28.449
Exportaciones (mill. $): 15.837
Importaciones (mill. $): 9.454

Uruguay
Capital: Montevideo
Superficie: 177.414 km²
Población: 3.077.000 hab.
Incremento anual de población: 0,6 %
Esperanza de vida: 71 años
P.N.B. (mill. $): 8.069
Exportaciones (mill. $): 1.189
Importaciones (mill. $): 1.141

Uzbekistán
Capital: Taßkent
Superficie: 447.400 km²
Población: 19.906.000 hab.

Vanuatu
Capital: Port Vila
Superficie: 12.190 km²
Población: 143.000 hab.
Incremento anual de población: 2,4 %
Esperanza de vida: 44,6 años
P.N.B. (mill. $): 131
Exportaciones (mill. $): 17
Importaciones (mill. $): 57

Vaticano, Ciudad del
Superficie: 0,44 km²

Población: ....1.000 hab.

Venezuela
Capital: ....Caracas
Superficie: ....912.050 km²
Población: ....19.246.000 hab.
Incremento anual de población: ....2,7 %
Esperanza de vida: ....69,7 años
P.N.B. (mill. $): 47.164
Exportaciones (mill. $): 8.402
Importaciones (mill. $): 8.771

Vietnam
Capital: ....Hanoi
Superficie: ....329.566 km²
Población: ....64.412.000 hab.
Incremento anual de población: ....2,1 %
Esperanza de vida: ....61,3 años
P.N.B. (mill. $): 7.360
Exportaciones (mill. $): 595
Importaciones (mill. $): 1.815

Yemen
Capital: ....Sana
Superficie: ....527.968 km²
Población: ....11.619.000 hab.
Incremento anual de población: ....2,6 %
Esperanza de vida: ....50,9 años
P.N.B. (mill. $): 7.203
Exportaciones (mill. $): 39
Importaciones (mill. $): 1.588

Yugoslavia
   Crna Gara (Montenegro)
   Capital: ....Titograd
   Superficie: ....13.812 km²
   Población: ....632.000 hab.

   Serbia
   Capital: ....Belgrado
   Superficie: ....88.361 km²
   Población: ....9.775.000 hab.

Zaire
Capital: ....Kinshasa
Superficie: ....2.345.409 km²
Población: ....34.491.000 hab.
Incremento anual de población: ....3,1 %
Esperanza de vida: ....52,5 años
P.N.B. (mill. $): 8.841

Zambia
Capital: ....Lusaka
Superficie: ....752.614 km²
Población: ....7.804.000 hab.
Incremento anual de población: ....3,8 %
Esperanza de vida: ....53,4 años
P.N.B. (mill. $): 3.060
Exportaciones (mill. $): 805
Importaciones (mill. $): 662

Zimbabwe
Capital: ....Harare
Superficie: ....390.580 km²
Población: ....9.122.000 hab.
Incremento anual de población: ....2,8 %
Esperanza de vida: ....58,3 años
P.N.B. (mill. $): 6.076
Exportaciones (mill. $): 876
Importaciones (mill. $): 844

ÍNDICE DE TOPÓNIMOS

ABREVIATURAS UTILIZADAS EN EL ÍNDICE DE TOPÓNIMOS

arch.	archipiélago	div. admva.	división administrativa	msta.	meseta
arref.	arrecife	div. geog.	división geográfica	mte. –s	monte –s
at.	atolón	dpto.	departamento	mtña. –s	montaña –s
barr. arrf.	barrera de arrecifes	dpto. ultr.	departamento de ultramar	parq. nac.	parque nacional
barr.lit	barrera litoral	drs. subm.	dorsal submarina	pen.	península
cca. subm.	cuenca submarina	emb.	embalse	plat. subm.	plataforma submarina
col. –s	colina –s	est. as.	estado asociado	prov.	provincia
coln.	colonia	est. fed.	estado federal	pto. mont.	puerto montaña
com.	comarca	estr.	estrecho	reg.	región
comun. aut.	comunidad autónoma	f. subm.	fosa submarina	rep. autón.	república autónoma
sal. –s	salina –s	cord.	cordillera	glac.	glaciar
srra. –s	sierra –s	depr.	depresión	lag.	laguna
terr.	territorio	des.	desierto	llan.	llanura
terr. fed.	territorio federal	dist.	distrito	mac. mont.	macizo montañoso
vol.	volcán				

Aaiún, El 166, C 3
Aalsmeer 140, D3
Aalst 140, D5
Aalten 140, F4
Aalter 140, C4
Aar; río 138, D 4
Aarau 138, E 4
Aarbergen 140, H5
Aarschot 140, D5
Aba 166, G 7
Abacou, Punta L'; cabo 181, E3
Abadán 155, G6
Abadiano v. Abadiño
Abadín 74, C1
Abadiño 82, G5
Abadla 165, C2
Abaí 188, E3
Abakan 152, J4
Abancay 186, D6
Abanto y Ciérvana 82, D4
Abarán 116, E4
Abashiri 159, T10
Abastecimiento; canal 82, E4
Abau 161, L7
Abaya; lago 167, M7
Abaza 152, I4
Abbeville 140, A5
Abd al-Kūrī; isla 155, H10
Abe; lago 167, N6
Abéché 167, J6
Abegondo 74, B1
Abélessa 165, D4
Abemama; isla 191, G3
Abenguru 166, E7
Åbenrå 141, C5
Abeokuta 166, F7
Aberdeen 137, F2
Aberdeen 176, B2
Aberdeen 176, G2
Aberystwyth 137, E4
Abha 155, F9
Abidján 166, E7
Abilene 176, G5
Abisko 141, E1
Abitibi; lago 175, K5
Abkhasia; rep. autón. 144, E3
Ablitas 86, H7
Abnūb 167, P10
Abodí; srra. 86, H6
Abomey 166, F7
Abona, Punta de; cabo 126, C2
Abo v. Turku
Abra, El 82, E4
Abrantes 135, D4
Abra Pampa 188, C2
Abreojos, Punta; cabo 178, B2
Abrud 142, F3
Abruzos; reg. 136, E4
Abu Deïa 167, I6
Abu Dhabi 155, H8
Abū Hamad 167, L5
Abuja 166, G7
Abū Matāriq 167, K6
Abū Muharrik, Ghurd; dunas 167, O10
Abunã; río 186, E6
Abunã 186, E5
Abū Qir; golfo 167, P9
Abū Qurqās 167, P10
Abū Rudeis 167, P10
Abū Tij 167, P10
Abū Zanimah 167, P10
Abymes, Les 181, G3
Acámbaro 179, D4
Acaponeta 178, C3
Acapulco de Juárez 179, E4
Acaraí; srra. 186, G3
Acarigua 181, F5
Acatlán de Osorio 179, E4
Acayucan 179, F4
Accra 166, E7
Acehuche 102, B2
Aceuchal 102, B3
Achaguas; río 181, F5
Achill; isla 137, B4
Acikehu; lago 158, E4
Ačinsk 152, J4
Acireale 136, F6
Acklins; isla 181, E2
Acland; mte. 195, H4
Aconcagua; pico 188, C4
Acre; río 186, E6
Adaja; río 96, D3
Adak; isla 170, S
Adale 169, T24
Adamaua; mac. mont. 167, H7
Adamello; pico 136, D1
Adams; pico 176, B2
Adamuz 122, D2
Adana 154, E5
Adanero 96, D4
Adapazari 154, D4
Adavale 194, G5
Adda, río 136, C2
Ad-Dabbah 167, L5
Ad-Dafinah 155, F8
Ad-Damir 167, L5
Ad-Dammān 155, G7
Ad-Dayr 167, P10
Ad-Dilam 155, G8
Addis Abeba 167, M7
Ad-Diwaniya 155, F6
Ad-Duwaym 167, L6
Adeje 126, C2
Adelaida 194, F6
Adele; isla 194, C3
Ademuz 112, A1
Adén; golfo 155, G10
Adén 155, GI0
Adi; isla 161, I5
Adieu; cabo 194, E6
Adigio; río 136, D2
Adi Keyih 167, M6
Adilabad 156, D5
Adirondack; mtes. 177, L5
Adjaristán; rep. autón. 144, E3
Arkalik 152, G4
Admer, Erg; des. 165, E4
Ado-Ekiti 166, G7
Adolfo López Mateos; emb. 178, C2
Adonara; isla 160, G6
Adoni 156, D5
Adour; río 134, D6
Adra 123, E4
Adrada, La 96, D4
Adrano 136, F6
Adrar; mtes. 165, E3
Adrar 165, C3
Adrar de los Iforas; cord. 166, F4
Adré 167, J6
Adri 167, H3
Adriático; mar 136, F3
Adua 161, H5
Adwa 167, M6
Adzaneta (Atzeneta) 112, B1
Afganistán 155, J6
Afgoi 169, T24
Afognak; isla 174, C4
Afragola 136, F4
Afula 154, B2
Afyonkarahisar 154, D5
Agadir 165, B2
Agaete 126, D2
Agalega; arch. 162, N12
Agaña 190, D2
Agara v. Agra
Agartala 156, G4
Agats 161, J6
Agattu; isla 170, S
Agboville 166, E7
Agde; cabo 134, F6
Agdz 165, B2
Agen 134, E5
Ager 92, Al
Ageror, Adrar; reg 165, D4
Aginskoje 153, L4
Agly; río 55, G1
Agoncillo 100,
Agost 112, B3
Agra; río 55, El
Agra 156, D3
Agramunt 92, B2
Agreda 97, G3
Agri; río 136, G4
Agrigento 136, E6
Agrínion 143, E7
Aguachica 181, E5
Agua Clara 188, F2
Aguadilla 181, F3
Aguadulce 180, C5
Agua Negra; pto. mont. 188, C4
Agua Prieta 178, C1
Aguarico; río 186, C4
Aguascalientes; est. fed. 179, D3
Aguascalientes 179, D3
Aguasvivas; río 55, E2
Agua Vermelha; emb. 188, F1
Aguaviva 88, C3
Agudo 106, B4
Águeda; río 135, F3
Agueda; río 96, B4
Águeda 135, D3
Aguilar 122, D3
Aguilar de Campoo; emb. 96, D2
Aguilar de Campoo 97, D2
Aguilas 116, E5
Agüimes 126, D3
Aguja; cabo 181, E4
Aguja, Punta; cabo 186, B5
Agulha, Ponta da; cabo 135, Q18
Agulhas; cabo 169, D8
Agulo 126, B2
Agung; pico 160, F6
Agurain 82, G6
Agusan; río 161, H3
Agustín Codazzi 181, E4
Ahaggar; mac. mont. 165, E4
Ahaggar; msta. v. Ahaggar, Tassili-Ouan-n-; msta.
Ahaggar, Tassili-Oua-n-; msta. 165, E4
Ahaus 140, G3
Ahigal 102, B1
Ahlen 140, G4
Ahmadābād 156, C4
Ahmadnagar 156, C5
Ahr; río 140, F5
Ahrweiler 140, G5
Ahsā,al-; reg. 155, G7
Ähtäri 141, G3
Ahuachapán 180, B4
Ahvāz 155, G6
Ahwar 155, G10
Aiara 82, F5
Aibar 86, H6
Aibihu; lago 158, D3
Aigoual; pico 134, F5
Aijal 158, F7
Aiken 177, J5
Ailigandí 180, D5
Ailuk; at. 191, G2
Ailly-le-Haut-Clocher 140, A5
Ailly-sur-Noye 140, B6
Aim 153, N4
Ain; río 136, A1
Ainabo 169, T23
Ainaži 141, G4
Aïn Beïda 165, E1
Aïn Ben Tili 166, D3
Aïn Galakka 167, I5
Ainsa 88, D1
Aïn Sefra 165, C2
Aïn Témouchent 165, C1
Ainzón 88, B2
Aïr; mac. mont. 166, G5
Airaines 140, A6
Aire 140, B5
Aire, isla 119, F2
Aire; pico 135, D4
Aisa 88, C1
Aisega 161, L6
Aisne; río 134, F3
Aitana; pico 112, B3
Aitana; srra. 112, B3
Aitape 161, K5
Aitutaki; isla 191, I5
Aix-en-Provence 134, G6
Aix-les-Bains 134, G5
Aiyínion 143, F6
Aíyion 143, F7
Aizuwakamatsu 159, S11
Ajaccio; golfo 136, C4
Ajaccio 136, C4
Ajan 153, N4
Ajdābiyah 167, J2
Ajjer, Tassili-n-; mac. mont 165, E3
Ajka 142, C3
Ajlūn 154, B2
Ajmer 156, C3
Ajo, cabo 80, B1
Ajon; isla 153, Q3
Ajtos 142, H5
Aju; isla 161, I4
Akaba; golfo 154, D7
Akaba 154, E7
Akaroa 195, N14
Akchar; reg. 166, C4
Akesu 152, H5
Aketi 168, D1
Akhelóös; río 143, E7
Akhisar 143, H7
Akhmīm 167, P10
Akimiski; isla 175, J4
Akita 159, T11
Akjujt 166, C5
Akko 154, B2
Akköy 143, H8
Akobo 167, L7
Akola 156, D4
Akordat 167, M5
Akpatok; isla 175, L3
Akrítas; cabo 143, E8
Akron 177, J3
Aksarka 152, G3
Aksum 167, M6
Aktjubinsk 144, F2
Aktogaj 152, H5
Akure 166, G7
Akureyri 141, M6
Alabama; est. fed. 177, I5
Alabama; río 177, I5
Alacant; bahía v.Alicante; bahía
Alacant; prov. 112, B3
Alacant 112, B3
Alaejos 96, C3
Alagoinhas 187, K6
Alagón; río 102, B1
Alagón 88, B2
Alahärmä 141, F3
Alai; cord. 152, H6
Alajeró 126, B2
Alakol'; lago 152, I5
Alakurtti 141, H2
Alamagan; isla 161, L1
Alameda 122, D3
Alameda de la Sagra 106, C2
Alamillo 106, B4
Álamo 179, E3
Alamogordo 176, E5
Alamos, Los 176, E4
Åland; estr. 141, E3
Åland; islas 141, F4
Alandroal 135, E5
Alange; emb. 102, B3
Alange 135, F5
Alanis 135, G5
Alaotra; lago 169, Q19
Alaquàs 112, E6
Alaraz 135, G3
Alarcón; emb. 107, D3
Alar del Rey 97, D2
Alaró 118, D2
Alasehir 143, I7
Alas, estr. 160, F6
Ala Shan; des. 158, H3
Alaska; est. fed. 174, C3
Alaska; golfo 174, D4
Alaska; mtes. 174, C3
Alaska; pen. 174, C4
Al'at 144, E4
Alava; prov. 82, G6
Al-Ayzarīyah 154, B3
Alazeja; río 153, P2
Alba 136, C2
Albacete; prov. 107, D4
Albacete 107, E3
Alba de Tormes 96, C4
Albaida 112, B3
Alba Iula 142, F3
Albal 112, E6
Albaladejo 107, D4
Albalat de la Ribera 112, B2
Albalat dels Sorells 112, F5
Albalate de Cinca 88, D2
Albalate del Arzobispo 88, C2
Albalate de Zorita 107, D2
Albania 142, E6
Albany; río 175, J4
Albany 176, B3
Albany 177, J5
Albany 177, L3
Albany 194, B6
Albardón 188, C4
Albares 107, C2
Albarracín; srra. 55, E2
Albarracín 88, B3
Albatana 107, E4
Albatera 112, B3
Albatross; bahía 194, G2
Albelda 88, D2
Albelda de Iregua 100,
Albemarle Sound; estr. 177, K4
Albera; srra. v. Alberes; mtes.
Alberca de Záncara, La 107, D3
Alberca, La 96, B4
Alberche; río 55, C2
Alberes; mtes. 55, G1
Alberga; río 194, E5
Albergaria-a-Velha 135, D3
Alberique 112, B2
Alberite 100,
Albert 140, B5
Alberta; prov. 174, G4
Albert Lea 177, H3
Albertville 134, H5
Albi 134, F6
Albina, Punta; cabo 168, B5
Albocácer 112, C1
Albolote 122, E3
Alborán; isla 123, E5
Alboraya 112, F6
Alborea 107, E3
Ålborg 141, C4
Albox 123, F3
Albuera, La 102, B3
Albufeira 135, D6
Albufera, La 112, B2
Albuixech 112, F5
Albuñol 123, E4
Albuquerque 176, E4
Alburquerque 102, A2
Alburquerque, Cayos; cayos 180, C4
Albury 194, H7
Alcàcer 112, B2
Alcácer do Sal 135, D5
Alcáçovas 135, D5
Alcadozo 107, E4
Alcalá 126, C2
Alcalá de Chivert 112, C1
Alcalá de Guadaira 122, C3
Alcalá de Gurrea 88, C1
Alcalá de Henares 110, B2
Alcalá de la Selva 88, C3
Alcalá del Júcar 107, E3
Alcalá de los Gazules 122, C4
Alcalá del Río 122, C3
Alcalá del Valle 122, C4
Alcalá la Real 122, E3
Alcamo 136, E6
Alcampel 88, D2
Alcanade 135, D4
Alcanadre; río 88, C2
Alcanar 92, A3
Alcántara; emb. 102, B2
Alcántara 102, B2
Alcántara 187, J4
Alcantarilla 116, E5
Alcañices 96, B3
Alcañiz 88, C2
Alcaraz; srra. 107, D4
Alcarràs 92, A2
Alcarria, La; com. 107, D2
Alcarrias y Parameras; com. 55, D2
Alcaudete 122, D3
Alcaudete de la Jara 106, B3
Alcázar de San Juan 106, C3
Alcoba 106, B3
Alcobendas 110, B2
Alcolea de Cinca 88, D2
Alcolea del Pinar 107, D1
Alcolea del Río 122, C3
Alconchel 102, A3
Alcora 112, B1
Alcorcón 110, B2
Alcores, Los; com. 54, C4
Alcorisa 88, C3
Alcoutim 135, E6
Alcover 92, B2
Alcoy 112, B3
Alcubierre; srra. 88, C2
Alcubierre 88, C2
Alcudia; bahía 55, G3
Alcudia; río 106, B4
Alcudia; srra. 106, B4
Alcúdia 118, E2
Alcudia de Carlet 112, B2
Alcudia, Valle de; com. 55, C3
Alcuéscar 102, B2
Aldabra; arch. 162, L10
Aldama 178, C2
Aldan; msta. 153, M4
Aldan; río 153, N3
Aldan 153, M4
Aldaya 112, E6
Aldeadávila; emb. 96, B3
Aldeadávila de la Ribera 96, B3
Aldea del Rey 106, C4
Aldeanueva de Ebro 100,
Aldeanueva de la Vera 102, C1
Aldeanueva del Camino 102, C1
Aldeburgh 140, A3
Aldeia Nova 135, E6
Alderney; isla 134, C3
Aleg 166, C5
Alegranza; isla 127, F1
Alegranza; mte. 127, Fl
Alegria 82, G6
Alejandría 167, O9
Alejandro; arch. 170, E4
Alejandro I; isla 196-2, H2
Alejandro Selkirk; isla 183, A6
Alejsk 152, I4
Aleksander; río 154, A2
Aleksandrov-Gaj 144, E2
Aleksandrovsk-Sajalinskij 153, O4
Alella 92, F5
Alemania 138
Alençon 134, E3
Alentejo, Alto; com. 135, D5
Alentejo, com. 54, A4
Alenuihaha; estr. 176, P8
Alepo 155, E5
Aléria 136, C3
Alert 175, L1
Alerta 186, D6
Alès 134, G5
Alesd 142, F3
Alessandria 136, C2
Ålesund 141, B3
Aletai 158, E2
Aleutiana; cord. 174, C4
Aleutianas; arch. 170, S
Aleutianas; f. subm. 196-1, .T4
Alexander; arch. 174, E4
Alexander Bay 169, C7
Alexandria 142, G5
Alexandria 143, F6
Alexandria 169, E8
Alexandria 177, H5
Alexandria 177, K4
Alexandria 187, K5
Alexandrina; lago 194, F7
Alexandroúpolis 143, G6
Alfacar 123, E3
Alfafar 112, E6
Alfajarín 88, C2
Alfambra 88, B3
Alfamén 88, B2
Alfândega 135, F2
Alfara del Patriarca 112, E5
Alfaro 100,
Alfarrás 92, A2
Alfaz del Pí 112, B3
Alfeo; río 143, E8
Alföld; llan. 139, K4
Alfoz de Lloredo 82, A1
Alga 144, F3
Algaba, La 122, B3
Algaida 118, E2
Algarinejo 122, D3
Algarrobo 122, D4
Algarve; reg. 135, D6
Algeciras; bahía 54, C4
Algeciras 122, C4
Algemesí 112, B2
Algés 135, C5
Algete 110, B2
Alginet 112, B2
Algoa; bahía 169, E8
Algodonales 122, C4
Algodor; río 106, C3
Algorta (Getxo) 82, E3
Alguaire 92, A2
Alguazas 116, E4
Alguer 136, C4
Alhama; río 86, B1
Alhama; srra. 122, D4
Alhama de Almería 123, F4
Alhama de Aragón 88, B2
Alhama de Granada 122, E4
Alhama de Murcia 116, E5
Alhambra; srra. 107, D4
Alhambra 107, C4
Alhamilla; srra. 55, D4
Alhaurín de la Torre 122, D4
Alhaurín el Grande 122, D4
Alhendín 123, E3
Alhucemas, Peñón de; isla 129, J7

Alhucemas v. Hoceima, al-
Alía 102, C2
Aliaga 88, C3
Aliagaçiftligi 143, H7
Aliaguilla 107, E3
Aliákmon; río 143, E6
Aliao Shan; mtes. 158, H7
Alicante; bahía 112, B3
Alicante; prov. 112, B3
Alicante 112, B3
Alice 179, E2
Alice Springs 194, E4
Aligarh 156, D3
Alijó da Fé 135, E2
Aliseda 102, B2
Aliste; río 135, F2
Aliwal North 169, E8
Aljaraque 122, A3
Aljibe; pico 122, C4
Aljustrel 135, D6
Alkmaar 140, D3
Alma-Ata 152, H5
Almacelles 92, A2
Almácera 112, F5
Almada 135, C5
Almadén; srra. 106, B4
Almadén 106, B4
Almadén de la Plata 122, B3
Almadenejos 106, B4
Almagro 106, C4
Almansa 107, E4
Almanza 96, C2
Almanzora; río 123, F3
Almaraz 102, C2
Almarcha, La 107, D3
Almazán 97, F3
Almazora 112, B2
Almeida 96, B3
Almeirim 135, D4
Almeirim 187, H4
Almelo 140, F3
Almenar 92, A2
Almenara; pico 107, D4
Almenara; srra. 116, E5
Almenara 112, B2
Almendra; emb. 96, B3
Almendralejo 102, B3
Almería; golfo 123, F4
Almería; prov. 123, F3
Almería 123, F4
Almijara; srra. 122, E4
Almina, Punta; cabo 129, H5
Almiralty; golfo 194, D2
Almirante 180, C5
Almiroú; golfo 143, G9
Almodôvar 135, D6
Almódovar del Campo 106, B4
Almodóvar del Río 122, C3
Almodóvar de Monte-Rey 107, E3
Almogía 122, D4
Almoharín 102, B2
Almonacid de la Sierra 88, B2
Almonacid de Zorita 107, D2
Almonáster la Real 122, B3
Almonte; río 102, C2
Almonte 122, B3
Almoradí 112, B3
Almorox 106, B2
Almudévar 88, C1
Al-Mukalla 155, G10
Almunia de Doña Godina, La 88, B2
Almunia de San Juan 88, D2
Almuñécar 123, E4
Almuradiel 106, C4
Almusafes 112, B2
Alnif 165, B2
Alnwick 137, G3
Alónnisos; isla 143, F7
Alor; isla 161, G6
Alora 122, D4
Alor Star 160, C3
Alosno 122, A3
Alovera 106, C2
Alpedrinha 135, E3
Alpera 107, E4
Alpes; cord. 138, E4
Alpes Australianos; cord. 194, H7
Alpes Berneses; cord. 138, D4
Alpes Cárnicos; cord. 136, E1
Alpes del Sur; cord. 195, L15
Alpes de Ötztal; cord. 136, D1
Alpes de Transilvania v. Cárpatos Meridionales
Alpes Dináricos; cord 142, C4
Alpes Julianos; cord. 142. A3
Alpes Marítimos; cord. 136, B2
Alpes Nóricos; cord. 138, H4
Alpes Piamonteses; cord. 138, D5
Alpes Réticos; cord. 136, D1
Alpha 194, H4
Alphen a/d Rijn 140, D3
Alphonse; isla 162, MI0
Alpiarça 135, D4
Alpicat 92, A2
Alpine 176, F5
Alpujarras, Las; com. 123, E4
Alqueva; emb. 54, B3
Alsacia; reg. 134, H3
Alsasua 86, G6
Al Sha'ab 155, F10
Alsten; isla 141, D2
Alta 141, F1
Altagracia 186, D1
Altagracia de Orituco 181, F5
Altai 158, G2
Altamira 179, E3
Altamira 187, H4
Altamura; isla 178, C3
Altamura 136, G4
Altarejos 107, D3
Altdorf 136, C1
Altea 112, B3
Altena 140, G4
Altenkirchen 140, G5
Alter do Chão 135, E4
Altin Tagh; mtes. 158, E4
Altkirch 134, H4
Alto Araguaia 187, H7
Alto Molócuè 168, G5
Altoona 177, K3
Altorricón 88, D2
Altos de Barahona; srra. 97, F3
Alto Volta v. Burkina Fasso
Altura 112, B2
Alturas; srra. 54, B2
Alula 169, U22
Alvaiázere 135, D4
Alvarado 179, E4
Alvaro Obregón; emb. 178, C2
Älvdalen 141, D3
Alverca 135, C5
Alvito 135, E5
Älvsbyn 141, F2
Alwar 156, D3
Alzira 112, B2
Allach-Jun' 153, N3
Allahābād 156, E3
Allande 78, E1
Allaqi, al-; wadi 167, L4
Allariz 74, C2
Alleghanys; mtes. 177, J4
Allen; lago 137, C3
Allentown 177, K3
Alleppey 156, D7
Aller; río 138, E1
Aller 78, F1
Allo 86, G6
Alloz; emb. 55, E1
Alloza 88, C3
Amadeus; lago 194, E4
Amadjuak; lago 175, K3
Amadora 135, C5
Amagasaki 153, N6
Amahai 161, H5
Amambay; cord. 188, E2
Amami; islas 159, N6
Amamurí 181, G5
Amaná; lago 186, F4
Amangel'dy 152, G4
Amanu; isla 191, K5
Amapá 187, H3
Amara 155, G6
Amarante 135, D2
Amarante 187, J5
Amarillo; mar 159, L4
Amarillo 176, F4
Amaro; pico 136, F3
Amaro Leite 187, I6
Amasya 155, E4
Amatique; bahía 180, B3
Amaya; pico 55, C1
Amazonas; río 186, F4
Amazonas, Delta del 187, I3
Ambala 156, D2
Ambalavao 169, Q20
Ambam 168, B1
Ambanja 169, Q18
Ambarčik 153, Q3
Ambato 186, C4
Ambatolampy 169, Q19
Ambatondrazaka 169, Q19
Ambelau; isla 161, H5
Amberes 140, D4
Ambergris; cayo 180, B3
Ambikol 167, P12
Ambilobe 169, Q18
Amble 137, G3
Ambodifototra 169, R19
Amboise 134, E4
Ambón; isla 161, H5
Ambon 161, H5
Ambositra 169, Q20
Ambovombe 169, Q21
Ambre; cabo 169, Ql8
Ambrim; isla 191, F5
Ambriz 168, B3
Amchitka; isla 170, S
Am Dam 167, J6
Amderma 152, G3
Ameca; río 179, D3
Ameca 179, D3
Ameland; isla 140, E2
Amer 92, C1
América, Meseta de; msta. 196-2, DD2
Americus 179, H1
Amerland; reg. 140, G6
Amer, Punta de n';cabo 118, E2
Amersfoort 140, E3
Amery; barr. hielo 196-2, DD3
Ames 177, H3
Ames 74, B2
Amescoa Baja 86, G6
Amesrsfoort 138, C1
Ametlla de Mar, L' 92, A3
Amfilokhía 143, E7
Amfissa 143, F7
Amga; río 153, M3
Amgu 159, S9
Amgun'; río 153, N4
Amiata; pico 136, D3
Amiens 134, F3
Amirante; arch. 162, M11
Amirante; arch. 162, M10
Amistad, La; emb. 179, D2
Amlia; isla 170, S
Amman 154, E6
Amnok-kang; río 159, L3
Amorebieta-Echano v. Zornotza
Amorgos; isla 143, H8
Amorgos 143, G8
Amour; mtes. 165, D2
Amposta 92, A3
Ampurdán; com. 92, C1
Ampurdán, Alto; com. 92, D1
Ampurdán, Bajo; com. 92, D1
Amravati 156, D4
Amrenene el Kasba 165, D4
Amritsar 156, D2
Amroha 156, D3
Amsel 165, E4
Amstelven 140, D3
Amsterdam 140, D3
Amstetten 142, B2
Amu-Daria; río 148, J5
Amund Ringnes; isla 175, I2
Amundsen; golfo 174, F2
Amundsen; mar 196, L2
Amur; río 167, L5
Amūr; wadi 153, M4
Amurang 161, G4
Amurrio 82, F5
Amutka, Paso de; estr. 170, S
Anaa; isla 191, K5
Anabar; río 153, L2
Anabta 154, B1
Anaco 181, G5
Anadia 135, D3
Anadir; golfo 153, S3
Anadir; río 153, R3
Anadir 153, R3
Anadir, Meseta de; mac. mont. 153, R3
Anáfi; isla 143, G8
Anaga, Punta; cabo 126, C2
Anaheim 176, C5
Anáhuac 179, D2
Anai Mudi; pico 156, D6
Analalava 169, Q18
Ana María; golfo 180, D2
Anambas; arch. 160, D4
Anantapur 156, D6
Anápolis 187, I7
Anapu; río 187, H4
Anapurna; pico 156, E3
Anār 155, I6
Anatahan; isla 161, L1
Anatolia; msta. 155, D5
Anatolia Occidental; reg 143, I7
Ancares; srra. 74, D2
Ancenis 134, D4
Anchorage 174, D3
Anchuras 106, B3
Ancião 135, D4
Ancohuma; pico 183, C4
Ancona 136, E3
Ancud 188, B6
Andalgalá 188, C3
Andalucía; común, aut. 122-123
Andām; wadi 155, I8
Andamán; islas 156, G6
Andamán; mar 157, H6
Andamán Central; isla 156, G6
Andamán Norte; isla 156, G6
Andamán Sur; isla 156, G6
Andamán y Nicobar; est. 156, G6
Andara 168, D5
Andarax; río 123, F4
Andenne 140, E5
Anderlecht 140, D5
Andernacht 140, G5
Anderson; río 174, F3
Anderson 177, I3
Anderson 177, J5
Andes; cord. 183, C
Andes, Los 188, B4
Andévalo, El; com. 122, A3
Andfjord; fiordo 141, E1
Andía; srra. 86, G6
Andikithira; isla 143, F9
Andizhan 152, H5
Andkhui 155, J5
Andoain 82, G5
Andoas 186, C4
Andong 159, L3
Andorra 134, K
Andorra 88, C3
Andorra la Vella 134, K9
Andøya; isla 141, D1
Andraitx 118, D2
Andra Pradesh; est. 156, D5
Andreanof, islas 170, S
Andria 136, G4
Andringitra; pico 169, Q20
Androka 169, P20
Andros; isla 143, G8
Andros; isla 180, D2
Andros 143, G8
Andrušovka 142, I1
Andújar 102, D2
Anécho 166, F7
Anegada; isla 181, G3
Aneityum; isla 191, G6
Aneto; pico 88, D1
Angamos, Punta; cabo 188, B2
Ang'angxi 159, L2
Angara; río 153, J4
Angara Superior; río 153, L4
Angarsk 153, K4
Ånge 141, D3
Angel de la Guardia; isla 176, D6
Angeles 160, G1
Angeles, Los 176, C5
Angeles, Los 188, B5
Angemuk; pico 161, J5
Ångerman; río 141, E3
Angers 134, D4
Anglonormandas; islas 134, C3
Angmagssalik 175, N3
Ango 167, K8
Angoche 168, G5
Angol 188, B5
Angola 168, C4
Angostura; emb. 178, C1
Angostura, La; emb. 179, F4
Angra do Heroismo 135, N15
Angren 152, H5
Anguiano 100,
Anguilla, isla 181, G3
Angulema 134, E5
Anholt; isla 141, C4
Anhumas 187, H7
Ania; pico 88, C1
Aniche 140, C5
Aniñón 88, B2
Anjou; reg. 134, D4
Anjouan; isla 169, O17
Anju 159, M4
Ankang 158, I5
Ankara 154, D5
Ankaratra; mtes. 169, Q19
Ankazoabo 169, P20
Annaba 165, E1
An-Nahād 167, K6
An-Najaf 155, F6
Annam; cord. 157, J5
Annam; reg. 157, J5
Annapolis 177, K4
An-Nāqurāh154, B1
Ann Arbor 177, J3
An-Nāsirīyah 155, G6
Annency 134, H5
Anniston 177, I5
Annonay 134, G5
Annoto Bay 180, D3
Anod, Las 169, T23
Anoia; río 55, F2
Anoka 177, H2
Anqing 159, K5
Ans 140, E5
Ansbach 138, F3
Anseba; río 167, M5
Anshan 159, L3
Anshun 158, I6
Ansi 165, B2
Ansoáin 86, H6
Anson; bahía 194, E2
Ansongo 166, F5
Ansó, Valle de; com. 88, C1
Antalaha 169, R18
Antalya; golfo 154, D5
Antalya 154, D5
Antananarivo 169, Q19
Antártica; pen. 196-2, G3
Antártida 196-2
Antas de Ulla 74, C2
Antequera 122, D4
Antiatlas v. Pequeño Atlas
Antibes 134, H6
Antica; isla 181, G4
Anticosti, isla 175, L5
Antigua; isla 181, G3
Antigua 127, F2
Antigua 180, A4
Antigua y Barbuda 181, G3
Antilla 181, D2
Antillas, Grandes; arch. 180, D3
Antillas, Pequeñas; arch. 181, G4
Antofagasta 188, B2
Antofalla; salar 188, C3
Antongil; bahía 169, Q19
Antrim; mtes. 137, D3
Antrim 137, D3
Antsabe 169, O17
Antseranana 169, Q18
Antsirabe 169, Q19
Anuradhapura 156, E7
Anžero-Sudžensk 152, I4
Anxi 158, G3
Anyang 158, J4
A'nyêmaqên Shan; mtes. 158, G4
Anzio 136, E4
Añatuya 188, D3
Añover de Tajo 106, C3
Aoiz 86, H6
Aomori 159, T10
Aosta 136, B2
Aosta, Valle de; reg. 136, B2
Aoulef el Arab 165, D3
Apa; río 188, E2
Apalachee; bahía 177, J6
Apalaches, Montes; cord. 177, K4
Apaporis; río 186, D3
Aparri 160, G1
Apatzingán 179, D4
Apeldoorn 140, E3
Apen 140, G2
Apeninos; cord. 136, D2
Api; pico 156, E3
Apia 191, H5
Apiacas; srra. 186, G5
Apiaú; srra. 186, F3
Apizaco 179, E4
Apo; pico 161, H3
Apolo 186, E6
Aporé; río 188, F1
Apoteri 186, G3
Appleby 137, F3
Appleton 177, I3
Aprilia 136, E4
Apuaú 186, F4
Apucarana 188, F2
Apulia; reg. 136, F4
Apure; río 186, D2
Apurímac; río 186, D6
Aqqa 165, B3
Aquidauana 188, E2
Aquila, L' 136, E3
Aquisgrán 140, F5
Aquitania; reg. 134, D5
Ara; río 88, C1
Araba; prov. v. Alava; prov.
Arabah, al-; wadi 154, B2
Araba v. Alava
Arabia Saudita 155, E7
Arábiga; cca. subm. 149, J9
Arábigo; des. 167, P10
Arábigo; mar 155, J8
Aracajú 187, K6
Aracati 187, K4
Araçatuba 188, F2
Aracena; emb. 122, B3
Aracena; srra. 122, B3
Aracena 122, B3
Araçuaí 187, J7
Arad 142, E3
Arad 154, B3
Arada 167, J5
Arafo 126, C2
Arafura; mar 161, J6
Aragón; comun. aut. 88
Aragón; río 88, C1
Aragón y Cataluña; canal 55, F2
Araguacema 187, I5
Aragua de Barcelona 181, G5
Araguaiana 183, D4
Araguaia, río 187, I5
Araguari; río 187, H3
Araguari 187, I7
Arahal, El 122, C3
Araioses 187, J4
Arāk 155, G6
Arak 165, D3
Arakán; mtes. 156, G4
Arakhthos; río 143, E7
Aralar; srra. 86, G6
Aral, Mar de; lago 152, F5
Aralsk 152, G5
Aramac 194, H4
Aramaio 82, G5
Aran; islas 137, C4
Aranci; golfo 136, C4
Aranda de Duero 97, E3
Arandas 179, D3
Aranjuez 110, D2
Arán, Valle de; com. 92, A1
Aranzueque 107, C2
Arapiraça 187, K5
Araquil 86, H6
Araranguá 188, G3
Araraquara 188, G2
Ararás; srra. 187, H7
Araras 187, H5
Ararat; pico 155, F5
Ararat 194, G7
Araripe, Chapada; msta. 187, J5
Aras; río 144, E4
Arauane 166, E5
Arauca 186, D2
Aravalli; cord. 156, C4
Araxá 188, G1
Araya; pen. 181, G4
Arba; río 88, B1
Arba Minch 167, M7
Arbatax 136, C5
Arbeca 92, A2
Arber; pico 138, G3
Arbil 155, F5
Arbo 74, B2
Arboç, L' 92, B2
Arboga 141, E4
Arbroath 137, F2
Arbúcies 92, C2
Arcachon 134, D5
Archena 116, E4
Archidona 122, D3
Arciniega v. Artziniega
Arciz 142, I3
Arcos de Jalón 97,F3
Arcos de la Frontera 122, C4
Arcos, Los 86, G6
Arcoverde 187, K5
Arctic Bay 175, J2
Arda; río 142, G6
Ardabil 155, G5
Årdal 141, B3
Ardales 122, D4
Ardenas; mac. mont. 140, E5
Ardila; río 102, B3
Ardila; río 135, E5
Ards; pen. 137, E3
Åre 141, D3
Arechavaleta v. Aretxabaleta
Arecibo 181, F3
Areeta 82, E4
Areira Branca 187, K4
Aren 88, D1
Arenal 180, B3
Arenales 181, E4
Arena, Punta; cabo 176, B4
Arenas de Iguña 80, A1
Arenas de San Pedro 96, C4
Arenas, Las v. Areeta
Arendal 141, C4
Arenys de Mar 92, C2
Arequipa 186, D7
Ares; pico 55, E2
Aretxabaleta 82, G5
Arévalo 96, D3
Arezzo 136, D3
Arga; río 86, H6
Argamasilla de Alba 107, C3
Argamasilla de Calatrava 106, B4
Arganda 110, B2
Arganil 135, D3
Argel; bahía 55, G4
Argel 165, D1
Argelia 165, D2
Argentam 134, D3
Argentario; pico 136, D3
Argentera, Punta; pico 134, H5
Argenteuil 134, F3
Argentina; cca. subm. 188, G6
Argentina 188, C
Argentino; lago 189, C8
Argenton-sur-Creuse 134, E4
Argentona 92, C2
Arges; río 142, G4
Arghandab; río 155, K6
Argirocastro 143, E6
Argólikos; golfo 143, F8
Argonne; reg. 138, C3
Argos 143, F8
Argostolion 143, E7
Arguedas 86, H6
Arguineguín 126, D3
Argun; río 159, K1
Århus 141, C4
Arica; golfo 186, D7
Arica 186, D4
Arica 188, B1
Aricha, El 165, C2
Arichuna; río 181, F5
Arico 126, C2
Aride; isla 169, LL15
Ariège; río 55, F1
Arīha 154, B3
Arima 181, G4
Arinaga 126, D3
Arinos; río 186, G6
Ariño 88, C2
Aripuanã; río 186, F5
Ariquemes 186, F6
Arīsh, al- 167, P9
Ariza 88, A2
Arizgoiti 82, G5
Arizona; est. fed. 176, D5
Arizona 188, C5
Arizpe 178, B1
Arjeplog 141, E2
Arjona 122, D3
Arjonilla 122, D3
Arkángel 144, E1
Arkansas; est. fed. 177, H4
Arkansas; río 176, G4
Arkansas City 176, G4
Arklow 137, D4
Arktičeskij; cabo 153, J1
Arktičeskogo; isla 152, I2
Arlanza; río 97, E2
Arlanzón; río 97, E2
Arlberg; pto. mont. 138, F4
Arlberg; túnel 138, F4
Arles 134, G6
Arlington 176, G5
Arlon 140, E6
Armada Argentina, Macizo; pico 196-2, E1
Armagh 137, D3
Armant 167, P10
Armavir 144, E3
Armenia 144, E3
Armenia 186, C3
Armentières 140, B5
Armería 179, D4
Armidale 195, I6
Armilla 123, E3
Armuña, La; com. 96, C3
Arnedo 100,
Arnel, Ponta do; cabo 135, L12
Arnhem; cabo 194, F2
Arnhem 140, E4
Arno; río 136, D3
Arnoia; río 74, C2
Arnoya; río v. Arnoia; río
Arnsberg 140, H4
Aro; río 181, G5
Aroania; pico 143, F8
Aroche; picos 122, B2
Aroche 122, B3
Arona 126, C2
Arorae; isla 191, G4
Arosa; ría 74, B2
Ar-Rabbah 154, B3
Ar-Rachidya 165, C2
Arrah 156, E3
Ar-Rahad 167, L6
Arraiolos 135, E5
Ar-Ramādī 155, F6
Arrán; isla 137, E3
Ar-Rank 167, L6
Arras 134, F2
Arrasate-Mondragoe 82, G5
Ar-Rass 155, F7
Arrecife 127, F2
Arrée; mtes. 134, C3
Arriaga 179, F4
Arriate 122, C4
Arribes del Duero; com. 135, F2
Arrigorriaga 82, G5
Arróniz 86, G6
Arrow; lago 137, C3
Arrowtown 195, L15
Arroyo de la Luz 102, B2
Arroyo de San Serván 102, B3
Arroyomolinos de León 122, B2
Arroyomolinos de Montánchez 102, B2
Ar-Rummah; wadi 155, F7
Ar-Rusayris 167, L6
Ar-Rutbah 155, F6
Artá; srra. 55, G3
Artá 118, E2
Arta 143, E7
Artajona 86, H6
Artana 112, B2
Arteaga 179, D4
Arteijo v. Arteixo
Arteixo 74, B1
Artenara 126, D2
Artesa de Segre 92, B2
Artesia 176, F5
Arthurs Town 181, D2
Artibonite; río 181, E3
Artico Central; cca. subm. 196-1, P1
Artico Central; reg. 174, H3
Artigas 188, E4
Artois; reg. 134, E2
Art'om 159, R10
Art'omovsk 152, J4
Artrutx, d'; cabo 119, E2
Artsiz 139, O5
Artziniega 82, F5
Aru; arch. 161, I6
Arua 168, F1
Aruaná 187, H6
Aruba; isla 181, F4
Arucas 126, D2
Arumã 186, F4
Arunachal Pradesh; est. 156, G3
Arusha 168, G2
Aruwimi; río 168, E1
Arvajcheer 158, H2
Arvida 175, K5
Arvidsjaur 141, E2

Arvika 141, D4
Aryanah 136, D6
Arzamas 144, E2
Arzew; golfo 55, E5
Arzew 165, C1
Arzúa 74, B2
Asahikawa 159, T10
Asamankese 166, E7
Asansol 156, F4
Asbest 144, G2
Ascensión; isla 162, B5
Ascensión, La; bahía 179, G4
Aschendorf 140, G2
Ascó 92, A2
Ascoli Piceno 136, E3
Aseb 167, N6
Asela 167, M7
Asenovgrad 142, G6
Asfeld 140, D6
Ashburton; río 194, B4
Ashburton 195, M14
Ashdod 154, A3
Asheville 177, J4
Ashford 137, H5
Ashizuri; cabo 159, R12
Ashjabad 155, I5
Ashland 177, H2
Ashmore; arref. 194, C2
Ashmūn 167, P9
Ashqelon 154, A3
Ash Shabakak 155, F6
Ash-Sham; gebel 155, I8
Ash-Shāriqah 155, I7
Ash-Shihr 155, G10
Ash-Shurayf 155, E7
Ashtabula 177, J3
Ashuanipi; lago 175, L4
Asia; islas 161, I4
Asilah 165, B1
Asinara; golfo 136, C4
Asinara; isla 136, C4
Asir; reg. 155, F9
Asís 136, E3
Asl 167, P10
Asmara 167, M5
Asnam, el- 165, D1
Asoteriba; gebel 167, M4
Asparren 82, G6
Asparrena v. Asparren
Aspe 112, B3
Aspiring; pico 195, L15
Assa 165, B3
As-Saff 167, P10
As-Safī 154, B3
As-Sallūm 167, K2
Assam; est. 156, G3
Asse 140, D5
Assen 140, F2
Assiniboine; río 174, H4
Assuan; emb. 167, P11
Assuán 167, P11
As-Sudd; reg. 167, L7
As-Sulaymānīyah 155, G8
As-Sulayyil 155, G8
As-Summan; reg. 155, G7
Assumption; isla 162, L10
As-Suwaydā' 155, E6
Asti 136, C2
Astillero, El 80, B1
Astipálaia; isla 143, H8
Astorga 96, B2
Astoria 176, B2
Astove; isla 162, L11
Astracán 144, E3
Astrolabe, bahía 161, L6
Astudillo 97, D2
Asturianos 96, B2
Asturias; prov. 78
Asturias, Principado de; comun. aut. 78
Asua; río 82, E4
Asunción; isla 190, D2
Asunción 186, F1
Asunción 188, E3
Aswa; río 168, F1
Aswad; wadi 155, I8
Asyût; wadi 167, P10
Asyût 167, P10
Ata; isla 191, H6
Atacama; des. 188, B2
Atacama; f. subm. 188, B2
Atacama; salar 188, C2
Atacama, Puna de; msta. 188, C2
Atafu; isla 191, H4
Atakpamé 166, F7
Atalaia, Punta da; cabo 54, A4
Atalaya 186, D6
Atalaya de Femes; mte. 127, F2
Atapupu 161, G6
Ataquines 96, D3
Atar 166, C4
Atarfe 123, E3
Atauro; isla 161, H6
Atazar; emb. 110, B2
Atbara; río 167, M5
Atbara 167, L5
Atbasar 152, G4
Atchafalaya; bahía 177, H6
Atchison 177, G4
Ateca 88, B2
Atenas 143, F8
Ath 140, C5
Athabasca; lago 174, H4
Athabasca; río 174, G4
Athabasca 174, G4
Athens 177, J5
Athi; río 168, G2
Athi River 168, G2
Athlone 137, D4
Athos; mte. 143, G6
Ati 167, I6
Atico 186, D7
Atienza 107, D1
Atiu; isla 191, J6
Atka; isla 170, S
Atka 153, P3
Atlanta 177, J5
Atlantic City 177, L4
Atlántico Central; drs. subm. 187, J1
Atlas Blida; srra. 55, G4
Atlas del Tell; cord. 165, D1
Atlas Medio ; cord. 165, B2
Atlas Sahariano; cord. 165, D2
Atlin; lago 174, E4
Atlit 154, A2
Atlixco 179, E4
Atocha 188, C2
Atouguia 135, C4
Atoyac; río 179, E4
Atoyac de Alvarez 179, D4
Atrato; río 186, C2
Attar; wadi 165, D2
Attawapiskat; río 175, J4
At-Tayyibah 154, B2
Attendorn 140, G4
Attichy 140, C6
Attigny 140, D6
Attopeu 157, J6
Attu; isla 170, S
Atuel; río 188, C5
Aube; río 134, G3
Aubenas 134, G5
Aubenton 140, D6
Aubervilliers 134, F3
Aubrac, Monts d'; mtes. 134, F5
Aubusson 134, F5
Aucanquilcha; pico 188, C2
Auch 134, E6
Auchel 140, B5
Auckland 195, O11
Auckland Central; prov. 195, O11
Auckland Sur; prov. 195, O12
Aude; río 55, G1
Augathella 194, H5
Augsburgo 138, F3
Augusta 136, F6
Augusta 177, J5
Augusta 177, M3
Augustus; isla 194, C3
Augustus; mte. 194, B4
Auld; lago 194, C4
Aulnoye 140, C5
Aumale 140, A6
Aurangabad 156, D5
Aurès; mac.mont. 165, E1
Aurich 140, G2
Aurillac 134, F5
Aurora 177, I3
Aus 169, C7
Ausangate; pico 186, D6
Austerlitz v. Slavkov u Brna
Austin 176, G5
Austin 177, H3
Austral Downs 194, F4
Australia 194
Australia Meridional; est. fed. 194, E5
Australia Meridional; cca. subm. 194, D7
Australiana, Cordillera; cord. 195, I6
Australiana, Cordillera; cord. 194, H4
Australian Capital Territori: div. admva. 194, H7
Australia Occidental; est. fed. 194, C5
Australia Occidental; cca. subm. 194, A6
Australia Oriental; cca. subm. 195, J8
Australia Sept.; cca. subm. 194, B3
Australia Septentrional; cca. subm. 149, O11
Austria 138, H4
Austria, Alta; est. fed. 138, G3
Austria, Baja; est. fed. 138, H3
Authie; río 140, B5
Autlán de Navarro 179, D4
Autol 100,
Autun 134, G4
Auvernia; reg. 134, F5
Auxerre 134, F4
Auxi-le-Château 140, B5
Auyán-Tepuí; pico 186, F2
Avalon; pen. 175, M5
Avallon 134, F4
Avarua 191, J6
Ave; río 55, A2
Aveiro; ría 55, A2
Aveiro 135, D3
Avej 155, G5
Avellaneda 188, E4
Avellino 143, B6
Aversa 136, F4
Aves; isla 181, G3
Avesnes 140, C5
Avesnes-sur-Helpe 134, F2
Avesta 141, E3
Aveyron; río 134, E5
Avezzano 136, E3
Avia Teraí 188, D3
Ávila; prov. 96, C4
Ávila; srra. 55, C2
Ávila 96, D4
Avilés; ría 78, F1
Avilés 78, F1
Aviñón 134, G6
Avión 74, B2
Aviz 135, E4
Avola 136, F6
Avon; río 134, D1
Avon Downs 194, F3
Avranches 134, D3
Awasa 167, M7
Awash 167, N7
Awbāri 167, H3
Awbāri, Erg; des. 166, H3
Awjilah 167, J3
Axel Heiberg; isla 196-1, CC2
Axiós; río v. Vardar; río
Ax-les-Thermes 134, E6
Axminster 137, F5
Ayacucho 186, D6
Ayahekumuhu; lago 158, E4
Ayala v. Aiara
Ayamonte 122, A3
Ayaviri 186, D6
Aydin 143, H8
Ayerbe 88, C1
Ayers Rock; mte. 194, E5
Ayion Oros; golfo 143 G6
Ayios Evstratios 143, G7
Ayios Nikólaos 143, G9
Aylesbury 137, G5
Ayllón 97, E3
Ayna 107, D4
Ayn, al- 167, K5
Ayn al-Muqshin, al- 155, H9
Aynūnah 154, E7
Ayora 112, A2
Ayr 137, E3
Ayūn al-Atrūs 166, D5
Aytona 92, A2
Ayutthaya 157, I6
Ayvacik 143, H7
Ayvalik 143, H7
Ayyāt, al' 167, P10
Az-Zāhiriyah 154, A3
Az-Zaqāzīq 167, P9
Az-Zilfī 155, G7
Azagra 86, H6
Azauad; reg. 166, E5
Azauak; wadi 166, F5
Azcoitia v. Azkoitia
Azemmour 165, B2
Azerbaiján 144, E4
Azilal 165, B2
Azkoitia 82, G5
Aznalcóllar 122, B3
Azogues 186, C4
Azores; arch. 135, K-N
Azov; mar 144, D3
Azovi 152, G3
Azpeitia 82, G5
Azru 165, B2
Azua 181, E3
Azuaga 102, C3
Azuara 88, C2
Azuer; río 106, C4
Azuero; pen. 180, C5
Azul 188, E5
Azules; mtes. 177, J4
Azules; mtñas. 176, C3
Azuqueca de Henares 106, C2
Azután; emb. 106, A2
Azzel Matti, Sebkha; chott 165, D3

Baarle-Nassau 140, D4
Baarn 140, E3
Babahoyo 186, C4
Babar; isla 161, H6
Bab-el-Mandeb; estr. 155, F10
Babelthuap; isla 161, I3
Babine; lago 174, F4
Babua 167, H7
Babuyan; canal 160, G1
Babuyan; isla 159, L8
Babuyan; islas 159, L8
Bacabal 182, E3
Bacan; isla 161, H5
Back; río 174, H3
Bačka; reg. 139, J5
Bačka Palanka 142, D4
Backstairs; estr. 194, F7
Bac Ninh 157, J4
Bacolod 161, G2
Bacău 142, H3
Bād 155, H6
Badajós; lago 186, F4
Badajoz; prov. 102, B3
Badajoz 102, B3
Badalona 92, F5
Badanah 155, F6
Badāri, al- 167, P10
Bad Dürkheim 140, H6
Bade 161, J6
Bad Ems 140, G5
Baden 142, C2
Baden-Baden 138, E3
Badgastein 136, E1
Bad Honnef 140, G5
Badī', al- 155, G8
Bad Ischl 142, A3
Bad Kreuznach 140, G6
Bad Münstereifel 140, F5
Badol 155, H5
Badolatosa 122, D3
Badong 158, J5
Badr Hūnayn 155, E8
Baena 122, D3
Baeza 123, E3
Bafa; lago 143, H8
Bafang 166, H7
Bafatá 166, C6
Baffin; bahía 170, L2
Baffin; isla v. Tierra de Baffin; isla
Bafing; río 166, C6
Bafoulabé 166, C6
Bafussam 166, H7
Bafwasende 168, E1
Bagamoyo 168, G3
Bagdad 155, F6
Bagé 188, F4
Bagheria 136, E5
Baghlan 155, K5
Baghlat, Rā's al-; cabo 154, B1
Bagnères-de-Bigorre 134, E6
Bagnères-de-Luchon 134, E6
Bagoé; río 166, D6
Báguena 88, B2
Baguezane; mte. 166, G5
Baguio 160, G1
Bagur; cabo 55, G2
Bagur 92, D2
Bahamas; arch. 181, D2
Bahamas 181, D2
Bahāwalpur 156, C3
Bahía; islas 180, B3
Bahía Blanca 188, D5
Bahía de Caráquez 186, B4
Bahía de Hawke; área estadística 195, P12
Bahía Grande; bahía 188, D8
Bahía Honda 180, C2
Bahía Negra 188, E2
Bahir Dar 167, M6
Bahoruco; srra. 181, E3
Bahr al-'Arab; río 167, K6
Bahr al-Ghazāl; río 167, K7
Bahr Auk; río 167, J7
Bahrein 155, H7
Bahr el-Ghazal; wadi 167, I5
Bahr el-Jebel; río 167, L7
Bahr Salamat; río 167, I6
Bahr Yusuf; río 167, P10
Baia Mare 142, F3
Baião 187, I4
Baicheng 159, L2
Baidoa 169, S24
Baie Comeau 175, L5
Baikal; lago 153, K4
Baile Átha Cliath v. Dublín
Bailén 122, E2
Bailo 88, C1
Bailongjiang; río 158, H5
Bailundo 168, C4
Baing 160, G7
Baiona 74, B2
Bairiki 191, G3
Bairnsdale 194, H7
Baise 158, I7
Baiyun'ebo 158, I3
Baja 142, D3
Baja California; pen. 178, B2
Baja California Norte; est. fed. 178, A1
Baja California Sur; est. fed. 178, B2
Bajanaul 152, H4
Bajanchongor 158, H2
Baja, Punta; cabo 176, C6
Baja Sajonia; est. fed. 138, E1
Bajina Bašta 142, D5
Bajkit 153, J3
Bajkonyr 152, G5
Bajo Nuevo; islas 180, D3
Bajram-curr 142, E5
Baker; isla 191, H3
Baker; lago 174, I3
Baker 176, C3
Baker 176, F2
Baker Lake 174, I3
Bakersfield 176, C4
Bakony; mtes. 138, J4
Bakú 144, E3
Bakungan 160, B4
Balabac; estr. 160, F3
Balabac; isla 160, F3
Balaguer 92, A2
Balakovo 144, E2
Balambangan; isla 160, F3
Balašov 144, E2
Balasore 156, F4
Balāt 167, O10
Balaton; lago 142, C3
Balazote 107, D4
Balbriggan 137, D4
Balcanes; cord. 142, G5
Balcarce 188, E5
Bălcesti 142, F4
Baldy; pico 176, E5
Baleares; comun. aut. 118
Baleares, arch. 118
Balfate 180, B3
Balhāf 155, G10
Bali; isla 160, E6
Bali; mar 160, F6
Balikesir 143, H7
Balikpapan 160, F5
Balkach; lago 152, H5
Balkach 152, H5
Balmaseda 82, F5
Balmoral 137, F2
Balonne; río 195, H5
Balranald 194, G6
Bals 142, G4
Balsareny 92, B2
Balsas; río 179, D4
Balsas; río 187, I5
Balsas 179, E4
Balta 142, I3
Baltanas 97, D3
Baltar 74, C3
Báltico; mar 130, E2
Baltīm 167, P9
Baltimore 177, K4
Baltrum; isla 140, G2
Balurghat 156, F3
Ballachulish 137, E2
Ballarat 194, G7
Ballard; lago 194, C5
Ballater 137, F2
Ballenas; bahía 196-2, Q2
Ballenas; canal 178, B2
Balleny; arch. 196-2, T3
Ballina 137, C3
Ballina 195, I5
Ballobar 88, D2
Ballymena 137, D3
Bam 155, I7
Bamako 166, D6
Bamba 166, E5
Bambari 167, J7
Bamberg 138, F3
Bamingui; río 167, I7
Banalia 168, E1
Bananal; isla 187, H6
Banas; río 156, D3
Banas, Rā's; cabo 167, M4
Banato; reg. 139, K5
Banco, El 181, E5
Banda; cabo 178, A1
Banda; islas 161, I5
Banda; mar 161, H6
Banda Atjeh 160, B3
Bandama; río 166, D7
Bandar-e Shah 155, H5
Bandar Abbās 155, I7
Bandar Seri Begawan 160, E4
Bandawe 168, F4
Bande 74, C2
Bandeira; pico 188, H2
Bandeli 169, O17
Banderas; bahía 178, C3
Bandirma 143, I6
Bandjarmasin 160, E5
Bandon 137, C5
Bandundu 168, C2
Bandung 160, D6
Banes 181, D2
Banff 137, F2
Banff 174, G4
Banfora 166, E6
Bangalore 156, D6
Bangassou 167, J8
Banggai; arch. 161, G5
Banggi; isla 160, F3
Bangka; estr. 160, D5
Bangka; isla 160, D5
Bangko 160, C5
Bangkok 157, I6
Bangla Desh 156, F4
Bangor 137, E3
Bangor 177, M3
Bang Saphan 157, H6
Bangui 167, I8
Bangweulu; lago 168, F4
Banhā 167, P9
Bani; río 166, E6
Baní 181, E3
Bani, gebel; mte. 165,B3
Banias 154, B1
Banī Walīd 167, H2
Banjak; islas 160, B4
Banja Luka 142, C4
Banjul 166, B6
Banks; arch. 191, F5
Banks; estr. 194, H8
Banks; isla 174, F2
Banks; isla 194, G2
Banks; pen. 195, N14
Bann; río 137, D3
Bannu 156, C2
Banská Bystrica 142, D2
Banská Štiavnica 142, D2
Bantaeng 160, G6
Bantry 137, C5
Banya, Punta de la; cabo 92, A3
Banyoles; lago 92, C1
Banyoles 92, C1
Banyuwangi 160, E6
Baña, A 74, B2
Bañeres 112, B2
Bañeza, La 96, C2
Baños de la Encina 122, E2
Baños del Río Tobia 100,
Baños de Molgas 74, C2
Baoding 158, K4
Baoji 158, I5
Baoshan 158, G6
Baotou 158, I3
Baoying 159, K5
Bapaume 140, B5
Baqūbah 155, F6
Baquedano 188, C2
Bar 142, D5
Bar 142, H2
Barabinsk 152, H4
Baracaldo v. Barakaldo
Baracoa 181, E2
Barahona 181, E3
Barajas de Melo 107, D2
Barakah; río 167, M5
Barakaldo 82, E4
Baralla 74, C2
Baranof; isla 174, E4
Baranoviči 144, C2
Barasona; emb. 88, D1
Barat Daja'; arch. 161, H6
Barbacena 188, H2
Barbadás 74, C2
Barbadás 74, C2
Barbados; isla 181, H4
Barbados 181, G4
Barbar 167, L5
Barbas; cabo 166, B4
Barbastro 88, D1
Barbate; río 54, C4
Barbate 122, C4
Barberà del Vallès 92, E4
Barberton 169, F7
Barbuda; isla 181, G3
Barcaldine 194, H4
Barcarrota 102, B3
Barcelona; prov. 92, B2
Barcelona 186, F1
Barcelona 92, F5
Barcellona 136, F5
Barcelos 186, F4
Bárcena de Cicero 80, B1
Barco de Ávila, El 96, C4
Barco de Valdeorras, O 74, C2
Barcoo; río 194, G4
Barcs 142, C4
Bardaï 167, I4
Bardejov 142, E2
Bardera 169, S24
Bardīyah 167, J2
Bareilly 156, D3
Barents; mar 148, G2
Barfleur, Punta de; cabo 134, D3
Bargal 169, V22
Bargas 106, B3
Bari 136, G4
Barima; río 186, G2
Barinas 186, D2
Bāris 167, P11
Barisal 156, G4
Barisan; mtes. 160, C5
Barito; río 160, E5
Barkat, Al 165, F4
Barkly; msta. 194, F3
Bar-le-Duc 134, G3
Barlee; lago 194, B5
Barlee; mtes. 194, B4
Barletta 136, G4
Barlovento; islas 181, G4
Barlovento 126, B2
Barmer 156, C3
Barnaul 152, I4
Barneveld 140, E3
Barnsley 137, G4
Barnstaple 137, E5
Baro 166, G7
Baroda 156, C4
Barquisimeto 186, E2
Barra; isla 137, D2
Barra 187, J6
Barraba 195, I6
Barraco 96, D4
Barra do Corda 187, I5
Barra do Garças 187, H7
Barra Falsa, Punta da; cabo 168, G6
Barranca 186, C4
Barranca 186, C6
Barrancabermeja 186, D2
Barrancas 186, F2
Barrancos 135, F5
Barranqueras 188, E3
Barranquilla 186, D1
Barrax 107, D3
Barreiras 187, J6
Barreirinhas 187, J4
Barreiro 135, C5
Barreiros 187, K5
Barreiros 74, C1
Barreros; pico 107, D4
Barrie 175, Q7
Barrié de la Maza; emb. 54, A1
Barrier; isla 195, O11
Barrington Tops; pico 195, I6
Barrios, Los 122, C4
Barro 74, B2
Barrow; estr. 175, I2
Barrow; isla 194, B4
Barrow; mtes. 194, D5
Barrow 174, C2
Barrow, Punta; cabo 174, C2
Barrow Creek 194, E4
Barrow-in-Furness 137, F3
Barruecopardo 96, B3
Barruelo de Santullán 97, D2
Barstow 176, C5
Bar-sur-Aube 134, G3
Bartle Frere; mtña. 194, H3
Barú; isla 181, D4
Baruun Urt 158, J2
Barwon; río 194, H5
Basankusu 168, C1
Basauri 82, E4
Basconcillos del Tozo 97, E2
Bascuñán; cabo 188, B3
Bashi, Canal de; estr. 159, L7
Bashkiria; rep. autón. 144, F2
Basilan; isla 160, G3
Basilea 138, D4
Basilicata; reg. 136, F4
Basingstoke 134, D2
Baskatong; emb. 177, K2
Basoko 168, D1
Basongo 168, D2
Basora 155, G6
Basozábal v. Bazozabal
Bass; estr. 194, H7
Bass; islotes 191, K6
Bassano del Grappa 136, D2
Bassas da India; isla 168, G6
Bassein 156, G5
Bassera; pico 134, J9
Basse-Terre 181, G3
Basseterre 181, G3
Bassikunu 166, D5
Bastia 134, I6
Bastida 82, G6
Bastion; cabo 157, J5
Bastogne 140, E5
Bastrop 179, F1
Bata 168, A1
Batabanó; golfo 180, C2
Batabanó 180, C2
Batan; islas 159, L7
Batangafo 167, I7
Batangas 160, G2
Batanta; isla 161, I5
Bátaszék 142, D3
Batchelor 194, E2
Batea 92, A2
Bath 137, F5
Bath 177, M3
Bathurst; cabo 174, F2
Bathurst; isla 174, H2
Bathurst; isla 194, E2
Bathurst 195, I6
Bathurst Inlet 174, H3
Batna 166, G1
Baton Rouge 177, H5
Battambang 157, I6
Batticaloa 156, E7
Battipaglia 136, F4
Battle Creek 177, I3
Battle Harbour 175, M4
Batu; islas 160, B5
Batu; pico 167, M7
Batulinggi 160, E5
Batumi 144, E3
Batu Pahat 160, C4
Baturadja 160, C5
Baturi 167, H8
Baturité 187, K4
Bat Yam 154, A2
Baubau 160, G6
Bauchi; msta. 166, H7
Bauchi 166, G6
Bauld; cabo 175, M4
Baule-Escoublac, La 134, C4
Bauru 188, G2
Baús 187, H7
Bautzen 142, B1
Baviera; est. fed. 138, F3
Bavispe; río 178, C1
Bawean; isla 160, E6
Bawīti, al- 167, K3
Bay; lna. 160, G2
Bayamo 181, D2
Bayamón 181, F3
Bayan Har Shan; mtes. 158, G5
Bay City 177, J3
Bay City 179, E2
Bayeux 134, D3
Bayhā al-Qisād 155, G10
Bayona 134, D6
Bayona v. Baiona
Bayreuth 138, F3
Bayt Jālā 154, B3

Bayyādah, Rā's al-; cabo 154, B1
Baza; srra. 123, F3
Baza 123, F3
Baza, Hoya de; com. 123, F3
Bazaruto; isla 168, G6
Bazozabal 82, E4
Baztán 86, H5
Baztán, El; com. 86, H5
Beagle; canal 189, C8
Bear; río 176, D3
Beas 122, B3
Beasain 82, G5
Beata; cabo 181, E3
Beata; isla 181, E3
Beatrice 176, G3
Beau Bassin-Rose Hill 169, V27
Beaucaire 134, G6
Beauce; reg. 134, E3
Beaufort; mar 196-1, X2
Beaufort West 169, D8
Beaumaris 137, E4
Beaumont 177, H5
Beaune 134, G4
Beauvais 134, F3
Beauvais 140, B6
Beauval 140, B5
Beaver; río 174, H4
Beawar 156, C3
Becal 179, F3
Beccles 140, A3
Beceite 88, D3
Beceite, Puertos de; srra. 92, A3
Bečej 142, E4
Becerreá 74, C2
Becerril de Campos 96, D2
Béchar 165, C2
Bechí 112, B2
Becilla de Valderaduey 96, C2
Beckley 177, J4
Beckum 140, H4
Beclean 142, G3
Becva; río 142, C2
Bedford; cabo 194, H3
Bedford 137, G4
Bedmar 123, E3
Bedourie 194, F4
Beerse 140, D4
Beersheba; río 154, A3
Beersheba 154, A3
Beeville 176, G6
Begičev; isla 153, L2
Begonte 74, C1
Begoña 82, E4
Béhague, Punta; cabo 187, H3
Beian 159, M2
Beibei 158, I6
Beida, El 167, J2
Beihai 158, I7
Beijiang; río 158, J7
Beijing v. Pekín
Beilen 140, F3
Beira; com. 135, E3
Beira 168, G5
Beira Alta; com. 54, B2
Beira Baixa; com. 54, B3
Beirut 154, E6
Beishan; cord. 158, G3
Beitbridge 168, F6
Beja 135, E5
Béja 165, E1
Béjar 96, C4
Bejneu 152, F5
Békéscsaba 142, E3
Bela 155, K7
Bela Crkva 142, E4
Belaga 160, E4
Belait 160, E4
Belaja; río 144, F2
Belaja Cerkov 144, C3
Belalcázar 122, C2
Belang 161, G4
Bela Palanka 142, F5
Belau 161, I3
Belau, República de; div. admva. 161, J3
Bela Vista 188, E2
Belawan 160, B4
Belbel, In 165, D3
Belcher; islas 175, K4
Belchite 88, C2
Bel'cy 142, H3
Beled Uen 169, T24
Belém 187, I4
Belén 154, B3
Belen 176, E5
Belep; islas 191, F5
Belesar; emb. 54, B1
Belfast 137, E3
Belfodio 167, L6
Belfort 134, H4
Belgaum 156, C5
Bélgica 140, C5
Belgorod 144, D2
Belgrado 142, E4
Belgrano; isla 196-2, G3
Belice; río 180, B3
Belice 180, B3
Belice 180, B3
Beli Drim; río 142, E5
Belinyu 160, D5
Belitung; isla 160, D5
Bel'kouskij; isla 153, N2
Belmez 122, C2
Belmonte 107, D3
Belmonte de Miranda 78, E1
Belmopan 180, B3
Belo-Sur-Tsiribihin 169, P19
Belogorsk 153, M4
Belo Horizonte 188, H1
Beloje; lago 144, D1
Bel Ombre 169, V27
Belomorsk 144, D1
Belorado 97, E2
Bel'ov 144, D2
Belovo 152, I4
Beloz'orsk 144, D1
Belterra 187, H4
Beluchistán; reg. 156, B3
Belukha; pico 152, I4
Belver 88, D2
Belvís de la Jara 106, B3
Belyj; isla 152, G2
Belyj Jar 152, I4
Bell-lloc d'Urgell 92, A2
Bell; río 177, K2
Bellac 134, E4
Bellary 156, D5
Bellaterra 92, E4
Bella Vista 188, E3
Belle-Ile; isla 191, C1
Belle-Isle; isla 134, C4
Belle Isle; estr. 175, M4
Belleville 177, H4
Belleville 177, K3
Belley 134, G5
Bellingham 176, B2
Bellingshausen; isla 191, J5
Bellingshausen; mar 196-2, I3
Bellinzona 136, C1
Bello 186, C2
Bellpuig 92, B2
Bellreguart 112, B3
Belluno 136, E1
Bell Ville 188, D4
Bembézar; río 122, C2
Bembézar, emb. 122, C3
Bembibre 96, B2
Bembou; mtes. 169, X27
Bemidji 177, H2
Benabarre 88, D1
Benacazón 122, B3
Benadir; reg. 169, S24
Benaguacil 112, B2
Benaixeve; emb. 112, A2
Benalmádena 122, D4
Benalúa de Guadix 123, E3
Benamaurel 123, F3
Benamejí 122, D3
Benamocarra 122, D4
Benarés 156, E3
Benasal 112, B1
Benasque 88, D1
Benavente 96, C2
Benavides 96, C2
Benbecula; isla 137, D2
Bencubbin 194, B6
Bend 176, B3
Bender Beila 169, U23
Bendery 142, I3
Bendigo 194, G7
Bendorf 140, G5
Bene Beraq 154, A2
Benejúzar 112, B3
Benešov 142, B2
Benetússer 112, E6
Benevento 136, F4
Bengala; drs. subm. 149, M9
Bengala; golfo 156, F5
Ben Gardán 165, F2
Bengasi 167, J2
Bengbu 159, K5
Bengkulu 160, C5
Benguela; golfo 168, B4
Benguela 168, B4
Ben Guerir 165, B2
Bengut; cabo 55, G4
Beni; río 186, E6
Beni Abbès 165, C2
Benicarló 112, C1
Benicásim 112, C1
Benidorm 112, B3
Benifayó 112, B2
Benimámet 112, E5
Beni Mazar 167, P10
Beni-Mellal 165, B2
Benin; golfo 166, F7
Benin 166, F7
Benin City 166, G7
Benissa 112, C3
Beni Suef 167, P10
Benjamin Constant 186, D4
Benjamin Hill 178, B1
Ben Lomond 194, H8
Ben Nevis; pico 137, E2
Benoni 169, E7
Ben Slimane 165, B2
Benson 178, B1
Benton Harbor 177, I3
Benue; río 166, G7
Benxi 159, L3
Beppu 159, R12
Berango 82, E3
Berati 143, D6
Berau; golfo 161, I5
Berbegal 88, C2
Berbera 169, T22
Berbérati 167, I8
Berbería; cabo 118, C3
Berbice; río 186, G2
Berca 142, H4
Berck 140, A5
Berdičev 142, I2
Bereda 169, U22
Beregovo 142, F2
Berettyóújfalu 142, E3
Berezina; río 144, C2
Bereznik 152, E3
Berezniki 144, F2
Berg 141, E1
Berga 92, B1
Bergama 143, H7
Bérgamo 136, C2
Bergantes; río 55, E2
Bergantiños; com. 74, B1
Bergara 82, G5
Bergen 140, D3
Bergen 141, B3
Bergen-op-Zoom 140, D4
Bergerac 134, E5
Bergheim 140, F5
Bergisch Gladbach 140, G5
Bergondo 74, B1
Bergues 140, B5
Berhampur 156, E5
Bering; estr. 174, B3
Bering; mar 196-1, S4
Beringen 140, E4
Beriozovo 144, G1
Berja 123, F4
Berkane 165, C2
Berkel 140, F3
Berkeley 176, B4
Berkner; isla 196-2, E2
Berlanga 102, C3
Berlanga de Duero 97, F3
Berlengas; islas 135, C4
Berlín; pico 196, N2
Berlín 138, G1
Berlin 177, L3
Bermeja; srra. 122, C4
Bermejales; emb. 122, E4
Bermejo; río 188, C4
Bermejo; río 188, D2
Bermeo 82, G5
Bermillo de Sayago 96, B3
Bermudas; arch. 50, G3
Berna 138, D4
Bernalda 143, C6
Bernaville 140, B5
Bernay 134, E3
Bernedo 82, G6
Bernesga; río 54, C1
Bernier; isla 194, A4
Bernina; pico 136, C1
Bernkastel-Kues 140, G6
Beroroha 169, Q20
Beroun 142, B2
Ber'oza 139, M1
Berriane 165, D2
Berriz; mte. 82, E4
Berriz 82, G5
Berry; islas 180, D1
Bersenbrück 140, G3
Bertincourt 140, B5
Bertua 167, H8
Berwick-upon-Tweed 137, G3
Besalampy 169, P19
Besalú 92, C1
Besançon 134, G4
Besaya; río 80, A1
Bescanó 92, C2
Beskidos Occidentales; cord. 142, D2
Beskidos Orientales; cord. 142, E2
Besor; wadi 154, A3
Besòs, río 92, F4
Bessarabka 142, I3
Bessemer 177, I5
Best 140, E4
Betaf 161, J5
Bet Alfa 154, B2
Betancuria; mte. 127, E2
Betancuria 127, E2
Betanzos; ría 74, B1
Betanzos 74, B1
Bétaré Oya 167, H7
Bétera 112, E5
Beteta 107, D2
Bet Guvrin 154, A3
Bet Ha'Arava 154, B3
Bethanien 169, C7
Bethel 174, B3
Bethlehem 169, E7
Béthune 134, F2
Betioky 169, P20
Betpak-Dala; des. 152, G5
Betroka 169, Q20
Bet She'an 154, B2
Bet Shemesh 154, A3
Betsiboka; río 169, Q19
Bette; pico 167, I4
Betuwe; reg. 140, E4
Betwa; río 156, D4
Betzdorf 140, G5
Beveren 140, D4
Beverley 137, G4
Beverley 194, B6
Beverwijk 140, D3
Beyla 166, D7
Béziers 134, F6
Bhadravati 156, D6
Bhagalpur 156, F3
Bhamo 157, H4
Bharatpur 156, D3
Bharuch 156, C4
Bhatinda 156, C2
Bhatpara 156, F4
Bhaunagar 156, C4
Bhilai 156, E4
Bhilwara 156, C3
Bhima; río 156, D5
Bhimavaram 156, E5
Bhiwandi 156, C5
Bhiwani 156, D3
Bhopal 156, D4
Bhubaneswar 156, F4
Bhuj 156, B4
Bhusawal 156, D4
Bhutan 156, F3
Biafra; reg. 166, G7
Biak; isla 161, J5
Biala Podlaska 139, L1
Bialystok 139, L1
Biar 112, B3
Biaro; isla 161, H4
Biarritz 134, D6
Biasteri 82, G6
Bibā 167, P10
Bibala 168, B4
Biberach 138, E3
Bida 166, G7
Bidar 156, D5
Bidasoa; río 86, H5
Bideford 137, E5
Bié; msta. 168, C4
Biel 138, D4
Bielefeld 138, E1
Bielorrusia 144, C2
Bielsko-Biala 139, J3
Bielsko-Biala 142, D2
Biella 136, C2
Biên Hoa 160, D2
Bienvenida 102, B3
Bienville; lago 175, K4
Bierbeck 140, D5
Bierzo, El; com. 96, B2
Biescas 88, C1
Bigastro 112, B3
Big Belt; mtes. 176, D2
Big Delta 174, D3
Bigge; isla 194, D2
Bighorn; mtes. 176, E3
Bighorn; río 176, E2
Big Lake 179, D1
Big Spring 176, F5
Bihac 142, B4
Bihar; est. 156, F4
Bihar 156, F4
Biharamulo 168, F2
Bihariei; mtes. 142, F3
Bihor; mtes. 139, L4
Bihor; reg. 142, F3
Bijagós; arch. 166, B6
Bijapur 156, D5
Bijeljina 142, D4
Bijelo Polje 142, D5
Bijie 158, I6
Bijsk 152, I4
Bikaner 156, C3
Bikín 153, N5
Bikini 191, F2
Bilaspur 156, E4
Bilauk; mtes. 157, H6
Bilbao 82, E4
Bilbays 167, P9
Bilbo v. Bilbao
Bileča 142, D5
Bili; río 167, J8
Bilma 166, H5
Biloela 195, I4
Biloxi 177, I5
Biltine 167, J6
Bilzen 140, E5
Billabona 82, G5
Billings 176, E2
Bimbéréké 166, F6
Bimbo 167, I8
Bimenes 78, F1
Bimini; islas 180, D1
Binaced 88, D2
Binche 140, D5
Bindjai 160, B4
Bindura 168, F5
Binéfar 88, D2
Bingen 140, G6
Binisalem 118, D2
Bintan; isla 160, C4
Bint Jubayl 154, B1
Bintuhan 160, C5
Bintulu 160, E4
Bio-Bio; río 188, B5
Bioko; isla 166, G8
Biota 88, B1
Bir-el-Ater 165, E2
Bīrah, al- 154, B3
Bi'r al Uzam 143, F11
Biratnagar 156, F3
Bird; isla 169, LL14
Bird; isla 195, J4
Birdsville 194, F5
Birdum 194, E3
Bir el-Abbes 165, B4
Birhan; pico 167, M6
Birjand 155, I6
Birkat Qarun; lago 167, P10
Biškek 152, H5
Birkenfeld 140, G6
Birkenhead 137, F4
Bîrlad 142, H3
Birmania 160, B2
Birmingham 137, G4
Birmingham 177, I5
Bir Mogrein 166, C3
Birnin Kebbi 166, F6
Birni n'Konni 166, G6
Birobidžan 153, N5
Birr 137, D4
Birranga; mtes. 153, J2
Bir Tarfawi; pozo 167, K4
Biržai 141, G4
Birzava 142, E3
Bir Zeit 154, B3
Bir Zelfana 165, D2
Bisa, isla 161, H5
Bisbal, La 92, D2
Bisbee 178, C1
Bisceglie 136, G4
Biscoe; arch. 196-2, G3
Bishop 176, C4
Biskra 165, E2
Bislig 161, H3
Bismarch 176, F2
Bismarck; arch. 161, L5
Bismarck; cord. 161, L6
Bismarck; mar 161, L5
Bissa; gebel 55, F4
Bissau 166, B6
Bistret 142, F5
Bistrita; río 142, H3
Bistrita 142, G3
Bitam 168, B1
Bitburg 140, F6
Bitlis 155, F5
Bitola 143, E6
Bitonto 136, G4
Bitterfontein 169, C8
Bitterroot; cord. 176, D2
Biu 166, H6
Biviraka 161, K6
Bizerta 165, E1
Bizkaia; prov. 82, G5
Bjelovar 142, C4
Björneborg v. Pori
Blackall 194, H4
Blackburn 137, F4
Black Hills; srra. 176, F3
Blackpool 137, F4
Blackwater; río 137, D3
Blackwater; río 137, C4
Blagove-ensk 153, M4
Blair Athol 194, H4
Blair Atholl 137, F2
Blanca; bahía 175, M4
Blanca; isla 152, G1
Blanca; pico 176, E4
Blanca 116, E4
Blanca, bahía 188, D5
Blanche; lago 194, F5
Blanc, Le 134, E4
Blanco; cabo 136, D6
Blanco; cabo 176, B3
Blanco; cabo 180, B5
Blanco; mar 144, D1
Blanco; río 186, F6
Blanes 92, C2
Blangy-sur-Bresle 140, A6
Blankenberge 140, C4
Blanquilla; isla 186, F1
Blantyre 168, G5
Blaye 134, D5
Blaze, Punta; cabo 194, E2
Bledas; islas 118, C3
Blednaia; pico 152, G2
Bleiburg 142, B3
Blenheim 195, N13
Blida 165, D1
Blitar 160, E6
Blitta 166, F7
Bloemfontein 169, E7
Bloemhof 169, E7
Blönduós 141, L6
Bloomington 177, I3
Bloomington 177, I4
Blue; mtes. 195, I6
Blue; pico 181, D3
Bluefield 177, J4
Bluefields 180, C4
Bluff 195, L16
Bluff Knoll; pico 194, B6
Blumenau 188, G3
Bo 166, C7
Boaco 180, B4
Boal 78, E1
Boali 167, I7
Boa Vista; isla 169, L12
Boa Vista 186, F3
Bobigny 134, F3
Bobo-Diulasso 166, E6
Boborás 74, B2
Bóbr; río 138, H2
Bobruisk 144, C2
Bobures 181, E5
Boca de la Serpiente; estr. 181, G4
Bôca do Acre 186, E5
Bôca do Jari 187, H4
Bocaina, La; estr. 127, F2
Bocairente 112, B3
Bocas del Dragón; estr. 181, G4
Bocas del Toro; arch. 180, C5
Bocay 180, B4
Bocholt 140, F4
Bochum 140, G4
Bocoyna 178, C2
Bocsa 142, E4
Bodajbo 153, L4
Bodelé; reg. 167, I5
Boden 141, F2
Bodión; río 102, B3
Bodmin 134, B2
Bodø 141, D2
Bodrog; río 142, E2
Bodrum 143, H8
Boende 168, D2
Bogalusa 179, G1
Bogan; río 194, H6
Boggeragh; mtes. 137, C4
Bogia 161, K5
Bogong; pico 194, H7
Bogor 160, D6
Bogotá 186, D3
Bogučany 153, J4
Bogué 166, C5
Bohai; golfo 159, K4
Bohain-en-Vermandois 140, C6
Bohemia; reg. 138, H3
Bohemia, Selva de; mac. mont. v. Selva de Bohemia
Bohmte 140, H3
Bohol; isla 161, G3
Boiro 74, B2
Boise 176, C3
Bojeador; cabo 160, G1
Bô Kheo 157, J6
Bo Kheo 160, D2
Boknafiord; fiordo 141, B4
Bokoro 167, I6
Bol 167, H6
Bolan; pto. mont. 155, K7
Bolaños; río 179, D3
Bolaños de Calatrava 106, C4
Bolarque; emb. 107, D2
Bolbec 134, E3
Bolchevique; isla 153, K2
Boleslawiec 142, B1
Bolgatanga 166, E6
Bolgrad 142, I4
Boli 159, N2
Bolívar; pico 186, D2
Bolívar 188, D5
Bolivia 186, E7
Bolmen; lago 141, D4
Bologoje 152, D4
Bolonia 136, D2
Boloven; msta. 157, J5
Bolsena; lago 136, D3
Bol'šenarymskoje 158, D2
Bol'šoj An'uj; río 153, Q3
Bolsward 140, E2
Boltaña 88, D1
Bolton 137, F4
Bolzano 136, D1
Bollnäs 141, E3
Bollullos par del Condado 122, B3
Boma 168, B3
Bombala 194, H7
Bombay 156, C5
Bomberai, pen. 161, I5
Bom Jesus da Lapa 187, J6
Bømlo; isla 141, B4
Bomokandi; río 168, E1
Bomongo 168, C1
Bomu; río 167, J8
Bon; cabo 165, F1
Bonaigua, pto. mont. 92, B1
Bonaire; isla 181, F4
Bonanza 180, C4
Bonares 122, B3
Bonasse 181, G4
Bonavista 175, M5
Bondo 167, J8
Bondoc; pen. 160, G2
Bonduku 166, E7
Bone; golfo 160, G5
Bonete 107, E4
Bonga 167, M7
Bongandanga 168, D1
Bongor 167, I6
Bonifacio; estr. 136, C4
Bonifacio 136, C4
Bonillo, El 107, D4
Bonn 138, D2
Bonnie Rock 194, B6
Bonrepós y Mirambell 112, E5
Boñar 96, C2
Boom 140, D4
Boothia; golfo 175, I2
Boothia; pen. 175, I2
Booué 168, B1
Bophuthatswana; div. admva. 169, E7
Boppard 140, G5
Boqueijón v. Boqueixón
Boqueixón 74, B2
Boquete 180, C5
Boquiñeni 88, B2
Bor 142, F4
Bor 167, L7
Borah; pico 176, D3
Borama 169, S22
Borås 141, D4
Borba 135, E5
Borbollón; emb. 102, B1
Borca 142, G3
Borculo 140, F3
Borden; isla 174, G2
Borden; pen. 175, J2
Bordertown 194, G7
Bordj-Bou-Arreridj 165, D1
Bordj le Prieur 165, D4
Bordj Messouda 165, F2
Borgarnes 141, L6
Borger 140, F3
Borger 176, F4
Borges Blanques, Les 92, A2
Borgholm 141, E4
Borgoña; reg. 134, G4
Borheim 140, F5
Borislav 142, F2
Borisoglebsk 144, E2
Borisov 144, C2
Borja 186, C4
Borja 88, B2
Børjefjell; pico 141, D2
Borken 140, F4
Borkou; reg. 167, I5
Borkum; isla 140, F2
Borlänge 141, D3
Borneo; isla 160, E4
Bornholm; isla 141, D5
Bornos 122, C4
Bornos, emb. 122, C4
Bornova 154, C5
Boromo 166, E6
Boroviči 144, D2
Borriol 112, B1
Borroloola 194, F3
Borsec 142, G3
Borūjerd 155, G6
Borzia 153, L4
Bosa 136, C4
Bosanska Gradiška 142, C4
Bosanski Novi 142, C4
Bosaso 169, T22
Bósforo; estr. 142, I6
Boshan 159, K4
Bositenghu; lago 158, E3
Bosna; río 142, C4
Bosna Hasekijata 142, H5
Bosnia-Hercegovina 142, C5
Bosnik 161, J5
Bosobolo 167, I8
Bosost 92, A1
Bossangoa 167, I7
Bossembélé 167, I7
Bossier City 179, F1
Boston 137, G4
Boston 177, L3
Boteu; pico 142, G5
Botevgrad 142, F5
Boticas 135, E2
Botletle; río 168, D6
Botnia; golfo 141, F2
Botosani 142, H3
Botrange; cima 140, F5
Botswana 168, D6
Botte Donato; pico 136, G5
Bottrop 140, F4
Botucatu 188, G2
Bou Arfa 165, C2
Bouçã; emb. 54, A3
Boudenib 165, C2
Bou Djéhiba 166, E5
Bougainville; isla 190, E4
Bouganville; cabo 194, D2
Bougarun; cabo 165, E1
Bougouni 166, D6
Bouillon 140, E6
Bouira 166, F1
Boulder 176, E4
Boulia 194, F4
Boulogne-Billancourt 134, F3
Boulogne-sur-Mer 134, E2
Boumort; srra. 55, F1
Boundary; pico 176, C4
Bourbonais 134, F4
Bourbourg 140, B5
Bourg-en-Bresse 134, G4
Bourges 134, F4
Bourgoin 134, G5
Bourke 194, H6
Bournemouth 137, G5
Bou-Saâda 165, D1
Bóveda 82, F6
Bóveda de Toro, La 96, C3
Bowen 195, H4
Bowling Green; cabo 195, H3
Bowling Green 177, I4
Bowman; isla 196, AA3
Boxtel 140, E4
Boyne; río 137, D4
Bozeman 176, D2
Bozovici 142, E4
Bozum 167, I7
Bra 136, B2
Brabante; reg. 140, D4
Brač; isla 142, C5
Bracciano, lago 136, E3
Brach 167, H3
Bräcke 141, D3
Brad 142, F3
Bradenton 177, J6
Bradford 137, G4
Braga 135, D2
Bragança 187, I4
Braganza 135, F2
Brahestad v. Raahe
Brahmani; río 156, F4
Brahmaputra; río 156, G3
Braich-y-Pwll; cabo 137, E4

Braine-l'Alleud 140, D5
Brainerd 177, H2
Brake 140, H2
Bramsche 140, G3
Branco; río 186, F3
Brandberg; pico 168, B6
Brandeburgo; reg. 138, G1
Brandeburgo 138, G1
Brandon; mte. 137, B4
Brandon 174, I5
Brantford 175, Q7
Brañas, Las; com. 78, E1
Brasil; cca. subm. 187, L7
Brasil 186-187
Brasiléia 186, E6
Brasileña; msta. 183, E4
Brasilia 187, I7
Brasov 142, G4
Brasschaat 140, D4
Bratislava 142, C2
Bratsk 153, K4
Braunau 138, G3
Brava; isla 169, K13
Brava 169, S24
Bravo del Norte; río 176, E5
Bray 137, D4
Brazatortas 106, B4
Brazos; río 176, G5
Brazzaville 168, C2
BrKčko 142, D4
Brea 88, B2
Breclav 142, C2
Brecon 137, F5
Brecon Beacons; pico 134, C2
Breda 140, D4
Breda 92, C2
Bredasdorp 169, D8
Bregenz 138, E4
Breidafjördur; bahía 141, L6
Bremen 138, E1
Bremerhaven 138, E1
Bremerton 176, B2
Brenes 122, C3
Brenner; pto. mont. 138, F4
Breña Alta 126, B2
Breña Baja 126, B2
Brescia 136, D2
Breskens 140, C4
Bresle; río 140, A6
Bresles 140, B6
Bressuire 134, D4
Brest 134, B3
Brest 144, C2
Brestanica 142, B3
Bretaña; reg. 134, C4
Bretçu 139, N4
Breteuil 140, B6
Brett; cabo 195, O10
Brewster; cabo 196, JJ2
Bria 167, J7
Briançon 134, H5
Briansk 144, D2
Bridgeport 177, L3
Bridgetown 181, H4
Bridgetown 194, B6
Bridgewater 177, N3
Bridlington 137, G3
Briey 134, G3
Brig 136, C1
Brigadic 143, I7
Brigham City 176, D3
Brighton 137, G5
Brihuega 107, D2
Brindisi 136, G4
Bringhamton 177, K3
Brión 74, B2
Brisbane 195, I5
Bristol; bahía 174, B4
Bristol; canal 137, F5
Bristol 137, F5
Britstown 169, D8
Brive-la-Gaillarde 134, E5
Briviesca 97, E2
Brlik 152, H5
Brno 142, C2
Broad Sound; bahía 195, H4
Brocken; pico 138, F2
Brockville 177, K3
Brodeur; pen. 175, J2
Brody 142, G1
Broken Hill 194, G6
Brokopondo 187, G2
Brookhaven 177, H5
Brookings 176, G3
Brooks; mtes. 174, B3
Broome 194, C3
Brownsville 176, G6
Brownwood 179, E1
Brozas 102, B2
Brăila 142, H4
Bruay-en-Artois 140, B5
Bruce; mte. 194, B4
Bruck am der Mur 142, B3
Brühl 140, F5
Brujas 140, C4
Brumado 187, J6
Brunei 160, E4
Brunssum 140, E5
Brunswick 138, F1
Brunswick 177, J5
Brunswick, bahía 194, C3
Bruny; isla 194, H8
Bruselas 140, D5
Brus Laguna 180, C3
Bruzual 181, F5
Bryan 177, G5
Brzeg 142, C1
Buaké 166, E7
Buar 167, I7
Bu'ayrat, al- 167, I2
Buca 167, I7
Bučač 142, G2
Bucaneer; arch. 194, C3
Bucaramanga 186, D2
Bucarest 142, H4
Buckingham; bahía 194, F2
Buckingham 137, G4
Buckleboo 194, F6
Bu Craa 166, C3
Buchanan; lago 179, E1
Buchanan 166, C7
Budapest 142, D3
Bude 137, E5
Budesti 142, H4
Budjala 168, C1
Buea 166, G8
Buena Esperanza; cabo 169, C8
Buenaventura 178, C2
Buenaventura 186, C3
Buena Vista; cord. 181, E4
Buenavista del Norte 126, C2
Buenavista de Valdavia 96, D2
Buendía; emb. 107, D2
Buenos Aires; lago 188, C7
Buenos Aires 188, E4
Bueu 74, B2
Buey, Punta; cabo 179, F4
Buffalo 177, K3
Bug; río 139, K1
Buga 186, C3
Bugía 165, E1
Bugio; isla 135, Q18
Bug Meridional; río 142, I2
Bugrino 152, E3
Bugulma 144, F2
Buguruslan 144, F2
Buitrago del Lozoya 110, B2
Buj 144, E2
Bujalance 122, D3
Bujara 155, J5
Bujaraloz 88, C2
Buji 161, K6
Bujr; lago 158, K2
Bujumbura 168, E2
Bukačaća 153, L4
Bukaishan; mte. 159, N2
Bukama 168, E3
Bukavu 168, E2
Bukene 168, F2
Bukittinggi 160, C5
Bukoba 168, F2
Bula 161, I5
Būlūq 167, P10
Bulawayo 168, E6
Buldir; isla 170, S
Bulgan 158, H2
Bulgaria 142, G5
Buli; golfo 161, H4
Būlmān 166, E2
Bulo Burti 169, T24
Bulu; pico 160, F4
Bulu 161, H4
Buluntuohai; lago 158, E2
Bullaque; río 55, C3
Bullas 116, E4
Buller, río 195, N13
Bullfinch 194, B6
Bulloo; río 194, G5
Bully-les-Mines 140, B5
Bumba 168, D1
Buna 161, L6
Buna 166, E7
Buna 168, G1
Bunbah, Al; golfo 143, F10
Bunbah, Al 143, F10
Bunbury 194, B6
Bundaberg 195, I4
Bundiali 166, D7
Bundji 168, C2
Bundoran 137, C3
Bungay 140, A3
Bungo; estr. 159, R12
Bunia 168, F1
Bunju; isla 160, F4
Bunkie 179, F1
Bunta 160, G5
Buntok 160, E5
Bunyola 118, D2
Buñuel 86, H7
Buñol 112, B2
Buol 160, G4
Buor-Chaja; cabo 153, N2
Burao 169, T23
Buraydah 155, F7
Buraymī al- 155, I8
Burbáguena 88, B2
Burdeos 134, D5
Burdwan 156, F4
Bure; río 140, A3
Bureba, La; com. 97, E2
Bureja; río 153, N4
Burem 166, E5
Burgas 142, H5
Burgenland; est. fed. 138, H4
Burgersdorp 169, E8
Burgo de Ebro, El 88, C2
Burgo de Osma, El 97, E3
Burgohondo 96, D4
Burgo Ranero, El 96, C2
Burgos; prov. 97, E2
Burgos 97, E2
Burgsvik 141, E4
Burguillos 122, C3
Burguillos del Cerro 102, B3
Bur Hakkaba 169, S24
Burhaniye 143, H7
Burhanpur 156, D4
Burias; isla 161, G2
Burica, Punta; cabo 180, C5
Burj al-Hattabah 165, F2
Burjassot 112, E5
Burj Ban Bu'lid 165, D3
Burj 'Umar Idris 165, E3
Burketown 194, F3
Burkina Fasso 166, E6
Burlada 86, H6
Burley 176, D3
Burlington 177, H3
Burlington 177, L3
Burnaby 174, F5
Burnie 194, H8
Burnley 137, F4
Burns 176, C3
Burnside; río 174, G3
Burra 194, F6
Burrel 142, D6
Burriana 112, B2
Burro, Serranías del; srra. 179, D2
Burruyacú 188, D3
Bursa 154, C4
Būr Safājah 167, L3
Buru; isla 161, H5
Burullus, al-; lago 167, P9
Burundi 168, E2
Bururi 168, E2
Bury Saint Edmunds 137, H4
Busaīyah, al- 155, G7
Bushire 155, H7
Busselton 194, B6
Busso 167, I6
Bussum 140, E3
Bustillo del Páramo 96, C2
Busto; cabo 54, B1
Busto Arsizio 136, C2
Busuanga; isla 160, F2
Buta 168, D1
Butare 168, E2
Butehaqi 159, L2
Butembo 168, E1
Butilimit 166, C5
Butte 176, D2
Butterworth 160, C3
Butuan 161, H3
Butung; isla 160, G6
Buya 82, E4
Büyuk Menderes; río 143, H8
Buzău; río 139, N5
Buzău 142, H4
Buzi; río 168, F6
Buzuluk 144, F2
Bydgoszcz 138, I1
Bykle 141, B4
Bylot; isla 175, K2
Byron; cabo 195, I5
Bytom 142, D1

Ca; río 157, I5
Caaguazú 188, E3
Caala 168, C4
Caazapá 188, E3
Caballería; cabo 119, F1
Cabana 74, B1
Cabanatuan 160, G1
Cabanes 112, C1
Cabanillas 86, H6
Cabañas; pico 123, F3
Cabedelo 187, L5
Cabeza Araya; mte. 54, B3
Cabeza de Buey; pico 107, C4
Cabeza de Hierro; pico 110, B2
Cabeza del Buey 102, C3
Cabeza de Manzaneda; pico 74, C2
Cabezas de San Juan, Las 122, C4
Cabezo Gordo; mte. 122, A3
Cabezo Jara; pico 123, G3
Cabezón 96, D3
Cabezón de la Sal 80, A1
Cabezuela del Valle 102, C1
Cabieces 82, D4
Cabimas 186, D1
Cabinda 168, B3
Cabo Bretón; isla 175, L5
Cabo de Gata; srra. 123, F4
Cabo, El; msta. 169, D7
Cabonga; emb. 175, K5
Cabo Pantoja 186, C4
Cabora Bassa; emb. 168, F5
Caborca 178, B1
Cabot; estr. 175, L5
Cabo Verde; arch. 169, K13
Cabo Verde 169, K13
Cabo York; pen. 194, G2
Cabra 122, D3
Cabra del Santo Cristo 123, E3
Cabrales 78, G1
Cabranes 78, F1
Cabras; srra. 116, E4
Cabrejas; srra. 97, F3
Cabrera; isla 118, D2
Cabrera; srra. 123, G3
Cabrera; srra. 96, B2
Cabrera Baja; com. 96, B2
Cabriel; río 55, E3
Cabril; emb. 54, A3
Cabrillanes 96, B2
Cabruta 181, F5
Cabuérniga 80, A1
Cacabelos 96, B2
Čačak 142, E5
Cacequí 188, F3
Cáceres; prov. 102, B2
Cáceres 102, B2
Cáceres 181, D5
Cáceres 186, G7
Cacín; río 123, E3
Cacolo 168, C4
Caconda 168, C4
Cachemira; reg. 156, D1
Cachimbo; srra. 187, G5
Cachoeira 187, K6
Cachoeira do Sul 188, F4
Cachoeiro de Itapemirim 188, H2
Cachopo 135, E6
Cadagua; río v. Kadagua; río
Cadalso de los Vidrios 110, A2
Cadaqués 92, D1
Cadereyta de Montes 179, E3
Cadí; pico 55, F1
Cadí; srra. 92, B1
Cádiz; bahía 122, B4
Cádiz; golfo 54, B4
Cádiz; prov. 122, C4
Cádiz 122, B4
Cadiz 161, G2
Cadreita 86, H6
Cadrete 88,
Čadyr-Lunga 142, I3
Caen 134, D3
Caernarvon; bahía 137, E4
Caernarvon 137, E4
Caetité 187, J6
Cagayán de Oro 161, G3
Cagayan Sulu; isla 160, F3
Čagda 153, N4
Cagliari; golfo 136, C5
Cagliari 136, C5
Caguán; río 186, D3
Caguas 181, F3
Caha; mtes. 137, C5
Cahors 134, E5
Caiabis; srra. 187, G6
Caibarién 180, D2
Caicara 186, E2
Caicara de Maturín 181, G5
Caicos; arch. 181, E2
Caicos, Paso; estr. 181, E2
Caidam; des. 158, F4
Caimán; arch. 180, C3
Caimán; f. subm. 180, D3
Caimanera; lag. 178, C3
Caimanera 181, D2
Cairns 194, H3
Cairo, El 167, P9
Caister-on-Sea 140, A3
Cajamarca 186, C5
Cajazeiras 187, K5
Cajones; río 179, E4
Cajuás, Punta; cabo 187, K4
Cala; emb. 122, B3
Cala; río 54, B4
Calabar 166, G8
Calabozo 186, E2
Calabria; reg. 136, G5
Calaburras, Punta de; cabo 122, D4
Calaceite 88, D2
Calaf 92, B2
Calafat 142, F5
Calafell 92, B2
Calahorra 100,
Calais 134, E2
Calais, Paso de; estr. 134, E2
Calama 186, F5
Calama 188, C2
Calamar 186, D1
Calamian; islas 160, F2
Calamocha 88, B3
Calamonte 102, B3
Calanda L8, C3
Calañas 135, F6
Calapan 160, G2
Calar Alto; pico 123, F3
Călărasi 142, H4
Calarcá 186, C3
Calar del Mundo; srra. 107, D4
Calasparra 116, E4
Calatayud 88, B2
Calatorao 88, B2
Calayan; isla 159, L8
Calbayog 161, G2
Calcídica; reg. 143, F6
Calçoene 187, H3
Calcuta 156, F4
Caldas da Rainha 135, C4
Caldas de Reis 74, B2
Caldas de Reyes v. Caldas de Reis
Caldeira; pico 135, N15
Caldeirão; srra. 135, D6
Caldera 188, B3
Calderina; pico 55, D3
Calderina; srra. 106, C3
Caldes; riera 92, F4
Caldes de Malavella 92, C2
Caldes de Montbui 92, C2
Caldwell 176, C3
Caledon; río 169, E7
Caledon 169, C8
Calella 92, C2
Calera, La 188, B4
Calera y Chozas 106, B3
Caleta, La 127, F1
Calexico 176, C5
Calgary 174, G4
Cali 186, C3
Calicut 156, D6
Caliente 176, D4
California; est. def. 176, C4
California; golfo 178, B2
California; pen. v. Baja California; pen.
Cálig 112, C1
Călimani; mtes. 142, G3
Calmucos, Rep. de los; rep. autón. 144, E3
Calonge 92, D2
Calpe 112, C3
Caltagirone 136, F6
Caltanisetta 136, E6
Calvarrasa de Abajo 96, C4
Calvi 136, C3
Calviá 118, D2
Calvillo 179, D3
Calvinia 169, C8
Calvitero; pico 54, C2
Calzada de Calatrava 106, C4
Callabonna; lago 194, G5
Callao, El 186, C6
Callao, El 186, F2
Callosa de Ensarriá 112, B3
Callosa de Segura 112, B3
Camabatela 168, C3
Camacupa 168, C4
Camagüey; arch. 180, D2
Camagüey 180, D2
Camaleño 80, A1
Camaná 186, D7
Camarasa; emb. 92, A2
Camarena 106, B2
Camargo 179, E2
Camargo 80, B1
Camargue, La; com. 134, G6
Camarillas; emb. 107, E4
Camariñas 74, A1
Camarles 92, A3
Camarones 188, C6
Camarzana de Tera 96, B2
Camas 122, B3
Ca Mau; cabo 160, C3
Ca Mau; pen. 160, D3
Ca Mau 160, D3
Cambados 74, B2
Cambay; golfo 156, C4
Cambil 123, E3
Camborne 137, E5
Camboya 157, I6
Cambrai 134, F2
Cambre 74, B1
Cambrianos; mtes. 137, F4
Cambridge; golfo 194, D2
Cambridge 137, H4
Cambridge Bay 174, H3
Cambrils 92, B2
Camden; bahía 174, D2
Camden 177, H5
Camden 177, L4
Camerún 166, H7
Camerún, Monte; pico 166, G8
Cametá 187, I4
Camiguin; isla 159, L8
Caminha 135, D2
Caminomorisco 102, B1
Caminreal 88, B3
Camiranga 187, I4
Camiri 188, D2
Camocim 187, J4
Camooweal 194, F3
Camorta; isla 156, G7
Campa, La 82, E4
Campamento 180, B4
Campana; isla 189, B7
Campana 188, E4
Campana, La 122, C3
Campanario 102, C3
Campanet 118, D2
Campania; reg. 136, F4
Campaspero 97, D3
Campbelton 175, L5
Campbeltown 137, E3
Campbell; cabo 195, O13
Campbelltown 195, I6
Campdevànol 92, C1
Campeche; bahía 179, F4
Campeche; est. fed. 179, F4
Campeche 179, F4
Campezo v. Kanpezu
Campillo de Altobuey 107, E3
Campillo de Llerena 102, C3
Campillo, El 122, B3
Campillos 122, D3
Campina Grande 187, K5
Campinas 188, G2
Campiña, La; com. 122, C3
Campisábalos 107, C1
Campo Arañuelo; com. 102, C2
Campo Arañuelo 135, G4
Campobasso 136, F4
Campo de Calatrava; com. 106, C4
Campo de Cariñena; com. 88, B2
Campo de Cartagena; com. 55, E4
Campo de Criptana 107, C3
Campo de Diauarum 187, H6
Campo de Montiel; com. 107, D4
Campo de San Juan; com. 107, D3
Campo Espartario; com. 55, D4
Campo Gallo 188, D3
Campo Grande 188, F2
Campo Maior 135, E4
Campo Maior 187, J4
Camponaraya 96, B2
Camporredondo, emb. 96, D2
Camporrobles 112, A2
Campos; canal 96, D2
Campos 188, H2
Campos del Puerto 118, E2
Campos del Río 116, E4
Camprodón 92, C1
Cam Ranh 160, D2
Çan 143, H7
Canadá 174-175
Canadian; río 176, F4
Canadiense, Cuenca; cca. subm. 170, D2
Çanakkale 143, H6
Canals 112, B3
Cananea 176, D5
Canarias; arch. 126-127
Canarias; comun. aut. 126-127
Canarreos; arch. 180, C2
Canatlán 179, D3
Canavieiras 187, K7
Canberra 194, H7
Canche; río 140, B5
Cancún 179, G3
Candamo 78, E1
Candasnos 88, D2
Candelada 96, C4
Candelaria 126, C2
Candelaria 179, F4
Candelario 96, C4
Candeleda 135, G3
Candía v. Iráklion
Candieiros; srra. 54, A3
Canea, La ; golfo 143, F9
Canelles; emb. 88, D1
Canet de Mar 92, C2
Canfranc 88, C1
Cangas 135, D1
Cangas 74, B2
Cangas de Narcea 78, E1
Cangas de Onís 78, F1
Cangombe 168, C4
Canguaretama 187, K5
Canguro; isla 194, F7
Cangzhou 159, K4
Caniapiscau; lago 175, L4
Canicatti 136, E6
Canigó; mac. mont. 55, G1
Canigó; pico 134, F6
Caniles 123, F3
Canillo 134, K8
Canjáyar 123, F4
Cannanore 156, D6
Cannes 134, H6
Cannoniers, Punta; cabo 169, X26
Canoas 188, F3
Canon City 176, E4
Canovelles 92, C2
Can Ranh 157, J6
Canso; cabo 175, L5
Cantabria; prov. 80, A1
Cantabria; srra. 82, G6
Cantábrica, Cordillera; cord. 54, B1
Cantábrico; mar 54, B1
Cantalapiedra 96, C3
Cantalejo 97, E3
Cantalpino 96, C3
Cantal, Plomb du; pico 134, F5
Cantanhede 135, D3
Cantavieja 88, C3
Canterbury; área estadística 195, M14
Canterbury; bahía 195, M15
Canterbury; llan. 195, M15
Canterbury 137, H5
Can Tho 157, J7
Cantillana 122, C3
Cantimpalos 97, D3
Canton; isla 191, H4
Canton 177, J3
Canton 179, F1
Cantoria 123, F3
Canutama 186, F5
Cany; lago 152, H4
Cañadas, Las 126, C2
Cañamero 102, C2
Cañaveral; cabo 177, J6
Cañaveral; mte. 102, B2
Cañaveral 102, B2
Cañaveras 107, D2
Cañete de las Torres 122, D3
Cañete la Real 122, C4
Cañitas 179, D3
Cañiza, A 74, B2
Cañizal 135, F2
Cañizal 96, C3
Cañón del Colorado, Gran; garganta 176, D4
Cao Bang 157, J4
Capanaparo; río 181, F5
Capanema 187, I4
Capannori 136, D3
Caparo Viejo; río 181, E5
Caparroso 86, H6
Capdepera 118, E2
Cape Coast 166, E7
Cape Fear; río 177, K5
Cape Girardeau 177, I4
Cape Johnson; f. subm. 148, P9
Capelongo 168, C4
Capellades 92, B2
Cap-Haïtien 181, E3
Capim; río 187, I4
Cappe Barren; isla 194, H8
Capraia; isla 136, C3
Caprera; isla 136, C4
Capri; isla 136, F4
Caprivi Strip; reg. 168, D5
Capucin, Punta; cabo 169, LL15
Caquetá; río 186, C3
Carabaña 110, B2
Carabaya; cord. 186, D6
Caracal 142, G4
Caracaraí 186, F3
Caracas 186, E1
Caracol 187, J5
Carajás; srra. 187, H5
Carajos; isla 162, N12
Carangola 188, H2
Caransebes 142, F4
Caratasca; lag. 180, C3
Caratinga 188, H1
Carauari 186, E4
Caravaca de la Cruz 116, E4
Caravelas 187, K7
Caraz 186, C5
Carba; srra. 74, C1
Carballeda 74, D2
Carballedo 74, C2
Carballiño, O 74, B2
Carballino v. Carballiño, O
Carballo 74, B1
Carbó 178, B2
Carbonara; cabo 136, C5
Carbondale 177, I4
Carboneras 123, G3
Carboneras de Guadazaón 107, E3
Carbonero el Mayor 97, D3
Carbonia 136, C5
Carcabuey 122, D3
Carcaixent 112, B2
Cárcar 86, G6
Carcasona 134, F6
Carcasse; cabo 181, E3
Carcastillo 86, H6
Carche; mte. 55, E3
Cardedeu 92, C2
Cárdenas 179, E3
Cárdenas 179, F4
Cárdenas 180, C2
Cardener; río v. Cardoner; río
Cardenete 107, E3
Cardeña 122, D2
Cardiff 137, F5

Cardigan 137, E4
Cardigan, bahía 137, E4
Cardona 92, B2
Cardoner; río 92, B1
Čardžou 152, G6
Carei 139, L4
Carei 142, F3
Careiro 186, G4
Carelia; reg. 141, H2
Carelia; rep. autón. 144, D1
Carentan 134, D3
Cares; río 78, G1
Carey, lago 194, C5
Careysburg 166, C7
Cargados; isla 162, N12
Cariaco; golfo 181, G4
Caribana, Punta; cabo 180, D5
Caribe; mar 180, D3
Caribou 177, M2
Carinhanha 187, J6
Carintia; reg. 138, G4
Cariñena 88, B2
Caripito 186, F2
Carlet 112, B2
Carlisle 137, F3
Carlos; río 180, C4
Carlota, La 122, D3
Carlow 137, D4
Carlsbad 176, F5
Carmacks 174, E3
Carmagnola 136, B2
Carmarthen 137, E5
Carmaux 134, F5
Carmelo; mte. 154, B2
Carmen; isla 178, B2
Carmen; río 178, C1
Carmen de Bolivar, El 181, D5
Carmen de Patagones 188, D6
Carmona 122, C3
Carnarvon 169, D8
Carnarvon 194, A4
Carnegie; lago 194, C5
Car Nicobar; isla 156, G7
Carnot 167, I8
Carnota 74, A2
Carnsore, Punta; cabo 137, D4
Caro; pico 55, F2
Carolina 181, F3
Carolina 187, I5
Carolina del Norte; est. fed. 177, K4
Carolina del Sur; est. fed. 177, J5
Carolina,La 123, E2
Carolinas; arch. 161, K3
Carolinas, Cuenca Oriental; cca. subm. 161, L4
Carolinas, Cuenca Occidental; cca. subm. 161, J4
Caroline; arref. 191, J4
Caroní; río 186, F2
Cárpatos; cord. 142, F2
Cárpatos Blancos; cord. 142, C2
Cárpatos Meridionales; cord. 142, F4
Cárpatos, Pequeños; cord. 142, C2
Carpentaria; golfo 194, F2
Carpentras 134, G5
Carpetana, Planicie; llan. 55, C3
Carpi 136, D2
Carpina 187, K5
Carpio 96, C3
Carpio de Tajo, El 106, B3
Carpio, El 122, D3
Carracedelo 96, B2
Carraixet, Barranco del; barranco 112, E5
Carral 74, B1
Carrantuohill; mte. 137, C5
Carranza v. Karrantza
Carrara 136, D2
Carrascoy; srra. 116, E5
Carrasqueta, La; srra. 55, E3
Carreño 78, F1
Carriacou; isla 181, G4
Carrick-on-Shannon 137, C4
Carrión; río 96, D2
Carrión de Calatrava 106, C3
Carrión de los Condes 96, D2
Carrizal 181, E4
Carrizal Bajo 188, B3
Carrizo 96, C2
Carrizosa 107, D4
Carson City 176, C4
Cartagena 116, F2
Cartagena 186, C1
Cartago 180, C5
Cartago 186, C3
Cártama 122, D4
Cartaya 122, A3
Cartelle 74, B2
Cartier; isla 194, C2
Cartwright 175, M4
Caruaru 187, K5
Carúpano 186, F1
Carvin 140, B5
Carvoeiro; cabo 135, C4
Casabermeja 122, D4
Casablanca 165, B2
Casa Branca 135, D5
Casa Grande 176, D5
Casale 136, C2
Casanare; río 186, D2
Casarabonela 122, D4
Casar de Cáceres 102, B2
Casar de Palomero 102, B1
Casar de Talamanca, El 106, C2
Casares 122, C4
Casariche 122, D3
Casas de Benítez 107, D3
Casas de Fernando Alonso 107, D3
Casas de Haro 107, D3
Casas de Juan Núñez 107, E3
Casas Ibáñez 107, E3
Casasimarro 107, D3
Casatejada 102, C2
Casavieja 96, C4
Cascadas; cord. 176, B3
Cascade 169, LL15
Cascais 135, C5
Cascante 86, H7
Caserta 136, F4
Casiquiare; río 186, E3
Casma 186, C5
Caso 78, F1
Casoria 136, F4
Caspe 88, C2
Casper 176, E3
Caspio; depr. 144, E3
Caspio; mar 152, F6
Cassà de la Selva 92, C2
Cassai; río 168, C4
Cassiar; mtes. 174, E3
Cassinga 168, C5
Cassino 136, E4
Cassiporé; cabo 187, H3
Castalla 112, B3
Castañar de Ibor 102, C2
Castejón 86, H6
Castejón de Monegros 88, C2
Castelo Branco 135, E4
Castelo de Paiva 135, D2
Castelo de Vide 135, E4
Castelo do Boda; emb 135, D4
Castelo Rodrigo 135, F3
Castelsarrasin 134, E5
Castelserás 88, C3
Castelvetrano 136, E6
Castellammare del Golfo 136, E5
Castellammare di Stabia 136, F4
Castellane 134, H6
Castellar del Vallès 92, C2
Castellar de Santiago 106, C4
Castellar de Santisteban 123, E2
Castellbisbal 92, E5
Castell d'Aro 92, D2
Castelldefels 92, B2
Castelló de la Plana v. Castellón de la Plana
Castelló d'Empúries 92, D1
Castellón; prov. 112, B1
Castellón de la Plana 112, B2
Castellote 88, C3
Castelló v. Castellón
Castets 134, D6
Castilblanco 102, C2
Castilla-La Mancha; comun. aut. 106-107
Castilla; canal 96, D2
Castilla, Punta; cabo 180, B3
Castilla y León; comun. aut. 96-97
Castilleja de la Cuesta 122, B3
Castillo de las Guardas, El 122, B3
Castillo de Locubín 122, E3
Castlebar 137, C4
Castlemaine 194, G7
Castlereagh; río 194, H6
Castletown Berehaven 137, C5
Castrejón; emb. 106, B3
Castrelo de Miño 74, B2
Castres 134, F6
Castries 181, G4
Castril 123, F3
Castrillón 78, F1
Castro 188, B6
Castrocalbón 96, C2
Castro Caldelas 74, C2
Castrocontigo 96, B2
Castro del Río 122, D3
Castro de Rei 74, C1
Castro de Rey v. Castro de Rey
Castro de Valnera; pico 55, D1
Castrogonzalo 96, C2
Castrojeriz 97, D2
Castronuño 96, C3
Castropol 74, C1
Castrop Rauxel 140, G4
Castro Urdiales 80, B1
Castroverde 74, C1
Castuera 102, C3
Castuera 135, G5
Cat; isla 181, D2
Catacamas 180, B4
Catalão 187, I7
Catalina 188, C3
Cataluña; comun. aut. 92
Catamarca 188, C3
Catanduanes; isla 161, G2
Catania 136, F6
Catanzaro 136, G5
Catarman 161, G2
Catarroja 112, E6
Catastrophe; cabo 194, F6
Catatumbo; río 181, E5
Catbalogan 161, H2
Cato; isla 195, J4
Catoche; cabo 179, G3
Catoira 74, B2
Catorce 179, D3
Catoute; pico 54, B1
Catral 112, B3
Catriló 188, D5
Catrimani; río 186, F3
Catrimani 186, F3
Cauca; río 186, D2
Caucáso; cord. 144, E3
Caudal; río 78, F1
Caudete 107, F4
Caudry 134, F2
Cauquenes 188, B5
Caura; río 186, F2
Caurel; srra. 74, C2
Caurel; srra. v. Courel; srra.
Cava de Trieni 136, F4
Cávado; río 135, D2
Cavally; río 166, D7
Cavan 137, D3
Caviana; isla 187, H3
Caxias 187, J4
Caxias do Sul 188, F3
Caxine; cabo 55, G4
Caxito 168, B3
Cayambe; pico 186, C3
Cayena 187, H3
Cayes, Les 181, E3
Cayman Brac; isla 180, D3
Cayo, El 180, B3
Cazalegas; emb. 106, B2
Cazalla de la Sierra 122, C3
Cazorla; srra. 123, F3
Cazorla 123, F3
Cchinvali 144, E3
Cea; isla v. Kea; isla
Cea; río 96, C2
Ceará-Mirim 187, K5
Cébaco; isla 180, C5
Ceballos 179, D2
Cebolla 106, B3
Cebollera, La; pico 55, D2
Cebollero; pico 97, F2
Cebreros 96, D4
Cebú; isla 161, G3
Cebú 161, G2
Cecerleg 158, H2
Cecina 136, D3
Ceclavín 102, B2
Cedar City 176, D4
Cedar Falls 177, H3
Cedar Rapids 177, H3
Cedeira 74, B1
Cedrillas 88, C3
Cedros; isla 178, A2
Cée 74, A2
Cefalonia; isla 143, E7
Cefalù 136, F5
Cega; río 96, D3
Čegdomyn 153, N4
Cegléd 142, D3
Cehegín 116, E4
Ceiba, La 180, B3
Celanova 74, C2
Celaya 179, D3
Célebes; isla 160, G5
Célebes; mar 160, G4
Celemín; emb. 122, C4
Celinograd 152, H4
Celje 142, B3
Čelkar 152, F5
Čelkar-Tengiz; salar 152, G5
Celrà 92, C1
Cella 88, B3
Celle 138, F1
Cenajo; emb. 107, E4
Cenia; río 92, A3
Cenicero 100,
Cenizate 107, E3
Centelles 92, C2
Central; cord. 160, G1
Central; cord. 180, C4
Central; cord. 181, E3
Central; cord. 186, C5
Central; cord. 186, C3
Central; cord. 188, C1
Central, cord. 161, K5
Central, Cordillera; cord. 54, C2
Central de Chiapas; msta. 179, F4
Centralia 176, B2
Centralia 177, I4
Centroafricana, República 167, J7
Ceram; isla 161, H5
Ceram; mar 161, H5
Cerbère; cabo 55, G1
Cercal 135, D6
Cerceda 74, B1
Cercedilla 110, A2
Cercedo 74, B2
Cerdanyola del Vallès 92, E5
Cerdaña; com. 55, F1
Cerdeña; isla 136, C4
Cerf; isla 162, M10
Cergy-Pontoise 134, F3
Ceriñola 136, F4
Cerknica 142, B4
Čerlak 152, H4
Cernadilla; emb. 96, B2
Cernavodă 142, I4
Cernei; río 142, F4
Černobil' 142, J1
Černogorsk 158, F1
Černovcy 142, G2
Černyševskij 153, L3
Cerralvo; isla 178, C3
Cerrato, Vallés de; com. 55, C2
Cërrik 143, D6
Cerritos 179, D3
Cerro de Andévalo, El 122, B3
Cerro de Pasco 186, C6
Češskaja; bahía 144, E1
Cervales; pico 102, C2
Cerven brjag 142, G5
Cervera 92, B2
Cervera del Río Alhama 100,
Cervera de Pisuerga 96, D2
Cervino; pico 136, B1
Cervo 74, C1
Červonograd 142, G1
César; río 181, E5
Cesena 136, E2
Cēsis 141, G4
České Budějovice 142, B2
Çesme 143, H7
Cessnock 195, I6
Cestona v. Zestoa
Cetina 88, B2
Cetinje 142, D5
Ceuta 129, H5
Ceutí 116, E4
Cévennes; reg. 134, F5
Cícladas; arch. 143, G8
Cidacos; río 55, D1
Ciego de Avila 180, D2
Ciempozuelos 110, B2
Ciénaga 186, D1
Cienfuegos 180, C2
Cierva; emb. 116, E4
Cíes; islas 74, B2
Cieza 116, E4
Cifuentes 107, D2
Cigales 96, D3
Cigüela; río 107, C3
Cihuatlán 179, D4
Čiili 152, G5
Cíjara; emb. 102, D2
Cilleros 102, B1
Cimarron; río 176, G4
Cimone; pico 136, D2
Cîmpina 142, G4
Cîmpulung 142, G4
Cîmpulung Moldovenesc 142, G3
Cinaruco; río 186, E2
Cinca; río 88, D1
Cincinnati 177, J4
Cinco Villas; canal 88, B1
Cinco Villas; com. 88, B1
Çine 143, I8
Ciney 140, E5
Cinto, pico 136, C3
Cintruénigo 86, H6
Cirauqui 86, H6
Circle 174, D3
Cirenaica; reg. 167, J2
Cirene v. Sahhāt
Čirpan 142, G5
Ciskei; div. admva. 169, E8
Cisne; islas 180, C3
Cisnădie 142, G4
Cistierna 96, C2
Cistierna de Latina 136, E4
Čistopol' 144, F2
Čita 153, L4
Citera; isla 143, F8
Citera 143, F8
Citlaltépetl; vol. 179, E4
Ciudad Acuña 179, D2
Ciudad Altamirano 179, D4
Ciudad Allende 179, D2
Ciudad Bolívar 186, F2
Ciudad Bolivia 181, E5
Ciudad Camargo 179, C2
Ciudad del Cabo 169, C8
Ciudad del Carmen 180, A3
Ciudad Delicias 178, C2
Ciudad del Vaticano 136, E4
Ciudad de México 179, E4
Ciudad de Valles 179, E3
Ciudad Guayana 181, G5
Ciudad Guerrero 178, C2
Ciudad Guzmán 179, D4
Ciudad Jiménez 179, D2
Ciudad Juárez 178, C1
Ciudad Lerdo 179, D2
Ciudad Madero 179, E3
Ciudad Mante 179, E3
Ciudad Obregón 178, C2
Ciudad Ojeda 181, E4
Ciudad Piar 186, F2
Ciudad Real; prov. 106, B4
Ciudad Real 106, C4
Ciudad Rodrigo 96, B4
Ciudad Victoria 179, E3
Ciutadella 119, E2
Ciutat de Mallorca v. Palma de Mallorca
Civitanova Marche 136, E3
Civitavecchia 136, D3
Cizur 86, H6
Cizurquil v. Zizurkil
Clacton-on-Sea 137, H5
Clamecy 134, F4
Clanwilliam 169, C8
Clare; isla 137, B4
Clarence; estr. 194, E2
Clarence; isla 196, F3
Clarence Town 181, E2
Clarines 181, F5
Clarión; isla 178, B4
Clarksdale 177, H5
Clarksville 177, I4
Claro; río 188, F1
Clavería 160, G1
Clayton 176, F4
Clear; cabo 137, C5
Clearwater; río 176, C2
Clearwater 177, J6
Cleburne 179, E1
Clermont-Ferrand 134, F5
Clermont 134, F3
Clervaux 140, F5
Cleveland 177, J3
Cléveris 140, F4
Clinton; cabo 195, I4
Clinton 176, G4
Clinton 177, H3
Clinton 195, L16
Clinton-Colden; lago 174, H3
Cloncurry 194, G4
Clones 137, D3
Clonmel 137, D4
Cloppenburg 140, H3
Clorinda 188, E3
Cloud; pico 176, E3
Clovis 176, F5
Cluj 142, F3
Clutha; río 195, L15
Clyde; estuario v. Clyde, Firth of; estuario
Clyde; río 137, F3
Clyde 175, L2
Clyde, Firth of; estuario 137, E3
Cna; río 144, E2
Côa; río 135, F3
Coahuila; est. fed. 179, D2
Coalcomán; srra. 179, D4
Coalcomán 179, D4
Coaña 78, E1
Coari 186, F4
Coatepec 179, E4
Coatepeque; lago 180, A4
Coats; isla 175, J3
Coatzacoalcos 179, F4
Coatzalcoalcos; río 179, F4
Cobalt 177, K2
Cobán 180, A3
Cobar 194, H6
Cobargo 195, I7
Cóbh 137, C5
Cobija 186, E6
Coblenza 140, G5
Cobourg; pen. 194, E2
Cóbuè 168, G4
Coburgo 138, F2
Coca 96, D3
Cocentaina 112, B3
Cockburn Town 181, E2
Coco; islas 156, G6
Coco; río 180, C4
Cocos; arch. 149, M11
Cocos; isla 160, B7
Cocula 179, D3
Cocuy; pico 186, D2
Cochabamba 186, E7
Coche; isla 181, G4
Cochin 156, D6
Cochinchina; reg. 157, J6
Cochinos, bahía 180, C2
Cochrane; lago 188, C7
Cochrane 175, J5
Cod; cabo 177, M3
Codajás 186, F4
Codera; cabo 181, F4
Codó 187, J4
Codosera, La 102, A2
Codroipo 136, E2
Coen 194, G2
Coesfeld 140, G4
Coeur d'Alene 176, C2
Coevorden 140, F3
Cofete 127, E2
Coffin; bahía 194, F6
Coffs Harbour 195, I6
Cofre de Perote; pico 179, E4
Cofrentes 112, A2
Coghinas; río 136, C4
Cognac 134, D5
Coiba; isla 180, C5
Coig; río 189, C8
Coihaique 188, C7
Coimbatore 156, D6
Coimbra 135, D3
Coimbra 188, E1
Coín 122, D4
Coipasa; salar 188, C1
Coira 138, E4
Čojbalsan 158, J2
Cojedes; río 181, F5
Cojutepeque 180, B4
Čokurdach 153, O2
Colac 194, G7
Colares 135, C5
Colatina 188, H1
Colbeck; cabo 196-2, P2
Colchester 137, H5
Coleman; río 194, G2
Coleraine 137, D3
Coleridge; lago 195, M14
Coles, Punta; cabo 186, D7
Colhué Huapi; lago 188, D7
Colima; est. fed. 179, D4
Colima 179, D4
Colinas 187, J5
Colindres 80, B1
Colmar 134, H3
Colmenar 122, D4
Colmenar de Oreja 110, B2
Colmenar Viejo 110, B2
Colnet; cabo 178, A1
Colombia 186, D3
Colombo 156, D7
Colón; arch. v. Galápagos; arch.
Colón 180, C2
Colón 180, D5
Colonell Hill 181, E2
Colonia 140, F5
Colonsay; isla 137, D2
Colorado; est. fed. 176, E4
Colorado; msta. 176, D4
Colorado; río 176, E4
Colorado; río 176, G5
Colorado; río 188, C5
Colorado; srra. 102, B2
Colorado 180, C4
Colorado Springs 176, F4
Colotlán 179, D3
Columbia; cabo 175, K1
Columbia; río 176, C2
Columbia 177, H4
Columbia 177, I4
Columbia 177, J5
Columbia Británica; prov. 174, F4
Columbretes; islas 112, C2
Columbus 176, G3
Columbus 177, I5
Columbus 177, J4
Columbus 177, J5
Colunga 78, F1
Colville; río 174, C3
Coll; isla 137, D2
Collado-Villalba 110, B2
Collaguasi 188, C2
Collier; bahía 194, C3
Collingwood 195, N13
Collinsville 195, H4
Comacchio; lag. 136, E2
Comacchio 136, E2
Comalcalco 179, F4
Coman; pico 196-2, G2
Coma Pedrosa, Pic Alt de; pico 134, J8
Comayagua 180, B4
Comblain-au-Pont 140, E5
Comilla 158, F7
Comillas 80, A1
Comitán 179, F4
Commercy 134, G3
Commitee; bahía 175, J3
Como; lago 136, C2
Como 136, C2
Comodoro Rivadavia 188, C7
Comoranes; islas 189, H8
Comores 169, O16
Comorin; cabo 156, D7
Compiègne 134, F3
Compostela 179, D3
Comunidad Valenciana; comun. aut. 112-115
Comunismo; pico 152, H6
Con; isla 160, D3
Conakry 166, C7
Concarneau 134, C4
Conceiçao 186, G5
Conceiçao da Barra 187, K7
Conceiçao do Araguaia 187, I5
Concepción; lag. 186, F7
Concepción 186, F7
Concepción 188, B5
Concepción 188, E2
Concepción del Oro 179, D3
Concepción del Uruguay 188, E4
Concepción, Punta; cabo 178, B2
Conchas; emb. 74, C3
Conchos; río 178, C2
Conchos; río 179, E2
Concord 177, L3
Concordia 188, E4
Condado de Treviño; com. 97, F2
Condor; cord. 186, C4
Condroz; reg. 140, E5
Conejera; isla 118, C2
Confolens 134, E5
Congo; río 168, C2
Congo 168, C2
Congo, República Popular del 168, C2
Congost; río 92, F4
Conil de la Frontera 122, B4
Conn; lago 137, C3
Connecticut; est. fed. 177, L3
Connemara; mtes. 137, C4
Connors; mtes. 195, H4
Consell 118, D2
Constanta 142, I4
Constantí 92, B2
Constantina 122, C3
Constantina 165, E1
Constanza; lago 138, E4
Constanza 138, E4
Constitución 188, B5
Consuegra 106, C3
Contamana 186, D5
Contas; río 187, K6
Contraviesa; srra. 55, D4
Contreras; emb. 107, E3
Conway; isla 191, G6
Conway 177, H4
Coober Pedy 194, E5
Cook; arch. 191, I5
Cook; bahía 174, C3
Cook; estr. 195, O13
Cook; pen. 196-2, HH3
Cook; pico 195, M14
Cooktown 194, H3
Cook y dependencias; est. asociado 191, I5
Cooma 194, H7
Coonamble 194, H6
Cooper's Creek; río 194, G5
Coosa; río 179, G1
Coos Bay 176, B3
Cootamundra 194, H6
Copano; bahía 179, E2
Cope; cabo 116, E5
Copenhague 141, D5
Copiapó; río 188, B3
Copiapó 188, B3
Copley 194, F6
Copper Centre 174, D3
Coppermine; río 174, G3
Coppermine 174, G3
Coquimatlán 179, D4
Coquimbo 188, B4
Corabia 139, M6
Corabia 142, G5
Coral; mar 161, L7
Coral Harbour 175, J3
Corantijn v. Courantyne, río
Corato 136, G4
Corbie 140, B6

Corbières; mtes. 55, G1
Corbones; río 122, C3
Corby 137, G4
Córcega; cabo 136, C3
Córcega; isla 136, C3
Córcoles; río 55, D3
Corcovado; golfo 188, B6
Corcovado; vol. 188, B6
Corcubión 74, A2
Cordele 177, J5
Córdoba; prov. 122, C2
Córdoba; srra. 188, D4
Córdoba 122, D3
Córdoba 179, E4
Córdoba 188, D4
Cordova 174, D3
Corea; bahía 159, L4
Corea; estr. 159, M5
Corea del Norte 159, M3
Corea del Sur 159, M4
Corella 86, H6
Coreses 96, C3
Corfú; isla 143, D7
Corfú 143, D7
Corgo, O 74, C2
Coria 102, B2
Coria del Río 122, B3
Corigliano Calabro 136, G5
Coringa, isla 195, I3
Corinth 177, I5
Corinto; golfo 143, F7
Corinto 143, F8
Corinto 180, B4
Corinto 187, J7
Coristanco 74, B1
Cork; pto. 137, C5
Cork 137, C5
Çorlu 143, H6
Cornellá de Llobregat 92, E5
Corner Brook 175, M5
Cornomorskoje 139, Q5
Cornualles; reg, 134, B2
Cornwall 177, L2
Cornwallis; isla 175, I2
Coro 186, E1
Coroatá 187, J4
Corocho de Rocigalgo; pico 55, C3
Corocoro 186, E7
Coromandel; pen. 195, O11
Coromandel, Costa de; reg. 156, E6
Coronación; golfo 174, G3
Coronada, La 102, C3
Coronado; bahía 180, C5
Coronel 188, B5
Coronel Oviedo 188, E3
Coronel Pringles 188, D5
Coronel Suárez 188, D5
Coronil, El 122, C3
Coropuna; pico 186, D7
Çorovodë 143, E6
Corozal 179, G4
Corozal 181, D5
Corpus Christi 176, G6
Corral; pico 54, C2
Corral de Almaguer 107, C3
Corral de Calatrava 106, B4
Corral de Cantos; pico 106, B3
Corralejo 127, F2
Corrales 96, C3
Corrales de Buelna, Los 80, A1
Corrales, Los 122, D3
Corrib; lago 137, C4
Corrientes; cabo 186, C2
Corrientes; cabo 180, C2
Corrientes; cabo 188, E5
Corrientes; cabo 178, C3
Corrientes; río 186, C4
Corrientes; río 188, E3
Corrientes 188, E3
Corrubedo; cabo 54, A1
Corsicana 177, G5
Corte 134, I6
Corte do Pinto 135, E6
Cortegana 122, B3
Cortes 86, H7
Cortes de Arenoso 112, B1
Cortes de Baza 123, F3
Cortes de la Frontera 122, C4
Čortkov 142, G2
Cortona 136, D3
Coruche 135, D5
Corumbá; río 187, I7
Corumbá 186, G7
Coruña; ría 74, B1
Coruña, A v. Coruña, La
Coruña, La; prov. 74, B1
Coruña, La 74, B1
Corvallis 176, B3
Corvera de Asturias 78, F1
Corvera de Toranzo 80, B1
Corvo; isla 135, K10
Cos; isla 143, H8
Cosalá 178, C3
Cosamaloapan 179, E4
Cosenza 136, G5
Coslada 110, B2
Cosne-sur-Loire 134, F4
Cospeito 74, C1
Costa; cord. 181, F4
Costa Azul; com. 134, H6
Costa Blanca; com. 112, B3
Costa Brava; com. 92, D2
Costa de Azahar; com. 112, C2
Costa de Banzare; reg. 196-2, Y3
Costa de Budd; reg. 196-2, Z3
Costa de Clarie; reg. 196-2, X3
Costa de Jorge V; reg. 196-2, U3
Costa de la Pimienta; reg. 166, C7
Costa de la Princesa Astrid; reg. 196-2, JJ3
Costa de la Princesa Marta; reg. 196-2, A2
Costa de la Princesa Ragnhild; reg. 196-2, II2
Costa de Leopoldo y Astrid; reg. 196-2, DD2
Costa de los Esclavos; reg. 166, F7
Costa del Príncipe Olaf; reg. 196-2, GG3
Costa del Sol; com. 122, D4
Costa de Marfil; reg. 166, D7
Costa de Marfil 166, D7
Costa de Oro; reg. 166, E7
Costa de Sabrina; reg. 196-2, Z3
Costa Dorada; com. 92, B3
Costa Eights; reg. 196-2, I2
Costa Este; área estadística 195, P12
Costa Knox; reg. 196, AA3
Costa, Montes de la; cord. 174, E4
Costa Oates; reg. 196, U2
Costa Rica 180, C4
Costa Walgreen; reg. 196, K2
Costera; cord. 176, B4
Costera Catalana; cord. 92, B2
Cotabato 161, G3
Cotiella; pico 55, F1
Cotonou 166, F7
Cotopaxi; vol. 186, C4
Cotswold Hill; cols. 134, C2
Cottbus 138, H2
Couço 135, D5
Council Bluffs 177, G3
Courantyne; río 186, G3
Courcelles 140, D5
Courtrai v. Kortrijk
Coutances 134, D3
Coutras 134, D5
Couvin 140, D5
Cova da Piedade 135, C5
Cova da Serpe; srra. 74, C1
Covaleda 97, F3
Covarrubias 97, E2
Covelo, O 74, B2
Coventry 137, G4
Covilhã 135, E3
Covington 177, J4
Cowal; lago 194, H6
Cowan; lago 194, C6
Coxim 187, H7
Coyuca de Benítez 179, E4
Cozumel; isla 179, G3
Cozumel 179, G3
Cracovia 142, D1
Craig Harbour 175, K2
Craiova 142, F4
Craonne 140, C6
Crateús 187, J5
Crato 135, E4
Crato 187, K5
Crecente 74, B2
Crécy-sur-Serre 140, C6
Cree; lago 174, H4
Creel 178, C2
Creil 134, F3
Cremona 136, C2
Crépy 140, C6
Cres; isla 142, B4
Crestview 179, G1
Creta;isla 143, F9
Creta; mar 143, G9
Cretas 88, D3
Crêt de la Neige; pico 138, C4
Creteil 134, F3
Creu, Punta de sa; cabo 118, C3
Creus; cabo 92, D1
Creusot, Le 134, G4
Crevillente 112, B3
Crewe 137, F4
Criciúma 188, G3
Crieff 137, F2
Crimea; pen. 144, D3
Cristal; srra. 181, E2
Cristianos, Los 126, C2
Cristóbal Colón; pico 181, E4
Crisul Blanco; río 142, F3
Crisul Negro; río 142, E3
Crna; río 143, E6
Crna Gora v. Montenegro
Croacia 142, C4
Crocodile; isla 194, F2
Croker; isla 194, E2
Cromwell 195, L15
Crooked; isla 181, E2
Cross; cabo 168, B6
Crosse, La 177, H3
Crotona 136, G5
Crowsnest; pto. mont. 174, G5
Croydon 194, G3
Crozon 134, B3
Crucero, El 178, B2
Cruces, Las 176, E5
Cruillas 179, E3
Cruz; cabo 180, D3
Cruz Alta 188, F3
Cruz del Eje 188, D4
Cruzeiro do Sul 186, D5
Cruz, La 178, C3
Csongrád 142, E3
Ču; río 152, H5
Ču 152, H5
Cualedro 74, C3
Cuamba 168, G4
Cuando; río 168, D5
Cuangar 168, C5
Cuango; río 168, C3
Cuanza; río 168, C4
Cuarta Catarata 167, L5
Cuarte de Huerva 88, C2
Cuatro Cantones; lago 138, E4
Cuatro Ciénagas 179, D2
Cuauhtémoc 178, C2
Cuba 135, E5
Cuba 180, D2
Cubal 168, B4
Cubango; río 168, C5
Cubillas; emb. 123, E3
Cubo de Don Sancho, El 96, B4
Cubo de Tierra del Vino, El 96, C3
Cucalón; srra. 88, B2
Cuchi; río 168, C4
Cuchi 168, C4
Cuchumatanes; srra. 180, A3
Cucuí 186, E3
Cucurbata; pico 142, F3
Cúcuta 186, D2
Cuddalore 156, D6
Cuddapah 156, D6
Cudillero 78, E1
Cue 194, B5
Cuéllar 97, D3
Cuenca; prov. 107, D3
Cuenca 107, D2
Cuenca 186, C4
Cuencamé 179, D3
Cuenca, Serranía de; mtñas. 107, E2
Cuerda del Pozo; emb. 97, F3
Cuernavaca 179, E4
Cuevas del Almanzora 123, G3
Cuevas de San Marcos 122, D3
Cuevas de Vinromá 112, C1
Cuevo 188, D2
Cuiabá; río 187, G7
Cuiabá 187, G7
Cuilo; río 168, C3
Cuima 168, C4
Cuito; río 168, C5
Cuito-Cuanavale 168, C5
Cuitzeo; lago 179, D3
Culebra; isla 181, F3
Culebra; srra. 96, B2
Culgoa; río 194, H5
Culiacán 178, C3
Culion; isla 160, G2
Čul'man 153, M4
Culverden 195, N14
Cúllar-Baza 123, F3
Cullera 112, B2
Culleredo 74, B1
Cumaná 186, F1
Cumberland; bahía 175, L3
Cumberland; isla 195, H4
Cumberland; msta. 177, J4
Cumberland; pen. 175, L3
Cumberland; río 177, I4
Cumberland 177, K4
Cumbre; pto mont. 188, C4
Cumbre, La 102, C2
Cumbrian; mtes. 137, F3
Čumikan 153, N4
Cuminá; río 187, G4
Cumplida, Punta; cabo 126, B2
Čuna; río 153, J4
Čun'a; río 153, K3
Cunene; río 168, B5
Cuneo 136, B2
Cunnamulla 194, H5
Cuntis 74, B2
Čupa 141, I2
Cupica; golfo 186, C2
Cupica 186, C2
Curaçao; isla 181, F4
Curaray; río 186, C4
Curepipe 169, X27
Curiapo 181, G5
Curico 188, B4
Curieuse; isla 169, Z
Curitiba 188, G3
Curlandia; reg. 144, C2
Curtis; isla 191, H7
Curtis; isla 195, I4
Curuá; río 187, H5
Curuá 187, H4
Curuçá 187, I4
Cururupu 187, J4
Curuzú-Cuatiá 188, E3
Čusovoj 144, F2
Cusset 134, F4
Cuttack 156, F4
Cuvo; río 168, B4
Cuxhaven 138, E1
Cuyo; islas 160, G2
Cuyuni; río 186, F2
Cuzco 186, D6
Cuzna; río 122, D2
Czestochowa 142, D1
Chacao; estr. 188, B6
Chačmas 144, E3
Chaco Austral; reg. 188, D3
Chaco Boreal; reg. 188, D2
Chaco Central; reg. 188, D2
Chaco, Gran; reg. 188, D2
Chachapoyas 186, C5
Chad; lago 167, I6
Chad 167, I5
Chadileuvú; río 188, C5
Chadron 176, F3
Chadum, río 168, D5
Chafarinas; islas 129, K7
Chagai; mtes. 155, J7
Chagos; islas 149, K10
Chāh Bahār 155, J7
Chaidamuhe; río 158, G4
Chaka 158, G4
Chakhcharan 156, B2
Chala 186, D7
Chalkis 143, F7
Chal'mer-Ju 152, G3
Chalon-sur-Saône 134, G4
Châlons-sur-Marne 134, G3
Challapata 186, E7
Challerange 140, D6
Chamah; pico 160, C3
Chambal; río 156, D3
Chambéry 134, G5
Chambeshi; río 168, F4
Chamdo 158, G5
Champagne; reg. 134, F3
Champaign 177, I3
Champlain; lago 177, L3
Champotón 179, F4
Chamusca 135, D4
Chancay 186, C6
Chanch 158, H1
Chandigarh 156, D2
Chandrapur 156, D4
Chandyga 153, N3
Chanel Islands; arch. 176, C5
Changajn; mtes. 158, G2
Changane; río 168, F6
Changchun 159, M3
Changde 158, J6
Changgam 158, I8
Changjiang; río 158, J5
Changjiang 159, K6
Changsha 158, J6
Changshu 159, L5
Changzhi 158, J4
Changzhou 159, K5
Chanka; lago 159, R10
Chantada 74, C2
Chanthaburi 157, I6
Chanza; río 54, B4
Chañaral 188, B3
Chaoan 159, K7
Chao Phraya; río 157, I5
Chaoyang 159, L3
Chapala; lago 179, D3
Chapčeranga 153, L5
Chapra 156, E3
Char; lago 158, F2
Char 166, C4
Charagua 188, D1
Charaña 186, E7
Charcas 179, D3
Charcot; isla 196, H3
Chari; río 167, I6
Chārikār 156, B2
Charleroi 140, D5
Charles; cabo 177, K4
Charleston 177, J4
Charleston 177, K5
Charleville-Mézières 140, D6
Charleville 194, H5
Charlotte 177, J4
Charlotte Amalie 181, G3
Charlottesville 177, K4
Charlottetown 175, L5
Charlton; isla 175, K4
Charouine 165, C3
Charters Towers 194, H4
Chartres 134, E3
Char Us; lago 158, F2
Chasavjurt 144, E3
Chascomús 188, E5
Chatanga; bahía 153, L2
Chatanga; río 153, K2
Chatanga 153, K2
Château-Arnoux 134, G5
Châteaubriant 134, D4
Château-Chinon 134, F4
Châteaudun 134, E3
Châteaulin 134, B3
Château-Porcien 140, D6
Châteauroux 134, E4
Château-Salins 134, H3
Châtelet 140, D5
Châtellerault 134, E4
Chatgal 158, H1
Chatham; arch. 191, H8
Chatham 137, H5
Chatham 175, L5
Chatham 177, M2
Chatre, Le 134, F4
Chattahoochee; río 179, G1
Chattanooga 177, I4
Chatyrka 153, R3
Chauchina 122, E3
Chaulnes 140, B6
Chaumont 134, G3
Chauny 140, C6
Chaves 135, E2
Chaves 187, I4
Cheboksari 144, E2
Cheboygan 177, J2
Chec, Erg; des. 165, C3
Checomoravas; cols. 142, B2
Checa, rep. 142
Chechauen 165, B1
Chechen-Ingush; rep. autón. 144, E3
Chech, Erg; des. 165, C4
Cheerchenghe; río 158, E4
Chegga; pozo 165, B3
Chegutu 168, F5
Cheju; isla 159, M5
Cheles 102, A3
Chèlia; pico 165, E1
Cheliff; río 55, F4
Cheliuskin; cabo 153, K2
Chelm 142, F1
Chelmsford 137, H5
Cheltenham 137, F5
Chelva 112, A2
Chelyabinsk 144, G2
Chemnitz 142, A1
Chenāb; río 156, C2
Chenachane; wadi 165, C3
Chengde 159, K3
Chengdu 158, H5
Chenova; bahía 55, G4
Chenova; cabo 55, G4
Chentijn; cord. 158, I2
Chepes 188, C4
Cher; río 134, E4
Cherbourg 134, D3
Cherchell 165, D1
Cheremjovo 153, K4
Cherepovets 144, D2
Chergui, Chott-ech-; lago 165, D2
Cherkassy 144, D3
Cherkessh 144, E3
Cherniajovsk 139, K1
Chernigov 144, D2
Chernovtsy 144, C3
Cherokee 177, G3
Cherquenco 188, B5
Cherski; mtes. 153, O3
Chesapeake; bahía 177, K4
Cheste 112, B2
Chesterfield; islas 191, E6
Chesterfield 137, G4
Chesterfield Inlet 175, I3
Cheta; río 153, J2
Chetumal; bahía 180, B3
Chetumal 180, B3
Cheval Blanc, Punta; cabo 181, E3
Cheviot; mtes. 137, F3
Chew Bahir; mac. mont. 167, M7
Cheyenne; río 176, F3
Cheyenne 176, F3
Chezhou 158, J6
Chi; río 157, I5
Chiai 159, L7
Chiange 168, B5
Chiang Mai 157, H5
Chiang Rai 157, H5
Chiapas; est. fed. 179, F4
Chiavari 136, C2
Chiavasso 136, B2
Chiavenna 136, C1
Chiba 159, T11
Chibia 168, B5
Chibiny; mte. 144, D1
Chibougamau 175, K4
Chicago 177, I3
Chicapa; río 168, D3
Chichagof; isla 174, E4
Chichaoua 165, B2
Chichester 137, G5
Chickasha 176, G5
Chiclana de la Frontera 122, B4
Chiclayo 186, C5
Chico; río 188, C6
Chico; río 189, C7
Chico 176, B4
Chicoutimi Jonquière 175, K5
Chidley; cabo 175, L3
Chiengi 168, E3
Chieri 136, B2
Chiers; río 140, E6
Chiesse; río 136, D2
Chieti 136, F3
Chifeng 159, K3
Chifre; srra. 187, J7
Chihuahua; est. fed. 178, C2
Chihuahua 178, C2
Chilches 112, B2
Chile; cca. subm. 183, B5
Chile 188, B6
Chilecito 188, C3
Chiles, Los 180, C4
Chilete 186, C5
Chililabombwe 168, E4
Chiloé; isla 188, B6
Chilpancingo de los Bravos 179, E4
Chiltern Hills; colinas 137, G5
Chilung 159, L6
Chilwa; lago 168, G5
Chillagoe 194, G3
Chillán 188, B5
Chillón 107, B4
Chimán 180, D5
Chimay 140, D5
Chimborazo; vol. 186, C4
Chimbote 186, C5
Chimkent 152, G5
Chimoio 168, F5
China 158-159
China 179, E2
China Meridional; mar 160, E2
Chinandega 180, B4
China Oriental; mar 159, M6
Chincha Alta 186, C6
Chinchilla de Monte Aragón 107, E4
Chinchón 110, B2
Chinchorro; arref. 179, G4
Chinchow 159, L3
Chinde 168, G5
Chindwin; río 156, H3
Chingola 168, E4
Chingoni 169, O17
Chinguetti 166, C4
Chinhoyi 168, F5
Chinju 159, M4
Chinko; río 167, J7
Chinon 134, E4
Chioggia 136, E2
Chipata 168, F4
Chipiona 122, B4
Chipre 167, L2
Chiquimula 180, B4
Chiquitos, Llanos de; llan. 186, F7
Chira; isla 180, B4
Chira; río 186, B4
Chirambirá, Punta; cabo 186, C3
Chirchik 152, G5
Chiredzi 168, F6
Chirfa 166, H4
Chirgis; lago 158, F2
Chiricagua; pico 176, E5
Chirikof; isla 170, S
Chiriquí; lag. 180, C5
Chiriquí; vol. 180, C5
Chirivel 123, F3
Chirripó; pico 180, C5
Chirripó; río 180, C4
Chisimaio 169, S25
Chisineu Cris 142, E3
Chisinău 142, I3
Chitré 180, C5
Chittagong 156, G4
Chiumbe; río 168, D3
Chiusi 136, D3
Chiva 112, B2
Chiva 152, G5
Chivilcoy 188, D5
Chmel'nickij 142, H2
Choapa; río 188, B4
Chocca; pico 186, C6
Choele Choel 188, C5
Choiseul; isla 191, E4
Chojnice 138, I1
Cholet 134, D4
Cholm 152, D4
Choluteca 180, B4
Choma 168, E5
Chomutov 142, A1
Chon Buri 157, I6
Chone 186, C4
Ch'ongjin 159, N3
Ch'ongju 159, M4
Chongor 158, J2
Chongqing 158, I6
Chonos; arch. 188, B7
Chonuu 153, O3
Chorrera, La 180, D5
Chorzów 142, D1
Choshi 159, T11
Chosica 186, C6
Chos Malal 188, C5
Chotin 142, H2
Chovsgol; lago 153, K4
Christchurch 195, NI4
Christianshab 175, N3
Christmas; isla 160, D7
Christmas; isla v. Kiritimati; isla
Chubut; río 188, C6
Chucunaque; río 180, D5
Chugoku; mtñas. 159, R11
Chukchi; drs. subm. 196-1, T2
Chukchi; mar 196-1, S3
Chukchi; pen. 196-1, S3
Chulucanas 186, B5
Chullo; pico 123, F3
Chumaerhe; río 158, F4
Chumphon 157, H6
Chunchon 159, M4
Chungya 168, F3
Chuquibamba 186, D7
Chuquicamata 188, C2
Churchill; cabo 175, I4
Churchill; pico 174, F4
Churchill; río 174, I4
Churchill; río 175, L4
Churchill 174, I4
Churriana de la Vega 123, E3
Churu 156, D3
Chust 142, F2
Chutag 158, H2
Chuvash; rep. autón. 144, E2
Chuxiong 158, H7

Daba; cord. 158, I5
Dabād, ad-; gebel 154, B3
Dabajuro 181, E4
Dabala 166, C6
Dabat 167, M6
Dabat 167, M6
Dabieshan; cord. 159, K5
Dacca 156, G4
Dachaidan 158, G4
Dadu 155, K7
Dadu He; río 158, H5
Daet 161, G2
Dagomba; reg. 166, E7
Daguestán; rep. autón. de 144, E3
Dagupan 160, G1
Dahara; mtes. 55, F4
Dahlak; arch. 155, F9
Dahlak; arch. 167, N5
Dahlem 140, F5
Daia 142, G5
Daimiel 106, C3
Dairén; srra. 180, D5
Dajarra 194, F4
Dakar 166, B6
Dakhilah, ad-; oasis 167, K3
Dakhla 166, B4
Dakota del Norte; est. fed. 176, F2
Dakota del Sur; est. fed. 176, F3
Dakovo 142, D4
Dal; río 141, E3
Dalaba 166, C6
Dalandzadbad 158, H3
Dalat 157, J6
Dalby 195, I5
Dalfsen 140, F3
Dalhart 176, F4
Dali 158, H6
Daliangshan; cord. 158, H6
Dalías 123, F4
Daljā 167, P10
Dalmacia; reg. 142, C5
Dalnegorsk 159, S10
Dalnerečensk 159, N2
Daloa 166, D7
Dalrymple; pico 195, H4

Dalton; iceberg 196, Y3
Dalton 177, J5
Daly; río 194, E2
Daly Waters 194, E3
Dallas 176, G5
Dalles, The 176, B2
Daman 156, C4
Damanhūr 167, P9
Damar; isla 161, H6
Damaraland; reg. 168, C6
Damasco 155, E6
Damāvand; pico 155, H5
Damba 168, C3
Damietta 167, P9
Damietta, Masabb; desb. 167, P9
Dāmiyā 154, B2
Damme 140, C4
Damme 140, H3
Dampier; arch. 194, B4
Dampier; estr. 161, I5
Dampier 194, B4
Damvilliers 140, E6
Danané 166, D7
Da Nang 157, J5
Danbury 177, L3
Daneborg 175, O2
Dang Raek; mtes. 157, I6
Dank 155, I8
Danlí 180, B4
Dannemora 141, E4
Dantumadeel 140, E2
Danubio; río 138, H3
Danubio; río 142, A2
Danubio, Delta del; delta 142, I4
Danville 177, I3
Danville 177, J4
Danville 177, K4
Danzig v. Gdansk
Dão; río 135, D3
Daoura, el-; wadi 165, C2
Darag 165, F2
Darāw 167, P11
Darbhanga 156, F3
Dardanelos; estr. 143, H6
Dar es-Salaam 168, G3
Darfur; mac. mont. 167, J6
Dargaville 195, N10
Darica 143, H7
Darién; golfo 180, D5
Darjiling 156, F3
Darling; cord. 194, B6
Darling; río 194, G6
Darlington 137, G3
Darmouth 137, F5
Darmstadt 138, E3
Darnah 167, J2
Daroca 88, B2
Darror; wadi 169, T22
Dartmoor; páramo 134, B2
Daru 161, K6
Darvaza 152, F5
Darvel; bahía 160, F4
Darwin 194, E2
Daryācheh-ye-Namak; salar 155, H6
Daryācheh-ye-Sīstān; salar 155, J6
Dashen, Rās; pico 167, M6
Dasht; río 155, J7
Dasht-e Kavīr; des. 155, H5
Dasht-e Lut; des. 155, I6
Dasht-i Margo; des. 155, J6
Datong 158, J3
Datonghe; río 158, H4
Datu; bahía 160, E4
Datu; cabo 160, D4
Datu Piang 161, G3
Daugavpils 144, C2
Daun 140, F5
Dauphin 174, I4
Davangere 156, D6
Davao; golfo 161, H3
Davao 161, H3
Davenport; mtes. 194, F4
Davenport 177, H3
David 180, C5
Davis; estr. 175, M3
Davis 176, B4
Davos 136, C1
Dawa; río 167, M8
Dawson; río 195, I4
Dawson 174, E3
Dawson Creek 174, F4
Dax 134, D6
Daxing'anling; cord. 153, M5
Daym Zubayr 167, K7
Dayong 158, J6
Dayr al-Balah 154, A3
Dayrūt 167, P10
Dayton 177, J4
Daytona Beach 177, J6
Dazi 158, G5
Děčin 142, B1
De Aar 169, D8
Deakin 194, D6
Deán Funes 188, D4
Dease; estr. 174, H3
Deba; río 82, G5
Deba 82, G5
Deba Habe 166, H6
Debar 142, E6
De Bilt 140, E3
Deblin 142, E1
Debrecen 142, E3
Debre Markos 167, M6
Debre Tabor 167, M6
Decatur 177, I4
Deccán; reg. 156, D6
Dédugu 166, E6
Dee; río 137, F2
Dee; río 137, F4
Degaña 78, E2
Dege 158, G5
Degebé; río 135, E5
Degeh Bur 167, N7
De Grey; río 194, C4
Dehibat 165, F2
Dehiwala 156, D7
Dehra Dun 156, D2
Deinze 140, C5
Deir ez-Zor 155, F5
Dej 139, L4
Dej 142, F3
Dekese 168, D2
Delano; pico 176, D4
Delaware; bahía 177, L4
Delaware; est. fed. 177, K4
Delfinado; reg. 134, G5
Delft 140, D3
Delfzijl 140, F2
Delgado; cabo 168, H4
Delger Mörön; río 158, G2
Delgo 167, L4
Delhi 156, D3
Délices 187, H3
Dellys 165, D1
Delnice 142, B4
Del Río 176, F6
Deltebre 92, A3
Delvine 143, E7
Demanda; srra. 97, E2
Demba 168, D3
Dembi Dolo 167, L7
Demer; río 140, E5
Deming 176, E5
Demini; río 186, F3
Dempo; pico 160, C5
Denain 140, C5
Denbigh 137, F4
Den Burg 140, D2
Dendang 160, D5
Dendermonde 140, D4
Denekamp 140, F3
Dengkou 158, I3
Denham; mtes. 194, H4
Denham 194, A5
Den Helder 140, D3
Denia 112, C3
Deniliquin 194, G7
Denis; isla 169, LLI4
Denizli 154, C5
Denmark 194, B6
Den Oever 140, E3
Denpasar 160, F6
Denver 176, F4
Dera Ghāzi Khān 156, C2
Dera Ismāil Khān 156, C2
Derbent 144, E3
Derby 137, G4
Derby 194, C3
Dere, El 169, T24
Derg; lago 137, C4
Dermici 143, I7
Derryueagh; mtes. 137, C3
Derudeb 167, M5
Derventa 142, C4
Desaguadero; río 188, C4
Deschutes; río 176, B3
Deseado; cabo 189, B8
Deseado; río 188, C7
Deserta Grande; isla 135, Q18
Desierto, El 82, E4
Désirade, La; isla 181, G3
Des Moines; río 177, H3
Des Moines 177, H3
Desna; río 144, D2
Desolación; isla 189, B8
Despeñaperros; pto. mont. 55, D3
Desroches; arch. 162, M10
Dessau 138, G2
Dessye 167, M6
Desvres 140, A5
Deta 142, E4
Detmold 138, E2
Detroit 177, J3
Deurne 140, E4
Deusto 82, E4
Deva; río 80, A1
Deva; río v. Deba; río
Deva 142, F4
Deva v. Deba
Deventer 140, F3
Devils Lake 176, G2
Devnja 142, H5
Devodi; pico 156, E5
Devon; isla 175, J2
Devonport 194, H8
Devonport 195, O11
Dewele 167, N6
Deza 97, F3
Dezful 155, G6
Dezhou 159, K4
Dhahran 155, H7
Dhamtari 156, E4
Dhanbad 156, F4
Dhaulagiri; pico 156, E3
Dhībān 154, B3
Dhidhimótikhon 142, H6
Dhíkti 143, G9
Dhírfis; pico 143, F7
Dhond 156, C5
Dhulia 156, C4
Dhusa Mareeb 169, T23
Diamantina; río 194, G4
Diamantina 187, J7
Diamantina, Chapada; msta. 187, J6
Diamantino 187, G6
Diamond; isla 195, I3
Dibaya 168, D3
Dibble; glac. 196, X3
Dibi 167, N8
Dibrugarh 156, H3
Dickinson 176, F2
Dickson 152, I2
Didiéni 166, D6
Die 134, G5
Diego de Almagro 188, C3
Diego Ramírez; isla 189, C9
Diekirch 140, F6
Dien Bien Phu 157, I4
Diepholz 140, H3
Dieppe 134, E3
Diest 140, D4
Diffa 166, H6
Differdange 140, E6
Digges; isla 175, K3
Digne 134, H5
Digos 161, H3
Digue, La; isla 169, LL15
Digul; río 161, K6
Dijon 134, G4
Diksmuide 140, B4
Dikwa 167, H6
Dili 161, H6
Dilolo 168, D4
Dilley 179, E2
Dillon 176, D2
Dimas 178, C3
Dimbokro 166, E7
Dîmbovita; río 142, G4
Dimitrograd 142, G6
Dimitrovgrad 152, E4
Dimona 154, B3
Dinagat; isla 161, H2
Dinamarca; estr. 170, P3
Dinamarca 141, C5
Dinan 134, C3
Dinant 140, D5
Dindar; río 167, L6
Dindigul 156, D6
Dingle; bahía 137, B4
Dingwall 137, E2
Dingxi 158, H4
Dinslaken 140, F4
Diolu 168, D1
Diourbel 166, B6
Dipolog 161, G3
Dirah; gebel 55, G4
Dire Dawa 167, N7
Diriamba 180, B4
Dirk Hartogs; isla 194, A5
Dirranbandi 194, H5
Disappointment; cabo 176, B2
Disappointment; lago 194, C4
Dishna 167, P10
Disko; bahía 175, M3
Disko; isla 175, M3
Dispur 156, G3
Disūq 167, P9
Diu 156, C4
Divinópolis 188, G2
Diviso, El 186, C3
Divisões; srra. 187, H7
Divisor; srra. 186, D5
Dixon; estr. 174, E4
Diyala; río 155, G6
Diyarbakir 155, F5
Dja; río 168, B1
Djado; msta. 165, F4
Djafou 165, D3
Djaja; pico 161, J5
Djakovica 142, E5
D'jamâa 165, E2
Djambala 168, B2
Djanet 165, E4
Djayawidjaya; mtes. 161, J5
Djebeniana 165, F1
Djelfa 165, D2
Djelfa 166, F2
Djema 167, K7
Djemadja; isla 160, D4
Djem, El- 165, F1
Djerba; isla 165, F2
Djerem; río 166, H7
Djerid, Chott; lago 165, E2
Djibo 166, E6
Djibuti 167, N6
Djibuti 167, N6
Djidjelli 165, E1
Djouf, El; des. 165, B4
Djugu 166, F7
Djugu 168, F1
Djum 168, B1
Djúpivogur 141, N6
Djurab; mac. mont. 167, I5
Dneprodzerzinsk 144, D3
Dnepropetrovsk 144, D3
Dnestr; río v. Dniester
Dniéper; río 144, D3
Dniester; río 144, C3
Doba 167, I7
Dobbyn 194, F3
Doberai; pen. 161, I5
Dobo 161, I6
Doboj 142, D4
Dobrudja; reg. 139, O5
Doce; río 187, J7
Doctor Arroyo 179, E3
Doctor Pedro P. Peña 188, D2
Doda Betta; pico 156, D6
Dodecaneso; arch. 143, H8
Dodge City 176, F4
Dodoma 168, G3
Doesburg 140, F3
Doetinchem 140, F4
Dogai Coring; lago 158, E5
Dogger; cca. subm. 130, D2
Dogondutchi 166, F6
Doha 155, H7
Doiran; lago 143, F6
Doiras; emb. 78, E1
Dois Irmaos; srra. 187, J5
Dokkum 140, E2
Dolbeau 177, L2
Dol-de-Bretagne 134, D3
Dole 134, G4
Dolgellau 137, F4
Dolina 142, F2
Dolni Chiflik 142, H5
Dolo 169, S24
Dolomitas; mac. mont. 136, D1
Dolores 112, B3
Dolores 188, E5
Dolores Hidalgo 179, D3
Dolphin y Union; estr. 174, G3
Domadare 169, S24
Dombas 141, C3
Dombóvár 142, D3
Dôme, Puy de; pico 134, F5
Domeyko; cord. 188, C2
Dominica; isla 181, G3
Dominica 181, G3
Dominicana, República 181, E3
Dominica, Paso de; estr. 181, G3
Domo 169, T23
Don; río 137, F2
Don; río 144, E3
Don Benito 102, C3
Doncaster 137, G4
Dondo 168, B3
Dondo 168, F5
Dondra; cabo 156, E7
Donegal; bahía 137, C3
Donegal 137, C3
Donetsk 144, D3
Donetz; río 144, D3
Dongara 194, A5
Donggala 160, F5
Donghai 159, K5
Dóng Hoi 157, J5
Dongjiang; río 159, J7
Dongola 167, L5
Dongtinghu; lago 158, J6
Donji Vakuf 142, C4
Dønna; isla 141, D2
Donnersberg; cima 140, G6
Donostia-San Sebastián, 82, H5
Doña María,Punta; cabo 186, C6
Doña Mencia 122, D3
Doñana; parq. nac. 122, B3
Doonerack; pico 174, C3
Dor 154, A2
Dora; lago 194, C4
Dorada, La 186, D2
Dorado, El 178, C3
Dorado, El 179, F1
Dorado, El 186, F2
Dorchester; cabo 175, K3
Dorchester 137, F5
Dordoña; río 134, E5
Dordrecht 140, D4
Dori 166, E6
Dorohei 142, H3
Dorotea 141, E2
Dorre; islas 194, A5
Dorsal, Cordillera; cord. 55, J1
Dorsten 140, F4
Dortmund 138, D2
Doruma 167, K8
Dos Bahías; cabo 188, C6
Dosbarrios 106, C3
Dos Hermanas 122, C3
Dos Picachos, Cerro; pico 178, B2
Dosso 166, F6
Dothan 177, I5
Douai 134, F2
Douarnenez 134, B3
Douglas 137, E3
Douglas 176, E5
Doullens 140, B5
Dourada; srra. 187, I6
Douro (Duero); río 135, E2
Douze; río 55, F1
Dover 137, H5
Dover 177, K4
Dovrefjell; mtñas. 141, C3
Downpatrick 137, E3
Drâa; wadi 165, B3
Drâa, Hamada del; des. 165, B3
Drachten 140, F2
Dragoman; pto. mont. 142, F5
Dragonera; isla 118, D2
Draguignan 134, H6
Drake; estr. 196, G4
Drakensberg; cord. 169, E7
Dráma 143, G6
Drammen 141, C4
Drava; río 138, G4
Dresde 138, G2
Dreux 134, E3
Driebes 107, C2
Drina; río 142, D4
Drobeta Turnu Severin 142, F4
Drogheda 137, D4
Drogóbyč 142, F2
Drăgăsani 142, G4
Drumheller 174, G4
Družba 144, D2
Družba 158, D2
Družina 153, O3
Drvar 142, C4
Drygalski; isla 196, BB3
Drysdale; río 194, D3
Duala 166, G8
Dualo 160, G5
Duarte; pico 181, E3
Dubai 155, I7
Dubawnt; lago 174, H3
Dubawnt; río 174, H3
Dubbo 194, H6
Dublín 137, D4
Dublin 177, J5
Dubno 142, G1
Dubossary; emb 142, I3
Dubrovica 142, H1
DubrovniK 142, D5
Dubrovskoje 153, L4
Dubuque 177, H3
Duchess 194, F4
Dudelange 140, F6
Dudinka 152, I3
Duentza 166, E6
Dueñas 96, D3
Duero; río 54, C2
Duff; arch. 191, F4
Dugi Otok; isla 142, B4
Duifken, Punta; cabo 194, G2
Duisburg 138, D2
Duitama 186, D2
Dujuuma 169, S24
Dukhān 155, H7
Dukla, Paso de; pto. mont. 142, E2
Dukou 158, H6
Dulce; golfo 180, C5
Dulce; río 188, D3
Dülmen 140, G4
Duluth 177, H2
Dumaguete 161, G3
Dumai 160, C4
Dumaran; isla 160, F2
Dumfries 137, F3
Dümmer; lago 140, H3
Dunaföldvár 142, D3
Dunaújváros 136, H1
Dunaújváros 142, D3
Dundalk; bahía 137, D4
Dundalk 137, D3
Dundas; lago 194, C6
Dundas 175, L2
Dundee 137, F2
Dundee 169, F7
Dundrum; bahía 137, E3
Dundrum 137, E3
Dunedin 195, M15
Dunfermline 137, F2
Dungarvan; pto. 137, D4
Dungarvan 137, D4
Dunhua 159, M3
Dunhuang 158, F3
Dunkerque 134, F2
Dunkery Hill; pico 134, C2
Dunkwa 166, E7
Dun Laoghaire 137, D4
Dunmore Town 181, D1
Dunnore; cabo 137, B4
Duns 137, F3
Duolun 158, K3
Duque de Caxias 188, H2
Duque de Gloucester; islas 191, K6
Durack; mtes. 194, D3
Durance; río 134, G6
Durango; est. fed. 178, C3
Durango 176, E4
Durango 179, D3
Durango 82, G5
Durant 177, G5
Duratón; río 97, E3
Durazno 188, E4
Durban 169, F7
Dúrcal 123, E4
Düren 140, F5
Durgāpur 156, F4
Durham 137, G3
Durham 177, K4
Durmitor; pico 142, D5
Durrës 136, H4
Durruelo de la Sierra 97, F3
D'Urville; isla 195, N13
Dusak 152, G6
Dushanbe 152, G6
Düsseldorf 138, D2
Dutch Harbor 170, S
Duyun 158, I6
Dvina Occidental; río 144, C2
Dvina Septentrional; río 144, E1
Dyer; cabo 175, L3
Dyersburg 177, I4
Dzag 158, G2
Džambul 152, H5
Džankoj 144, D3
Dzaoudzi 169, O17
Dzavchan; río 158, G2
Dželinda 153, L3
Dzerzinsk 144, E2
Džetygara 152, G4
Džezkazgan 152, G5
Džizak 152, G5
Džugdžur; mtes. 153, N4
Dzungaria; reg. 158, E2
Dzuunmod 158, I2
Eagle 174, D3
Eagle Pass 176, F6
Eastbourne 137, H5
East London 169, E8
Eastmain; río 175, K4
Eastmain 175, K4
Eastport 177, M3
Eau Claire 177, H3
Eau Claire, l'; lago 175, K4
Eauripik; at. 161, K3
Ébano 179, E3
Eboli 136, F4
Ebolowa 168, B1
Ebon; isla 191, F3
Ebro; emb. 55, D1
Ebro; río 55, D1
Ebro, Delta del 92, A3
Ebro, Depresión del 55, E1
Écaussinnes 140, D5
Écija 122, C3
Ecuador 186, C4
Echano 82, G5
Echarri-Aranaz 86, G6
Echevarri v. Etxebarri
Echt 140, E4
Echternach 140, F6
Echuca 194, G7
Ed 167, N6
Ede 140, E3
Edéa 166, G8
Eden; río 137, F3
Eder 138, E2
Édessa 143, F6
Edge; isla 148, F2
Edievale 195, L15
Edimburgo 137, F3
Edirne 142, H6
Edjelé 165, E3
Edmonton 174, G4
Edmundston 177, M2
Edremit 143, H7
Eduardo; lago 168, F2
Eduardo VII; pen. 196-2, P2
Edwards; msta. 176, F5
Eeklo 140, C4
Eersel 140, E4
Efate; isla 191, F5
Eferi 165, E4
Ega; río 86, H6
Égades; islas 136, E5
Egedesminde 175, M3
Egeo; mar 143, G7
Eger 142, E3
Egersund 141, B4
Egerton; mte. 194, B4
Egina; isla 143, F8
Egipto 167, K3
Eglab, El; reg. 165, B3
Egmont; pico 195, O12
Egusquiza v. Eguzkitza
Eguzkitza 82, E3
Egvekinot 153, R3
Eiao; isla 191, K4
Eibar 82, G5
Eibergen 140, F3
Eider; río 138, E1
Eifel; mac. mont. 140, F5
Eigg; isla 137, D2
Eighty Mile; playa 194, C3
Eil 169, T23
Eindhoven 140, E4
Einsenerz 142, B3
Eire v. Irlanda
Eirunepé 186, E5
Eiseb; río 168, C6
Eisenach 138, F2
Eisenstadt 142, C3
Eisling; mtes. 140, E6
Ejea de los Caballeros 88, B1
Ekaterinburg 144, G2
Eketahuna 195, O13
Ekibastuz 158, C1
Ekimčan 153, N4
Elassón 143, F7
Elat 154, D7
Elâziğ 131, G4
Elba; isla 136, D3
Elba; río 138, F1
Elbasan 143, E6
Elbert; pico 176, E4
Elbeuf 134, E3
Elblag 139, J1
Elbrus; pico 144, E3
Elburg 140, E3
Elburgon 168, G2
Elburz; mtes. 155, H5
El Castillo de las Guardas 135, F6
Elciego v. Eltziego
Elche de la Sierra 107, D4
Elda 112, B3
Elde; río 138, F1
Eldoret 168, G1
Elefante; isla 196, F3
Elektrostal' 144, D2
Elephant Butte; emb. 176, E5
Eleuthera; isla 181, D1
El Fayun 167, P10
Elgin 137, F2
Elgin 177, I3
Elgoibar 82, G5
Elgon; pico 168, Fl
Elhovo 142, H5
Elila; río 168, E2
Elista 144, E3
Elizabeth 177, L3
Elizabeth 194, F6
Elizabeth City 177, K4
Eljas; río 135, F4
Eljas 102, B1
Elkhart 177, I3
Elko 176, C3
Elmira 177, K3
El Mreyyé; reg. 166, D5
Elna 134, F6
Elorrio 82, G5
Elorz 86, H6
Elota 178, C3
Eloy 178, B1
Elqui; río 188, B3
Eltziego 82, G6
Eluru 156, E5
Elvas 135, E5
Elverum 141, C3
Elx; emb 112, B3
Elx 112, B3
Ely 137, H4
Ely 176, D4
Ellef Ringnes; isla 174, H2
Ellesmere; isla 175, J2
Ellesmere; lago 195, N14
Ellice; islas v. Tuvalu; islas
Eman; río 141, D4
Emba; río 152, F5
Emba 152, F5
Embarcación 188, D2
Embrun 134, H5
Embu 168, G2
Emden; f. subm. 190, B2
Emden 140, G2
Emerald 195, H4
Emerson 174, I5
Emi Koussi; pico 167, I5
Emiliano Zapata 179, F4
Emilia - Romaña; reg. 136, C2
Emira; isla 161, M5
Emiratos Arabes Unidos 155, H8
Emlichheim 140, F3
Emmen 136, C1
Emmen 140, F3
Emmerich 140, F4
Emory; pico 179, D2
Empalme 178, B2
Empangeni 169, F7
Empoli 136, D3
Emporia 177, G4
Ems; río 140, G3
Emsdetten 140, G3
Emsland; reg. 140, G3
Enare v. Inari
Encamp 134, K9
Encantada, Cerro de la; pico 176, C5
Encarnación 188, E3
Encinasola 122, B2
Enclar; srra. 134, J9
Encontrados 181, E5
Encuentros, Los 180, B4
Ende 160, G6
Enderbury; isla 191, H4
Enez 143, H6
Engadine; reg. 136, D1
Enganno; isla 160, C6
Engaño; cabo 181, F3
En Gedi 154, B3
Engelo 134, H1
Engels 144, E2
Engelsmanplaat; isla 140, F2
Enghien 140, D5
Engiadina; reg. v. Engadine; reg.
English; río 177, H1
Enguera; srra. 112, B2
Énguera 112, B2

Enid 176, G4
Eniwetok; at. 191, F2
Enkhuizen 140, E3
Enköping 141, E4
Enmedio 80, A2
Enna 136, F6
Ennedi; mac. mont. 167, J5
Ennis 137, C4
Ennis 176, G5
Enniscorthy 137, D4
Enns; río 138, H4
Enns; río 142, B3
Enontekiö 141, F1
Enriquillo; lago 181, E3
Enschede 140, F3
Ensenada 176, C5
Ensenada 178, A1
Entallada, Punta de la; cabo 55, L1
Entebbe 168, F1
Entrambasaguas 80, B1
Entrance, The 195, I6
Entrecasteaux; arch. 161, M6
Entrecasteaux, Punta; cabo 194, B6
Entrepeñas; emb. 107, D2
Entre Ríos; cord. 180, B4
Entre Rios 187, H5
Entroncamento 135, D4
Enugu 166, G7
Envigado 186, C2
Eo; río 74, C1
Eolias; islas v. Lípari; islas
Epe, 140, E3
Épernay 134, F3
Epernay 138, B3
Épila 88, B2
Épinal 134, H3
Epinouse; mtes. 55, G1
Epte; río 140, A6
Erandio 82, E4
Erbeskopf; pico 140, G6
Erciyas; pico 155, E5
Érd 142, D3
Erebus; vol. 196-2, T2
Erechim 188, F3
Eresma; río 96, D3
Erevan 144, E3
Erft; río 140, F5
Erftstadt 140, F5
Erfurt 138, F2
Ergene; río 143, H6
Eria; río 54, B1
Erice 136, E5
Erie; lago 177, J3
Erie 177, J3
Erigavo 169, T22
Erímanthos; pico 143, E8
Erimo; cabo 159, T10
Eritrea 167, M5
Erjas; río 54, B2
Erlangen 138, F3
Erlian 158, J3
Ermelo 140, E3
Ermua 82, G5
Ernakulam 156, D6
Ernesto Legouve; arref. 191, J7
Ernstberg; mte. 140, F5
Erode 156, D6
Eromanga; isla 191, F5
Errenteria 82, H5
Erris; cabo 137, C3
Erro 86, H6
Ersekë 143, E6
Erstein 134, H3
Erzgebirge; mtes. v. Metálicos, Montes; mtes.
Erzincan 155, E5
Erzurum 155, F5
Esan; cabo 159, T10
Esbjerg 141, C5
Esbo v. Espoo
Escala, l' 92, D1
Escalda; río 140, D4
Escales; emb. 88, D1
Escalón 179, D2
Escanaba 177, I2
Escandinavia; pen. 130, E1
Escania; reg. 141, D4
Escárcega 179, F4
Escatrón 88, C2
Esch-sur-Alzette 140, F6
Eschweiler 140, F5
Esclavo, Gran Lago del; lago 174, G3
Escocia; país 137, E2
Escondido; río 180, C4
Escoriaza v. Eskoriatza
Escucha 88, C3
Escudo; pto. mont. 55, D1
Escuinapa 178, C3
Escuintla 180, A4
Esera; río 88, D1
Esgueva; río 96, D3
Eskilstuna 141, E4
Eskisehir 154, D5
Eskoriatza 82, G5
Esla; emb. 135, F2
Esla; río 96, C2
Eslavonia 138, I5
Eslovaquia 139, K3
Eslovenia 142, B4
Esmeraldas 186, C3
Esmirna v. Izmir
Esneux 140, E5
Espada, Punta; cabo 181, E4
Espalmador; isla 118, C3
España 54-55
Española, La; isla 181, E3
Espardell; isla 118, C3
Esparreguera 92, B2
Esparta 180, C5
Esparta v. Spárti
Espartel; cabo 54, C5
Espazote, Cerro; pico 179, C3
Espejo 122, D3
Espera 122, C4
Esperance 194, C6
Esperanza; pico 135, M15
Esperanza 178, C2
Esperanza, La 180, B4
Esperanza, La 180, C2
Esperó, Punta de s'; cabo 119, F2
Espichel; cabo 135, C5
Espiel 122, C2
Espinar, El 97, D4
Espinhaço; srra. 187, J7
Espinho 135, D3
Espinosa de los Monteros 97, E1
Espíritu Santo; bahía 179, G4
Espíritu Santo; isla 178, B3
Espíritu Santo; isla 191, F5
Espita 179, G3
Espluga de Francolí 92, B2
Esplugues de Llobregat 92, E5
Esplús 88, D2
Espoo 141, G3
Espóradas del Norte; arch. 143, F7
Esporlas 118, D2
Espuña; pico 116, E5
Espuña; srra. 116, E5
Esquel 188, B6
Esquivias 106, C2
Essauira 165, B2
Essen 140, D4
Essen 140, F4
Essens 140, G2
Essequibo; río 186, G3
Esslinger 138, E3
Estaca de Bares, Punta da; cabo 74, C1
Estación El Oro 179, D2
Estadilla 88, D1
Estados; isla 189, E8
Estados Unidos 176-177
Estância 187, K6
Estancias; srra. 123, F3
Estanyó; pico 134, K8
Estanyó; srra. 134, K8
Estarreja 135, D3
Estats, Pica d'; pico 92, B1
Este; cabo 195, Q11
Estelí 180, B4
Estella 86, G6
Estepa 122, D3
Estépar 97, E2
Estepona 122, C4
Esterri d'Aneu 92, B1
Estevan 176, F2
Estiria; reg. 138, H4
Estocolmo 141, E4
Estonia 144, C2
Estoril 135, C5
Estrada, A 74, B2
Estrasburgo 134, H3
Estrêla; pico 135, E3
Estrêla; srra. 135, E3
Estrella; mte. 55, D3
Estrella; pico 123, E2
Estrellada, Punta de la; cabo 127, F2
Estremadura; com. 135, D4
Estremoz 135, E5
Estrondo; srra. 187, I5
Esztergom 142, D3
Etah 175, K2
Étampes 134, F3
Étaples 134, E2
Etawah 156, D3
Eten-Leur 140, D4
Ethel, el-; wadi 165, C3
Etiopía 167, M7
Etiópico, Macizo; mac. mont. 167, M6
Etna; vol. 136, F6
Etosha Pan; lago 168, C5
Ettelbrück 140, F6
Etxebarri 82, G5
Etzatlán 179, D3
Eubea; isla 143, F7
Euclides da Cunha 187, K6
Eufrates; río 155, E5
Eugene 176, B3
Eugenia, Punta; cabo 178, A2
Eume; emb. 74, C1
Eume; río 74, B1
Eupen 140, F5
Eureka 176, B3
Euroasiática; cca. subm. 196, L1
Europa; isla 168, H6
Europa Occidental; cca. subm. 130, B3
Europa, Punta de; cabo 122, C4
Eurotas; río 143, F8
Euskadi v. País Vasco
Euskirchen 140, F5
Eutaw 179, G1
Evansville 177, I4
Evensk 153, P3
Everest; pico 156, F3
Everett 176, B2
Evergem 140, C4
Evinayong 168, B1
Évora 135, E5
Evreux 134, E3
Evry 134, F3
Exe; río 137, F5
Exeter 137, F5
Exmoor; páramo 134, C2
Exmouth; golfo 194, A4
Expedition; mtes. 195, H4
Extremadura; comun. aut. 102
Exuma; estr. 181, D2
Exuma; isla 181, D2
Exuma Cays; cayos 181, D2
Eyasi; lago 168, F2
Eyre; lago 194, F5
Eyre; mtes. 195, L15
Eyre; pen. 194, F6
Eyre 194, D6
Eyre Creek; río 194, F4
Ezcaray 100, E2
Ezine 143, H7

Fabala 166, D7
Fabara 88, D2
Fabero 96, B2
Fabriano 136, E3
Fachi 166, H5
Fada 167, J5
Fada n'Gourma 166, F6
Faddejevskij 153, O2
Faenza 136, D2
Fafe 135, D2
Fafen; río 169, S23
Fagernes 141, C3
Fagersta 141, D4
Fagnano; lago 189, C8
Fagne; com. 140, D5
Faial; isla 135, M15
Fair; cabo 137, D3
Fair; isla 137, I2
Fairbanks 174, D3
Fairlie 195, M15
Fairweather; pico 174, E4
Fais; isla 161, K3
Faisalabad 156, C2
Faizabad 155, L5
Fakahina; isla 191, L5
Fakaofo; isla 191, H4
Fakarava; isla 191, K5
Fakfak 161, I5
Faladoira; srra. 74, C1
Falaise 134, D3
Falam 156, G4
Falces 86, H6
Falcó; cabo 118, C3
Falcón; emb. 179, E2
Falešti 142, H3
Falfurrias 179, E2
Falkenberg 141, D4
Falkland; arch. v. Malvinas; arch.
Falköping 141, D4
Falmouth 137, E5
Falset 92, A2
Falso; cabo 181, E3
Falster; isla 141, C5
Falun 141, D3
Fall River 177, L3
Famalé 166, F6
Famatina; srra. 188, C3
Famenne; reg. 140, E5
Fana 141, B3
Fangak 167, L7
Fanning; isla v. Tabuaeran; isla
Fano 136, E3
Fan Si Pan 157, I4
Faradje 167, K8
Farafangana 169, Q20
Farah; río 155, J6
Farah 155, J6
Farallón de Medinilla; isla 161, L1
Farallón de Pájaros; isla 190, D1
Farallón, Punta; cabo 55, E4
Farasan; islas 155, F9
Faraulep; at. 161, K3
Fardes; río 55, D4
Farewell; cabo 195, N13
Fargo 176, G2
Faria; wadi 154, B2
Fariones, Punta; cabo 127, F1
Fariza 96, B3
Farmington 176, E4
Farmington 177, L3
Fårö; isla 141, E4
Faro; srra. 74, C2
Faro 135, E6
Faro, Ponta del; cabo 136, F5
Farquhar; arch. 162, M10
Farrukhabad-Fatengarh 156, D3
Fars; reg. 155, H6
Fársala 143, F7
Farsund 141, B4
Fartak, Rā's; cabo 155, H9
Farvel; cabo 175, N4
Fāshir, al- 167, K6
Fashn, al- 167, P10
Fasidabad 156, D3
Fasnia 126, C2
Fastov 142, I1
Fatagar; cabo 161, I5
Fátima 135, D4
Favara 136,E6
Faxaflói; bahía 141, L6
Fayal; isla v. Faial; isla
Faya-Largeau 167, I5
Fayetteville 177, H4
Fayetteville 177, K4
F'Dérick 166, C4
Fear; cabo 177, K5
Fécamp 134, E3
Fehmarn; isla 138, F1
Feijó 186, D5
Feira 168, F5
Feira de Santana 187, K6
Felanitx 118, E2
Felguera, La 78, F1
Felipe Carrillo Puerto 179, G4
Félix 123, F4
Femund; lago 141, C3
Fene 74, B1
Fenhe; río 158, J4
Fer; cabo 165, E1
Férai 143, H6
Ferfer 169, T23
Fergana 152, H5
Fergus Falls 177, G2
Fergusson; isla 161, M6
Ferkéssédugu 166, D7
Ferlo; reg. 166, C5
Fermoselle 96, B3
Fermoy 137, C4
Fernando de Noronha; arch. 187, L4
Fernán Núñez 122, D3
Fernie 176, C2
Feroe; arch. 130, C1
Ferrara 136, D2
Ferrat; cabo 55, E5
Ferreira do Alentejo 135, D5
Ferreñafe 186, C5
Ferreries 119, F2
Ferreruela 96, B3
Ferret; cabo 134, D5
Ferrol; ría 74, B1
Ferrol 74, B1
Ferrutx; cabo 118, E2
Fetesti 142, H4
Fez 165, B2
Fezzān; reg. 167, H3
Fianarantsoa 169, Q20
Fichtelgebirge; mac. mont. 138, F2
Ficksburg 169, E7
Fidenza 136, D2
Fidji; arch. 191, G5
Fidji; cca. subm. 191, G6
Fidji 191, G5
Fier 143, D6
Figalo; cabo 55, E5
Figeac 134, E5
Figueira da Foz 135, D3
Figueiró dos Vinhos 135, D4
Figueres 92, C1
Figuig 165, C2
Filabres; srra. 123, F3
Filadelfia 177, L4
Filchner; barr. hielo 196, D2
Filiatrá 143, E8
Filingué 166, F6
Filipinas; f. subm. 161, H2
Filipinas; mar 161, H1
Filipinas 161, G2
Filipo; arref. 191, J4
Filippiás 143, E7
Filipstad 141, D4
Fimi; río 168, C2
Fingoè 168, F4
Finisterre; cabo v. Fisterra; cabo
Finke; río 194, E4
Finlandia; golfo 141, G4
Finlandia 141
Finlay; río 174, F4
Finnmark; reg. 141, G1
Finnsnes 141, E1
Finschhafen 161, L6
Fiñana 123, F3
Fionia; isla 141, C5
Fiorland; reg. 195, K15
Fiq 154, B2
Firgas 126, D2
Firozabad 156, D3
Firuzabad 155, H7
Fish; río 169, C7
Fisher; estr. 175, J3
Fishguard 137, E5
Fismes 140, C6
Fisterra; cabo 74, A2
Fisterra 74, A2
Fitero 86, H6
Fitri; lago 167, I6
Fitz Roy; pico 189, C7
Fitz Roy 188, D7
Fitzroy; río 194, C3
Fitzroy; río 195, H4
Fitzroy Crossing 194, D3
Fizi 168, E2
Flagstaff 176, D4
Flaming; mac. mont. 138, G2
Flaming Gorge; emb. 176, E3
Flamingo; bahía 161, J6
Flandes; reg. 140, B5
Flat; isla 169, X26
Flathead; lago 176, D2
Flattery; cabo 176, B2
Flavy-le-Martel 140, C6
Fléche, La 134, D4
Flekkefjord 141, B4
Flémalle 140, E5
Flensburg 138, E1
Flers 134, D3
Fletcher; drs. subm. 170, H1
Flevoland Este; reg. 140 E3
Flevoland Sur; reg. 140, E3
Flinders; arref. 195, H3
Flinders; isla 194, H7
Flinders; río 194, G4
Flin Flon 174, H4
Flint; isla 191, J5
Flint; río 177, J5
Flint 137, F4
Flint 177, J3
Flix; emb. 55, F2
Flix 92, A2
Flixecourt 140, B5
Flize 140, D6
Flomaton 177, I5
Florac 134, F5
Florence 177, I5
Florence 177, K5
Florencia 136, D3
Florencia 186, C3
Florennes 140, D5
Florenville 140, E6
Flores; isla 135, K11
Flores; isla 160, G6
Flores; mar 160, G6
Flores 180, B3
Flores, Las 188, E5
Floresta, La 92, E5
Floriano 187, J5
Florianópolis 188, G3
Florida; bahía 177, J6
Florida; est. fed. 177, J6
Florida; estr. 180, C2
Florida; pen. 177, J6
Florida 180, D2
Florida 188, E4
Florida, Cayos de; cayos 180, C2
Florida, La 92, F4
Florido; río 179, C2
Florina 143, E6
Florø 141, B3
Flumen; río 88, C2
Flumendosa; río 136, C5
Fluviá; río 92, C1
Fly; río 161, K6
Foča 142, D5
Focsani 142, H4
Foggia 136, F4
Fogo; isla 169, K13
Foia; mte. 54, A4
Foios 112, E5
Foix 134, E6
Foligno 136, E3
Fomboni 169, N17
Fondi 136, E4
Fonfría 96, B3
Fonsagrada, A 74, C1
Fonseca; golfo 180, B4
Fontainebleau 134, F3
Font Blanca; pico 134, K8
Fonte Boa 186, E4
Fontenay-le-Comte 134, D4
Fontur; cabo 141, N6
Fonualei; isla 191, H5
Fonz 88, D1
Forbach 134, H3
Forbes 194, H6
Forcall 112, B1
Forcarei 74, B2
Ford Good Hope 174, F3
Forel 175, Ñ3
Forges-les-Eaux 140, A6
Forlí 136, E2
Formentera; isla 118, C3
Formentera 118, C3
Formentor; cabo 118, E2
Formia 136, E4
Formiga 188, G2
Formosa; bahía 168, H2
Formosa; srra. 187, G6
Formosa 187, I7
Formosa 188, E3
Formosa v. Taiwan
Fornos de Algodres 135, E3
Forrest 194, D6
Forrest City 177, H5
Forsayth 194, G3
Fort-de-France 181, G4
Fort Albany 175, J4
Fortaleza 187, K4
Fort Chimo 175, L4
Fort Collins 176, E3
Fort Dodge 177, H3
Fortescue; río 194, B4
Fort George; río 175, K4
Fort George 175, K4
Forth; estuario v. Forth, Firth of; estuario
Forth, Firth of; estuario 137, F2
Fort Lauderdale 177, J6
Fort Liard 174, F3
Fort Liberté 181, E3
Fort MacLeod 176, D2
Fort McPherson 174, E3
Fort Morgan 176, F4
Fort Myers 177, J6
Fort Nelson 174, F4
Fort Norman 174, F3
Fort Peck; emb. 176, E2
Fort Philip; bahía 194, G7
Fort Pierce 177, J6
Fort Portal 168, F1
Fort Providence 174, G3
Fort Reliance 174, H3
Fort Resolution 174, G3
Fort Ševčenko 144, F3
Fort Rupert 175, K4
Fort Saint John 174, F4
Fort Selkirk 174, E3
Fort Severn 175, J4
Fort Simpson 174, F3
Fort Smith 174, G4
Fort Smith 177, H4
Fort Smith, Distrito de; div. admva. 174, G3
Fort Stockton 176, F5
Fortuna 116, E4
Fort Vermilion 174, G4
Fort Walton Beach 177, I5
Fort Wayne 177, I3
Fort William 137, E2
Fort Worth 176, G5
Fort Yukon 174, D3
Foshan 158, J7
Fougères 134, D3
Foujiang; río 158, I5
Foula; isla 137, I1
Foulweather; cabo 176, B3
Foum Zguid 165, B2
Fourmies 140, D5
Foveaux; estr. 195, L16
Fox; isla 174, B4
Foxe; pen. 175, K3
Foxe, Canal; estr. 175, J3
Foxe, Cuenca de; bahía 175, K3
Foyle; lago 137, D3
Foz; ría 74, C1
Foz 74, C1
Foz do Iguaçu 188, F3
Foz do Riozinho 186, D5
Fraga 88, D2
Franca 188, G2
Francavilla Fontana 136, G4
Franceville 168, B2
Francia 134
Francis Case; lago 176, G3
Francisco I. Madero 179, D2
Francistown 168, E6
Franco Condado; reg. 134, G4
Franco, El 78, E1
Francolí; río 92, B2
Franeker 140, E2
Franfurt del Main 138, E2
Franfurt del Oder 138, H1
Frankfield 180, D3
Frankfort 177, J4
Franklin; estr. 175, I2
Franklin, Distrito de; div. admva. 170, H2
Franklin Roosevelt; lago 176, C2
Franks; pico 176, E3
Franqueses del Vallès, Les 92, C2
Franz 177, J2
Fraser; isla 195, I4
Fraser; río 174, F4
Fraserburgh 137, G2
Frasno, El 88, B2
Fraustro 179, D2
Fray Bentos 188, E4
Frederica 141, C5
Fredericksburg 177, K4
Fredericton 175, L5
Frederikshåb 175, N3
Frederikshavn 141, C4
Fredrikstad 141, C4
Freeling; mte. 194, E4
Freeport 177, G6
Freeport 180, D1
Freetown 166, C7
Fregenal; srra. 102, B3
Fregenal de la Sierra 102, B3
Fregeneda, La 135, F3
Freising 138, F3
Freistadt 142, B2
Fréjus 134, H6
Fremantle 194, B6
Fremont 176, G3
Frenchman; río 176, E2
Frenda 165, D1
Fresco; río 187, H5
Fresnillo 179, D3
Fresno 176, C4
Fresno el Viejo 96, C3
Freu; cabo 119, E2
Freudenberg 140, G5
Frévent 140, B5
Fria; cabo 168, B5
Fria 166, C6
Fría, La 181, E5
Frías 188, C3
Friburgo 136, B1
Friburgo de Brisgovia 138, D3
Friedrichshafen 138, E4
Friesach 142, B3
Friesoythe 140, G2
Frigate; isla 169, LL15
Frio; cabo 188, H2
Friol 74, C1
Frisia Occidental; reg. 140, D3
Frisia Oriental; reg. 140, G2
Frisias; islas 138, C1
Frisias Occ.; islas 140, E2
Frisias Or.; islas 138, D1
Frisias Or.; islas 140, G2
Friul - Venecia Julia; reg. 136, E1
Frobisher; bahía 175, L3
Frobisher Bay 175, L3
Frohavet; estr. 141, C2
Frome; lago 194, F6
Fromista 96, D2
Front; mtes. 176, E3
Fronteira 135, E4
Frontera 126, A3
Frontera 179, F4
Frontera, Punta; cabo 180, A3
Frosinone 136, E4
Frøya; isla 141, C3
Frugues 140, B5
Frunze v. Biškek
Frutal 188, G2
Frydek-Místek 142, D2
Făgăra 142, G4
Făgăras; mtes. 142, G4
Făurei 142, H4
Fūlah, al- 167, K6
Fuchskaute; cima 140, H5
Fuego, Montaña del; mtña. 127, F2
Fuencaliente de la Palma 126, B2
Fuencaliente, Punta de; cabo 126, B2
Fuendejalón 88, B2
Fuengirola 122, D4
Fuenlabrada 110, B2
Fuenlabrada de los Montes 102, D2
Fuenmayor 100, F2
Fuensalida 106, B2
Fuensanta de Martos 122, E3
Fuente-Álamo 107, E4
Fuente-Álamo 116, E5
Fuentealbilla 107, E3
Fuente de Cantos 102, B3
Fuente del Arco 102, C3
Fuente del Maestre 102, B3
Fuente de Pedro Naharro 107, C3
Fuente de Piedra 122, D3
Fuente de San Esteban, La 96, B4
Fuente el Fresno 106, C3
Fuente Obejuna 122, C2
Fuente Palmera 122, C3
Fuentepelayo 97, D3
Fuenterrabía v. Hondarribia
Fuentes 107, D3
Fuentesaúco 96, C3
Fuentes Claras 88, B3
Fuentes de Andalucía 122, C3
Fuentes de Ebro 88, C2
Fuentes de León 102, B3
Fuentes de Nava 96, D2
Fuentes de Oñoro 96, B4
Fuente Vaqueros 122, E3
Fuerte; río 178, C2

Fuerte, El 178, C2
Fuerte Olimpo 188, E2
Fuerteventura; isla 127, E2
Fuga; isla 159, L8
Fujin 159, N2
Fujiyama; vol. 159, S11
Fukue; isla 159, M5
Fukui 159, S11
Fukuoka 159, R12
Fukushima 159, T11
Fulda; río 138, E2
Fulda 138, E2
Fumay 140, D5
Fumban 166, H7
Funafuti; isla 191, G4
Funchal 135, Q18
Fundación 181, E4
Fundão 135, E3
Fundy; bahía 175, L5
Funes 86, H6
Funtua 166, G6
Furnas; emb. 188, G2
Furneaux; arch. 194, H8
Fürstenau 140, G3
Furth 138, F3
Fushun 159, L3
Fustiñana 86, H6
Futa Djalon; mac. mont. 166, C6
Futuna; isla 191, H5
Fuwah 167, P9
Fuxian 159, L4
Fuxin 159, L3
Fuyang 159, K5
Fuyu 159, L2
Fuzhou 159, K6

Gabela 168, B4
Gabes; golfo 165, F2
Gabes 165, F2
Gabón 168, B2
Gaborone 168, E6
Gabriel y Galán; emb. 102, B1
Gabrovo 142, G5
Gacko 136, H3
Gacko 142, D5
Gadag-Betgeri 156, D5
Gadamés 165, F2
Gádor; srra. 123, F4
Gadsden 177, I5
Gadu 165, F2
Gaeta; golfo 136, E4
Gaferut; isla 161, L3
Gafsa 165, E2
Gagnoa 166, D7
Gagnon 175, L4
Gaià; río 92, B2
Gaima 161, K6
Gainesville 177, J6
Gairdner; lago 194, F6
Gajsin 142, I2
Galaico, Macizo; mac. mont. 54, B1
Galán; pico 188, C3
Galana; río 168, G2
Galapagar 110, A2
Galápagos; arch. 50, E5
Galar 86, H6
Galashields 137, F3
Galati 142, H4
Galatina 136, H4
Galdácano v. Galdakao
Galdakao 82, G5
Gáldar 126, D2
Galdhöpiggen; pico 141, C3
Galea 161, H4
Galea, Punta; cabo 82, D3
Gal, El 169, U22
Galena 174, C3
Galende 96, B2
Galera; río 55, D4
Galera Point; cabo 181, G4
Galera, Punta; cabo 186, B3
Galera, Punta; cabo 118, E2
Galera, Punta; cabo 118, C2
Gales; país 137, F4
Gales; reg 134, B1
Galesburg 177, H3
Galets, des; punta 169, Y28
Galets, Riviere de; río 169, Y28
Galicia; comun. aut. 74
Galilea; reg. 154, B2
Galisteo 102, B2
Galitzia; reg. 139, K3
Galka'yo 169, T23

Galston 137, E3
Galtymore; mte. 137, C4
Galveston; bahía 179, F2
Galveston 179, F2
Gálvez 106, B3
Galway; bahía 137, C4
Galway 137, C4
Gallarate 136, C2
Galle 156, E7
Gállego; río 88, C2
Gallegos; río 189, B8
Galley; cabo 137, C5
Gallinas, Punta; cabo 186, D1
Gallipoli 136, H4
Gallipoli 143, H6
Gällivare 141, F2
Gallo; río 107, D2
Gallocanta; lag. 88, B3
Galloway; pen. 137, E3
Gallup 176, E4
Gallur 88, B2
Gam; isla 161, I5
Gambia; 166, B6
Gambia; río 166, C6
Gambier; islas 191, L6
Gamboma 168, C2
Gambos 168, B4
Gamlakarleby v. Kokkola
Gammouda 165, E2
Gamonal; pico 54, C1
Ganda 168, B4
Gandajika 168, D3
Gander 175, M5
Gandesa 92, A2
Gandhi; emb. 156, D4
Gandhinagar 156, C4
Gandía 112, B3
Gando, Punta de; cabo 126, D3
Ganganagar 156, C3
Ganges; río 156, F4
Ganges, Bocas del; desb. 156, F4
Gangtok 156, F3
Ganjiang; río 159, K6
Gannett; pico 176, E3
Gante 140, C4
Ganzhou 159, J6
Ganzi 158, H5
Gao 166, E5
Gaoligong Shan; mtes. 157, H3
Gap 134, H5
Garachico 126, C2
Garad 169, T23
Garafía 126, B2
Garajonay; pico 126, B2
Garapan; isla 161, L1
Garba Härre 169, S24
García Solá, emb. 102, C2
Garda; lago 136, D2
Garden City 176, F4
Gardner; isla 191, H4
Gardo 169, T23
Garellano; río 136, E4
Garet el Djenoun 165, E3
Gargano; pico 136, F4
Garissa 168, G2
Garm 152, H6
Garoe 169, T23
Garona; río 134, E5
Garoua 166, H7
Garriga, La 92, C2
Garrigues, Les; com. 92, A2
Garrotxa, La; com. 92, C1
Garrovilla, La 102, B3
Garrovillas 102, B2
Garrucha 123, G3
Garry; lago 174, H3
Garsen 168, H2
Garvão 135, D6
Gary 177, I3
Garyän 167, H2
Garzón 186, C3
Gasan-Kuli 152, F6
Gascoyne; río 194, B5
Gascuña; reg. 134, D6
Gashaka 166, H7
Gashunhu; lago 158, H3
Gasmata 161, M6
Gaspé; pen. 175, L5
Gaspé 175, L5
Gasset; emb. 106, C3
Gasteiz 82, G6
Gasteiz v. Vitoria-Gasteiz
Gata; cabo 123, F4
Gata; srra. 96, B4
Gata 102, B1
Gata de Gorgos 112, C3
Gateshead 137, G3
Gatún; lago 180, D5
Gaua-i-Zirreh; salar 155, J7
Gaua 166, E6
Gaucín 122, C4
Gauhati 156, G3
Gausta; pico 141, C4
Gavà 92, C2
Gávdhos; isla 143,G9
Gave d'Oloron; río 55, E1
Gavião 135, E4
Gavioto, Punta del; cabo 54, L1
Gävle 141, E3
Gawler; mtes. 194, F6
Gawler 194, F6
Gaya 156, F4
Gaya 166, F6
Gayndah 195, I5
Gaza 154, A3
Gaziantep 155, E5
Gbarnga 166, D7
Gdansk; golfo 139, J1
Gdansk 139, J1
Gdov 141, I4
Gdynia 138, J1
Gebe; isla 161, H5
Gedera 154, A3
Gediz; río 143, I7
Gedser 138, F1
Geel 140, D4
Geelen 140, E5
Geelong 194, G7
Geer 158, D5
Geeraardsbergen 140 C5
Ge'ermu 158, F4
Gehua 161, M7
Geidam 166, H6
Geita 168, F2
Gejiu 158, H7
Gela 136, F6
Geldern 140, F4
Geldrop 140, E4
Gelsa 88, C2
Gelsenkirchen 140, F4
Gelz; barr. hielo 196, N2
Gemas 160, C4
Gembloux 140, D5
Gemena 168, C1
Gemert 140, E4
Gemona 136, E1
Genale; río 167, M7
Gendermalsen 140, E4
Gendrinchen 140, F4
Genep 140, E4
General Acha 188, D5
General Alvear 188, C5
General Carrera; lago 188, B7
General Güelmes 188, C2
Generalísimo; emb. v. Benaixeve; emb.
General Juan Madariaga 188, E5
General Paz 188, E3
General Pico 188, D5
General Roca 188, C5
General Santos 161, H3
General Villegas 188, D5
General Vintter; lago 188, B6
Genil; río 122, C3
Genk 140, E5
Gennargentu; mac. mont. 136, C4
Génova; golfo 136, C2
Génova 136, C2
Genteng 160, D6
George; lago 168, F2
George 169, D8
Georgetown 177, K5
Georgetown 180, C3
Georgetown 186, G2
George Town v. Pinang
Georgia; est. fed. 177, J5
Georgia 144, E3
Georgia del Sur; drs. subm. 196, C4
Georgia del Sur; isla 196, D4
Georgian; bahía 177, J2
Georgias del Sur; islas 189, J8
Georgina; río 194, F4
Gera 138, G2
Geral de Goiás; srra. 187, I6
Geraldton 175, J5
Geraldton 194, A5
Gerar; río 154, A3
Gerena 122, B3
Gerês; srra. 135, D2
Gérgal 123, F3
Gerlachovsky; pico 142, E2
Germiston 169, E7
Gernika-Lumo 82, G5
Gerolstein 140, F5
Gerona; prov. v. Girona; prov.
Gerona v. Girona
Gers; río 55, F1
Gescher 140, F4
Geselheim 140, G5
Getafe 110, B2
Geyser; banco submarino 169, Q18
Gezer 154, A3
Ghana 166, E7
Ghanzi 168, D6
Ghar, al-; wadi 154, B3
Ghardaïa 165, D2
Ghärib, G.; gebel 167, P10
Ghät 165, F4
Ghats Occidentales; cord. 156, C5
Ghats Orientales 156, D6
Ghaydah, al- 155, H9
Ghazaouet 165, C1
Ghazni 155, K6
Gheorghe Gheorghiu-Dej 142, H3
Gheorgheni 142, G3
Gheorghiu-Dej 144, D2
Giarre 136, F6
Gibara 181, D2
Gibeon 168, C6
Gibraleón 122, B3
Gibraltar; estr. 54, C5
Gibraltar 122, C4
Gibraltar, Campo de; com. 122, C4
Gibson; des. 194, C4
Gidole 167, M7
Gien 134, F4
Giessen 138, E2
Gifu 159, S11
Giganta; srra. 178, B2
Giglio; isla 136, D3
Gijón 78, F1
Gila; río 176, D5
Gila Bend 176, D5
Gilbert; río 194, G3
Gilena 122, D3
Gilgandra 194, H6
Gilgit 156, C1
Giluwe; pico 161, K6
Gillam 174, I4
Gillen; lago 194, D5
Gillette 176, E3
Gillingham 137, H5
Ginebra; lago 138, D4
Ginebra 138, D4
Ginés 122, B3
Gineta, La 107, E3
Gin Gin 195, I5
Ginir 167, N7
Giohar 169, T24
Giona; pico 143, F7
Giovi, Paso de los; pto. mont. 136, C2
Gipuzkoa; prov. 82, G5
Girardot 186, D3
Girishk 155, J6
Girona; prov. 92, C1
Girona 92, C1
Gironda; estuario 134, D5
Gironella 92, B1
Gisborne 195, Q12
Gisenyi 168, E2
Gisors 140, A6
Gistel 140, B4
Gistral; pico 54, B1
Gistredo; srra. 54, B1
Gitega 168, E2
Giurgiu 142, G5
Giv'atayim 154, A2
Giv'at Hamore; mte. 154, B2
Givet 140, D5
Gizeh 167, P9
Gjoa Haven 175, I3
Gjøvik 141, C3
Glacial Antártico; océano 196-2
Glacial Artico; océano 196-1
Gladstone 195, I4
Glåma; río 141, C3
Glåmfjord 141, D2
Glarus 138, E4
Glasgow 137, E3
Glasgow 176, E2
Glazov 144, F2
Glendale 176, C5
Glendive 176, E2
Glenhope 195, N13
Glen Innes 195, I5
Glens Falls 177, L3
Glittertind; pico 141, C3
Gliwice 142, D1
Globe 178, B1
Glogów 142, C1
Glorieuses; islas 169, Q18
Gloucester 137, F5
Glubokoje 158, D1
Gmünd 142, B2
Gmunden 142, A3
Gnowangerup 194, B6
Goba 167, M7
Goba 169, F7
Gobabis 168, C6
Gobernador Gregores 189, C7
Gobernador Valadares 187, J7
Gobi; des. 158, I3
Goch 140, F4
Godävari; río 156, D5
Godella 112, E5
Godhavn 175, M3
Godoy Cruz 188, C4
Godthåb 175, M3
Godwin Austen (K2); pico 156, D1
Goeree; isla 140, C4
Goes 140, C4
Gogra; río 156, E3
Gohpur 158, F6
Goiânia 187, I7
Goiás 187, H7
Goierri 82, E4
Góis 135, D3
Goizueta 86, H5
Göktepe 143, I8
Gol 141, C3
Golada 74, B2
Gold Coast 195, I5
Golden; bahía 195, N13
Goléa, El- 165, D2
Golegã 135, D4
Golela 169, F7
Goleta, La 165, F1
Golfito 180, C5
Golo; río 134, H7
Golspie 137, F1
Goma 168, E2
Gómara 97, F3
Gomati; río v. Gogra; río
Gombe; río 168, F2
Gomel' 144, D2
Gomera; isla 126, B2
Gómez Farias 179, D2
Gómez Palacio 179, D2
Gonäbäd 155, I6
Gonaïves 181, E3
Gonâve; golfo 181, E3
Gonâve; isla 181, E3
Gondar 167, M6
Gondia 158, D7
Gondomar 135, D2
Gondomar 74, B2
Gondora, Punta de; cabo 126, D2
Gönen 143, H6
Gonfital; bahía 54, K1
Gongbo'gyamda 158, F5
Gonggashan; pico 158, H6
Gonggeershan; pico 158, C4
Goniri 166, H6
González 179, E3
Goodenough; isla 161, M6
Goodland 176, F4
Goondiwindi 195, I5
Goor 140, F3
Goose; lago 176, B3
Goose Bay 175, M4
Goražde 142, D5
Gorbeia; pico 82, G5
Gorda; srra. 102, B2
Gorda; srra. 122, D3
Gorda, Punta; cabo 127, F2
Gordon Downs 194, D3
Goré 167, I7
Gore 167, M7
Gore 195, L16
Gorgan 155, H5
Gorge; río 169, Y29
Gorgona; isla 186, C3
Gorinchem 140, D4
Goriza v. Korçe Korçe 143, E6
Gorizia 136, E2
Gorki; emb. 144, E2
Gorki v. Nizhni Novgorod
Görlitz 138, H2
Gorliz 82, G5
Gorlovka 144, D3
Gorna Orjahovica 142, G5
Gornji Vakuf 142, C5
Gorno-Altajsk 152, I4
Gorodišče 139, P3
Gorodnica 142, H1
Gorodok 142, F2
Gorodok 142, H2
Gorong; islas 161, I5
Gorontalo 161, G4
Goryn; río 139, N2
Gorzów Wielkopolski 138, H1
Gospic 142, B4
Götaland; reg. 141, D4
Göteborg 141, C4
Gotha 138, F2
Gotinga 138, E2
Gotland; isla 141, E4
Goto; isla 159, Q12
Gotska Sandön; isla 141, E4
Gottwaldov 142, C2
Gouda 140, D3
Gouin; emb. 175, K5
Goulburn; islas 194, E2
Goulburn 195, H6
Gourdon 134, E5
Gourma; reg. 166, F6
Gournay-en-Bray 140, A6
Gourrama 165, C2
Gourselik 166, H6
Goya 188, E3
Goyerri v. Goierri
Goyllarisquizga 186, C6
Goz Beida 167, J6
Gozón 78, F1
Graaff-Reinet 169, D8
Gračac 142, B4
Gracias a Dios; cabo 180, C3
Graciosa; isla 127, F1
Graciosa; isla 135, M14
Gradaús; srra. 187, H5
Gradaús 187, H5
Grado 78, E1
Grado Diez; canal 156, G7
Grado, El; emb. 88, D1
Grado, El 88, D1
Grado Nueve; canal 156, C7
Grado Ocho; canal 156, C7
Grafton; cabo 194, H3
Grafton 195, I5
Graham; isla 174, E4
Graham; pico 178, C1
Graham Bell; isla 152, G1
Graham More; cabo 175, K2
Grahamstown 169, E8
Grajaú 187, I5
Gralheira; srra. 54, A2
Grampianos; mtes. 137, E2
Gramsh 143, E6
Gran Ábaco; isla 180, D1
Granada; isla 181, G4
Granada; prov. 123, E3
Granada 123, E3
Granada 180, B4
Granada 181, G4
Granadilla de Abona 126, C2
Granadinas; arch. 181, G4
Gran Atlas; cord. 165, B2
Gran Bahama; isla 180, D1
Gran Bahía Australiana; bahía 194, D6
Gran Barrera Australiana; barr. arrf. 194, H3
Gran Bretaña e Irlanda del Norte 137
Gran Caicos; isla 181, E2
Gran Canal; canal 159, K5
Gran Canal; estr. 156, G7
Gran Canaria; isla 126, D3
Gran Cuenca; depr. 176, C3
Grand-Bassam 166, E7
Grand; río 176, F2
Grandas de Salime 78, E1
Grand Baie 169, X26
Grand Cayman; isla 180, C3
Grande-Prairie 174, G4
Grande; río 176, E5
Grande; río 179, F4
Grande; río 180, C4
Grande; río 186, F7
Grande; río 187, J6
Grande; río 188, G2
Grande; río 55, E3
Grande Comore; isla 169, N16
Grande de Gurupá; isla 187, H4
Grande de la Baleine; río 175, K4
Grande de Santiago; río 179, D3
Grande de Tierra del Fuego; isla 189, C8
Grande, La 176, C2
Gran Desierto de Arena; des. 194, C3
Gran Desierto de Arena; des. 176, C3
Gran Desierto Victoria; des. 194, D5
Grand Forks 176, C2
Grand Forks 176, G2
Grandioznyj; pico 158, G1
Grand Island 176, G3
Grand Junction 176, E4
Grand, Le; cabo 194, C6
Grandolã 135, D5
Grand Rapids 174, I4
Grand Riviere South East; río 169, X27
Grand Teton; pico 176, D3
Grandvilliers 140, A6
Grane 141, D2
Gran Erg Occidental; des. 165. D2
Gran Erg Oriental; des. 165, D3
Gran Erg Oriental 165, E2
Grange, La 177, J5
Grange, La 194, C3
Gran Inagua; isla 181, E2
Granite; pico 176, E2
Granites, The 194, E4
Granity 195, M13
Granja 187, J4
Granja de Torrehermosa 102, C3
Granja, La 97, D4
Gran Kabylia; reg. 55, G4
Gran Karroo; msta. 169, D8
Gran Khingan; cord. v. Daxing'anling; cord.
Gran Lago Amargo; lago 167, P9
Gran Lago Salado, Desierto del; des. 176, D3
Gran Malvina, isla 189, D8
Gran Namakwaland; reg. 168, C7
Gran Nicobar 156, G7
Granollers 92, C2
Gran Paradiso; pico 136, B2
Gran Polonia; reg. 138, I1
Gran Ruaha; río 168, G3
Gran Sasso; mac. mont. 136, E3
Gran Sirte; golfo 167, I2
Gran Tarajal 127, E2
Grants Pass 176, B3
Granville 134, D3
Grañén 88, C2
Grao, El 112, F6
Grasse 136, B3
Graulhet 134, E6
Graus 88, D1
Grave 140, E4
Gravellines 140, B5
Grave, Punta de; cabo 134, D5
Graz 142, B3
Grazalema; srra. 122, C4
Great; lago 194, H8
Great Bend 176, G4
Great Falls 176, D2
Great Yarmouth 137, H4
Greboun; mte. 166, G4
Grecia 143, E7
Gredos; srra. 96, D4
Greeley 176, F3
Green; río 176, E3
Green Bay 177, I3
Greenock 137, E3
Green River 176, D4
Greensboro 177, K4
Greenvale 194, G3
Greenville 166, D7
Greenville 177, G5
Greenville 177, H5
Greenville 177, J5
Greenwood 177, H5
Greenwood 177, J5
Gregory; lago 194, D4
Gregory; mtes. 194, G3
Gremicha 144, D1
Grenen; cabo 141, C4
Grenoble 134, G5
Grenville; cabo 194, G2
Greven 140, G3
Grevená 143, E6
Grevenbroich 140, F4
Grevenmacher 140, F6
Grey; mtes. 194, G5
Greytown 195, O13
Griffin 177, J5
Griffith 194, H6
Grim; cabo 194, G8
Grimari 167, J7
Grimbergen 140, D5
Grimsby 137, G4
Grimstad 141, C4
Griñón 110, B2
Gris Nez; cabo 134, E2
Grmeč; mtes. 142, C4
Grodno 144, C2
Groenlandia; isla 175, N2
Groenlandia; mar 196, A2
Groesbeck 140, E4
Groesweck 179, E1
Gronau 140, F3
Grong 141, D2
Groninga 140, F2
Groote Eylandt; isla 194, F2
Grootfontein 168, C5
Grossa; srra. 112, B3
Grossenhain 142, A1
Grosseto 136, D3
Grossglockner; pico 138, G4
Grove, O 74, B2
Grozny 144, E3
Grudovo 142, H5
Grudziadz 139, J1
Grybów 142, E2
Guacanayabo; golfo 180, D2
Guachipas 188, C3
Guadajoz; río 55, C4
Guadalajara; prov. 107, D2
Guadalajara 107, C2
Guadalajara 179, D3
Guadalaviar; río 88, B3
Guadalbullón; río 55, D4
Guadalcacín; canal 54, C4
Guadalcacín; emb. 54, C4
Guadalcanal; isla 191, F4
Guadalcanal 122, C2
Guadalén; emb. 123, E2
Guadalén; río 55, D3
Guadalentín; río 123, F3
Guadalete; río 122, C4
Guadalfeo; río 55, D4
Guadalhorce; emb. 122, D4
Guadalhorce; río 122, D4
Guadalimar; río 55, D3
Guadalmellato; emb. 122, D2
Guadalmena; emb. 123, F2
Guadalmena; río 55, D3
Guadalmez; río 55, C3
Guadalop; río v. Guadalope; río
Guadalope; río 88, C3
Guadalquivir; río 55, C4
Guadalquivir, Depresión del 54,C4
Guadalupe; isla 176, C6
Guadalupe; río 179, E2
Guadalupe; srra. 102, C2
Guadalupe 102, C2
Guadalupe 179, D2
Guadalupe, Paso;

estr. 181, G3
Guadalupe Victoria 179, D3
Guadalupe y Calvo 178, C2
Guadarrama; pto. mont. 110, A2
Guadarrama; río 55, D2
Guadarrama; srra. 55, C2
Guadatera; emb. 122, D4
Guadiamar; río 122, B3
Guadiana; bahía 180, C2
Guadiana; canal 55, D3
Guadiana; río 54, C3
Guadiana Menor; río 123, E3
Guadiaro; río 54, C4
Guadiato; río 122, D3
Guadiela; río 107, D2
Guadix 123, E3
Guadix, Hoya de; com. 123, E3
Guadiz y Baza, Hoyas de; com. 55, D4
Guafo; isla 188, B6
Guafo, Boca del; estr. 188, B6
Guainía; río 186, E3
Guaiquinima; pico 186, F2
Guaira 188, F2
Guaira, La 186, E1
Guaira, Salto del; cascadas 188, F2
Guaitecas; islas 188, B6
Guajará-Mirim 186, E6
Guaje, El; lag. 179, D2
Guajira; pen. 186, D1
Gualchos 123, E4
Gualeguay 188, E4
Gualeguaychú 188, E4
Guam; isla 161, K2
Guamúchil 178, C2
Guanabacoa 180, C2
Guanacaste; cord. 180, B4
Guanaceví 178, C2
Guanahacabibes; pen. 180, C2
Guanajay 180, C2
Guanajuato; est. fed. 179, D3
Guanajuato 179, D3
Guanare; río 181, F5
Guanare 181, F5
Guancha, La 126, C2
Guanche, Punta del; cabo 126, B3
Guane 180, C2
Guang'an 158, I5
Guanghua 158, J5
Guangnan 158, I7
Guangyuan 158, I5
Guangzhou 158, J7
Guanipa; río 181, G5
Guanpata 180, B3
Guantánamo; bahía 181, D2
Guantánamo 181, D2
Guápiles 180, C4
Guapo, El 181, F4
Guaporé; río 186, F6
Guaqui 186, E7
Guara; srra. 88, C1
Guarabira 187, K5
Guarapuava 188, F3
Guarda 135, E3
Guarda, A 74, B3
Guardafui; cabo 169, U22
Guardamar del Segura 112, B3
Guardia, La 106, C3
Guardo 96, D2
Guardunha; srra. 54, B2
Guareña 102, B3
Guareña, río 54, C2
Guárico; emb. 181, F5
Guárico; río 181, F5
Guarrizas; río 123, E2
Guarromán 123, E2
Guarulhos 188, G2
Guasave 178, C2
Guasdualito; río 181, E5
Guatemala 180, A3
Guatemala 180, A4
Guaviare; río 186, D3
Guaxupé 188, G2
Guayama 181, F3
Guayana; cca. subm. 187, H1
Guayana; mac. mont. 186, E2
Guayana Francesa; dpto. ultr. 187, H3
Guayaquil; golfo 186, B4
Guayaquil 186, B4
Guayaramerin 186, E6
Guaymas 176, D6
Guazapares 178, C2
Gúdar; srra. 88, C3
Gudiña, A 135, E1
Guebwiller 134, H4
Guecho v. Algorta (Getxo)
Guéckédou 166, C7
Güéjar-Sierra 123, E3
Guelma 165, E1
Guené 166, F6
Guenes 82, F5
Güeñes v. Guenes
Guepí 186, C4
Guerara 165, D2
Guercif 165, C2
Guéret 134, E4
Guerla Mandata; pico 158, D5
Guernesey; isla 134, C3
Guernica; ría 55, D1
Guernica y Luno v. Gernika-Lumo
Guerrero; est. fed. 179, D4
Guguan; isla 161, L1
Guía de Gran Canaria 126, D2
Guía de Isora 126, C2
Guider 167, H7
Guidonia 136, E4
Guijo de Galisteo 102, B1
Guijuelo 96, C4
Guilford 137, G5
Guilin 158, J6
Guillena 122, B3
Güímar 126, C2
Guimarães 135, D2
Guimaras; isla 160, G2
Güimar, Punta del; cabo 54, J1
Guinea; golfo 166, E8
Guinea 166, C6
Guinea Bissau 166, B6
Guinea Ecuatorial 168, A1
Güines 180, C2
Guingamp 134, C3
Guiping 158, J7
Guipúzcoa; prov. v. Gipuzkoa 82, G5
Guir; wadi 165, C2
Güiria 181, G4
Guise 140, C6
Guissona 92, B2
Guitriz 74, C1
Guiyang 158, I6
Gujarat; est. 156, C4
Gujranwala 156, C2
Gujrat 156, C2
Gulbarga 156, D5
Gulbene 141, G4
Gulfport 179, G1
Gulistan 152, G5
Gulu 168, F1
Gummersbach 140, G4
Guna; pico 167, M6
Guna 156, D4
Gundam 166, E5
Gungu 168, C3
Gunnbjørn; pico 175, O3
Gunnedah 195, I6
Gunners Quoin; isla 169, X26
Gunnison; río 176, E4
Guntakal 156, D5
Guntín 74, C2
Guntür 156, E5
Gunungsitoli 160, B4
Gunza 168, B4
Guoxian 158, J4
Gurahont 142, F3
Gura Humorului 142, G3
Guré 166, H6
Gur'ev 144, F3
Gurguéia; río 187, J5
Guro 167, I5
Gurrea de Gállego 88, C1
Gurupá 187, H4
Gurupi; río 187, I4
Gurvan Sajchan Alai; cord. 158, H3
Gusau 166, G6
Gütersloh 140, H4
Gutu 168, F5
Guyana 186, G2
Guzmán; lag. 178, C1
Guzmán 178, C1
Gwabegar 195, H6
Gwadar 155, J7
Gwai 168, E5
Gwalior 156, D3
Gweru 168, E5
Gwydir; río 195, I6
Gya La; pto. mont. 156, E3
Gyandzha 144, E3
Gyangtse 158, E6
Gyaring Hu; lago 158, G5
Gyda; pen. 152, H2
Gympie 195, I5
Gyoma 142, E3
Gyöngyös 142, E3
Györ 142, C3
Gypsumville 174, I4
Gyula 142, E3

Haaksbergen 140, F3
Ha'apai; islas 191, H5
Haapamäki 141, G3
Haapsalu 141, F4
Haarlem 140, D3
Habana, La 180, C2
Habaswein 168, G1
Hachinohe 159, T10
Haddington 137, F3
Hadd, Ra's al-; cabo 155, I8
Hadejia; río 166, G6
Hadejia 166, G6
Hadera; río 154, A2
Hadera 154, A2
Haderslev 141, C5
Hadibu 169, U22
Hadjadj, el-; wadi 165, E3
Hadramawt; reg. 155, G10
Haeju 159, M4
Haerbin 159, M2
Haerliikeshan; pico 158, F3
Hafnarfjördur 141, L7
Hafun 169, U22
Hafun, Ra's; cabo 169, U22
Hagen 140, G4
Hagerstown 177, K4
Hagfors 141, D4
Haggin; pico 176, D2
Hague; cabo 134, D3
Haguenau 134, H3
Hahl; río 155, I7
Haifa; bahía 154, A2
Haifa 154, A2
Haiger 140, H5
Haikou 158, J8
Ha'il 155, F7
Hailar 159, K2
Hailuoto; isla 141, G2
Hainan; estr. 158, J7
Hainan; isla 158, I8
Haiphong 157, J4
Haití 181, E3
Hajdúböszörmény 142, E3
Hajhir; gebel 169, U22
Hajnówka 139, L1
Hakodate 159, T10
Halahu; lago 158, G4
Hala'ib 167, M4
Halbül 154, B3
Halcón; pico 160, G2
Halden 141, C4
Halifax; bahía 194, H3
Halifax 137, G4
Halifax 175, L5
Halkett; cabo 174, C2
Halmahera; isla 161, H4
Halmahera; mar 161, H5
Halmstad 141, D4
Hälsingborg 141, D4
Haltern 140, G4
Haltiatunturi; mte. 141, F1
Hall; arch. 190, E3
Hall; pen. 175, L3
Halle 140, D5
Halle 140, H3
Halle an der Saale 138, F2
Hallingkarvet; pico 141, B3
Hall Lake 175, J3
Halls Creek 194, D3
Hama 155, E5
Hamada 159, R12
Hamadan 155, G6
Hamamatsu 159, S12
Hamar 141, C3
Hamatah; gebel 167, L4
Hamburgo 138, F1
Hamd, al-; wadi 155, E7
Hameenlinna 141, G3
Hamersley; mtes. 194, B4
Hamhŭng 159, M3
Hami 158, F3
Hamilton; río 170, L4
Hamilton; río 194, E5
Hamilton 137, F3
Hamilton 175, Q7
Hamilton 177, J4
Hamilton 194, G7
Hamilton 195, O11
Hamm 140, G4
Hamma, El 165, E2
Hammam an-Nif 165, F1
Hammamet; golfo 165, F1
Hammamet 165, F1
Hamman, El-; río 55, F5
Hamme 140, D4
Hammerfest 141, F1
Hamminkeln 140, F4
Hammond 177, I3
Hammond 179, F1
Hamra, Hamada el-; des. 165, F3
Hamun-e Jaz Murian; salar 155, I7
Hana 176, P8
Hanamaki 159, T11
Hanbantota 156, E7
Handan 158, J4
Hanford 176, C4
Hangö v. Hanko
Hangu 159, K4
Hangzhou; bahía 159, L5
Hangzhou 159, K5
Hank, El; reg. 165, B4
Hanko 141, F4
Hanmer 195, N14
Hann; mte. 194, D3
Hannover 138, E1
Hanoi 157, J4
Hanover; isla 189, C8
Hanshui; río 158, J5
Hanzhong 158, H5
Hao; isla 191, K5
Haparanda 141, G2
Harad 155, G8
Harar 167, N7
Harardera 169, T24
Harare 168, F5
Hardangerfjord; fiordo 141, B3
Hardangervidda; msta. 141, B3
Hardenberg 140, F3
Harderwijk 140, E3
Hardwar 156, D2
Harelbeke 140, C5
Hare Meron; pico 154, B2
Haren 140, G3
Hargeysa 169, S23
Hari; río 156, A2
Hari; río 160, C5
Hari 155, J6
Haría 127, F1
Hari Rud; río 155, J5
Harlingen 140, E2
Harlingen 176, G6
Härnösand 141, E3
Haro; cabo 178, B2
Haro 100,
Haro 100, F2
Harod; río 154, B2
Harper 166, D8
Harrah, al- 155, E6
Harrisburg 177, K3
Harris, isla 137, D2
Harrison; cabo 175, M4
Harrisonburg 177, K4
Harstad 141, E1
Hartberg 142, B3
Hartford 177, L3
Hartland; cabo 134, B2
Hartland Point; cabo 137, E5
Hartlepool 137, G3
Harvey 176, F2
Harwich 134, E2
Harwich 137, H5
Harz; mtes. 138, F2
Hasakah, al- 155, F5
Hase; río 140, G3
Haselünne 140, G3
Haskerland 140, E3
Haskovo 142, G6
Hasselt 134, G2
Hasselt 140, E5
Hassi el Biad 165, E3
Hassi Messaoud 165, E2
Hassi R'Mel 165, D2
Hassi Zegdou 165, C3
Hässleholm 141, D4
Hastings 137, H5
Hastings 176, G3
Hastings 195, P12
Hasy Atshan 165, F3
Hatch 178, C1
Hatches Creek 194, F4
Hato Mayor 181, F3
Hato Nuevo 181, E4
Hatteras; cabo 177, K4
Hattiesburg 177, I5
Hatutu; isla 191, K4
Hatvan 139, J4
Hat Yai 160, C3
Haugesund 141, B4
Hauraki; golfo 195, O11
Haut Plateaux; msta. 165, C2
Havel; río 138, F1
Havelange 140, E5
Haverfordwest 137, E5
Havlíčkuv Brod 142, B2
Havre 176, E2
Havre, El 134, E3
Hawaii; est. fed. 176, P8
Hawaii; isla 176, Q9
Hawaii, arch. 176, P8
Hawea; lago 195, L15
Hawera 195, O12
Hawi 176, Q8
Hawick 137, F3
Hawkdun; mtes. 195, M15
Hawke, bahía 195, P12
Hawkwood 195, I5
Hawrah, al- 155, G10
Hawr al-Hammar; lago 155, G6
Hawran; wadi 155, F6
Hawta, al- 155, G9
Hawthorne 176, C4
Hay; río 174, G4
Hay; río 194, F4
Hay 194, G6
Haya, La 140, D3
Hayange 134, H3
Hayange 140, F6
Haydan, al-; wadi 154, B3
Hayes; pen. 175, L2
Hayes; río 174, I4
Hay River 174, G3
Hays 176, G4
Hayya 167, M5
Hazaribagh 156, F4
Hazebrouck 140, B5
Hazelton 174, F4
Hearst 175, J5
Hébridas; arch. 137, D2
Hebrón 154, B3
Hebron 175, L4
Hecate; estr. 174, E4
Hecho, Valle de; com. 88, C1
Hechuan 158, I5
Hede 141, D3
Heemsede 140, D3
Heemskerk 140, D3
Heerenveen 140, E3
Heerhugowaard 140, D3
Heerlen 140, E5
Hefei 159, K5
Hegang 159, M2
Heide 138, E1
Heidelberg 138, E3
Heihe v. Nagchu
Heilbron 169, E7
Heilbronn 138, E3
Heilongjiang; río 159, L1
Heinsberg 140, F4
Heist-op-den-Berg 140, D4
Hejaz; reg. 155, E7
Hekla; vol. 141, M7
Helagsfjället; pico 141, D3
Helen; isla 161, I4
Helena 176, D2
Helensburgh 137, E2
Helensville 195, O11
Helez 154, A3
Helgeland; reg. 141, D2
Helgoland; bahía 138, E1
Helmand; río 155, J6
Helmond 140, E4
Helmsdale 137, F1
Helsingfors v. Helsinki
Helsingør 141, D4
Helsinki 141, G3
Hellendoorn 140, F3
Hellín 107, E4
Hellville 169, Q18
Hempstead 179, E1
Henares; río 107, D2
Henderson 176, C4
Hengelo 140, F3
Hengyang 158, J6
Hénin-Beaumont 140, B5
Hennebont 134, C4
Henrietta Maria; cabo 175, J4
Henzada 157, H5
Hepu 158, I7
Heradsvötn; río 141, M6
Heras, Las 188, D7
Herat 155, J6
Hérault; río 55, G1
Herceg Novi 142,D5
Herdubreid; pico 141, M6
Heredia 180, C5
Hereford 137, F4
Hereford 176, F5
Hereheretue; isla 191, K5
Herencia 106, C3
Herentals 140, D4
Herford 138, E1
Hermanos, Los; islas 186, F1
Hermit; islas 161, K5
Hermópolis 143, G8
Hermosillo 176, D6
Hernád; río 142, E2
Hernani 82, H5
Herne 140, G4
Herrera 122, D3
Herrera de Alcántara 102, A2
Herrera del Duque 102, C2
Herrera de los Navarros 88, B2
Herrera de Pisuerga 97, D2
Herrick 194, H8
Herstalk 140, E5
Herten 140, G4
Hervás 102, C1
Hervey; islas 191, J5
Hervey, bahía 195, I5
Herzliyya 154, A2
Hesan 159, M3
Heschi 158, I6
Hesdin 140, B5
Hesel 140, G2
Hickory 177, J4
Hida; srra. 159, S11
Hidaka; mtes. 159, T10
Hidalgo; emb. 178, C2
Hidalgo; est. fed. 179, E3
Hidalgo del Parral 178, C2
Hidalgo, Punta; cabo 126, C2
Hieflau 142, B3
Hiendelaencina 107, C1
Hierro; isla 126, B3
Higashi-Osaka 159, S12
Highlands del Norte; reg. 137, E2
Higuer; cabo 55, E1
Higuera de la Sierra 122, B3
Higuera de Vargas 102, B3
Higuera la Real 102, B3
Higueruela 107, E4
Hiiumaa; isla 144, C2
Híjar; río 80, A1
Híjar 88, C2
Hikmak, el; cabo 143, H11
Hilden 140, F4
Hildesheim 138, E1
Hilo 191, J2
Hilversum 140, E3
Hillah, al- 155, F6
Hillah, al- 155, G8
Hillsboro 179, E1
Hillsborough 181, G4
Hillston 194, H6
Himachal Pradesh; est. fed. 156, D2
Himalaya; cord. 156, C1
Hinche 181, E3
Hinchinbrook; isla 194, H3
Hindu-Kush; cord. 155, K5
Hines Creek 174, G4
Hinnøya; isla 141, D1
Hinojos 122, B3
Hinojosa de Duero 96, B4
Hinojosa del Duque 122, C2
Hinojosos, Los 107, D3
Hirakud; emb. 156, E4
Hirhafok 165, E4
Hirosaki 159, T10
Hiroshima 159, R12
Hirson 134, F3
Hîrsova 142, I4
Hirtshals 141, C4
Hisban 154, B3
Hissar 156, D3
Hitra; isla 141, C3
Hjälmaren; lago 141, E4
Hjørring 141, C4
Ho 166, F7
Hobart 194, H8
Hobbs 176, F5
Hoceima, al- 165, C1
Ho Chi Minh 157, J6
Hodeida 155, F10
Hod HaSharon 154, A2
Hódmezövásárhely 142, E3
Hodna, el-, chott; lago 165, D1
Hodonín 142, C2
Hoek van Holland 140, D3
Hofsjökull; pico 141, M6
Hofuf 155, G7
Hogsty; arref. 181, E2
Hohe Acht; mte. 140, F5
Hôi An 157, J5
Hokianga, Puerto; canal 195, N10
Hokitika 195, M14
Hokkaido; isla 159, T10
Holanda; reg. 140, D3
Holchit, Punta; cabo 179, G3
Holguín 181, D2
Holman Island 174, G2
Hólmavik 141, L6
Holmes; arref. 195, H3
Holmsund 141, F3
Holon 154, A3
Holstebro 141, C4
Holsteinsborg 175, M3
Holy Cross 174, B3
Holyhead 137, E4
Hollick-Kenyon; msta. 196-2, L1
Hollmann; cabo 161, M6
Hollywood 176, C5
Hombori 166, E5
Homburg 140, G6
Home; bahía 175, L3
Home Hill 194, H3
Homs 155, E6
Hondarribia 82, H5
Hondo; río 180, B3
Hondsrug; reg. 140, F2
Honduras; golfo 180, B3
Honduras 180, B3
Hønefoss 141, C3
Honey; lago 176, B3
Hông Da; río 157, I4
Hông Ha; río 158, H7
Hongjinang 158, J6
Hong Kong 159, J7
Hongshuihe; río 158, I6
Honiara 191, E4
Honningsvåg 141, G1
Honolulú 176, P8
Honrubia 107, D3
Honshu; isla 159, S11
Hontalbilla 97, D3
Hood; pico 176, B2
Hood, Punta; cabo 161, L7
Hoogeveen 140, F3
Hoogezand 140, F2
Hooghly; isla 156, F4
Hook; cabo 137, D4
Hoorn 140, E3
Hope 177, H5
Hopedale 175, L4
Hopetown 169, D7
Hopkins; lago 194, D4
Hoquiam 176, B2
Horcajada, La 96, C4
Horcajo de las Torres 96, C3
Horcajo de los Montes 106, B3
Horcajo de Santiago 107, C3
Horche 107, C2
Hormigas 179, D2
Horn; cabo 137, C3
Horn; cabo 141, L6
Horn; islas 191, H5
Horn 142, B2
Hornachos; srra. 102, B3
Hornachos 102, B3
Hornachuelos 122, C3
Hornavan; lago 141, E2
Hornos; cabo 189, D9
Hornoy 140, A6
Horqueta 188, E2
Horsens 141, C5
Horsham 194, G7
Hörstel 140, G3
Horta 135, M15
Horten 141, C4
Horton; río 174, F3
Hospet 156, D5
Hospitalet de Llobregat, L' 92, E5
Hostalric 92, C2
Hoste; isla 189, C9
Hot Springs 176, F3
Hot Springs 177, H5
Hotte; srra. 181, E3
Hou; río 157, I4
Houffalize 140, E5
Houlton 177, M2
Houma 177, H6
Houston 177, G6
Houtman Abrolhos; islas 194, A5
Hov 141, C3
Howar; wadi 167, K5
Howe; cabo 195, I7
Howland; isla 191, H3
Howrah 156, E4
Hoy; isla 137, J1
Hoya de Calatayud; com. 55, E2
Høyanger 141, B3
Hoyo de Manzanares 110, B2
Hoyo de Pinares, El 96, D4
Hoyos 102, B1
Hradec Králové 142, B1
Hsinchu 159, L7
Hsinkaoshan; pico 159, L7
Hüich'on 159, M3
Hün 167, I3
Huacho 186, C6
Huaihe; río 159, K5
Huainan 159, K5
Huajuapan de León 179, E4
Hualien 159, L7
Huallaga; río 186, C5
Huambo 168, C4
Huancané 186, E7
Huancavelica 186, C6
Huancayo 186, C6
Huangchuan 158, J5
Huanghe; río 158, I3
Huangshi 159, K5
Huangting 158, I4
Huangyan 159, L6
Huangydan 158, H4
Huánuco 186, C6
Huaraz 186, C5
Huarmey 186, C6
Huarte 86, H6
Huascarán; pico 186, C5
Huasco; río 188, B3
Huasco 188, B3
Huatabampo 178, C2
Huauchinango 179, E3
Huaynamota; río 179, D3
Huaynamota 179, D3
Hubli-Dharwar 156, D5
Hückeswagen 140, G4
Huddersfield 137, G4
Hudiksvall 141, E3
Hudson; bahía 175, J3
Hudson; estr. 175, K3
Hué 157, J5
Huebra; río 96, B3
Huehuetenango 180, A3
Huelma 123, E3
Huelva; prov. 122, A3
Huelva; río 135, F6
Huelva 122, B3
Huércal-Overa 123, G3
Huércal de Almería 123, F4
Huerta del Rey 97, E3
Huerta de Valencia; com. 55, E3
Huertas; cabo 112, B3
Huerva; río 88, B2
Huesca; prov. 88, C1
Huesca 88, C1
Huéscar 123, F3
Huete 107, D2
Huétor-Tájar 122, D3
Huétor-Vega 123, E3
Hugh; río 194, E4
Hughenden 194, G4
Huh Hoto 158, J3
Huila, Nevado del; vol. 186, C3
Huinca Renancó 188, D4
Huixtla 179, F4
Huizache 179, D3
Huize 158, H6
Huizen 140, E3
Hula; lago 154, B1
Hulst 140, D4
Hulun; lago 158, K2
Hulwän 167, P10
Hull; isla 191, H4
Hull 137, G4
Hull 175, K5
Humaerhe; río 159, L1
Humaitá 186, F5
Humanes 107, C2
Humboldt; río 176, C3

Humenné 142, E2
Hümling; cols. 140, G3
Humphreys; pico 176, D4
Hums, al- 167, H2
Húnaflói; bahía 141, L6
Hunchun 159, R10
Hunedoara 142, F4
Hungnam 159, M3
Hungría 142, D3
Hunsrück; mac. mont. 140, F6
Hunte; río 140, H3
Hunter; isla 191, G6
Hunter; isla 194, H8
Hunterville 195, O12
Huntington 177, J4
Huntsville 177, I5
Huntsville 179, E1
Hunyani; río 168, F5
Hunze; río 140, F2
Huon; golfo 161, L6
Huon; isla 191, F5
Huon; pen. 161, L6
Hurdes, Las; com. 102, B1
Hurghada 167, L3
Hurón; lago 177, J3
Huron 176, G3
Hurones; emb. 122, C4
Hürth 140, F5
Húsavík 141, M6
Husn, al- 154, B2
Hussein; puente 154, B3
Hutchinson 176, G4
Huwwarah 154, B2
Huy 140, E5
Huzhou 159, K5
Hvannadalshnúkur; pico 141, M6
Hvar; isla 142, C5
Hvíta; río 141, L6
Hvolsvöllur 141, L7
Hwange 168, E5
Hyderābād 156, B3
Hyderābād 156, D5
Hyères; islas 134, H6
Hyndman; pico 176, D3
Hyvinkää 141, G3

Iaco; río 186, D6
Iaçu 187, J6
Iálomita; río 142, H4
Iasi 142, H3
Iauaretê 186, E3
Ibacaraí 187, K7
Ibadán 166, F7
Ibagué 186, C3
Ibaizabal-Abusu 82, E4
Ibañeta; pto. mont. 55, E1
Ibar; río 142, E5
Ibarra 186, C3
Ibarra 82, G5
Ibbenbüren 140, G3
Ibeas de Juarros 97, E2
Ibérica; cca. subm. 130, B3
Ibérico, Sistema; cord. 55, D1
Ibi 112, B3
Ibi 166, G7
Ibiapaba; srra. 187, J4
Ibias 78, E1
Ibicuí; río 188, E3
Ibicuy 188, E4
Ibiza; isla 118, C2
Ibiza 118, C3
Ibotirama 187, J6
Ibros 123, E2
Ibshaway 167, P10
Ica 186, C6
Içana; río 186, E3
Ich Bogd Uul; pico 158, H3
Ichimoseki 159, T11
Icod de los Vinos 126, C2
Icy; cabo 196-1, T2
Ida; pico 143, G9
Idaho; est. fed. 176, D3
Idaho Falls 176, D3
Idanha-a-Nova 135, E4
Idar-Oberstein 140, G6
Iddan 169, T23
Idehan; reg. 165, F3
Idelès 165, E4
Iderijn; río 158, G2
Idfū 167, P10
Idlib 155, E5
Idra; isla 143, F8
Ieper 140, B5
Ierisós; golfo 143, F6
Ifach; peñón 112, C3
Ifalik 161, K3
Ife 166, F7
Igan 160, E4
Igarapé-Miri 187, I4
Igarka 152, I3
Ighil-Izane 165, D1
Iglesias 136, C5
Igli 165, C2
Igloolik 175, J3
Ignace 177, H2
Igorre 82, G5
Iguaçu; río 188, F3
Iguala 179, E4
Igualada 92, B2
Iguatu 187, K5
Iguazú; cataratas 188, F3
Iguazú; río v. Iguaçu; río
Igüeña 96, B2
Iguidi, Erg; des, 165, B3
Ihosy 169, Q20
Iijoki; río 141, G2
Iisalmi 141, G3
IJmuiden 140, D3
IJssel; río 140, F3
IJsselmeer; mar interior 140, E3
Ikaria; isla 143, G8
Ikeja 166, F7
Ikela 168, D2
Ikerre-Ekiti 166, G7
Ila 166, F7
Ilagan 160, G1
Ilan 159, L7
Ilawa 139, J1
Ile-à-Vache; isla 181, E3
Ilebo 168, D2
Ileck; río 144, F2
Ile de France; reg. 134, E3
Ilegh; wadi 165, D4
Ilfracombe 137, E5
Ilha, Ponta da; cabo 135, M15
Ílhavo 135, D3
Ilhéus 187, K6
Ili; río 158, D3
Iliamna; lago 170, C4
Iliamna; vol. 174, C3
Iligan 161, G3
Il'men'; lago 144, D2
Ilo 186, D7
Iloilo 160, G2
Ilorin 166, F7
Ilot, L'; isla 169, LL15
Ilwaki 161, H6
Illapel 188, B4
Illas 78, F1
Illescas 106, C2
Illimani, vol. 186, E7
Illinois; est. fed. 177, I4
Illinois; río 177, H3
Illizi 165, E3
Illizi 166, G3
Illueca 88, B2
Imandra; lago 144, D1
Imatra 141, H3
Imbābah 167, P9
Imi 167, N7
Imighou; wadi 165, E3
Imola 136, D2
Imperatriz 187, I5
Imperia 136, C3
Imperial de Aragón; canal 88, B2
Impfondo 168, C1
Imphal 156, G4
Imrali; isla 143, I6
Imroz; isla 143, G6
Inambari; río 186, E6
Inanwatan 161, I5
Inari; lago 141, G1
Inari 141, G1
Inca 118, D2
Inchon 159, M4
Incio, O 74, C2
Indals; río 141, E3
Inderagiri; río 160, C5
India 156, C4
Indiana, est. fed. 177, I3
Indianápolis 177, I4
Índico Australiano; cca. subm. 149, M11
Índico Central; cca. subm. 149, K11
Índico Central; drs. subm. 149, K11
Índico Noroccidental; drs. subm. 149, J9
Indiga 152, E3
Indiguirka; río 153, O3
Indija 142, E4
Indo; río 156, B3
Indonesia 160, E5
Indore 156, D4
Indostán 156, D3
Indravati; río 156, E5
Indre; río 134, E4
Inerie; pico 160, G6
Inezgane 165, B2
In Ezzane 166, H4
Infiernillo; emb. 179, D4
In Gall 166, G5
Ingende 168, C2
Ingenio 126, D3
Ingham 194, H3
Inglaterra; país 137,G
Ingolstadt 138, F3
Inhambane 168, G6
Inhaminga 168, G5
Iniesta 107, E3
Inírida; río 186, D3
Injune 195, H5
Inn; río 138, F4
Inner Hebrides; arch. 137, D2
Innisfail 194, H3
Innsbruck 138, F4
Inocentes 178, B3
Inongo 168, C2
Inoucdjouac 175, K4
In Salah 166, F3
Inta 144, G1
Interior; cord. 181, F4
Interlaken 134, H4
International Falls 177, H2
Intiyaco 188, D3
Întorsura Buzăului 142, H4
Inuvik 174, E3
Inuvik, Distrito de; div. admva. 174, F3
Invercargill 195, L16
Inverell 195, I5
Invergordon 137, E2
Inverness 137, E2
Investigator; estr. 194, F7
Investigator; isla 194, E6
Inyangani; pico 168, F5
Inza 144, E2
Iñapari 186, E6
Ioiannina 143, E7
Iona; isla 137, D2
Ios; isla 143, G8
Iowa; est. fed. 177, H3
Iowa City 177, H3
Ipel; río 142, D2
Ipiales 186, C3
Ipiaú 187, K6
Ipixuna; río 186, F5
Ipoh 160, C4
Ipswich 137, H4
Ipswich 195, I5
Ipú 187, J4
Iput'; río 139, Q1
Iquique 188, B2
Iquitos 186, D4
Iracoubo 187, H2
Irak 155, F6
Iráklion 143, G9
Iran; mtes. 160, F4
Irán 155, H6
Irānshahr 155, J7
Iraouene; mtes 165, E3
Irapuato 179, D3
Irati; río 86, H6
Irawadi; río 156, H3
Irawadi, Bocas del; desb. 156, G5
Irazú; vol. 180, C4
Irbid 154, B2
Irébu 168, C2
Iregua; río 100,
Irharhar; wadi 165, E3
Irherm 165, B2
Irian; golfo 161, J5
Irian Occidental; prov. 161, J5
Iriga 161, G2
Išim 152, G4
Iringa 168, G3
Iriomote; isla 159, L7
Iriona 180, B3
Iriri; río 187, H4
Irixoa 74, B2
Irkutsk 153, K4
Irlanda; mar 137, E4
Irlanda 137
Irlanda del Norte; país 137, D3
'Irq, al 167,J3
Irta; srra. 112, C1
Irtish; río 152, H4
Irtish Negro; río 158, E2
Irún 82, H5
Iruña de Oca v. Oka-Iruña
Irvine 137, E3
Isaac; río 195, H4
Isaba 86, I6
Isabela; cabo 181, E3
Isabela 160, G3
Isabelia; cord. 180, B4
Isábena; río 88, D1
Isafjördur 141, L6
Isar; río 138, G3
Iscar 96, D3
Ischia; isla 136, E4
Ischia 136, E4
Ise; bahía 159, S12
Isère; río 134, G5
Iserlohn 140, G4
Isernia 136, F4
Iseyin 166, F7
Isfahan 155, H6
Ishigaki; isla 159, L7
Ishinomaki 159, T11
Ishpeming 177, I2
Isiolo 168, G1
Isiro 168, E1
Iskâr; río 142, F5
Iskenderun; golfo 154, E5
Iskenderun 155, E5
Isla Cristina 122, A3
Isla Crooked, Paso; estr. 181, E2
Islamabad 156, C2
Islandia 141, M6
Islands; bahía 195, O10
Islas del Mar del Coral, Territ. de; div. admva. 195, I2
Islas Turks, Paso; estr. 181, E2
Islay; isla 137, D3
Ismailía 167, P9
Isnā 167, P10
Isoka 168, F4
Isparta 154, D5
Ispica 136, F6
Israel 154, B2
Issano 186, G2
Isser; río 55, G4
Isser, n'; gebel 166, G4
Issoire 134, F5
Issoudun 134, E4
Issyk-kul'; lago 152, H5
Istanbul 155, C4
Istranca; mtes. 142, H6
Istria; pen. 136, E2
Istria; pen. 142, A4
Itabaiana 187, K5
Itaberaba 187, J6
Itabuna 187, K6
Itacaiúna; río 187, H5
Itacoatiara 186, G4
Itaeté 187, J6
Itagüí 186, C2
Itaituba 182, D3
Itajaí 188, G3
Italia 136
Itambé; pico 187, J7
Itanagar 156, G3
Itapecuru-Mirim 187, J4
Itaperuna 188, H2
Itapetinga 187, J7
Itapicuru; río 187, K6
Itapicuru; río 187, I5
Itapipoca 187, K4
Itatuba 186, F5
Iténez; río v. Guaporé; río
Ithaca 143, E7
Itiquira; río 187, G7
Itiúba 187, K6
Itsa 167, P10
Ituiutaba 187, I7
Itumbiara 187, I7
Iturup; isla 153, O5
Ituxi; río 186, E5
Ivai; río 188, F2
Ivalojoki; río 141, G1
Ivančice 142, C2
Ivanhoe 194, G6
Ivanic Grad 142, C4
Ivano-Frankovsk 142, G2
Ivanovo 144, E2
Ivdel' 144, G1
Ivigtuk 175, N3
Ivindo; río 168, B1
Ivrea 136, B2
Iwaki 159, T11
Iwate; pico 159, T11
Iževsk 144, F2
Iwo 166, F7
Ixiamas 186, E6
Ixtepec 179, F4
Ixtlán del Río 179, D3
Izabal; lago 180, B3
Izamal 179, G3
Iz'aslav 142, H1
Izegem 140, C5
Izmail 142, I4
Izmir 143, H7
Izmit 154, C4
Iznajar; emb. 122, D3
Iznájar 122, D3
Iznalloz 123, E3
Izozog, Bañados de; pantano 186, F7
Izúcar de Matamoros 179, E4

Jabalayn, al- 167, L6
Jabalón; río 106, C4
Jabalpur 156, D4
Jabalquinto 122, E2
Jabalyah 154, A3
Jablanac 142, B4
Jablanica 142, C5
Jablanica 142, F5
Jablonec nad Nisou 142, B1
Jablunkov; pto. mont. 142, D2
Jaboatão 187, L5
Jabugo 122, B3
Jaca 88, C1
Jacarei 188, G2
Jackson 177, H5
Jackson 177, I4
Jackson 177, J3
Jacksonville 177, J5
Jacksonville 177, K5
Jacmel 181, E3
Jacobābād 156, B3
Jacuí; río 188, F3
Jacundá; río 187, H4
Jade; golfo 140, H2
Jade 140, H2
Jadida, el- 165, B2
Jadraque 107, D2
Jaén; prov. 123, E3
Jaén 122, E3
Jaén 186, C5
Jaffa; cabo 194, F7
Jaffna 156, E7
Jagdalpur 156, E5
Jaghbūb, al- 167, J3
Jaguarão 188, F4
Jaguariaíva 188, G2
Jaguaribe; río 187,K5
Jahrah, al- 155, G7
Jahrom 155, H7
Jailolo 161, H4
Jaipur 156, D3
Jaisalmer 156, C3
Jajce 136, G2
Jäkkvik 141, E2
Jakobshavn 175, N3
Jakobstad 141, F3
Jalalābād 156, C2
Jalapa 180, B4
Jalapa Enríquez 179, E4
Jalgaon 156, D4
Jalhāk, al- 154, D10
Jalisco; est. fed. 179, D3
Jalna 156, D5
Jalón; río 88, B2
Jalpa 179, D3
Jalpug; lago 142, I4
Jālū; oasis 167, J3
Jaluit; isla 191, F3
Jamaica 180, D3
Jamaica, Canal de 181, D3
Jamame 169, S24
Jamantau; pico 144, F2
Jamanxim; río 187, G5
Jambol 142, H5
Jamdena; isla 161, I6
James; bahía 175, J4
James; río 176, G2
Jamestown 176, G2
Jamestown 177, K3
Jamestown 194, F6
Jamilena 122, E3
Jammu 156, C2
Jammu y Cachemira; est. 156, C1
Jamnagar 156, C4
Jampol 142, I2
Jamsah 167, P10
Jamshedpur 156, F4
Jamsk 153, P4
Jana; bahía 153, N2
Jana; río 153, N3
Janaúba 187, J7
Janaul 144, F2
Janda, La; lag. 122, C4
Jandía; mte. 127, E2
Jandía; pen. 127, E2
Jandía, Punta; cabo 127, E2
Jandowae 195, I5
Jándula; emb. 122, E2
Jándula; río 122, E2
Janesville 177, I3
Jan Mayen; isla 148, C2
Janty-Mansiik 152, G3
Januária 187, J7
Jañona; pico 135, F3
Japen; estr. 161, J5
Japen; isla 161, J5
Japón; f. subm. 159, T11
Japón; mar 159, R10
Japón 159, S11
Japurá; río 186, E4
Jaqué 180, D5
Jaraco 112, B2
Jaraicejo 135, G4
Jaraiz de la Vera 102, C1
Jara, La; com. 106, A3
Jaral, El 180, B4
Jarama; río 55, D2
Jarama, Canal del 110, B2
Jarandilla de la Vera 102, C1
Jarash 154, B2
Jardim do Mar 135, P18
Jardines de la Reina; arch. 180, D2
Jari; río 187, H4
Jarir, al-; wadi 155, F8
Jarjis 165, F2
Jarkov 144, D3
Jaroslavl' 144, D2
Jaroslaw 142, F1
Järpen 141, D3
Jarvis; isla 191, J4
Jäsk 155, I7
Jaslo 142, E2
Jászberény 142, D3
Jataí 187, H7
Jauaperi, río 186, F4
Jauja 186, C6
Jaunpur 156, E3
Java; isla 160, D6
Java; mar 160, E5
Javalambre; pico 55, E2
Javalambre; srra. 55, E2
Javari; río v. Yavari; río
Jávea 112, C3
Jawf, al- 155, E7
Jaworzno 142, D1
Jayapura 161, K5
Jazirah, al-; reg. 167, L5
Jean Rabel 181, E3
Jebba 166, F7
Jedburgh 137, F3
Jedincy 142, H2
Jedrzejów 142, E1
Jefferson City 177, H4
Jejsk 144, D3
Jèkabpils 141, G4
Jelenia Góra 142, B1
Jelgava 141, F4
Jembongan; isla 160, F3
Jena 138, F2
Jendouba 165, E1
Jenin 154, B2
Jequié 187, J6
Jequitinhonha; río 187, J7
Jerada 165, C2
Jerbogacon 153, K3
Jérémie 181, E3
Jerez de García Salinas 179, D3
Jerez de la Frontera 122, B4
Jerez de los Caballeros 102, B3
Jerez, Punta; cabo 179, E3
Jericó 154, B3
Jermak 152, H4
Jeropol 153, Q3
Jersey; isla 134, C3
Jersey City 177, L3
Jerte; río 102, C1
Jerte 102, C1
Jerusalén 154, B3
Jessej 153, K2
Jessore 156, F4
Jhang Maghiana 156, C2
Jhansi 156, D3
Jhelum; río 156, C2
Jialing; río 158, I5
Jiamusi 159, N2
Jian 159, J6
Jianchuan 158, H6
Jiangmen 158, J7
Jianou 159, K6
Jianshi 158, I5
Jiaxing 159, L5
Jicarón; isla 180, C5
Jidda 155, E8
Jihlava; río 138, H3
Jihlava 138, H3
Jijiga 167, N7
Jijona 112, B3
Jilava 142, G4
Jilemutu 159, L1
Jilf al-Kabīr, al-; msta. 167, K4
Jilib 169, S24
Jilin 159, M3
Jiloca; río 88, B2
Jima 167, M7
Jimbolia 142, E4
Jimena de la Frontera 122, C4
Jinah 167, P10
Jinan 159, K4
Jingdezhen 159, K6
Jinggu 158, H7
Jinghe; río 158, I4
Jinghong 158, H7
Jingyuan 158, H4
Jinhe 159, L1
Jinhua 159, K6
Jining 158, J3
Jining 159, K4
Jinja 168, F1
Jinotega 180, B4
Jinsha Jiang; río 158, G5
Jinshi 158, J6
Jinxian 159, L4
Jiparaná; río 186, F5
Jipijapa 186, B4
Jiquilpan de Juárez 179, D4
Jirjā 167, P10
Jishou 158, I6
Jitai 158, E3
Jiu; río 142, F4
Jiujiang 159, K6
Jiuquan 158, G4
Jixi 159, N2
Joaçaba 188, F3
João 187, H4
João Pessoa 187, L5
Joaquín V. González 188, D3
Jódar 123, E3
Jodhpur 156, C3
Joensuu 141, H3
Jogyajarta 160, E6
Johannesburgo 169, E7
John Day; río 176, B3
Johnson City 177, J4
Johnston; isla 191, I2
Johnston; lago 194, C6
Johnstown 177, K3
Johore Baharu 160, C4
Joinvile 188, G3
Joinville; isla 196-2, F3
Jojutla de Juárez 179, E4
Jokkmokk 141, E2
Jökulsá á Fjöllum; río 141, M6
Joliet 177, I3
Joliette 175, K5
Joló; isla 160, G3
Joló 160, G3
Jones; estr. 175, J2
Jonesboro 177, H4
Jongs; cabo 161, J6
Jónicas; arch. 143, E7
Jónico; mar 136, H5
Jönköping 141, D4
Jonzac 134, D5
Jopior; río 144, E2
Joplin 177, H4
Jordán; río 154, B1
Jordania 154, B2
Jörn 141, F2
Jorog 152, H6
Jos; msta. 166, G6
Jos 166, G7
José Bonaparte; golfo 194, D2
José de San Martín 188, B6
Joshkar-Ola 144, E2
Jostedalsbreen; mac. mont. 141, B3
Jotunheimen; mtñas. 141, C3
Jovellanos 180, C2
Joya 179, D2
Juan Aldana 179, D3
Juan de Fuca; estr. 174, F5
Juan de Nova; isla 169, P19
Juan Fernández; arch. 183, B6
Juan Fernández; drs. subm. 183, B6
Juanjiang; río v. Sông Hông Ha
Juárez; srra. 178, A1
Juàzeiro 187, J5
Juàzeiro do Norte 187, K5
Jūbā 167, L8
Juba; río 169, S24
Jubayl, al- 155, G7
Juby; cabo 166, C3
Júcar; río 55, E3
Júcaro 180, D2
Juchitán 179, F4
Judea; mtes. 154, B3
Judea; reg. 154, B3
Jufra; oasis 167, I3
Juigalpa 180, B4
Juist; isla 140, F2
Juiz de Fora 188, H2
Julesburg 176, F3
Juliaca 186, D7
Julia Creek 194, G4
Julianehåb 175, N3
Jülich 140, F5
Jullundur 156, D2
Jumentos Cays; cayos 181, D2
Jumilla 116, E4
Junagadh 156, C4
Junaynah, al- 167, J6
Junction City 176, G4
Jundah 194, G4
Jundiaí 188, G2
Juneau 174, E4
Juneda 92, A2
Junee 194, H6
Jungfrau; pico 138, D4
Junín 186, C6
Junín 188, D4
Junquera, La 92, C1
Junta, La 176, F4
Jupiá; emb. 188, F2
Juquiá 188, G2
Jur; río 167, K7
Jura; isla 137, E3
Jura; mac. mont. 134, H4
Jura de Franconia; cord. 138, F3
Jura de Suabia; cord. 138, E3
Jurado 180, D5
Jurga 152, I4
Juškozero 141, I2
Juruá; río 186, E4
Juruena; río 186, G5
Juruena 186, G6
Jutaí; río 186, E4
Jutiapa 180, B4
Juticalpa 180, B4
Jutlandia; reg. 141, C5
Juventud; isla 180, C2
Juwārah, al- 155, I9
Južna Morava; río 142, E5
Južno-Sajalinsk 153, O5
Jwayyā 154, B1
Jyväskylä 141, G3

Kaala; pico 176, P8
Kabaena; isla 160, G6
Kabala 166, C7
Kabale 168, F2
Kabalo 168, E3
Kabardino-Balkaria; rep. autón. 144, E3
Kabare 161, I5
Kabia; isla 160, G6
Kabinda 168, D3
Kabompo; río 168, D4
Kabongo 168, E3
Kabri 154, B1
Kabul 155, K6
Kaburuang; isla 161, H4
Kabwe 168, E4
Kachovka; emb. 144, D3
K'achta 153, K4
Kadagua; río 82, F5
Kadei; río 167, I8
Kadoma 168, E5
Kaduna 166, G6
Kāduqlī 167, K6
Kaédi 166, C5
Kaesong 159, M4
Kafanchan 166, G7
Kafirevs; cabo 143, G7
Kafr ad-Dawwā 167, P9
Kafr ash-Shaykh 167, P9
Kafu; río 168, F1
Kafue; río 168, E5
Kafue 168, E5
Kaga Bandoro 167, I7
Kagera; río 168, F2
Kagoshima 159, R12
Kagul 142, I4
Kahal Tabelbala 165, C3
Kahayan; río 160, E5
Kahemba 168, C3
Kahoolawe; isla 176, P8
Kai; islas 161, I6
Kai Besar; isla 161, I6
Kaifeng 158, J5
Kai Kecil; isla 161, I6
Kaikoura; mtes. 195, N14
Kaikoura 195, N14
Kailua 176, P8
Kailua Kona 176, P9
Kaimana 161, I5
Kaimanawa; mtes. 195, O12
Kainji; emb. 166, F6
Kaipara; puerto 195, O11
Kairouan, El 136, D7
Kairuán 166, G1
Kaiserslautern 138, D3
Kaitaia 195, N10
Kaitangata 195, L16
Kaiwi; estr. 176, P8
Kajaani 141, G2
Kajabbi 194, F4
Kajan; río 160, F4
Kajana v. Kajaani
Kajnar 158, C2
Kajuagung 160, C5
Kakamas 169, D7
Kakamega 168, F1
Kakinada 156, E5
Kalabahi 161, G6
Kalabáka 143, E7
Kalabo 168, D4

Kalahari; des. 168, D6
Kalajoki 141, G2
Kalakashihe; río 158, C4
Kalámata 143, F8
Kalamazoo 177, I3
Kalannie 194, B6
Kalao; isla 160, G6
Kalaotoa; isla 160, G6
Kalasin 160, E4
Kalat 155, K6
Kalāt 155, K7
Kalávrita 143, F7
Kalemie 168, E3
Kalgan 153, L5
Kalgan 158, J3
Kalgoorlie 194, C6
Kaliningrad 144, C2
Kalinin v. Tver
Kalinkoviči 139, O1
Kalispell 176, D2
Kalisz 138, J2
Kaliua 168, F3
Kalix; río 141, F2
Kalkfontein 168, D6
Kalmar 141, E4
Kalmit; cima 140, H6
Kalmykovo 144, F3
Kalocsa 142, D3
Kalofer 142, G5
Kalomo 168, E5
Kaluga 144, D2
Kalulushi 168, E4
Kaluš 142, G2
Kálymnos; isla 143, H8
Kálymnos 143, H8
Kallavesi; lago 141, G3
Kallsjön; lago 141, D3
Kama; emb. 144, F2
Kama; río 144, F1
Kamaishi 159, T11
Kamaran; isla 155, F9
Kamchatka; pen. 148, S4
Kamen'; pico 153, J3
Kamen 140, G4
Kamen 152, I4
Kamenec-Podol'skij 142, H2
Kamenjak; cabo 142, A4
Kamenka-Bugskaja 139, M2
Kamensk-Uralsky 152, G4
Kamenskoje 153, Q3
Kamina 168, D3
Kamishli 155, F5
Kamloops 174, F4
Kampala 168, F1
Kampar; río 160, C4
Kampen 140, E3
Kampot 157, I6
Kamrau; golfo 161, I5
Kamyšin 144, E2
Kananga 168, D3
Kanaš 144, E2
Kanazawa 159, S11
Kanchenjunga; pico 156, F3
Kanchipuram 156, D6
Kandagač 144, F3
Kandahar 155, K6
Kandalakcha; bahía 144, D1
Kandalakcha 144, D1
Kandangan 160, F5
Kandavu; isla 191, G5
Kandi 166, F6
Kandy 156, E7
Kanem; reg. 167, I6
Kangding 158, H5
Kangean; islas 160, F6
Kanggye 159, M3
Kangnung 159, Q11
Kango 168, B1
Kangto; pico 156, G3
Kanin; cabo 144, E1
Kanin; pen. 144, E1
Kankaanpää 141, F3
Kankakee 177, I3
Kankan 166, D6
Kano 166, G6
Kanowna 194, C6
Kanpezu 82, G6
Kānpur 156, E3
Kansas; est. fed. 176, G4
Kansas; río 177, G4
Kansas City 177, H4
Kansk 153, J4
Kantara, El 165, E1
Kantchari 166, F6
Kanus 169, C7
Kanye 168, E6
Kaohsiung 159, L7
Kaolack 166, B6
Kapanga 168, D3
Kapfenberg 138, H4
Kapfenberg 142, B3
Kapingamarangi; isla 190, E3
Kapiri Mposhi 168, E4
Kapit 160, E4
Kapiti; isla 195, O13
Kapoeta 167, L8
Kapos; río 136, H1
Kaposvár 138, I4
Kapuas; mtes. 160, E4
Kapuas; río 160, E4
Kapuvár 142, C3
Kara-Bogaz-Gol; golfo 144, F3
Kara; estr. 152, F2
Kara; mar 196-1, G2
Kara 152, G3
Karachi 156, B4
Karaganda 152, H5
Karaginskij; isla 153, Q4
Karaikudi 156, C6
Karaj 155, H5
Karak, al- 154, B3
Karakelong; isla 161, H4
Karakore 167, N6
Karakorum; cord. 156, D1
Karakorum; pto. mont. 156, D1
Kara Kum; canal 155, J5
Kara Kum; reg. 155, I4
Karamai 158, E2
Karas; isla 161, I5
Karasberge, Gran; pico 169, C7
Karasburg 169, C7
Karasjok 141, G1
Karasuk 152, H4
Karatau; reg. 152, G5
Karaul 152, I2
Karavati; isla 156, C6
Karawanken; mac. mont. 138, H4
Karažal 152, H5
Karbala 155, F6
Karcag 142, E3
Karditsa 143, E7
Kardiva; canal 156, C7
Kărdžali 142, G6
Karesuando 141, F1
Kargopol' 144, D1
Kariai 143, G6
Kariba; lago 168, E5
Kariba 168, E5
Karibib 168, C6
Karikari; cabo 195, N10
Karimata; estr. 160, D5
Karimata; islas 160, D5
Karimundjawa; islas 160, E6
Karin 169, T22
Karisimbi; pico 168, E2
Karkar; isla 161, L5
Karkaralinsk 152, H5
Karkinit; bahía 144, D3
Karl-Max-Stadt 138, G2
Karlovac 142, B4
Karlovo 142, G5
Karlovy Vary 142, A1
Karlskoga 141, D4
Karlskrona 141, D4
Karlsruhe 138, E3
Karlstad 141, D4
Karmøy; isla 141, B4
Karnal 156, D3
Karnali; río 156, E3
Karnataka, est. 156, D6
Karnobat 142, H5
Karonga 168, F3
Karora 167, M5
Kárpathos; isla 143, H9
Karpogory 144, E1
Karrantza 82, F5
Karroo, Gran; msta. 169, D8
Karši 155, K5Kartala; pico 169, N16
Karun; río 155, G6
Karungi 141, F2
Karungu 168, F2
Karviná 142, D2
Karwar 156, C6
Kasai; río 168, D3
Kasama 168, F4
Kasane 168, E5
Kasba; lago 174, H3
Kasempa 168, E4
Kasenga 168, E4
Kasese 168, F1
Kāshān 155, H6
Kashi 158, C4
Kasiruta; isla 161, H5
Kaskinen v. Kaskö
Kaskö 141, F3
Kasongo 168, E2
Kásos; isla 143, H9
Kassalā 167, M5
Kassandra; golfo 143, F6
Kassel 138, E2
Kasserine, Al- 165, E1
Kastellaun 140, G5
Kastoría 143, E6
Kasur 156, C2
Katanga; reg. 168, D3
Katangli 153, O4
Katanning 194, B6
Katchall; isla 156, G7
Katerini 143, F6
Katha 156, H4
Katherine 194, E2
Kathiawar; reg. 156, C4
Kati 166, D6
Katihar 156, F3
Katiola 166, D7
Katmandú 156, F3
Katowice 142, D1
Katrineholm 141, E4
Katsina 166, G6
Kattegat; estr. 141, C4
Katwijk aan Zee 140, D3
Kau; golfo 161, H4
Kauai; estr. 176, P8
Kauai; isla 176, P8
Kaub 140, G5
Kaukonen 141, G1
Kaula; isla 176, O8
Kaunakakai 176, P8
Kaunas 144, C2
Kaura Namoda 166, G6
Kautokeinö 141, F1
Kavadarci 143, F6
Kavajë 143, D6
Kavála; golfo 143, G6
Kavála 143, G6
Kavelaer 140, F4
Kaveri; río 156, D6
Kavieng 161, M5
Kawaguchi 159, S11
Kawasaki 159, S11
Kawhia; puerto 195, O12
Kawm Umbū 167, P11
Kawthaung 160, B2
Kaya 166, E6
Kayes 166, C6
Kayoa; isla 161, H4
Kayseri 154, E5
Kaz; mte. 143, H7
Kazačje 153, N2
Kazakistán 152, F5
Kazan; río 174, H3
Kazan' 144, E2
Kazanlâk 142, G5
Kazatin 142, I2
Kazbek; pico 144, E3
Kāzerūn 155, H7
Kazincbarcika 142, E2
Kazym; río 152, G3
Kea; isla 143, G8
Kea 143, G8
Kearney 176, G3
Kebnekaise; pico 141, E2
Kebumen 160, D6
Kecskemét 142, D3
Kedainiai 141, G5
Kediri 160, E6
Kédougou 166, C6
Kedzierzyn 142, C1
Keele; pico 174, E3
Keen; arref. 195, J4
Keetmanshoop 169, C7
Keewatin, Distrito de; div. admva. 174, I3
Kefamenanu 161, G6
Kefar Ata 154, B2
Kefar Sava 154, A2
Kefar Vitkin 154, A2
Kef, el- 136, C6
Keflavik 141, L6
Keighley 137, G4
Keitele; lago 141, G3
Kelafo 167, N7
Kelibia 136, D6
Keliyahe; río 158, D4
Kelkit; río 155, E4
Kellerberrin 194, B6
Kellett; cabo 174, F2
Kelloselkä 141, H2
Kells 137, D4
Kelmé 141, F5
Kélo 167, I7
Kelowna 174, G5
Kem 144, D1
Ké Macina 166, D6
Kemerovo 152, I4
Kemi; lago 141, G2
Kemi 141, G2
Kemijärvi 141, G2
Kemijoki; río 141, G2
Kempen 140, F4
Kemps Bay 180, D2
Kempsey 195, I6
Kempt; lago 177, L2
Ken; río 156, E3
Kenai; pen. 174, C3
Kendal 137, F3
Kendari 160, G5
Kendawangan 160, E5
Kenema 166, C7
Kenge 168, C2
Kengtung 157, H4
Kenhardt 169, D7
Kenia; pico 168, G2
Kenia 168, G1
Kénitra 165, B2
Kennedy, Canal de; estr. 175, L1
Kenogami; río 177, I1
Kenora 177, H2
Kenosha 177, I3
Kentucky; est. fed. 177, I4
Kentucky; río 177, J4
Keokuk 177, H3
Kepa 141, I2
Keppel; bahía 195, I4
Kepsut 143, I7
Kerang 194, G7
Kerch 144, D3
Kerchouel 166, F5
Kerema 161, L6
Keren 167, M5
Kericho 168, G2
Kerintji; pico 160, C5
Kerkema; isla 165, F2
Kerki 155, K5
Kerkinitis; lago 143, F6
Kerkrade 140, F5
Kermadec; arch. 191, H6
Kermadec; f. subm. 191, H7
Kerman 155, I6
Kermanshah 155, G6
Kerme; golfo 143, H8
Kerrville 176, G5
Kerulen; río 158, J2
Kerzaz 166, E3
Kesan 143, H6
Kesten'ga 144, D1
Ket'; río 152, I4
Keta 166, F7
Ketapang 160, E5
Ketchikan 174, E4
Ketrzyn 139, K1
Kew; isla 181, E2
Keweenaw; pen. 177, I2
Kežma 153, K4
Key West 177, J7
Khabarovsk 153, N5
Khābūrah, al- 155, I8
Khalūf, al- 155, I8
Khamāsīn, al- 155, F8
Khandwa 156, D4
Khānpur 156, C3
Kharagpur 156, F4
Khārijah, al-; oasis 167, P10
Khārijah, al- 167, P10
Khartum 167, L5
Khartum Norte 167, L5
Khāsh; río 155, J6
Khasi; cord. 156, G3
Khemis Miliana 165, D1
Khemisset 165, B2
Khenchela 165, E1
Khénifra 165, B2
Khersan; río 155, H6
Kherson 144, D3
Khojak; pto. mont. 156, B2
Khong 157, J6
Khon Kaen 157, I5
Khóra Sfakion 143, G9
Khorb el-Ethel; pozo 165, B3
Khorramābād 155, G6
Khorramshahr 155, G6
Khotan; río 158, D4
Khotan 158, D4
Khouribga 165, B2
Khulna 156, F4
Khurāsān; reg. 155, I6
Khushniyah, al- 154, B2
Khvoy 155, G5
Khyber; pto. mont. 156, C2
Kiambi 168, E3
Kibangu 168, B2
Kibombo 168, E2
Kibondo 168, F2
Kibwesa 168, F3
Kibwezi 168, G2
Kicking Horse; pto. mont. 174, G4
Kidal 166, F5
Kidnappers; cabo 195, P12
Kiel; bahía 138, F1
Kiel; canal 138, E1
Kiel 138, F1
Kielce 139, K2
Kiev; emb. 144, D2
Kiev 144, D2
Kiffa 166, C5
Kigali 168, F2
Kigoma 168, E2
Kii; estr. 159, R12
Kikinda 142, E4
Kikori; río 161, K6
Kikori 161, K6
Kikwit 168, C2
Kilauea; vol. 176, Q9
Kilauea, Punta; cabo 176, P8
Kildare 137, D4
Kilija 142, I4
Kilimanjaro; pico 168, G2
Kilkenny 137, D4
Kilkis 143, F6
Kilombero; río 168, G3
Kilosa 168, G3
Kilpisjärvi 141, F1
Kilrush 137, C4
Kilwa Kivinje 168, G3
Kill; río 140, F5
Killala, bahía 137, C3
Killarney; lago 137, C4
Killeen 176, G5
Kimaan 161, J6
Kimba 194, F6
Kimbe 161, M6
Kimbe, bahía 161, M6
Kimberley; msta. 194, D3
Kimberley 169, D7
Kim Chaek 159, M3
Kimch'on 159, M4
Kinabalu; pico 160, F3
Kindia 166, C6
Kindu 168, E2
Kinešma 144, E2
King; isla 194, G7
Kingaroy 195, I5
King Leopold; srra. 194, D3
Kingman 176, D4
Kingman Reef; arref. 191, I3
King's Lynn 137, H4
Kingsmill; islas 191, G4
King Sound; estr. 194, C3
Kingston-upon-Hull v. Hull
Kingston 177, K3
Kingston 180, D3
Kingston 194, F7
Kingston 195, L15
Kingstown 181, G4
Kingsville 176, G6
Kingussie 137, F2
King William's Town 169, E8
Kinkala 168, B2
Kinleith 195, O12
Kino 178, B2
Kinross 137, F2
Kinsale 137, C5
Kinshasa 168, C2
Kintampo 166, E7
Kintap 160, F5
Kintyre; pen. 137, E3
Kioto 159, S11
Kiparissia; golfo 143, E8
Kipili 168, F3
Kipnuk 174, B4
Kipushi 168, E4
Kirchheimbolanden 140, H6
Kirchhundem 140, H4
Kirensk 153, K4
Kirguistán 148, K5
Kiribati 191, H4
Kirikkale 154, D4
Kiritimati; isla 191, J3
Kirkagaç 143, H7
Kirkcaldy 137, F2
Kirkcudbright 137, E3
Kirkenes 141, H1
Kirkland Lake 175, J5
Kirklareli 142, H6
Kirksville 177, H3
Kirkūk 155, F5
Kirn 140, G6
Kirov 144, E2
Kirovabad v. Gyandzha
Kirovakan 144, E3
Kirovograd 144, D3
Kirovsk 144, D1
Kirovskij 153, P4
Kirs 144, F2
Kiruna 141, F2
Kiruru 161, I5
Kisalaya 180, C4
Kisangani 168, E1
Kisar; isla 161, H6
Kiselëvsk 152, I4
Kisinev v. Chisinău
Kiska; isla 170, S
Kiskörös 142, D3
Kiskunfélegyháza 142, D3
Kiskunhalas 142, D3
Kistefjellet; pico 141, E1
Kisumu 168, F2
Kisvárda 142, F2
Kita 166, D6
Kitai; lago 142, I4
Kitakami; río 159, T11
Kitakyushu 159, R12
Kitale 168, G1
Kitami; mtes. 159, T10
Kitchener 175, Q7
Kitgum 167, L8
Kithira; isla v. Citera; isla
Kithnos; isla 143, G8
Kithnos 143, G8
Kitimat 174, F4
Kitinen; río 141, G2
Kittilä 141, G2
Kitwe 168, E4
Kivu; lago 168, E2
Kizilirmak; río 154, D5
Kizilkum; des. 152, G5
Kizl'ar 144, E3
Kjelen; mtes. 141, D2
Kjustendil 142, F5
Klabat; pico 161, H4
Kladanj 142, D4
Kladno 142, B1
Kladovo 142, F4
Klagenfurt 142, B3
Klaipeda 144, C2
Klamath; río 176, B3
Klamath Falls 176, B3
Klang 160, C4
Klar; río 141, D3
Klatovy 142, A2
Klekovača; pico 138, I5
Klerksdorp 169, E7
Klisura 142, G5
Kljucev; vol. 153, Q4
Klodzko 142, C1
Klondike; río 196, X3
Klosternenburg 142, C2
Kluane; lago 174, E3
Kluczbork 142, D1
Kneža 142, G5
Knin 142, C4
Knob; cabo 194, B6
Knokke 140, C4
Knoxville 177, J4
Kobarid 142, A3
Kobdo 158, F2
Kobe 159, S12
Kobern 140, G5
Kobo 167, M6
Kobröör; isla 161, I6
Kobuk; río 174, C3
Koçani 142, F6
Kožečum; río 153, K3
Kočevje 138, H5
Kocienice 142, E1
Kock 142, F1
Kochi 159, R12
Kodiak; isla 174, C4
Kodiak 174, C4
Kodok 167, L7
Kofiau; isla 161, H5
Koforidua 166, E7
Koh-i-Baba; pico 156, B2
Kohima 156, G3
Koh-i-Mazar; pico 155, K6
Koh-i-Sangan; pico 155, J6
Koh, Ras; pico 156, B3
Kohtla-Järve 141, G4
Koindu 166, C7
Kokand 152, H5
Kokčetav 152, G4
Kokemäki 141, F3
Kokkola 141, F3
Kokoda 161, L6
Kokomo 177, I3
Kokonau 161, J5
Kokšaalatau; mtñas. 152, H5
Koksoak; río 175, L4
Kokstad 169, E8
Kola; isla 161, I6
Kola; pen. 144, D1
Kola 141, I1
Kolaka 160, G5
Kolar Gold Fields 156, D6
Kolašin 142, D5
Kolda 166, C6
Kolding 141, C5
Kolepom; isla 161, J6
Kolguiev; isla 144, E1
Kolhapur 156, C5
Kolín 142, B1
Kolo 139, J1
Kolobrzeg 138, H1
Kolokani 166, D6
Kolomiia 139, M3
Kolomna 144, D2
Kolomyja 142, G2
Kolonia 191, E3
Kolpaševo 152, I4
Kolpino 144, D2
Końskie 142, E1
Kolwezi 168, E4
Kolyma; mtes. 153, P3
Kolyma; río 153, P3
Kom; río 143, I7
Komandorskie; islas 148, T4
Komi; rep. autón. 144, F1
Komló 142, D3
Komodo; isla 160, F6
Komoé; río 166, E7
Komoran; isla 161, J6
Komotini 143, G6
Kompong Cham 157, J6
Kompong Chhnang 157, I6
Kompong Som 157, I6
Kompot 161, G4
Komsomolets; isla 153, J1
Komsomol'sk na-Amure 153, N4
Konda; río 152, G4
Kondoa 168, G2
Kondopoga 144, D1
Kónevo 152, D3
Kong; río 157, J5
Kong Kemul; pico 160, F4
Kongolo 168, E3
Kongor 167, L7
Kongquehe; río 158, E3
Kongsberg 141, C4
Kongsvinger 141, D3
Koni; pen. 153, P4
Koniets Kodózero 141, H2
Königswinter 140, G5
Kōnin 138, J1
Kónitsa 143, E6
Köniz 134, H4
Konjic 142, C5
Konosha 144, E1
Konotop 144, D2
Kontagora 166, G6
Kontiomäki 141, H2
Kontum 157, J6
Konya 154, D5
Konz 140, F6
Konza 168, G2
Kooloonong 194, G7
Kootenay; lago 176, C2
Kopaonic; mac. mont. 142, E5
Kópavogur 141, L6
Kopejsk 152, G4
Koper 142, A4
Koppeh Dagh, cord. 155, I5
Koprivnica 142, C3
Korab; pico 142, E6
Korčula; isla 142, C5
Kordofan; reg. 167, K5
Korec 142, H1
Korf 153, Q3
Korhogo 166, D7
Koriakski; mtes. 153, R3
Košice 142, E2
Koriyama 159, T11
Korla 158, E3
Kornat; isla 142, B5
Korogwe 168, G3
Korónia; lago 143, F6
Koror 161, I3
Körös; río 142, E3
Korosten' 142, I1
Korostišev 142, I1
Korsakov 153, O5
Korsør 141, C5
Kortrijk (Courtrai) 140, C5
Kosciusko; pico 194, H7
Kosha 167, L4
Koslan 144, E1
Kosong 159, Q11
Kosovo 142, E5
Kosovska Mitrovica 142, E5
Koszalin 138, I1
Kota 156, D3
Kotaagung 160, C6
Kota Baharu 160, C3
Kotabaru 160, F5
Kotabumi 160, C5
Kota Kinabalu 160, F3
Kotelnič 144, E2
Kotelnii; isla 153, N2
Kotka 141, G3
Kotlas 144, E1
Kotor 142, D5
Kotovsk 142, I3
Kotto; río 167, J7
Kotui, río 153, K2
Kotzebue; bahía 174, B3
Kotzebue 174, B3
Koulikoro 166, D6
Kouroussa 166, C6
Kouvola 141, G3
Kovdor 141, H2
Kovel' 142, G1
Kovik 175, K3
Kovrov 144, E2
Kowloon 159, J7
Koyukuk; río 174, C3
Kozáne 143, E6
Kra; istmo 157, H6
Kragerø 141, C4
Kragujevac 142, E4
Krakatoa; volcán 160, C6
Kralendijk 181, F4
Kraljevo 142, E5
Kramfors 141, E3
Kramis; cabo 55, F4
Krapkowice 142, C1
Kras; reg. 138, H5
Kraskino 159, R10
Krasnik 142, F1
Krasnodar 144, D3
Krasnogorsk 144, D2
Krasnojarsk 152, J4
Krasnokamsk 144, F2
Krasnoturjinsk 152, G4
Krasnovišersk 144, F1
Krasnovodsk 152, F5
Krasnyj Kut 144, E2
Krasnystaw 142, F1
Kratie 157, J6
Kravanh; mtes. 157, I6
Krawang 160, D6
Krefeld 138, D2
Kremenčug; emb. 144, D3
Kremenčug 144, D3
Kremenec 142, G1
Krems 142, B2
Kretinga 141, F5
Kreuzau 140, F5
Kreuztal 140, G5
Kričev 139, P1
Krishna; río 156, D5
Kristiansand 141, C4
Kristianstad 141, D4
Kristiansund 141, B3
Kristiinankaupunki 141, F3
Kristinehamn 141, D4
Kriva Palanka 142, F5
Krivoj Rog 144, D3
Krk; isla 142, B4
Krkonose; cord. 142, B1
Kroměříž 142, C2
Kronstadt 141, H3
Kroonstad 169, E7
Krosno 142, E2
Krostoma 144, E2
Krotoszyn 142, C1
Krugersdorp 169, E7
Kruí 160, C6
Krujë 142, D6
Krusevac 142, E5
Ksar-el-Boukhari 165, D1
Ksar-el-Kebir 165, B1
Ksar Chelalla 165, D1
Ksar Ghilan 165, E2
Ksour; mtes. 165 C2
Kūh-e-Taftān; pico 155, J7
Kūh-e-Hāzarān; pico 155, I7
Kūh-e Kūhrān; pico 155, I7
Kūstī 167, L6
Kuala Lipis 160, C4
Kuala Lumpur 160, C4
Kuala Terengganu 160, C3
Kuantan 160, C4
Kuban'; río 144, D3
Kuche 158, D3
Kuching 160, E4
Kudat 160, F3
Kudugu 166, E6
Kudymkar 144, F2
Kuerchahanbo; lago 158, J3
Kufrah, al-; oasis 167, J4
Kufrinja 154, B2
Kufstein 138, G4
Kuhak 155, J7
Kuhmo 141, H2
Kuilu; río 168, B2
Kuito 168, C4
Kujbyšev; emb. 144, E2
Kujbyšev v. Samara
Kujto; lago 141, H2
Kukës 142, E5
Kula 143, I7
Kul'ab 152, G6
Kula Kangri; pico 158, F6
Kula-Mutu 168, B2

Kuldïga 141, F4
Kul'sary 144, F3
Kulunda 152, H4
Kuma; río 144, E3
Kumai; bahía 160, E5
Kumai 160, E5
Kumairi 144, E3
Kumamoto 159, R12
Kumanovo 142, E5
Kumasi 166, E7
Kumba 166, G8
Kumbakonam 156, D6
Kumo v. Kokemäki
Kumushi 158, E3
Kunašir; isla 153, O5
Kundar; río 155, K6
Kunduz 155, K5
Kunene; río v. Cunene; río
Kungur 144, F2
Kunlunshan; mtes. 158, D4
Kunming 158, H6
Kunsan 159, M4
Kununurra 194, D3
Kuopio 141, G3
Kupa; río 142, B4
Kupang 161, G7
Kura; río 144, E3
Kuraymah 167, L5
Kurdistán 155, F5
Kure 159, R12
Kurejka; río 152, I3
Kurenalus 141, G2
Kurgal'džino 152, H4
Kurgan 152, G4
Kurgan-T'ube 152, G6
Kuria, isla 191, G3
Kuria Muria; islas 155, I9
Kuriles; f. subm. 159, U10
Kuriles; islas 153, P5
Kuril'sk 153, O5
Kurja 152, F3
Kurnool 156, D5
Kuršumlija 142, E5
Kursk 144, D2
Kuruman 169, D7
Kusadasi 143, H8
Kusaie; isla 191, F3
Kusel 140, G6
Kushiro 159, T10
Kushka 152, G6
Kuskokwim; bahía 170, S
Kuskokwim; mtes. 174, C3
Kuskokwim; río 174, C3
Kustanai 152, G4
Kustvlakte; reg. 140, B4
K'us'ur 153, M2
Kušva 144, F2
Kutaisi 144, E3
Kut, al- 155, G6
Kutch; golfo 156, B4
Kutch; reg. 156, B4
Kutiala 166, D6
Kutina 142, C4
Kutná Hora 142, B2
Kutu 168, C2
Kutum 167, J6
Kuusamo 141, H2
Kuwait 155, G7
Kuwait; vol. 141, M6
Kuyu; río 168, C2
Kuznetsk 144, E2
Kvalöy; isla 141, E1
Kvarner; canal 142, B4
Kvarneric; canal 142, B4
Kvina; río 141, B4
Kwa; río 168, C2
Kwajalein; arch. 191, F3
Kwando; río v. Cuando; río
Kwangju 159, M4
Kwango; río v. Cuango; río
Kwekwe 168, E5
Kwenge; río 168, C3
Kwilu; río 168, C2
Kwinana 194, B6
Kwoka; pico 161, I5
Kyabé 167, I7
Kyaukse 156, H4
Kyle of Lochalsh 137, E2
Kyllbury 140, F5
Kyoga; cabo 159, S11
Kyoga; lago 168, F1
Kyongju 159, Q11
Kyštym 144, G2
Kyushu; isla 159, R12
Kyzyl; pico 152, H5
Kyzyl 153, J4
Kzyl-Orda 152, G5

Labastida v. Bastida
Labé 166, C6
Labrador; mar 175, M4
Labrador; pen. 175, L4
Lábrea 186, F5
Labuan; isla 160, F3
Labuha 161, H5
Labuhanbadjo 160, F6
Labuk; bahía 160, F3
Laç 142, D6
La Capelle 140, C6
Lácara; río 135, F4
Lacaune; mtes. 134, F6
Lacepede; isla 194, C3
Lacera; río 54, B3
Lacio; reg. 136, E4
Laconia; golfo 143, F8
Laconia 177, L3
Lacunza 86, G6
Lachlan; río 194, G6
Ladakh; mtes. 156, D2
Ladoga; lago 144, D1
Ladysmith 169, F7
Ladysmith 177, H2
Laerdal 141, B3
Læsø; isla 141, C4
Lafayette 177, H5
Lafayette 177, I3
Lafia 166, G7
Lagartera 106, A3
Lagen; río 141, C3
Laghouat 165, D2
Lagoã 135, L12
Lagoaça 135, F2
Lagos; bahía 54, A4
Lagos 135, D6
Lagos 143, G6
Lagos 166, F7
Lagos de Moreno 179, D3
Laguardia v. Biasteri
Laguna de Duero 96, D3
Laguna, La 126, C2
Lagunas 188, C2
Lagunillas 186, D1
Lahad Datu 160, F3
Lahaina 176, P8
Laham 160, F4
Lahat 160, C5
La Haya 140, D3
Lahij 155, F10
Lahn; río 138, E2
Lahnstein 140, G5
Lahore 156, C2
Lahti 141, G3
Laï 167, I7
Laingsburg 169, D8
Lairg 137, E1
Lajes 187, K5
Lajes 188, F3
Lajes do Pico 135, M15
Lakaträsk 141, F2
Lak Dera; río 168, H1
Lake Cargelligo 194, H6
Lake Charles 177, H5
Lake City 177, J5
Lake Havasu City 176, D5
Lakeland 177, J6
Lakhish; río 154, A3
Laki; vol. 141, M6
Lakota 166, D7
Laksefjord; fiordo 141, G1
Lakselv 141, G1
Lakshadweep; est. 156, C7
Lalín 74, B2
La Louvière 140, D5
Lalueza 88, C2
Lamar 176, F4
Lambaréné 168, B2
Lambert; glac. 196-2, DD2
Lamego 135, E2
Lamesa 176, F5
Lamezia Terme 136, G5
Lamía 143, F7
Lamiaco v. Lamiako
Lamiako 82, E4
Lamotrek; at. 161, L3
Lampang 157, H5
Lampazos de Naranjo 179, D2
Lampeter 137, E4
Lamphun 157, H5
Lamu 168, H2
Lanai; isla 176, P8
Lanaja 88, C2
Lanao; lago 161, G3
Lancang; río v. Mekong; río
Láncara 74, C2
Lancaster; estr. 175, J2
Lancaster 137, F3
Lancaster 177, K3
Lanciano 136, F3
Lancy 134, H4
Landečk 136, D1
Landen 140, E5
Landete 107, E3
Land's End; cabo 137, E5
Landshut 138, G3
Landskrona 141, D5
Landstuhl 140, G6
Langa de Duero 97, E3
Langeoog; isla 140, G2
Langjökull; pico 141, L6
Langon 134, D5
Langøya; isla 141, D1
Langreo 78, F1
Langres; msta 134, G4
Langres 134, G4
Langsa 160, B4
Lang Son 157, J4
Languedoc; reg. 134, F6
Langzhong 158, I5
Lanjarón 123, E4
Lannion 134, C3
Lansing 177, J3
Lantejuela, La 122, C3
Lantziego 82, G6
Lanzarote; isla 127, F2
Lanzhou 158, H4
Laoag 160, G1
Laoang 161, H2
Lao Cay 157, I4
Laon 134, F3
Laos 157, I5
Lapa; srra. 54, B2
La Paz 188, E4
La Pérouse; estr. 153, O5
Laponia; reg. 141, G2
Laponia Finesa; reg. 141, G2
Lappeenranta 141, H3
Lappi 141, G2
Lappo v. Lapua
Laptev; estr. 153, O2
Laptev; mar 153, M2
Lapua 141, F3
Laquedivas; arch. 156, C6
Lär 155, H7
Laracha 74, B1
Larache 165, B1
Laramie; mtes. 176, E3
Laramie 176, E3
Larantuka 160, G6
Larat; isla 161, I6
Lardero 100, F2
Laredo 176, G6
Laredo 80, B1
Larga; srra. 116, E4
Largo; cayo 180, C2
Lárisa 143, F7
Laristán; reg. 155, H7
Larjak 152, H3
Lárnaca 131, G4
Larne 137, E3
Larouco; srra. 54, B2
Larraga 86, H6
Larraun 86, H5
Larrey, Punta; cabo 194, B3
Larsen; barr. hielo 196, G3
Larvik 141, C4
Lashio 156, H4
Lassen; pico 176, B3
Lastoursville 168, B2
Lastovo; isla 142, C5
Lastres; cabo 55, C1
Latacunga 186, C4
Latakia 154, E5
Lathen 140, G3
Latina 136, E4
Latur 156, D5
Lau; islas 191, H5
Lauca; río 188, C1
Lauchhammer 138, G2
Laudio 82, G5
Laughlen; pico 194, E4
Laukiz 82, E3
Launceston 194, H8
Lauquíniz v. Laukiz
Laura 194, G3
Laurel 177, I5
Lausana 138, D4
Laut; isla 160, D4
Laut; isla 160, F5
Lauterecken 140, G6
Laval 134, D3
Laval 175, K5
Laverton 194, C5
Lavongai; isla 190, E4
Lavos 135, D3
Lavre 135, D5
Lávrion 143, F8
Lawrence 177, G4
Lawton 176, G5
Lawz, al-; gebel 154, E7
Layar; cabo 160, D6
Layla 155, G8
Lázaro Cárdenas; emb. 179, C2
Lázaro Cárdenas 179, D4
Lazcano v. Lazkao
Lazkao 82, G5
Leaf; río 175, K4
Lealtad; arch. 191, F6
Leavenworth 177, H4
Leba 138, I1
Lebanon 177, H4
Lebrija 122, B4
Lebu 188, B5
Le Cateau 140, C5
Lecce 136, H4
Lecco 136, C2
Lécera 88, C2
Leciñena 88, C2
Le Chesne 140, D6
Leda; río 140, G2
Led'anaja; pico 153, R3
Ledaña 107, E3
Ledesma 96, B3
Leduc 174, G4
Lee; río 137, C5
Leech; lago 177, H2
Leeds 137, G4
Leer 140, G2
Leeton 194, H6
Leeuwarden 140, E2
Leeuwin; cabo 194, B6
Lefroy; lago 194, C6
Leganés 110, B2
Legazpi 161, G2
Legazpi 82, G5
Legazpia v. Legazpi
Legges Tor; pico 194, H8
Leggett 176, B4
Legnano 136, C2
Legnica 138, I2
Legutiano 82, G6
Leh 156, D2
Leibnitz 142, B3
Leicester 137, G4
Leichhardt; río 194, G3
Leiden 140, D3
Leie; río 138, B2
Leikanger 141, B3
Leine; río 138, E1
Leioa 82, E4
Leipzig 138, G2
Leiria 135, D4
Leirvik 141, B4
Leisler; pico 194, D4
Leitrim 137, C3
Leiyang 158, J6
Leiza 86, H5
Leizhou; pen. 158, J7
Lejona v. Leioa
Lek; río 140, D4
Leka; isla 141, C2
Lekeitio 82, G5
Leksula 161, H5
Lelingluan 161, I6
Lelishan; pico 158, D5
Lelystad 140, E3
Lemnos; isla 143, G7
Lemoa 82, G5
Lemona v. Lemoa
Lemosín; reg. 134, E5
Lempa; río 180, B4
Lemsterland 140, E3
Lena; río 153, M3
Lendery 141, H3
Lengerich 140, G3
Leninakan v. Kumairi
Leningrado v. San Petersburgo
Leninogorsk 152, I4
Leninsk-Kuzneckij 152, I4
Lenkoran' 144, E4
Lenne; río 140, G4
Lennestadt 140, G4
Lennox; isla 189, C9
Lens 140, B5
Lensk 153, L3
Lentini 136, F6
Léo 166, E6
Leoben 142, B3
León; golfo 134, G6
León; prov. 96, C2
Leon; río 176, G5
León 180, B4
León 96, C2
León, Montes de; mtñas. 96, B2
Leonora 194, C5
Leopoldsburg 140, E4
Lepar; isla 160, D5
Lepe 122, A3
Lepsy 152, H5
Lequeitio v. Lekeitio
Le Quesnoy 140, C5
Léré 167, H7
Lerez; río 74, B2
Lérida; prov. v. Lleida; prov.
Lérida 186, D3
Lérida v. Lleida
Lerin 86, H6
Lerma 97, E2
Lerwick 137, I1
Lés 92, A1
Lesaca 86, H5
Lesbos; isla 143, G7
Les Escaldes-Engordany 134, K9
Leshan 158, H6
Leskovac 142, E5
Lesnoje 144, F2
Lesotho 169, E7
Lesozavodsk 159, R9
Lesse; río 140, E5
Lessines 140, C5
Leszno 138, I2
Letha; mtes. 156, G4
Lethbridge 174, G5
Lethem 186, G3
Leti; isla 161, H6
Leticia 186, D4
Letonia 144, C2
Letovice 142, C2
Letterkenny 137, D3
Letur 107, D4
Leucade; isla 143, E7
Leucas 143, E7
Leucate; lag. 134, F6
Leuser; pico 160, B4
Leuze 140, C5
Levadheia 143, F7
Levanger 141, C3
Leven 137, F2
Leveque; cabo 194, C3
Leverett; glac. 196-2, Q1
Leverkusen 140, F4
Levin 195, O13
Levis 175, K5
Levka; pico 143, G9
Levski 142, G5
Lewes 137, H5
Lewis; cord. 176, D2
Lewis; isla 137, D1
Lewis; mtes. 194, D4
Lewiston 176, C2
Lewiston 177, L3
Lewistown 176, E2
Lexington 177, J4
Leyre; srra. 55, E1
Leyte; isla 161, H2
Lezhë 142, D6
Lezo 82, H5
Lezuza 107, D4
Lhasa 158, F6
Lhatse 158, E6
Lhokseumawe 160, B3
Liadong; pen. 159, L4
Liajov; isla 153, O2
Liajov, Pequeño; isla 153, O2
Lianxian 158, J7
Lianyungang 159, K5
Liaodong; golfo 159, L3
Liaohe; río 159, L3
Liaoyuan 159, M3
Liard; río 174, F3
Líbano 154, E6
Libenge 167, I8
Liberal 176, F4
Liberec 142, B1
Liberia 166, D7
Liberia 180, B4
Libertad, La 178, B2
Libia 167, I3
Libia, Desierto de; des. 167, J3
Libica, Meseta 143, G11
Libourne 134, D5
Libramont 140, E6
Librazhd 143, E6
Libreville 168, A1
Librilla 116, E5
Licata 136, E6
Lichinga 168, G4
Lida 139, M1
Liden 141, E3
Lidköping 141, D4
Lido di Ostia 136, E4
Liechtenstein 138, E4
Lieja 140, E5
Lieksa 141, H3
Lienz 136, E1
Liepãja 144, C2
Lier 140, D4
Lierganes 80, B1
Liétor 107, E4
Liévin 140, B5
Lifford 137, D3
Liftey; río 137, D4
Lifu; isla 191, F6
Ligur; mar 136, C3
Liguria; reg. 136, C2
Lihou; arref. 195, I3
Lihue 176, P8
Likasi 168, E4
Likati 168, D1
Likuala; río 168, B1
Lilongwe 168, F4
Lille 134, F2
Lillehammer 141, C3
Lillers 140, B5
Lillo 106, C3
Lima; río 135, D2
Lima 177, J3
Lima 186, C6
Limasol 154, D6
Limay; río 188, C5
Limburg 140, H5
Limburgo; reg. 140, E4
Limeira 188, G2
Limerick 137, C4
Limfjorden; estr. 141, C4
Limia; río v. Lima; río
Limoges 134, E5
Limón 180, C5
Limpopo; río 168, F6
Linares; emb. 97, E3
Linares 123, E2
Linares 179, E3
Linares 188, B5
Linares de Riofrío 96, C4
Lincang 158, H7
Lincoln 137, G4
Lincoln 176, G3
Linden 186, G2
Lindesnes; cabo 141, B4
Lindhos 143, I8
Lindi; río 168, E1
Lindi 168, G3
Línea, La 122, C4
Line Islands; arch. 191, J3
Linfen 158, J4
Lingayen; golfo 160, G1
Lingayen 160, G1
Lingen 138, D1
Lingga; arch. 160, D5
Lingga, isla 160, C5
Lingling 158, J6
Linguère 166, B5
Linhai 159, L6
Linhares 187, K7
Linjiang 159, M3
Linköping 141, D4
Linkou 159, M2
Linxi 159, K3
Linxia 158, H4
Linyi 159, K4
Linyola 92, A2
Linz 142, B2
Lípari; arch. 136, F5
Lípari; isla 136, F5
Lipeck 144, D2
Lipova 142, E3
Lippe, río 140, G4
Lippstadt 140, H4
Lira 168, F1
Lištica 142, C5
Lisala 168, D1
Lisboa 135, C5
Lisburn 137, D3
Lisburne; cabo 174, B3
Liscannor; bahía 137, C4
Lishi 158, J4
Lisieux 134, E3
Lismore 195, I5
Lister; pico 196-2, T2
Listowel 137, C4
Litang 158, H5
Litang 158, I7
Litani; río 187, H3
Lith, al- 155, F8
Lithgow 195, I6
Líthinon; cabo 143, G9
Litoměřice 142, B1
Litovko 159, O2
Little Cayman; isla 180, C3
Little Missouri; río 176, F2
Little Rock 177, H5
Lituania 144, C2
Liu'an 159, K5
Liuwa; llan. 168, D4
Liuzhou 158, I7
Livermore; pico 179, D1
Liverpool; mtes. 195, I6
Liverpool 137, F4
Livingston 176, D2
Livorno 136, D3
Liwale 168, G3
Lizard; cabo 137, E6
Ljubljana 142, B3
Ljubovija 142, D4
Ljungan; río 141, E3
Ljusdal 141, E3
Ljusnan; río 141, D3
Loa; río 188, C2
Loange; río 168, D3
Loba; srra. 74, C1
Lobatse 168, E7
Löbau 142, B1
Lobios 74, B3
Lobito 168, B4
Lob Nor; lago 158, F3
Lobón; canal 135, F5
Lobón; canal 54, B3
Lobón 102, B3
Lobos; isla 127, F2
Lobstick; lago 175, L4
Locarno 136, C1
Locarno 138, E4
Lochem 140, F3
Lochem 140, G5
Loches 134, E4
Lochgilphead 137, E2
Loc Ninh 157, J6
Lod 154, A3
Lodève 134, F6
Lodi 136, C2
Lodja 168, D2
Lodosa; canal 55, E1
Lodosa 86, G6
Lódź 139, J2
Lodwar 168, G1
Lofoten; arch. 141, D1
Logan; pico 174, D3
Logan 176, D3
Logone; río 167, I7
Logroño 100, F2
Logrosán 102, C2
Loikaw 156, H5
Loi Leng; pico 156, H4
Loira; río 134, E4
Loiu 82, E4
Loja 122, D3
Loja 186, C4
Lokeren 140, C4
Lokilalaki; pico 160, G5
Lokitaung 167, M8
Lokoja 166, G7
Lokolama 168, C2
Lolland; isla 141, C5
Lom 142, F5
Loma; mtes. 166, C7
Lomami; río 168, D2
Lombardía; reg. 136, C2
Lomblen; isla 161, G6
Lombok; estr. 160, F6
Lombok; isla 160, F6
Lomé 166, F7
Lomela; río 168, D2
Lomié 168, B1
Lomitas, Las 188, D2
Lommel 140, E4
Lomond; lago 137, E2
Lomonosov; drs. subm. 170, L1
Lomza 139, L1
Loncoche 188, B5
London 175, Q7
Londonderry; isla 189, C9
Londonderry 137, D3
Londres 137, G5
Londrina 188, F2
Long; bahía 177, K5
Long; estr. 153, R2
Long; isla 153, P2
Long; isla 161, L6
Longares 88, B2
Long Beach 176, C5
Longeau 140, B6
Longford 137, D4
Long Island; isla 177, L3
Long Island; isla 181, E2
Longjiang 159, L2
Longling 158, G7
Longmont 176, E3
Longnawan 160, E4
Longreach 194, G4
Longueuil 175, K5
Longuyon 140, E6
Longview 176, B2
Longview 177, H5
Longwy 140, E6
Longyearbyen 196-1, B2
Löningen 140, G3
Lons-Le Saunier 134, G4
Lookout; cabo 177, K5
Loop; cabo 137, C4
Lopatin; pico 153, O4
Lopera 122, D3
López; cabo 168, A2
Lopori; río 168, D1
Lora; río 155, K6
Lora del Río 122, C3
Lorain 177, J3
Lora, La; com. 97, E2
Lorca 116, E5
Lord Howe; drs. subm. 191, F6
Lord Howe; isla 191, E7
Lordsburg 176, E5
Lorena; reg. 138, D3
Lorengau 161, L5
Lorenzana; srra. v. Lourenzá; srra.
Loreto 136, E3
Loreto 187, I5
Lorient 134, C4
Loriguilla; emb. 112, B2
Lorquí 116, E4
Losap; isla 190, E3
Losar de la Vera 102, C1
Losheim 140, F6
Losse; río 55, F1
Losser 140, G3
Lot; río 134, E5
Lota 188, B5
Loto 168, D2
Lotta; río 141, H1
Loubomo 168, B2
Loudéac 134, C3
Louga 166, B5
Louhans 134, G4
Louisiana, est. fed. 177, H5
Louis Trichardt 168, E6
Louisville 177, I4
Loulé 135, D6
Lourenzá; srra. 74, C1
Loures 135, C5
Lourinha 135, C4
Lousã; srra. 54, A2
Lousã 135, D3
Lousame 74, B2
Lovaina 140, D5
Lövånger 141, F2
Loveč 142, G5
Loviisa 141, G3
Lovios v. Lobios
Lovisa v. Loviisa
Lowa; río 168, E2
Lowa 168, E2
Lower Arrow; lago 176, C2
Lower Hutt 195, O13
Lower Lough Erne; lago 137, D3
Lowestoft 137, H4
Lowicz 139, J1
Loxton 194, G6
Lozoya; río 110, B2
Lăpus; mtes. 142, F3
Lārkāna 156, B3
Lül; río 167, K7
Luacano 168, D4
Luachimo 168, D3
Lualaba; río 168, E2
Luama; río 168, E2
Luanda 168, B3
Luang-Prabang 157, I5
Luangue; río 168, C3
Luanguinga; río 168, D4
Luangwa; río 168, F4
Luanhe; río 159, K3
Luanshya 168, E4
Luapula; río 168, E3
Luarca 78, E1
Luau 168, D4
Lubang; islas 160, G2
Lubango 168, B4
Lubartow 142, F1
Lubbock 176, F5
Lübeck 138, F1
Lubefu 168, D2
Lubián 96, B2
Lubilash; río 168, D3
Lublin 142, F1
Lubny 139, Q3
Lubrín 123, F3
Lubudi 168, E3
Lubuklinggau 160, C5
Lubumbashi 168, E4
Lubutu 168, E2
Lucca 136, D3
Lucena 122, D3
Lucena 160, G2
Lucena del Cid 112, B1
Lučenec 142, D2
Luceni 88, B2
Lucerna 138, E4
Luchana 82, E4
Lucira 168, B4
Luck 142, G1
Lucknow 156, E3
Lüda 159, L4
Lüdenscheid 140, G4
Lüderitz 169, C7
Ludhiana 156, D2
Lüdinghausen 140, G4
Ludington 177, I3
Ludvika 141, D3
Ludwigshafen am Rhein 138, E3
Luebo 168, D3
Luena; río 168, D4
Luena 168, C4
Lufeng 159, K7
Lufira; río 168, E3
Lufkin 177, H5
Luga; río 141, H4
Luga 144, C2
Lugano 136, C1
Lugano 138, E4
Lugansk 144, D3
Lugenda; río 168, G4
Lugh Ganane 169, S24
Lugo; msta. 74, C2
Lugo; prov. 74, C1
Lugo 74, C1
Lugoj 142, E4
Lugoria; reg. 142, H5
Luhayyah, al- 155, F9
Luiana; río 168, D5
Luiana 168, D5

Luisiadas; arch. 190, E5
Luisiana, La 122, C3
Luiza 168, D3
Lujua v. Loiu
Lukanga; pantano 168, E4
Lukenie; río 168, D2
Lukuga; río 168, E3
Lule; río 141, F2
Luleå 141, F2
Lüleburgaz 142, H6
Lulonga; río 168, C1
Lulua; río 168, D3
Lumbala 168, D4
Lumberton 177, K5
Lumbier 86, H6
Lumbrales 96, B4
Lumbres 140, B5
Lummen 140, E5
Lumpiaque 88, B2
Lumu 160, F5
Lün 158, I2
Luna 88, C1
Lund 141, D5
Lunda; reg. 168, C3
Lundi; río 168, F6
Lundy; isla 137, E5
Lüneburg 138, F1
Lüneburg, Landas de; reg. 138, F1
Lünen 140, G4
Lunéville 134, H3
Lunga; río 168, E4
Lungué-Bungo; río 168, D4
Luni; río 156, C3
Luninec 139, N1
Luofu 168, E1
Luohe; río 158, J5
Luoyang 158, J5
Lupków 142, F2
Luque 122, D3
Lurdes 134, D6
Lure 134, H4
Luremo 168, C3
Lúrio; río 168, H4
Lúrio 168, G4
Lusacia; reg. 138, H2
Lusaka 168, E5
Lusambo 168, D2
Lushnje 143, D6
Lushoto 168, G2
Luton 134, D2
Luton 137, G5
Luvua; río 168, E3
Luwuk 160, G5
Luxemburgo 140, F6
Luxor 167, P10
Luy; río 55, E1
Luzhou 158, I6
Luzón; estr. 159, L8
Luzón; isla 160, F1
L'vov 142, G2
Lycksele 141, E2
Lydd 137, H5
Lyna; río 139, K1
Lynchburg 177, K4
Lynn 177, L3
Lynn Lake 174, H4
Lyon 134, G5
Lyons; río 194, B4
Lys; río 140, B5
Lys; río v. Leie; río
Lys'va 144, F2
Llagosta, La 92, F4
Llagostera 92, C2
Llallagua 186, E7
Llançà 92, D1
Llandrindod 137, F4
Llandudno 137, F4
Llanelli 137, E5
Llanera 78, F1
Llanes 78, G1
Llangefni 137, E4
Llano de Andanas; com. 112, E5
Llano Estacado; altip. 176, F5
Llanos de Aridane, Los 126, B2
Llanos de Violada; com. 88, C2
Llanos, Los; región 186, D3
Llanquihue; lago 188, B6
Llavorsí 92, B1
Lleida; prov. 92, A2
Lleida 92, A2
Llena; srra. 92, A2
Llentrisca; cabo 118, C3
Llera 179, E3
Llerena 102, B3
Llivia 92, B1
Llobregat; río 92, E6
Llodio v. Laudio
Llops; pico 134, K9
Lloret de Mar 92, C2
Lloseta 118, D2
Llubí 118, E2
Llucmajor 118, D2
Llullaillaco; vol. 188, C2

Ma; río 157, I4
Ma'ān 154, E6
Maanselkä; reg. 141, G1
Maarianhamina 141, E3
Maarsen 140, E3
Maasin 161, G2
Maasseik 140, E4
Maassluis 140, D4
Maastricht 140, E5
Macael 123, F3
Macao 158, J7
Macapá 187, H3
Macas 186, C4
Macau 187, K5
Macaúba 187, H6
Macauley; isla 191, H7
Macdonald; lago 194, D4
Macdonnell; mtes. 194, E4
Maceda 135, E1
Maceda 74, C2
Macedo de Cavaleiros 135, F2
Macedonia 142, E6
Maceió 187, K5
Macerata 136, E3
Macfarlane; lago 194, F6
Macina; reg. 166, D6
Macintyre; río 194, H5
Macizo Central; mac. mont. 134, F5
Mackay; lago 194, D4
Mackay 195, H4
Mackean; isla 191, H4
Mackenzie; bahía 174, E2
Mackenzie; mtes. 174, E2
Mackenzie; río 174, F3
Mackenzie; río 195, H4
Mackenzie, Distrito de; div. admva. 170, G3
Mackenzie King; isla 174, G2
Maclear 169, E8
Mâcon 134, G4
Macon 177, J5
Macondo 168, D4
Macotera 96, C4
Macquarie; islas 196-2, U4
Macquarie; río 194, H6
Macumba; río 194, F5
Macuspana 179, F4
Machala 186, C4
Machattie; lago 194, F4
Machichaco; cabo v. Matxitxakol; cabo
Machilipatnam 156, E5
Machiques 181, E4
Madaba 154, B3
Madagascar; cca. sub. 149, I12
Madagascar 169, Q19
Madang 161, L6
Madaua 166, G6
Maddalena; isla 136, C4
Madeira; arch. 135, P17
Madeira; isla 135, Q18
Madeira; río 186, F5
Madera 178, C2
Madhya Pradesh; est. 156, D4
Madidi; río 186, E6
Madimba 168, C2
Madingu 168, B2
Madison 177, I3
Madiun 160, E6
Madjene 160, F5
Madrakah, Rā's; cabo 155, I9
Madrás 156, E6
Madre; lag. 176, G6
Madre; lag. 179, E2
Madre de Chiapas; srra. 179, F4
Madre de Dios; isla 189, A8
Madre de Dios; río 186, E6
Madre del Sur, Sierra; srra. 179, D4
Madre Occidental, Sierra; srra. 178, C2
Madre Oriental, Sierra; srra. 179, D2
Madrid; comun. aut. 110
Madrid; prov. 110
Madrid 110, B2
Madridejos 106, C3
Madrigal de las Altas Torres 96, C3
Madrigal de la Vera 102, C1
Madrigalejo 102, C2
Madrigueras 107, E3
Madriu, el; río 134, K9
Madrona; srra. 106, B4
Madroñera 102, C2
Madroño; pico 55, E3
Madura; isla 160, E6
Madurai 156, D7
Maebashi 159, S11
Ma, el; wadi 165, B3
Maella 88, D2
Mae Sai 157, I4
Maestra; srra. 180, D2
Maestrazgo, El; com. 112, B1
Maevatanana 169, Q19
Maewo; isla 191, F5
Maeztu 82, G6
Mafeking 169, E7
Mafia; isla 168, G3
Mafra 135, C5
Magadan 153, P4
Magadi 168, G2
Magallanes; estr. 189, C8
Magallón 88, B2
Magangué 186, D2
Magdalena; bahía 178, B3
Magdalena; isla 178, B2
Magdalena; isla 188, B6
Magdalena; río 178, B1
Magdalena; río 186, D2
Magdalena 178, B1
Magdalena 186, F6
Magdalena, Llano de la; llan. 178, B3
Magdeburgo 138, F1
Magelang 160, E6
Maghāghah 167, P10
Maghnia 165, C2
Mágina; srra. 123, E3
Maglaj 142, D4
Magnitogorsk 144, F2
Magro; río 112, B2
Maguarinho; cabo 187, I4
Maguela do Zombo 168, C3
Maguncia 134, I3
Maguncia 138, E3
Magur; isla 161, M3
Magwe 156, H4
Mahajanga 169, Q19
Mahakam; río 160, F4
Mahalapye 168, E6
Mahallah al-Kubra, al- 167, P9
Mahamid 165, B3
Mahanadi; río 156, E4
Mahanoro 169, Q19
Maharashtra; est. 156, C5
Mahāriq, al- 167, P10
Mahdia 165, F1
Mahdia 166, H1
Mahé; isla 169, LL15
Mahébourg 169, X27
Mahenge 168, G3
Mahón 119, F2
Maicao 181, E4
Maicurú; río 187, H4
Maidstone 137, H5
Maiduguri 166, H6
Maikoor; isla 161, I6
Maimana 155, J5
Main; río 138, F2
Main Barrier; mtes. 194, G6
Mai Ndombe; lago 168, C2
Maine; est. fed. 177, M2
Maine; reg. 134, D3
Mainland; isla 137, J1
Mainland; isla 137, I1
Maintirano 169, P19
Maio; isla 169, L13
Maio 169, L13
Maipo; pico 188, C4
Maipú 188, E5
Maiquetía 181, F4
Mairena del Alcor 122, C3
Mairena del Aljarafe 122, B3
Maisí; cabo 181, E2
Maitland 195, I6
Maíz; isla 180, C4
Maizuru 159, S11
Maja; isla 160, D5
Maja; río 153, N4
Majaceite; río 122, C4
Majachkala 144, E3
Majadahonda 110, B2
Majagual 181, E5
Majdanpek 142, E4
Maji 167, M7
Majja 153, N3
Majkop 144, E3
Majma'ah 155, G7
Majona, Punta; cabo 54, J1
Majuro; isla 191, G3
Makari 167, H6
Makarikari, Salar; lago 168, E6
Makarska 142, C5
Makasar; estr. 160, F5
Makasar v. Ujungpandang
Makat 144, F3
Makemo; isla 191, K5
Makeni 166, C7
Makeyevka 144, D3
Makian; isla 161, H4
Makin; arch. 191, G3
Makinsk 152, H4
Makó 142, E3
Makoku 168, B1
Makran; reg. 155, J7
Maks al-Bahari, al- 167, P11
Makthar 136, C7
Makua 168, C2
Makurdi 166, G7
Malabar, Costa de; reg. 156, C5
Malabo 166, G8
Malaca; estr. 160, C4
Malaca; pen. 160, C4
Maladeta v. Malditos, Montes; mac. mont.
Málaga; prov. 122, D4
Málaga 122, D4
Málaga, Ensenada de; bahía 55, C4
Málaga, Hoya de; com. 122, D4
Malagón; río 135, E6
Malagón; rivera 122, A3
Malagón 106, C3
Malaita; isla 191, F4
Malakal 167, L7
Mala Kapela; mac. mont. 142, B4
Malang 160, E6
Malanje 168, C3
Mala, Punta; cabo 180, D5
Malargüe 188, C5
Malatya 155, E5
Malawi; lago v. Nyassa; lago
Malawi 168, F4
Malaybalay 161, H3
Malaysia 160, D3
Malbaie, La 177, L2
Maldegem 140, C4
Malden; isla 191, J4
Malditos, Montes; mac. mont. 55, F1
Maldivas 156, C7
Maldonado 188, F4
Malé 156, C8
Maléas; cabo 143, F8
Malegaon 156, C4
Malekula; isla 191, F5
Malgrat de Mar 92, C2
Malgrat, es; isla 118, D2
Malha 167, K5
Malheureux; cabo 169, X26
Malí 166, E5
Mali í Shebenikut; pico 143, E6
Malik, al-; wadi 167, K5
Malili 160, G5
Malin; cabo 137, D3
Malin 142, I1
Malinas 140, D4
Malinau 160, F4
Malindi 168, H2
Malino; pico 160, G4
Malmberget 141, F2
Malmédy 140, F5
Malmesbury 169, C8
Malmö 141, D5
Maloca 187, G3
Maloelap; isla 191, G3
Malolos 160, G2
Måløy 141, B3
Malpartida de Cáceres 102, B2
Malpartida de Plasencia 102, B2
Malpaso; pico 126, A3
Malpelo; isla 186, B3
Malpica de Bergantiños 74, B1
Malta 136, F7
Maltohöhe 168, C6
Malūt 167, L6
Maluenda 88, B2
Malung 141, D3
Malvan 156, C5
Malvinas; arch. 189, F8
Mallaig 137, E2
Mallawī 167, P10
Mallén 88, B2
Mallorca; isla 118, D2
Mallow 137, C4
Mamaia 142, I4
Mambasa 168, E1
Mamberamo; río 161, J5
Mamers 134, E3
Mamfe 166, G7
Mamono 168, D6
Mamoré; río 186, E6
Mamou 166, C6
Mamudju 160, F5
Man; isla 137, E3
Man 166, D7
Mana 176, P8
Manacapuru 186, F4
Manacor 118, E2
Manado 161, G4
Managua; lago 180, B4
Managua 180, B4
Manakara 169, Q20
Manam; isla 161, L5
Manama 155, H7
Mananara; río 169, Q20
Mananjary 169, Q20
Manapire; río 181, F5
Manapouri; lago 195, K15
Manar, al-; pico 155, F10
Ma'nasi 158, E3
Ma'nasihu; lago 158, E2
Manaung; isla 156, G5
Manaus 186, F4
Mancha; canal 130, C2
Mancha, Canal de la; estr. 134, D2
Mancha, La; com. 106, C3
Mancha Real 123, E3
Manchester 137, F4
Manchester 177, L3
Manchuria; reg. 159, M2
Manda 168, F4
Mandal 141, B4
Mandala; pico 161, K5
Mandalay 157, H4
Mandalgov' 158, I2
Mandan 176, F2
Mandar; bahía 160, F5
Mandera 167, N8
Mandeville 180, D3
Mandioli; isla 161, H5
Manevići 142, G1
Manfalūt 167, P10
Manfredonia; golfo 136, G4
Manfredonia 136, G4
Manga; reg. 166, H6
Manga 187, J6
Mangabeiras, Chapada das; msta. 187, I5
Mangaia; isla 191, J6
Mangalia 142, I5
Mangalore 156, C6
Mangkalihat; cabo 160, F4
Manglares; cabo 186, C3
Mango 166, F6
Mangochi 168, G4
Mangoky; río 169, P20
Mangole; isla 161, H5
Mangonui 195, N10
Mangualde 135, E3
Mangueira; lago 188, F4
Manguinho, Punta; cabo 187, K6
Mangya 158, F4
Mangyšlak; pen. 152, F5
Manhattan 176, G4
Mania; río 169, Q20
Manica 168, F5
Manicoré 186, F5
Manihi; isla 191, K5
Manihiki; isla 191, I5
Manila; bahía 160, G2
Manila 160, G2
Manilva 122, C4
Manipur; est. 156, G3
Manisa 143, H7
Manises 112, E6
Manitoba; lago 174, I4
Manitoba; prov. 174, I4
Manitoulin; isla 177, J2
Manitowoc 177, I3
Manizales 186, C2
Manja 169, P20
Manjacaze 168, F6
Manjapa; pico 160, F4
Mankato 177, H3
Mankono 166, D7
Mankoya 168, D4
Manlleu 92, C1
Manna 160, C5
Mannar; golfo 156, D7
Mannar 156, D7
Mannheim 138, E3
Mannu; río 136, C5
Manokwari 161, I5
Manono 168, E3
Manresa 92, B2
Mansa 168, E4
Mansel; isla 175, J3
Mansfield 137, G4
Mansfield 177, J3
Mansilla; emb. 100, F2
Mansilla de las Mulas 96, C2
Mans, Le 134, E4
Manso; río 187, H6
Mansura, al- 167, P9
Manta 186, B4
Mantalingajan; pico 160, F3
Mantaro; río 186, D6
Mantes-la-Jolie 134, E3
Mantiqueira; srra. 188, G2
Mantua 136, D2
Manu; río 186, D6
Manua; arch. 191, I5
Manuk; isla 161, I6
Manukau; puerto 195, O11
Manukau 195, O11
Manus; isla 161, L5
Manyara; lago 168, G2
Manyoni 168, F3
Manzanares; río 110, B2
Manzanares 106, C4
Manzanera 88, C3
Manzanillo 179, D4
Manzanillo, Punta; cabo 180, D5
Manzhouli 158, K2
Manzilah, al-; lago 167, P9
Manzini 169, F7
Mao 167, I6
Maoke; mtes. 161, J5
Maoming 158, J7
Mapaga 160, F5
Mapararí 181, F4
Mapastepec 179, F4
Mapia; islas 161, I4
Mapire 181, G5
Maple Creek 176, E2
Maprik 161, K5
Mapuera; río 186, G4
Maputo; bahía 169, F7
Maputo 169, F7
Maquinchao 188, C6
Mar; srra. 188, G3
Mara; río 168, F2
Maráa 186, E4
Marabá 187, I5
Maracá; isla 187, H3
Maracaibo; lago 186, D2
Maracaibo 186, D1
Maracajú; srra. 188, E2
Maracay 186, E1
Maracena 123, E3
Maradi 166, G6
Maragatería, La; com. 96, B2
Marāghah, al- 167, P10
Maragheh 155, G5
Marahuaca; pico 186, E3
Marajó; bahía 187, I4
Marajó; isla 187, I4
Marāk 141, B3
Marakei; isla 191, G3
Maralal 168, G1
Maralinga 194, E6
Maramba 168, E5
Maranchón 107, D1
Maranguape 187, K4
Maranhão; emb. 54, B3
Maranoa; río 194, H5
Marañón; río 186, C4
Marão; srra. 135, E2
Marão; srra. 54, B2
Maras 155, E5
Marateca 135, D5
Marathon 175, J5
Maratón 143, F7
Maratua; isla 160, F4
Marāwah 143, E10
Marawi 161, G3
Marawi 167, L5
Marbella 122, D4
Marble Bar 194, B4
Marcas, Las; reg. 136, E3
March 137, H4
Marcha; río 153, L3
Marche; reg. 134, E4
Marche-en-Famenne 140, E5
Marchena 122, C3
Marchena 135, G6
Mar Chiquita; lag. 188, D4
Marcilla 86, H6
Marcus-Necker; drs. subm. 191, G1
Mardan 156, C2
Mar del Plata 188, E5
Maré; isla 191, F6
Mareeba 194, H3
Margarita; isla 186, F1
Margate 137, H5
Mari; rep. autón. 144, E2
Maria; isla 194, F2
María; islas 191, J6
María; srra. 123, F3
Maria Cristina; canal 107, E3
Marianao 180, C2
Marianas; arch. 161, L1
Marianas; cca. subm. 161, M2
Marianas; f. subm. 161, K2
Marianas Sept. Commonwealth de las; div. admva. 161, K1
María Teresa; arref. 191, J7
Mariato, Punta; cabo 180, C5
Maribor 142, B3
Marica; río v. Maritza; río
Maricourt 175, K3
Maridi 167, K8
Marié; río 186, E4
Marie-Galante; isla 181, G3
Mariehamn v. Maarianhamina
Mariembourg 140, D5
Marienberg 140, F3
Mariental 168, C6
Mariestad 141, D4
Mariinsk 152, I4
Marília 188, F2
Marín 74, B2
Marina de Cudeyo 80, B1
Marinduque; isla 160, G2
Maringa; río 168, D1
Maringá 188, F2
Marinha Grande 135, D4
Marin, Le 181, G4
Mariñas, As; com. 74, B1
Marion; arref. 195, I3
Marion 177, J3
Mariscal Estigarribia 188, D2
Marismas, Las; com. 122, B4
Maritza; río 142, F5
Mariupol 144, D3
Marj, al- 167, J2
Markerwaard; pólder 140, E3
Markham; pico 196, T1
Markovo 153, Q3
Marl 140, G4
Marlagne; com. 140, D5
Marlborough; área estadística 195, N13
Marle 140, C6
Marmande 134, E5
Mármara; isla 143, H6
Mármara; mar 143, H6
Marmaris 143, I8
Marmelos 186, F5
Mar Menor; albufera 116, F5
Marmolada; pico 136, D1
Marmolejo 122, D2
Marne; río 134, G3
Maroantsetra 169, Q19
Marokau; isla 191, K5
Marondera 168, F5
Maroni; río 187, H3
Maroua 167, H6
Marovoay 169, Q19
Marowijne; río 187, H3
Marquesas; arch. 191, K4
Marquette 177, I2
Marquina-Jemein v. Marquina-Xemein
Marquina-Xemein 82, G5
Marquise 140, A5
Marra; gebel 167, J6
Marrakech 165, B2
Marratxí 118, D2
Marree 194, F5
Marromeu 168, G5
Marruecos 165, B2
Marrupa 168, G4
Marsā al-Burayqah 167, I2
Marsa al Uwayjah 143, C11
Marsabit 167, M8
Marsala 136, E6
Marsa Sūsah 167, J2
Marsella 134, G6
Marsh; isla 177, H6
Marshall; arch. 191, F2
Marshall; cca. subm. 191, F3
Marshall 177, H4
Marshall 177, H5
Marshall, Islas; div. admva. 191, F2
Martaban; golfo 156, H5
Martelange 140, E6
Martés; srra. 112, A2
Martí 180, D2
Martigny-Ville 136, B1
Martigues 134, G6
Martín; río 88, C2
Martin 142, D2
Martina Franca 136, G4
Martínez de la Torre 179, E3
Martín García; isla 188, E4
Martinho Campos 187, I7
Martinica; isla 181, G4
Martinica, Canal de; estr. 181, G4
Martinsburg 177, K4
Marton 195, O13
Martorell 92, B2
Martorelles 92, F4
Martos 122, E3
Marui 161, K5
Marutea; at. 191, L6
Mary 152, G6
Maryborough 195, I5
Maryland; est. fed. 177, K4
Maryville 177, H3
Marzūq 167, H3
Marzūq, Erg de; des. 166, H3
Masadah 154, B1
Masaka 168, F2
Masalfasar 112, F5
Masan 159, M4
Masanella, Puig de; pico 55, G3
Masasi 168, G4
Masavi 186, F7
Masaya 180, B4
Masbate; isla 161, G2
Masbate 161, G2
Mascara 165, D1
Mascareñas; arch. 162, N12
Mascate 155, I8
Mas de las Matas 88, C3
Maseru 169, E7
Mashhad 155, I5
Maside 74, B2
Masied Soleymán 155, G6
Masilah; wadi 155, G9
Masindi 168, F1
Masirah; isla 155, I8
Masirah, al-; golfo 155, I9
Mask; lago 137, C4
Masnou, El 92, F5
Masoala; cabo 169, R19
Mason City 177, H3
Maspalomas 126, D3
Maspalomas, Punta; cabo 126, D3
Masparro; río 181, F5
Massa 136, D2
Massab Rashid 167, P9
Massachusets; est. fed. 177, L3
Massakory 167, I6
Massamagrell 112, F5
Massanassa 112, E6

Massanet de la Selva 92, C2
Massangena 168, F6
Massaua 167, M5
Massenya 167, I6
Massi; ciénaga 181, D5
Massinga 168, G6
Massive; pico 176, E4
Masson; isla 196-2, BB3
Masterton 195, O13
Masuria; reg. 139, K1
Masuria, Meseta lacustre de; reg. 139, K1
Masvingo 168, F6
Mata; sals. 112, B3
Matachel; río 102, B3
Matadi 168, B3
Matagalpa 180, B4
Matagorda; bahía 179, E2
Mataiva; isla 191, K5
Matalavilla; emb. 96, B2
Matam 166, C5
Matamoros 179, D2
Matamoros 179, E2
Ma'tan as-Sarrah 167, J4
Matanza de Acentejo, La 126, C2
Matanzas 180, C2
Matapán; cabo 143, F8
Mataram 160, F6
Matarani 186, D7
Mataró 92, C2
Matarraña; río 88, D2
Mataura; río 195, L15
Mata Utu 191, H5
Mategua 186, F6
Matehuala 179, D3
Matera 136, G4
Mátészalka 142, F3
Mateur 136, C6
Mathura 156, D3
Mati 161, H3
Matías Romero 179, F4
Matir 165, E1
Matočkin Šar 152, F2
Mato Grosso; msta. 187, H6
Mato Grosso 186, G7
Matorral, Punta del; cabo 127, E2
Matosinhos 135, D2
Matrah 155, I8
Mât, Riviere du; río 169, Z28
Matrūh 167, K2
Matsu; isla 159, L6
Matsue 159, R11
Matsumoto 159, S11
Matsuyama 159, R12
Mattagami; río 177, J2
Matterhorn; pico v. Cervino; pico
Matthew; isla 191, G6
Matthew Town 181, E2
Mattoon 177, I4
Matuba 168, F6
Maturín 186, F2
Matxitxakol; cabo 82, G5
Mau-é-ele 168, F6
Maubeuge 134, F2
Maud, Banco de; plat. subm. 196-2, KK3
Maués; río 186, G4
Maués 186, G4
Maug; islas 190, D1
Maui; isla 176, P8
Maun 168, D5
Mauna Kea; pico 176, Q9
Mauna Loa, vol. 176, Q9
Maupiti; isla 191, J5
Maurice; lago 194, E5
Mauricio; isla 169, X27
Mauritania 166, C4
Mautong 160, G4
Mawjib, al-; wadi 154, B3
Mawlaik 156, G4
Maxcanú 179, G3
May; cabo 177, L4
May; glac. 196, Y3
Maya; mtes. 180, B3
Mayaguana; isla 181, E2
Mayagüez 181, F3
Maydena 194, H8
Mayen 140, G5
Maynas; reg. 186, C4
Mayo; río 178, C2
Mayor; cabo 55, D1
Mayor; isla 116, F5
Mayor; isla 195, P11
Mayor; lago 136, C1
Mayorga 96, C2
Mayotte; isla 169, O17
May Pen 180, D3
Mayu; isla 161, H4
Mayumba 168, B2
Mazabuka 168, E5
Mazaleón 88, D2
Mazar; wadi 165, D2
Mazara del Vallo 136, E6
Mazaricos 74, B2
Mazār-i-Sharif 155, K5
Mazarrón; golfo 55, E4
Mazarrón 116, E5
Mazaruni; río 186, F2
Mazatenango 180, A4
Mazatlán 178, C3
Mažeikiai 141, F4
Mazirbe 141, F4
Mazoe; río 168, F5
Mazongshan; pico 158, G3
Mazovia; reg. 139, K1
Mazra, al- 154, B3
Mbabane 169, F7
Mbaïki 167, I8
Mbala 168, F3
Mbale 168, F1
Mbalmayo 166, H8
Mbandaka 168, C1
Mbanza-Ngungu 168, B3
Mbanza Congo 168, B3
Mbarara 168, F2
Mbari; río 167, J7
Mbeya 168, F3
Mbinda 168, B2
Mbour 166, B6
Mbout 166, C5
M'Bridge; río 168, B3
Mbuji-Mayi 168, D3
Mbwemburu; río 168, G3
McAlester 177, G5
McAllen 176, G6
Mc Arthur; río 194, F3
McClintock, Canal de; estr. 174, H2
McClure; estr. 174, F2
McComb 177, H5
Mc Cook 176, F3
Mcherrah; reg. 165, C3
McKinley; pico 174, C3
McLennan 174, G4
McLeod; lago 194, A4
McMurray 174, G4
Mdennah, El 165, B4
Mělník 142, B1
Mead; lago 176, D4
Mealhada 135, D3
Meaño 74, B2
Mearim; río 187, I5
Meaux 134, F3
Meca, La 155, E8
Méchéria 165, C2
Mechernich 140, F5
Mecidiye 143, H6
Mecklemburgo; bahía 138, F1
Mecklemburgo; reg. 138, F1
Meconta 168, G4
Meda 135, E3
Medan 160, B4
Médanos; istmo 181, F4
Medanosa, Punta; cabo 189, C7
Médanos de Samalayuca 178, C1
Médéa 165, D1
Medellín 102, C3
Medellín 186, C2
Médenine 165, E2
Médenine 166, H2
Medford 176, B3
Medgidia 142, I4
Mediano; emb. 55, F1
Medias 142, G3
Medias Aguas 179, F4
Medicine Hat 174, G5
Medina 155, E8
Medinaceli 97, F3
Medina de las Torres 102, B3
Medina del Campo 96, D3
Medina de Pomar 97, E2
Medina de Rioseco 96, C3
Medina-Sidonia 122, C4
Medio Cudeyo 80, B1
Mediterráneo; mar 130, D4
Mednyj; isla 153, Q4
Medvedica; río 144, E2
Medvežjegorsk 144, D1
Meekatharra 194, B5
Meersbusch 140, F4
Meerut 156, D3
Mega 167, M8
Mégara 143, F8
Meghaier, El 165, E2
Mehadia 142, F4
Mehsana 156, C4
Meiganga 167, H7
Meighen; isla 175, I2
Meira; srra. 74, C1
Meis 74, B2
Meissen 138, G2
Meixian 159, K7
Mejicana, Cumbre de; pico 188, C3
Mejillones 188, B2
Mejorada del Campo 110, B2
Mekambo 168, B1
Mekele 167, M6
Mekerghene, Sebkha; chott 165, D3
Meketia; isla 191, K5
Meknès 165, B2
Mekong; río 157, J6
Mekong, Delta del; desb. 157, J7
Mekongga; pico 160, G5
Mekrou; río 166, F6
Melah, el-; wadi 165, E3
Melaka 160, C4
Melanesia; div. geog. 191, F4
Melawi; río 160, E5
Melbourne 177, J6
Melbourne 194, H7
Melchor Múzquiz 179, D2
Melchor Ocampo 179, D3
Melekess 144, E2
Melfi 136, F4
Melfi 167, I6
Melgaço v. Vila
Melgar de Fernamental 97, D2
Meliana 112, F5
Melide 74, C2
Melilla 129, K7
Melipilla 188, B4
Melipotol' 144, D3
Melish; arref. 195, J3
Melk 142, B2
Melo 188, F4
Melrhir, Chott; lago 165, E2
Melun 134, F3
Melville; bahía 175, L2
Melville; cabo 194, G2
Melville; estr. 174, H2
Melville; isla 174, G2
Melville; isla 194, E2
Melville; pen. 175, J3
Melle 140, H3
Mellid v. Melide
Mello, El 82, D4
Memba 168, H4
Memboro 160, F6
Membrilla 106, C4
Membrío 102, A2
Memphis 177, I4
Ménaka 166, F5
Menasalbas 106, B3
Mendavia 86, G6
Mendawai; río 160, E5
Mendaza 86, G6
Mende 134, F5
Menden 140, G4
Menderes; río 154, C5
Mendī 154, E11
Mendi 161, K6
Mendi 167, M7
Mendig 140, G5
Mendocino; cabo 176, B3
Mendoza 188, C4
Mene Grande 181, E5
Menemen 143, H7
Menen 140, C5
Menfi 136, E6
Menggala 160, D5
Mengíbar 122, E3
Mengoub 166, D3
Mengzi 158, H7
Menindee 194, G6
Menominee 177, I2
Menongue 168, C4
Menorca; isla 119, E1
Menšikov; cabo 152, F2
Mentawai; islas 160, B5
Mentawai, estr. 160, B4
Menton 136, B3
Mentrida 106, B2
Menzel-Bourguiba 136, C6
Menzel-Temime 136, D6
Menzies; pico 196-2, EE2
Meoqui 178, C2
Meppel 140, F3
Meppen 140, G3
Mequinenza; emb. 88, D2
Mequinenza 88, D2
Merak 160, D6
Merano 136, D1
Meratus; mtes. 160, F5
Merauke 161, K6
Merca 169, S24
Merca, A 74, C2
Mercadal 119, F2
Merced 176, B4
Mercedes 188, C4
Mercedes 188, E3
Mercedes 188, E4
Mercy; cabo 175, L3
Merelbeke 140, C5
Mergui; arch. 157, H6
Mergui 157, H6
Mérida; cord. 186, D2
Mérida 102, B3
Mérida 179, G3
Mérida 186, D2
Meridian 177, I5
Merir; isla 161, I4
Merredin 194, B6
Mersin 154, D5
Mersing 160, C4
Merthyr Tydfil; mtes. 137, F5
Merthyr Tydfil 137, F5
Mértola 135, E6
Merzig 140, F6
Mesa 176, D5
Mesarás; golfo 143, G9
Mesas, Las 107, D3
Meschede 140, H4
Meseta Meridional; msta. 55, C3
Meseta Septentrional; msta. 54, C2
Mesina; estr. 136, F5
Mesina 136, F5
Mesopotamia; reg. 155, F6
Messalo; río 168, G4
Messina 168, F6
Messini 143, E8
Messiniakós; golfo 143, F8
Mesta; río 142, F6
Mesters Vig 175, O2
Mestre 136, E2
Meta; río 186, E2
Metálicos Eslovacos; mtes. 139, J3
Metálicos, Montes; mtes. 138, G2
Metán 188, D3
Metkovič 142, C5
Met'laoui, El 165, E2
Métsovon 143, E7
Metulla 154, B1
Metz 134, H3
Meulaboh 160, B4
Mexiana; isla 187, I3
Mexicali 178, A1
México; dist. federal 179, E4
México; est. fed. 179, D4
México; golfo 179, F2
México 178-179
México, Fosa de; f. subm. 179, C4
México v. Ciudad de México
Mezdra 142, F5
Mezen; río 144, E1
Mezen 144, E1
Mézenc; pico 134, G5
Mezökövesd 142, E3
Mezötúr 142, E3
Miahuatlán; srra. 179, E4
Miajadas 102, C2
Miami 177, J6
Miandrivazo 169, Q19
Mianeh 155, G5
Mianyang 158, H5
Miarinarivo 169, Q19
Miass 152, G4
Mico, Punta; cabo 180, C4
Micronesia; div. geog. 190, E3
Micronesia, Estados Federados de; div. admva. 161, L4
Michaga, Cerro; pico 188, C1
Michalovce 142, E2
Michelson; pico 174, D3
Michigan; est. fed. 177, I2
Michigan; lago 177, I3
Michikamau; lago 175, L4
Michipicoten; isla 177, I2
Michoacán; est. fed. 179, D4
Michurinsk 144, E2
Midai; isla 160, D4
Middelburg 140, D4
Middelburg 169, E8
Middlesbrough 137, G3
Middlesex 180, B3
Midelt 165, C2
Midi; canal 134, F6
Midland 176, F5
Midland 177, K3
Midour; río 55, F1
Midouze; río 55, E1
Miengo 80, B1
Mier 179, E2
Miercurea Ciuc 142, G3
Mieres 78, F1
Migdal 154, B2
Miguel Auza 179, D3
Miguel Esteban 107, C3
Miguelturra 106, C4
Mihajlovgrad 142, F5
Mijares; río 55, E2
Mijares 96, D4
Mijas; srra. 55, C4
Mijas 122, D4
Mikkeli 141, G3
Mikonos; isla 143, G8
Mikulov 142, C2
Milagro 186, C4
Milagro 86, H6
Milán 136, C2
Milâs 143, H8
Milazzo 136, F5
Mildura 194, G6
Miles 195, I5
Miles City 176, E2
Milh, Ras al; cabo 143, G11
Mili; isla 191, G3
Miling 194, B6
Milk; río 176, D2
Milne; bahía 161, M7
Milo; río 166, D7
Milos; isla 143, G8
Milton 195, M16
Miltu 167, I6
Milwaukee 177, I3
Millars; río v. Mijares; río
Millau 134, F5
Millicent 194, G7
Millmerran 195, I5
Mimizan 134, D5
Mina; pico 186, D7
Mina; río 55, F5
Minas; srra. 180, B3
Minas 188, E4
Minas de Riotinto 122, B3
Minas, Las; pico 180, B4
Minatitlán 179, F4
Minaya 107, D3
Mindanao; isla 161, H3
Mindanao; mar 161, G3
Mindelo 169, K12
Minden 138, E1
Mindoro; estr. 160, G2
Mindoro; isla 160, G2
Minduli 168, B2
Mingan 175, L4
Minglanilla 107, E3
Mingorría 96, D4
Minicoy; isla 156, C7
Minilla; emb. 122, B3
Minjiang; río 159, K6
Minna 166, G7
Minneapolis 177, H2
Minnesota; est. fed. 177, H2
Minnesota; río 177, G3
Minot 176, F2
Minshan; cord. 158, H5
Minsk 144, C2
Minūf 167, P9
Minto; lago 175, K4
Minusinsk 158, F1
Minxian 158, H5
Minyā, al- 167, P10
Miño; río 74, C2
Miño 74, B1
Mira; río 135, D6
Mira; srra. 107, E3
Mira 107, E3
Mira 135, D3
Miraballes 82, G5
Miraflores de la Sierra 110, B2
Miramar 188, E5
Miranda 188, E2
Miranda de Ebro 97, F2
Miranda do Corvo 135, D3
Miranda do Douro 135, F2
Mirande 134, E6
Mirandela 135, E2
Mira por Vos; isla 181, E2
Miravalles v. Miraballes
Mirbāt 155, H9
Miri 160, E4
Mirim; lago 188, F4
Mirina 143, G7
Miriti 186, G5
Mirnyj 153, L3
Mīrpur Khās 156, B3
Mirzapur 156, E3
Mish'ab, al- 155, G7
Mishan 159, N2
Mishmar HaNeguev 154, A3
Misiones; srra. 188, F3
Miskito, Cayos; cayos 180, C4
Miskolc 142, E2
Mislata 112, E6
Mismār 167, M5
Misool; isla 161, I5
Misrātah 167, I2
Missinaibi; río 175, J4
Mississippi; est. fed. 177, I5
Mississippi; río 177, H4
Mississippi, Delta del 177, I6
Missolonghi 143, E7
Missoula 176, D2
Missour 165, C2
Missouri; est. fed. 177, H4
Missouri; msta. 176, F2
Missouri; río 176, G3
Mistassini; lago 175, K4
Mistretta 136, F6
Mita, Punta; cabo 178, C3
Mitchell; mte. 177, J4
Mitchell; río 194, G3
Mitchell 176, G3
Mitchell 194, H5
Mitiaro; isla 191, J5
Mitilene 143, H7
Mito 159, T11
Mitre; isla 191, G5
Mitsamiouli 169, N16
Mittellandkanal 140, G3
Mitú 186, D3
Mitumba; mtes. 168, E3
Mitwaba 168, E3
Mitzic 168, B1
Miyako; isla 159, M7
Miyako 159, T11
Miyakonojo 159, R12
Miyazaki 159, R12
Mizdah 167, H2
Mizen; cabo 137, C5
Mizhi 158, J4
Mizil 142, H4
Mizque 186, E7
Mjøsa; lago 141, C3
Mladá Boleslav 142, B1
Mlawa 139, K1
Mljet; isla 142, C5
Moa; río 166, C7
Moa 181, D2
Moa, isla 161, H6
Moaña 74, B2
Moba 168, E3
Mobaye 167, J8
Mobile 177, I5
Mobridge 176, F2
Mobutu Sese Seko; lago 168, F1
Moca 181, E3
Moçamedes 162, E6
Mocejón 106, C3
Mocimboa de Praia 168, H4
Mocoa 186, C3
Moctezuma; río 179, E3
Moctezuma 178, C1
Mocuba 168, G5
Mochis, Los 178, C2
Mochudi 168, E6
Modane 136, B2
Módena 136, D2
Modesto 176, B4
Módica 136, F6
Modriča 142, D4
Moerewa 195, N10
Moers 140, F4
Moffat 137, F3
Mogadiscio 169, T24
Mogadouro; srra. 135, F2
Mogadouro 135, F2
Mogadouro, Cimas de; com. 54, B2
Mogán 126, D3
Mogaung 156, H3
Mogent; río 92, F4
Mogente 112, B3
Mogi das Cruzes 188, G2
Mogoča 153, L4
Mogotón; pico 180, B4
Moguer 122, B3
Moguiliov 144, D2
Moguil'ov-Podol'skij 142, H2
Mohács 142, D4
Mohammadia 165, D1
Mohammedia 165, B2
Mohéli; isla 169, N17
Möhnestausee, emb. 140, H4
Mohoro 168, G3
Mointy 152, H5
Mo i Rana 141, D2
Moissac 134, E5
Mojados 96, D3
Mojave; des. 176, C4
Mojave 176, C5
Mojjero; río 153, K3
Mojo; isla 160, F6
Mojok 160, E6
Mojos; llan. 186, F6
Mokau 195, O12
Mokka 155, F10
Mokp'o 159, M5
Mol 140, E4
Mola, sa; cabo 118, D2
Mola, srra. 118, C2
Molar, El 110, B2
Molatón; mte. 107, E4
Molčanovo 152, I4
Moldava; río v. Vltava; río
Moldavia; reg. 139, O4
Moldavia 142, I3
Molde 141, B3
Moldova; río 142, H3
Moldova-Nouă 142, E4
Molduveanul; pico 142, G4
Molepolole 168, E6
Molfetta 136, G4
Molina 107, E2
Molina de Segura 116, E4
Moline 177, H3
Molinicos 107, D4
Molins de Rei 92, E5
Moliro 168, F3
Molise; reg. 136, F4
Mölndal 141, D4
Molokai; isla 176, P8
Molopo; río 169, D7
Molu; isla 161, I6
Molucas; arch. 161, H5
Molucas; mar 161, H5
Molundu 168, C1
Molledo 80, A1
Mollendo 186, D7
Mollerusa 92, A2
Mollet 92, F4
Mollina 122, D3
Moma 168, G5
Mombasa 168, G2
Mombeltrán 96, C4
Mombetsu 159, T10
Momboyo; río 168, D2
Momčilgrad 142, G6
Mompós 181, E5
Møn; isla 141, D5
Mona; isla 181, F3
Mona, Canal de la; estr. 181, F3
Mónaco 134, H6
Monagham 137, D3
Monastir 165, F1
Moncada 112, E5
Moncalieri 136, B2
Monçao 135, D1
Moncarapacho 135, E6
Moncayo; pico 55, E2
Moncayo; srra. 55, E2
Mončegorsk 144, D1
Mönchengladbach 138, D2
Monchique; srra. 135, D6
Monchique 135, D6
Monclova 179, D2
Moncófar 112, B2
Moncton 175, L5
Mond; río 155, H7
Mondariz 74, B2
Mondêgo; cabo 135, D3
Mondêgo; río 135, D3
Mondéjar 107, C2
Mondoñedo 74, C1
Mondovi 136, B2
Mondragón v. Arrasate-Mondragoe
Mondúber; mtña. 112, B2
Monegros, Los; canal 88, C2
Monegros, Los; com. 88, C2
Monesterio 102, B3
Monfalcone 136, E2
Monforte 135, E4
Monforte del Cid 112, B3
Monforte de Lemos 74, C2
Mongalla 167, L7
Monger; lago 194, B5
Monghyr 156, F3
Mongo 167, I6
Mongol Altajn; cord. 158, F2
Mongolia 158, H2
Mongolia Interior v. Neimenggu; div. admva.
Mongororo 167, J6
Mongu 168, D5
Monheim 140, F4
Monkoto 168, D2
Monmouth 137, F5
Monolithos 143, H8
Monopoli 136, G4
Monopoli 143, C6
Monóvar 112, B3
Monreal del Campo 88, B3
Monroe 177, H5
Monrovia 166, C7
Monroy 102, B2
Mons 140, C5
Montabaur 140, G5
Montagne Noire; mte. 134, C3
Montague; río 178, B1
Montagut; com. 55, F2
Montalbán 88, C3
Montalbán de Córdoba 122, D3
Montalegre 135, E2
Montamarta 135, F2
Montana; est. fed. 176, D2
Montánchez; srra. 102, C2
Montánchez 102, B2
Montánchez 135, F4
Montaña, La; reg. 186, D5
Montaña Clara; isla 127, F1
Montargis 134, F4
Montauban 134, E5
Montbard 134, G4
Montbéliard 134, H4
Montblanc 92, B2
Mont-Blanc; pico 136, B2
Montcada i Reixac 92, F5
Montceau-les-Mines 134, G4
Mont Cenis; pto. mont. 138, D5
Montcornet 140, D6
Mont-de-Marsan 134, D6
Montdidier 134, F3
Mont Doré; pico 130, D3
Monte Alegre 187, H4
Montealegre del Castillo 107, E4
Monte Aragón; cord. 107, E3
Monte Azul 187, J7
Monte Bello; isla 194, B4
Montecarlo 134, H6
Monte Caseros 188, E4
Monte Cristi 181, E3
Monte Cristo; pico 180, B4
Montefrío 122, E3
Montego Bay 180, D3
Montehermoso 102, B1
Montejunto; srra. 55, A3
Montélimar 134, G5
Monte Lindo; río 188, E2
Montellano 122, C4
Montemayor 122, D3

Montemolín 102, B3
Montemór-o-Novo 135, D5
Montemorelos 179, E2
Montemuro; pico 135, E3
Montemuro; srra. 54, B2
Montenegro 142, D5
Monte Perdido; pico 88, D1
Montepuez 168, G4
Monte Redondo 135, D4
Monterey; bahía 176, B4
Montería 186, C2
Montero 186, F7
Monte Rosa; mac. mont. 136, B2
Monterrei 74, C3
Monterrey 179, D2
Monterrey v. Monterrei
Monterroso 74, C2
Monterrubio de la Serena 102, C3
Montesano 136, F4
Monte Sant'Angelo 136, F4
Monte Santu; cabo 136, C4
Montes Claros 187, J7
Montesilvano 136, F3
Montevideo 188, E4
Montezinho; srra. 135, E2
Montgat 92, F5
Montgó; mtña. 112, C3
Montgomery 137, F4
Montgomery 177, I5
Montiel 107, D4
Montijo; emb. 54, B3
Montijo; golfo 180, C5
Montijo 102, B3
Montijo 135, D5
Montilla 122, D3
Montjuïc; mte. 92, F5
Montluçon 134, F4
Montmagny 177, L2
Montmédy 140, E6
Montmeló 92, F4
Montmorillon 134, E4
Monto 195, I4
Montornès del Vallès 92, F4
Montoro; emb. 106, B4
Montoro 122, D2
Mont Pelat; pico 136, B2
Montpelier 176, D3
Montpelier 177, L3
Montpellier 134, F6
Montreal 175, K5
Montreuil 140, A5
Montreux 138, D4
Mont-roig 92, A2
Montrose 137, F2
Montrose 176, E4
Montsant; pico 55, F2
Montsant; srra. 92, A2
Montsec; pico 55, F1
Montsec; srra. 92, A1
Montseny; mac. mont. 92, C2
Montserrat; isla 181, G3
Montserrat; srra. 55, F2
Montsià; srra. 92, A3
Montuiri 118, D2
Monturull; pico 134, K9
Mont-Ventoux; pico 134, G5
Monywa 156, H4
Monza 136, C2
Monze 168, E5
Monzón 88, D2
Moonie; río 195, I5
Moore; lago 194, B5
Moorea; isla 191, J5
Moorhead 176, G2
Moosehead; lago 177, M2
Moose Jaw 174, H4
Moosomin 176, F1
Moosonee 175, J4
Mopelia; isla 191, J5
Mopti 166, E6
Moquegua 186, D7
Mora 106, C3
Mora 135, D5
Mora 141, D3
Moradabad 156, D3
Móra d'Ebre 92, A2
Mora de Rubielos 88, C3
Morajuana 186, G2
Móra la Nova 92, A2
Moraleja 102, B1
Moraleja del Vino 96, C3
Moramanga 169, Q19
Morane; at. 191, L6
Morant Cays; cayos 181, D3
Morant, Punta; cabo 180, D3
Moraña 74, B2
Morasverdes 96, B4
Morata de Jalón 88, B2
Morata de Tajuña 110, B2
Moratalla 116, E4
Moratuwa 156, D7
Morava; río 138, I3
Morava; río 142, E4
Moravia; reg. 138, I3
Moravia, Colinas de; mac. mont. 138, H3
Moravita 142, E4
Moray Firth; estuario 137, F2
Morbach 140, G6
Morcenx 134, D5
Morcín 78, F1
Mordvinia; rep. autón. 144, E2
Moreau; río 176, F2
Morecambe; bahía 137, F3
Moree 195, H5
Morelia 179, D4
Morelogan 143, H7
Morelos; est. fed. 179, E4
Morell, El 92, B2
Morella 112, B1
Morena, Sierra; cord. 55, C3
Moresby; isla 174, E4
Moreton; isla 195, I5
Moreuil 140, B6
Morgan City 179, F2
Morgantown 177, K4
Moriles 122, D3
Morioka 159, T11
Morkalla 194, G6
Morlaix 134, C3
Mornington; isla 194, F2
Morò; golfo 161, G3
Morobe 161, L6
Morogoro 168, G3
Moroleón 179, D3
Morombé 169, P20
Mörön 158, G2
Morón 180, D2
Morondava 169, P20
Morón de la Frontera 122, C3
Moroni 169, N16
Moro, Punta del; cabo 123, F4
Morotai; isla 161, H4
Moroto 168, F1
Morris Jesup; cabo 170, O1
Morro del Jable 127, E2
Morro, Punta; cabo 188, B3
Morrosquillo; golfo 181, D5
Morrumbene 168, G6
Mortagne-au-Perche 134, E3
Mortes, das; río v. Manso; río
Mortlock; arch. 190, E3
Mortsel 140, D4
Morwell 194, H7
Mos 74, B2
Mosa; río 134, G3
Moscavide 135, C5
Moscú 144, D2
Mosela; río 138, D3
Mosela 140, F6
Moshi 168, G2
Mosjøen 141, D2
Moskva; río 144, D2
Mosquera 186, C3
Mosqueruela 88, C3
Mosquitia; reg. 180, C3
Mosquitos; golfo 180, C5
Moss 141, C4
Mossaka 168, C2
Mosselbaai 169, D8
Mossendjo 168, B2
Mossman 194, H3
Mossoro 187, K5
Most 142, A1
Mostaganem 165, D1
Mostar 142, C5
Móstoles 110, B2
Mosty 139, M1
Mosul 155, F5
Mota del Cuervo 107, D3
Mota del Marqués 96, C3
Motagua; río 180, B3
Motala 141, D4
Motherwell 137, F3
Motilla del Palancar 107, E3
Motrico v. Mutriku
Motril 123, E4
Motueka 195, N13
Motul 179, G3
Moulamein Creek; río 194, G7
Mould Bay 174, G2
Moulins 134, F4
Moulmein 156, H5
Mount Gambier 194, G7
Mount Hagen 161, K6
Mount Hope 194, F6
Mount Isa 194, F4
Mount Magnet 194, B5
Mount Vernon 177, I4
Moura 135, E5
Moura 186, F4
Mourão 135, E5
Mourne; mtes. 137, D3
Mourne; río 137, D3
Mouscron 140, C5
Moutiers 134, H5
Mouy 140, B6
Moville 137, D3
Moy; río 137, C3
Moya 126, D2
Moyale 167, M8
Moyobamba 186, C5
Mozambique; canal 169, P19
Mozambique 168, G5
Mozambique 168, H4
Mozyr' 139, O1
Mpanda 168, F3
Mpika 168, F4
Mpuydir; mac. mont. 165, D3
Msaken 165, F1
M'Sila 166, G1
Müt 167, O10
Mtwara 168, H4
Muar 160, C4
Muaratewe 160, E5
Muari, Rā's; cabo 155, K8
Mubarraz, al- 155, G7
Mucuri; río 187, J7
Mucuripe, Punta; cabo 187, K4
Muchamiel 112, B3
Muchinga; mtes. 168, F4
Muda; mte. 127, F2
Mudanjiang; río 159, Q9
Mudanjiang 159, M3
Mudgee 195, H6
Mudjéria 166, C5
Mudo, Punta del; cabo 54, J1
Muel 88, B2
Muela; srra. 116, E4
Muela, La 88, B2
Muela de San Juan; pico 88, B3
Muelas del Pan 96, C3
Muerto; mar 154, B3
Muertos, Punta de los; cabo 123, G4
Mufulira 168, E4
Muga; río 92, C1
Mugardos 74, B1
Muge; río 54, A3
Muge 135, D4
Mugía v. Muxía
Múgica 179, D4
Mugla 143, I8
Müglig-Hofmann; mtes. 196-2, KK2
Mugodžary; mac. mont. 152, F5
Mühlhausen 138, F2
Muila 168, B2
Muíños 74, C3
Mujeres; isla 179, G3
Mujnak 152, F5
Mukačevo 139, L3
Mukah 160, E4
Mukäwir 154, B3
Mukibudin 194, B6
Mula 116, E4
Mulanje; pico 168, G5
Mulatas; arch. 180, D5
Mulatos 181, D5
Mulchatna; río 174, C3
Mulde; río 138, G2
Mulegé 178, B2
Mulhacén; pico 123, E3
Mülheim-an-der-Ruhr 140, F4
Mulhouse 134, H4
Mulobezi 168, E5
Multan 156, C2
Mulu; pico 160, E4
Muluya; río 165, C2
Mull; isla 137, E2
Müller; mtes. 160, E4
Mullet; pen. 137, B3
Mullewa 194, B5
Mullingar 137, D4
Mumbwa 168, E4
Mumeng 161, L6
Mumra 144, E3
Mun; río 157, I5
Muna; isla 160, G6
Muncie 177, I3
Münden 138, E2
Mundo; río 55, D3
Mundo Novo 187, J6
Mundu 167, I7
Munera 107, D3
Mungbere 168, E1
Mungia 82, G5
Mungindi 195, H5
Munguía v. Mungia
Munhango 168, C4
Munich 138, F3
Muniesa 88, C2
Munku Sardyk; pico 153, K4
Münster 138, D2
Münsterland; reg. 140, G4
Muntok 160, D5
Muong Sen 157, I5
Muong Sing 157, I4
Muonio; río 141, F1
Muonio 141, F2
Mupa 168, C5
Mur; río 142, B3
Murallón; pico 189, C7
Muraši 144, E2
Murça 135, E2
Murcia; prov. 116
Murcia 116, E5
Murcia, Región de; comun. aut. 116
Murchante 86, H6
Murchison; mtes. 194, F4
Murchison; río 194, B5
Murchison 195, N13
Murdi; depr. 167, J5
Murdo 176, F3
Muresul; río 142, E3
Muret 134, E6
Murgab; río 155, J5
Murgon 195, I5
Murillo del Río Leza 100, F2
Murillo el Fruto 86, H6
Müritz; lago 138, G1
Murjo; pico 160, E6
Murmansk 144, D1
Muro 118, E2
Muro de Alcoy 112, B3
Murom 144, E2
Muroran 159, T10
Muros 74, A2
Muros de Nalón 78, E1
Muros y Noia; ría 74, B2
Murray; río 194, H7
Murrumbidgee; río 194, H6
Murtosa 135, D3
Murud; pico 160, F4
Mururoa, at. 191, L6
Murwara 156, E4
Mürzzuschlag 142, B3
Musā'id 143, G11
Musala; pico 142, F5
Musan 159, M3
Mus-Chaja; pico 153, O3
Museros 112, F5
Musgrave; mtes. 194, E5
Musi; río 160, C5
Muskegon 177, I3
Muskiz 82, F5
Muskogee 177, G4
Musoma 168, F2
Musques v. Muskiz
Mussa Ali; pico 167, N6
Mussau; isla 161, L5
Musselshell; río 176, E2
Mussoro 167, I6
Mustafakemalpasa 143, I6
Musters; lago 188, C7
Muswllbrook 195, I6
Mutarara 168, F5
Mutare 168, F5
Mutis; pico 161, G6
Mutoraj 153, K3
Mutriku 82, G5
Mutsamudu 169, O17
Mutshatsha 168, D4
Mutsu 159, T10
Muttaburra 194, G4
Muwayh, al- 155, F8
Muxía 74, A1
Muyinga 168, F2
Muzaffarnagar 156, D3
Muzaffarpur 156, F3
Muz Tagh; pico 158, D4
Mvadhi-Ousyé 168, B1
Mwanza 168, F2
Mweelrea; mte. 137, C4
Mwene-Ditu 168, D3
Mweru; lago 168, E3
Mwinilunga 168, D4
Mya; wadi 165, D3
Myingyan 156, H4
Myitkyina 156, H3
Mymensingh 156, G4
Myslenice 142, D2
Mysore 156, D6
Mys Šmidta 153, R3
My Tho 157, J6
Mytišči 144, D2
Mzab; wadi 165, D2
Mže; río 138, G3
Mzuzu 168, F4

Naaldwijk 140, D4
Naalehu 176, Q9
Naberežnyje Čelny 144, F2
Nabeul 165, F1
Nabire 161, J5
Nablus 154, B2
Nacaome 180, B4
Nacimiento; río 123, F3
Naco 178, C1
Nacogdoches 179, F1
Nacozari 178, C1
Nachingwea 168, G4
Náchod 142, C1
Nadiad 156, C4
Nador 165, C1
Nadvornaja 142, G2
Nadym; río 152, H3
Nadym 152, H3
Nafada 166, H6
Nafta 165, E2
Nafūd; des. 155, E7
Nafusa, gebel; mte. 165, F2
Naga 161, G2
Nagano 159, S11
Nagaoka 159, S11
Nagare; cabo 156, G5
Nagasaki 159, Q12
Nag Chu; río 158, F5
Nagchu 158, F5
Nagercoil 156, D7
Nagornyj 153, M4
Nagoya 159, S11
Nagpur 156, D4
Nagua 181, F3
Nagykanizsa 142, C3
Nagykörös 142, D3
Naha 159, M6
Nahariya 154, B1
Nahe; río 140, G6
Nahiya; wadi 167, P10
Nahuel Huapí; lago 188, B6
Naica 178, C2
Nā'ifa 155, H9
Na'im, an-; gebel 154, B3
Nain 175, L4
Nairn 137, F2
Nairobi 168, G2
Naivasha 168, G2
Nájera 100, F2
Najerilla; río 100, F2
Naj'Hammadi 167, P10
Najin 159, N3
Najran 155, F9
Nakanno 153, K3
Nakhichevan; rep. autón. 144, E4
Nakhichevan 144, E4
Nakhodka 153, N5
Nakhon Phanom 157, I5
Nakhon Ratchasima 157, I6
Nakhon Sawan 157, I5
Nakhon Si Thammarat 157, I7
Nakina 175, J4
Nakuru 168, G2
Näl; río 155, K7
Nal'čik 144, E3
Nalón; río 78, F1
Nalut 165, F2
Namacurra 168, G5
Namakwaland, Pequeño; reg. 169, C7
Namakzur; salar 155, J6
Namangan 152, H5
Namapa 168, G4
Namcha Barwa; pico 158, G6
Nam Dinh 157, J4
Namib; des. 168, B6
Namibe 168, B4
Namibia 168, C6
Namlea 161, H5
Namoi; río 195, H6
Namonuito; islas 161, L3
Namorik; isla 191, F3
Namous, en; wadi 165, C2
Nampa 176, C3
Nampo 159, M4
Nampula 168, G5
Namsos 141, C2
Namu; isla 191, F3
Namur 140, D5
Namutoni 168, C5
Nan; río 157, I5
Nan 157, I5
Nanaimo 174, F5
Nanay; río 186, D4
Nancha 159, M2
Nanchang 159, K6
Nancheng 159, K6
Nanchong 158, I5
Nancy 134, H3
Nanda Devi; pico 156, E2
Nander 156, D5
Nandyal 156, D5
Nanga Parbat; pico 156, C1
Nangapinoh 160, E5
Nanjing 159, K5
Nanning 158, I7
Nannup 194, B6
Nanping 159, K6
Nansa; río 80, A1
Nansham; barr. arref. 160, F2
Nanshan; mtes. 158, G4
Nanterre 134, F3
Nantes 134, D4
Nantong 159, L5
Nantua 134, G4
Nanumea; isla 191, G4
Nanuque 187, J7
Nanyang 158, J5
Nanyuki 168, G1
Nao; cabo 112, C3
Naococane; lago 175, L4
Napier 195, P12
Napo; río 186, C4
Nápoles 136, F4
Napuka; isla 191, K5
Naqādah 167, P10
Nara 166, D5
Naracoorte 194, G7
Naranco de Bulnes; pico 55, C1
Narayanganj 156, G4
Narbona 134, F6
Narcea; río 78, E1
Nardò 136, H4
Narew; río 139, K1
Našice 142, D4
Narin; río 152, I4
Narjan-Mar 144, F1
Narmàda; río 156, D4
Narodnaia; pico 144, F1
Narón 74, B1
Narrabri 195, H6
Narrogin 194, B6
Narsimhapur 156, D4
Narva 144, C2
Narvik 141, E1
Naryn; río 152, H5
Nasarawa 166, G7
Naseby 195, M15
Nashua 177, L3
Nashville 177, I4
Näsijärvi; lago 141, F3
Nasik 156, C4
Näsir 167, L7
Nassau; isla 180, D1
Nasser; lago 167, P12
Nässjö 141, D4
Nata 168, E5
Natal 160, B4
Natal 187, K5
Natchez 177, H5
Natchitoches 179, F1
Nati, Punta d'En; cabo 119, E1
Natitingou 166, F6
Natron; lago 168, G2
Natrūn, an-; wadi 167, O9
Natuna Besar; arch. 160, D4
Natuna Besar; isla 160, D4
Naturalista; cabo 194, B6
Nauplia 143, F8
Nā'ūr 154, B3
Nauru 191, F4
Nauta 186, D4
Nautla; río 179, E3
Nava 78, F1
Navacerrada; pto. mont. 110, A2
Navachica; pico 55, D4
Navaconcejo 102, C1
Nava de Arévalo 96, D4
Nava de la Asunción 96, D3
Nava del Rey 96, C3
Navahermosa 106, B3
Navajas 112, B2
Navalcán 106, A2
Navalcarnero 110, A2
Navalmanzano 97, D3
Navalmoral de la Mata 102, C2
Navalmorales, Los 106, B3
Navalucillos, Los 106, B3
Navaluenga 96, D4
Navalvillar de Pela 102, C2
Navan 137, D4
Navarin; cabo 153, R3
Navarino; isla 189, C9
Navarra; comun. foral 86
Navarra; prov. 86
Navarrés 112, B2
Navarrete 100, F2
Navas de la Concepción, Las 135, G6
Navas del Madroño 102, B2
Navas del Marqués, Las 97, D4
Navas del Rey 110, A2
Navas de Oro 96, D3
Navas de San Juan 123, E2
Navassa; isla 181, E3
Navatalgordo 96, D4
Navia; ría 78, E1
Navia; río 78, E1
Navia 78, E1
Navia de Suarna 74, D2
Navoi 152, G5
Navojoa 178, C2
Navolato 178, C3
Návpaktos 143, E7
Nawābshāh 156, B3
Naxos; isla 143, G8
Nayarit; est. fed. 179, D3
Nāy Band 155, H7
Nazaré 135, C4
Nazaré 187, K6
Nazaret 154, B2
Nazaret 'Illit 154, B2
Nazas; río 179, D2
Nazas 179, D2
Nazca; drs. subm. 183, B4
Nazca 186, D6
Nazilli 143, I8
Nazret 167, M7
Ncheu 168, F4
Ndalatanbo 168, B3
Ndélé 167, J7
Ndemi; isla 191, F5
N'Djamena 167, I6
N'Djolé 168, B2
Ndola 168, E4
Neagh; lago 137, D3
Neápolis 143, F8
Near; islas 170, S
Nebit-Dag 144, F4
Neblina; pico 186, E3
Nebo; mte. 154, B3
Nebraska; est. fed. 176, F3
Nebrodi; mtes. 136, F6
Neches; río 177, G5
Neckar; río 138, E3
Necochea 188, E5
Neda 74, B1
Nedjed; reg. 155, F7
Neerpelt 140, E4
Negara 160, E6
Negele 167, M7
Negoiul; pico 139, M5
Negotin 142, F4
Negra, Punta; cabo 186, B5
Negreira 74, B2
Negrine 165, E2
Negro; cabo 54, C4
Negro; mar 144, D3
Negro; río 186, E3
Negro; río 186, F4
Negro; río 187, G7
Negro; río 188, D5
Negro; río 188, E4
Negros; isla 160, G3
Negru Vodă 142, I5
Neijiang 158, I6
Neimenggu; div. adm. 148, O5
Neisse; río 138, H2
Neiva 186, C3
Neja 144, E2
Nekemte 167, M7
Nelas 135, E3
Nellore 156, D6
Nel'ma 159, O2
Nelson; área estadística 195, N13
Nelson; cabo 194, G7
Nelson; río 174, I4
Nelson 195, N13
Nelspruit 168, F7
Néma 166, D5
Nemours 134, F3
Nemuro 159, U10
Nenagh 137, C4
Nengonengo; isla 191, K5
Neosho; río 177, G4
Nepal 156, E3
Nérac 134, E5
Nerbioi; río 82, E4
Nerčinsk 153, L4
Neriquinha 168, D5
Nerja 122, E4
Nerpio 107, D4
Nerva 122, B3
Nervión; río v. Nerbioi, río
Neskaupstadur 141, N6
Nesle 140, B6
Ness; lago 137, E2
Nesterov 142, F1
Nes Ziyyona 154, A3
Netanya 154, A2
Nethe; río 140, D4
Netherdale 195, H4
Nettetal 140, F4
Nettilling; lago 175, K3
Nettuno 136, E4
Netzahualcóyotl; emb. 179, F4
Neubrandenburg 138, G1
Neuchâtel; lago 138, D4
Neuchâtel 138, D4
Neuenshaus 140, F3
Neufchâteau 140, E6
Neufchâtel-en-Bray 134, E3
Neufchâtel-sur-Aisne 140, D6
Neumünster 138, E1
Neunkirchen 140, G6
Neuquén; río 188, B5
Neuquén 188, C5
Neusiedler; lago 142, C3
Neuss 140, F4
Neustadt and der Weinstrasse 140, H6
Neustrelitz 138, G1
Neuwied 140, G5
Nevada; est. fed. 176, C4
Nevada de Santa Marta, Sierra; srra. 186, D1
Nevada, Sierra; cord. 123, E3
Nevada, Sierra; srra. 176, B4
Nevado de Ampato; pico 186, D7
Nevado de Colima; vol. 179, D4
Nevado del Ruiz; vol. 186, C3
Nevado de Toluca; vol. 179, E4
Nevado, El; pico 186, D3
Nevel'sk 153, O5
Nevers 134, F4
Neves, As 74, B2
Nevis; isla 181, G3
New Albany 177, I4
New Amsterdam 186, G2
Newark 177, J3
Newark 177, L3
New Bedford 177, L3
New Bern 177, K5
New Braunfels 176, G6
New Britain 177, L3
Newburgh 177, L3
New Castle 177, J3
Newcastle 169, E7
Newcastle 195, I6
Newcastle-upon-Tyne 137, G3
Newdegate 194, B6
Newenham; cabo 174, B4
Newhaven 137, H5
New Haven 177, L3
New Iberia 177, H6
Nežin 144, D2
New London 177, L3
Newman; mte. 194, B4
Newman 194, B4
New Plymouth 195, O12
Newport 137, F5
Newport 137, G5
Newport 177, H4

Newport News 177, K4
New Providence; isla 180, D1
New Ross 137, D4
Newry 137, D3
Newton 176, G4
New Ulm 177, H3
Nexon 134, E5
Neyshābur 155, I5
Ngaliema; cataratas 168, E1
Ngami; lago 168, D6
Nganglong Kangri; pico 158, D5
Ngaoundéré 166, H7
Ngapara 195, M15
Ngiva 168, C5
Ngoc Linh; pico 157, J5
Ngoring Hu; lago 158, G5
N'Guigmi 166, H6
Ngulu; islas 161, J3
Ngun; río 157, I5
N'Gunié; río 168, B2
Ngunza 168, B4
Nguru 166, H6
Ngweze 168, D5
Nhamundá; río 186, G4
Nha Trang 160, D2
Niafunké 166, E5
Niagara Falls 177, K3
Niah 160, E4
Niamey 166, F6
Niangara 167, K8
Niapa; pico 160, F4
Nias; islas 160, B4
Nicaragua; lago 180, B4
Nicaragua 180, B4
Nicastro 136, G5
Nicobar; arch. 156, G7
Nicolls Town 180, D1
Nicosia 167, L1
Nicoya; golfo 180, C5
Nicoya; pen. 180, B5
Nida; río 142, E1
Nido, El 160, F2
Niebla 122, B3
Nied; río 140, F6
Niemen; río 144, C2
Niers; río 140, F4
Nieuw Amsterdam 187, G2
Nieuwpoort 140, B4
Nieves v. Neves, As
Níger; río 166, G7
Níger 166, G5
Nigeria 166, G6
Nigrán 74, B2
Niigata 159, S11
Niihau; isla 176, O8
Níjar 123, F4
Nikel 141, H1
Nikolaiev 144, D3
Nikolaievsk-na-Amure 153, O4
Nikopol 142, G5
Nikopol' 144, D3
Nikšic 142, D5
Nila; isla 161, H6
Nilo; río 154, D7
Nilo Azul; río 167, L6
Nilo Blanco; río 167, M6
Nilo, Valle del; reg. 167, P
Nimba; mte. 166, D7
Nimega 140, E4
Nimes 134, G6
Nimfeon; cabo 143, G6
Nimule 167, L8
Ningan 159, Q10
Ningbo 159, L6
Ningjingshan; mtes. 158, G5
Ninigo; arch. 161, K5
Ninove 140, D5
Niobrara; río 176, F3
Nioro 166, D5
Niort 134, D4
Nipe; bahía 181, D2
Nipigon 175, J5
Nipissing; lago 177, K2
Niš 142, E5
Nisa 135, E4
N'Isser, gebel; pico 165, E3
Niterói 188, H2
Nith; río 137, F3
Nitra; río 142, D2
Nitra 142, D2
Niuafo'ou; isla 191, H5
Niuatoputapu; isla 191, H5
Niue; isla 191, I5
Niut; pico 160, E4
Niutao; isla 191, G4
Nivala 141, G3
Nivelles 140, D5
Nižneangarsk 153, K4
Nižnejansk 153, N2
Nižneudinsk 153, J4
Nižnij Tagil 144, F2
Niza 134, H6
Nizamabad 156, D5
Nizhnevartovski 152, H3
Nizhni Novgorod 144, E2
Njombe; río 168, F3
Njombe 168, F3
Nkayi 168, B2
Nkongsamba 166, G8
Nkota Kota 168, F4
Noanrmby; río 194, G2
Nobeoka 159, R12
Noblejas 106, C3
Nobory-bnoje 153, K2
Nocera Inferiore 136, F4
Nochistlán 179, D3
Nogales 176, D5
Nogales 178, B1
Nogent-le-Rotrou 134, E3
Noginski 152, J3
Nogoa; río 194, H4
Nogueira; srra. 54, B2
Nogueira de Ramuín 74, C2
Noguera Pallaresa; río 92, B1
Noguera Ribagorzana; río 55, F1
Noia 74, B2
Noirmoutier; isla 134, C4
Noja 80, B1
Nola 167, I8
Nombre de Dios 180, D5
Nome 174, B3
Nonaspe 88, D2
Nong Khai 157, I5
Nonó; cabo 118, C2
Nonoava 178, C2
Nonouti; isla 191, G4
Nontrón 134, E5
Noord-Beveland; isla 140, C4
Noordostpolder; pólder 140, E3
Noordwijk an Zee 140, D3
Noqui 168, B3
Noranda 177, K2
Norddeich 140, G2
Norden 140, G2
Nordenham 140, H2
Norderney; isla 140, G2
Nordeste; cabo 196-1, JJ1
Nordeste de Providence; estr. 180, D1
Nordfjord; fiordo 141, B3
Nordhorn 140, G3
Nordreisa 141, F1
Nordvik 153, L2
Noreña 78, F1
Norfolk; isla 191, F6
Norfolk 176, G3
Norfolk 177, K4
Noril'sk 152, I3
Norman; río 194, G3
Normanby; isla 161, M6
Normandía; reg. 134, D3
Normanton 194, G3
Norman Wells 174, F3
Noroeste; cabo 194, A4
Noroeste de Providence; estr. 180, D1
Noroeste, Territorios del; terr. fed. 174, G3
Norrköping 141, E4
Norrland; reg. 141, D2
Norrtälje 141, E4
Norseman 194, C6
Norsk 153, N4
Norte; cabo 141, G1
Norte; cabo 187, H3
Norte; cabo 195, N10
Norte; canal 137, E3
Norte; isla 195, N12
Norte; mar 130, D2
Norte; msta. 179, D2
Norte; srra. 186, G6
Norte, Punta; cabo 189, C8
North; isla 169, LL15
Northallerton 137, G3
Northam 194, B6
Northampton 137, G4
Northampton 194, A5
North Battleford 174, H4
North Bay 175, Q7
North Canadian; río 176, F4
North Downs; cols. 134, E2
North Flinders; mtes. 194, F6
North Foreland 134, E2
Northland; area estadística 195, N10
North Minch; estr. 137, E1
North Platte; río 176, F3
North Ronaldsay; isla 137, K1
North Uist; isla 137, D2
Northumberland, islas 195, I4
North Walsham 140, A3
North York 175, Q7
North York Moors; cols. 137, G3
Norton; bahía 174, B3
Noruega; cca. subm. 148, C3
Noruega; mar 196, A3
Noruega 141
Norwich 137, H4
Noshiro 159, T10
Nos Kaliakra 142, I5
Noss; cabo 137, F1
Nossi-Bé; isla 169, Q18
Nossob; río 168, C6
Nosy Boraha; isla 169, R19
Nosy Mitsio 169, Q18
Noteč; río 138, I1
Noto; pen. 159, S11
Noto 136, F6
Notodden 141, C4
Nottingham 137, G4
Noumea 191, F6
Noupoort 169, D8
Nouzonville 140, D6
Nova Friburgo 188, H2
Nova Iguaçu 188, H2
Novallas 88, B2
Nova Mambone 168, F6
Novara 136, C2
Nova Sofala 168, F6
Nova Zagora 142, G5
Novelda 112, B3
Nové Zámky 142, D2
Novgorod 144, D2
Novii Uzen 144, F3
Novii Uzen 155, H4
Novi Ligur 136, C2
Novi Pazar 142, E5
Novi Pazar 142, H5
Novi Sad 136, H2
Novi Sad 142, D4
Novočerkassk 144, D3
Novograd-Volinskij 142, H1
Novogrudok 139, M1
Novokazalinsk 152, G5
Novokujbyševsk 144, E2
Novokuzneck 152, I4
Novo Mesto 142, B4
Novomoskovsk 144, D2
Novorossijsk 144, D3
Novosibirsk 152, I4
Novotroick 144, F2
Novozybkov 139, P1
Novska 142, C4
Novyj Port 152, H3
Nowgong 156, G3
Nowy Sacz 142, E2
Nowy Targ 142, D2
Noya v. Noia
Noyon 140, B6
Nsanje 168, G5
Nsukka 166, G7
Nuadhibu 166, B4
Nuakchott 166, B5
Nuanetsi 168, F6
Nubia; des. 167, L4
Nucía, La 112, B3
Nueces; río 176, G6
Nueltin; lago 174, I3
Nueva; isla 189, C9
Nueva Bretaña; isla 161, M6
Nueva Brunswick; prov. 175, L5
Nueva Caledonia; dpto. ultr. 191, F6
Nueva Caledonia; isla 191, F6
Nueva Carteya 122, D3
Nueva Casas Grandes 178, C1
Nueva Delhi 156, D3
Nueva Escocia; prov. 175, L5
Nueva Gales del Sur; est. fed. 194, H6
Nueva Georgia; isla 191, E4
Nueva Gerona 180, C2
Nueva Guinea; isla 161, K6
Nueva Hampshire; est. fed. 177, L3
Nueva Hannover; isla 161, L5
Nueva Inglaterra; mtes. 195, I6
Nueva Irlanda; isla 161, M5
Nueva Jersey; est. fed. 177, L4
Nueva Orleáns 177, I6
Nueva Rosita 179, D2
Nueva San Salvador 180, B4
Nuevas Hébridas; arch. 191, F5
Nueva Siberia; arch. 153, O2
Nueva Siberia; isla 153, P2
Nueva York; est. fed. 177, K3
Nueva York 177, L3
Nueva Zelanda 195
Nueva Zembla; isla 152, F2
Nueve de Julio 188, D5
Nuevitas 180, D2
Nuevo; golfo 188, D6
Nuevo Laredo 176, G6
Nuevo León; est. fed. 179, D2
Nuevo México; est. fed. 176, E5
Nugssuaq; pen. 175, M2
Nui; isla 191, G4
Nujiang; río 158, G6
Nukey Bluff; mte. 194, F6
Nukhaylah; oasis 167, K5
Nuku'alofa 191, H6
Nukufetau; isla 191, G4
Nuku Hiva; isla 191, K4
Nukulaelae; isla 191, H4
Nukumanu; islas 191, E4
Nukunono; islas 191, H4
Nukuoro; islas 190, E3
Nukutavake; isla 191, L5
Nules 112, B2
Nullagine 194, C4
Nullarbor; llan. 194, D6
Numazu 159, S11
Numfoor; isla 161, I5
Nunivak; isla 174, B4
Nunjiang; río 159, L2
Nunjiang 159, M2
Nun Kun; pico 156, D2
Nuñomoral 102, B1
Nuominhe; río 159, L2
Nuoro 136, C4
Nurakita; isla 191, H4
Nuremberg 138, F3
Nurmes 141, H3
Nusaybin 155, F5
Nuyts; arch. 194, E6
Nyabing 194, B6
Nyahururu 168, G1
Nyälä 167, J6
Nyamlell 167, K7
Nyanga; río 168, B2
Nyassa; lago 168, F4
Nyda 152, H3
Nyenchen Tanglha; pico 158, F5
Nyenchen Tanglha, Montes; cord. 158, E5
Nyeri 168, G2
Nyíregyháza 142, E3
Nyiru; mte. 168, G1
Nyköping 141, E4
Nylstroom 168, E6
Nynäshamn 141, E4
Nyngan 194, H6
Nyong; río 168, B1
Nyons 134, G5
Nysa; río v. Neisse; río
Nysa 142, C1
Nyslott v. Savonlinna
Nzérékoré 166, D7
Nzeto 168, B3
Ñorquinco 188, B6

Oahe; lago 176, F2
Oahu; isla 176, P8
Oakham 137, G4
Oakland 176, B4
Oak Ridge 177, J4
Oamaru 195, M15
Oaxaca; est. fed. 179, E4
Oaxaca de Juárez 179, E4
Ob'; río 152, I4
Oban 137, E2
Obando 182, C2
Obbia 169, T23
Obeid, El 167, L6
Oberhausen 140, F4
Obervellach 136, E1
Obi; golfo 152, H3
Obi; isla 161, H5
Obi; río 152, G3
Óbidos 135,C4
Obidos 187, G4
Obihiro 159, T10
Oblačnaja; pico 159, N3
Oblučje 153, N5
Obo 167, K7
Obock 155, F10
Obrenovac 142, E4
Obuasi 166, E7
Oca; bahía 181, E3
Ocala 177, J6
Ocaña 106, C3
Ocaña 186, D2
Occidental; barr. hielo 196-2, CC3
Occidental; cord. 186, C5
Ocean; isla 191, F4
Oceanside 176, C5
Ocejón; pico 106, C1
Ocha 153, O4
Ochagavía 86, H6
Ocotal 180, B4
Ocotlán 179, D3
Ocotlán de Morelos 179, E4
Ocreza; río 135, E4
Oda; gebel 167, M4
Oda 166, E7
Odádahraun 141, M6
Odda 141, B3
Oddur 169, S24
Odemira 135, D6
Ödemis 143, I7
Odense 141, C5
Oder; río 138, H1
Odessa 144, D3
Odessa 176, F5
Odiel; río 54, B4
Odienné 166, D7
Odivelas; río 54, A3
Odoorn 140, F3
Odorheiu Secuiesc 142, G3
Odra; río 142, C2
Odra; río 55, C1
Odra (Oder); río 142, C1
Oeiras 187, J5
Oeste; cabo 195, K16
Oeste, Punta; cabo 181, D3
Ofanto; río 136, F4
Offenbach 138, E2
Ogaden; reg. 169, S23
Ogaki 159, S11
Ogbomosho 166, F7
Ogden 176, D3
Ogdensburg 177, K3
Oglio; río 136, D1
Ogosta; río 142, F5
Ogoué; río 168, A2
Ogulin 142, B4
Ohai 195, L15
Ohanet 165, E3
Ohey 140, E5
O'Higgins; lago 189, C7
Ohio; est. fed. 177, J4
Ohio; río 177, J4
Ohopoho 168, B5
Ohre; río 138, G2
Oia 74, B2
Oiapoque; río 187, H3
Oiapoque 187, H3
Oion 82, G6
Oise; río 140, C6
Oita 159, R12
Ojén; srra. 54, C4
Ojinaga 179, D2
Ojos del Salado, Nevado; pico 188, C3
Ojos Negros 88, B3
Ojotsk; mar 153, O4
Ojotsk 153, O4
Ojuelos de Jalisco 179, D3
Oka; río 144, E2
Oka; río 153, K4
Oka-Iruña 82, G6
Okaba 161, J6
Okahandja 168, C6
Okarito 195, M14
Okavango; pantano 168, D5
Okavango; río 168, C5
Okayama 159, R12
Okeechobee; lago 177, J6
Okha 156, B4
Okhi; mte. 143, G7
Oki; islas 159, R11
Okiep 169, C7
Okinawa; isla 159, M6
Oklahoma; est. fed. 176, G4
Oklahoma City 176, G4
Okoyo 168, C2
Øksfjord 141, F1
Okt'abr'skij 144, F2
Oktiabrskoie 152, G3
Okuru 195, L14
Okushiri; isla 159, S10
Ølafsvik 141, L6
Olanchito 180, B3
Öland; isla 141, E4
Olavarría 188, D5
Olawa 142, C1
Olazagutia 86, G6
Olbia 136, C4
Oldemburgo 138, E1
Oldenzaal 140, F3
Oldham 137, F4
Old Wives; lago 176, E1
Oleiros 74, B1
Oleniok; bahía 153, L2
Oleniok; río 153, M2
Oleniok 153, L3
Oléron; isla 134, D5
Olesa de Montserrat 92, B2
Olesnica 138, I2
Olga; pico 194, E5
Olgij 158, F2
Olhao 135, E6
Oliana 92, B1
Oliete 88, C3
Olifants; río 168, F6
Olimpo; mte. 143, F6
Olinda 187, L5
Olite 86, H6
Oliva; pico 55, E3
Oliva 112, B3
Oliva de la Frontera 102, B3
Oliva de Mérida 102, B3
Oliva, La 127, F2
Olivares 122, B3
Olivares de Júcar 107, D3
Oliveira de Azemeis 135, D3
Olivenza 102, A3
Olmedo 96, D3
Oloj; río 153, Q3
Ol'okma; río 153, M4
Ol'okminsk 153, M3
Olomouc 142, C2
Olongapo 160, G2
Oloron 134, D6
Olot 92, C1
Olpe 140, G4
Olsztyn 139, K1
Olt; río 142, G4
Olten 134, I4
Oltenita 142, H4
Oltet; río 142, F4
Olula del Río 123, F3
Ol'ulorskij; cabo 153, R4
Olvega 97, G3
Olvera 122, C4
Olympia 176, B2
Olympus; pico 176, B2
Olza 86, H6
Ollagüe; pico 188, C2
Ollagüe 188, C2
Olleria, L' 112, B3
Om' 152, H4
Omagh 137, D3
Omaha 177, G3
Omán; golfo 155, I7
Omán 155, H9
Omaruru 168, C6
Ombepera; pico 168, B5
Ombrone; río 136, D3
Ombué 168, A2
Omdurman 167, L5
Ometepe; isla 180, B4
Ometepec 179, E4
Ommen 140, F3
Omo; río 167, M7
Omolon; río 153, P3
Omsk 152, H4
Omuramba Omatako; río 168, C5
Omuta 159, R12
Onangué; lago 168, B2
Onda 112, B2
Ondangua 168, C5
Ondara 112, C3
Ondarroa 82, G2
Öndörchaan 158, J2
Onega; lago 144, D1
Onega; río 144, D1
Onega 144, D1
Onekotan; isla 153, P5
Ongarue 195, O12
Onil 112, B3
Onilahy; río 169, P20
Onitsha 166, G7
Ono-i-Lau; isla 191, H6
Onon; río 153, L5
Ons; isla 74, B2
Onslow; bahía 177, K5
Onslow 194, B4
Ontario; lago 177, K3
Ontario; prov. 175, J4
Ontinyent 112, B3
Ontong Java; isla 191, E4
Ontur 107, E4
Oña 97, E2
Oñate v. Oñati
Oñati 82, G5
Oodnadatta 194, F5
Ooldea 194, E6
Oostergo; reg. 140, E2
Oosterhout 140, D4
Oosterschelde; estuario 140, D4
Opala 168, D2
Opava 142, C2
Opelika 179, G1
Opelousas 179, F1
Open; bahía 161, M5
Opole 142, C1
Oporto 135, D2
Opua 195, O10
Opunake 195, N12
Oradea 142, E3
Orán 165, C1
Orán, Chott de; chott 55, E5
Orange; cabo 187, H3
Orange; río 169, C7
Orange 134, G5
Orange 179, F1
Orange 195, H6
Oranjemund 169, C7
Oranjestad 181, F4
Orapa 168, E6
Orb; río 55, G1
Orbetello 136, D3
Orbigo; río 54, C1
Orcadas; islas 137, J1
Orcadas del Sur; arch. 196, E4
Orchilla; isla 186, E1
Orchon; río 158, H2
Ord; mte. 194, D3
Ord; río 194, D3
Órdenes v. Órdes
Órdes 74, B1
Ordino 134, K8
Ordizia 82, G5
Ordos; des. 158, I4
Orduña; pico 55, D4
Orduña v. Urduña
Ordžonikidze v. Vladikavkaz
Örebro 141, D4
Orechovo-Zujevo 144, D2
Oregón; est. fed. 176, B3
Oregon City 176, B2
Orël 144, D2
Orellana; canal 102, C2
Orellana; emb. 102, C2
Orellana la Vieja 102, C2
Orenburg 144, F2
Orense; prov. 74, C2
Orense v. Ourense
Orestiás 142, H6
Orford Ness; cabo 140, A3
Órganos, Punta de los; cabo 126, B2
Organyà 92, B1
Orgaz 106, C3
Orgejev 142, I3
Orhy; pico 86, I6
Oria; río 82, G5
Oria 123, F3
Oriental; cord. 186, D3
Oriental; cord. 186, E7
Oriental; cord 186, C5
Orihuela 112, B3
Orihuela del Tremedal 88, B3
Orillia 175, Q7
Orinoco; río 186, E3
Orinoco, Delta del; desb. 186, F2
Orio 82, G5
Orissa; est. 156, E4
Oristano; golfo 136, C5
Oristano 136, C5
Orizaba 179, E4
Orjahovo 142, F5
Orjiva 123, E4
Orkanger 141, C3
Orkney; islas v. Orcadas; islas
Orlando 177, J6
Orleans 134, E4
Orlicke Hory; mtes. 142, C1
Orlov; cabo 144, E1
Ormära 155, J7
Ormoc 161, G2
Ormuz; estr. 155, I7
Örnsköldsvik 141, E3
Orocué 186, D3
Oroluk; at. 190, E3
Oropesa 106, A3
Oropesa 112, C1
Orosei; golfo 136, C4
Orosei 136, C4
Orosháza 142, E3
Orotava, La 126, C2
Orotukan 153, P3
Oroya, La 186, C6
Orša 144, D2
Orşova 139, L5
Orsk 144, F2
Orsova 142, F4
Orăstie 142, F4
Ortegal; cabo 74, C1
Orthez 134, D6
Ortigueira 74, C1
Ortles; pico 136, D1
Ortona 136, F3
Ortuella 82, D4
Oruro 186, E7
Orvieto 136, E3
Or Yehuda 154, A2
Osa; pen. 180, C5
Osage; río 177, H4
Osaka 159, S12
Osâm; río 142, G5
Osečina 142, D4
Osetia del Norte v. Osetia Septentrional
Osetia Septentrional; rep. autón 144, E3
Oshawa 175, Q7
Oshkosh 177, I3
Oshogbo 166, F7
Osijek 142, D4
Osinniki 158, E1
Oskarshamn 141, E4
Oslo 141, C4
Oslofjord; bahía 141, C4
Osnabrück 138, D1
Oso, Gran Lago del; lago 174, F3
Osorno 188, B6
Osorno la Mayor 96, D2
Osos; isla 152, C2
Osos; isla 153, Q2
Osprey; arref. 194, H2
Oss 140, E4
Ossa; pico 143, F7
Ossa; pico 194, H8
Ossa; srra. 54, B3
Ossa de Montiel 107, D4
Oste; río 138, E1
Ostende 140, B4
Österdal; río 141, D3
Östersund 141, D3
Östhammar 141, E3
Ostrava 142, D2
Ostrog 139, N2
Ostroleka 139, K1
Ostrov 141, H4
Ostrowiec Swietokrzyski 142, E1
Ostrów Wielkopolski 142, C1
Osumi; estr. 159, R12
Osumi; isla 159, R12
Osuna 122, C3
Oswego 177, K3
Oswiecim 142, D1
Otago; área estadística 195, L15
Otare; mte. 186, D3
Otaru 159, T10
Otavi 168, C5
Oteiza 86, H6
Otero de los Herreros 97, D4
Otero de Rey v. Outeiro de Rei
Otgon 158, G2
Oti; río 166, F7
Otish; pico 175, K4
Otjiwarongo 168, C6
Otočac 142, B4
Otranto; cabo 136, H4
Otranto 136, H4
Otranto, Canal de;

estr. 136, H4
Ottawa; islas 175, J4
Ottawa; río 175, K5
Ottawa 175, K5
Ottawa 177, H4
Ottumwa 177, H3
Oturkpo 166, G7
Otway; cabo 194, G7
Ötztal; mac. mont. 138, F4
Ouachita; río 177, H5
Ouakziz, gebel 165, B3
Ouargla 165, E2
Ouargla 166, G2
Ouarsenis; mac. mont. 55, F5
Ouarzazate 165, B2
Ouassel; río 55, G5
Oude 140, D3
Oudenaarde 140, C5
Oudtshoorn 169, D8
Oued-Zem 166, D2
Oued, el 165, E2
Ouenza 136, C7
Ouessant; isla 134, B3
Ouezzan 165, B2
Oufran 165, D3
Oujiang; río 159, K6
Ouled-Djellal 165, E2
Oulet Nail; mtes. 165, D2
Oulu; lago 141, G2
Oulu 141, G2
Oulujoki; río 141, G2
Oum er-Rbia; wadi 165, B2
Ounasjoki; río 141, G2
Our; río 140, F6
Ourense 74, C2
Ourinhos 188, G2
Ourique 135, D6
Ourthe; río 140, E5
Ouse; río 137, H4
Outeiro de Rei 74, C1
Outes 74, B2
Outher Hebrides; arch. 137, D1
Outjo 168, C5
Outreau 140, A5
Ouzzal, In; pozo 165, E4
Ovalle 188, B4
Ovamboland; reg. 168, B5
Ovar 135, D3
Overflakkee; isla 140, D4
Overpelt 140, E4
Övertorneå 141, F2
Oviedo 78, F1
Ovruč 142, I1
Owando 168, C2
Owensboro 177, I4
Owen Sound 177, J3
Owen Stanley; cord. 161, L6
Owerri 166, G7
Owo 166, G7
Owyhee; lago 176, C3
Owyhee; río 176, C3
Oxford 137, G5
Oxford 195, N14
Oyapock v. Oiapoque, río
Oyartzun 82, H5
Oyarzun v. Oyartzun
Oyem 168, B1
Oyo 166, F7
Oyonnax 134, G4
Oyón v. Oion
Ozamiz 161, G3
Ozark; msta. 177, H4
Ozark 179, G1
Ózd 142, E2

Pa-an 156, H5
P'a; lago 144, D1
Paarl 169, C8
Paatsi; río 141, H1
Pabianice 139, J2
Pabna 156, F4
Pacajá; río 187, H4
Pacaraima; srra. 186, F3
Pacasmayo 186, C5
Pachitea; río 186, D5
Pachuca de Soto 179, E3
Pacífico Central; cca. subm. 191, H3
Pacífico, Islas del; div. admva. 161, K2
Pacífico Oriental; cca. subm. 191, J2
Pacífico Sur; cca. subm. 191, J7
Padang 160, C5
Padangsidimpuan 160, B4
Padangtikar; isla 160, D5
Paderborn 138, E2
Padre; isla 179, E2
Padrenda 74, B2
Padrón 74, B2
Padua 136, D2
Paducah 177, I4
Padul 123, E3
Paektu-san; pico 159, M3
Pag; isla 142, B4
Pagadian 161, G3
Pagai; arch. 160, B5
Pagai Norte; isla 160, B5
Pagai Sur; isla 160, C5
Pagan; isla 190, D2
Page 176, D4
Pagi 161, K5
Pago Pago 191, H5
Paide 141, G4
Päijänne; lago 141, G3
Paiporta 112, B2
País de Jallas; com. 54, A1
Países Bajos 140
Paisley 137, E3
País Vasco; comun. aut. 82
Paita 186, B5
Paiva; río 135, E3
Pajala 141, F2
Pájara 127, E2
Pajares; pto. mont. 96, C2
Paka 160, C4
Pakanbaru 160, C4
Pakistán 156, B3
Paksane 157, I5
Pakse 157, J5
Pala 167, H7
Palacios del Sil 96, B2
Palacios, Los 180, C2
Palacios y Villafranca, Los 122, C3
Palafrugell 92, D2
Palagruza; isla 142, C5
Palamós 92, D2
Palancia; río 112, B2
Palangkaraja 160, E5
Palanpur 156, C4
Palapye 168, E6
Palas de Rei 74, C2
Palatinado; reg. 138, D3
Palau; arch. 161, I3
Palau 179, D2
Palau v. Belau
Palawan; isla 160, F3
Paldiski 141, G4
Paleleh 160, G4
Palembang 160, C5
Palencia; prov. 96, D2
Palencia 96, D2
Palermo 136, E5
Palestine 177, G5
Paletwa 156, G4
Palimé 166, F7
Palk; estr. 156, D7
Palm; isla 194, H3
Palma; bahía 118, D2
Palma 168, H4
Pálmaces; emb. 107, D1
Palma del Condado, La 122, B3
Palma del Río 122, C3
Palma de Mallorca 118, D2
Palma, La; isla 126, B2
Palma, La 178, B2
Palma, La 180, D5
Palmas; cabo 166, D8
Palmas; golfo 136, C5
Palmas de Gran Canaria, Las 126, D2
Palmas, Las; prov. 126
Palma Soriano 181, D2
Palmeira 169, L12
Palmeira dos Indios 187, K5
Palmeirinhas, Punta das; cabo 168, B3
Palmela 135, D5
Palmer; arch. 196-2, G3
Palmer; río 194, E4
Palmerston; isla 191, I5
Palmerston 195, M15
Palmerston North 195, O13
Palmi 136, F5
Palmira 155, E6
Palmira 186, C3
Palmyra; isla 191, I3
Palo Alto 176, B4
Paloh 160, D4
Palomani; pico 186, E6
Palomares del Campo 107, D3
Palomera; srra. 55, E2
Palopo 160, G5
Palos; cabo 116, F5
Palos de la Frontera 122, B3
Palu 160, F5
Pallapalla; pico 186, D6
Pallejà 92, E5
Palliser; cabo 195, O13
Pamiers 134, E6
Pamir; msta. 155, L5
Pamlico Sound; estr. 177, K4
Pampa; reg. 188, D5
Pampa 176, F4
Pamplemousses 169, X27
Pamplona 186, D2
Pamplona 86, H6
Panaitan; isla 160, D6
Panaji 156, C5
Panamá; golfo 180, D5
Panamá 180, C5
Panamá 180, D5
Panamá, Canal de 180, D5
Panama City 177, I5
Panay; isla 160, G2
Pančevo 142, E4
Pancorvo 97, E2
Pandan 160, G2
Panevežys 141, G5
Pangeo 161, H4
Pangkalpinang 160, D5
Pangutaran; islas 160, G3
Panié; mte. 191, F6
Panjgur 155, J7
Pannawonica 194, B4
Pantar; isla 161, G6
Pantelaria; isla 136, E6
Panticosa 88, C1
Pantinat, Punta; cabo 119, F1
Pantón 74, C2
Pánuco; río 179, E3
Panuco 178, C3
Pánuco 179, E3
Pao; río 181, F5
Pao, El 186, F2
Pápa 142, C3
Papagayo; golfo 180, B4
Papagayo, Punta del; cabo 127, F2
Papantla de Olarte 179, E3
Papeete 191, K5
Papenburg 140, G2
Papigochic; río 178, C2
Papiol, El 92, E5
Papúa-Nueva Guinea 161, K6
Papúa; golfo 161, K6
Paracas, Punta; cabo 186, C6
Paracatú; río 187, I7
Paracatú 187, I7
Paracel; islas 160, E1
Paracuellos de Jarama 110, B2
Paradas 122, C3
Paragould 177, H4
Paragua; río 186, F2
Paraguá; río 186, F6
Paraguaçu; río 187, J6
Paraguai; río v. Paraguay; río
Paragua, La 181, G5
Paraguarí 188, E3
Paraguay; río 188, E2
Paraguay 188, E2
Paraiba do Sul; río 188, H2
Paraíso 179, F4
Parakou 166, F7
Paramaribo 187, G2
Paramera; srra. 55, C2
Parameras de Molina; srra. 107, E2
Páramo del Sil 96, B2
Páramo, El; com. 96, C2
Paramušir; isla 153, P4
Parana; río 187, I6
Paraná; río 188, D4
Paraná; río 188, E3
Parana 187, I6
Paraná 188, D4
Paranaguá 188, G3
Paranaíba; río 188, F1
Paranapanema; río 188, F2
Paranapiacaba; srra. 188, G2
Paranestion 143, G6
Parapanda; pico 122, E3
Parapetí; río 188, D1
Parbhani 156, D5
Pardes Hanna 154, A2
Pardo; río 187, K7
Pardo; río 188, F2
Pardubice 142, B1
Parece Vela; isla 190, C1
Parecis; srra. 186, F6
Paredes de Nava 96, D2
Pareja 107, D2
Parepare 160, F5
Parets del Vallès 92, F4
Párga 143, E7
Paria; golfo 186, F1
Pariaguán 181, G5
Pariaman 160, C5
Paricutín; vol. 179, D4
Parida; isla 180, C5
Parima; srra. 186, F3
Paringul; pico 142, F4
Parintins 187, G4
Pariñas, Punta; cabo 186, B5
París 134, F3
Paris 177, G5
Parkano 141, F3
Parkersburg 177, J4
Parla 110, B2
Parma 136, D2
Parnaguá 187, J6
Parnaíba; río 187, I5
Parnaíba 187, J4
Parnaso; pico 143, F7
Pärnu 144, C2
Paroo; río 194, G5
Paros; isla 143, G8
Parral 188, B5
Parras; srra. 179, D2
Parras 179, D2
Parres 78, F1
Parry; arch. 175, I2
Parry; cabo 174, F2
Parry Sound 177, K2
Parsons 177, G4
Parthenay 134, D4
Partinico 136, E5
Paru; río 187, H4
Pas; río 80, B1
Pasadena 176, C5
Pasadena 177, G6
Pasaia 82, H5
Pasajes v. Pasaia
Pa Sak; río 157, I5
Pascagoula 177, I5
Pascani 142, H3
Pas de la Casa 134, K8
P'asina; río 152, I2
Pasing 160, G2
Pasley; cabo 194, C6
Paso de Indios 188, C6
Paso de los Libres 188, E3
Paso, El 126, B2
Paso, El 176, E5
Paso, El 181, E5
Paso Fundo 188, F3
Paso Robles 176, B4
Passau 138, G3
Passero; cabo 136, F6
Pastaza; río 186, C4
Pasto 186, C3
Pastoriza 74, C1
Pastrana 107, D2
Patagonia; reg. 188, C7
Patagonia, Plataforma continental de; plat. subm. 188, E7
Patan 156, C4
Patchewollock 194, G7
Paterna 112, E6
Paterna del Campo 122, B3
Paterna de Rivera 122, C4
Paternò 136, F6
Paterson 177, L3
Pathankot 156, D2
Pathfinder; emb. 176, E3
Patía; río 186, C3
Patiala 156, D2
P'atigorsk 144, E3
Patkai; cord. 156, H3
Patna 156, F3
Patos; lago 188, F4
Patos 143, D6
Patos 187, K5
Patos de Minas 187, I7
Patquía 188, C3
Patrás; golfo 143, E7
Patrocinio 187, I7
Pattani 157, I7
Patti 136, F5
Patuca; río 180, B4
Patuca, Punta; cabo 180, C3
Pátzcuaro 179, D4
Pau 134, D6
Paua 167, I7
Pauillac 134, D5
Pauinini; río 186, E5
Paulistana 187, J5
Paulo Afonso 187, K5
Pavía 136, C2
Pavlodar 152, H4
Paxos; isla 143, E7
Paymogo 122, A3
Payne; lago 175, K4
Paysandú 188, E4
Payson 176, D3
Paz; río 180, A4
Pazardžik 142, G5
Paz del Río 186, D2
Paz, La; bahía 178, B3
Paz, La 178, B3
Paz, La 180, B4
Paz, La 186, E7
Paz,La 188, C4
Pazos de Borbén 74, B2
Peace; río 174, G4
Peace River 174, G4
Peak Hill 194, B5
Peal de Becerro 123, E3
Peares, Los; emb. 54, B1
Pearl; río 179, G1
Pearl Harbor; bahía 176, P8
Pearsall 179, E2
Pebane 168, G5
Pebas 186, D4
Pebas 186, D4
Pec 142, E5
Pečenga 144, D1
Pechiguera, Punta; cabo 127, F2
Pečora; bahía 144, F1
Pečora; río 144, F1
Pečora 144, F1
Pecos; río 176, F5
Pecos 176, F5
Pécs 142, D3
Pedasí 180, C5
Pedernales 181, G5
Pedernoso, El 107, D3
Pedra Azul 187, J7
Pedrada; pico 54, A2
Pedra Grande; arref. 187, K7
Pedrajas de San Esteban 96, D3
Pedraza 97, E3
Pedreguer 112, C3
Pedreiras 187, J4
Pedrera; La 186, E4
Pedrera 122, D3
Pedrera, Punta de sa; cabo 118, C3
Pedro-Martínez 123, E3
Pedro; isla 153, L2
Pedro Abad 122, D3
Pedro Afonso 187, I5
Pedro Bernardo 96, D4
Pedro, Cayos; cayos 180, D3
Pedroches, Los; reg. 122, D2
Pedrógão Grande 135, D4
Pedro Juan Caballero 188, E2
Pedrola 88, B2
Pedro Martín; emb. 55, D4
Pedro Muñoz 107, D3
Pedroñeras, Las 107, D3
Pedroso; srra. 102, C3
Pedroso, El 122, C3
Peebles 137, F3
Peel; río 174, E3
Pegalajar 123, E3
Pego 112, B3
Pegu; cord. 157, H5
Pegu 157, H5
Pehuajó 188, D5
Peipus; lago 144, C2
Peixe 187, I6
Pekalongan 160, D6
Pekam 160, C4
Pekín 158, K3
Pelado; pico 55, E3
Pelaihari 160, E5
Peleaga; pico 142, F4
Peleng; isla 161, G5
Pelhřimov 142, B2
Pelješac; pen. 142, C5
Pelón de Ñado; pico 179, E3
Peloponeso; reg. 143, E8
Pelotas 188, F4
Pelvoux, Macizo del; mac. mont. 134, H5
Pello 141, F2
Pelly; río 174, E3
Pemalang 160, D6
Pematangsiantar 160, B4
Pemba; isla 168, G3
Pemberton 194, B6
Pembroke 137, E5
Pembroke 177, K2
Penafiel 135, D2
Penamacor 135, E3
Penápolis 188, F2
Penas; golfo 188, B7
Pendembu 166, C7
Penedés, El; com. 92, B2
Penedo; bahía 127, F1
Penedo 187, K6
Peneo; río 143, E8
Peneo; río 143, F7
Penganga; río 156, D4
Penglai 159, L4
Penibética, Cordillera; cord. 55, D4
Peniche 135, C4
Penida; isla 160, F6
Peninos; mtes. 137, F3
Penitente; srra. 187, I5
Penmarch, Punta de; cabo 134, B4
Penner; río 156, D6
Pennsylvania; est. fed. 177, K3
Penong 194, E6
Penrhyn; isla 191, J4
Penrith 195, I6
Pensacola 177, I5
Pentecost; isla 191, F5
Penticton 174, G5
Pentland; estr. 137, J1
Pentland 194, H4
Penžina; golfo 153, Q3
Penza 144, E2
Penzance 134, B2
Penzance 137, E5
Peña; emb. 88, C1
Peña; srra. 88, C1
Peña Cerredo; pico 96, D1
Peña de Chache; mte. 127, F1
Peña de Francia; pico 96, B4
Peña de Francia; srra. 135, F3
Peña del Aguila; emb. 102, B2
Peña Escrita; pico 106, B4
Peñafiel 97, D3
Peñaflor 122, C3
Peñagolosa; pico 112, B1
Peña Gorbea; pico v. Gorbeia
Peña Labra; pico 55, C1
Peñalara; pico 97, E4
Peña, La v. Ibaizabal-Abusu
Peñalba 88, C2
Peñalsordo 102, C3
Peñamellera Baja 78, G1
Peña Nevada; pico 179, E3
Peña Prieta; pico 96, D2
Peñaranda de Bracamonte 96, C4
Peñaranda de Duero 97, E3
Peñarroya-Pueblonuevo 122, C2
Peñarroya; emb. 107, D3
Peñarroya; pico 55, E2
Peñarroya de Tastavins 88, D3
Peñas; cabo 78, F1
Peñas de San Pedro 107, E4
Peña Trevinca; pico 96, B2
Peña Ubiña; pico 78, F1
Peña Utrera; mte. 54, B3
Peñíscola 112, C1
Peñón Blanco, Punta del; cabo 127, E2
Peoria 177, I3
Pequeña Andamán; isla 156, G6
Pequeña Inagua; isla 181, E2
Pequeña Nicobar; isla 156, G7
Pequeño Ábaco; isla 180, D1
Pequeño Atlas; cord. 165, B2
Pequeño Taimir; isla 153, K2
Pequiri; río 187, H7
Perak; río 160, C3
Peraleda de la Mata 102, C2
Peral, El 107, E3
Peralta 86, H6
Peralta de Alcolea 88, C2
Perche, Collado de la; pto. mont. 55, G1
Percival; lago 194, D4
Perdido Monte; pico v. Monte Perdido; pico
Pereira 186, C3
Pereiro de Aguiar 74, C2
Perelló 92, A3
Pereruela 96, C3
Pergamino 188, D4
Periana 122, D4
Perico 188, C2
Pericos 178, C2
Périgord; reg. 134, E5
Perigueux 134, E5
Perijá; srra. 186, D1
Perito Moreno 188, C7
Perla, La 179, D2
Perlas; arch. 180, D5
Perlas, Punta de; cabo 180, C4
Perm' 144, F2
Përmet 143, E6
Permovaïsk 144, D3
Pernik 142, F5
Péronne 134, F3
Perpiñán 134, F6
Pérsico; golfo 155, G7
Perth 137, F2
Perth 177, K3
Perth 194, B6
Pertús, El; pto. mont 134, F6
Perú; f. subm. 186, B5
Perú 186, C5
Perugia 136, E3
Peruri 82, E3
Peruwelz 140, C5
Pervomaïsk 139, P3
Pervoural'sk 144, F2
Pesaro 136, E3
Pescadores, Los; pen. 141, I1
Pescara 136, F3
Pesebre, Punta; cabo 127, E2
Peshawar 156, C2
Peshkopi 142, E6
Peso da Régua 135, E2
Pesquera de Duero 97, D3
Petah Tiqwa 154, A2
Pétange 140, E6
Petatlán 179, D4
Petchaburi 160, B2
Petén Itzá; lago 180, B3
Peterborough 175, Q7
Peterborough 194, F6
Peterhead 137, G2
Peter Pond; lago 174, H4
Petersburg 177, K4
Peto 179, G3
Petra 118, E2
Petrel 112, B3
Petric 143, F6
Petrinja 142, C4
Petrolina 187, J5
Petropavlovsk 152, G4
Petropavlovsk Kamchatskij 153, P4
Petrópolis 188, H2
Petrosani 142, F4
Petrozavodsk 144, D1
Pevek 153, S3
Pforzheim 138, E3
Phalodi 156, C3
Phangnga 157, H7
Phan Thiet 157, J6
Phatthalung 157, I7
Phenix City 177, I5
Phetchaburi 157, H6
Philip; isla 194, H7
Philippeville 140, D5
Phitsanulok 157, I5
Phnom Penh 157, I6
Phoenix; arch. 191, H4
Phoenix; cca. subm. 191, H4
Phoenix; f. subm. 191, I4
Phoenix; isla 191, H4
Phoenix 176, D5
Phra Chedi Sam Ong 157, H5
Phu Bia; pico 157, I5
Phuket; isla 157, H7
Phu Loi; pico 157, I4
Phu Miang; pico 157, I5
Phu Quoch; isla 157, I6
Piacenza 136, C2
Piamonte; reg. 136, B2
Pias 135, E5
Piatra Neamt 142, H3
Piauí; río 187, J5
Piauí; srra. 187, J5
Piave; río 136, E1
Piaxtla; río 178, C3
Piaxtla, Punta; cabo 178, C3
Piazza Armerina 136, F6
Pibor 167, L7
Picardía; reg. 134, F3
Picassent 112, B2
Picazo, El 107, D3
Pichanal 188, D2
Pichilemu 188, B4
Pico; isla 135, M15
Pico; pico 169, K13
Pico de la Cruz; pico 54, J1
Pico de las Nieves; pico 126, D3
Pico del Moro Almanzor; pico 96, C4
Pico, Ponta do; pico 135, M15
Picos 187, J5
Picos de Aroche; mtñas. 122, B2
Picos de Europa; cord. 55, C1
Picos de Urbión; cord. 97, F2
Picquigny 140, B6
Picton; isla 189, D9
Picton 195, O13
Pidurutalagala; pico 156, E7
Piedad Cabadas, La 179, D3
Pie de Palo 188, C4
Piedra; río 88, B2
Piedrabuena 106, B3
Piedrahita 96, C4
Piedralaves 96, D4
Piedras; Las 188, E4
Piedras; río 186, D6
Piedras Negras 179, D2
Pieksämäki 141, G3
Piélagos 80, B1
Pielinen; lago 141, H3
Pierre 176, F3
Piešt'any 142, C2
Pietermaritzburg 169, F7
Pietersburg 168, E6
Piet Retief 169, F7
Pietrosul; pico 142, G3
Pietrosul; pico 142, G3
Pigailoe; isla 161, L3
Pijijiapan 179, F4
Pikes; pico 176, E4
Piketberg 169, C8
Pila; mte. 116, E4
Pila; srra. 116, E4
Pila 138, I1
Pilão Arcado 187, J6
Pilar 188, E3
Pilas 122, B3
Pilaya; río 188, D2
Pilbara 194, B4
Pilcomayo; río 188, D2
Pilica; río 139, K2
Piloña 78, F1
Pílos 143, E8
Pimba 194, F6
Pimienta Bueno 186, F6
Pina; pico 55, E2
Pina 88, C2
Pinang 160, C3
Pinar; pico 122, C4
Pinar del Río 180, C2
Pinarhisar 142, H6
Pindaré; río 187, I4
Pindiga 166, H7
Pindo; cord. 143, E7
Pine Bluff 177, H5
Pine Creek 194, E2
Pineda de Mar 92, C2
Pinedo 112, F6
Pinega; río 144, E1
Pine Point 174, G3
Pinerolo 136, B2
Ping; río 157, H5

Pingelap; arch. 191, F3
Pingle 158, J7
Pingliang 158, I4
Pingluo 158, I4
Pingquan 159, K3
P'ingtung 159, L7
Pinguicas; pico 179, E3
Pingwu 158, H5
Pingxiang 158, J6
Pingxig 158, I7
Pingyao 158, J4
Pinhel 135, E3
Pini; isla 160, B4
Pinjarra 194, B6
Pinnaroo 194, G7
Pinofranqueado 102, B1
Pino Hachado; pto. mont. 188, B5
Pino, O 74, B2
Pinos-Puente 122, E3
Pinos; isla 191, F6
Pinos; isla v. Juventud; isla
Pinoso 112, A3
Pinseque 88, B2
Pinsk 144, C2
Pintado, emb. 102, B3
Pintados 188, C2
Pintang 160, F5
Pinto 110, B2
Pinto 188, D3
Pin'ug 144, E1
Pioner; isla 153, J2
Piornal 102, C1
Piorno; pico 123, F4
Piotrków Trybunalski 138, J2
Piqueras; pto. mont. 97, F2
Piracanjuba 187, I7
Piracicaba 188, G2
Piracuruca 187, J4
Pirané 188, E3
Piranhas; río 187, K5
Pirapora 187, J7
Pirenaica; cord. v. Pirineos; cord.
Pireo, El 143, F8
Pirin; mtes. 143, F6
Pirineos Aragoneses; cord. 55, E1
Pirineos Catalanes; cord. 55, F1
Pirineos Navarros; cord. 55, E1
Piripiri 187, J4
Pirmasens 134, H3
Pirot, 142, F5
Piru 161, H5
Pisa 136, D3
Pisagua 188, B1
Pisciotta 136, F4
Pisco 186, C6
Písek 142, B2
Pistoia 136, D3
Pisuerga; río 96, D3
Pit; río 176, B3
Pite; río 141, F2
Piteå 141, F2
Pitesti 142, G4
Pithiviers 134, F3
Piton de la Fournaise; pico 169, Z29
Piton de la Petite Rivière Noire; pico 169, V27
Piton des Neiges; pico 169, Y29
Pitt; isla 191, H8
Pittsburg 177, H4
Pittsburgh 177, K3
Piura 186, B5
Pizarra 122, D4
Pizzo 136, G5
Placencia v. Soraluze
Placentia 175, M5
Placetas 180, D2
Plainview 176, F5
Plan 88, D1
Plana; isla 55, E3
Plana, La; com. 55, F2
Planeta Rica 181, D5
Plasencia 102, B1
Plasencia 135, F3
Plastum 159, O3
Plata, La 188, E5
Platinum 174, B4
Plato 186, D2
Platte; isla 162, M10
Platte; río 176, G3
Plauen 138, G2
Playa de Castilla; com. 135, F6
Playa Larga 180, C2
Plaza del Moro Almanzor; pico v. Pico del Moro Almanzor
Plencia; río v. Plentzia
Plencia v. Plentzia
Plenty; bahía 195, P11
Plentzia; río 82, E3
Plentzia 82, G5
Pleseck 144, E1
Plettenberg 140, G4
Pleven 142, G5
Pliego 116, E5
Pljevlja 136, H3
Pljevlja 142, D5
Ploče 142, C5
Plock 139, J1
Ploiesti 142, H4
Plovdiv 142, G5
Plumas, Las 188, C6
Pluntree 168, E6
Plutarco Elías Calles; emb. 178, C2
Plymouth 137, E5
Plymouth 181, G3
Plzen 142, A2
Po; río 136 D2
Pô 166, E6
Pobeda; pico 153, O3
Pobedy; pico 158, D3
Pobes 82, G6
Pobla del Duc 112, B3
Pobla de Segur, La 92, B1
Pobla de Vallbona, La 112, B2
Pobla, sa v. Puebla, La
Pobra de Trives 74, C2
Pobra do Caramiñal 74, B2
Pocatello 176, D3
Pocito; srra. 106, B3
Poços de Caldas 188, G2
Poděbrady 142, B1
Po, Delta del 136, E2
Podkamennaja Tunguska 152, J3
Podolia; reg. 144, C3
Podol'sk 144, D2
Podor 166, C5
Podporožje 144, D1
Poggibonsi 136, D3
Pogradec 143, E6
Pohang 159, Q11
Poinsett; cabo 196-2, Z3
Point Hope 174, B3
Point; lago 174, G3
Pointe-Noire 168, B2
Pointre-à-Pitre 181, G3
Poio 74, B2
Poitiers 134, E4
Poitou; reg. 134, D4
Poix 140, A6
Poix-Terron 140, D6
Pojarkovo 153, M5
Pokhara 156, E3
Pokrovsk 153, M3
Pola de Gordón, La 96, C2
Pola de Laviana 78, F1
Pola de Lena 78, F1
Pola de Siero 78, F1
Polán 106, B3
Polanco 80, A1
Polar, Meseta; msta. 196-2
Polcura 188, B5
Polesskoje 142, I1
Polillo; islas 160, G1
Polinesia; div. geog. 191, I3
Polinesia Francesa; dpto. ultr. 191, K6
Políyiros 143, F6
Polonia 138, I1
Polonnoje 142, H1
Polo Norte 196-1
Polo Norte Magnético 196-1, AA2
Polo Sur 196-2
Polotsk 144, C2
Poltava 144, D3
Polunochnoie 144, G1
Pollachi 156, D6
Pollença; bahía 118, E2
Pollença 118, E2
Pollino; mte. 143, C6
Pollino; pico 136, G5
Pombal 135, D4
Pombal 187, K5
Pomerania; golfo 138, H1
Pomerania; reg. 138, H1
Pomorie 142, H5
Ponape; isla 191, E3
Ponca City 176, G4
Ponce 181, F3
Pondicherry 156, D6
Pond Inlet 175, K2
Ponferrada 96, B2
Ponoj; río 144, D1
Pons 92, B2
Ponsul; río 135, E4
Ponta Delgada 135, L13
Ponta Grossa 188, F3
Ponta Porã 188, E2
Pontarlier 134, H4
Pontchartrain; lago 177, I5
Pont de Suert, El 92, A1
Ponteareas 74, B2
Ponte-Caldelas 74, B2
Ponteceso 74, B1
Ponte da Barca 135, D2
Pontedera 136, D3
Ponte de Sôr 135, E4
Pontedeume 74, B1
Ponte do Lima 135, D2
Ponte Nova 188, H2
Pontenova, A 74, C1
Pontes de García Rodríguez, As 74, C1
Pontes-e-Lacerda 186, G7
Pontevedra; prov. 74, B2
Pontevedra; ría 74, B2
Pontevedra 74, B2
Pontiac 177, J3
Pontianak 160, D4
Pónticos; mtes. 155, E4
Pontinas; islas 136, E4
Pontivy 134, C3
Pont-Ste.-Maxence 140, B6
Poole 134, C2
Poole 137, F5
Pool Malebo; lago 168, C2
Poopó; lago 186, E7
Popayán 186, C3
Poperinge 140, B5
Poplar Bluff 177, H4
Popocatépetl; vol. 179, E4
Popondetta 161, L6
Poprad 142, D2
Porali; río 155, K7
Porbandar 156, B4
Porce; río 181, E5
Porcuna 122, D3
Porcupine; río 174, D3
Pordenone 136, E2
Pori 141, F3
Porirua 195, O13
Porjus 141, E2
Porkkala 141, G3
Porlamar 181, G4
Porma; emb. 96, C2
Porma; río 55, C1
Poronajsk 153, O5
Porqueres 92, C1
Porreres 118, E2
Porriño, O 74, B2
Porsangerfjord; fiordo 141, G1
Porsgrunn 141, C4
Portage-la-Prairie 174, I4
Portalegre 135, E4
Port Alfred 169, E8
Port Antonio 181, D3
Port Arthur 177, H6
Port Arthur 194, H8
Portas 74, B2
Port Augusta 194, F6
Port-aux-Basques 175, M5
Port Blair 156, G6
Port Bou 92, D1
Port-Cartier 175, L4
Port-de-Paix 181, E3
Portel 135, E5
Port Elizabeth 169, E8
Port Ellen 137, D3
Portes, Punta de ses; cabo 118, C3
Port-Gentil 168, A2
Port Harcourt 166, G8
Port Hedland 194, B4
Port Huron 177, J3
Portici 136, F4
Portillo; isla 196, H2
Portillo 96, D3
Portimão 135, D6
Portland; bahía 180, D3
Portland; Punta de; cabo 137, F5
Portland 176, B2
Portland 177, L3
Portland 194, G7
Port Laoise 137, D4
Port Lavaca 179, E2
Port, Le 169, Y28
Port Lincoln 194, F6
Port Loko 166, C7
Port Louis 169, V27
Port Moller 170, S
Port Moresby 161, L6
Port Nolloth 169, C7
Port Nouveau Québec 175, L4
Porto v. Oporto
Porto; golfo 136, C3
Porto Alegre 169, I10
Pôrto Alegre 188, F4
Porto Alexandre 168, B5
Porto Artur 187, H6
Portobelo 180, D5
Pôrto de Moz 187, H4
Porto do Son 74, B2
Porto Empedocle 136, E6
Pôrto Esperanza 188, E1
Portoferraio 136, D3
Pôrto Grande 187, H3
Pôrto Mendes 188, F2
Pôrto Murtinho 188, E2
Pôrto Nacional 187, I6
Porto-Novo 166, F7
Porto Santo; isla 135, Q17
Porto Santo 135, Q17
Pôrto Seguro 187, K7
Porto Torres 136, C4
Porto-Vecchio 136, C4
Pôrto Velho 186, F5
Portoviejo 186, B4
Port Pirrie 194, F6
Port Radium 174, G3
Portree 137, D2
Portrush 137, D3
Port Said 167, P9
Portsmouth 137, G5
Portsmouth 177, J4
Portsmouth 177, K4
Portsmouth 177, L3
Port Stanley 189, F8
Port Sudán 167, M5
Port Talbot 134, C2
Portugal 135
Portugalete 82, D4
Portuguesa; río 186, E2
Porvenir 189, C8
Porvenir, El 178, C1
Porzuna 106, B3
Posadas 122, C3
Posadas 188, E3
Poseidon; cabo 143, F7
Posets; pico 88, D1
Poso; lago 160, G5
Poso 160, G5
Posse 187, I6
Postavi 141, G5
Poste Maurice Cortier (Bidon 5) 165, D4
Poste, Rivière du; río 169, X27
Poste Weygand 165, D4
Postojna 142, B4
Potchefstroom 169, E7
Potenza 136, F4
Potgietersrus 168, E6
Potiskum 166, H6
Potomac; río 177, K4
Potosí 188, C1
Potosí, Cerro; pico 179, D3
Potrerillos 188, C3
Potsdam 138, G1
Pougkeepsie 177, L3
Povoaçao 135, L12
Póvoa de Lanhosa 135, D2
Póvoa de Varzim 135, D2
Povungnituk 175, K3
Powder; río 176, E2
Požega 142, D5
Powell; lago 176, D4
Powell River 174, F4
Poyang; lago 159, K6
Poyo v. Poio
Pozáldez 96, D3
Pozarevac 142, E4
Poza Rica de Hidalgo 179, E3
Poznań 138, I1
Pozo Alcón 123, F3
Pozoblanco 122, D2
Pozohondo 107, E4
Pozo Negro 127, F2
Pozuelo de Alarcón 110, B2
Pozuelo de Calatrava 106, C4
Pozzuoli 136, F4
Praděd; pico 138, I2
Pradejón 100,
Pradera, La; reg. 170, H5
Prado 187, K7
Prado del Rey 122, C4
Pradoluengo 97, E2
Praga 142, B1
Prahova; río 142, H4
Praia 169, L13
Praia da Vitória 135, N15
Prainha 186, F5
Praslin; isla 169, LL15
Prat de Llobregat, El 92, C2
Prato 136, D3
Pravia 78, E1
Premià de Mar 92, C2
Přerov 142, C2
Prešov 142, E2
Prescott 176, D5
Presidente Alemán; emb. 179, E4
Presidente Hermes 186, F6
Presidente Prudente 188, F2
Presidio; río 178, C3
Presidio 179, D2
Presque Isle 175, L5
Prestea 166, E7
Preston 137, F4
Prestwick 137, E3
Pretoria 168, E7
Préveza 143, E7
Pribilof; arch. 196-1, S4
Priboj 142, D5
Příbram 142, B2
Priego; srra. 55, C4
Priego 107, D2
Priego de Córdoba 122, D3
Prieska 169, D7
Prieto; mte. 55, D3
Prievidza 142, D2
Prijedor 142, C4
Prilep 143, E6
Priluki 144, D2
Primorsk 141, H3
Prince Albert 174, H4
Prince George 174, F4
Prince Rupert 174, E4
Princesa Charlotte; bahía 194, G2
Príncipe; isla 169, I10
Príncipe Alberto; pen. 174, G2
Príncipe Alfredo; cabo 174, F2
Príncipe Carlos; isla 175, K3
Príncipe Carlos; mtes. 196-2, EE2
Príncipe da Beira 186, F6
Príncipe de Gales; isla 194, G2
Príncipe de Gales; isla 174, E4
Príncipe de Gales; cabo 174, B3
Príncipe de Gales; isla 174, H2
Príncipe Eduardo; isla 175, L5
Príncipe Eduardo, Isla del; prov. 175, L5
Príncipe Guillermo; bahía 174, D3
Príncipe Patricio; isla 174, F2
Prinzapolca 180, C4
Prior; cabo 54, A1
Priorato, El; com. 92, A2
Pripet; río 144, C2
Pripet, Pantanos del; pantanos 144, C2
Priština 142, E5
Privas 134, G5
Prizren 142, E5
Probolinggo 160, E6
Proddatur 156, D6
Proença-a-Nova 135, E4
Profondeville 140, D5
Progreso 179, G3
Progreso, El 180, B3
Prokopjevsk 152, I4
Prokuplje 142, E5
Prome 156, H5
Pronsfeld 140, F5
Proserpine 195, H4
Prostějov 142,C2
Provadija 142, H5
Provencio, El 107, D3
Provenza; reg. 134, G6
Providence; isla 162, M10
Providence 177, L3
Providencia; isla 180, C4
Providenija 153, S3
Provins 134, F3
Provo 176, D3
Prudhoe Bay 174, D3
Prüm 140, F5
Prusia Oriental; reg. 139, K1
Prut; río 139, O5
Prževal'sk 152, H5
Przemysl 142, F2
Przeworsk 142, F1
Psará; isla 143, G7
Psel; río 144, D2
Pskov; lago 141, H4
Pskov 144, C2
Ptič; río 139, O1
Puan 158, I6
Puçol v. Puzol
Pucallpa 186, D5
Puebla; est. fed. 179, E4
Puebla de Alcocer 102, C3
Puebla de Alfindén 88, C2
Puebla de Almoradiel, La 107, C3
Puebla de Caramiñal v. Pobra do Caramiñal
Puebla de Cazalla, La 122, C3
Puebla de Don Fadrique 123, F3
Puebla de Don Rodrigo 106, B3
Puebla de Farnals 112, F5
Puebla de Guzmán 122, A3
Puebla de Híjar, La 88, C2
Puebla de la Calzada 102, B3
Puebla de los Infantes, La 122, C3
Puebla del Río, La 122, B3
Puebla de Montalbán, La 106, B2
Puebla de Obando 102, B2
Puebla de Sanabria 96, B2
Puebla de Sancho Pérez 102, B3
Puebla de Trives v. Pobra de Trives
Puebla de Valverde, La 88, C3
Puebla de Zaragoza 179, E4
Puebla, La 118, E2
Pueblanueva, La 106, B3
Pueblo 176, F4
Puelches 188, C5
Puente-Genil 122, D3
Puente-Ceso v. Ponteceso
Puente Alto 188, B4
Puenteareas v. Ponteareas
Puente Caldelas v. Ponte-Caldelas
Puente de Domingo Flórez 96, B2
Puente del Arzobispo, El 106, A3
Puentedeume v. Pontedeume
Puente la Reina 86, H6
Puente Nuevo; emb. 122, D2
Puente Nuevo-Villaodrid v. Pontenova, A
Puentes; emb. 116, E5
Puentes de García Rodríguez v. Pontes de García Rodríguez
Puentes Viejas; emb. 110, B1
Puente Viesgo 80, B1
Puer 158, H7
Puerta Oriental; pto. mont. 139, L5
Puertas de Hierro; desfiladero 142, F4
Puerto Aisén 188, B7
Puerto Armuelles 180, C5
Puerto Ayacucho 186, E2
Puerto Barrios 180, B3
Puerto Berrío 186, D2
Puerto Cabezas 180, C4
Puerto Cabo Gracias a Dios 180, C4
Puerto Carreño 186, E2
Puerto Casado 188, E2
Puerto Chicama 186, C5
Puerto Cortés 180, B3
Puerto Cortés 180, C5
Puerto de la Cruz 126, C2
Puerto de la Luz; bahía 55, K1
Puerto de la Peña 127, E2
Puerto de las Nieves; bahía 55, K1
Puerto del Rosario 127, F2
Puerto del Son v. Porto do Son
Puerto de Santa María, El 122, B4
Puerto Deseado 189, D7
Puerto Escondido 179, E4
Puerto España 181, G4
Puerto Estrella 181, E4
Puerto Heath 186, E6
Puerto Inírida 186, E3
Puerto Juárez 179, G3
Puerto la Cruz 186, F1
Puerto Lápice 106, C3
Puerto Leguízamo 186, D4
Puerto Lobos 188, C6
Puerto Lumbreras 116, E5
Puerto Madryn 188, C6
Puerto Maldonado 186, E6
Puerto Manatí 180, D2
Puerto Montt 188, B6
Puerto Morazán 180, B4
Puerto Morelos 179, G3
Puerto Natales 189, C8
Puerto Páez 186, E2
Puerto Peñasco 178, B1
Puerto Pinasco 188, E2
Puerto Plata 181, E3
Puerto Princesa 160, F3
Puerto Príncipe; bahía 181, E3
Puerto Príncipe 181, E3
Puerto Quellón 188, B6
Puerto Real 122, B4
Puerto Rico; f. subm. 181, F3
Puerto Rico 181, F3
Puerto Saavedra 188, B5
Puerto Serrano 122, C4
Puerto Vallarta 179, C3
Puerto Varas 188, B6
Puerto Villamizar 181, E5
Puerto Wilches 186, D2
Pueyrredón; lago 189, C7
Puget Théniers 136, B3
Puig 112, F5
Puigcerdà 92, B1
Puig de San Salvador; mtña. 55, G3
Puig Major; pico 118, D2
Puigmal; pico 92, C1
Puig-reig 92, B2
Puigsacalm; pico 92, C1
Pukapuka; isla 191, I5
Puka Puka; isla 191, L5
Pukë 142, D5
Pula 142, A4
Pulap; isla 161, L3
Pulaski 177, J4
Pulawy 142, E1
Pulkkila 141, G2
Pulo Anna; isla 161, I4
Pulog; pico 160, G1
Pulusuk; isla 161, L3
Pullman 176, C2
Puná; isla 186, B4
Punakha 156, G3
Pune 156, C5
Punjab; reg. 156, C2
Puno 186, D7
Punta; pico 181, F3
Punta Alta 188, D5
Punta Arenas 189, C8
Punta de Díaz 188, B3
Punta Delgada 189, C8
Puntagorda 126, B2
Punta Gorda 180, B3
Punta, La 82, E4
Puntallana 126, B2
Punta Prieta 178, B2
Puntarenas 180, C5
Punta Rieles 188, E2
Punta Umbría 122, B3
Puntilla, La; cabo 186, B4
Puntilla, La; cabo 54, B4
Punto Fijo 186, D1
Puquío 186, D6
Pur; río 152, H3
Puracé; pico 186, C3
Puri 156, F5
Purmerend 140, D3
Purnea 156, F3
Pursat 157, I6
Puruktjan 160, E5
Purullena 123, E3
Purus; río 186, F4
Purwakarta 160, D6
Purwokerto 160, D6
Pusan 159, M4
Püspökladany 142, E3
Pustunich 179, F4
Putao 157, H3
Putian 159, K6
Putignano 136, G4
Puting; cabo 160, E5
Putorama; mtes. 153, J3
Puttalam 156, D7
Putten 140, E3
Puttgarden 138, F1
Putumayo; río 186, C3
Putussibau 160, E4
Puy, Le 134, F5
Puyo 186, C4
Pweto 168, E3
Pwllheli 137, E4
Pyinmana 157, H5
Pyöngyang 159, M4
Pyramid; lago 176, C3
Pyrgos 143, E8

Qabis v. Gabes
Qadārif, al- 167, M6
Qadimah, al- 155, E8
Qala, el- 136, C6
Qala-i-Naw 155, J6
Qal'at Bīshah 155, F8
Qalqīlyah 154, A2
Qamar, al-; bahía 155, H9
Qamīnis 143, D11
Qantarah, al- 167, P9
Qarnayt; mte. 155, F8
Qaryat al-Ulya 155, G7
Qasr al-Farafirah 167, K3
Qasr Hamān 155, G8
Qatar 155, H7
Qatīf, al- 155, G7
Qatrun, al- 167, I4
Qattara; depr. 167, K3
Qattara 167, K2
Qawz Rajab 167, M5
Qazvin 155, H5
Qena; wadi 167, P10
Qena 167, P10
Qeshm; isla 155, I7
Qiemo 158, E4
Qift 167, P10
Qijiang 158, I6
Qing'an 159, M2
Qingdao 159, L4
Qinghai; lago 158, H4
Qingshuijiang; río 158, I6
Qingyang 158, I4
Qinhuangdao 159, K3
Qin Ling; cord. 158, I5
Qinyang 158, J4
Qiqihar 159, L2
Qiryat Bialik 154, B2
Qiryat Gat 154, A3
Qiryat Mal'akhi 154, A3
Qiryat Shemona 154, B1
Qiryat Yam 154, B2
Qishn 155, H9
Qishon; río 154, B2
Qizan 155, F9
Qom 155, H6
Qsar Bu Hādī 143, C11
Qsur, gebel al; mte.165, F2
Qūs 167, P10
Qūsiyah, al- 167, P10
Quackenbrück 140, G3
Quang Ngai 157, J5
Quang Tri 157, J5
Quanzhou 159, K6
Quart de Poblet 112, E6
Quartu Sant'Elena 136, C5

Quatre Bornes 169, V27
Quatretonda 112, B3
Québec; prov. 175, K4
Québec 175, K5
Queens; canal 194, D2
Queensland; est. fed. 194, G4
Queenstown 169, E8
Queenstown 195, L15
Queija; srra. v. Queixa; srra.
Queiles; río 88, B2
Queixa; srra. 74, C2
Quel 100,
Quela 168, C3
Quelimane 168, G5
Quepos 180, C5
Querétaro; est. fed. 179, E3
Querétaro 179, D3
Quesada 123, E3
Quetta 156, B2
Quezaltenango 180, A4
Quezón City 160, G2
Quiaca, La 188, C2
Quibdó 186, C2
Quijada; isla 196-2, F1
Quilmes 188, E4
Quilon 156, D7
Quilpie 194, G5
Quillabamba 186, D6
Quillacollo 186, E7
Quillagua 188, C2
Quillota 188, B4
Quimilí 188, D3
Quimper 134, B4
Quincy 177, H4
Quines 188, C4
Qui Nhon 157, J6
Quinta Catarata 167, L5
Quintana de la Serena 102, C3
Quintanar de la Orden 107, C3
Quintanar de la Sierra 97, E2
Quintanar del Rey 107, E3
Quintana Roo; est. fed. 179, G4
Quintanilla de Onésimo 96, D3
Quinto 88, C2
Quíos; isla 143, G7
Quíos 143, H7
Quipar; río 55, E3
Quiroga 74, C2
Quirós 78, F1
Quiruelas de Vidriales 96, C2
Quissanga 168, H4
Quito 186, C4
Quixadá 187, K4
Qumalai 158, G5
Quneitra, al- 154, B1
Qunfudhah, al- 155, F9
Qusayr, al- 167, L3
Quxian 159, K6
Qyteti Stalin 143, D6

Raahe 141, G2
Ra'ananna 154, A2
Rába; río 138, I4
Raba 160, F6
Rabaçal; río 135, E2
Rabanales 96, B3
Rabat 165, B2
Rabaul 190, E4
Rābigh 155, E8
Rabka 142, D2
Race; cabo 175, M5
Raciborz 142, D1
Racine 177, I3
Rach Gia 157, J6
Rădăuti 142, G3
Radium Hill 194, G6
Radom 139, K2
Radomir 142, F5
Radomišl 142, I1
Radomsko 142, D1
Radstock; cabo 194, E6
Rae 174, G3
Raeside; lago 194, C5
Raetihi 195, O12
Rafaela 188, D4
Rafal 112, B3
Rafelbuñol 112, F5
Rafhā 155, F7
Rafsanjān 155, I6
Raga 167, K7
Ragged; mte. 194, C6
Raguba 167, I3
Ragusa 136, F6
Rahad; río 167, L6
Raiatea; isla 191, J5
Raichur 156, D5
Raigarh 156, E4
Rainier; mte. 176, B2
Rainy; lago 177, H2
Raipur 156, E4
Rairiz de Veiga 74, C2
Raivavae; isla 191, K6
Raja; pico 160, E5
Rajahmundry 156, E5
Rajang; río 160, E4
Rajapalaiyam 156, D7
Rajastan; est. fed. 156, C3
Rajkot 156, C4
Rajshahi 156, F4
Rakahanga; isla 191, I4
Rakaia; río 195, M14
Rakovnik 142, A1
Rakvere 141, G4
Raleigh 177, K4
Ralik; arch. 191, F3
Rama 154, B2
Rama 180, C4
Ramales de la Victoria 80, B1
Rām Allāh 154, B3
Ramat Gan 154, A2
Ramat HaSharon 154, A2
Rambla, La 122, D3
Rambouillet 134, E3
Rambre; isla 156, G5
Rameswaran 156, D7
Ramiranes v. Ramirás
Ramirás 74, B2
Ramla 154, A3
Ramos Arizpe 179, D2
Rampur 156, D3
Ramu; río 161, L6
Ranau 160, F3
Rancagua 188, B4
Ranco; lago 188, B6
Ranchi 156, F4
Randa, Puig de; pico 55, G3
Randers 141, C4
Ranger 179, E1
Rangiora 195, N14
Rangiroa; isla 191, K5
Rangpur 156, F3
Rangún 156, H5
Rantauparapat 160, B4
Rantekombola; pico 160, F5
Ranyah; wadi 155, F8
Rañadoiro; srra. 78, E1
Raoui, Erg er; des. 165, C3
Raoul; isla 191, H6
Rapa; isla 191, K6
Rapallo 136, C2
Rapid City 176, F3
Raqqa 155, E5
Rarotonga; isla 191, I6
Rasa, Punta; cabo 188, D6
Rasca, Punta de la; cabo 126, C3
Ra's Duqm 155, I9
Rashid 167, P9
Rasht 155, G5
Rās Lanuf 167, I2
Raso; cabo 54, A3
Rason; lago 194, C5
Rastigaissa; mtña. 141, G1
Rat; islas 170, S
Ratak; arch. 191, F2
Rathlin; isla 137, D3
Rath Luirc 137, C4
Ratisbona 138, G3
Ratlam 156, D4
Raton 176, F4
Rattray; cabo 137, G2
Raufarhöfn 141, M6
Raukumara; mtes. 195, P12
Rauma 141, F3
Raurkela 156, E4
Ravena 136, E2
Ravensburg 138, E4
Ravenshoe 194, H3
Ravensthorpe 194, C6
Ravi; río 156, C2
Rawalpindi 156, C2
Rawlinna 194, D6
Rawlinson; mtes. 194, D4
Rawson 188, C6
Razelm; lago 142, I4
Razgrad 142, H5
Raz, Punta del; cabo 134, B3
R'ažsk 144, D2
Ré 134, D4
Reading 137, G5
Reading 177, K3
Real; cord. 186, C4
Real; cord. 186, E7
Realejos, Los 126, C2
Real, El 180, D5
Reales; pico 55, C4
Reboly 141, H3
Rebollera; mte. 55, C3
Rebun; isla 159, T9
Recas 106, B2
Recas 142, E4
Rečica 139, P1
Recif; isla 169, LL15
Recife 187, L5
Recklinghausen 140, G4
Reconquista 188, E3
Recreo 188, C3
Red; lago 177, H2
Red Bluff 176, B3
Red Deer 174, G4
Redding 176, B3
Redon 134, C4
Redonda; isla 181, G3
Redondela 74, B2
Redondo 135, E5
Redován 112, B3
Ree; lago 137, D4
Rees 140, F4
Reese; río 176, C3
Regen 142, A2
Reggane 165, D3
Reggio di Calabria 136, F5
Reggio nell'Emilia 136, D2
Reghin 142, G3
Regina 174, H4
Registān; reg. 155, K6
Registro do Araguaia 187, H7
Regueras, Las 78, F1
Rehoboth 168, C6
Rehovot 154, A3
Reigate 137, G5
Reims 134, F3
Reina Adelaida; arch. 189, C8
Reina Alejandra; mtes. 196-2, U1
Reina Carlota; arch. 174, E4
Reina Carlota; estr. 174, F4
Reina Isabel; arch. 174, H2
Reina Maud; golfo 174, H3
Reina Maud, Cadena de la; mac. mont. 196-2, Q1
Reindeer; lago 174, H4
Reinosa 80, A1
Remad, ber; wadi 165, D2
Remanso 187, J5
Rembang 160, E6
Remedios 180, C5
Remedios 187, L4
Remedios, Punta; cabo 180, B4
Remich 140, F6
Remiremont 134, H3
Remolinos 88, B2
Remscheid 134, H2
Remscheid 140, G4
Renania 140, F4
Renania del Norte-Westfalia; est. fed. 138, D1
Renano, Macizo Esquistoso; mac. mont. 138, D2
Rengat 160, C5
Reni 142, I4
Renkum 140, E4
Renmark 194, G6
Rennell; isla 191, F5
Renner Springs 194, E3
Rennes 134, D3
Reno; río 136, D2
Reno 176, C4
Reno, El 176, G4
Rentería v. Errenteria
Reo 160, G6
Reocín 80, A1
Republican; río 176, F3
Repulse Bay 175, J3
Requena 112, A2
Requena 186, D5
Resistencia 188, E3
Resita, 142, E4
Resolution; isla 175, L3
Restinga, Punta; cabo 126, B3
Retalhuleu 180, A4
Retem, er; wadi 165, E2
Rethel 134, G3
Rethel 140, D6
Réthimmo 143, G9
Retuerta del Bullaque 106, B3
Retuerto 82, E4
Reunión; isla 169, Y29
Reus 92, B2
Ševčenko 144, F3
Revda 144, F2
Revelstoke 174, G4
Revillagigedo; islas 178, B4
Revin 140, D6
Revolcadores; pico 116, D4
Revolución de Octubre; isla 153, J2
Rewa 156, E4
Rey; isla 180, D5
Rey Buba 167, H7
Reyes de Salgado, Los 179, D4
Rey Federico VI, Costa del; reg. 196-1, GG3
Rey Guillermo; isla 174, I3
Rey Jorge; arch. 191, K5
Reykjanes; cabo 141, L7
Reykjanes; drs. subm. 130, A1
Reykjavík 141, L6
Reynolds; mtes. 194, E4
Reynosa 176, G6
Rēzekne 141, G4
Rezovo 142, I6
Rgotina 142, F4
Rhar, In 165, D3
Rhayader 137, F4
Rheden 140, F3
Rheine 140, G3
Rhir; cabo 165, B2
Rhode Island; est. fed. 177, L3
Rhodesia v. Zimbabwe
Rhön; mac. mont. 138, E2
Rhondda 137, F5
Rhyl 137, F4
Riachão 187, I5
Riansares; río 107, C3
Rianxo 74, B2
Riaño; srra. 96, D2
Riau; islas 160, C4
Riaza; río 97, E3
Riaza 97, E3
Riazan 144, D2
Riba-roja d'Ebre 92, A2
Ribadavia 135, D1
Ribadavia 74, B2
Ribadedeva 78, G1
Ribadeo; ría 74, C1
Ribadeo 74, C1
Ribadumia 74, B2
Ribaforada 86, H7
Ribagorza; com. 88, D1
Ribarroja del Turia 112, B2
Ribatejo; com. 135, D4
Ribaué 168, G4
Ribble; río 137, F4
Ribécourt 140, B6
Ribeira; río 188, G2
Ribeira 74, B2
Ribeira Grande 135, L12
Ribeirão Prêto 188, G2
Ribeiro, O.; com. 74, B2
Ribemont 140, C6
Ribera Alta v. Pobes
Ribera de Arriba 78, F1
Ribera del Fresno 102, B3
Riberalta 186, E6
Ribesalbes 112, B1
Ribes de Freser 92, C1
Ricla 88, B2
Ricobayo; emb. 96, C3
Rich 165, C2
Richfield 176, D4
Richland 176, C2
Richmond 169, F8
Richmond 177, K4
Richmond 194, G4
Ridā 155, F10
Ridderkerk 140, D4
Ried 142, A2
Riestikient 141, H1
Rieti 136, E3
Rif, El; reg. 165, C1
Rifstangi; cabo 141, M6
Riga; golfo 144, C2
Riga 144, C2
Rigolet 175, M4
Rihand; emb. 156, E4
Rijeka 142, B4
Rijssen 140, F3
Rijswijk 140, D3
Rila; mtes. 142, F5
Rimatara; isla 191, J6
Rimavská 142, E2
Rimini 136, E2
Rîmnicu Sărat 142, H4
Rîmnicu Vîlcea 142, G4
Rin; río 138, D2
Rinconada, La 122, C3
Rincón de Ademuz; com. 112, A1
Rincón de Anchuras; com. 106, B3
Rincón de la Victoria 122, D4
Rincón de Ramos 179, D3
Rincón de Soto 100,
Rindjani; pico 160, F6
Ringvassøy; isla 141, E1
Rinja; isla 160, F6
Riobamba 186, C4
Rio Branco 186, E5
Río Bravo 179, E2
Rio Brilhante 188, F2
Río Claro 181, G4
Río Colorado 188, D5
Río Cuarto 188, D4
Rio de Janeiro 188, H2
Río de la Plata; estuario 188, E5
Rio do Sul 188, G3
Riofrío de Aliste 96, B3
Río Gallegos 189, D8
Río Grande 179, D3
Río Grande 180, C4
Rio Grande 188, F4
Rio Grande 189, D8
Riohacha 186, D1
Río Hato 180, C5
Rioja, La; com. 55, D1
Rioja, La; comun. aut. 100
Rioja, La; prov. 100
Rioja, La 188, C3
Rio Largo 187, K5
Riolobos 102, B2
Riom 134, F5
Rio Maior 135, D4
Rio Manso 187, G7
Rio Mulatos 188, C1
Río Negro; emb. 188, E4
Río Negro 188, G3
Rio Negro, Pantanal do; pantano 186, G7
Riós 74, C3
Riosa 78, F1
Río Salmón; mtes. 176, C3
Riosucio 186, C2
Río Verde 179, D3
Rio Verde 187, H7
Ripoll; río 92, E4
Ripoll 92, C1
Ripollet 92, F4
Ripon 137, G3
Rishiri; isla 159, T9
Rishon le Ziyyon 154, A3
Risør 141, C4
Riudoms 92, B2
Riva 136, D2
Rivadesella; ría 78, F1
Rivas 180, B4
Rivera 188, E4
River Cess 166, D7
Riversdale 169, D8
Riverside 176, C5
Riverton 174, I4
Riverton 195, K16
Riviera, La; reg. 136, C2
Rivière-du-Loup 175, L5
Rivoli 136, B2
Riyadh 155, G8
Rizzuto; cabo 136, G5
Rjukan 141, C4
Roa 97, E3
Road Town 181, G3
Roaima; pico 186, F2
Roanne 134, G5
Roanoke; río 177, K4
Roanoke 177, K4
Roanoke Rapids 177, K4
Robertson; mtes. 194, C4
Robeson; estr. 175, L1
Robinson; mtes. 194, B5
Robinson Crusoe; isla 183, B6
Robinvale 194, G6
Robla, La 96, C2
Roble; pico 107, D4
Robleda 96, B4
Roboré 186, G7
Robres 88, C2
Robson; pico 174, G4
Robstown 179, E2
Roca; cabo 135, C5
Roca de la Sierra, La 102, B2
Rocafort 112, E5
Roca, La 92, C2
Roca Partida; isla 178, B4
Rocas; at. 187, L4
Rocas Alijos; isla 178, A2
Rocha 188, F4
Rocha da Gale; emb. 54, B4
Roche; cabo 54, B4
Rochefort 134, D5
Rochefort 140, E5
Rochela, La 134, D4
Rochester 177, H3
Rochester 177, K3
Roche-sur-Yon; la 134, D4
Rociana del Condado 122, B3
Rocigalgo; pico 106, B3
Rockall, Ramal de; drs. subm. 130, B2
Rockford 177, I3
Rockhampton 195, I4
Rock Hill 177, J5
Rock Island 177, H3
Rock Springs 176, E3
Rocky Mount 177, K4
Rocosas, Montañas; cord. 176, D2
Rocroi 140, D6
Roda de Andalucía, La 122, D3
Roda, La 107, D3
Ródano; río 134, G5
Ródano, Delta del 134, G6
Rodas; isla 143, I8
Rodas 143, I8
Rødberg 141, C3
Rødby 138, F1
Rodeiro 74, C2
Rodeo 178, C1
Rodeo 179, D2
Rodez 134, F5
Rodnei; mtes. 142, G3
Rodolfo; isla 152, F1
Ródope; cord. 142, G6
Rodríguez; isla 162, O12
Roebuck; bahía 194, C3
Roermond 140, E4
Roeselare 140, C5
Roetgen 140, F5
Rogagua; lago 186, E6
Rognan 141, D2
Rogoaguado; lago 186, E6
Rogačov 139, P1
Rogue; río 176, B3
Rohtak 156, D3
Roig; cabo 112, B4
Roig; cabo 118, C2
Rois 74, B2
Rojales 112, B3
Roja, Punta; cabo 118, C3
Roja, Punta; cabo 126, C2
Rojo; cabo 179, E3
Rojo; cabo 181, F3
Rojo; mar 155, E8
Rojo; río 176, F5
Rojo; río 176, G2
Rokan; río 160, C4
Rokitnoje 142, H1
Rolla 177, H4
Roma 136, E4
Roma 195, H5
Romain; cabo 177, K5
Roman 139, N4
Roman 142, H3
Romang; isla 161, H6
Romans 134, G5
Romanzof; cabo 174, B3
Rome 177, J5
Rome 177, K3
Romny 139, Q2
Romorantin-Lanthenay 134, E4
Roncador; srra. 187, H6
Roncador, Cayos; cayos 180, C4
Roncal, El; com. 86, H6
Roncesvalles; pto. mont. 86, H5
Ronda 122, C4
Ronda, Serranía de; srra. 122, C4
Rondeslottet; pico 141, C3
Rondónia 186, F6
Rondonópolis 187, H7
Ronge, La 174, H4
Rongelap; at. 191, F2
Rongerik; at. 191, F2
Ronne; barr. hielo 196-2, G2
Rønne 141, D5
Ronse 140, C5
Roodepoort 169, E7
Roof Butte; pico 176, E4
Roosendaal 140, D4
Roosevelt; isla 196-2, Q2
Roosevelt; río 186, F5
Roper; río 194, E2
Roque del Este; isla 127, F1
Roque del Oeste; isla 127, F1
Roque de los Muchachos; pico 126, B2
Roques, Los; islas 186, E1
Roquetas 92, A3
Roquetas de Mar 123, F4
Røros 141, C3
Rosa 168, F3
Rosais, Punta dos; cabo 135, M15
Rosal de la Frontera 122, A3
Rosal, O 74, B3
Rosario 178, A1
Rosario 178, C3
Rosario 188, D4
Rosario, El 126, C2
Rosário Oeste 187, G6
Rosarito; emb. 106, A2
Rosarito 178, A1
Roscommon 137, C4
Roseau 181, G3
Rose Belle 169, X27
Roseburg 176, B3
Rosellón; reg. 134, F6
Rosenberg 179, E2
Rosenheim 138, G4
Roses; golfo 92, D1
Roses 92, D1
Rosetown 174, H4
Rosetta v. Rashid
Roseville 176, B4
Rosh Pinna 154, B2
Rosières 140, B6
Rosignol 186, G2
Rosiore de Vede 142, G4
Roskilde 141, D5
Roslavl' 144, D2
Rosmaninhal 135, E4
Rösrath 140, G5
Ross; barr. hielo 196-2, R1
Ross; mar 196-2, S2
Ross 195; M14
Rossano 136, G5
Rossan, Punta; cabo 137, C3
Rosslare 137, D4
Rosso 166, B5
Rossos' 144, D2
Rostock 138, G1
Rostov-na-Donu 144, D3
Rostov 144, D2
Rosvatnet; lago 141, D2
Roswell 176, F5
Rota; isla 161, L2
Rota 122, B4
Rotherham 137, G4
Rothesay 137, E3
Roti; isla 160, G7
Roto 194, H6
Rotorua 195, P12
Rotterdam 140, D4
Rottnest; isla 194, B6
Rotuma; isla 191, G5
Rotummeroog; isla 140, F2
Roubaix 134, F2
Round; isla 169, X26
Round; mte. 195, I6
Rouyn 175, K5
Rovaniemi 141, G2
Rovereto 136, D2
Rovigo 136, D2
Rovinj 142, A4
Rovno 142, H1
Rovuma; río v. Ruvuma; río
Rowley Shoals; arch. 194, B3
Roxas 160, G2
Roxburgh 195, L15
Royale; isla 177, I2
Royan 134, D5
Roye 140, B6
Rožaj 142, E5
Rozas de Madrid, Las 110, B2
Rožňava 142, E2
Rozoy-sur-Serre 140, D6
Roztocze; mtes. 139, L2
Rrëshen 142, D6
Rtiščevo 144, E2
Rúa, A 74, C2
Ruahine; mtes. 195, P12
Ruán 134, E3
Ruanda 168, E2
Ruapehu; vol. 195, O12
Ruapuke; isla 195, L16
Rub'al-Khali; des. 155, G9
Rubcovsk 152, I4
Rubí; riera 92, E5
Rubí 92, E5
Rubielos de Mora 88, C3
Rubio 181, E5
Rubio, El 122, C3
Rud, Montes; cord. 155, H6
Rudnyj 152, G4
Rue 140, A5
Rueda 96, D3
Rufiji; río 168, G3
Rufino 188, D4
Rugby 137, G4
Rügen; isla 138, G1
Ruhengeri 168, E2
Ruhnu; isla 141, F4
Ruhr; río 138, E2
Ruian 159, L6
Ruidera; lagunas 107, D4
Ruivo; pico 135, Q18
Ruiz 179, C3
Ruki; río 168, C2
Rukwa; lago 168, F3
Rum; isla 137, D2
Rumania 142, G
Rumbek 167, K7
Rumblar; emb. 122, E2
Rum Cay; isla 181, E2
Rum Jungle 194, E2
Rummah, ar-; wadi 155, F7
Rummānah 167, P9
Rumoi 153, O5
Rumoi 159, T10
Runanga 195, M14
Rungwa; río 168, F3
Rungwa 168, F3
Rungwe; pico 168, F3
Runtu 168, C5
Ruoqiang 158, E4
Rupat; isla 160, C4
Rupununi 186, G3
Ruqqad, el-; wadi 154, B2
Rurrenabaque 186, E6
Rurutu; isla 191, J6
Rus; río 55, D3
Rus 123, E2
Rusape 168, F5
Ruse 142, G5
Rusia 152-153
Rusia Central, Alturas de; msta. 144, D2
Russas 187, K4
Russellville 177, H4
Russki; isla 153, J2
Rustavi 144, E3
Rustenburg 168, E7
Rute 122, D3
Rutenia; reg. 139, L3
Ruthin 137, F4
Rutland 177, L3
Ruvuma; río 168, G4
Ruwenzori; pico 168, E1
Ružomberok 142, D2
Rvoshui; río 158, G3
Rybinsk; emb. 144, D2
Rybinsk 144, D2
Rybnitca 142, I3
Ryukyu; f. subm. 159, M7
Ryukyu; islas 159, M6
Rzeszów 139, L2
Rzeszów 142, E1
Rzhev 144, D2

Saale; río 138, F2
Saarbrücken 138, D3
Saarburg 140, F6
Saaremaa; isla 144, C2
Saarlouis 140, F6
Saba; isla 181, G3
Šabac 142, D4
Sabadell 92, E4
Sabah; div. adm. 160, F3
Sabana; arch. 180, C2
Sabana de la Mar 181, F3

Sabanalarga 181, E4
Sabancuy 179, F4
Sabaneta, Punta; cabo 181, G5
Sabhah 167, H3
Sabi; río 168, F5
Sabinar, Punta del; cabo 123, F4
Sabinas; río 179, D2
Sabinas 179, D2
Sabinas Hidalgo 179, D2
Sabine; pico 196-2, T2
Sabine; río 177, H5
Sabiñánigo 88, C1
Sabiote 123, E2
Sabkhat al-, Bardawil; lag. 167, P9
Sablanica 136, G3
Sable; cabo 175, L5
Sable; cabo 177, J6
Sables-d'Olonne, Les 134, D4
Sablon, Punta du; cabo 55, H1
Sábor; río 135, F2
Saboya; reg. 134, H4
Sabyā 155, F9
Sabzevar 155, I5
Sacedón 107, D2
Saceruela 106, B4
Saco 177, L3
Sacramento; mtes. 176, E5
Sacramento; río 176, B4
Sacramento 176, B4
Sacramento, Pampa; llan. 186, C5
Sacratif; cabo 123, E4
Sachs Harbour 174, F2
Šachty 144, E3
Šachunja 144, E2
Sada 74, B1
Sádaba 88, B1
Sa'dah 155, F9
Sadiya 156, H3
Sado; isla 159, S11
Sado; río 135, D5
Saelices 107, D3
Säffle 141, D4
Safi 165, B2
Safid; río 155, G5
Sagaing 156, H4
Sagami; golfo 159, S11
Sagar 156, D4
Saginaw; bahía 177, J3
Saginaw 177, J3
Sagra; pico 55, D3
Sagra; srra. 123, F3
Sagra, La; com. 106, C2
Sagres 135, D6
Sagua la Grande 180, C2
Sagunto 112, B2
Sahagún 96, C2
Sahara; des. 165, B4
Saharanpur 156, D3
Sahara Occidental 166, C4
Sahbā; wadi 155, G8
Sahel; reg. 162, C3
Sahhāt 167, J2
Sahiwal 156, C2
Sahuaripa 178, C2
Sahuayo 179, D3
Šahy 142, D2
Saian Occ.; mtes. 152, J4
Saian Or.; mtes. 153, J4
Saibai; isla 161, K6
Saïda 165, D2
Sa'idabad 155, I7
Saidpur 156, F3
Saimaa; lago 141, G3
Sain Šand 158, J3
Saint-Amand-les-Eaux 140, C5
Saint-Amand-Mont-Rond 134, F4
Saint-André; cabo 169, P19
Saint Andrews 137, F2
Saint Andrews 195, M15
Saint Ann's Bay 180, D3
Saint Anthony 176, D3
Saint Augustine 177, J6
Saint Austell 137, E5
Saint-Barthélemy, isla 181, G3
Saint-Benoit 169, Z29
Saint Boswells 137, F3
Saint-Brieuc 134, C3
Saint Catharines 175, Q7

Saint-Claude 134, G4
Saint Cloud 177, H2
Saint-Chamont 134, G5
Saint Charles 177, H4
Saint David; cabo 137, E5
Saint-Denis 169, Y28
Saint-Denis 134, F3
Saint-Dié 134, H3
Saint-Dizier 134, G3
Sainte Anne; isla 169, LL5
Sainte Marie; cabo 169, P21
Sainte-Menehould 134, G3
Sainte-Rose 169, Z29
Saintes; islas 181, G3
Saintes 134, D5
Sainte-Suzanne 169, Z28
Saint-Étienne 134, G5
Saint-Étienne-du-Rouvray 134, E3
Saint-Florent; golfo 136, C3
Saint-Florentin 134, F4
Saint-Flour 134, F5
Saint Francis; cabo 169, D8
Saint-Gaudens 134, E6
Saint George 176, D4
Saint George 195, H5
Saint-Georges 187, H3
Saint George's 181, G4
Saint-Gilles-les-Bains 169, Y29
Saint Helens 137, F4
Saint Helier 134, C3
Saint-Hubert 140, E5
Saint-Hyacinthe 177, L2
Saint Ignace; isla 177, I2
Saint-Jean; lago 177, L2
Saint-Jean-d'Angély 134, D4
Saint-Jean-de-Maurienne 134, H5
Saint-Jérôme 177, L2
Saint John; isla 181, G3
Saint John 175, L5
Saint John's 175, M5
Saint John's 181, G3
Saint Joseph 177, H4
Saint-Joseph; lago 177, H1
Saint-Joseph 169, Z29
Saint-Junien 134, E5
Saint-Just-en-Chaussée 140, B6
Saint Kilda; isla 137, C2
Saint Kitts; isla v. San Cristóbal; isla
Saint-Laurent-du-Maroni 187, F2
Saint-Leu 169, Y29
Saint-Lô 134, D3
Saint-Louis 166, B5
Saint-Louis 169, Y29
Saint Louis 177, H4
Saint-Malo; golfo 134, C3
Saint-Malo 134, C3
Saint-Marc 181, E3
Saint Martin; isla 181, G3
Saint-Martin-Boulogne 140, A5
Saint Mary; mte. 194, F6
Saint-Maurice; río 177, L2
Saint Moritz 136, C1
Saint-Nazaire 134, C4
Saint-Omer 134, F2
Saint-Paul 169, Y28
Saint Paul 177, H2
Saint-Pol-sur-Mer 140, B4
Saint-Pol-sur-Tenoise 140, B5
Saint Peter Port 134, C3
Saint Petersburg 177, J6
Saint-Pierre; isla 162, M10
Saint-Pierre 169, Y29
Saint-Pierre et Miquelon; dpto. ultr. 175, M5
Saint-Quentin 134, F3
Saint Thomas; isla 181, G3
Saint-Tropez 134, H6

Saint-Valéry-sur-Somme 140, A5
Saint Vincent 176, G2
Saint-Vith 140, F5
Saipan 161, L1
Sajalin; isla 153, O4
Sajama, vol. 186, E7
Sajó; río 142, E2
Saka 158, E6
Sakai 159, S12
Sakāka 155, F7
Sakakawea; lago 176, F2
Sakania 168, E4
Sakata 159, S11
Saketa 161, H5
Sakkane, Erg In; des. 165, D4
Sakrivier 169, D8
Sal; isla 169, L12
Sala 141, E4
Saladillo 188, E5
Salado; río 179, E2
Salado; río 188, C4
Salado; río 188, D3
Salado; río v. Chadileuvú; río
Salado, El 179, D3
Salado, Gran lago; lago 176, D3
Salaga 166, E7
Salah, In 165, D3
Salālah 155, H9
Salamanca; prov. 96, B4
Salamanca 96, C4
Salamaua 161, L6
Salaqi 158, J3
Salas 78, E1
Salas de los Infantes 97, E2
Salatiga 160, E6
Salavat 144, F2
Salaverry 186, C5
Salawati; isla 161, I5
Salayar 160, G6
Salazar; emb. 54, A3
Salceda de Caselas 74, B2
Saldanha 169, C8
Saldaña 96, D2
Salé 165, B2
Salebabu; isla 161, H4
Salejard 152, G3
Salem 156, D6
Salem 176, B2
Salembu Besar; islas 160, E6
Salerno; golfo 136, F4
Salerno 136, F4
Salford 137, F4
Salgótarján 142, D2
Salgueiro 187, K5
Salima 168, F4
Salimah; oasis 167, K4
Salina; isla 136, F5
Salina 176, G4
Salina Cruz 179, E4
Salinas; cabo 118, E2
Salinas; río 176, B4
Salinas; río 180, A3
Salinas; srra. 116, E4
Salinas 176, B4
Salinas 186, B4
Salinas de Hidalgo 179, D3
Salinas Grandes; sals. 188, D3
Salinas, Punta; cabo 186, C6
Salines, Ses 118, E2
Salir 135, D6
Salisbury; isla 175, K3
Salisbury; llan. 137, G5
Salisbury 177, J4
Salisbury 177, K4
Salmerón 107, D2
Salmon; río 176, C2
Salo 141, F3
Salobreña 123, E4
Salomón; arch. 191, E5
Salomón; mar 161, M6
Salomón 191, F4
Salónica v. Tesalónica
Salonta 142, E3
Salor; río 102, B2
Salou; cabo 55, F2
Sal Rei 169, L12
Sal'sk 144, E3
Salsomaggiore Terme 136, C2
Salt; río 176, E5
Salt 150, B2
Salta 188, C2
Salt Fork; río 176, G4
Saltcoats 137, E3
Salt Flat 179, D1
Saltillo 179, D2

Salt Lake City 176, D3
Salto 188, E4
Salto, El 178, C3
Salton Sea; lago 176, C5
Saluzzo 136, B2
Salvador 187, K6
Salvador, El 180, B4
Salvaleón 102, B3
Salvaterra de Magos 135, D4
Salvatierra de los Barros 102, B3
Salvatierra de Miño 74, B2
Salvatierra v. Agurain
Sálvora; isla 74, B2
Salwā Bahri 167, P11
Salween; río 157, H5
Salzach; río 138, G4
Salzburgo 138, G4
Salzgitter 138, F1
Sallent 92, B2
Sallent de Gállego 88, C1
Samālūt 167, P10
Samaná; bahía 181, F3
Samaná; cabo 181, F3
Samana Cay; isla 181, E2
Samar; isla 161, H2
Samara 144, F2
Samarcanda 152, G6
Samaria; reg. 154, B2
Samarinda 160, F5
Samarra 155, F6
Samaúma 186, G5
Sambalpur 156, E4
Sambas 160, D4
Sambava 169, R18
Sambhal 156, D3
Sambor 142, F2
Sambre; río 140, D5
Sambre-Ville 140, D5
Samchok 159, Q11
Samer 140, A5
Samoa; arch. 191, H5
Samoa Americana; coln. 191, H5
Samoa Occidental 191, H5
Samos; isla 143, H8
Samos 143, H8
Samotracia; isla 143, G6
Samotracia 143, G6
Sampang 160, E6
Samper de Calanda 88, C2
Sampit; bahía 160, E5
Sampit 160, E5
Samsun 155, E4
Sanchidrián 96, D3
Samut Prakan 157, I6
Sancho, El; emb. 122, A3
Sandakan 160, F3
Sanday; isla 137, K1
Sandefjord 141, C4
Sanderson 179, D1
Sandía 186, E6
San Diego; cabo 189, C8
San Diego 176, C5
Sandnes 141, B4
Sandoa 168, D5
Sandomierz 139, K2
Sandover; río 194, E4
Sandoway 156, G5
Sandpoint 176, C2
Sandstone 194, B5
Sandusky 177, J3
Sandviken 141, E3
Sandwich del Sur; arch. 196, C4
Sandwich del Sur; f. subm. 196, C4
Sandy; cabo 195, I4
Sandy; río 177, J4
San Elías; pico 174, A1
San Emiliano 96, C2
San Esteban de Gormaz 97, D3
San Esteban de la Sierra 96, C4
San Esteban del Litera 88, D2
San Esteban del Valle 96, C4
San Felices de Buelna 80, A1
San Felipe 178, B1
San Felipe 179, D3
San Felipe 186, E1
San Felipe 188, B4
San Felipe, Cerro de; pico 107, D2
San Félix; isla 183, A5

San Bartolomé de las Abiertas 106, B3
San Bartolomé de Tirajana 126, D3
San Benedetto del Tronto 136, E3
San Benedicto; isla 178, B4
San Bernardino 176, C5
San Bernardo 188, B4
San Bernardo, Gran; pto. mont. 138, D5
San Bernardo, Pequeño; pto. mont. 138, D5
San Blas; cabo 177, I6
San Blas 178, C2
San Borja 186, E6
San Buenaventura 179, D2
San Carlos; estr. 189, E8
San Carlos 160, G1
San Carlos 161, G2
San Carlos 179, D2
San Carlos 180, C4
San Carlos 186, E2
San Carlos de Bariloche 188, B6
San Carlos del Zulia 186, D2
San Carlos de Río Negro 186, E3
Sancerre 134, F4
San Cibrao das Viñas 74, C2
San Ciprián de las Viñas v. San Cibrao das Viñas
San Clemente 107, D3
San Cristóbal; isla 181, G3
San Cristóbal; isla 191, F5
San Cristóbal 181, E3
San Cristóbal 186, D2
San Cristóbal 188, D4
San Cristóbal de Cea v. San Cristobo de Cea
San Cristóbal de Entreviñas 96, C2
San Cristóbal de las Casas 179, F4
San Cristóbal-Nevis 181, G3
San Cristobo de Cea 74, B2
Sancti-Spíritus 96, B4
Sancti Spíritus 180, D2
Sancy, Puy de; pico 134, F5
Sam Rayburn; emb. 179, F1
Samsun 155, E4
Sánchez 181, F3

San Fernando 122, B4
San Fernando 160, G1
San Fernando 179, E3
San Fernando 181, G4
San Fernando de Apure 186, E2
San Fernando de Atabapo 186, E3
San Fernando de Henares 110, B2
Sanford; pico 174, D3
San Francisco; msta. 171, G6
San Francisco; pto. mont. 188, C3
San Francisco 176, B4
San Francisco 188, D4
San Francisco del Oro 178, C2
San Francisco del Rincón 179, D3
San Francisco de Macorís 181, E3
San Francisco Telixtlahuaca 179, E4
Sangar 153, M3
Sangay; pico 186, C4
Sangeang; isla 160, F6
San Gorgonio; pico 176, C5
San Gotardo; pto. mont. 136, C1
Sangre de Cristo; mtes. 176, E4
Sangue; río 186, G6
Sangüesa 86, H6
San Guillermo 179, D2
San Lourenço; cabo 135, Q18
Sanlúcar de Barrameda 122, B4
Sanlúcar la Mayor 122, B3
San Lucas; cabo 178, B3
San Lucas 178, C3
San Lucas 179, D3
San Luis 119, F2
San Luis 180, B3
San Luis 180, C2
San Luis 188, C4
San Luis de la Paz 179, D3
San Luis Obispo 176, B4
San Luis Potosí; est. fed. 179, D3
San Luis Potosí 179, D3
San Luis Río Colorado 178, B1
San Mamede; srra. 54, B3
San Mamede; srra. 74, C2
San Marcos 179, E2
San Marcos 179, E4
San Marcos 181, E3
San Marino 136, E3
San Martín; lago 189, B7
San Martín; río 186, F6
San Martín de la Vega 110, B2
San Martín del Rey Aurelio 78, F1
San Martín de Valdeiglesias 110, A2
San Martinho 135, D3
San Mateo; isla 196, S4
San Mateo 112, C1
San Mateo de Gállego 88, C2
San Matías; arch. 161, M5
San Matías; golfo 188, D6
San Matías 186, G7
Sanmenxia 158, J5
San Miguel; golfo 180, D5
San Miguel; río 186, F6
San Miguel 126, C2
San Miguel 180, B4

San Miguel del Monte 188, E5
San Miguel de Salinas 112, B4
San Miguel de Tucumán 188, C3
San Millán; pico 55, D1
Sannär 167, L6
Sannicandro 136, F4
San Nicolás 188, D4
San Nicolás de Tolentino 126, D3
Sanniquelle 166, D7
Sanok 142, F2
San Pablo 160, G2
San Pedro; río 178, B1
San Pedro; río 178, C2
San Pedro; río 179, D3
San Pedro; río 180, A3
San Pedro; srra. 102, B2
San Pedro 107, D4
San Pedro 186, F6
San Pedro 188, E2
San Pedro del Arroyo 96, D4
San Pedro de las Colonias 179, D2
San Pedro del Norte 180, C4
San Pedro del Pinatar 116, F5
San Pedro de Macorís 181, F3
San Pedro Pochutla 179, E4
San Pedro, Punta; cabo 180, C5
San Pedro, Punta; cabo 188, B3
San Pedro Sula 180, B3
San Pedro Taviche 179, E4
San Petersburgo 144, D2
San Pietro; isla 136, C5
San Pons; emb. 92, B1
Sanquhar 137, F3
San Quintín 176, C5
San Rafael 188, C4
San Rafael del Río 112, C1
San Ramón de la Nueva Orán 188, D2
San Remo 136, B3
San Roque; cabo 187, K5
San Roque 122, C4
San Salvador; isla 181, E2
San Salvador 180, B4
San Salvador de Jujuy 188, C2
San Salvador del Valle; v. Trapaga
San Sebastián v. Donostia
San Sebastián; cabo 55, G2
San Sebastián; cabo 168, G6
San Sebastián; emb. 96, B2
San Sebastián de la Gomera 126, B2
San Sebastián de los Reyes 110, B2
San Severo 136, F4
Sanski Most 142, C4
Santa; río 186, C5
Santa Amalia 102, B2
Santa Ana; emb. 88, D2
Santa Ana 176, C5
Santa Ana 178, B1
Santa Ana 180, B4
Santa Ana 186, B4
Santa Ana 186, E6
Santa Ana 186, F6
Santa Bárbara; pico 123, F3
Santa Bárbara 176, C5
Santa Bárbara 178, C2
Santa Bàrbara 92, A3
Santa Bárbara de Casa 122, A3
Santa Brígida 126, D3
San Matías 186, G7
Santa Catalina; isla 178, B2
Santa Catarina; isla 188, G3
Santa Clara 180, D2
Santa Clotilde 186, D4
Santa Coloma 134, J9
Santa Coloma de

Farners 92, C2
Santa Coloma de Gramenet 92, F5
Santa Coloma de Queralt 92, B2
Santa Comba 74, B1
Santa Cristina de la Polvorosa 96, C2
Santa Cruz; arch. 191, F5
Santa Cruz; isla 181, G3
Santa Cruz; río 189, C8
Santa Cruz 135, Q18
Santa Cruz 160, G2
Santa Cruz 176, B4
Santa Cruz 180, B4
Santa Cruz 186, F5
Santa Cruz 189, C7
Santa Cruz de Bezana 80, B1
Santa Cruz de Flores 135, K11
Santa Cruz de Graciosa 135, M14
Santa Cruz de la Palma 126, B2
Santa Cruz de la Sierra 186, F7
Santa Cruz de la Zarza 107, C3
Santa Cruz del Quiché 180, A3
Santa Cruz del Retamar 106, B2
Santa Cruz del Sur 180, D2
Santa Cruz de Moya 107, E3
Santa Cruz de Mudela 106, C4
Santa Cruz de Tenerife 126, C2
Santa Cruz de Tenerife: prov. 126
Sant Adrià de Besòs 92, F5
Santa Elena; cabo 180, B4
Santa Elena; isla 162, C6
Santa Elena, bahía 169, C8
Santaella 122, D3
Santa Eulalia 88, B3
Santa Eulàlia del Río 118, C3
Santa Fe 122, E3
Santa Fe 176, E4
Santa Fe 188, D4
Santa Filomena 187, I5
Santa Genoveva; pico 178, C3
Santai 158, I5
Santa Inés; isla 189, C8
Santa Inés; pico 135, G5
Santa Isabel; isla 191, F4
Santa Isabel 188, C5
Santa Isabel do Morro 187, H6
Santa Lucía; isla 181, G4
Santa Lucía 126, D3
Santa Lucía 181, G4
Santa Lucía, Canal de; estr. 181, G4
Santa Luzia; isla 169, K12
Santa Luzia; srra. 54, A2
Santa Margarida de Montbui 92, B2
Santa Margarita; isla 178, B3
Santa Margarita 118, E2
Santa María; cabo 135, E7
Santa María; isla 135, O16
Santa María; isla 191, F5
Santa María; río 179, D3
Santa María; río 178, C1
Santa María 176, B5
Santa María 188, F3
Santa María de Cayón 80, B1
Santa María del Campo 97, E2
Santa María del Camí 118, D2
Santa María del Páramo 96, C2
Santa Maria de Montcada 92, F5
Santa Maria di Leuca; cabo 136, H5
Santa María la Real de Nieva 96, D3
Santa Marina del Rey 96, C2
Santa Marta; ría 74, C1
Santa Marta 102, B3
Santa Marta 135, F5
Santa Marta 186, D1
Santa Marta de Tormes 96, C4
Santa Mauras; isla v. Leucade; isla
Santana 135, Q18
Santana do Livramento 188, E4
Santander; bahía 80, B1
Santander 80, B1
Santander Jiménez 179, E3
Sant Andreu de la Barca 92, B2
Sant'Antioco; isla 136, C5
Santa Olalla; srra. 102, B1
Santa Olalla 106, B2
Santa Olalla del Cala 122, B3
Santa Perpètua de Mogoda 92, F4
Santa Pola; cabo 112, B3
Santa Pola 112, B3
Šantar; islas 153, N4
Sant'Arcangelo 136, G4
Santarem 135, D4
Santarém 187, H4
Santa Rosa 176, B4
Santa Rosa 186, D5
Santa Rosa 188, D5
Santa Rosa 188, F3
Santa Rosa de Copán 180, B4
Santa Rosalía 178, B2
Santas Martas 96, C2
Santa Tecla, Punta de; cabo 135, D2
Santa Teresa; emb. 96, C4
Santa Úrsula 126, C2
Sant Bartomeu de la Quadra 92, E5
Sant Boi de Llobregat 92, E5
Sant Carles de la Ràpita 92, A3
Sant Celoni 92, C2
Sant Cugat del Vallès 92, E5
San Telmo 178, A1
Sant Feliu de Guíxols 92, D2
Sant Feliu de Llobregat 92, E5
Sant Fost de Campsentelles 92, F4
Sant Hilari Sacalm 92, C2
Sant Hipòlit de Voltregà 92, C1
Santiago; río 186, C4
Santiago 188, B4
Santiago de Compostela 74, B2
Santiago de Cuba 181, D2
Santiago de la Espada 123, F2
Santiago del Estero 188, D3
Santiago de los Caballeros 181, E3
Santiago del Teide 126, C2
Santiago de Veraguas 180, C5
Santiago do Cacém 135, D5
Santiago Ixcuintla 178, C3
Santiago Jamiltepec 179, E4
Santiago Papasquiaro 178, C2
Santiago Pinotepa Nacional 179, E4
Santibáñez de la Peña 96, D2
Santibáñez de Vidriales 96, C2
San Tiburcio 179, D3
Santigi 160, G4
Santillana; emb. 110, B2
Santillana del Mar 80, A1
Santiponce 122, B3
Sant Jaume d'Enveja 92, A3
Sant Joan de les Abadesses 92, C1
Sant Joan Despí 92, E5
Sant Joan de Vilatorrada 92, B2
Sant Joan les Fonts 92, C1
Sant Julià de Loira 134, J9
Sant Just Desvern 92, E5
Sant Llorenç de Morunys 92, B1
Santo Amaro 187, K6
Santo André 188, G2
Santo Antão; isla 169, K12
Santo António 169, I10
Santo Domingo; cayo 181, D2
Santo Domingo 178, B2
Santo Domingo 181, F3
Santo Domingo de la Calzada 100,
Santo, El; pico 96, C4
Santomera 116, E4
Santoña 80, B1
Santorí; isla v. Thêra; isla
Santorini; isla 143, G8
Santos; srra. 135, G5
Santos 188, G2
Santos de Maimona, Los 102, B3
Santo Tirso 135, D2
Santo Tomás 178, A1
Santo Tomé; isla 169, I10
Santo Tomé; pico 169, I10
Santo Tomé 123, E2
Santo Tomé 169, I10
Santo Tomé 188, E3
Santo Tomé y Príncipe 169, I10
Santovenia 96, C3
Sant Pere de Reixac 92, F5
Sant Pere de Ribes 92, B2
Sant Quirze del Vallès 92, E4
Sant Sadurní d'Anoia 92, B2
Santurce v. Santurtzi
Santurtzi 82, D4
Sant Vicenç de Castellet 92, B2
Sant Vicenç dels Horts 92, E5
San Valentín; pico 188, C7
San Vicente; cabo 135, D6
San Vicente; golfo 194, F6
San Vicente; isla 181, G4
San Vicente, Canal de; estr. 181, G4
San Vicente de Alcántara 102, A2
San Vicente de Cañete 186, C6
San Vicente de la Barquera 80, A1
San Vicente del Raspeig 112, B3
San Vicente y Granadinas 181, G4
Sanxenxo 74, B2
São Bartolomeu de Messines 135, D6
São Borja 188, E3
São Carlos 188, G2
São Felix do Xingu 187, H5
São Filipe 169, K13
São Francisco; río 187, J7
São Gonçalo 188, H2
São João da Pesqueira 135, E2
São Jorge; isla 135, M15
São José do Rio Prêto 188, G2
São José dos Campos 188, G2
São Lourenço; río 187, G7
São Lourenço 188, G2
São Lourenço, Pantanal de; pantano 186, G7
São Luís 187, J4
São Marcos; bahía 187, J4
São Mateus 187, K7
São Miguel; isla 135, L12
Saona; isla 181, F3
Saona; río 134, G4
São Nicolau; isla 169, K12
São Paulo 188, G2
São Paulo de Olivença 186, E4
São Pedro do Sul 135, D3
São Sebastiao; isla 188, G2
São Sebastião 135, N15
São Teotónio 135, D6
São Tiago; isla 169, L13
São Tomé; cabo 188, H2
Saoura; wadi 165, C3
São Vicente; isla 169, K12
São Vicente 188, G2
Sápai 143, G6
Sape 160, F6
Sapele 166, G7
Sapo, Serranía del; cord. 180, D5
Sapporo 159, T10
Sapri 136, F4
Sarajevo 142, D5
Saramati; pico 156, H3
Sarandë 143, E7
Saransk 144, E2
Sarapul 144, F2
Sarasota 177, J6
Saratov; emb. 144, E2
Saratov 144, E2
Sarawak; div. adm. 160, E4
Sardalas 165, F3
Sardina, Punta de; cabo 126, D2
Sargodha 156, C2
Sarh 167, I7
Sārī 155, H5
Sariego 78, F1
Sarigan; isla 161, L1
Sarigöl 143, I7
Sarikei 160, E4
Sariñena 88, C2
Sarja 144, E2
Sarlat-la-Caneda 134, E5
Sarmi 161, J5
Sarmiento 188, C7
Särna 141, D3
Sarnen 136, C1
Sarnia 175, Q7
Sarny 144, C2
Saros; golfo 143, H6
Šar Planina 142, E5
Sarreaus 74, C2
Sarrebourg 134, H3
Sarreguemines 134, H3
Sarria 74, C2
Sarrión 88, C3
Sartène 136, C4
Sárvár 142, C3
Saryč; cabo 144, D3
Saryšagan 152, H5
Sarysu; río 152, G5
Sásabe 178, B1
Sasabeneh 167, N7
Sasamón 97, D2
Sasebo 159, Q12
Sasiburu; mte. 82, E4
Saskatchewan; prov. 174, H4
Saskatchewan; río 174, H4
Saskatchewan del Norte; río 174, G4
Saskatchewan del Sur; río 174, G4
Saskatoon 174, H4
Saskylach 153, L2
Sasovo 144, E2
Sassandra; río 166, D7
Sassandra 166, D8
Sássari 136, C4
Sassnitz 138, G1
Sástago 88, C2
Sata; cabo 159, R12
Satadougou 166, C6
Satna 156, E4
Sátoraljaújhely 142, E2
Satpura; mtes. 156, D4
Satu-Mare 142, F3
Sauce, El 180, B4
Saucelle; emb. 96, B3
Saucillo 179, C2
Sauda 141, B4
Saudárkrókur 141, M6
Saúde 187, J6
Sauer; río 140, F6
Sauerland; reg. 140, G4
Saukorem 161, I5
Sault Sainte Marie 177, J2
Sault Sainte Marie 175, J5
Saumarez; arref. 195, I4
Saumlaki 161, I6
Saumur 134, D4
Saurimo 168, D3
Sauzal 126, C2
Sava; río 142, E4
Savaii; isla 191, H5
Savanna-la-Mar 180, D3
Savannah; río 177, J5
Savannah 177, J5
Savannakhet 157, I5
Save; río 168, F6
Save; río 55, F1
Savé 166, F7
Saverne 134, H3
Saviñán 88, B2
Saviñao 74, C2
Savona 136, C2
Savonlinna 141, H3
Sawahlunto 160, C5
Sawākin 167, M5
Sawknah 167, I3
Sawqirah; bahía 155, I9
Sawqirah 155, I9
Sawu; isla 160, G7
Sawu; mar 160, G6
Sax 112, B3
Saxmundham 140, A3
Sayhūt 155, H9
Sayula 179, D4
Sazan; isla 136, H4
Sázaza; río 138, H3
Scafell Pike; mte. 137, F3
Scandicci 136, D3
Ščara; río 139, M1
Scarborough 137, G3
Scarborough 181, G4
Scarpe, río 140, B5
Schaffhausen 138, E4
Schagen 140, D3
Schefferville 175, L4
Schenectady 177, L3
Scherbeck 140, D5
Schiedam 140, D4
Schiermonnikoog; isla 140, F2
Schio 136, D2
Schleiden 140, F5
Schleswig 138, E1
Schneifel; mac. mont. 140, F5
Schoten 140, D4
Schouten; islas 161, K5
Schouwen; pólder 140, C4
Schwaner; mtes. 160, E5
Schweln 140, G4
Schwerin; lago 138, F1
Schwerin 138, F1
Schwerte 140, G4
Schwyz 138, E4
Sciacca 136, E6
Scilly; islas 137, D6
Scilly; islas 191, J5
Scoresbysund 175, O2
Sčors 139, Q1
Scotland v. Escocia
Scott; arref. 194, C2
Scott; cabo 174, F4
Scott; cabo 196-2, S2
Scott; glac. 196-2, AA3
Scott Inlet 175, K2
Scottsbluff 176, F3
Scranton 177, K3
Scunnthorpe 137, G4
Scusciuban 169, T22
Scutari; lago 142, D5
Seal; cabo 169, D8
Seal; río 174, I4
Seattle 176, B2
Sebangan; bahía 160, E5
Sebangka; isla 160, C4
Sebastián Vizcaíno; bahía 178, B2
Sebastopol 144, D3
Sebatik; isla 160, F4
Sebes 142, F4
Sebež 141, H4
Sebu; río 165, C2
Sebuku; bahía 160, F4
Sebuku; isla 160, F5
Seclin 140, C5
Secunderabad 156, D5
Sechura; bahía 186, B5
Sechura; des. 186, B5
Seda; río 135, E4
Sedan 134, G3
Sedan 140, E6
Seddonville 195, M13
Sederot 154, A3
Sédhiou 166, B6
Sedom 154, B3
Sedov; f. subm. 196-1, G1
Sedova; pico 152, F2
Seeheim 169, C7
Seeland; isla 141, D5
Sefrou 165, C2
Seg; lago 144, D1
Segarra, La; com. 92, B2
Seggueur, es; wadi 165, D2
Segorbe 112, B2
Ségou 166, D6
Segovia; prov. 97, D3
Segovia; río v. Coco; río
Segovia 181, E5
Segovia 97, D4
Segre; río 92, B2
Séguéla 166, D7
Seguin 176, G6
Segura; río 55, E3
Segura; srra. 123, F3
Segura de León 102, B3
Sehitwa 168, D6
Seiland; isla 141, F1
Seinäjöki 141, F3
Šeki 144, E3
Sekondi-Takoradi 166, E8
Šelagskij; cabo 153, R2
Selaru; isla 161, I6
Selatan; cabo 160, E5
Selçuk 143, H8
Sele; río 136, F4
Selemdza; río 153, N4
Selenga; río 158, H2
Selenicë 143, D6
Sélestat 134, H3
Sélibaby 166, C5
Šelichova; golfo 153, P3
Selkirk; mtes. 176, C2
Selkirk 137, F3
Selma 177, I5
Selva 118, D2
Selva de Baviera; mac. mont. 138, G3
Selva de Bohemia; mac. mont. 138, G3
Selva del Camp, La 92, B2
Selva de Muniellos; com. 54, B1
Selva, La; com. 55, G1
Selva Negra; mac. mont. 138, E3
Selvas; reg. 186, E5
Selwyn; mtes. 194, G4
Selwyn 194, G4
Sella; río 55, C1
Sellera de Ter, La 92, C2
Semarang 160, E6
Semeru; pico 160, E6
Semipalatinsk 152, I4
Semisopoochnoi; isla 170, S
Semmering, Paso; pto. mont. 138, H4
Semnan 155, H5
Semois; río 140, E6
Sen; río 157, I6
Sena; río 134, E3
Sena; río 134, G3
Senador Pompeu 187, K5
Sena Madureira 186, E5
Senanga 168, D5
Sendai 159, T11
Senden 140, G4
Sendenhorst 140, G4
Senegal; río 166, C5
Senegal 166, C6
Senegambia 162, B3
Senhor do Bonfim 187, J6
Sénia, La 92, A3
Senigallia 136, E3
Senise; 136, G4
Senj 136, F2
Senja; isla 141, E1
Senja 158, E5
Senlis 134, F3
Sens 134, F3
Senta 142, E4
Seny 142, B4
Senyavin; arch. 191, E3
Sepandjang; isla 160, F6
Šepetovka 142, H1
Sepik; río 161, K5
Sept-Îles 175, L4
Sepúlveda 97, E3
Sequeros 135, F3
Sequillo; río 55, C2
Seraing 140, E5
Serang 160, D6
Serasan; isla 160, D4
Serbia 142, E5
Seremban 160, C4
Serena, La; com. 102, C3
Serena, La 188, B3
Serenje 168, F4
Serginy 152, G3
Seria 160, E4
Sérifos; isla 143, G8
Sérifos 143, G8
Sermata; isla 161, H6
Serón 123, F3
Serov 144, G2
Serowe 168, E6
Serpa 135, E6
Serpis; río 55, E3
Serpuchov 144, D2
Serradilla 102, B2
Serradilla 135, F4
Serra do Navio 187, H3
Sérrai 143, F6
Serrāt; cabo 136, C6
Serra Talhada 187, K5
Serrat, el 134, K8
Serrera; pico 134, K8
Serrinha 187, K6
Sertã 135, D4
Serua; isla 161, I6
Seruli 168, E6
Sese; islas 168, F2
Seseña 106, C2
Sesfontein 168, B5
Sesheke 168, D5
Sesimbra 135, C5
Sestao 82, E4
Sesto 136, D3
Sesto San Giovanni 136, C2
Setenil 122, C4
Setif 165, E1
Seto Naikai; mar 159, R12
Settat 165, B2
Sette Cama 168, A2
Séttimo 136, B2
Setúbal; bahía 135, D5
Setúbal 135, D5
Seu d'Urgell, La 92, B1
Seul; lago 175, I4
Seúl 159, M4
Sevan; lago 144, E3
Sever; río 135, E4
Severn; río 137, F4
Severn; río 175, I4
Severnaja Sos'va; río 144, G1
Severo-Yeniseiskij 153, J3
Severodvinsk 144, D1
Sevier; lago 176, D4
Sevier; río 176, D4
Sevilla; prov. 122, C3
Sevilla 122, C3
Sevilleja; srra. 106, B3
Sevilleja de la Jara 106, B3
Seward; pen. 174, B3
Seward 174, D4
Sexta Catarata 167, L5
Seychelles; arch. 162, M10
Seychelles 169, LL14
Seydisfjördur 141, N6
Seyne-sur-Mer, La 134, G6
Sfax 165, F2
Sfîntu Gheorghe 142, G4
Shabunda 168, E2
Shackleton; barr. hielo 196, AA3
Shackleton; mts. 196, B1
Shahdol 156, E4
Shahjahanpur 156, D3
Shahrud 155, I5
Sha'ib al-Banat; gebel 167, P10
Shakawe 168, D5
Shaki 166, F7
Shamīl 155, I7
Shammar; ğebel 155, F7
Shamo; lago 167, M7
Shamva 168, F5
Shandī 167, L5
Shandong; pen. 159, L4
Shanga 166, F6
Shangani; río 168, E5
Shanghai 159, L5
Shangqiu 159, K5
Shangrao 159, K6
Shangshui 158, J5
Shangxian 158, J5
Shanhe 158, C5
Shannon; estuario 137, C4
Shannon; isla 170, Q2
Shannon; río 137, C4
Shantou 159, K7
Shaoguan 158, J7
Shaoxing 159, L5
Shaoyang 158, J6
Shark; bahía 194, A5
Sharon 177, J3
Shashi; río 168, E6
Shashi 158, J5
Shashi 168, E6
Shasta; pico 176, B3
Shawnee 176, G4
Shaykh 'Uthman 155, G10
Shebele; río 167, N7
Sheboygan 177, I3
Shefar'am 154, B2
Shefela; reg. 154, A3
Sheffield 137, G4
Shelburne 175, L5
Shelby 176, D2
Shelikof; estr. 174, C4
Shendam 166, G7
Shenyang 158, L3
Shepparton 194, H7
Sherbo; isla 166, C7
Sherbrooke 175, K5
Sheridan 176, E3
Sherman 176, G5
's-Hertogenbosch 140, E4
Shetland; islas 137, I1
Shetland del Sur; arch. 196-2, F3
Sheyenne; río 176, G2
Shibām 155, G9
Shibin al-Kawn 167, P9
Shigatse 158, E6
Shihān; pico 154, B3
Shijak 143, D6
Shijiazhuang 158, J4
Shikārpur 156, B3
Shikoku; isla 159, R12
Shikotan; isla 159, U10
Shilabo 169, S23
Shilla; pico 156, D2
Shillong 156, G3
Shimoga 156, D6
Shimoneseki 159, R12
Shin; lago 137, E1
Shindand 155, J6
Shinyanga 168, F2
Shiono; cabo 159, S12
Shiping 158, H7
Shiqma; río 154, A3
Shir-Kūh; pico 155, H6
Shiraz 155, H7
Shire; río 168, G5
Shiriya; cabo 159, T10
Shivpuri 156, D3
Shizuoka 159, S12
Shkodër; lago v. Scutari; lago
Shkodër 142, D5
Shmidt; isla 153, J1
Sholapur 156, D5
Shoshone 176, D3
Shreveport 177, H5
Shūsf 155, J6
Shuangyashan 159, N2
Shuanycheng 159, M2
Shugrā' 155, G10
Shulehe; río 158, G3
Shumagin; islas 174, C4
Shur; río 155, I6
Shuwak 167, M6
Shwebo 157, H4
Sialkot 156, C2
Siam; golfo 157, I6
Siapa, río 186, E3
Siargao; isla 161, H3
Siau; isla 161, H4
Šiauliai 144, C2
Siba'i; gebel 167, L3
Šibenik 142, B5
Siberia; reg. 148, L3
Siberia Central; msta. 153, J3
Siberia Occidental; llan. 152, G3
Siberia Oriental; mar 196-1, Q2
Siberia Oriental, Ramal de; drs. subm. 196-2, R2
Siberut; isla 160, B5
Sibi 156, B3
Sibiti 168, B2
Sibiu 142, G4
Sibolga 160, B4
Sibu 160, E4
Sibut 167, I7
Sibutu; isla 160, F4
Sibuyan; isla 160, G2
Sicasica 186, E7
Sicilia; isla 136, E6
Sico; río 180, B3
Sicuani 186, D6
Sichar; emb. 112, B1

Sichuan, Cuenca de; reg. 158, I5
Sídheros; cabo 143, H9
Sīdī Barrānī 143, G11
Sidi-Bel-Abbés 165, C1
Sidi Bennur 165, B2
Sidi Ifni 166, D3
Sidi Kacem 165, B2
Sidi Moussa; wadi 165, D3
Sidley; pico 196-2, M2
Sidney; isla 191, H4
Sidney 176, F2
Sidney 195, I6
Siedlce 139, L1
Sieg; río 140, G5
Siegburg 140, G5
Siegen 138, E2
Siem Reap 157, I6
Siena 136, D3
Sieradz 139, J2
Sierck 140, F6
Sierra Blanca; pico 176, E5
Sierra Colorada 188, C6
Sierra de Fuentes 102, B2
Sierra, La; com. 107, C1
Sierra, La; com. 122, C3
Sierra Leona 166, C7
Sierra Madre; srra. 160, G1
Sierra Mojada 179, D2
Sierra Vieja; mte. 54, B3
Sierre 134, H4
Sifnos; isla 143, G8
Sig 165, C1
Sighetul Marmatiei 142, F3
Sighisoara 142, G3
Sigli 160, B3
Siglufjördur 141, M6
Signy-l'Abbaye 140, D6
Sigüenza 107, D1
Siguiri 166, D6
Sigulda 141, G4
Sikar 156, D3
Sikasso 166, D6
Sikhote Alin; mtes. 153, N5
Sikt'ach 153, M3
Sil; río 74, C2
Silao 179, D3
Silchar 156, G4
Siles 123, F2
Silesia; reg. 138, I2
Silet 165, D4
Silhouette; isla 169, LL15
Siliguri 156, F3
Siling Co; lago 158, E5
Silistra 142, H5
Siljan; lago 141, D3
Šilka; río 153, L4
Silkeborg 141, C4
Silos, Los 126, C2
Silvassa 156, C4
Silver Bay 177, H2
Silves 135, D6
Silyānah 136, C6
Silla 112, B2
Silleda 74, B2
Silleiro; cabo 135, D1
Sim; cabo 165, B2
Sima 169, O17
Simancas 96, D3
Simanggang 160, E4
Simanovsk 153, M4
Simao 158, H7
Simav; río 143, I7
Simcoe; lago 177, K3
Simeulue; isla 160, B4
Simferopol' 144, D3
Simhān, as-; gebel 155, H9
Sími; isla 143, H8
Simikof 156, E3
Simla 156, D2
Simleu Silvaniei 142, F3
Simmern 140, G6
Simplón, Paso del; pto. mont. 138, E4
Simpson; des. 194, F5
Simušir; isla 153, P5
Sinaí; mte. 167, L3
Sinaí; pen. 167, L3
Sinaloa; est. fed. 178, C2
Sinan 158, I6
Sincelejo 186, C2
Sinchang 159, M3
Sind; prov. 156, B3
Sindjai 160, G6
Sines; cabo 135,D6
Sineu 118, E2
Singapur 160, C4
Singaradja 160, F6
Singida 168, F2
Singkawang 160, D4
Singkep; isla 160, C5
Singleton; mte. 194, E4
Sinj 142, C5
Sinjah 167, L6
Sinnai 136, C5
Sinnamary 187, H2
Sinni; río 136, G4
Sînnicolau Mare 142, E3
Sinnūris 167, P10
Sinoe; lago 142, I4
Sinoia 162, G6
Sinop 154, D4
Sintana 142, E3
Sintang 160, E4
Sint Eustatuis; isla 181, G3
Sint-Niklaas 140, D4
Sinton 179, E2
Sintra 135, C5
Sint-Truiden 140, E5
Sinú; río 181, D5
Sinŭiju 159, L3
Sinzig 140, G5
Siófok 142, D3
Sion 136, B1
Sioux City 176, G3
Sioux Falls 176, G3
Sioux Lookout 175, I4
Siping 159, L3
Šipka; pto. mont. 142, G5
Siple; pico 196-2, M2
Sipora, isla 160, B5
Siracusa 136, F6
Sir-Daria; río 152, G5
Sir Edward Pellew; isla 194, F3
Siretul; río 142, H4
Siria; des. 155, E6
Siria 155, E6
Sirte 167, I2
Siruela 102, C3
Sisak 142, C4
Sisante 107, D3
Sisargas; islas 54, A1
Sishen 169, D7
Sisophon 157, I6
Sisqueró; pico 134, K8
Sissonne 140, C6
Sitges 92, B2
Sitía 143, H9
Sitka 174, E4
Sittang; río 156, H5
Sittard 140, E5
Sittwe 156, G4
Sivas 155, E5
Siwah 167, K3
Sjenica 142, D5
Skaftung 141, F3
Skagafjördur; fiordo 141, M6
Skagerrak; estr. 141, C4
Skagway 174, E4
Skardu 156, D1
Skarzysko-Kamienna 142, E1
Skegness 137, H4
Skeldon 186, G2
Skellefte; río 141, E2
Skellefteå 141, F2
Skelleftehamn 141, F2
Skíathos; isla 143,F7
Skibotn 141, F1
Skien 141, C4
Skierniewice 139, K2
Skikda 165, E1
Skiros; isla 143, G7
Skjálfandi; fiordo 141, M6
Skjoldungen 175, N3
Skópelos; isla 143, F7
Skopje 142, E6
Skovorodino 153, M4
Skuratov; cabo 152, G2
Skye, isla 137, D2
Skzira 142, I2
Slamet; pico 160, D6
Slantsy 141, H4
Slatina 142, G4
Slave; río 174, G3
Slavjansk 144, D3
Slavkov u Brna 138, I3
Slavonski Brod 142, C4
Slavuta 142, H1
Sleaford 137, G4
Sliedrecht 140, D4
Sligo 137, C3
Sliven 142, H5
Slobodskoj 144, F2
Slobozia 142, H4
Slonim 139, M1
Slough 137, G5
Sluč'; río 139, N2
Sluck 139, O1
Sl'ud'anka 153, K4
Slunj 142, B4
Słupsk 138, I1
Slyne; cabo 137, B4
Smara 166, C3
Smederevo 142, E4
Smela 139, P3
Smith; estr. 175, K2
Smithton 194, H8
Smoky Hill; río 176, F4
Smøla; isla 141, B3
Smolensk 144, D2
Smólikas; pico 143, E6
Smoljan 142, G6
Snæfell; pico 141, N6
Snag 174, E3
Snake; río 176, D3
Snares; islas 195, K16
Snåsa 141, D2
Sn'atyn 142, G2
Sněžka; pico 138, H2
Sneek 140, E2
Sniardwy; lago 139, K1
Snøhetta; pico 141, C3
Snowdon; mte. 137, E4
Snowdrift 174, G3
Snyder 179, D1
Soalala 169, Q19
Sobat; río 167, L7
Sober 74, C2
Sobral 187, J4
Sobrarbe; com. 88, D1
Sobreira Formosa 135, E4
Soči 144, D3
Sociedad; arch. 191, J5
Socompa; vol. 188, C2
Socompa, Paso; pto. mont. 188, C2
Socorro; isla 178, B4
Socorro 176, E5
Socotora; isla 155, H10
Socovos 107, E4
Socuéllamos 107, D3
Sodankylä 141, G2
Söderhamn 141, E3
Södertälje 141, E4
Sodo 167, M7
Soest 140, E3
Soest 140, H4
Soeste; río 140, G3
Sofala; bahía 168, G6
Sofia; río 169, Q19
Sofía, 142, F5
Sofjanga 141, H2
Sogamoso 186, D2
Sögel 140, G3
Sognefjord 141, B3
Sohag 167, P10
Soignies 140, D5
Soissons 134, F3
Soja; río 55, C1
Söke 143, H8
Sokki, In; wadi 165, D3
Sokodé 166, F7
Sokol 144, D2
Sokolo 166, D6
Sokoto; río 166, F6
Sokoto 166, G6
Solac-sur-Mer 134, D5
Solana de los Barros 102, B3
Solana, La 106, C4
Soledad; isla 189, E8
Soledad 181, G5
Soledad 186, D1
Solesmes 140, C5
Solfonn; pico 141, B4
Solikamsk 144, F2
Solingen 140, G4
Solinger; mte. 138, E2
Sol'-Ileck 144, F2
Sologne; com. 134, E4
Solok 160, C5
Solor; isla 160, G6
Solosancho 96, D4
Solothurn 138, D4
Solsona 92, B2
Solta; isla 142, C5
Solunska; pico 142, E6
Solway; estuario v. Solway Firth; estuario
Solway Firth; estuario 137, F3
Solwezi 168, E4
Solleftea 141, E3
Sóller 118, D2
Somain 140, C5
Somalia; cca. subm. 149, I9
Somalia 169, T23
Sombor 142, D4
Sombrerete 179, D3
Sombrero, El 181, F5
Somerset; isla 175, I2
Somerset 177, J4
Somerset East 169, E8
Somes; río 142, F3
Somiedo 78, E1
Somme; río 134, E2
Somontano; com. 88, C1
Somosierra; pto. mont. 97, E3
Somosierra; srra. 97, E3
Somoto 180, B4
Sompeta 156, E5
Somport; pto. mont. 88, C1
Son; río 156, E4
Soná 180, C5
Sonda; estr. 160, D6
Sonda, Fosa de la; f. subm. 160, D7
Sondica; aeropuerto v. Sondika; aeropuerto
Sondica v. Sondika
Sondika; aeropuerto 82, E4
Sondika 82, E4
Søndre Strømfjord 175, M3
Sondrio 136, C1
Soneja 112, B2
Songea 168, G4
Sông Ha; río 157, I4
Songhuahu; lago 159, M3
Songjiang 159, L5
Songkhla 157, I7
Sono; río 187, I5
Sonoita 178, B1
Sonora; est. fed. 178, B2
Sonora; río 178, B2
Sonora 179, D1
Sonseca 106, C3
Son Servera 118, E2
Sonsonate 180, B4
Sonsorol; isla 161, I3
Sopela 82, G5
Sopelana v. Sopela
Sopron 142, C3
Sôr; río 135, D4
Sora 136, E4
Soraluze 82, G5
Sorbas 123, F3
Sorel 177, L2
Sorfold 141, D2
Soria; prov. 97, F3
Soria 97, F3
Sorocaba 188, G2
Soročinsk 144, F2
Soroki 142, I2
Sorol; at. 161, K3
Sorong 161, I5
Soroti 168, F1
Sørøya; isla 141, F1
Sorraia; río 135, D5
Sorrento 136, F4
Sør-Rondane; mtes. 196-2, II2
Sorsele 141, E2
Sorsogon 161, G2
Sort 92, B1
Sortavala 144, D1
Sortland 141, D1
Sos del Rey Católico 88, B1
Soskal' 142, G1
Sosnovka 144, F2
Sosnowiec 142, D1
Sos'va; río 144, G2
Sotavento; islas 181, G3
Sotillo de la Adrada 96, D4
Soto de la Vega 96, C2
Soto del Barco 78, E1
Sotomayor v. Soutomaior
Sotonera; emb. 88, C1
Sotuta 179, G3
Souflíon 143, H6
Souillac 169, X27
Souk Ahras 165, E1
Souk el-Arba-du-Gharb 165, B2
Soumagne 140, E5
Sources; mte. 169, E7
Soure 135, D3
Soure 187, I4
Souris; río 176, F2
Sousa 187, K5
Sousel 135, E5
Southampton; isla 175, J3
Southampton 137, G5
South Bend 177, I3
Southbridge 195, N14
South Downs; cols. 134, D2
Southend-on-Sea 137, H5
Southern Cross 194, B6
Southern Indian; lago 174, I4
Southland; área estadística 195, K15
South Platte; río 176, F3
South Ronaldsay; isla 137, K1
South Shields 137, G3
South Uist; isla 137, D2
Southwold 140, A3
Soutomaior 74, B2
Sovata 142, G3
Sovetsk 141, F5
Sovietskaia Gavan 153, O5
Sož; río 144, D2
Soya 168, B3
Sozopol 142, H5
Spa 140, E5
Spanish Town 180, D3
Spartanburg 177, J4
Spárti 143, F8
Spartivento; cabo 136, G6
Spartivento; cabo 136, C5
Spassk-Dal'nij 153, N5
Spencer; cabo 194, F7
Spencer; golfo 194, F6
Spencer; mtes. 195, N14
Spencer 177, G3
Sperkhios; río 143, F7
Spey; río 137, F2
Spezia, La 136, C2
Spiekeroog; isla 140, G2
Spijkenisse 140, D4
Spinazzola 136, G4
Spincourt 140, E6
Spišská Nová Ves 142, E2
Spitzberg; arch. 148, E2
Split 136, G3
Split 142, C5
Splügen; pto. mont. 138, E4
Spokane 176, C2
Spoleto 136, E3
Spori Navolok; cabo 152, G2
Spratly; islas 160, E3
Spree; río 138, H2
Springbok 169, C7
Springburn 195, M14
Springfield 176, B3
Springfield 177, H4
Springfield 177, I4
Springfield 177, L3
Springfontein 169, E8
Springs 169, E7
Springsure 195, H4
Spurn; cabo 137, H4
Squillace 136, G5
Sredna Zagora 142, G5
Srednekolymsk 153, P2
Sremska Mitrovica 142, D4
Srepok; río 157, J6
Srepok; río 160, D2
Sri Lanka 156, E7
Srinagar 156, C2
Säliste 142,F4
Stad; cabo 141, B3
Stadtlohn 140, F4
Stadtskanaal 140, F2
Staffa; isla 137, D2
Stafford 137, F4
Stalowa Wola 142, F1
Stands 136, C1
Stanke Dimitrov 142, F5
Stann Creek 180, B3
Stanovoi; mtes. 153, M4
Stans 134, I4
Staphorst 140, F3
Staraia Russa 144, D2
Stara-Pazova 142, E4
Starbuck; isla 191, J4
Stargard Szczecinski 138, H1
Starogard Gdański 138, J1
Starokonstantinov 142, H2
Start, Punta; cabo 137, F5
Staryj Oskol 144, D2
State College 177, K3
Staunton 177, K4
Stavanger 141, B4
Stavelot 140, E5
Staveren 140, E3
Stavropol' 144, E3
Steenkool 161, I5
Steenvoorde 140, B5
Steenwijk 140, F3
Steep, Punta; cabo 194, A5
Steinfurt 140, G3
Steinkjer 141, C2
Stelvio; pto. mont. 136, D1
Stendal 138, F1
Stepanakert 144, E4
Sterling 176, F3
Sterlitamak 144, F2
Steubenville 177, J3
Stewart; isla 195, L16
Steyr 142, B2
Stikine; río 174, E4
Stilís 143, F7
Stillwater 176, G4
Stillwater 177, H2
Štip 142, F6
Stirling; mtes. 194, B6
Stirling 137, F2
Stjørdalshalsen 141, C3
Stockport 137, F4
Stockton-on-Tess 137, G3
Stockton 176, B4
Stoke-on-Trent 137, F4
Stokksnes; cabo 141, N6
Stolac 142, C5
Stolberg 140, F5
Stolbovoj; isla 153, N2
Stonehaven 137, F2
Stora Lulevatten; lago 141, E2
Storavan; lago 141, E2
Storm; bahía 194, H8
Stornoway 137, D1
Storožinec 142, G2
Storsjön; lago 141, D3
Storuman; lago 141, E2
Storuman 141, E2
Stradbroke; isla 195, I5
Strahan 194, H8
Stralsund 138, G1
Stranraer 137, E3
Stratford-on-Avon 137, G4
Straumnes; cabo 141, L6
Strehaia 142, F4
Stretensk 153, L4
Strickland; río 161, K6
Stromboli; isla 136, F5
Strömstad 141, C4
Strömsund 141, D3
Stronsay; isla 137, K1
Struma; río 143 F6
Strumica 142, F6
Stryj 142, F2
Stuart; lago 174, F4
Stung Treng 157, J6
Sturt; des. 194, G5
Sturt Creek; río 194, D3
Stutterheim 169, E8
Stuttgart 138, E3
Stuttgart 177, H5
Stykkishólmur 141, L6
Styr'; río 142, G1
Styr'; río 144, C2
Suances 80, A1
Suanké 168, B1
Subbética, Cordillera; cord. 55, D4
Subi; isla 160, D4
Subotica 142, D3
Subré 166, D7
Suceava 142, H3
Sucre 186, E7
Sucunduri; río 186, G5
Sucuriú; río 188, F1
Süchbaatar 158, I1
Suchumi 144, E3
Sudáfrica, República de 169, D7
Sudán 167, K6
Sudbury 175, J5
Suddie 186, G2
Sudetes; cord. 142, C1
Sudirman; mtes. 161, J5
Sudoeste; cabo 195, L16
Sud, Punta; cabo 169, N16
Sudr 167, P10
Sue; río 167, K7
Sueca 112, B2
Suecia 141
Suez; canal 167, P9
Suez; golfo 167, P10
Suez 167, P10
Sugarloaf, Punta; cabo 195, I6
Suhār 155, I8
Suhe-Bator 148, N4
Suido; srra. 54, A1
Suihua 159, M2
Suiyang 159, N3
Suiza 138
Sukabumi 160, D6
Sukadana 160, D5
Sukhona; río 144, E1
Sukkertoppen 175, M3
Sukkur 156, B3
Sula; arch. 161, G5
Sula; río 139, Q2
Sulabesi; isla 161, H5
Sulaco; río 180, B3
Sulaimān; mtes. 156, B2
Sulaimaniya 155, G5
Sulawesi; isla v. Célebes; isla
Sulima 166, C7
Sulina 142, I4
Sulitelma; pico 141, E2
Sulmona 136, E3
Sulūq 167, J2
Sulú; arch. 160, G3
Sulú; mar 160, G3
Sulzberger; bahía 196-2, P2
Sullana 186, B4
Sumatra; isla 160, B4
Sumba; estr. 160, G6
Sumba; isla 160, F7
Sumbawa; isla 160, F6
Sumbawa Besar 160, F6
Sumbawanga 168, F3
Sumbilla 86, H5
Šumen 142, H5
Sumgait 144, E3
Summer; lago 176, B3
Sumperk 142, C2
Sumter 177, J5
Sumy 144, D2
Sundarbans; reg. 156, F4
Sunderlan 137, G3
Sundern 140, H4
Sundsvall 141, E3
Sungari; río 159, M2
Suntar 153, L3
Sunyani 166, E7
Suoguohu 158, H3
Suomenselkä; mac. mont. 141, F3
Suomussalmi 141, H2
Superior; lago 177, I2
Superior 177, H2
Supiori; isla 161, J5
Sur; isla 195, L13
Sur 154, B1
Sūr 155, I8
Sura; río 144, E2
Surabaya 160, E6
Surakarta 160, E6
Surat 156, C4
Surat Thani 157, H7
Surduc 142, F3
Sûre; río 140, E6
Sureste; cabo 194, H8
Sureste, Punta; cabo 194, H7
Surgut 152, H3
Surguticha 152, I3
Súria 92, B2
Surigao 161, H3
Surin 157, I6
Surinam; río 187, G3
Surinam 187, G3
Surkhab; río 155, L5
Sur, Punta; cabo 176, B4
Susa 136, B2
Susa 165, F1
Susqueda; emb. 92, C2
Susuman 153, O3
Susurluk 143, I7
Sutherland Falls 195, L15
Sutlej; río 158, C5
Suva 191, G5
Suva Planina; mac. mont. 142, F5
Suvorov; isla 191, I5
Suwalki 139, L1
Suwayh 155, I8
Suwaylih 154, B2
Suwon 159, M4
Suxian 159, K5
Suzhou 159, L5
Sval'ava 142, F2
Svartenhuk; pen. 175, M2
Svartisen; pico 141, D2
Svealand; reg. 141, D3
Sveg 141, D3
Svencioneliai 141, G5
Svendborg 141, C5
Sverdlovsk v. Ekaterinburg
Sverdrup; arch. 175, I1
Svetlograd 144, E3
Svetozarevo 142, E5
Svištov 142, G5
Svitavy 142, C2
Svobodnyj 153, M4
Svolvaer 141, D1
Swains; isla 191, H5
Swakop; río 168, C6
Swakopmund 168, B6
Swale; río 137, G3
Swan; arref. 195, I4
Swan; río 194, B6
Swansea 137, F5
Swazilandia 169, F7
Sweetwater 176, F5
Swellendam 169, D8
Swidnica 142, C1
Swift Current 174, H4
Swindon 137, G5
Sydney 175, L5
Syktyvkar 144, F1
Sylhat 156, G4
Syracuse 177, K3
Syzran 144, E2
Szczecin 138, H1
Szczecinek 138, I1
Szeged 142, E3
Székesfehérvár 142, D3
Szekszárd 142, D3
Szentes 142, E3
Szolnok 142, E3
Szombathely 142, C3

Tabagé, Punta; cabo 187, K4
Tábara 96, C3
Tabarka 165, E1
Tabas 155, I6
Tabasará; srra. 180, C5
Tabasco; est. fed. 179, F4
Tabernas 123, F3
Tabernes de Valldigna 112, B2
Tabiteuea; isla 191, G4
Tablas; isla 160, G2
Table; cabo 195, Q12
Taboada 74, C2
Tabor; mte. 154, B2
Tábor 142, B2
Tabora 168, F3
Tabou 166, D8
Tabriz 155, G5
Tabuaeran; isla 191, J3
Tabūk 154, E7
Tacámbaro; río 179, D4
Tacámbaro de Codallos 179, D4
Tacaná; vol. 180, A3
Tacheng 158, D2
Tacloban 161, G2
Tacna 186, D7
Tacoma 176, B2
Tacora; pico 186, E7
Tacoronte 126, C2
Tacuarembó 188, E4
Tadeinte; wadi 165, E4
Tademaït; msta. 165, D3
Tadjemout 165, D3
Tadjikistán 148, K6
Tadoussac 177, M2
Taegu 159, M4
Taejon 159, M4
Tafalney; cabo 165, B2
Tafalla 86, H6
Tafassasset; wadi 165, E4
Tafí Viejo 188, C3
Taganrog 144, D3
Tagbilaran 161, G3
Tagish 174, E3
Tagliamento; río 136, E2
Tagomago; isla 118, C2
Taguatinga 187, I6
Tagum 161, H3
Tahan; pico 160, C4
Tahat; pico 165, E4
Tahití; isla 191, K5
Tahoe; lago 176, B4
Tahtā 167, P10
Tahua 166, G5
Tahulandang; isla 161, H4
Tahuna 161, H4
Taian 159, K4
Taibaishan; pico 158, I5

Taibei 159, L6
Taibilla; canal 116, E4
Taibilla; srra. 116, D4
Taibique 126, B3
T'aichung 159, L7
Taihangshan; cord. 158, J4
Taimir; lago 153, K2
Taimir; pen. 153, J2
Tainan 159, L7
Taining 159, K6
Taiping 160, C4
Taitao; pen. 188, B7
Taivalkoski 141, H2
Taiwan; estr. 159, K7
Taiwan 159, L7
Taiyuan 158, J4
Taizhou 159, K5
Ta'izz 155, F10
Tajan 160, E5
Tajgonos; pen. 153, Q3
Tajo-Segura; trasvase 107, D3
Tajo; estuario 54, A3
Tajo; río 54, B3
Tajšet 153, J4
Tajumulco; vol. 180, A3
Tajuña; río 55, D2
Tak 157, H5
Takalar 160, F6
Takamaka 169, LL15
Takamatsu 159, R12
Takaoka 159, S11
Takingeun 160, B4
Takum 166, G7
Takume; isla 191, K5
Takutu; río 186, G3
Talak; reg. 166, F5
Talamanca; cord. 180, C5
Talara 186, B4
Talarn 92, A1
Talarrubias 102, C2
Talasea 161, M6
Talaud; arch. 161, H4
Talaván 102, B2
Talavera de la Reina 106, B3
Talavera la Real 102, B3
Talawdi 167, L6
Talayón; mte. 55, E4
Talayuela 102, C2
Talayuelas 107, E3
Talbot; cabo 194, D2
Talca 188, B5
Talcahuano 188, B5
Taldy-Kurgan 158, C2
Taliabu; isla 161, G5
Talimupendi; des. 158, D4
Taliwang 160, F6
Talmest 165, B2
Taltal 188, B3
Tallahassee 177, J5
Tall 'Asūr 154, B3
Tallinn 144, C2
Tallulah 179, F1
Tam Abu; cord. 160, E4
Tamajón 107, C2
Tamale 166, E7
Tamana; isla 191, G4
Tamanar 165, B2
Tamanrasset; wadi 165, D4
Tamanrasset 165, E4
Tamarin 169, V27
Tamarite de Litera 88, D2
Tamarugal, Pampa del; llan. 188, C1
Tamaulipas; est. fed. 179, E3
Tamaulipas; srra. 179, E3
Tamazula; río 178, C3
Tamazunchale 179, E3
Tambacounda 166, C6
Tambelan; islas 160, D4
Tambora; pico 160, F6
Tambov 144, E2
Tambre; río 74, B2
Tambura 167, K7
Tamchakett 166, C5
Tâmega; río 135, E2
Tamel Aike 189, B7
Támesis; río 137, G5
Tamgak; mte. 166, G5
Tamiahua; lag. 179, E3
Tamil Nadu; est. 156, D6
Tammerfors v. Tampere
Tampa 177, J6
Tampere 141, F3
Tampico 179, E3
Tampon, Le 169, Z29
Tamsag Bulak 158, K2
Tamu 156, G4
Tamuja; río 54, B3
Tamworth 195, I6
Tana; isla 191, F5
Tana; lago 167, M6
Tana; río 141, G1
Tana; río 168, H2
Tana 141, H1
Tanafjord; fiordo 141, H1
Tanaga; isla 170, S
Tanaga, Punta; cabo 126, A3
Tanahbala; isla 160, B5
Tanahdjampea; isla 160, G6
Tanahgrogot 160, F5
Tanahmasa; isla 160, B5
Tanahmerah 161, J6
Tanami; des. 194, E3
Tanana; río 174, C3
Tanana 174, C3
Tananarive v. Antananarivo
Tancítaro; pico 179, D4
Tandil 188, E5
Tandjungkarang 160, D6
Tandjungpandan 160, D5
Tandjungrebet 160, F4
Tandjungselor 160, F4
Tanega; isla 159, R12
Tanezrouft; des. 165, D3
Tanezrouft-n-Ahenet; reg. 165, D4
Tanga 168, G2
Tanganica; lago 168, E3
Tánger 165, B1
Tangjungbalai 160, B4
Tang La; pico 158, F5
Tang La; pto. mont. 158, F5
Tanglha Shan; cord. 158, E5
Tangounit 165, B3
Tangshan 159, K4
Tanimbar; islas 161, I6
Tanliangshan; pico 158, H6
Tannu-Ola; mtñas. 153, J4
Tanout 166, G6
Tanta 167, P9
Tantan 166, C3
Tantoyuca 179, E3
Tanzania 168, F3
Taoan 159, L2
Taolagnaro 169, Q20
Taongi; isla 191, F2
Taounate 165, C2
Taourirt 165, C2
Tapa 141, G4
Tapachula 179, F5
Tapajós; río 187, G4
Tapaktuan 160, B4
Tapan 160, C5
Tapanahoni; río 187, G3
Tapat; isla 161, H5
Tapauá; río 186, E5
Tapia de Casariego 78, E1
Tapirapecó; srra. 186, E3
Tapti; río 156, C4
Tapul; islas 160, G3
Tapurucuara 186, E4
Taquari; río 187, G7
Tara; río 142, D5
Tara; río 152, H4
Tara 152, H4
Tarahumara; srra. 178, C2
Tarajalejo 127, E2
Tarakan 160, F4
Taranaki; área estadística 195, O12
Taranaki Norte; bahía 195, O12
Taranaki Sur; bahía 195, O13
Tarancón 107, C2
Taranga; isla 195, O10
Tarapacá 186, E4
Tarapoto 186, C5
Tarare 134, G5
Tararua; mtes. 195, O13
Tarauacá; río 186, D5
Tarauacá 186, D5
Tašauz 152, F5
Taravo; río 134, H7
Tarawa; isla 191, G3
Tarazit; mac.mont. 165, E4
Tarazona 88, B2
Tarazona de la Mancha 107, E3
Tarbagataj; mac. mont. 152, I5
Tarbertt 137, D2
Tarbes 134, E6
Tarcăuli; mtes. 142. H3
Tarcoola 194, E6
Tarcoon 194, H5
Tarchankut; cabo 139, Q5
Tardienta 88, C2
Taree 195, I6
Tarento; golfo 136, G4
Tarento 136, G4
Tarfā', al-; wadi 167, P10
Târgovište 142, H5
Tarhit 165, C2
Tarhūnah 167, H2
Tarif 155, H8
Tarifa 122, C4
Tarifa, Punta de; cabo 122, C4
Tarija 188, D2
Tariku; río 161, J5
Tašil 154, B2
Tarim; río 158, D3
Tarim 155, G9
Taritatu; río 161, J5
Tarko-Sale 152, H3
Tarlac 160, G1
Tarma 186, C6
Tarn; río 134, F5
Tärnaby 141, D2
Tarnica; pico 142, F2
Tarnobrzeg 142, E1
Tarnów 142, E1
Tarnowskie Góry 142, D1
Taroudannt 165, B2
Tarrafal 169, L13
Tarragona; prov. 92, A2
Tarragona 92, B2
Tàrrega 92, B2
Tarso Emissi; pico 167, I4
Tartagal 188, D2
Tartaria; estr. 153, O4
Tartaria; rep. autón. 144, F2
Tartu 144, C2
Tartus 154, E6
Tarutung 160, B4
Tasikmalaja 160, D6
Taskent 152, G5
Tasman; mtes. 195, N13
Tasman; pen. 194, H8
Tasman, bahía 195, N13
Tasmania; drs. subm. 194, H9
Tasmania; est. fed. 194, H8
Tasmania; isla 194, H8
Tasmania; mar 195, I7
Tasos; isla 143, G6
Tassili-n-Ajjer; mac. mont. 166, G3
Taštagol 152, I4
Tastür 136, C6
Tata 165, B3
Tatabánya 142, D3
Tatakoto; isla 191, L5
Tataouine 165, F2
Tatarbunary 142, I4
Tatnam; cabo 175, I4
Tatra; mac. mont 142, D2
Tatra, Gran; mac. mont. v. Tatra; mac. mont.
Tatra, Pequeño; mac. mont. 142, D2
Taubate 188, G2
Taudenni 165, C4
Tauern; mac. mont. 138, G4
Taumaturgo 186, D5
Taunggyi 157, H4
Taunton 137, F5
Taunus; mac. mont. 138, D2
Taunusstein 140, H5
Taupo; lago 195, P12
Taurianova 136, G5
Tauro; cord. 154, D5
Tauste; canal 88, B2
Tauste 88, B2
Tavani 175, I3
Tavastehus v. Hämeenlinna
Tavda; río 152, G4
Tavda 152, G4
Tavernes Blanques 112, E5
Taveta 168, G2
Taveuni; isla 191, H5
Tavira 135, E6
Távora; río 135, E3
Tavoy 157, H6
Tawau 160, F4
Tawitawi; isla 160, G3
Tawkar 167, M5
Taxco 179, E4
Tay; lago 137, E2
Tay; río 137, F2
Tayabamba 186, C5
Taylor; pico 176, E4
Tayma 155, E7
Taytay 160, F2
Taz; río 152, I3
Taza 165, C2
Tazacorte 126, B2
Tazerbo; oasis 167, J3
Tazerbo 167, J3
Tazovskij 152, H3
Tbilisi 144, E3
Tchibanga 168, B2
Tchien 166, D7
Teaca 142, G3
Te Anau; lago 195, K15
Teapa 179, F4
Te Araroa 195, Q11
Te Awamutu 195, O12
Tebas 143, F7
Tébessa 165, E1
Tec; río 55, G1
Tecolotlán 179, D3
Tecomán 179, D4
Tecoripa 178, B2
Tecuala 178, C3
Tecuci 142, H4
Tefé; río 186, E5
Tefé 186, F4
Tegal 160, D6
Tegelen 140, F4
Tegucigalpa 180, B4
Tegueste 126, C2
Teguise 127, F1
Tehachapi; pto. mont. 176, C4
Te Hapua 195, N10
Teherán 155, H5
Tehuacán 179, E4
Tehuantepec; golfo 179, F4
Tehuantepec; istmo 179, F4
Tehuantepec 179, E4
Teide; pico 126, C2
Tejeda; srra. 55, C4
Tejeda 126, D3
Tejo (Tajo); río 135, D4
Tekax 179, G3
Tekeli 152, H5
Tekirdag 143, H6
Tekouiat; wadi 165, D4
Te Kuiti 195, O12
Tel; río 156, E4
Tela 180, B3
Telagh 165, C2
Telainapura 160, C5
Tel Aviv/Jaffa 154, A2
Telde 126, D3
Teleno; pico 96, B2
Teles-Pires; río 186, G5
Telgte 140, G4
Telok Anson 160, C4
Telposiz; pico 144, F1
Telšiai 141, F4
Témacine 165, E2
Tematangi; isla 191, K6
Temax 179, G3
Temblador 181, G5
Tembleque 106, C3
Temir-Tau 152, H4
Temosachic 178, C2
Temple 176, G5
Tempoal de Sánchez 179, E3
Temuco 188, B5
Temuka 195, M15
Tena 186, C4
Tenali 156, E5
Tenancingo 179, E4
Tenasserim 157, H6
Tenay; cabo 169, LL15
Tenda; pto. mont. 138, D5
Tendaho 167, N6
Tende 134, H5
Tendrara 165, C2
Tenerife; isla 126, C2
Tenerife; pico 126, A3
Ténès 165, D1
Tengchong 158, G6
Tenggarong 160, F5
Tengiz; lago 152, G4
Tenke 168, E4
Tenkodogo 166, E6
Tennant Creek 194, E3
Tennessee; est. fed. 177, I4
Tennessee; río 177, I4
Tenneville 140, E5
Teno; río 141, G1
Teno, Punta del; cabo 126, C2
Tenosique 179, F4
Tensift; wadi 165, B2
Tenterfield 195, I5
Tentudia; mte. 102, B3
Teo 74, B2
Teófilo Otoni 187, J7
Teotepec; pico 179, D4
Tepa 161, H6
Tepalcatepec; río 179, D4
Tepehuanes; srra. 178, C2
Tepic 179, D3
Teplenë; río 143, D6
Teplice 142, A1
Tepoca; cabo 178, B1
Teques, Los 186, E1
Ter; río 92, C1
Tera; río 54, B1
Teraina; isla 191, I3
Teramo 136, E3
Tešanj 136, G2
Tešanj 142, C4
Terceira; isla 135, N15
Tercera Catarata 167, L5
Terek; río 144, E3
Teresina 187, J5
Teresinha 187, H3
Teressa; isla 156, G7
Terges; río 135, E6
Tergnier 140, C6
Termez 155, K5
Termini-Imerese 136, E6
Términos; lag. 179, F4
Termoli 136, F3
Ternate; isla 161, H4
Ternej 153, N5
Terneuzen 140, C4
Terni 136, E3
Ternopol' 142, G2
Teror 126, D2
Terracina 136, E4
Terranova; isla 175, M5
Terranova; prov. 175, L4
Terrassa 92, E4
Terrebone; bahía 179, F2
Terre Haute 177, I4
Terrer 88, B2
Terriente 88, B3
Terril; pico 55, C4
Territorio del Norte; terr. 194, E3
Terschelling; isla 140, E2
Teruel; prov. 88, B3
Teruel 88, B3
Tesalónica; golfo 143, F6
Tesalónica 143, F6
Teshio 159, T10
Tesino; río 138, E5
Teslin; río 174, E3
Tessalit 165, D4
Tessaua 166, G6
Testeiro; srra. 74, B2
Teste, La 134, D5
Testigos, Los; islas 186, F1
Têt; río 55, G1
Tetas, Punta; cabo 188, B2
Tete 168, F5
Teterev; río 142, I1
Teteven 142, G5
Tetijev 142, I2
Teton; río 176, D2
Tetovo 142, E5
Tetuán 165, B1
Teuco; río 188, D2
Teulada 112, C3
Teun; isla 161, H6
Teutoburger Wald; bosque 140, H3
Teuva 141, F3
Teverga 78, E1
Texarkana 177, H5
Texas; est. fed. 176, F5
Texas City 179, E2
Texel; isla 140, D2
Texoma; lago 176, G5
Teziutlán 179, E4
Tezpur 156, G3
Thabana Ntlenyana; pico 169, E7
Thabazimbi 168, E6
Thailandia 157, I5
Thai Nguyen 157, J4
Thakhek 157, I5
Thames 195, O11
Thamūd 155, G9
Thana 156, C5
Thanh Hoa 157, J5
Thanjavur 156, D6
Thar; des. 156, C3
Thargomindah 194, G5
Thaton 157, H5
Thau; emb. 55, G1
Thazi 157, H4
Thelon; río 174, H3
Theodore 195, I5
The Pas 174, H4
Thérain; río 140, A6
Thermopolis 176, E3
The Sisters; isla 169, LL15
The Valley 181, G3
Thibodaux 179, F1
Thiel; mtes. 196, I1
Thielsen; pico 176, B3
Thiès 166, B6
Thika 168, G2
Thimbu 156, F3
Thionville 134, H3
Thisted 141, C4
Thistle; isla 194, F6
Thjórsá; río 141, M6
Thlewiaza; río 174, I3
Thomasville 177, J5
Thompson 174, I4
Thomson; río 194, G4
Thon Buri 157, I6
Thonon-les-Bains 134, H4
Three Kings; islas 195, N10
Throsell; mtes. 194, C4
Thuin 140, D5
Thule 175, L2
Thun 138, D4
Thunder Bay 175, J5
Thurles 137, D4
Thurso 137, F1
Thurston; isla 196, J2
Thyamis; río 143, E7
Tiana 92, F5
Tianjin 159, K4
Tianjun 158, G4
Tianshan; cord. 158, C3
Tianshui 158, I5
Tiaret 165, D1
Tías 127, F2
Tibati 166, H7
Tíber; río 136, E3
Tiberíades; lago 154, B2
Tiberíades 154, B2
Tibesti; mac. mont. 167, I4
Tíbet; div. adm. v. Xizang; div. adm.
Tíbet; msta. 158, D5
Tibidabo; mtña. 92, E5
Tibooburra 194, G5
Tiburón; isla 178, B2
Ticino; río 136, C2
Ticul 179, G3
Tichit 166, D5
Tichla 166, C4
Tidikelt; reg. 165, D3
Tidjikdja 166, C5
Tidore; isla 161, H4
Tidra; isla 166, B5
Tiel 140, E4
Tielt 140, C5
Tiemblo, El 96, D4
Tienen 140, D5
Tierra Adelia; reg. 196, X3
Tierra Alejandra; isla 196, E1
Tierra Baja; com. 88, C2
Tierra Blanca 179, E4
Tierra Colorada 179, E4
Tierra de Arévalo; com. 96, D4
Tierra de Arnhem; reg. 194, E2
Tierra de Baffin; isla 175, K2
Tierra de Barros; com. 102, B3
Tierra de Cameros; com. 100, F2
Tierra de Campos; com. 96, C3
Tierra de Coats; reg. 196, C2
Tierra de Edith Ronne; reg. 196, E1
Tierra de Ellsworth; reg. 196, I2
Tierra de Enderby; reg. 196, GG3
Tierra de Francisco José; arch. 152, E2
Tierra de Grant; reg. 175, K1
Tierra de Guillermo II; reg. 196, CC4
Tierra de Jorge; isla 152, E1
Tierra de Knud Rasmussen; reg. 175, M2
Tierra de la Reina Maud; reg. 196, II2
Tierra de la Reina María; reg. 196, BB2
Tierra del Fuego v. Grande de Tierra del Fuego
Tierra del Nordeste; isla 148, G2
Tierra del Norte; arch. 153, J2
Tierra del Pan; com. 96, C3
Tierra del Príncipe Harald; reg. 196, HH2
Tierra del Rey Cristian IX; reg. 175, Ñ3
Tierra del Rey Cristian X; reg. 175, O2
Tierra del Rey Federico VIII; reg. 170, P2
Tierra del Vino; com. 96, C3
Tierra de Mac Robertson; reg. 196, EE3
Tierra de María Byrd 196, N1
Tierra de Oropesa; com. 55, C3
Tierra de Peary; reg. 170, O1
Tierra de San Martín; reg. 196, G3
Tierra de Scoresby; reg. 175, O2
Tierra de Vil'ček; isla 152, G1
Tierra de Washington; reg. 175, M1
Tierra de Wilkes; reg. 196, X3
Tierra Llana; com. 122, B3
Tierras de Sayago; com. 96, B3
Tierra Victoria; reg. 196, U2
Tiétar; río 96, D4
Tietê; río 188, F2
Tietjerksteradeel 140, F2
Tifore; isla 161, H4
Tifton 177, J5
Tigil' 153, P4
Tigre; río 186, D4
Tigre, El 186, F2
Tigris; río 155, F6
Tihama; com. 155, F9
Tijarafe 126, B2
Tijoca 187, I4
Tíjola 123, F3
Tijuana 176, C5
Tikhoretsk 144, E3
Tikrit 154, F6
Tiksi 153, M2
Tilburg 140, E4
Tilemsi; wadi 166, F5
Tilia; wadi 165, D3
Tillabéry 166, F6
Timan; cord. 144, E1
Timaru 195, M15
Timbédra 166, D5
Timboulaga 166, G5
Timg'aouine 165, D4
Timimoun 165, D3
Timiris; cabo 166, B5
Timisoara 142, E4
Timmins 175, J5
Timok; río 142, F5
Timor; isla 161, H6
Timor; mar 161, H7
Timor, Fosa de; f. subm. 161, H6
Tinaca, Punta; cabo 161, H3
Tinaco 181, F5
Tinah, at-; golfo 167, P9
Tinajo 127, F1
Tin al-Koum 165, F4
Tinamayor; ría 80, A1
Tin Amzi; wadi 165, E4
Tindouf 165, B3
Tineo 78, E1
Tinfouchi 165, B3
Tingo María 186, C5
Tingrela 166, D6
Tinian; isla 161, L2
Tin Merzouga, Erg; des. 165, F4
Tinogasta 188, C3
Tínos; isla 143, G8
Tínos 143, G8
Tinrhert, Hamada de; des. 165, E3
Tin Tarabine; wadi 165, E4
Tinto; río 122, B3
Tiñoso; cabo 116, E5
Tioman; isla 160, C4
Tipperary 137, C4
Tira 154, A2
Tiracambu; srra. 187, I4
Tirana 143, D6
Tirano 136, D1
Tiraspol' 142, I3
Tiratimine 165, D3
Tirat Karmel 154, A2
Tire 143, I7
Tiree; isla 137, D2
Tîrgoviste 142, G4
Tîrgu Jiu 142, F4
Tîrgu Mures 142, G3
Tirich Mir; pico 156, C1
Tírnavos 143, F7
Tirol; reg. 138, F4
Tirón; río 100
Tiros; mte. 102, C3
Tiro v. Sur
Tirreno; mar 136, D5
Tirso; río 136, C4
Tiruchchirappalli 156, D6
Tirunelveli 156, D7
Tirupati 156, D6
Tiruppur 156, D6
Tisza; río 142, E3
Tit 165, E4
Tit'Ary 153, M2
Titeri; mtes. 55, G4
Titicaca; lago 186, E7
Titlagarh 156, E4
Titograd 142, D5
Titovo Užice 142, D5
Titov Veles 142, E6
Titule 167, K8
Tiumen 152, G4
Tívoli 136, E4
Tizi-Ouzou 165, D1
Tizimín 179, G3
Tiznados; río 181, F5
Tiznit 165, B3
Tjalang 160, B4
Tjilatjap 160, D6
Tjirebon 160, D6
Tlahualilo de Zaragoza 179, D2
Tlalnepantla 179, E4
Tlalpan 179, E4
Tlaquepaque 179, D3
Tlaxcala; est. fed. 179, E4
Tlaxcala 179, E4
Tlemcen 165, C2
Tmassah 167, I3
Toamasina 169, Q19
Toba; emb. 107, E2
Toba; lago 160, B4
Tobago; isla 181, G4
Tobalai; isla 161, H5
Tobarra 139, E4
Tobi; isla 161, I4
Tobo 161, I5
Toboali 160, D5
Tobol; río 152, G4
Toboli 160, G5
Tobol'sk 152, G4
Toboso, El 107, C3
Tobruk 167, J2
Tocantinópolis 187, I5
Tocantins; río 187, I5
Tocina 122, C3
Tocopilla 188, B2
Tocorpuri, Cerro; pico 188, C2
Tocuyo; río 186, E1
Tocuyo de la Costa 181, F4
Tocuyo, El 181, F5
Todeli 161, G5
Todos os Santos; bahía 187, K6
Todos Santos 178, B3
Třeboň 142, B2
Toen 74, C2
Togian; arch. 160, G4
Togo 166, F7
Tohk Daurakpa 158, E5
Toili 160, G5
Tokaj 142, E2
Tokanui 195, L16
Tokara; estr. 159, R12
Tokara; islas 159, R13
Tokelau; islas 191, H4
Tokio 159, S11
Toku No; isla 159, M6
Tokushima 159, R12
Tolaga 195, Q12
Tolbukhin 142, H5
Toledo; prov. 106, B3
Toledo; prov. 106, B2
Toledo 106, B3
Toledo 177, J3
Toledo Bend; emb. 179, F1

Toledo, Montes de; mtñas. 106, B2
Toliary 169, P20
Tolima, Nevado del; vol. 186, C3
Toljatti 144, E2
Tolo; golfo 160, G5
Tolón 134, G6
Tolosa 82, G5
Tolox 122, D4
Toltén; río 188, B5
Toltén 188, B5
Toluca de Lerdo 179, E4
Tomakomai 159, T10
Tomaszów Lubelski 142, F1
Tomaszów Mazowiecki 142, E1
Tomatlán 178, C4
Tombador; srra. 186, G6
Tombigbee; río 179, G1
Tomboco 168, B3
Tombuctú 166, E5
Tomé 188, B5
Tomelloso 139, C3
Tomini; golfo 160, G5
Tomini 160, G4
Tomiño 74, B2
Tommot 153, M4
Tomo; río 186, E2
Tomo 186, E3
Tomorri; pico 143, E6
Tom Price 194, B4
Tomsk 152, I4
Tonalá 180, A3
Tonantins 186, E4
Tondjara; wadi 165, D4
Tonga; f. subm. 191, H5
Tonga 167, L7
Tonga 191, H5
Tongatapu; islas 191, H6
Tongchuan 158, I4
Tongeren 140, E5
Tonghua 159, M3
Tongliao 159, L3
Tongling 159, K5
Tongtian He; río 158, F5
Tongue; río 176, E2
Tongxian 159, K4
Tongzi 158, I6
Tonj 167, K7
Tonkín; golfo 158, I7
Tonlé Sap; lago 157, I6
Tonopah 176, C4
Tonsberg 141, C4
Tooele 176, D3
Toowoomba 195, I5
Top; lago 144, D1
Topas 96, C3
Topeka 177, G4
Topl'a; río 142, E2
Toplita 142, G3
Topolobampo 178, C2
Torà 92, B2
Torbat-e Jam 155, J5
Tordera 92, C2
Tordesillas 96, D3
Tordoia 74, B1
Torelló 92, C1
Torenberg 107; cima 140, E3
Toreno 96, B2
Torhout 140, C4
Toriñana; cabo 54, A1
Torit 167, L8
Tormes; río 96, C3
Tornavacas; pto. mont. 96, C4
Tornavacas 102, C1
Torne; lago 141, F1
Torne; río 141, F2
Tornea v. Tornio
Tornio 141, G2
Toro; mte. 119, F2
Toro 96, C3
Toro, Cerro del; pico 188, C3
Toroni, Cerro; pico 188, C1
Toronto 175, Q7
Tororo 168, F1
Torozos; mtes. 55, C2
Torquay 137, F5
Torquemada 97, D2
Torralba de Calatrava 106, C3
Torrão 135, D5
Torre Abraham; emb. 106, B3
Torre Anunziata 136, F4
Torreblanca 112, C1
Torreblascopedro 123, E2
Torrecilla 107, D2
Torre de Juan Abad 107, C4
Torre del Aguila; emb. 122, C3
Torre del Bierzo 96, B2
Torre del Campo 122, E3
Torre del Greco 136, F4
Torredembarra 92, B2
Tôrre de Moncorvo 135, E2
Torredonjimeno 122, E3
Torregrossa 92, A2
Torrejón; emb. 102, C2
Torrejoncillo 102, B2
Torrejoncillo del Rey 107, D2
Torrejón de Ardoz 110, B2
Torrejón del Rey 106, C2
Torrelaguna 110, B2
Torrelavega 80, A1
Torrelodones 110, B2
Torremocha 102, B2
Torremolinos 122, D4
Torrens; lago 194, F6
Torrent; barranco 112, E6
Torrent 112, E6
Torrente de Cinca 88, D2
Torrenueva 106, C4
Torreón 179, D2
Torre Pacheco 116, F5
Torreperogil 123, E2
Torres; estr. 194, G2
Torres; islas 191, F5
Torres 178, B2
Torres de Berrellén 88, B2
Torres de Cotillas, Las 116, E4
Torres Novas 135, D4
Torres Vedras 135, C4
Torretas 82, E4
Torrevieja; sals. 112, B4
Torrevieja 112, B4
Torridon 137, E2
Torrijos 106, B3
Torroella de Montgrí 92, D1
Torrox 122, E4
Torrox, Punta de; cabo 55, D4
Torsby 141, D3
Tórtola; isla 181, G3
Tortona 136, C2
Tortosa; cabo 92, A3
Tortosa 92, A3
Tortoya v. Tordoia
Tortuera 107, E2
Tortuga; isla 181, E2
Tortuga, La; isla 186, E1
Toruń 139, J1
Tory; isla 137, C3
Tosas; pto. mont. 92, B1
Toscana; reg. 136, D3
Tossa de Mar 92, C2
Tostado 188, D3
Tostón 127, E2
Tostón, Punta del; cabo 127, E2
Totana 116, E5
Tot'ma 144, E1
Totonicapán 180, A4
Tottori 159, R11
Touba 166, D7
Toubkal; pico 165, B2
Touggourt 165, E2
Toul 134, G3
Toulouse 134, E6
Tounassine, Hamada; des. 165, B3
Toungoo 157, H5
Tour-du-Pin, La 134, G5
Tourcoing 134, F2
Touriñán; cabo 74, A2
Tournai 140, C5
Touro 74, B2
Tours 134, E4
Tous; emb. 112, B2
Townsville 194, H3
Towuti; lago 160, G5
Toyama; bahía 159, S11
Toyama 159, S11
Toyohashi 159, S12
Tozal de Guara; pico 55, E1
Tozeur 165, E2
Trabancos; río 55, C2
Trabazos 96, B3
Trabzon 155, E4
Tracia; mar 143, G6
Trafalgar; cabo 122, C4
Tragoncillo; pico 107, D4
Traiguera 112, C1
Trail 174, G5
Traill 175, O2
Trajano, Puerto de; pto. mont. 142, F5
Tralee 137, C4
Tramuntana; srra. 118, D2
Tranås 141, D4
Tranco de Beas; emb. 123, F2
Trancoso 135, E3
Trang 157, H7
Trangan; isla 161, I6
Trani 136, G4
Tran Ninh; msta. 157, I5
Transcaucasia; reg. 144, E3
Transhimalaya; cord. 158, D5
Transilvania; reg. 142, F3
Transkei; div. admva. 169, E8
Trapaga 82, D4
Trapani 136, E6
Traralgon 194, H7
Trasimeno; lago 136, E3
Trasmiras 74, C2
Tras os Montes; reg. 135, E2
Traun 142, B2
Travers; pico 195, N14
Traverse City 177, I3
Travis; lago 179, E1
Travnik 142, C4
Trazo 74, B1
Trbovlje 142, B3
Trebia; río 136, C2
Trebič 142, B2
Trebinje 142, D5
Trebujena 122, B4
Treinta y Tres 188, F4
Treis 140, G5
Trelew 188, D6
Trelleborg 141, D5
Tremp; emb. 92, A1
Tremp 92, A1
Trenčin 142, D2
Trenque Lauquén 188, D5
Trent; río 137, G4
Trentino - Alto Adigio; reg. 136, D1
Trento 136, D1
Trenton 177, L3
Tréport, Le 134, E2
Tres Arroyos 188, D5
Tres Forcas; cabo 55, D5
Três Lagoas 188, F2
Tres Marías; islas 178, C3
Trespaderne 97, E2
Tres Puntas; cabo 188, K7
Tres Puntas; cabo 166, E8
Tres Valles 179, E4
Tréveris 138, D3
Treviño 97, F2
Treviso 136, E2
Trichur 156, D6
Trieste 136, E2
Triglav; pico 142, A3
Trigueros 122, B3
Trikhonís; lago 143, E7
Tríkkala 143, E7
Trincomalee 156, E7
Trinidad; isla 181, G4
Trinidad; río 179, E4
Trinidad; srra. 180, D2
Trinidad 176, F4
Trinidad 180, D2
Trinidad 186, F6
Trinidad 188, E4
Trinidad y Tobago 181, G4
Trinity; islas 170, C4
Trinity; río 177, G5
Triolet 169, X27
Trípoli 154, E6
Trípoli 167, H2
Trípolis 143, F8
Tripolitania; reg. 167, I2
Tristaina; pico 134, J8
Trivandrum 156, D7
Trnava 142, C2
Trobriand; islas 161, M6
Troglav; pico 142, C5
Troicko-Pečorsk 144, F1
Trois Rivières 175, K5
Trollhättan 141, D4
Trombetas; río 187, G3
Tromelin; isla 162, N12
Tromsø 141, E1
Tronador; pico 188, C6
Trondheim 141, C3
Trout; lago 177, H1
Trowbridge 137, F5
Troy 177, I5
Troy 177, L3
Troyes 134, F3
Trubia; río 78, E1
Trujillo 102, C2
Trujillo 180, B3
Trujillo 186, C5
Trujillo 186, D2
Truk; arch. 161, M3
Truro 137, E5
Truro 175, L5
Truskavec 142, F2
Trysil; río 141, D3
Tsabong 169, D7
Tsangpo; río 158, D6
Tsaratanana, pico 169, Q18
Tsau 168, D6
Tshane 168, D6
Tshela 168, B2
Tshikapa 168, D3
Tsiafajavona; pico 169, Q19
Tsimliansk; emb. 144, E3
Tsiroanomandidy 169, Q19
Tsu 159, S12
Tsugaru; estr. 159, T10
Tsumeb 168, C5
Tsumis 168, C6
Tsushima; isla 159, Q12
Tăndărei 142, H4
Tua; río 135, E2
Tuamotú; arch. 191, K5
Tuapse 144, D3
Tuban 160, E6
Tubarão 188, G3
Tubinga 138, E3
Tubuai; arch. 191, J6
Tubuai; isla 191, K6
Tucacas, Punta; cabo 181, F4
Tucano 187, K6
Tucson 176, D5
Tucumcari 176, F5
Tucupita 186, F2
Tucurá 181, D5
Tucuruí 187, I4
Tudela 86, H6
Tudela de Duero 96, D3
Tudia; srra. 54, B3
Tuela; río 135, E2
Tufi 161, L6
Tuguegarao 160, G1
Tui 74, B2
Tuineje 127, E2
Tukangbesi; islas 161, G6
Tukrah 167, J2
Tuksun 158, D5
Tuktoyaktuk 174, E3
Tukums 141, F4
Tula 144, D2
Tula 179, E3
Tula de Allende 179, E3
Tulancingo 179, E3
Tulare 176, C4
Tulcán 186, C3
Tulcea 142, I4
Tul'čin 142, I2
T'ulenji; islas 144, F3
T'ul'gan 144, F2
Tuli 168, E6
Tuloma; río 141, I1
Tulsa 177, G4
Tuluá 186, C3
Tulufan; depr. 158, E3
Tulufan 158, E3
Tulun 158, H1
Tuma; río 180, B4
Tumaco 186, C3
Tumatumari 186, G2
Tullamore 137, D4
Tulle 134, E5
Tumba; lago 168, C2
Tumbes 186, B4
Tumen 159, M3
Tumeremo 186, F2
Tumkur 156, D6
Tummo; gebel 167, H4
Tummo 167, H4
Tumucumaque; srra. 187, H3
Tumut 194, H7
Tunas de Zaza 180, D2
Tundža; río 142, G5
Túnez; golfo 165, F1
Túnez 165, F1
Túnez 165, F2
Tungla 180, C4
Tunguska Inferior; río 153, J3
Tunguska Medio; río 153, J3
Tunja 186, D2
Tunuyán; río 188, C4
Tunxi 159, K5
Tuoshihanhe; río 158, C3
Tupelo 177, I5
Tupirambaranas; islas 186, G4
Tupiza 188, C2
Tupungato; pico 188, C4
Tuque, La 177, L2
Tura 153, K3
Turabah 155, F7
Turbio, El 189, C8
Turbo 186, C2
Turcoaia 142, I4
Turda 142, F3
Tureia; isla 191, L6
Turena; reg. 134, E4
Turgaj; río 152, G5
Turgutlu 143, H7
Turia; río 55, E3
Turiaçu; río 187, I4
Turij Rog 159, R9
Turimiquire; cord. 181, G4
Turimiquire; pico 181, G4
Turín 136, B2
Turkana; lago 168, G1
Turkmenistán 152, F5
Turks; arch. 181, E2
Turku 141, F3
Turkwel; río 168, G1
Turneffe; islas 180, B3
Turnhout 140, D4
Turnu Magurele 142, G5
Turnu Rosu; pto. mont. 139, M5
Turnu Severin 139, L5
Turó de l'Home; pico 55, G2
Turquía 155, D5
Turuchansk 152, I3
Tuscaloosa 177, I5
Tusside; pico 167, I4
Tuticorin 156, D7
Tuttlingen 138, E4
Tutuaia 161, H6
Tutuila; isla 191, H5
Tutupaca; pico 186, D7
Tuvalu 191, G4
Tuxpan 178, C3
Tuxpán 179, D4
Tuxpan 179, E3
Tuxtla Gutiérrez 180, A3
Tuy v. Tui
Tuz; lago 154, D5
Tuzla 142, D4
Tver 144, D2
Tweed; río 137, F3
Twente; reg. 140, F3
Twin Falls 176, D3
Tychy 142, D1
Tyler 177, G5
Tyne; río 137, G3
Tyne 137, G3
Tynemouth 137, G3
Tywi; río 137, E5

Uadai; reg. 167, I6
Uadane 166, C4
Uadda 167, J7
Uagadugu 166, E6
Uahiguya 166, E6
Ualata 166, D5
Uanda Djallé 167, J7
Uanle Uen 169, S24
Ua Pou; isla 191, K4
Uatumá; río 187, G4
Uauá 187, K5
Uaupés; río 186, E2
Uaupés 186, E3
Uaxactún 180, B3
Übach-Palemberg 140, F5
Ubaitaba 187, K6
Ubangui; río 167, I8
Ube 159, R12
Úbeda 123, E2
Uberabá 188, G1
Uberlândia 187, I7
Ubombo 169, F7
Ubon Ratchathani 157, I5
Ubrique 122, C4
Ubundu 168, E2
Ucayali; río 186, D5
Uccle 140, D5
Ucrania 144, D2
Učur; río 153, N4
Uchiura; bahía 159, T10
Uchta 131, I1
Uda; río 153, N4
Udaipur 156, C4
Uddevalla 141, C4
Uden 140, E4
Udine 136, E1
Udmurtia; rep. autón. 144, F2
Udon Thani 157, I5
Uele; río 167, K8
Uelen 153, S3
Uémé; río 166, F7
Uesso 168, C1
Ufa; río 144, F2
Ufa 144, F2
Ugab; río 168, B6
Ugalla; río 168, F3
Uganda 168, F1
Ugíjar 123, E4
Uherké Hradiště 142, C2
Uibala 168, B4
Uidah 166, F7
Uige 168, B3
Uil; río 144, F3
Uitenhage 169, E8
Uithuizen 140, F2
Ujae; isla 191, F3
Ujda 165, C2
Ujelang; isla 191, F3
Ujjain 156, D4
Ujta 144, F1
Ujungpandang 160, F5
Ukerewe; isla 168, F2
Ukiah 176, B4
Ukmerge 141, G5
Ula, al- 155, E7
Ulan Bator 158, I2
Ulan Gom 158, F2
Ulan-Ude 153, K4
Uleaborg v. Oulu
Ulhasnagar 156, C5
Uliastaj 158, G2
Uliga 191, G3
Ulithi; islas 161, J2
Ulja 153, O4
Uljanovsk 144, E2
Ulm 138, E3
Ulsan 159, M4
Ulugh Muz Tagh; pico 158, E4
Ulul; isla 161, L3
Ulutau; pico 152, G5
Ulla; río 74, C2
Ullapool 137, E2
Ulldecona 92, A3
Ullíbarri; emb. v. Uribarri; emb.
Ullung; isla 159, N4
Uman' 139, P3
Umanak 196, GG2
Umba 152, D3
Umbe; mte. v. Unbe; monte
Umboi; isla 161, L6
Umbria; reg. 136, E3
Umbría, Punta; cabo 54, B4
Um Chaluba 167, J5
Ume; río 141, E2
Umeå 141, F3
Um Hadjer 167, I6
Umm ad-Daraj; pico 154, B2
Umm el Fahm 154, B2
Umm Lajj 154, E8
Umniati; río 168, E5
Umran 155, F9
Umtata 169, E8
Umvuma 168, F5
Umzimvubu 169, E8
Una; río 142, C4
Unaí 187, I7
Unalakleet 174, B3
Unare; río 181, F5
Unayzah; gebel 155, E6
Unayzah 155, F7
Unbe; monte 82, E3
Uncastillo 88, B1
Uncía 186, E7
Uneča 139, Q1
Uneiuxi; río 186, E4
Ungava; bahía 175, L4
Ungava; pen. 175, K3
Ungeni 142, H3
Unianga Kébir 167, J5
União da Vitória 188, F3
União dos Palmares 187, K5
Unimak; isla 174, B4
Unini; río 186, F4
Unión, La 179, D4
Unión, La 180, B4
Unión, La 181, F5
Unión, La 188, B6
Unión, La 96, F5
Unión Sovietica 152-153
Universales; mtes. 55, E2
Universales, Montes; mtes. 55, E2
Unna 140, G4
Unst; isla 137, I1
Upanda; srra. 168, B4
Upemba; lago 168, E3
Upernavik 175, M2
Upington 169, D7
Upolu; isla 191, H5
Upper Klamath; lago 176, B3
Upper Lough Erne; lago 137, D3
Uppsala 141, E4
Uqaylah, al- 167, I2
Urabá; golfo 180, D5
Ural; río 144, F3
Urales; mtes. 152, F4
Ural'sk 144, F2
Urandangi 194, F4
Urandi 187, J6
Uranium City 174, H4
Uraricoera; río 186, F3
Urbana, La 186, E2
Urbasa; srra. 86, G6
Urbel; río 55, D1
Urbino 136, E3
Urbión; pico 97, F3
Urcabustaiz v. Urkabustaiz
Urda 106, C3
Urda 144, E3
Urduliz 82, E3
Urduña 82, G6
Ures 178, B2
Urfa 155, E5
Urgell; canal 92, A2
Urgell, Llanos de; com. 92, A2
Urgenc 152, G5
Uribarri; emb 82, G6
Urique; río 178, C2
Urique 178, C2
Urk 140, E3
Urkabustaiz 82, G6
Urla 143, H7
Urmia; lago 155, G5
Urmia 155, F5
Urnieta 82, G5
Urráchic 178, C2
Urrea de Gaén 88, C2
Urretxu 82, G5
Uruaçu 183, E4
Uruana 187, I7
Uruapan 179, D4
Urubamba; río 186, D6
Uruçuí 187, J5
Uruguai; río v. Uruguay; río
Uruguaiana 188, E3
Uruguay; río 188, E4
Uruguay 188, E4
Urumea; río 82, H5
Urup; isla 153, P5
Urville, D'; cabo 161, J5
Usa; río 144, G1
Usagre 102, B3
Usakos 168, C6
Usedom; isla 138, H1
Usfân 155, E8
Ushakova; isla 152, H1
Ushuaia 189, D8
Usküdar 154, D4
Usoke 168, F3
Usolje-Sibirskoje 153, K4
Ussel 134, F5
Ussuri; río 159, N2
Ussurijsk 153, N5
Ust'-Barguzin 153, K4
Ust'-Bol'šereck 153, P4
Ust'-Cil'ma 144, F1
Ustica; isla 136, E5
Ust'Ilimsk 153, K4
Ústí nad Labem 142, B1
Usti nad Olicí 142; C2
Ust'-Išim 152, H4
Ustiurt; msta. 152, F5
Ust'-Kamchatsk 153, Q4
Ust'-Kamenogorsk 152, I5
Ust'-Kut 153, K4
Ust'Maja 153, N3
Ust'-Nera 153, O3
Ust'-Oleniok 153, L2
Ust'-Omčug 153, O3
Ust' Usa 144, F1
Usulután 180, B4
Usumacinta; río 180, A3
Usurbil 82, G5
Utah; est. fed. 176, D4
Utah; lago 176, D3
Utebo 88, C2
Utica 177, K3
Utiel; srra. 112, A2
Utiel 112, A2
Utirik; at. 191, G2
Utrecht 140, D3
Utrera 122, C3
Utrillas 88, C3
Utsjoki 141, G1
Utsumomiya 159,S11
Utta 144, E3
Uttaradit 157, H5
Uusikaupunki 141, F3
Uvalde 176, G6
Uvales; mtes. 144, E2
Uvéa; isla 191, F6
Uvéa; isla 191, H5
Uvinza 168, F3
Uvira 168, E2
Uvs; lago 152, J4
Uwajima 159, R12
Uwaynat, al-; gebel 167, J4
Uyuni; salar 188, C2
Uyuni 188, C2
Už; río 142, I1
Uzbekistán 152, G5
Užgorod 142, F2
Uzunköprü 143, H6

Vaal; río 169, E7
Vaala 141, G2
Vaals 140, E5
Vaasa 141, F3
Vác 142, D3
Vaca, Punta de sa; cabo 118, D2
Vacoas-Phoenix 169, V27
Vado, El; emb. 107, C1
Vadsø 141, H1
Vaduz 138, E4
Vaga; río 144, E1
Vagos 135, D3
Váh; río 142, D2
Vaiaku; isla 191, G4
Vaitupu; isla 191, G4
Vaj; río 152, I3
Vajgač; isla 152, F3
Vajgac 152, F2
Valadares 135, D2
Valaquia; reg. 142, H4
Valcarlos 86, H5
Valdagno 136, D2
Valdai; cols. 144, D2
Valdáliga 78, A1
Valdealgorfa 88, C3
Valdecañas; emb. 102, C2
Valdefuentes 102, B2
Valdeganga 107, E3
Valdemeca; srra. 107, E2
Valdemoro 110, B2
Valdeobispo; emb. 102, B1
Valdeolivas 107, D2
Valdepeñas 106, C4
Valdepeñas de Jaén 122, E3
Valderaduey; río 96, C2
Valderas 96, C2
Valderrobres 88, D3
Valdés; pen. 188, D6
Val de San Vicente 80, A1
Valdez 174, D3
Valdivia 181, D5
Valdivia 188, B5
Val do Dubra 74, B1
Val d'Or 175, K5
Valdosta 177, J5
Valdoviño 74, B1
Valea lui Mihai 142, F3
Valença 187, K6
Valença do Minho 135, D1
Valença do Piauí 187, J5
Valence 134, G5
Valencia; golfo 112, B1
Valencia; lago 181, F4
Valencia; prov. 112, B2
Valencia 112, B2
Valencia 186, E1
Valencia de Alcántara 102, A2
Valencia de Don Juan 96, C2
Valencia del Ventoso 102, B3
València v. Valencia
Valenciennes 134, F2
Valencina de la Concepción 122,B3
Valentim; srra. 187, J5
Valentine 176, F3
Valera 186, D2
Valeras, Las 107, D3
Valetta 136, F7
Valga 141, G4
Valga 74, B2
Valira d'Ordino, la; río 134; k8
Valira d'Orient, la; río; 134, K8
Valira, la; río 134, J9
Valjevo 142, D4
Valkenswaard 140,E4
Valmaseda v. Balmaseda
Valmiera 141, G4

Valmojado 106, B2
Valnera; srra. 55, D1
Valognes 134, D3
Valona v. Vlorë
Valongo 135, D2
Valpaços 135, E2
Valparaíso 179, D3
Valparaíso 188, B4
Valreas 134, G5
Vals; cabo 161, J6
Valsbaai, bahía 169, C8
Valsequillo de Gran Canaria 126, D3
Valtellina; reg. 136, C1
Valtierra 86, H6
Valverde 126, B3
Valverde de Júcar 107, D3
Valverde de la Virgen 96, C2
Valverde del Camino 122, B3
Valverde de Leganés 102, B3
Valverde del Fresno 102, B1
Valladolid; prov. 96, D3
Valladolid 179, G3
Valladolid 96, D3
Vall d'Alba 112, B1
Valldemosa 118, D2
Vall d'en Bas 92, C1
Vall de Uxó 112, B2
Valldoreix 92, E5
Valle de Abdalajís 122, D4
Valle de Aosta; reg. 136, B2
Valle de la Muerte; depr. des. 176, C4
Valle de la Pascua 186, E2
Valle de la Serena 102, C3
Valle del Dubra v. Val do Dubra
Valle de Mena 97, E1
Valle de Santiago 179, D3
Valle de Valdebezana 97, E2
Valledupar 186, D1
Valle Gran Rey 126, B2
Vallehermoso 126, B2
Valle Hermoso 179, E2
Vallejo 176, B4
Vallenar 188, B3
Valles de Cerrato; com. 97, D3
Valleseco 126, D2
Vallés, El; com. 55, G2
Valley City 176, G2
Valls 92, B2
Vally 140, C6
Van; lago 154, F5
Van Blommestein; lago 187, G3
Vancouver; isla 174, F5
Vancouver 174, F5
Vancouver 176, B2
Vanda v. Vantaa
Vandellós 92, A2
Vanderlin; isla 194,F3
Van Diemen; golfo 194, E2
Vänern; lago 141, D4
Vänersborg 141, D4
Vanga 168, G2
Van Horn 179, D1
Vanimo 161, K5
Vankarem 153, S3
Vankarem 196, S3
Vännäs 141, E2
Vannes 134, C4
Vannoy; isla 141, F1
Vanrhynsdorp 169, C8
Vansbro 141, D3
Vantaa 141, G3
Vanua Levu; isla 191, G5
Vanuatu 191, F5
Vapn'arka 142, I2
Vara de Rey 107, D3
Varanger; pen. 141, H1
Varangerfjord; fiordo 141, H1
Vara, Pico da; pico 135, L12
Varas, Las 178, C2
Varaždin 136, G1
Varaždin 142, C3
Varberg 141, D4
Vardar; río 142, E6
Vardø 141, H1
Varel 140, H2
Varena 139, M1
Varese 136, C2
Varfolomejevka 159, R10
Varna 142, H5
Värnamo 141, D4
Várpalota 142, D3
Varsovia 139, K1
V'artsil'a 141, H3
Vásáros-nameny 142, F2
Vasa v. Vaasa
Vascão; río 135, E6
Vascao, Ribera de ; río 54, B4
Vascos; mtes. 55, D1
Vaslui 142, H3
Västerås 141, E4
Västerdal; río 141, D3
Västervik 141, E4
Vasto 136, F3
Vatnajökull; glac. 141, M6
Vatneyri 141, L6
Vatoa; isla 191, H5
Vatra-Dornei 142, G3
Vättern; lago 141, D4
Vaughn 176, E5
Vaupés; río 182, B2
Vavau; islas 191, H5
Växjö 141, D4
V'az'ma 144, D2
Veadeiros, Chapada; msta. 187, I6
Vecht; río 140, F3
Vechta 140, H3
Vechte; río 140, G3
Vedea; río 142, G4
Vedra 74, B2
Vedrá, Isla del; isla 118, C3
Veendam 140, F2
Veenendaal 140, E3
Vega; isla 141, C2
Vega de Espinareda 96, B2
Vegadeo 74, D1
Vega de San Mateo 126, D3
Vegafjord; estr. 141, C2
Vega, La 181, E3
Vega, La v. Veiga, A
Vegas del Condado 96, C2
Vegas, Las 176, C4
Vegas, Las 176, E4
Veghel 140, E4
Vegoritis; lago 143, E6
Veiga, A 74, D2
Vejer de la Frontera 122, C4
Vejle 141, C5
Velada 106, B3
Velas 135, M15
Veld, Alto; mac. mont. 162, F7
Veldhoven 140 E4
Velebit; mac. mont. 142, B4
Velestinon 143, F7
Veleta; pico 123, E3
Vélez- Málaga 122, D4
Vélez Blanco 123, F3
Vélez de la Gomera, Peñón de; isla 129, I7
Vélez Rubio 123, F3
Velhas, das; río 187, J7
Velika Kapela; mac. mont.142, B4
Velika Plana 142, E4
Velikije Luki 144, D2
Velikij-Ust'ug 144, E1
Veliko Târnovo 142, G5
Velilla del Río Carrión 96, D2
Velp 140, E3
Velsen 140, D3
Vel'sk 144, E1
Veluwe; reg. 140, E3
Velleti 136, E4
Vellón, El; emb. 110, B2
Vellore 156, D6
Venado Tuerto 188, D4
Venda; div. admva. 168, E6
Vendas Novas 135, D5
Vendôme 134, E4
Vendrell, El 92, B2
Venecia; golfo 136, E2
Venecia 136, E2
Véneto; reg. 136, D2
Venezuela; golfo 186, D1
Venezuela 186, E2
Vénisieux 134, G5
Venlo 140, F4
Venraij 140, F4
Venta; río 141, F4
Venta de Baños 96, D3
Venta del Moro 112, A2
Ventimiglia 136, B3
Ventspils 144, C2
Ventuari; río 186, E2
Ventura 176, C5
Venustiano Carranza; emb. 179, D2
Vera 123, G3
Vera 188, D3
Veracruz; est. fed 179, E3
Veracruz 179, E4
Vera de Bidasoa 86, H5
Vera, La; com. 102, C1
Verbania 136, C2
Vercelli 136, C2
Verchnij Baskuncak 144, E3
Verchu'aja Amga 153, M4
Verde; cayo 181, D2
Verde; río 176, D5
Verde; río 178, C2
Verde; río 179, D3
Verde; río 179, E3
Verde; río 179, E4
Verde; río 187, H7
Verden 138, E1
Verdon; río 136, B3
Verdon 134, H6
Verdun 134, G3
Vereeniging 169, E7
Vergara v. Bergara
Vergel 112, C3
Verín 74, C3
Verjoiansk; mtes. 153, M3
Verjoiansk 153, N2
Vermont; est. fed. 177, L3
Verneuil-sur-Avre 134, E3
Vernier 134, H4
Vernon 134, E3
Veroia 143, F6
Verona 136, D2
Verrugas 181, D5
Versalles 134, F3
Verviers 140, E5
Vervins 140, C6
Vesoul 134, H4
Vesta 180, C5
Vesteralen; arch. 141, D1
Vestfjorden; bahía 141, D1
Vestmannaeyjar; isla 130, A1
Vestvagoy; isla 141, D1
Vesubio; vol. 136, F4
Veszprém 138, I4
Veszprém 142, C3
Vetluga; río 144, E2
Vettore; pico 136, E3
Veurne 140, B4
Vežen; pico 142, G5
Veynes 134, G5
Vézelay 134, F4
Viacha 186, E7
Viana 187, J4
Viana 86, G6
Viana del Bollo v. Viana do Bolo
Viana do Alentejo 135, E5
Viana do Bolo 74, C2
Viana do Castelo 135, D2
Vianópolis 187, I7
Viar; río 122, C3
Viareggio 136, D3
Viatka; río 144, F2
Viborg 141, C4
Vic 92, C2
Vicar 123, F4
Vicario; emb. 106, C3
Vicendo 169, Z29
Vicente Guerrero 179, D3
Vicenza 136, D2
Vichada; río 186, E3
Vichegda; río 144, F1
Vichy 134, F4
Vicksburg 177, H5
Victor Harbour 194, F7
Victoria; est. fed. 194, G7
Victoria; isla 160, F3
Victoria; isla 174, H2
Victoria; lago 168, F2
Victoria; mte. 158, F7
Victoria; pico 156, G4
Victoria; pico 161, L6
Victoria; río 194, E3
Victoria 159, J7
Victoria 166, C6
Victoria 169, LL15
Victoria 174, F5
Victoria 176, G6
Victoria, cataratas 168, E5
Victoria de Acentejo, La 126, C2
Victoria de las Tunas 180, D2
Victoria Falls 168, E5
Victoria River Downs 194, E3
Victoriaville 177, L2
Victoria West 169,D8
Victorica 188, C5
Víctor Rosales 179, D3
Vicuña 188, B4
Vidim 153, K4
Vidin 142, F5
Vidreres 92, C2
Vidrio; cabo 54, B1
Viedma; lago 189, C7
Viedma 188, D6
Vieira 135, D2
Viejo; pico 186, C4
Viejo de las Bahamas; estr. 180, D2
Viejo, El; pico 186, D2
Viejo Rin; río 140, D3
Vielsalm 140, E5
Viella 92, A1
Viena 142, C2
Vienne; río 134, E4
Vienne 134, G5
Vientiane 157, I5
Viento, Canal del; estr. 181, E3
Vieques; isla 181, F3
Viersen 140, F4
Vierzon 134, E4
Vietnam 157, J5
Vigan 160, G1
Vigevano 136, C2
Vigia 187, I4
Vignemale; pico 134, D6
Vigo; ría 74, B2
Vigo 74, B2
Vijayawada 156, E5
Vik 141, M7
Vila 135, D1
Vila 191, F5
Vilaboa 74, B2
Vila da Nova Sintra 169, K13
Vila da Ribeira Brava 169, K12
Viladecans 92, E6
Vila de Cruces 74, B2
Vila de Rei 135, D4
Vila do Conde 135, D2
Vila do Porto 135, O16
Vilafranca del Penedès 92, B2
Vila Franca de Xira 135, D5
Vilagarcía de Arousa 74, B2
Vilaine; río 134, D4
Vilalba 74, C1
Vilanculos 168, G6
Vilanova de Arousa 74, B2
Vilanova de Castelló 112, B2
Vila Nova de Foz Côa 135, E2
Vila Nova de Gaia 135, D2
Vilanova de la Roca 92, F4
Vilanova del Camí 92, B2
Vila Nova de Ourém 135, D4
Vilanova i la Geltrú 92, B2
Vilar de Barrio 74, C2
Vilardevós 74, C3
Vila-real 112, B2
Vila Real 135, E2
Vila Real de Sto. António 135, E6
Vilar Formoso 135, F3
Vila-seca i Salou 92, B2
Vilaselán 74, C1
Vilassar de Dalt 92, C2
Vilassar de Mar 92, C2
Vila Velha 188, H2
Vila Viçosa 135, E5
Vilcabanba; cord. 186, D6
Vilches 123, E2
Vilhelmina 141, E2
Vilhena 186, F6
Viljandi 141, G4
Vil'kickogo; estr. 153, K2
Vil'kickogo; isla 152, H2
Vilkovo 142, I4
Vilna 144, C2
Vilos, Los 188, B4
Vil'uj; río 153, K3
Vil'uj 153, M3
Vil'ujsk 153, M3
Vilvoorde 140, D5
Villa Ahumada 178, C1
Villa Allende 179, D2
Villa Angela 188, D3
Villablino 96, B2
Villabona v. Billabona
Villacañas 106, C3
Villacarlos 119, F2
Villacarriedo 80, B1
Villacarrillo 123, E2
Villacastín 96, D4
Villach 138, G4
Villaconejos 110, B2
Villada 96, D2
Villadecanes 96, B2
Villa de Costa Rica 178, C3
Villa de Cruces v. Vila de Cruces
Villa de Don Fadrique, La 107, C3
Villa del Prado 110, A2
Villa del Río 122, D3
Villa del Rosario 181, E4
Villa de Mazo 126, B2
Villadiego 97, D2
Villa Dolores 188, C4
Villaescusa 80, B1
Villaescusa de Haro 107, D3
Villafamés 112, B1
Villaflor 126, C2
Villa Flores 179, F4
Villafranca 86, H6
Villafranca de Bonany 118, E2
Villafranca de Córdoba 122, D3
Villafranca del Bierzo 96, B2
Villafranca del Cid 112, B1
Villafranca de los Barros 102, B3
Villafranca de los Caballeros 106, C3
Villa Frontera 179, D2
Villagarcía de Arosa v. Vilagarcía de Arousa
Villagrán 179, E3
Villaguay 188, E4
Villa Hayes 188, E2
Villahermosa 179, F4
Villajoyosa 112, B3
Villalba del Alcor 122, B3
Villalba del Rey 107, D2
Villalba v. Vilalba
Villalcampo; emb. 96, B3
Villalgordo del Júcar 107, D3
Villalón de Campos 96, C2
Villalpando 96, C3
Villalpardo 107, E3
Villaluenga de la Sagra 106, C2
Villamalea 107, E3
Villamanrique 107, D4
Villamanrique de la Condesa 122, B3
Villamañán 135, G1
Villa María 188, D4
Villamartín 122, C4
Villamayor de Campos 96, C3
Villamayor de Santiago 107, D3
Villamediana de Iregua 100,
Villa Montes 188, D2
Villamuriel de Cerrato 96, D3
Villanueva 179, D3
Villanueva de Alcardete 107, D3
Villanueva de Alcorón 107, D2
Villanueva de Arosa v. Vilanova de Arousa
Villanueva de Córdoba 122, D2
Villanueva de Gállego 88, C2
Villanueva de la Fuente 107, D4
Villanueva de la Reina 122, E2
Villanueva del Ariscal 122, B3
Villanueva del Arzobispo 123, F2
Villanueva de la Serena 102, C3
Villanueva de la Sierra 102, B1
Villanueva de la Vera 102, C1
Villanueva del Campo 96, C2
Villanueva del Fresno 102, A3
Villanueva de los Castillejos 122, A3
Villanueva de los Infantes 107, C4
Villanueva del Río y Minas 122, C3
Villa Ocampo 178,C2
Villa Ocampo 188, E3
Villaquejida 96, C2
Villaquilambre 96, C2
Villaralbo 96, C3
Villarcayo 97, E2
Villar de Barrio v. Vilar de Barrio
Villardeciervos 96,B3
Villardefrades 96, C3
Villar del Arzobispo 112, B2
Villar del Rey 102, B2
Villar de Rena 102, C2
Villardevós v. Vilardevós
Villarejo de Fuentes 107, D3
Villarejo de Orbigo 96, C2
Villarejo de Salvanés 110, B2
Villar, El 82, D4
Villares del Saz 107, D3
Villares, Los 122, E3
Villarino 96, B3
Villarquemado 88, B3
Villarramiel 96, D2
Villarreal de Alava v. Legutiano
Villarreal de Urrechu v. Urretxu
Villarrica 188, E3
Villarrobledo 107, D3
Villarroya de la Sierra 88, B2
Villarrubia de los Ojos 106, C3
Villarrubia de Santiago 106, C3
Villarta 107, E3
Villarta de San Juan 106, C3
Villasandino 97, D2
Villasequilla de Yepes 106, C3
Villatobas 106, C3
Villa Unión 178, C3
Villava 86, H6
Villaverde del Río 122, C3
Villavicencio 186, D3
Villaviciosa; ría 78, F1
Villaviciosa 78, F1
Villaviciosa de Córdoba 122, D2
Villaviciosa de Odón 110, B2
Villavieja 112, B2
Villavieja de Yeltes 96, B4
Villayón 78, E1
Villazón 188, C2
Villefranche-de-Rouergue 134, F5
Villefranche-sur-Saône 134, G4
Villena 112, B3
Villeneuve d'Ascq 140, C5
Villeneuve-sur-Lot 134, E5
Villerupt 140, E6
Villeurbanne 134, G5
Villmanstrand v. Lappeenranta
Villoria 96, C3
Villuercas; pico 102, C2
Villuercas; pico 135, G4
Villuercas; srra. 102, C2
Villuercas, Las; com. 102, C2
Vimianzo 74, A1
Vimioso 135, F2
Vina; río 167, H7
Vinalesa 112, E5
Vinalopó; río 112, B3
Vinaròs 112, C1
Vincennes 177, I4
Vindhya; mtes. 156, D4
Vineland 177, L4
Vinh Loi 157, J7
Vinita 177, G4
Vinkovci 142, D4
Vínnica 142, I2
Vinson, Macizo; pico 196, I2
Vinuesa 97, F3
Viña del Mar 188, B4
Virac 161, G2
Vire 134, D3
Višegrad 142, D5
Virgen; srra. 88, B2
Vírgenes; arch. 181, G3
Vírgenes; cabo 189, D8
Virgen Gorda; isla 181, G3
Virgin; río 176, D4
Virginia; est. fed. 177, K4
Virginia 177, H2
Virginia Occidental; est. fed. 177, J4
Viriaz; estr. 161, L6
Virovitica 142, C4
Virton 140, E6
Virtsu 141, F4
Vis; isla 142, C5
Visalia 176, C4
Visayam; mar 161,G2
Visby 141, E4
Visé 140, E5
Viseu 135, E3
Vishakhapatnam 156, E5
Viso; pico 136, B2
Viso del Alcor, El 122, C3
Viso del Marqués 106, C4
Viso, El 122, D2
Vístula; río 139, J1
Vitebsk 144, D2
Viterbo 136, E3
Vitigudino 96, B3
Viti Levu; isla 191,G5
Vitim; río 153, L4
Vitim 153, L4
Vitoria; mtes 82, G6
Vitória 188, H2
Vitória da Conquista 187, J6
Vitoria v. Gasteiz
Vitré 134, D3
Vitry-le-François 134, G3
Vittel 134, G3
Vittoria 136, F6
Vittorio Veneto 136, E2
Vitu; islas 161, L5
Viveiro; ría 74, C1
Viveiro 74, C1
Viver 112, B2
Vivero v. Viveiro
Vizcaíno; des. 178, B2
Vizcaya; prov. v. Bizkaia; prov.
Vize 152, H2
Vizianagaram 156, E5
Vlaardingen 140, D4
Vladikavkaz 144, E3
Vladimir 144, E2
Vladimir Volynskij 142, G1
Vladivostok 153, N5
Vlasenica 142, D4
Vlieland; isla 140, D2
Vlissingen 140, D4
Vlorë 143, D6
Vltava; río 138, H3
Vltava (Moldava); río 142, B2
Voerde 140, F4
Voghera 136, C2
Vohimarina 169, Q18
Voi 168, G2
Voiron 136, A2
Voiviis; lago 143, F7
Voivodina 142, E4
Volchov; río 144, D2
Volchov 144, D2
Volda 141, B3
Volga; río 144, E3
Volga, Alturas del; msta. 144, E2
Volgodonsk 144, E3
Volgogrado 144, E3
Volinia; reg. 139, M2
Voločanka 153, J2
Vologda 144, D2
Volonne 136, B2
Volos; golfo 143, F7
Volos 143, F7
Vol'sk 144, E2
Volta; lago 166, E7
Volta Blanco; río 166, E6
Volta Negro; río 166, E7
Volterra 136, D3
Volturno; río 136, E4
Vólvi; lago 143, F6
Volžskij 144, E3
Vopnafjördur 141, N6
Vorarlberg 138, E4
Voras Oros; mac. mont. 143, E6
Vorburg 140, D3
Vorkuta 144, G1
Voronež 144, D2
Vorošilovgrad v. Lugansk
Vorts; lago 141, G4
Vosgos; mac. mont. 134, H3
Voss 141, B3
Vostok; isla 191, J5
Votkinsk 144, F2
Voto 80, B1
Vouga; río 135, D3
Vouziers 134, G3
Voznesensk 139, P4
Vraca 142, F5
Vrancei; mtes. 142, H4
Vranje 142, E5
Vrbas; río 142, C4
Vrbas 142, D4
Vrede 169, E7
Vrendenburg 169, C8
Vron 140, A5
Vršac 142, E4
Vryburg 169, D7
Vsetín 142, C2
Vukovar 142, D4
Vulcano; isla 136, F5
Vulkanešty 142, I4
Vung Thau 157, J6
Vyborg 144, C1
Vyg; lago 144, D1
Vyshnii Volochok 144, D2

Waal; río 140, E4
Waalwijk 140, E4
Wabash; río 177, I4
Waco 176, G5
Waddenzee; mar 138, C1
Waddenzee; mar int. 140, E2
Waddington; pico 174, F4
Wadi, as-Sir 154, B3
Wadi Halfa 154, D8
Wadi Halfa 167, L4
Wād Medani 167, L6
Wageningen 140, E4
Wager; bahía 175, J3
Wagga Wagga 194, H7
Wagin 194, B6
Wah 156, C2
Waha 167, I3
Wahiawa 176, P8
Waiau 195, N14
Waigeo; isla 161, I4
Waiheke; isla 195, O11
Waihuku 195, O11
Waikaremoana; lago 195, P12
Waikerie 194, F6
Waikokopu 195, P12
Waimarino 195, O12
Waimate 195, M15
Waingapu 160, G6
Wainwright 174, C2
Waiouru 195, O12
Waipara 195, N14
Waipu 195, O10
Waipukurau 195, P12
Wairakei 195, P12
Wairarapa; lago 195, O13
Wairau; río 195, N13
Waitaki; río 195, M15
Waitara 195, O12
Wājh, al- 155, E7
Wajima 159, S11
Wajir 168, H1
Wakasa; bahía 159, S11
Wakatipu; lago 195, L15
Wakayama 159, S12
Wake; isla 191, F2
Wakefield 137, G4
Wak, El 168, H1
Wakkanai 159, T9
Walbrzych 142, C1
Walcheren; pólder 140, C4
Walcourt 140, D5
Waldbröl 140, G5
Wales 174, B3
Walgett 194, H6
Walikale 168, E2
Walker; lago 176, C4
Walsall 137, G4
Walvisbaai v. Walvis Bay
Walvis Bay 168, B6
Wallace 176, C2
Wallaroo 194, F6
Walla Walla 176, C2
Wallis; islas 191, H5
Wallis y Futuna; dpto. ultr. 191, H5
Wamba; río 168, C3
Wamba 168, E1
Wami; río 168, G3
Wanaka; lago 195, L15
Wandoan 195, I5
Wanganui 195, O12
Wangaratta 194, H7
Wangerooge; isla 140, G2
Wanxian 158, I5
Waqf, al- 167, P10
Warangal 156, D5
Warburton; río 194, F5
Ward 195, O13
Wardenburg 140, H2
Wardha; río 156, D4
Wardha 156, D4
Waregem 140, C5
Waremme 140, E5
Waren 161, J5
Warendorf 140, G4
Warkworth 195, O11
Warmbad 168, E6

Warmbad 169, C7
Warrego; río 194, H5
Warrenton 169, E7
Warri 166, G7
Warrina 194, F5
Warrnambool 194,G7
Warta; río 138, I1
Warwick; canal 194, F2
Warwick 137, G4
Warwick 195, I5
Wasatch; cord. 176, D4
Wash; estuario v. Wash, The; estuario
Washington; est. fed. 176, C2
Washington; mte. 177, L3
Washington D. C. 177, K4
Wash, The; estuario 137, H4
Wāsitah, al- 167, P10
Wassenaar 140, D3
Wasum 161, L6
Watampone 160, G5
Waterbury 177, L3
Waterford 137, D4
Wateringues; reg. 140, B5
Waterloo 140, D5
Waterloo 177, H3
Waters Newcastle 194, E3
Watertown 176, G2
Watertown 177, K3
Waterville 177, M3
Watford 137, G5
Watling; isla v. San Salvador; isla
Watsa 168, E1
Watson Lake 174, F3
Watubela; isla 161, I5
Wau 161, L6
Wausau 177, I2
Wave Hill 194, E3
Waveney; río 140, A3
Waverley 195, O12
Wavre 140, D5
Wāw 167, K7
Wawa 175, J5
Wāw al-Kabīr 167, I3
Waxveiler 140, F5
Waycross 177, J5
Weatherford 176, G5
Webb 179, E2
Weda; golfo 161, H4
Weda 161, H4
Weddell; mar 196, D2
Weener 140, G2
Weert 140, E4
Weh; isla 160, B3
Wei; río 158, I5
Weifang 159, K4
Weihai 159, L4
Weilburg 140, H5
Weipa 194, G2
Weiser 176, C3
Weldya 167, M6
Welkom 169, E7
Wels 142, B2
Welshpool 137, F4
Wellin 140, E5
Wellington; area estadística 195, O12
Wellington; isla 189, B7
Wellington 195, O13
Wells 137, F5
Wembere; río 168, F2
Wenatchee 176, B2
Wendover 176, D3
Wenlock; río 194, G2
Wensum; río 137, H4
Wenzhou 159, L6
Werda 168, D7
Werder 169, T23
Werdohl 140, G4
Werl 140, G4
Werne 140, G4
Werra; río 138, E2
Wesel 140, F4
Weser; mtes. 138, E2
Weser; río 138, E1
Weser; río 140, H2
Wesley 181, G3
Wespon-super-Mare 137, F5
Wessel; isla 194, F2
West End 180, D1
Westerburg 140, H5
Westergo; reg. 140, E2
Westerschelde; estuario 140, C4
Westerstede 140, G2
Westerwald; mac. mont. 138, D2
Westland; área estadística 195, M14
West Nicholson 168, E6
Weston-super-Mare 134, C2
Weston 160, F3
West Palm Beach 177, J6
West Plains 177, H4
Westport 137, C4
Westport 195, M13
Westray; isla 137, J1
Weststellingwerf 140, F3
Wetar; estr. 161, G6
Wetar; isla 161, H6
Wetteren 140, C5
Wetzlar 138, E2
Wevelgem 140, C5
Wewak 161, K5
Wexford 137, D4
Weyburn 174, H5
Weyib; río 167, N7
Weymouth 134, C2
Weymouth 137, F5
Whangarei 195, O10
Wharfe; río 137, G4
Wheeling 177, J3
Whitby 137, G3
White; lago 194, D4
White; río 176, F3
White; río 177, H4
White Cap; mte. 177, M2
Whitehaven 137, F3
Whitehorse 174, E3
White River 177, I2
Whitney; pico 176, C4
Wholdaia; lago 174, H3
Whyalla 194, F6
Wick 137, F1
Wicklow; mtes. 137, D4
Wicklow 137, D4
Wichita 176, G4
Wichita Falls 176, G5
Wiedenbrück 140, H4
Wieliczka 142, E2
Wielun 142, D1
Wiener Neustadt 138, I4
Wierden 140, F3
Wiesbaden 138, E2
Wight; isla 137, G5
Wigtown 137, E3
Wijchen 140, E4
Wilcannia 194, G6
Wilhelm; pico 161, K6
Wilhelmshaven 138, E1
Wilkes Barre 177, K3
Wilmington 177, K3
Wilmington 177, K5
Wilson 177, K4
Wilton 137, G5
Wiltz 140, E6
Wiluna 194, C5
Willemstad 181, F4
Williams Lake 174,F4
Williamsport 177, K3
Willis; isla 195, I3
Williston 176, F2
Willmar 177, H2
Willowmore 169, D8
Winchester 137, G5
Wind; río 176, E3
Windeck 140, G5
Windermere 137, F3
Windesi 161, I5
Windhoek 168, C6
Windorah 194, G5
Wind River; mtes. 176, E3
Windsor 175, Q7
Winisk; río 175, J4
Winneba 166, E7
Winnemucca 176, C3
Winnipeg; lago 174, I4
Winnipeg; río 177, G1
Winnipeg 174, I5
Winnipegosis; lago 174, H4
Winona 177, H3
Winona 179, G1
Winschoten 140, G2
Winslow 176, D4
Winston-Salem 177, J4
Winterswijk 140, F4
Winterthur 138, E4
Winton 194, G4
Wisconsin; est. fed. 177, H2
Wisconsin; río 177, H3
Wismar 138, F1
Wissant 140, A5
Witmund 140, G2
Witten 140, G4
Wittenberg 138, G2
Wittenberge 138, F1
Wittenoom 194, B4
Wittlich 140, F5
Wkra; río 139, K1
Wloclawek 139, J1
Wokam; isla 161, I6
Woleai; at. 161, K3
Wolfsberg 142, B3
Wolfsburg 138, F1
Wolstenholme; cabo 175, K3
Wolverhampton 137, F4
Wollaston; lago 174, H4
Wollaston; pen. 174, G3
Wollongong 195, I6
Wonju 159, M4
Wonsan 159, M4
Wonthaggi 194, H7
Woodroffe; mte. 194, E6
Woods; lago 174, I5
Woods; lago 194, E3
Wooramel; río 194, B5
Worcester 137, F4
Worcester 169, C8
Worcester 177, L3
Wormhout 140, B5
Worms 138, E3
Worthing 137, G5
Worthington 177, G3
Wotje; isla 191, G3
Woudenberg 140, E3
Wowoni; isla 161, G5
Wrangel; isla 153, R2
Wrangell; mtes. 174, D3
Wrangell 174, E4
Wrath; cabo 137, E1
Wreck; arref. 195, J4
Wrexham 137, F4
Wrigley; golfo 196, M2
Wrigley 174, F3
Wroclaw 142, C1
Wroxham 140, A3
Wuhan 159, J5
Wuhu 159, K5
Wujiang; río 158, I6
Wukari 166, G7
Wulumuqi 158, E3
Wulunguhe; río 158, E2
Wuppertal 138, D2
Würzburg 138, E3
Wushan 158, I5
Wusu 158, D3
Wutongqiao 158, H6
Wuvulu; isla 161, K5
Wuwei 158, H4
Wuxi 159, L5
Wuyuan 158, I3
Wuzhishan; pico 158, I8
Wuzhong 158, I4
Wuzhou 158, J7
Wyndham 194, D3
Wyoming; est. fed. 176, E3

Xa Doai 157, J5
Xai-Xai 168, F6
Xallas; río 74, A2
Xangongo 168, C5
Xanten 140, F4
Xánthi 143, G6
Xarrama; río 54, A3
Xátiva 112, B3
Xbonil 179, F4
Xerta 92, A3
Xiamen 159, K7
Xi'an 158, I5
Xiangfan 158, J5
Xiangtan 158, J6
Xianshuihe; río 158, H5
Xianyang 158, I5
Xiaoxing'anlingshan 159, M2
Xichang 158, H6
Xicoténcatl 179, E3
Xieng Khuang 157, I5
Xiguituqi 159, L2
Xihe; río 159, L3
Xijiang; río 158, J7
Xilanmulunhe 159, K3
Xinavane 168, F6
Xingtai 158, J4
Xingu; río 187, H4
Xingu 186, E5
Xinhua 158, J6
Xining 158, H4
Xinjiang; div. adm. 148, L5
Xinxiang 158, J4
Xinyang 158, J5
Xinzo de Limia 74, C2
Xique-Xique 187, J6
Xiquinshan; mtes. 158, H4
Xirivella 112, E6
Xizang; div. adm. 148, L6
Xochimilco 179, E4
Xove 74, C1
Xuanhua 158, K3
Xuanwei 157, I3
Xuchang 158, J5
Xuzhou 159, K5

Yaan 158, H6
Ya'bad 154, B2
Yabelo 167, M7
Yabis; wadi 154, B2
Yablonoi; mtes. 153, L4
Yacuiba 188, D2
Yafran 167, H2
Yaheladazeshan; pico 158, G4
Yaiza 127, F2
Yakarta 160, D6
Yakima 176, B2
Yako 166, E6
Yakoma 167, J8
Yaku; isla 159, R12
Yakutat 174, E4
Yakutsk 153, M3
Yala 160, C3
Yalgoo 194, B5
Yalinga 167, J7
Yalongjiang; río 158, G5
Yalta 144, D3
Yalujiang; río 159, L3
Yamagata 159, T11
Yamal; pen. 153, G2
Yambi, Mesa de; msta. 186, D3
Yambio 167, K8
Yamethin 157, H4
Yamma Yamma; lago 194, G5
Yamoussoukro 166, D7
Yampa; río 176, E3
Yampi Sound 194,C3
Yamuna; río 156, D3
Yamzho Yumco; lago 158, F6
Yanchang 158, J4
Yancheng 159, L5
Yangambi 168, D1
Yangjiang 158, J7
Yangquan 158, J4
Yangzhou 159, K5
Yanji 159, M3
Yantai 159, L4
Yap; islas 161, J3
Yaque del Norte; río 181, E3
Yaqui; río 178, C2
Yaraka 194, G4
Yare; río 140, A3
Yarí; río 186, D3
Yarim 155, F10
Yarkand 158, C4
Yarmouth 175, L5
Yarmuk; río 154, B2
Yarumal 186, C2
Yathkyed; lago 174,I3
Yatsushiro 159, R12
Yattah 154, B3
Yaundé 166, H8
Yavari; río 182, B3
Yavarí; río 186, D4
Yávaros 178, C2
Yaví; pico 186, E2
Yavne 154, A3
Yaxian 158, I8
Yazd 155, H6
Yazoo; río 177, H5
Ye 157, H5
Yébenes, Los 106, C3
Yecla 116, E4
Yécora 178, C2
Yeerqianghe 158, C4
Yei 167, L8
Yeji 166, E7
Yekaterinenburg v. Ekaterinburg
Yelets 144, D2
Yelimané 166, C5
Yell; isla 137, I1
Yellowhead; pto. mont. 174, G4
Yellowknife 174, G3
Yellowstone; lago 176, D3
Yellowstone; parq. nac. 170, H5
Yellowstone; río 176, E2
Yemen 155, F9
Yemen, República Dem. Popular del 155, G9
Yenasimskij Polkan; pico 152, J4
Yen Bay 157, I4
Yenisei; bahía 152, I2
Yenisei; río 153, I2
Yeniseisk 152, J4
Yeo; lago 194, C5
Yeovil 137, F5
Yepes 106, C3
Yeppoon 195, I4
Yerupajá; pico 186, C6
Yesa; emb. 88, B1
Yes Tor; pico 134, C2
Yetti; reg. 165, B3
Yeu; isla 134, C4
Yexian 159, L4
Yian 159, M2
Yiannitsá 143, F6
Yibin 158, H6
Yichang 158, J5
Yichun 159, M2
Yiershi 159, L2
Yihe; río 159, K4
Yilan 159, M2
Yiliang 158, H7
Yinchuan 158, I4
Yingcheng 158, J5
Yingen 158, H3
Ying-kou 159, L3
Yingshan 158, I5
Yining 158, D3
Yinkanie 194, G6
Yirga Alem 167, M7
Yishan 158, I7
Yíthion 143, F8
Yiyang 158, J6
Yobe; río 166, H6
Yojoa; lago 180, B4
Yokaduma 167, H8
Yoko 166, H7
Yokohama 159, S11
Yokosuka 159, S11
Yola 166, H7
Yolaina; cord. 180,C4
Yom; río 157, I5
Yonibana 166, C7
Yonkers 177, L3
Yonne; río 134, F4
Yopal 186, D2
York; cabo 175, L2
York; cabo 194, G2
York 137, G4
York 177, K3
Yorke; pen. 194, F6
York Factory 175, I4
York Sound; golfo 194, C2
Yorkton 174, H4
Yoro 180, B3
Yosu 159, M5
Youghal 137, D5
Youjiang; río 158, I7
Younghusband; pen. 194, F7
Youngstown 177, J3
Youssoufria 165, B2
Ypacaraí 188, E3
Ystad 141, D5
Yu'alliq; gebel 167, P9
Yuangjiang; río v. Hông Ha; río
Yuanjiang; río 158, J6
Yuanling 158, I6
Yuba City 176, B4
Yucatán; est. fed. 179, G3
Yucatán; pen. 179, G4
Yucatán, Canal de; estr. 180, B2
Yuci 158, J4
Yucuyacua, Cerro; pico 179, E4
Yueyang 158, J6
Yugoslavia 142
Yukon; río 174, C3
Yukon, Territorio del; terr. fed. 174, E3
Yulin 158, J7
Yulongxue Shan; pico 158, H6
Yuma 176, D5
Yumen 158, G4
Yuncos 106, C2
Yungas; reg. 186, F7
Yungshan 158, H6
Yunquera de Henares 107, C2
Yunxian 158, J5
Yurimaguas 186, C5
Yurre v. Igorre
Yushu 158, G5
Yutian 158, D4

Zaanstad 140, D3
Zabajkal'skij 153, K4
Zabīd 155, F10
Zábřeh 142, C2
Zabrze 142, D1
Zacapa 180, B4
Zacapu 179, D4
Zacatecas; est. fed. 179, D3
Zacatecas; srra. 179, D3
Zacatecas 179, D3
Zacatecoluca 180, B4
Zacoalco de Torres 179, D3
Zacualtipán 179, E3
Zadar 142, B4
Zadorra; río 82, G6
Za'faranah, Rā's; cabo 167, P10
Zafra 102, B3
Zaghouan 136, D6
Zagora 165, B2
Zagreb 142, B4
Zagros; mtes. 155,G6
Žagubica 142, E5
Zāhedān 155, J7
Zahínos 102, B3
Zaidín 88, D2
Žailma 152, G4
Zaire; río v. Congo; río
Zaire 168, D2
Zaječar 142, F5
Zajsan; lago 152, I5
Zajsan 152, I5
Zakamensk 153, K4
Zakopane 142, D2
Zalaegerszeg 142, C3
Zalamea de la Serena 135, G5
Zalamea la Real 122, B3
Zalau 142, F3
Zaldivar 82, G5
Zaleščiki 142, G2
Zalingei 167, J6
Zaltan, El 167, I3
Zalla 82, F5
Žambaj 144, F3
Zambeze; río 168, F5
Zambezi 168, D4
Zambia 168, E5
Zamboanga 160, G3
Zamfara; río 166, G6
Zamora; prov. 96, B3
Zamora 179, D3
Zamora 186, C4
Zamora 96, C3
Zamosc 142, F1
Záncara; río 107, D3
Zandvoort 140, D3
Zanjan 155, G5
Zante; isla 143, E8
Zante 143, E8
Zanthus 194, C6
Zanzíbar; isla 168, G3
Zanzíbar 168, G3
Zaorejas 107, D2
Zapala 188, B5
Zapardiel; río 96, D3
Zapata; pen. 180, C2
Zapatón; río 102, B2
Zapopan 179, D3
Zaporož'e 144, D3
Zaragoza; prov. 88, B2
Zaragoza 179, D2
Zaragoza 88, C2
Zárate 188, E4
Zarautz 82, G5
Zarauz v. Zarautz
Zard Kūh; pico 155, H6
Zaria 166, G6
Zarqa; río 154, B2
Žaryk 152, H5
Zarza; srra. 116, D5
Zarza de Alange 102, B3
Zarza de Granadilla 102, B1
Zarzaïtine 165, E3
Zas 74, A1
Zaskar; cord. 156, D2
Žškov 142, J2
Žatec 142, A1
Zaventem 140, D5
Zawi 168, E5
Zawiercie 142, D1
Zāwiyat al Mukhaylá 143, F10
Zāwiyat Masus 143, E11
Ždanov v. Mariupol
Zdolbunov 142, H1
Zdunska Wola 142, D1
Zeehan 194, H8
Zefat 154, B2
Zeghamra 165, C3
Zeila 169, S22
Zeist 140, E3
Zelanda; reg. 140, C4
Zell 140, G5
Zemio 167, K7
Zemun 139, K5
Zenica 138, I5
Zenica 142, C4
Zeravšan; cord. 152, G6
Zestoa 82, G5
Zevenaar 140, F4
Zevenbergen 140, D4
Zêzere; río 135, E3
Zhangdang; msta. v. Tíbet; msta.
Zhangwei 158, H4
Zhangye 158, H4
Zhangzhou 159, K7
Zhanjiang 158, J7
Zhanyi 158, H6
Zhaoan 159, K7
Zhaodong 159, M2
Zhaxigang 158, C5
Zhengzhou 158, J5
Zhenjiang 159, K5
Zhenyuan 158, I6
Zhijiang 158, I6
Zhob; río 156, B2
Zhoushan; isla 159, L5
Zhucheng 159, K4
Zhungdian 158, G6
Zhuzhou 158, J6
Zibo 159, K4
Ziel; mte. 194, E4
Zielona Góra 138, H2
Zierikzee 140, C4
Žigansk 153, M3
Zigey 167, I6
Zigong 158, H6
Ziguinchor 166, B6
Zihuatanejo 179, D4
Zikhron Ya'aqov 154, A2
Žilina 142, D2
Zillah 167, I3
Zima 153, K4
Zimbabwe 168, E5
Zimi 166, C7
Zimnica 142, G5
Zimoul; wadi 165, B3
Zinder 166, G6
Zipaquirá 186, D3
Zitacuaro 179, D4
Žitomir 142, I1
Zittau 142, B1
Ziway; lago 167, M7
Zizurkil 82, G5
Zlatar 142, C3
Zlatograd 142, G6
Zlatoust 144, F2
Zlitan 167, H2
Žlobin 139, P1
Žmerinka 142, I2
Znojmo 142, C2
Zóbuè 168, F5
Žochov; isla 153, P2
Zoetemeer 140, D3
Zóločov 142, G2
Zolotonoša 139, Q3
Zomba 168, G5
Zonguldak 154, D4
Zorita 102, C2
Zornotza 82, G5
Zottegem 140, C5
Zrenjanin 142, E4
Zuar 167, I4
Zubia 123, E3
Zuera 88, C2
Zuérate 166, C4
Zufār; reg. 155, H9
Zufre 122, B3
Zug 138, E4
Zugspitze; pico 138, F4
Zuia 82, G6
Zuid-Beveland; isla 140 C4
Zújar; emb. 102, C3
Zújar; río 102, C3
Zújar 107, F3
Zumaia 82, G5
Zumarraga 82, G5
Zumaya v. Zumaia
Zumbo 168, F5
Zungeru 166, G7
Zunsuzki 158, J3
Zunyi 158, I6
Zurich 138, E4
Zutphen 140, F3
Zuwarah 165, F2
Zuwayza 154, B3
Zuya v. Zuia
Zvishavane 168, E6
Zvolen 142, D2
Zwettl 138, H3
Zwettl 142, B2
Zwickau 138, G2
Zwickau 142, A1
Zwierzyniec 142, F1
Zwischenahn 140, H2
Zwolle 140, F3
Zyr'anka 153, P3
Zyr'anovsk 152, I5
Zywiec 142, D2